城市污水厂
处理设施设计计算

CHENGSHI WUSHUICHANG
CHULI SHESHI SHEJI JISUAN

刘振江　崔玉川　主　编

陈宏平　王延涛　副主编

第三版

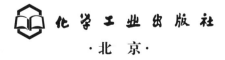

化学工业出版社

·北京·

本书主要通过工程性设计计算例题的形式，具体介绍城镇污水处理厂常规处理和三级处理工艺中主要处理构筑物的设计计算内容、方法和要求。全书共14章，工程性计算例题117个。例题内容包括计量设施、调节池、配水井、格栅、沉砂池、初沉池、二沉池、强化一级处理设施、好氧活性污泥法处理设施、生物膜法处理设施、自然净化设施、消毒设施、污泥处理设施、除臭设施、三级处理设施等单元处理设施的设计计算，污水厂全流程系统的竖向水力计算和布置，以及城镇污水回用深度处理工程案例。本书在第二版的基础上，又补充了一些新型实用的处理设施、工艺和计算方法例题。

　　本书可供给水排水工程、环境工程等专业的工程技术人员和大专院校师生使用参考。

图书在版编目（CIP）数据

城市污水厂处理设施设计计算/刘振江，崔玉川主
编．—3版．—北京：化学工业出版社，2017.11（2025.2重印）
ISBN 978-7-122-30621-0

Ⅰ.①城…　Ⅱ.①刘…②崔…　Ⅲ.①城市污水-污水
处理厂-水处理设施-设计计算　Ⅳ.①X799.303.3

中国版本图书馆CIP数据核字（2017）第227898号

责任编辑：徐　娟　　　　　　　　　　　　装帧设计：史利平
责任校对：宋　夏

出版发行：化学工业出版社（北京市东城区青年湖南街13号　邮政编码100011）
印　　装：河北延风印务有限公司
787mm×1092mm　1/16　印张23½　字数642千字　2025年2月北京第3版第10次印刷

购书咨询：010-64518888　　　　　　　售后服务：010-64518899
网　　址：http://www.cip.com.cn
凡购买本书，如有缺损质量问题，本社销售中心负责调换。

定　　价：78.00元　　　　　　　　　　　　　　　版权所有　违者必究

前言

《城市污水厂处理设施设计计算》（第二版）于 2011 年 8 月出版至 2017 年 2 月的 5 年多中，先后重印过 7 次（计 13000 册）。作为编者，我们非常感谢广大读者对该书的喜爱和好评。

近年来，我国对环境保护及污废水资源化的要求不断提高，对城镇污水处理厂污染物排放标准也提出了更高更严的要求。从发展的长远态势上看，城镇污水厂处理的终极方向将会由达标排放的无害化处理，逐步向达标利用的资源化处理方面转移和发展。另外，这几年又有一些新的水处理工艺技术得到了开发应用。考虑到该书的内容也应与时俱进，所以我们重新审视了该书，决定对其进行修订再版。

本次再版在保持前两版特点和风格的基础上，增加了一些新的工艺技术、处理设施及其计算方法与例题（共 10 个），删除了几个不便使用的计算例题（共 5 个），简化了一些章节的例题内容，并增加了工程案例等。在本书第一章中，首先对重要名词"污水"给出了学术性定义，之后使用表格图形归纳的表述方法，对于城镇污水的处理工艺级别、方法、类别和单元设施，以及污泥的处理、处置方法的分类与设施，进行了高度概括归类简介，为后面各章打下了良好的基础。

全书由 14 章组成，共有 117 个设计计算例题。例题的内容和类型，较全面地涵盖了城镇污水处理厂中常规各级工艺中污水和污泥的单元处理设施，还列举了自然净化工艺中的稳定塘和土地处理，以及污水厂附属设施（调节池、配水井、计量设施）、竖向设计和污水资源化工程实例等计算例题和内容。关于膜法处理工艺装置及污水深度处理的有关内容和例题，请见《城市污水回用深度处理设施设计计算》（第二版）。

本书着力突出实用性，意在通过计算例题具体介绍城镇污水、污泥处理工艺各单元设施的工艺设计计算内容、方法和要求。同时，在一些设计例题的末尾设置了"题后语"，以与读者沟通和讨论。本书是城镇污水处理厂单元设施设计计算的参考书，对于初学设计者更是一本设计方法的入门读物。可供给排水科学与工程、环境工程等有关专业的工程技术人员和大专院校师生使用参考。

本书由刘振江和崔玉川任主编并统稿，陈宏平和王延涛任副主编。参加编写的还有齐吉山、刘洪梅、曹昉、刘幼琼、周茜等。同时感谢该书第一、二版的参编者张绍怡、管满、郜宏漪、安沁生、乌德、石虹、韩燕等同志对再版工作的支持。

由于我们的水平所限，书中难免会有疏漏和不足，敬请读者指教。

编者

2017 年 7 月

第一版前言

由于城市和工业的飞速发展，污、废水的排放量与日俱增。据本世纪初统计资料，我国城市污水的年排放量已达 400 多亿立方米，但在我国 680 多个城市中，仅有 200 余座在建和建成的污水处理厂，并且集中在近 100 个城市中，全国污水处理率只有 25％左右。污水的大量排放，导致了水环境的污染和水资源可利用性的降低。根据中国环境保护远景目标纲要的要求，到 2010 年全国的污水平均处理率为：设市城市和建制镇不小于 50％，设市城市不小于 60％，重点城市不小于 70％。按照《污水综合排放标准》的要求，为了满足出水排放标准，绝大多数城镇污水处理厂都必须采用二级生化处理或深度处理工艺技术。然而，我国城市平均每 100 万人才占有 1 座污水处理厂，而美国等发达国家则为 1 万人就占有 1 座（至 20 世纪 70 年代末，美国已有城市污水处理厂 18 000 多座，英国、法国、德国兴建有 7 000～8 000 座）。所以，为了保护环境和充分利用水资源，污、废水的处理与再用已迫在眉睫，大力兴建城市污水处理厂势在必行。

本书意在通过计算例题的形式，主要对城市污水常规处理工艺中的单元处理设施的工艺设计计算内容、方法和要求进行具体介绍，以使读者仿照例题即可完成一般的设计计算工作。书中共编写了污水和污泥单元处理等设施的设计计算例题 95 个，内容包括调节池、配水池、格栅、沉砂池、初沉池、强化一级处理设施、好氧活性污泥法处理设施、生物膜法处理设施、自然净化设施、二沉池、消毒设施以及污泥处理设施等。关于膜处理装置及污水深度处理的有关内容，请见本丛书的《城市污水回用深度处理设施设计计算》一书，本书不另赘述。

该书系污、废水处理设计参考书，也是一本设计方法入门读物。可供给水排水工程、环境工程等专业的工程技术人员和大专院校师生使用参考。

本书由崔玉川主持编写，刘振江和张绍怡为副主编。各章节的编写人员为：第一章为崔玉川教授，第二、三、四、五章为安沁生高工，第六章的第一、五、六节和附录为刘振江高工，第六章的第二、四节为管满高工，第六章的第三节为石虹高工，第七、八章为张绍怡教授级高工、韩燕高工、安沁生高工，第九、十、十一章为郜宏漪高工。全书由崔玉川教授统稿。

目前，我国对一些新型污水处理工艺技术设施的设计尚无颁布法规性技术文件，所以本书的某些设计计算例题只是一种探索性的尝试，期待同仁进一步修改完善。由于我们的水平以及收集到的资料所限，书中难免会有错误和不妥之处，恳请读者批评指正。

编者

2004 年 4 月

第二版前言

《城市污水厂处理设施设计计算》一书的第一版自 2004 年 8 月出版后，受到广大有关专业工程技术人员和大专院校师生的关爱与好评。化学工业出版曾于 2006 年和 2008 年进行过两次重印，但仍未能满足社会的需求。为此，出版社与我们相商后决定编写该书的第二版，为使其内容与时俱进，我们对该书进行了重新审视编写。

该书的第一版共 11 章，95 个计算例题。在保持第一版特点和风格的基础上，又补充了一些新型实用的处理设施、工艺和计算方法例题。经过对其内容进行删除、增加和整合修改后，第二版变为 13 章，112 个工程性计算例题。

第二版新增加的内容如下。

1. 增加了两章，即"第十二章城镇污水三级处理工艺设施"，内容以化学除磷和进一步去除悬浮物为主，包括混凝、沉淀（澄清）、过滤等设施的设计计算例题，如高密度沉淀池、V型滤池、流动床滤池、转盘滤池等；"第十三章污水处理厂竖向设计计算"，内容包括竖向布置的设计原则和全流程系统的水力计算例题。

2. 第二章更名为"调节池、配水井及计量设施"，增加一节"计量设施"的计算例题。

3. 第六章增加了两节，即"膜生物反应器（MBR）"和"复合生物反应器"的计算例题，以及"改良 A^2/O"及"改良卡鲁塞尔氧化沟"的计算例题。

4. 第七章增加了"反硝化曝气生物滤池"的计算例题。

5. 第八章增加了"潜流人工湿地"的计算例题。

6. 第十一章更名为"污泥处理及除臭设施"，增加了"污泥好氧消化"的计算例题，同时增加一节"除臭设施"的计算例题。

第二版删除了重复的内容，如第五章的第三节"AB 法 A 段工艺"、第六章计算例题中相同项目的计算过程等。同时对某些局部内容进行了修整和完善，对附录中的技术法规和标准进行了筛选和更新。

本书由崔玉川教授主持编写并统稿，刘振江和张绍怡二位教授级高工为副主编。各章节的执笔编写者为：第一章为崔玉川、安沁生高工，第二、三、四、五章为安沁生，第六章的第一、五、六、七、八节为刘振江、安沁生；第二、三、四节为管满高工，第七、八章和第十一章的第七节为张绍怡、安沁生，第九、十章和第十一章的第一至六节为郜宏漪教授级高工，第十二章和附录为崔玉川、刘振江和安沁生，第十三章为管满。乌德讲师参加了第九、十、十一章的部分修改工作。另外，陈宏平、李福勤、聂文欢、唐玮媛、王少雄、杜佳、张晓航、贾玉丽、员健、王艳芳、张国宇、何寿平、曹昉等同志也对本书的编写提供了帮助，在此表示感谢。

本书的宗旨是通过计算例题的形式，具体介绍处理构筑物的设计计算内容、方法和要求。而其中的主要设计参数则应随着新颁布的技术法规标准进行更新替代。另外在本书的一些例题之后增加了题后语，用以说明该种设计方法存在的问题、应用条件及其他等，以与读者沟通和讨论。

由于我们的水平有限，书中难免会有缺点和疏漏之处，敬请同行专家和读者不吝指教。

崔玉川

2011.1

目 录

第一章
城镇污水处理的内容、方法和工艺

第一节 城镇污水的水质及危害

一、城镇污水的组成

污水，乃受到人为的物理性或化学性、生物性、放射性等侵害后，其水质成分或外观性状对饮用或使用和环境会造成危害与风险的水，亦称废水、脏水或病态水。它一般是清洁水体的水，经过人们生活或生产使用后所排出的一种特殊水质的水体。污水是经过适当处理后可以再生使用的一种重要水利资源。

城镇污水是排入城镇排水系统中各类废水的总称，泛指生活污水、生产污水（应适当处理后）以及其他排入城镇排水管网的混合污水。在合流制排水系统中还包括雨水，在半分流制排水系统中包括初期雨水。城镇污水组成来源如图 1-1 所示。

城镇污水 ┬ 生活污水 ┬ 住宅污水
　　　　　│　　　　　├ 公共建筑污水（餐饮、娱乐等）
　　　　　│　　　　　└ 医院污水（经消毒预处理）
　　　　　├ 工业废水（经预处理后）
　　　　　└ 受污染的降水

图 1-1　城镇污水组成来源

1. 生活污水

生活污水是人们日常生活中使用过并为生活废料所污染的水。例如居民区、宾馆、饭店等服务行业，以及一些娱乐场所产生的污水。

2. 工业废水

工业废水是工矿企业生产活动中用过的水，是生产污水和生产废水的总称。

生产污水即在生产过程中所形成，并被生产原料、半成品或成品等废料所污染的水，也包括热污染水（生产过程中产生温度高于 60℃ 的高温水）。生产污水需要进行处理，才能排放或再用。

生产废水即在生产过程中所形成，但未直接参与生产工艺，未被污染或只是温度稍有上升的水。这种废水一般不需处理或只需进行简单处理，即可再用或排放。

3. 受污染的降水

主要指初期雨水和雪融水。由于冲刷了地面上的各种污物，污染程度很高，需要进行处理。

二、城镇污水的水质

1. 影响城镇污水水质的因素

城镇污水水质主要受居民生活污水、工业生产污水等的水质成分及其混合比例、城市规模、居民生活习惯、季节和气候条件以及排水系统体制等的影响。

城镇污水中的污染物质是多种多样的，有油脂、粪尿、洗涤剂、染料、溶液、各类有机和无机物，还有细菌、病毒等致病微生物，以及毒性、酸碱性、放射性和重金属类等物质。这些污染物质按化学成分可分为无机和有机两大类，按物理形态可分为悬浮固体、胶体及溶解性污染物质。

2. 生活污水水质

生活污水包括厨房洗涤、淋浴、洗衣等废水以及冲洗厕所等污水。其成分及其变化，取决于居民生活的状况、水平和习惯。污染物浓度与用水量有关。

生活污水的主要污染物是有机物和氮、磷等营养物质，其水质特征是水质稳定但浑浊、色深且具有恶臭，呈微碱性，一般不含有毒物质，含有大量的细菌、病毒和寄生虫卵。

在生活污水中，所含固体物质约占总质量的 0.1%～0.2%，其中溶解性固体（主要是各种无机盐和可溶性的有机物质）约占 3/5～2/3，悬浮固体（其中有机成分占 4/5）占 1/3～2/5。此外，生活污水中还有氮、磷等物质。

城镇生活污水的典型组成见表 1-1。典型生活污水水质指标见表 1-2。我国部分城市的生活污水水质情况见表 1-3，供参考。

表 1-1　城镇生活污水的典型组成/(mg/L)

项　目	无机物	有机物	总　量	BOD$_5$	项　目	无机物	有机物	总　量	BOD$_5$
可沉固体	40	100	140	55	总固体	275	380	655	160
不可沉固体	25	70	95	65	氮	15	20	35	
溶解固体	210	210	420	40	磷	5	3	8	

表 1-2　典型生活污水水质指标

水质指标	浓度/(mg/L)			水质指标	浓度/(mg/L)		
	高	中	低		高	中	低
总固体(TS)	1 200	720	350	可生物降解部分	750	300	200
溶解性总固体	850	500	250	溶解性	375	150	100
非挥发性	525	300	145	悬浮性	375	150	100
挥发性	325	200	105	总氮(N)	85	40	20
悬浮物(SS)	350	220	100	有机氮	35	15	8
非挥发物	75	55	20	游离氨	50	25	12
挥发性	275	165	80	亚硝酸盐	0	0	0
可溶解物	20	10	5	硝酸盐	0	0	0
生化需氧量(BOD$_5$)	400	200	100	总磷(P)	15	8	4
溶解性	200	100	50	有机磷	5	3	1
悬浮性	200	100	50	无机磷	10	5	3
总有机碳(TOC)	290	160	80	氯化物(Cl$^-$)	200	100	60
化学需氧量(COD)	1 000	400	250	碱度(CaCO$_3$)	200	100	50
溶解性	400	150	100	油脂	150	100	50

表 1-3　我国部分城市的生活污水水质情况/(mg/L)

水质指标	北　京	上　海	西　安	武　汉	哈尔滨
pH 值	7.0～7.7	7.0～7.5	7.3～7.9	7.1～7.6	6.9～7.9
SS	100～320	300～350	—	60～330	110～450
BOD$_5$	90～180	350～370	—	320～340	80～250
NH$_3$-N	25～45	40～50	21.7～32.5	15～60	15～50
氯化物	124～120	140～150	80～105	—	—
P	30～35	—	4～21	11.5～34.5	5～10
K	18～22	19.5	13.4	29.1	19.5

我国一般城镇生活污水水质参数的变化幅度见表 1-4，南方不同排水系统体制的城镇生活污水水质数据见表 1-5，供参考。

表 1-4　一般城镇生活污水水质参数变化幅度/(mg/L)

水质指标	pH 值	BOD$_5$	COD	SS	NH$_3$-N	P	K
变化幅度	7.1～7.7	100～400	250～1 000	50～330	15～59	30～34.6	17.7～22

3. 工业生产污水水质

工业生产污水的水质情况，因产业门类和生产工艺不同而各有所异。一般来说，工业生产污水的排放量大、污染物含量高、处理难度大，对环境的危害也是比较大的。

几种主要工业生产污水的污染物及水质特点，见表1-6，供参考。几种工业污水中植物性营养物的含量见表1-7。

表 1-5　我国南方城镇不同排水体制的污水水质/(mg/L)

排水体制	BOD$_5$	COD	SS	TN	TP
分流制	150~230	250~400	150~250	20~40	4~8
合流制	60~130	170~255	70~150	15~23	3~5

表 1-6　工业生产污水的污染物及水质特点

工业部门	工厂性质	主要污染物	废水特点
动力	火力发电、核电站	冷却水热污染、火电厂冲灰、水中粉煤灰、酸性废水、放射性污染物	热,悬浮物高,酸性,放射性,水量大
冶金	选矿、采矿、烧结、炼焦、金属冶炼、电解、精炼、淬火	酚、氰化物、硫化物、氟化物、多环芳烃、吡啶、焦油、煤粉、As、Pb、Cd、B、Mn、Cu、Zn、Ge、Cr、酸性洗涤水、冷却水热污染、放射性废水	COD较高,含重金属毒性较大,废水偏酸性,有时含放射性废物,水量较大
化工	肥料、纤维、橡胶、染料、塑料、农药、涂料、洗涤剂、树脂	酸、碱、盐类、氰化物、酚、苯、醇、醛、酮、氯仿、氯苯、氯乙烯、有机氯农药、有机磷农药、洗涤剂、多氯联苯、Hg、Cd、Cr、As、Pb、硝基化合物、胺基化合物	BOD高,COD高,pH值变化大,含盐量大,毒性强,成分复杂、难降解
石油化工	炼油、蒸馏、裂解、催化、合成	油、氰化物、酚、硫、砷、吡啶、芳烃、酮类	COD高,毒性较强,成分复杂,水量大
纺织	棉毛加工、纺织印染、漂洗	染料、酸碱、纤维悬浮物、洗涤剂、硫化物、砷、硝基化合物	带色,毒性强,pH值变化大,难降解
制革	洗毛、鞣革、人造革	硫酸、碱、盐类、硫化物、洗涤剂、甲酸、醛类、蛋白酶、As、Cr	含盐量高,BOD高,COD高,恶臭,水量大
造纸	制浆、造纸	黑液、碱、木质素、悬浮物、硫化物、As	污染物含量高,碱性大,恶臭,水量大
食品	屠宰、肉类加工、油品加工、乳制品加工、水果加工、蔬菜加工等	病原微生物、有机物、油脂	BOD高,致病菌含量高,恶臭,水量大
机械制造	铸、锻、机械加工、热处理、电镀、喷漆	酸、氰化物、油类、苯、Cd、Cr、Ni、Cu、Zn、Pb	重金属含量高,酸性强
电子仪表	电子器件原料、电讯器材、仪器仪表	酸、氰化物、Hg、Cd、Cr、Ni、Cu	重金属含量高,酸性强,水量小
建筑材料	石棉、玻璃、耐火材料、化学建材、窑业	无机悬浮物、Mn、Cd、Cu、油类、酚	悬浮物含量高,水量小
医药	药物合成、精制	Hg、Cr、As、苯、硝基物	污染物浓度高,难降解,水量小
采矿	煤矿、磷矿、金属矿、油井、天然气井	酚、硫、煤粉、酸、氟、磷、重金属、放射性物质、石油类	成分复杂,悬浮物高,油含量高,有的废水含有放射性物质

表 1-7　工业生产污水中植物性营养物的含量/(mg/L)

污水类别	总氮	氨氮	磷	钾
洗毛污水	584~997	120~640	—	—
含酚污水	140~180	2~10	3~17	8~13
制革污水	30~37	16~20	6~8	70~75
化工污水	30~76	28~56	1~12	1~16
造纸污水	20~22	4~8	8~12	10~15

三、城镇污水中污染物质的危害

水中含有污染物质是城镇污水对环境和人体健康具有危害性的根源。城镇污水中的污染物质大致可分为固体性、需氧性、营养性、酸碱性、有毒性、油类、生物性及感官性等污染物，其相关水质指标及危害见表1-8，供参考。

表1-8 城镇污水中污染物质的危害

类 别	污染物质	相关水质指标	危 害
固体污染物	泥砂,矿渣,有机质胶体,微生物,无机质悬浮物和胶体等	浊度 悬浮物(SS) 溶解固体(DS) 总固体(TS＝SS＋DS)	使水浑浊,降低水的透明度;易使管道及设备堵塞、磨损;影响水生物的活动
耗氧有机污染物(可生物降解有机物)	碳水化合物,烃类化合物,蛋白质,脂肪,糖,维生素等	化学需氧量(COD) 高锰酸钾指数(COD_{Mn}) 耗氧量(OC) 生化需氧量(BOD_5) 总需氧量(TOD) 总有机碳(TOC)	使水体溶解氧降低
富营养化污染物(植物营养素)	硝酸盐,亚硝酸盐,氨氮,磷化合物(如洗涤剂等)	氮(N) 磷(P)	可使湖泊、水库等缓流水体的水质富营养化,滋生藻类,产生水华等;硝酸盐和亚硝酸盐在胃中可生成"三致"物质亚硝酸胺
无机无毒污染物	酸,碱,无机盐类	pH值 溶解性总固体 电导率	可使水的pH值发生变化;增加水的无机盐含量和硬度;破坏水体的自然缓冲能力;抑制微生物的生长;妨碍水体的自净;使水质恶化、土壤酸化或盐碱化;酸性废水具有腐蚀性
有毒污染物	无机有毒物质如非重金属物(砷、氰化物)重金属(汞、镉、铬、铅等);有机有毒物质如有机氯农药、多氯联苯、多环芳烃、高分子聚合物(塑料、人造纤维、合成橡胶)、染料等	毒理学指标	具有强烈的生物毒性,影响水生物生长,并可通过食物链危害人体健康
放射性污染物	X射线、α射线、β射线、γ射线及质子束等	放射性指标	可引起慢性辐射和后期效应,如诱发癌症,促成贫血、白血球增生,使孕妇和婴儿损伤,引起遗传性损害等
油类污染物	石油类,动植物油	含油量	使水面形成油膜,破坏水体的复氧条件。附着于土壤颗粒表面和动植物体表,影响养分吸收和废物排出
生物污染物	致病的细菌、病毒和病虫卵等	细菌总数、总大肠菌群、粪大肠菌群	可引起水致传染疾病,如伤寒、霍乱、痢疾以及肝炎、脑炎等
感官性污染物	不溶物,漂浮物等	色度、浊度、臭味、肉眼可见物	使水产生色度、浊度、泡沫、恶臭等
热污染	水温升高	温度	水温升高可使水的溶解氧减少,造成水生物死亡;可加快藻类繁殖,加快水体富营养化进程;可导致水中化学反应加快,使水的物化性质发生变化,产生对管道和容器的腐蚀;可加速细菌生长繁殖,增加后续水处理的费用

第二节 城镇污水处理方法

污水处理，就是采用一定的处理方法和流程将污水中所含的污染物质减少或分离出去，或将其转化为无害和稳定的物质，以使污水得到净化，恢复其原来性状或使用功能的过程。现代污水处理技术，按其作用机理可分为三类，即物理处理法、化学处理法和生物处理法。也有把物理化学处理法另作一类的。

一、物理处理法

此法系通过物理作用，分离、回收污水中呈悬浮状态的污染物质，在处理过程中不改变污染物的化学性质。

根据物理作用类型的不同，物理处理采用的方法与设备也各不相同，污水物理处理方法的类型和设备如图 1-2 所示。

二、化学处理法

此法系通过化学反应和传质作用，来分离、回收污水中呈溶解、胶体状态的污染物质，或将其转换为无害物质。污水化学处理法类别如图 1-3 所示。

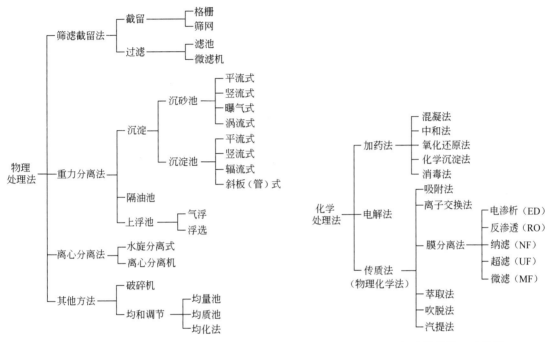

图 1-2　污水物理处理方法的类型和设备　　　　图 1-3　污水化学处理法类别

三、生物处理法

此法系通过微生物的代谢作用，使污水中呈溶解状态、胶体状态以及某些不溶解的有机甚至无机污染物质，转化为稳定、无害的物质，从而使污水得到净化。此法也称生化法，即生物化学处理法。一般认为，污水的可生化指标（BOD_5/COD）大于 0.3 时才适于用生化处理。

污水生物处理法分为好氧和厌氧两大类（见图 1-4）。这两类生物处理法，按照所处条件可分为自然和人工两种；按照微生物的生长方式，可分为活性污泥法（悬浮生长型）和生物膜法（附着生长型）两种，每种又有许多形式；按照系统的运行方式可分为连续式和间歇式；按照主体设备中的水流状态，可分为推流式和完全混合式等。

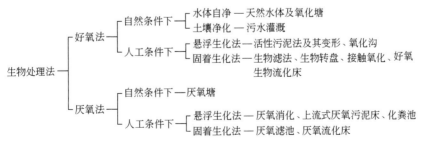

图 1-4　污水生物处理法类别

好氧生物处理法常用于城镇污水和有机生产污水的处理，厌氧生物处理法则多用于处理高

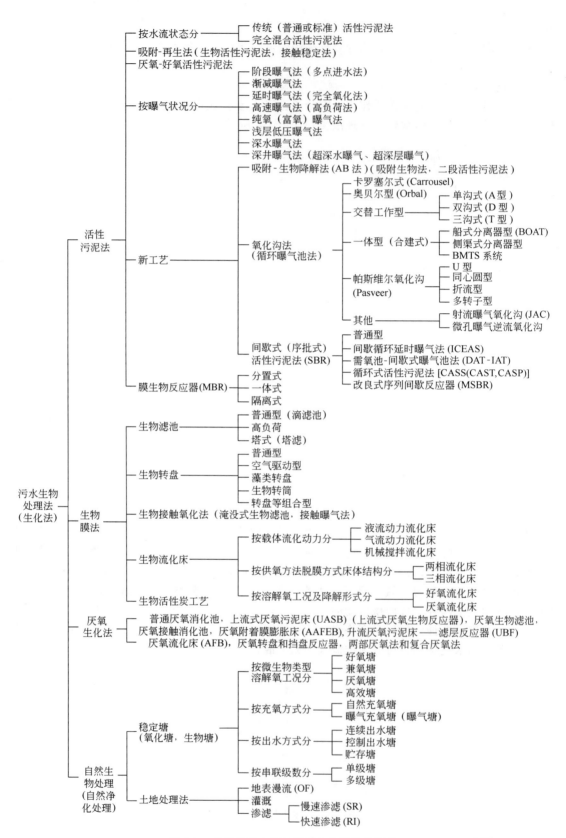

图 1-5　常见的污水生物处理方法及单元设施

浓度有机污水及污泥。

稳定塘及污水土地处理系统是污水生物处理的一种设施，属于自然生物处理的方法，具有二级处理的功能，与预处理组合即就地形成自然的污水处理厂。图1-5 所示为常见的污水生物处理方法及其单元设施，供参考。

第三节　城镇污水处理的级别与工艺

一、城镇污水处理的程度

按照污水处理后的功能要求，污水处理分无害化处理系统（即达标排放）和再生回用处理系统（即可供专指用户使用）两类。前者一般由一级处理和二级处理组成，后者一般在前者的基础上再增加一个三级处理或深度处理才行。我国以前建造的污水处理厂的功能多属前者。此后，随着城镇污水资源化的推广应用，不少城镇污水处理厂在工艺设计时，就包括了三级深度处理的工程内容，或者先不实施但将其所需的位置和面积做了预留。

城镇污水处理的级别按照处理程度划分一般分三级。

1. 污水一级处理

污水一级处理的主要任务是去除污水中呈悬浮或漂浮状态的固体污染物质，多采用污水物理处理法中的各种处理单元。城镇污水一级处理流程如图1-6 所示。

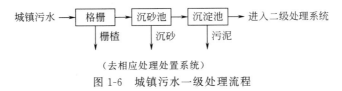

（去相应处理处置系统）

图1-6　城镇污水一级处理流程

污水经一级处理后，悬浮固体物的去除率为70％～80％，BOD_5 的去除率只有30％左右，尚达不到排放标准，但一级处理对后续污水处理工序起着重要的保障作用，因此往往是污水处理工艺中不可缺少的首段处理。对于某些特殊情况或特殊的排水，只经一级处理后便可用于农田灌溉或排放。

另外，在上述的一级处理流程中，也有把"格栅和沉砂池"算作预处理设施，因为它们处于污水处理工艺系统中的最前面，而且是不可缺少的。

2. 污水二级处理

污水二级处理的主要任务是去除污水中呈胶体和溶解状态的有机污染物（即 BOD_5 物质），以及能使湖泊、水库等缓流水体富营养化的氮、磷等可溶性无机污染物。BOD 的去除率可达90％以上，处理后污水的 BOD_5 一般可降至20～30mg/L。在一般情况下，城镇污水经二级处理后，水质即可达到排放的标准。

由于通常多采用生物处理作为二级处理的主体工艺，所以人们常把生物处理与二级处理看做同义语。但应当指出，近年来随着新型水处理材料及装备的不断开发，以及水处理工艺的不断改进，采用物理化学或化学方法作为二级处理主体工艺的，也在日渐发展。例如属于表面过滤机理的膜分离技术等。

20 世纪70 年代以来，在我国城镇污水处理工程中较多采用的是活性污泥法及其变种工艺技术等。几种常用的污水生物处理工艺技术特点和适用条件见表1-9。这些城镇污水处理工艺的核心设施是曝气池（在池底装曝气器或池面装曝气机），设施结构较简单，便于检修维护。

另外，污水在进行二级处理之前，一级处理一般是需要的。又因一级和二级的组合处理方法是城镇污水处理经常采用的方法，所以又称为常规处理法。

应该指出，在污水的二级处理中，所产生的污泥也必须得到相应的处理和处置，否则将会造成新的污染。这也是本书研讨的内容之一。

表 1-9　几种常用污水生物处理工艺的特点和适用条件

工艺名称	污泥负荷 /[kgBOD₅/(kgMLVSS·d)]	MLSS /(mg/L)	停留时间 /h	特　点	适用条件
传统活性污泥法 分段进水法 吸附-再生法	0.2～0.4 0.2～0.4 0.2～0.6	1 500～3 000 2 000～3 500 2 000～8 000	4～8 3～5 3～5	属中等负荷处理工艺，出水水质好而且稳定，运行管理较简单。由于污泥不稳定，增加了稳定处理运行环节，加大了基建投资[约1 000～2 000元/(m³·d)]。污泥沼气可发电或直接驱动鼓风机，使污水处理总能耗低（0.15～0.20kW·h/m³）和运行成本低（0.25元/m³左右）。1m³污泥，按含水率96%计，可产生10m³左右的沼气，可发12kW·h左右的电，余热可加热污泥，总能量利用率达70%以上	规模大于20×10⁴m³/d的大型城镇污水处理厂
氧化沟 序批池 一体化池 （UNIANK）	0.05～0.3 0.05～0.3 0.05～0.3	3 000～6 000 1 500～5 000 1 500～5 000	8～36 12～50 12～50	属于低负荷处理工艺，出水水质好，耐冲击负荷性能好，泥龄长，污泥较稳定。一般不设初沉池，二沉池多和曝气池组合为一。污泥可不作稳定处理而直接处置或应用，简化了运行管理。由于负荷低、泥龄长，使生化部分大大增加，加大了建设投资，提高了能耗（0.28 kW·h/m³左右）和运行成本	适合规模较小（<20×10⁴m³/d）技术力量较薄弱的中小城镇污水处理厂
A/O法 A²/O法	0.05～0.2 0.1～0.25	2 000～3 500 2 000～3 500	6～15 6～12	此两种工艺主要是生物脱氮除磷技术，出水水质好，耐冲击负荷，污泥较稳定	既可在传统活性污泥法、分段进料法上应用，也可在氧化沟、序批池（SBR）和一体化池中使用
AB法	0.3～5	1 500～3 000	3～5	采用二次生化处理，工艺构较复杂，污泥不稳定，需稳定化处理，管理环节多，直接投资比较多[1 500～2 000元/(m³·d)]，污泥单位处理成本也高（0.7～1.0元/m³）	适用于高浓度城镇污水处理的特殊场合

3. 污水的三级处理

污水三级处理的目的在于进一步除去二级处理所未能去除的污染物质，包括微生物未能降解的有机物，以及可导致水体富营养化的植物营养性无机物等。三级处理是对二级处理的出水进行更进一步的处理阶段和方法。

三级处理的方法是多种多样的，例如化学处理法、生物处理法和物化处理法的许多处理单元都可用于三级处理。

通过三级处理，BOD₅可从20～30mg/L降至5mg/L以下，同时能够去除大部分的氮和磷等剩余污染物质。

三级处理是深度处理（或高级处理）的同义语，但二者又不完全相同。如前所述，三级处理是在常规处理之后，为了去除更多有机物及某些特定污染物质（如氮、磷）而增加的一项处理流程。深度处理（或高级处理）则往往是以污水再生回用为目的，在常规处理之外所增加的处理流程。

城镇污水处理的三种处理方法和三种处理级别的大致功能对应关系如图1-7所示。

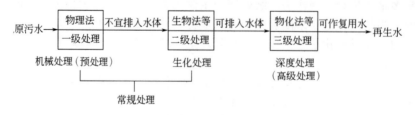

图 1-7　城镇污水处理方法和功能

二、污泥的处理方法

1. 污泥的成分

污泥是污水处理过程中的产物，是一种固态、半固态和液态的废弃物，其数量（以含水率

97%计）约占处理水量的0.3%～0.5%。

城镇污水处理产生的污泥，富集了污水中的污染物，除含有灰分和大量水分（95%～99%）外，还含有大量的有机物、病原微生物、细菌、寄生虫卵、挥发性物质、重金属、盐类，以及植物营养素（氮、磷、钾）等。其体积庞大，且易腐化发臭。所以必须进行处理和处置，以防止造成二次污染。

2. 污泥的处理方法

污泥处理的目的主要是减量化、稳定化、无害化和资源化。

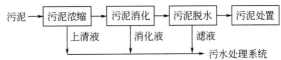

图 1-8　典型污泥处理工艺流程

污泥处理的方法主要有浓缩、消化、脱水和处置等。图 1-8 所示为典型污泥处理工艺流程。污泥处理、处置方法的分类及设施见图 1-9。

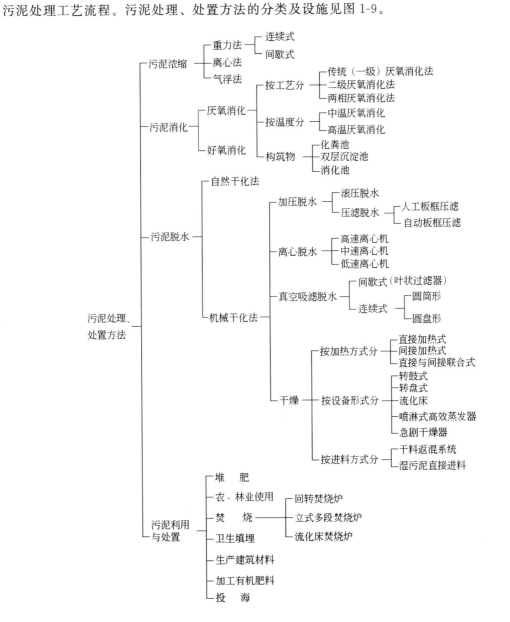

图 1-9　污泥处理、处置方法的分类与设施

三、城镇污水处理厂的工艺流程

城镇污水中的污染物质是各种各样的，用单一处理方法很难把所有污染物全部去除，往往需要用数种方法组成的处理系统或流程，才能达到要求的处理程度。

城镇污水处理厂是对收集到的污水及其污泥进行处理的工厂，包括污水处理系统和污泥处理系统两大部分，前者应是污水处理厂的主体。污水处理厂的处理工艺是指对污水处理所采用的一系列处理单元的组合。处理工艺选择的主要依据是原水水质、处理程度、处理厂规模以及其他条件。

污水处理厂是消除污染为民造福的特殊工厂。无害化城镇污水处理厂的典型工艺流程如图1-10 所示，该流程由完整的二级处理系统和污泥处理系统所组成。

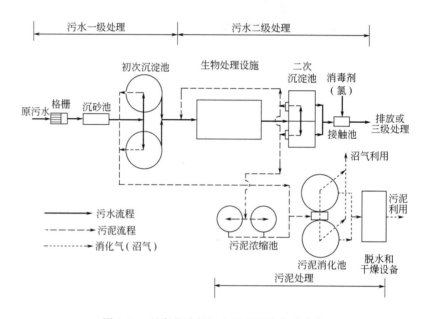

图 1-10　无害化城镇污水处理厂的典型流程

在一般城镇污水的三级处理体制中，一级是预处理，二级是主体，三级是精制。在各种污水处理方法中，目前生物处理方法仍是整个城镇污水处理的主流。这是因为，从城镇污水处理的发展上看，一级处理技术最老，已相对定型；三级处理虽然处于发展阶段，但所用技术费用较高；只有生物法这一部分，近百年来始终发展变化不止，至今仍方兴未艾。但应当指出，随着城镇污水处理厂出水排放标准的日益严格，三级处理也势在必行。另外，值得注意的是活性污泥数学模型以及数字化技术的发展应用，将引起污水处理工艺设计方法的重大变革。因为它可使更多的有关因素参数包容在内，使工艺设计更加科学、更加符合客观实际。计算机自动化控制技术的引入和应用，将使污水处理工艺设施的处理功能得到更好的发挥，并使污水处理厂获得更高的运行和处理效率。

污水处理的工艺流程由若干功能不同的单元处理设施（构筑物、设备、装置等）和输配水联络管渠所组成。随着污水处理技术的发展，一方面，同一功能处理设施的类型在不断增多，另一方面，同一设施的处理功能有的也在扩展。在污水处理厂的工艺流程及构筑物类型确定后，污水处理工艺计算任务主要是确定构筑物（设备）及管渠的几何尺寸和数量，控制、检测的部位和方法，以及附属装置、材料及药品等的规格和数量，从而为处理厂的布置、设计等提供依据。

第二章
调节池、配水井及计量设施

调节池、配水井（池）及计量设施虽不具污水处理功能，但对后续污水处理工艺设施的运行效能具有重要影响，往往是污水处理厂流程中不可缺少的工艺设施。

第一节　调　节　池

一、设计概述

城镇污水在一天24h内排出的水量和水质是波动变化的。一般情况下，中小城市（或生活服务区）比大城市波动大。这样对污水处理厂的处理设施，特别是生物处理设施或生化反应系统处理功能正常发挥是不利的，甚至可能遭到破坏。因此，当进厂污水流量及水质波动较大时应在污水处理系统前设置均化调节池，以均和水质、存盈补缺。就城镇污水而言，水质的变化相对较小，水量的波动相对较大。本节主要对水量调节进行讨论。

1. 调节池类型

调节池在污水处理工艺流程中的最佳位置，应依每个处理系统的具体情况而定。某些情况下，调节池可设于一级处理之后、生物处理之前，这样可减少调节池中的浮渣和污泥。如把调节池设于初沉池之前，设计中则应考虑足够的混合设备，以防止固体沉淀和厌氧状态的出现。

调节池的设置位置，分在线和离线两种情况，如图2-1所示。在线调节流程的全部流量均通过调节池。离线调节流程只有超过平均流量的那部分流量才进入调节池。

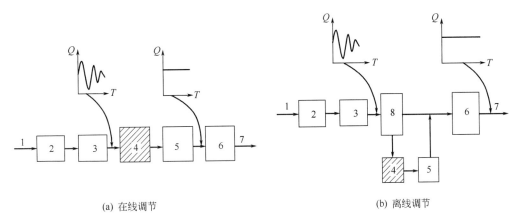

(a) 在线调节　　　　　　　　　　　　(b) 离线调节

图 2-1　采用调节池的污水处理工艺流程

1—原水；2—格栅；3—沉砂池；4—调节池；5—提升泵房及流量控制；
6——级、二级处理；7—出水；8—溢流井

根据污水处理厂进水量的变幅和污水处理厂的处理工艺，通常水量调节池可分为两种形式：其一，进水量是变化的，处理系统是连续均匀运行的（指进入处理系统的污水量）；其二，进水量是连续的，处理系统是阶段性运行的（如单组的SBR反应池）。

2. 设计要点

（1）水量调节池实际是一座变水位的储水池，进水一般为重力流，出水用泵提升。池中最高水位不高于进水管的设计高度，最低水位为死水位。

（2）调节池的形状宜为方形或圆形，以利形成完全混合状态。长形池宜设多个进口和出口。

（3）调节池中应设冲洗装置、溢流装置、排除漂浮物和泡沫装置，以及洒水消泡装置。

（4）为使在线调节池运行良好，宜设混合和曝气装置。混合所需功率为 0.004～0.008kW/m³ 池容。所需曝气量约为 0.01～0.015m³ 空气/（min·m² 池表面积）。

（5）调节池出口宜设测流装置，以监控所调节的流量。

二、计算例题

【例 2-1】 按逐时流量曲线计算水量调节池

1. 已知条件

某风景旅游服务区设计污水量为 1 500m³/d，最大流量 120.6 m³/h，最小流量 10.5 m³/h。该服务区建一座污水处理站，提升泵房按平均流量运行。求处理站水量调节池尺寸。

2. 设计计算

水量调节池的计算内容主要是确定其容积和尺寸。根据污水在高低峰时的区间，调节池的容积可用图解法进行计算。

（1）调节池的容积　该污水处理站的进水量变化资料见表 2-1。

表 2-1　处理站进水量的变化

时间 /h	流量		时间 /h	流量	
	/(m³/h)	/%（占一天的）		/(m³/h)	/%（占一天的）
0～1	16.5	1.1	12～13	106.8	7.12
1～2	10.5	0.7	13～14	78.45	5.23
2～3	13.5	0.9	14～15	53.85	3.59
3～4	16.5	1.1	15～16	56.4	3.76
4～5	19.5	1.3	16～17	48.6	3.24
5～6	43.65	2.91	17～18	82.35	5.49
6～7	99.15	6.61	18～19	104.55	6.97
7～8	102.6	6.84	19～20	84.9	5.66
8～9	120.6	8.04	20～21	38.25	2.55
9～10	107.85	7.19	21～22	30.15	2.01
10～11	115.05	7.67	22～23	21.3	1.42
11～12	117.15	7.81	23～24	11.85	0.79

该服务区污水在一个周期 T（24h）内，污水流量变化曲线（由 24 条短线连成的折线 a）如图 2-2 所示。曲线下在 T（24h）内所围成的面积，等于一天（24h）的污水总量 W_T（m³）。

$$W_T = \sum_{i=1}^{24} q_i t_i$$

式中　q_i——在 t_i 时段内污水的平均流量，m³/h；

t_i——时段，h。

在周期 T 内污水平均流量为

$$Q = \frac{W_T}{T} = \frac{\sum\limits_{i=1}^{24} q_i t_i}{T} = \frac{1\ 500}{24} = 62.5\,(\text{m}^3/\text{h})$$

据此可绘制出平均污水流量（提升流量）的曲线 b（见图 2-2）。

从图 2-2 可以看到曲线 a 可分为两段（指连续的两大段），其中一段进水量低于平均流量，即 20:00～次日 6:00。该时段累积进水流量为 221.7m³（占 14.78%），而提升流量累积值为 625m³（占 41.67%），进水量与提升量相差 403.3m³（图中面积 A）。另一段进水量高于平均流量，即 6:00～14:00，该时段累积进水流量为 847.65m³（占 56.51%），而提升流量累积值为 500m³（33.33%），进水量比提升量多 347.65m³（图中面积 B）。

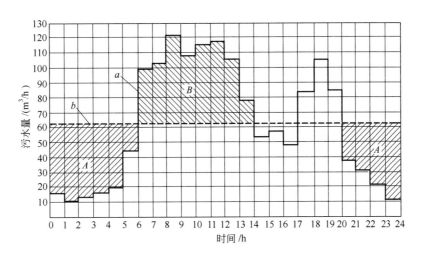

图 2-2　调节池容积计算

当进水量大于水泵提升量时，余量在调节池中储存；当进水量小于水泵提升量时，需取用调节池中的存水。由此可见，调节池所需调节容积等于图 2-2 中面积 A 和面积 B 中的大者，即调节池的理论调节容积为 403.3m³。设计中采用的调节池容积，一般宜考虑增加理论调节容积的 $10\%\sim20\%$，故本例调节池的容积 V 按 $V=403.3\times1.2=483.96$（m³）来设计。

（2）调节池的尺寸　该污水处理站进水管标高为地坪下 -1.80m，取调节池内有效水深 H 为 2.1m，调节池出水为水泵提升。根据计算的调节容积，考虑到进水管的标高，确定调节池采用方形池，池长 L 与池宽 B 相等，则池表面积 $A=V/h=483.96/2.1=230.5$（m²）；所以 $L=B=\sqrt{A}=\sqrt{230.5}=15.18$（m），取 15m。

在池底设集水坑，水池底以 $i=0.01$ 的坡度坡向集水坑，调节池的基本尺寸如图 2-3 所示。

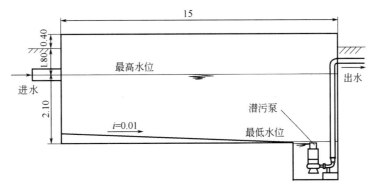

图 2-3　调节池计算示意（单位：m）

（3）潜污泵　调节池集水坑内设 2 台自动搅匀潜污泵，一用一备，水泵的基本参数为：水泵流量 $Q=60$m³/h，扬程 $H=7$m，配电机功率 $N=3$kW。

（4）搅拌　为防止污水中悬浮物的沉积和使水质均匀，可采用水泵强制循环进行搅拌，也可采用专用搅拌设备进行搅拌。

水泵强制循环搅拌，是在调节池底部设穿孔管，穿孔管与水泵压力水相连，用压力水进行搅拌。水泵强制循环搅拌的优点是不需要在池内安装其他专用搅拌设备，并可根据悬浮物沉积的程度随时调节压力水循环的强度。其缺点是穿孔管容易堵塞，检修也不太方便，影响使用。目前工程上常用潜水搅拌机进行搅拌。

根据调节池的有效容积，搅拌功率一般按 1m³ 污水 $4\sim8$W 选配搅拌设备。该工程取 5W，调节池选配潜水搅拌机的总功率为 $411.6\times5=2\,058$（W）。

选择 3 台潜水搅拌机，单台设备的功率为 0.75kW，叶轮直径为 260mm。叶轮转速为 740r/min。

将 3 台潜水搅拌机，分别安装在进水端及中间部位。

【例 2-2】 按累计流量曲线计算水量调节池

1. 已知条件

某小城镇设计污水量为 1 464m³/d，最大流量 150m³/h，最小流量 20m³/h。原水流量的逐时变化曲线见图 2-4，该城镇建一座污水处理站，提升泵房按平均流量运行。求处理站水量调节池尺寸。

2. 设计计算

（1）绘制进水量累计曲线 根据流量逐时变化曲线绘制出进水量累计曲线如图 2-5 所示。

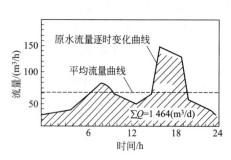

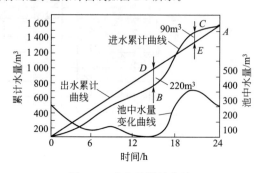

图 2-4 某污水厂的原水流量逐时变化曲线 　　图 2-5 进水量累计曲线

（2）水泵的提升量 以直线连接 O、A 两点，则 OA 为调节池均匀出水量的累计曲线，其斜率即为调节池的控制出水流量，亦即水泵的提升量。由图 2-5 可知，A 点的累计水量为 1 464m³，相应的累计时数为 24h，故可算得 OA 的斜率为 1 464÷24＝61（m³/h）。

（3）调节池的理论调节容积 通过流量累计曲线的最高点与最低点作平行于 OA 的两条切线，得切点 B、C，分别自 B、C 两点做平行于纵轴的直线，与出水累计曲线分别相交于 D、E 点。

线段 BD 所代表的水量为 220m³，线段 CE 所代表的水量为 90m³，$BD＋CE＝220＋90＝310$（m³），即为调节池所需的理论调节容积。

由图 2-5 可知，约在 14:00 时调节池全部放空，约在 21:00 时调节池全部充满。

（4）设计调节池容积 设计中采用的调节池容积，一般宜考虑增加理论调节容积的 10%～20%，本例调节池的容积按 310×1.2＝372（m³）来设计。

（5）调节池的尺寸

① 调节池表面积 A，m²。调节池的容积 $V＝372$m³，取水深 $h＝2.2$m，则池表面积 $A＝V/h＝372/2.2＝169$（m²）。

② 池长 L，m。采用方形池，池长 L 与池宽 B 相等，$L＝B＝\sqrt{A}＝\sqrt{169}＝13$（m）。

（6）设备配套 提升泵及潜水搅拌机的选配方法可参照例 2-1 方法进行。

【例 2-3】 用于 SBR 池的水量调节池设计计算

1. 已知条件

某小城镇近期最高日污水量为 1 000m³/d，最大流量 79.4m³/h，最小流量 6.5m³/h。该城镇建一座二级污水处理站，生物处理为 SBR 工艺，近期先建一座 SBR 反应池。为满足该工艺间歇运行的要求，污水处理站需设一座水量调节池，求水量调节池的尺寸。

2. 设计计算

该水量调节池的计算内容主要是确定其容积和尺寸，其计算方法与例 2-1 基本类同，不同之处是调节池的出水是间歇的。

（1）调节池的容积 该城镇污水处理站进水量的变化见表 2-2。

该城镇污水在一个周期 T（24h）内，污水流量变化曲线（由 24 条短线连成的折线 a）如图 2-6 所示。曲线下在 T（24h）内所围成的面积，等于一天（24h）的污水总量 W_T（m³）。

$$W_T = \sum_{i=1}^{24} q_i t_i$$

式中 　q_i——在 t_i 时段内污水的平均流量，m³/h；

　　　　t_i——时段，h。

表 2-2 处理站进水量的变化

时间/h	流 量		时间/h	流 量	
	/(m³/h)	/%(占一天的)		/(m³/h)	/%(占一天的)
0~1	16.5	0.8	12~13	70.0	7.0
1~2	7	0.7	13~14	53.5	5.35
2~3	6.5	0.65	14~15	36.0	3.6
3~4	8.7	0.87	15~16	37.5	3.75
4~5	12.5	1.25	16~17	35.0	3.5
5~6	26.1	2.61	17~18	57.5	5.75
6~7	69.1	6.91	18~19	71.2	7.12
7~8	68.9	6.89	19~20	55.1	5.51
8~9	85.4	8.54	20~21	29.0	2.9
9~10	66.9	6.69	21~22	16.6	1.66
10~11	78.0	7.8	22~23	14	1.4
11~12	79.4	7.94	23~24	8.1	0.81

在周期 T 内污水平均流量为

$$Q = \frac{W_T}{T} = \frac{\sum\limits_{i=1}^{24} q_i t_i}{T} = \frac{1\,000}{24} = 41.67 \ (\text{m}^3/\text{h})$$

同样，根据 SBR 的运行时段，可绘制出调节池出水流量的变化曲线 b（见图 2-6）。已知 SBR 反应池为低负荷间歇进水，每天 3 个周期，每个周期 8h。其中，进水 4h，曝气 4h（进水 1h 后开始曝气），沉淀 1h，排出 2h；进水流量为 83.3m³/h。设 SBR 反应池 0:00 时开始第一周期的进水，依次运行 3 个周期。

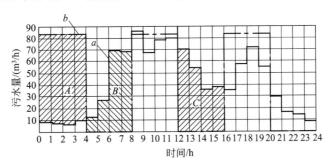

图 2-6　调节池容积计算

从图 2-6 可以看到，在 0~4、4~8、12~16 三个时段曲线 a 与曲线 b 围合成了 A、B、C 三块相对较大的面积，其面积值（水量）分别为 303m³、262m³、197m³。

由此可见，当进水量小于出水量时，需取用调节池中的存水。当调节池停止出水时进水量储存在调节池中；所以，调节池所需调节容积等于图 2-6 中面积 A、B、C 中的大者，即调节池的理论调节容积为 303m³≈300m³。

（2）设计调节池容积　设计中采用的调节池容积，一般宜考虑增加理论调节容积的 10%～20%，故本例调节池的容积按 $V = 300 \times 1.2 = 360$（m³）来设计。

（3）调节池的尺寸　该污水处理站进水管标高为地坪下 −2.00m，设调节池内有效水深为 2.5m，调节池出水为水泵提升。根据计算的调节容积，考虑到进水管的标高，确定调节池采用方形池，池长 L 与池宽 B 相等，则池表面积 $A = V/h = 360/2.5 = 144$（m²）；所以 $L = B = \sqrt{A} = \sqrt{144} = 12$（m）。

在池底设集水坑，水池底以 $i = 0.01$ 的坡度坡向集水坑，调节池的基本尺寸如图 2-7 所示。

（4）调节池集水坑内设 2 台自动搅匀潜污泵，一用一备，水泵的基本参数为：水泵流量 $Q = 100$m³/h，扬程 $H = 7$m，配电机功率 $N = 5.5$kW。

（5）潜水搅拌机的选配方法　可参照例 2-1 方法进行。

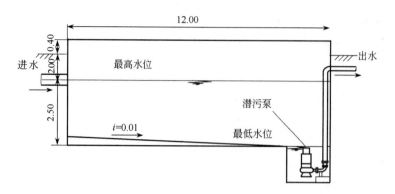

图 2-7 调节池计算示意（单位：m）

第二节 配 水 井

在污水处理厂中，同一种构筑物的个数不应少于 2 个，并应考虑均匀配水。污水处理厂的配水设施虽不是主要处理装置，但因其有均衡地发挥各个处理构筑物运行能力的作用，能保证各处理构筑物经济有效的运行，所以均匀配水是污水厂工艺设计的重要内容之一。

一、设计概述

1. 配水方式

绝大多数配水设施采用水力配水，不仅构造简单，操作也很方便，无需人员操作即可自动均匀地配水。常见的水力配水设施有对称式、堰式和非对称式。

对称式配水为构筑物个数成双数的配水方式，连接管线可以是明渠或暗管。其特点是管线完全对称（包括管径和长度），从而使水头损失相等。此配水方式的构造和运行操作均较简单。缺点是占地大、管线长，而且构筑物不能过多，否则会使造价增加较多。

堰式配水是污水处理厂常用的配水设施。进水从配水井底中心进入，经等宽度溢流堰流入各个水斗再流向各构筑物。这种配水井是利用等宽度溢流堰的堰上水头相等、过水流量就相等的原理来进行配水。溢流堰可以是薄壁或厚壁的平顶堰。其特点是配水均匀不受通向构筑物管渠状况的影响，即使是长短不同或局部损失不同也均能做到配水均匀，因而可不受构筑物平面位置的影响，可以对称布置也可以不对称布置。这种配水井的优点是配水均匀误差小，缺点是水头损失较大。

非对称配水的特点是在进口处造成一个较大的局部损失（如孔口入流等），让局部损失远大于沿程损失，从而实现均匀配水。其优点是构造和操作都较简单，缺点是水头损失大，而且在流量变化时配水均匀程度也会随之变动，低流量时配水均匀度就差，误差也大。

2. 设计要求

① 水力配水设施基本的原理是保持各个配水方向的水头损失相等。

② 配水渠道中的水流速度应不大于 1.0m/s，以利于配水均匀和减少水头损失。

③ 从一个方向和用其中的圆形入口通过内部为圆筒形的管道（见图 2-8）向其引水的环形配水池，当从一个方向进水时，保证分配均匀的条件是：

a. 应取中心管直径等于引水管直径；

b. 中心管下的环行孔高应取 $(0.25 \sim 0.5)D_1$（D_1 为中心管直径）；

c. 当污水从中心管流出时，配水池直径 D 和中心管直径（D_1）之比（D/D_1）不大于 1.5；

d. 在配水池上部必须考虑液体通过宽顶堰自由出流；

e. 当进水流量为设计负荷，配水均匀度误差为 $\pm 1\%$；当进水流量偏离设计负荷 25% 时，配水均匀度误差为 2.9%。

二、计算例题

【例 2-4】 堰式配水井设计计算

1. 已知条件

某污水处理厂近期设计处理污水量为 20 000m³/d，远期扩至 40 000m³/d，总变化系数 $K_z = 1.3$，旋流沉砂池出水经配水井至 A²/O 池，A²/O 池近期先建 2 座，远期扩至 4 座。求堰式配水井的尺寸。

2. 设计计算

配水井计算图见图 2-8。

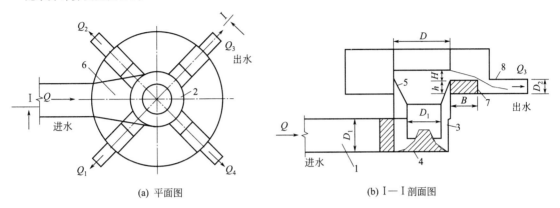

(a) 平面图　　　　　　　　　　(b) I—I 剖面图

图 2-8　配水井计算图

1—进水管；2—配水池；3—内部为圆形管道；4—锥体导流嵌入物；

5—配水漏斗；6—配水器；7—堰；8—出水管

(1) 进水管管径 D_1　配水井进水管的设计流量 $Q = 1.3 \times 40\,000/24 = 2\,166.7$（m³/h），当进水管管径 $D_1 = 900$mm 时，查水力计算表，得知 $v = 0.95$m/s，满足设计要求。

(2) 矩形宽顶堰　进水从配水井底中心进入，经等宽度堰流入 4 个水斗再由管道接入 4 座后续构筑物，每个后续构筑物的分配水量应为 $q = 2\,166.7/4 = 541.7$（m³/h）。配水采用矩形宽顶溢流堰至配水管。

① 堰上水头 H。因单个出水溢流堰的流量 $q = 541.7$m³/h = 150.5L/s，一般大于 100L/s 采用矩形堰，小于 100L/s 采用三角堰，本设计采用矩形堰（堰高 h 取 0.5m）。

矩形堰的流量　　　　　　　　　　　$q = m_0 b H \sqrt{2gH}$

式中　q——矩形堰的流量，m³/s；

H——堰上水头，m；

b——堰宽，m，取堰宽 $b = 1.0$m；

m_0——流量系数，通常采用 0.327～0.332，取 0.33。

则　　　　　$H = \sqrt[3]{\dfrac{q^2}{m_0^2 b^2 2g}} = \sqrt[3]{\dfrac{0.150\,5^2}{0.33^2 \times 1.0^2 \times 2 \times 9.8}} = 0.22$（m）

② 堰顶厚度 B。根据有关资料，当 $2.5 < B/H < 10$ 时，属于矩形宽顶堰。取 $B = 0.6$m，这时 $B/H = 2.73$（在 2.5～10 范围内），所以该堰属于矩形宽顶堰。

(3) 配水管管径 D_2　设配水管管径 $D_2 = 450$mm，流量 $q = 541.7$m³/h，查水力计算表，得知 $v = 0.95$m/s。

(4) 配水漏斗上口口径 D　按配水井内径的 1.5 倍设计，$D = 1.5D_1 = 1.5 \times 900 = 1\,350$（mm）。

第三节　计量设施

一、设计概述

(一) 类型和构造

为了提高污水处理厂的工作效率和管理水平，并积累技术资料，以总结运转经验，为今后处理厂的设计提供可靠的数据，需设置各种计量设施，正确掌握污水量、污泥量、空气量以及动力消耗等。气体流量和耗电量有现成的计量装置可资应用，这里只涉及污水和污泥的计量设备，其选择和布置的一般原则如下。

（1）测量污水或污泥的装置应当水头损失小、测量范围宽，精度高、操作简便，并且不易沉积杂物。

（2）污水计量设备一般设在沉砂池后、初次沉淀池前的渠道上，或设在污水厂的总出水管道上。如有条件，还可对各主要构筑物的进水分别计量。

（3）测量污水或污泥的装置，宜采用不易发生沉淀的设备，如咽喉式计量槽、电磁流量计、文氏管、超声流量计等，其中以咽喉式计量槽应用最为广泛。对二级处理出水的计量，除上述设备外，也可采用各种形式的堰进行测量。

（4）咽喉式计量槽以巴氏槽（Par-shall Flume）最常用，其构造见图 2-9，其尺寸见表 2-3。这种计量设备的优点是水头损失小，不易发生沉淀，精确度可达 95%～98%。它的缺点是施工技术要求较高，尺寸如不准确，即影响测量精度。

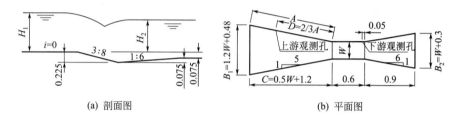

(a) 剖面图　　　　　　　　　　　(b) 平面图

图 2-9　巴氏计量槽各部尺寸（单位：m）

表 2-3　巴氏槽尺寸

测量范围/(m³/s)	W/m	C/m	A/m	D/m	B₂/m	B₁/m
0.010～0.150	0.15	1.275	1.300	0.867	0.45	0.66
0.018～0.250	0.20	1.300	1.326	0.884	0.50	0.72
0.030～0.400	0.25	1.325	1.352	0.901	0.55	0.78
0.040～0.500	0.30	1.350	1.377	0.918	0.60	0.84
0.055～0.650	0.40	1.400	1.428	0.952	0.70	0.96
0.080～0.900	0.50	1.450	1.479	0.986	0.80	1.08
0.100～1.100	0.60	1.500	1.530	1.020	0.90	1.20
0.170～1.300	0.75	1.575	1.606	1.071	1.05	1.38
0.250～1.800	0.90	1.650	1.683	1.122	1.20	1.56
0.300～2.100	1.00	1.700	1.734	1.156	1.30	1.68
0.400～2.800	1.25	1.825	1.841	1.241	1.55	1.98
0.600～3.500	1.50	1.950	1.989	1.326	1.80	2.28
0.800～4.200	1.75	2.075	2.116	1.411	2.05	2.58
1.000～4.800	2.00	2.200	2.244	1.496	2.30	2.88

注：W 为咽喉式计量槽的喉宽；A、B、C、D、B₁、B₂ 如图 2-9 所示。

（5）电磁流量计是根据法拉第电磁感应原理量测流量的仪表，由电磁流量变送器和电磁流量转换器组成。其优点为：①变送器结构简单可靠，内部无活动部件，维护清洗方便；②压力损失小，不易堵塞；③量测精度不受被测污水各项物理参数的影响；④无机械惯性，反应灵敏，可量测脉动流量；⑤无严格的前置直段的要求。目前这种计量设备价格相对昂贵，难以维修故需精心保养。安装时要求变送器附近不应有电动机，变压器等强磁场或强电场，以免产生干扰，同时，要求在变送器内充满污水，否则可能产生误差。

（二）一般规定

1. 咽喉式计量槽的一般规定

① 计量槽应设在渠道的直线段上，直线段的长度不应小于渠道宽度的8～10倍。在计量槽上游，直线段不小于渠宽的2～3倍，下游不少于4～5倍，当下游有跌水而无回水影响时，可适当缩短。

② 计量槽的轴线应与渠道中心线重合。

③ 计量槽上下游渠道的坡度应保持均匀，但坡度可以不同。

④ 计量槽的喉宽一般采用上游渠道水面宽度的1/3～1/2。

⑤ 当喉宽W为0.25m时，计量槽下游和上游的水深比（H_2/H_1）$\leqslant$0.64为自由流，大于此数为潜没流；当W=0.3～2.5m时，$H_2/H_1 \leqslant$0.70为自由流，超过此数为潜没流。

⑥ 当计量槽为自由流时，只需记录上游水位；而当其为潜没流时，则需同时记上下游的水位。设计计量槽时，应尽可能做到自由流。但不论在自由流或潜没流的情况下，均宜在上下游设置水位观测装置。

⑦ 设计计量槽时，除计算其通过最大流量时的工作条件外。尚需计算通过最小流量的条件。

⑧ 计量槽在自由流的条件下，其流量$Q(\mathrm{m^3/s})$计算公式为

$$Q=0.372W(3.28H_1)^{1.569W^{0.026}}$$

式中　W——喉宽，m；

H_1——上游水深，m。

为计算简便，不同喉宽W的流量公式列入表2-4中，供选择使用。

表 2-4　流量计算公式

喉宽 W/m	$Q(\mathrm{m^3/s})$计算公式	喉宽 W/m	$Q(\mathrm{m^3/s})$计算公式
0.15	$Q=0.329H_1^{1.949}$	0.75	$Q=1.777H_1^{1.558}$
0.20	$Q=0.445H_1^{1.505}$	0.90	$Q=2.152H_1^{1.566}$
0.25	$Q=0.562H_1^{1.514}$	1.00	$Q=2.402H_1^{1.570}$
0.30	$Q=0.680H_1^{1.522}$	1.25	$Q=3.036H_1^{1.579}$
0.40	$Q=0.920H_1^{1.533}$	1.50	$Q=3.676H_1^{1.587}$
0.50	$Q=1.162H_1^{1.542}$	1.75	$Q=4.321H_1^{1.593}$
0.60	$Q=1.406H_1^{1.549}$	2.00	$Q=4.971H_1^{1.599}$

2. 溢流堰的一般规定

在污水厂中，有时也可采用非淹没薄壁溢流堰作为计量装置。这种计量装置工作较稳定可靠，但为了防止在堰前渠底积泥，只宜设于处理构筑物之后。常用的溢流堰形式有矩形堰和三角堰（见图2-10），前者用于流量大于100L/s，后者则用于流量小于100L/s时。

（1）矩形堰的流量公式

$$Q=m_0 bH\sqrt{2gH}$$

式中　H——堰顶水深，m；

b——堰宽，m；

g——重力加速度，m/s^2；

m_0——流量系数，通常采用0.45。

（2）三角堰的流量公式

当θ=90°时　　　　　　　　　　$Q=1.43H^{5/2}$

当θ=60°时　　　　　　　　　　$Q=0.826H^{5/2}$

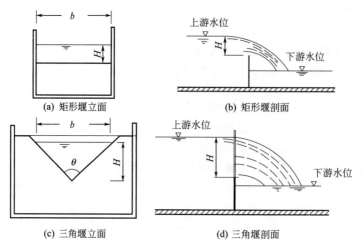

(a) 矩形堰立面	(b) 矩形堰剖面
(c) 三角堰立面	(d) 三角堰剖面

图 2-10　非淹没薄壁堰

二、计算例题

【例 2-5】 巴氏计量槽设计计算

1. 已知条件

污水处理厂设计规模 20 000m³/d，总变化系数 $K_z=1.5$，最高时污水量 0.35m³/s，出水拟采用巴氏槽计量。确定计量槽的基本尺寸。

2. 设计计算

（1）上游渠道　上游渠道流速 v_1 取 0.7m/s，水深 H_1 取 0.6m，则上游渠道宽度

$$B_1=\frac{Q_{max}}{v_1 H_1}=\frac{0.35}{0.7\times0.6}=0.83\text{（m）}$$

上游渠道长度　　　　　　$L_1=2.5B_1=2.5\times0.83=2.1\text{（m）}$

（2）计量槽基本尺寸

① 咽喉宽度 W。计量槽咽喉宽度取渠道宽度的 0.35 倍，则

$$W=0.35B=0.35\times0.83=0.29\text{（m）}$$

② 校核上游渠道宽度 B_1

$$B_1=1.2W+0.48=1.2\times0.29+0.48=0.83\text{（m）}$$

③ 渐扩段出口宽度 B_2

$$B_2=W+0.3=0.29+0.3=0.59\text{（m）}$$

④ 下游渠道水深。下游与上游的水深比取 0.6，则下游渠道水深

$$H_2=0.6H_1=0.6\times0.6=0.36\text{（m）}$$

⑤ 上游渐缩段长度 C

$$C=0.5W+1.2=0.5\times0.29+1.2=1.35\text{（m）}$$

⑥ 上游水位观测孔位置。上游渐缩段渠道壁长度为

$$A=\sqrt{\left(\frac{B_1-W}{2}\right)^2+C^2}=\sqrt{\left(\frac{0.83-0.29}{2}\right)^2+1.35^2}=1.38\text{（m）}$$

水位观测孔位置：

$$D=\frac{2}{3}A=\frac{2}{3}\times1.38=0.92\text{（m）}$$

⑦ 巴氏槽长度。咽喉段长度 0.6m，下游渐扩段长度 0.9m，巴氏槽总长度 L_2 为

$$L_2=C+0.6+0.9=1.35+0.6+0.9=2.85\text{（m）}$$

（3）下游渠道长度

$$L_3=5B_1=5\times0.83=4.15\text{（m）}$$

（4）上下游渠道及巴氏槽总长度

$$L=L_1+L_2+L_3=2.1+2.85+4.15=9.1 \text{（m）}$$

$L/B_1=9.1/0.83=11>10$，符合要求。

巴氏槽布置图见图 2-11。

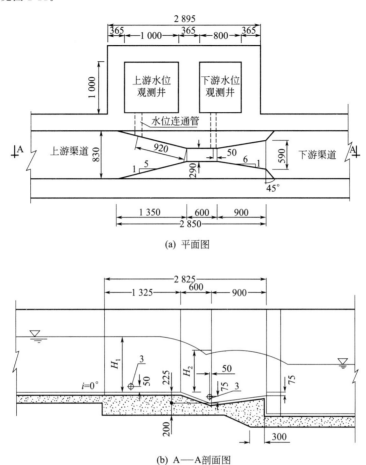

(a) 平面图

(b) A—A剖面图

图 2-11 巴氏槽布置图（单位：mm）

【例 2-6】 计量三角堰设计计算

1. 已知条件

某污水处理厂设计规模为 5 000m³/d，综合变化系数 $K_z=1.73$，最高时流量为 0.1m³/s，该厂出水拟采用三角堰计量（$\theta=90°$），试计算三角堰各部尺寸。

2. 设计计算

（1）三角堰各部尺寸　采用 90°三角堰，最大堰上水头

$$H_1=\left(\frac{Q_{\max}}{1.43}\right)^{\frac{2}{5}}=\left(\frac{0.1}{1.43}\right)^{\frac{2}{5}}=0.35 \text{（m）}$$

超高取 0.15m，三角堰高度 $H_2=H_1+0.15=0.35+0.15=0.5$（m）。

三角堰上口宽度 $B_1=2H_2=2\times0.5=1.0$（m）。

（2）下游渠道　下游渠道宽度 B_3 取 1.2m，流速 v_3 取 0.5m/s，水深

$$H_3=\frac{Q_{\max}}{v_3 B_3}=\frac{0.1}{0.5\times1.2}=0.17 \text{（m）}$$

上游渠道超高取 0.15m，下游水位低于三角堰最低点 0.1m，渠道总高度

$$H=0.15+H_1+0.1+H_3=0.15+0.35+0.1+0.17=0.77 \text{（m）}$$

下游渠道长度

$$L_1 = 4B_1 = 4 \times 1.2 = 4.8 \text{ (m)}$$

（3）**上游渠道**　上游渠道宽度 B_2 取 1.2m，水深

$$H_2 = H - 0.15 = 0.77 - 0.15 = 0.62 \text{ (m)}$$

上游渠道流速

$$v_1 = \frac{Q_{max}}{B_2 H_2} = \frac{0.1}{1.2 \times 0.62} = 0.13 \text{ (m)}$$

本例三角堰布置图见图 2-12。

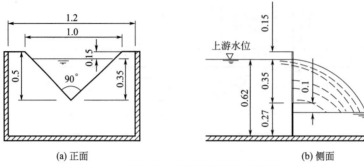

| (a) 正面 | (b) 侧面 |

图 2-12　三角堰布置图（单位：m）

第 三 章
预处理设施

污水的预处理设施主要包括格栅和沉砂池。这是因为它们常设置在污水处理工艺流程中的核心处理设施之前，虽然不能有力地去除污水中的溶解性有机污染物质，但对改善和提高后续核心处理设施的功效，往往是不可缺少的。

第一节 格 栅

一、设计概述

1. 一般规定

格栅系由一组平行的金属栅条或筛网制成，安装在污水渠道上、泵房集水井的进口处或污水厂的端部，用以截留较大的悬浮物或漂浮物，如纤维、碎皮、毛发、果皮、蔬菜、塑料制品等。一般情况下，分粗、细两道格栅，粗格栅的作用是拦截较大的悬浮物或漂浮物，以便保护水泵；细格栅的作用是拦截粗格栅未截留的悬浮物或漂浮物。

2. 格栅除污机设备选用

目前，格栅除污机已经设备化、产品化，设备制造厂提供格栅宽度、栅条间隙、安装尺寸等技术性能参数，一般可根据设计水量进行设备选型。

污水厂常见的格栅除污机有高链式、反捞式、回转式、阶梯式、钢丝绳牵引式、内进式鼓形格栅除污机及旋转式格栅除污机。格栅除污机的适用条件及特点比较见表 3-1。

表 3-1 格栅除污机的适用条件及特点比较

设备名称	适用条件	特点
高链式格栅除污机	用于泵站进水渠(井)，拦截捞取水中的漂浮物，以保护水泵正常运行，一般作中、细格栅使用	(1)水下无运转部件，使用寿命长，维护检修方便 (2)构造简单，运行可靠，适用水深不大于2m
反捞式格栅除污机	用于泵站前，特别泥砂沉积量较大的场合，拦截、捞取水中漂浮物，一般作粗、中格栅使用	(1)齿耙栅后下行，栅前上行捞渣，不会将栅渣带入水中，捞渣彻底 (2)当底部沉积物较多时，不会堵耙，避免造成事故
回转式格栅除污机	捞取各种原水中漂浮物，一般设在粗格栅之后，用作中格栅	(1)结构紧凑，缓冲卸渣 (2)耐磨损，运行可靠，可全自动运行
阶梯式格栅除污机	是一种典型的细格栅，适用于井深较浅，宽度不大于2m的场合	(1)水下无传动件，结构合理，使用寿命长，维护保养方便 (2)采用独特的阶梯式清污原理，可避免杂物卡阻及缠绕
钢丝绳牵引式格栅除污机	主要用于雨水泵站或合流制泵站，拦截粗大的漂浮物或较重的沉积物，一般作粗、中格栅使用	(1)捞渣量大，卸渣彻底，效率高 (2)宽度可达4m，最大深度可达30m (3)易损件少，水下无运转部件，维护检修方便，运行极其安全可靠
内进式鼓形格栅除污机	主要用于去除城镇污水和工业废水中的漂浮物，该机集截污、齿耙除渣、螺旋提升、压榨脱水四种功能于一体	(1)集多种功能于一体，结构紧凑 (2)过滤面积大，水头损失小 (3)清渣彻底，分离效率高 (4)全不锈钢结构，维护工作小。但设备价格相对较高
旋转式齿耙格栅除污机	主要用于城市污水和工业废水处理中截取并自动清除污水中的漂浮物和悬浮物，一般设在粗格栅之后，是典型的细格栅	(1)无栅条，诸多小齿耙相互连接组成一个较大的旋转面 (2)卸渣效果好 (3)齿耙强度高，有聚酰胺和不锈钢两种材质 (4)有过载保护措施，运行可靠

3. 设计参数

(1) 水泵前格栅栅条间隙，应根据水泵要求确定。

(2) 污水处理系统前格栅栅条间隙，应符合下列要求：①人工清除 25～40mm；②机械清除 16～25mm；③最大间隙 40mm。

(3) 栅渣量与地区的特点、格栅的间隙大小、污水流量及排水管道系统等因素有关。在无当地运行资料时，可采用：

① 格栅间隙 16～25mm 时，0.10～0.05m³ 栅渣/10³ m³ 污水；

② 格栅间隙 30～50mm 时，0.03～0.01m³ 栅渣/10³ m³ 污水。

(4) 大型污水处理厂或泵站前的格栅（每日栅渣量大于 0.2m³），一般应采用机械清渣。

(5) 机械格栅不少于 2 台，如为一台时，应设人工清除格栅备用。

(6) 过栅流速一般采用 0.6～1.0m/s。

(7) 格栅前渠道内的水流速度一般采用 0.4～0.9m/s。

(8) 格栅倾角一般采用 45°～75°。

(9) 通过格栅的水头损失，粗格栅一般为 0.2m，细格栅一般为 0.3～0.4m。

(10) 格栅间必须设置工作台，台面应高出栅前最高设计水位 0.5m。工作台上应有安全和冲洗设施。

(11) 格栅间工作台两侧过道宽度不应小于 0.7m。工作台正面过道宽度，采用人工清除时不应小于 1.2m，采用机械清除时不应小于 1.5m。

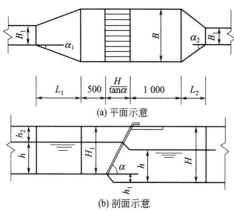

(a) 平面示意

(b) 剖面示意

图 3-1 格栅设计计算图（单位：mm）

(12) 机械格栅的动力装置一般宜设在室内，或采取其他保护设备的措施。

(13) 设置格栅装置的构筑物，必须考虑设有良好的通风设施。

(14) 在北方地区格栅的设置应考虑防止栅渣结冰的措施。

(15) 格栅间内应安设吊运设备，以进行格栅及其他设备的检修，栅渣的日常清除。

二、计算例题

【例 3-1】 格栅设计计算

1. 已知条件

某城镇污水处理厂的最大设计污水量 $Q_{max}=0.4\text{m}^3/\text{s}$，

总变化系数 $K_z=1.39$，求格栅各部分尺寸。

2. 设计计算

图 3-1 为格栅设计计算图。

(1) 栅槽宽度

① 栅条的间隙数 n（个）

$$n=\frac{Q_{max}\sqrt{\sin\alpha}}{bhv}$$

式中　n——栅条间隙数，个；

　　Q_{max}——最大设计流量，m^3/s；

　　　α——格栅倾角，（°），取 $\alpha=60°$；

　　　b——栅条间隙，m，取 $b=0.021\text{m}$；

　　　h——栅前水深，m，取 $h=0.4\text{m}$；

　　　v——过栅流速，m/s，取 $v=0.9\text{ m/s}$。

格栅设两组，按两组同时工作设计，一格停用，一格工作校核。则栅条间隙数

$$n=\frac{0.2\sqrt{\sin60°}}{0.021\times0.4\times0.9}\approx26（个）$$

② 栅槽宽度 B。栅槽宽度一般比格栅宽 $0.2 \sim 0.3$m，取 0.2m；设栅条宽度 $S = 10$mm（0.01m），则栅槽宽度

$$B = S(n-1) + bn + 0.2$$
$$= 0.01 \times (26-1) + 0.021 \times 26 + 0.2$$
$$= 0.996 \ (\text{m}) \approx 1.0 \ (\text{m})$$

（2）通过格栅的水头损失 h_1（m）

$$h_1 = h_0 k$$
$$h_0 = \xi \frac{v^2}{2g} \sin\alpha$$
$$\xi = \beta \left(\frac{S}{b}\right)^{4/3}$$

式中　h_1——设计水头损失，m；

h_0——计算水头损失，m；

g——重力加速度，m/s^2；

k——系数，格栅受污物堵塞时水头损失增大倍数，一般采用 3；

ξ——阻力系数，与栅条断面形状有关，可按手册提供的计算公式和相关系数计算。

设栅条断面为锐边矩形断面，$\beta = 2.42$，代入数据得

$$h_1 = h_0 k = \beta \left(\frac{S}{b}\right)^{4/3} \frac{v^2}{2g} \sin\alpha k$$
$$= 2.42 \times \left(\frac{0.01}{0.021}\right)^{4/3} \times \frac{0.9^2}{19.6} \sin 60° \times 3$$
$$= 0.097 \ (\text{m})$$

（3）栅后槽总高度 H（m）　设栅前渠道超高 $h_2 = 0.3$m，则

$$H = h + h_1 + h_2 = 0.4 + 0.097 + 0.3$$
$$= 0.797 \ (\text{m}) \approx 0.8 \ (\text{m})$$

（4）栅槽总长度 L（m）

① 进水渠道渐宽部分的长度 L_1。设进水渠宽 $B_1 = 0.85$m，其渐宽部分展开角 $\alpha_1 = 20°$，进水渠道内的流速为 0.77m/s。

$$L_1 = \frac{B - B_1}{2\tan\alpha_1} = \frac{1.0 - 0.85}{2\tan 20°} \approx 0.21 \ (\text{m})$$

② 栅槽与出水渠道连接处的渐窄部分长度 L_2（m）

$$L_2 = \frac{L_1}{2} = \frac{0.21}{2} \approx 0.11 \ (\text{m})$$
$$L = L_1 + L_2 + 1.0 + 0.5 + H_1/\tan\alpha$$
$$H_1 = h + h_2$$

式中，H_1 为栅前渠道深，m。

$$L = 0.21 + 0.11 + 0.5 + 1.0 + \frac{0.4 + 0.3}{\tan 60°}$$
$$= 2.22 \ (\text{m})$$

（5）每日栅渣量 W（m^3/d）

$$W = \frac{86\,400 Q_{\max} W_1}{1\,000 K_z}$$

式中，W_1 为栅渣量，m^3/10^3m^3 污水，格栅间隙为 $16 \sim 25$mm 时，$W_1 = 0.10 \sim 0.05$m^3/10^3m^3 污水；格栅间隙为 $30 \sim 50$mm 时，$W_1 = 0.03 \sim 0.1$m^3/10^3m^3 污水。本例题格栅间隙为 21mm，取 $W_1 = 0.07$m^3/10^3m^3 污水。

$$W = \frac{86\,400 \times 0.4 \times 0.07}{1\,000 \times 1.39} = 1.74 \ (\text{m}^3/\text{d}) > 0.2 \ (\text{m}^3/\text{d})$$

采用机械清渣。

【例 3-2】 格栅除污机设备选用计算

1. 已知条件

某城镇污水处理厂的最大设计污水量 $Q_{max} = 0.4 \mathrm{m^3/s}$，总变化系数 $K_z = 1.39$，格栅采用两组，并列运行，试选择格栅除污机。

2. 设计计算

（1）每日栅渣量　经计算该厂每日栅渣量为 $1.74 \mathrm{m^3/d} > 0.2 \mathrm{m^3/d}$，需采用机械清渣。

（2）格栅除污机的选用　格栅选用 2 台旋转式齿耙格栅除污，每台的过水流量为 $0.4/2 = 0.2$（$\mathrm{m^3/s}$）$= 17280$（$\mathrm{m^3/d}$）。

根据某设备制造厂提供的旋转式齿耙格栅除污机的有关技术资料，所选设备的技术参数为：①安装角度为 $70°$；②电机功率为 $1.5 \mathrm{kW}$；③设备宽度为 $800 \mathrm{mm}$；④沟宽为 $900 \mathrm{mm}$；⑤栅前水深 $1.0 \mathrm{m}$；⑥过栅流速为 $0.5 \sim 1.0 \mathrm{m/s}$；⑦耙齿栅隙为 $20 \mathrm{mm}$；⑧过水流量为 $17\,000 \sim 34\,000 \mathrm{m^3/d}$。

第二节　沉　砂　池

沉砂池的功能是利用物理原理去除污水中密度较大的无机颗粒污染物，如泥砂、煤渣等，它们的相对密度约为 2.65。城镇污水处理厂一般均应设置沉砂池。

沉砂池常见的形式有平流式沉砂池、曝气式沉砂池、竖流式沉砂池及涡流式沉砂池等。

一、平流式沉砂池

（一）设计概述

1. 一般规定

平流式沉砂池是常用的形式，具有构造简单、处理效果较好的优点。一般设于初次沉淀池之前，以减轻沉淀池的负荷及改善污泥处理构筑物的条件。也可设于泵站、倒虹管前以减轻机械、管道的磨损。

2. 设计参数

① 沉砂池的格数不应少于 2 个，并应按并联系列设计，当污水量较小时，可考虑一格工作，一格备用。

② 沉砂池按去除相对密度大于 2.65、粒径大于 0.2mm 的砂粒设计。

③ 设计流量应按最大设计流量计算；在合流制处理系统中，应按合流流量计算。

④ 设计流速的确定。设计流量时水平流速：最大流速应为 0.3m/s，最小流速应为 0.15 m/s；最大设计流量时，污水在池内的停留时间不应少于 30s，一般为 30 ～ 60s。

⑤ 设计水深的确定。设计有效水深不应大于 1.2m，一般采用 0.25 ～ 1.0m，每格宽度不宜小于 0.6m。

⑥ 沉砂量的确定。城镇污水的沉砂量可按 $3 \mathrm{m^3/10^5 m^3}$ 污水计算，沉砂含水率约为 60%，容重为 $1.5 \mathrm{t/m^3}$。

⑦ 砂斗容积按 2d 的沉砂量计算，斗壁倾角 $55° \sim 60°$。

⑧ 池底坡度一般为 0.01 ～ 0.02；当设置除砂设备时，应根据设备要求考虑池底形状。

⑨ 除砂一般宜采用机械方法。采用人工排砂时，排砂管直径不应小于 200mm。

⑩ 当采用重力排砂时，沉砂池和储砂池应尽量靠近，以缩短排砂管的长度，并设排砂闸门于管的首端，使排砂管畅通和易于养护管理。

⑪ 沉砂池的超高不宜小于 0.3m。

（二）计算例题

【例 3-3】 平流式沉砂池设计计算

1. 已知条件

某城镇污水处理厂的最大设计流量为 $0.2 \mathrm{m^3/s}$，最小设计流量为 $0.1 \mathrm{m^3/s}$，总变化系数 $K_z = 1.50$，求平流沉砂池各部分尺寸。

2. 设计计算

平流式沉砂池计算图见图 3-2。

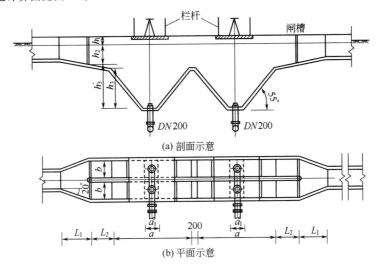

图 3-2　平流式沉砂池计算图（单位：mm）

（1）沉砂池长度 L（m）

$$L = vt$$

式中　v——最大设计流量时的流速，m/s，取 $v = 0.25$m/s；

　　　t——最大设计流量时的流行时间，s，取 $t = 30$s。

代入数据得　　　　　$L = vt = 0.25 \times 30 = 7.5$（m）

（2）水流断面面积 A（m^2）

$$A = Q_{max}/v$$

式中，Q_{max} 为最大设计流量，m^3/s。

$$A = 0.2/0.25 = 0.8（m^2）$$

（3）池总宽度 B（m）

$$B = nb$$

取 $n = 2$ 格，每格宽 $b = 0.6$m，则

$$B = nb = 2 \times 0.6 = 1.2（m）$$

（4）有效水深 h_2（m）

$$h_2 = A/B = 0.8/1.2 = 0.67（m）$$

（5）沉砂斗容积 V（m^3）

$$V = \frac{Q_{max} X T \times 86\,400}{K_z 10^6}$$

式中　X——城镇污水沉砂量，m^3/10^6m^3 污水，取 $X = 30$m^3/10^6m^3 污水；

　　　T——清除沉砂的间隔时间，d，取 $T = 2$d；

　　　K_z——污水流量总变化系数，取 $K_z = 1.5$。

$$V = \frac{0.2 \times 30 \times 2 \times 86\,400}{1.5 \times 10^6} = 0.69（m^3）$$

（6）每个沉砂斗容积 V_0（m^3）　设每一分格有 2 个沉砂斗，共有 4 个沉砂斗，则

$$V_0 = \frac{0.69}{2 \times 2} = 0.17（m^3）$$

（7）沉砂斗尺寸（见图 3-2）

① 沉砂斗上口宽 a（m）

$$a = \frac{2h_3'}{\tan 55°} + a_1$$

式中　h_3'——斗高，m，取 $h_3'=0.35$m；

　　　a_1——斗底宽，m，取 $a_1=0.5$m。

斗壁与水平面的倾角 55°，代入上式得

$$a = \frac{2h_3'}{\tan 55°} + a_1 = \frac{2×0.35}{\tan 55°} + 0.5 = 1.0 \ （m）$$

② 沉砂斗容积 V_0（m³）

$$V_0 = \frac{h_3}{6}(2a^2 + 2aa_1 + 2a_1^2)$$

$$= \frac{0.35}{6} × (2×1^2 + 2×1×0.5 + 2×0.5^2)$$

$$= 0.20 \ （m^3）$$

（8）沉砂室高度 h_3（m）　采用重力排砂，设池底坡度为 0.06，坡向砂斗。沉砂室由两部分组成：一部分为沉砂斗，另一部分为沉砂池坡向沉砂斗的过渡部分，沉砂室的宽度 L 为 $[2(L_2+a)+0.2]$。

$$L_2 = \frac{L - 2a - 0.2}{2} = \frac{7.5 - 2×1 - 0.2}{2}$$

$$= 2.65 \ （m）（0.2m 为二沉砂斗之间隔壁厚）$$

$$h_3 = h_3' + 0.06L_2 = 0.35 + 0.06×2.65 = 0.51 \ （m）$$

（9）沉砂池总高度 H（m）　取超高 $h_1=0.3$m，则

$$H = h_1 + h_2 + h_3 = 0.3 + 0.67 + 0.51 = 1.48 \ （m）$$

（10）验算最小流速 v_{min}（m/s）　在最小流量时，只用一格工作（$n_1=1$）。

$$v_{min} = \frac{Q_{min}}{n_1 \omega_{min}}$$

式中　Q_{min}——最小流量，m³/s；

　　　n_1——最小流量时工作的沉砂池数目，个；

　　　ω_{min}——最小流量时沉砂池中的水流断面面积，m²。

则

$$v_{min} = \frac{0.1}{1×0.6×0.67} = 0.25(m/s) > 0.15 \ （m/s）$$

（11）砂水分离器的选择　沉砂池的沉砂经排砂装置排除的同时，往往是砂水混合体，为进一步分离出砂和水，需配套砂水分离器。

清除沉砂的间隔时间为 2d，根据该工程的排砂量，选用一台某公司生产的螺旋砂水分离器。

该设备的主要技术性能参数为：①进入砂水分离器的流量为 1～3L/s；②容积为 0.6m³；③进水管直径为 100mm；④出水管直径为 100mm；⑤配套功率为 0.25kW。

二、竖流式沉砂池

（一）设计概述

1. 一般规定

竖流式沉砂池是污水由中心管进入池内自下而上流动无机颗粒借助重力沉于池底，处理效果一般较差。

竖流式沉砂池的设置位置同"平流式沉砂池"。

2. 设计参数

① 沉砂池的格数不应少于 2 个，并应按并联系列设计，当污水量较小时，可考虑一格工作，一格备用。

② 沉砂池按去除相对密度大于 2.65、粒径大于 0.2mm 的砂粒设计。

a. 最大流速为 0.1m/s，最小流速为 0.02m/s。

b. 最大流量时停留时间不小于20s，一般采用30～60s。

c. 进水中心管最大流速为0.3m/s。

（二）计算例题

【例3-4】 竖流式沉砂池设计计算

1. 已知条件

已知某城镇污水处理厂的最大设计流量为$0.2\text{m}^3/\text{s}$，中心管流速$v_1=0.3\text{m/s}$，池内水流上升流速$v_2=0.05\text{m/s}$，最大设计流量时的流行时间$t=30\text{s}$，总变化系数$K_z=1.50$，沉砂每2d清除一次。求竖流式沉砂池各部分的尺寸。

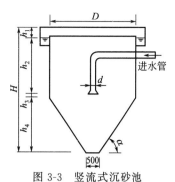

图 3-3 竖流式沉砂池
计算图（单位：mm）

2. 设计计算

竖流式沉砂池计算图见图3-3。

（1）中心管直径d（m）

$$d=\sqrt{\frac{4q_{\max}}{\pi v_1}}$$

式中 v_1——污水在中心管内流速，m/s，$v_1=0.3$ m/s；

   $q_{\max}$——单格最大设计流量，m^3/s。

设沉砂池格数$n=2$，每格最大设计流量

$$q_{\max}=\frac{0.2}{2}=0.1\ (\text{m}^3/\text{s})$$

$$d=\sqrt{\frac{4\times0.1}{3.14\times0.3}}=0.65\ (\text{m})$$

（2）池子直径D（m）

$$D=\sqrt{\frac{4q_{\max}(v_1+v_2)}{\pi v_1 v_2}}$$

式中，v_2为池内水流上升流速，m/s，v_2取0.05m/s。

$$D=\sqrt{\frac{4\times0.1\times(0.3+0.05)}{3.14\times0.3\times0.05}}=1.72\ (\text{m})$$

（3）水流部分高度h_2（m）

$$h_2=v_2 t$$

式中 t——最大流量时的流行时间，s，$t=30\text{s}$。

$$h_2=0.05\times30=1.5\ (\text{m})$$

（4）沉砂部分所需容积V（m^3）

$$V=\frac{Q_{\max}XT\times86\,400}{K_z\times10^6}$$

式中 X——城镇污水沉砂量，$\text{m}^3/10^6\text{m}^3$ 污水，取$X=30\text{m}^3/10^6\text{m}^3$ 污水；

   T——两次清除沉砂相隔的时间，d，$T=2\text{d}$；

   K_z——生活污水流量总变化系数，$K_z=1.5$。

$$V=\frac{0.2\times30\times2\times86\,400}{1.5\times10^6}=0.69\ (\text{m}^3)$$

（5）每个沉砂斗容积V_0（m^3）

$$V_0=0.69/2=0.35\ (\text{m}^3)$$

（6）沉砂部分高度h_4（m）

$$h_4=(R-r)\tan\alpha$$

式中 R——池子半径，m；

   r——圆截锥部分下底半径，m；

   α——截锥部分倾角，（°）。

取沉砂室锥底直径为0.5m，圆截锥部分下底半径为0.25m，则

$$h_4 = (R-r)\tan\alpha = (0.86-0.25)\tan55° = 0.87 \text{（m）}$$

（7）圆截锥部分实际容积 V_1（m^3）

$$
\begin{aligned}
V_1 &= \frac{\pi h_4}{3}(R^2+Rr+r^2) \\
&= \frac{3.14 \times 0.87}{3} \times (0.86^2+0.86 \times 0.25+0.25^2) \\
&= 0.92(m^3) > 0.35 \text{ （m}^3\text{）}
\end{aligned}
$$

（8）池总高度 H（m）

$$H = h_1 + h_2 + h_3 + h_4$$

式中　h_1——超高，m，取 0.3m；

h_3——中心管底至沉砂面的距离，m，一般采用 0.25m。

$$H = h_1+h_2+h_3+h_4 = 0.3+1.5+0.25+0.87 = 2.92 \text{ （m）}$$

（9）排砂方式　采用重力排砂或水泵排砂。

三、曝气式沉砂池

（一）设计概述

1. 一般规定

普通沉砂池的沉砂中含有约 15% 的有机物，使沉砂的后续处理难度增加。采用曝气式沉砂池可克服这一缺点。曝气式沉砂池是在池的一侧通入空气，使池内水流产生与主流垂直的横向旋流。曝气式沉砂池的优点是通过调节曝气量，可以控制污水的旋流速度，使除砂效率较稳定，受流量变化的影响较小。同时，还对污水起预曝气作用。

曝气式沉砂池的设置位置同"平流式沉砂池"。

2. 设计参数

① 旋流速度应保持 0.25~0.3m/s。

② 水平流速为 0.1m/s。

③ 最大时流量的停留时间为 1~3min。

④ 有效水深为 2~3m，宽深比一般采用 1~1.5。

⑤ 长宽比可达 5，当池长比池宽大得多时，应考虑设置横向挡板。

⑥ 处理每立方米污水的曝气量为 0.1~0.2m³ 空气。

⑦ 空气扩散装置设在池的一侧，距池底约 0.6~0.9m，送气管应设置调节气量的阀门。

⑧ 池子的形状应尽可能不产生偏流或死角，在集砂槽附近可安装纵向挡板。

⑨ 池子的进口和出口布置，应防止发生短路，进水方向应与池中旋流方向一致，出水方向应与进水方向垂直，并宜设置挡板。

⑩ 池内应考虑设消泡装置。

（二）计算例题

【例 3-5】 曝气式沉砂池设计计算

1. 已知条件

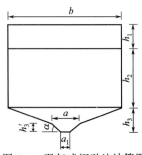

图 3-4　曝气式沉砂池计算图

某城镇污水处理厂的最大设计流量为 0.8m³/s，求曝气式沉砂池的总有效容积、水流断面积、池总宽度、池长等各部分尺寸及每小时所需空气量。

2. 设计计算

曝气式沉砂池计算图见图 3-4。

（1）池子总有效容积 V（m^3）

$$V = Q_{max} t \times 60$$

式中　Q_{max}——最大设计流量，m³/s，$Q_{max} = 0.8m^3/s$；

t——最大设计流量时的流行时间，min，取 $t=2$min。

$$V = 0.8 \times 2 \times 60 = 96 \text{ （m}^3\text{）}$$

（2）水流断面积 A（m^2）

$$A = Q_{max}/v_1$$

式中　v_1——最大设计流量时的水平流速，m/s，取 $v_1 = 0.1$m/s。

$$A = 0.8/0.1 = 8 \ (\text{m}^2)$$

（3）池总宽度 B（m）

$$B = A/h_2$$

式中　h_2——设计有效水深，m，取 $h_2 = 2$m。

$$B = A/h_2 = 8/2 = 4 \ (\text{m})$$

（4）每个池子宽度 b（m）　取 $n = 2$ 格，则

$$b = B/n = 4/2 = 2 \ (\text{m})$$

宽深比：$\dfrac{b}{h_2} = \dfrac{2}{2} = 1$，满足要求。

（5）池长 L（m）

$$L = V/A = 96/8 = 12 \ (\text{m})$$

（6）每小时所需空气量 q（m³/h）

$$q = dQ_{max} \times 3\,600$$

式中　d——每立方米污水所需空气量，m³，取 $d = 0.2$m³/m³ 污水。
　则　　　　　　　　　　　$q = 0.2 \times 0.8 \times 3\,600 = 576 \ (\text{m}^3/\text{h})$

（7）沉砂室沉砂斗体积 V_0（m³）　设沉砂斗为沿池长方向的梯形断面渠道，沉砂斗体积为

$$V_0 = \frac{a + a_1}{2} \times h_3 L$$

式中　a——沉砂斗上顶宽，m；
　　　a_1——沉砂斗下底宽，m。

沉砂室坡向沉砂斗的坡度为 $i = 0.1 \sim 0.5$；沉砂斗侧壁与水平面的夹角 $\alpha \geqslant 55°$；沉砂室计算同平流式沉砂池。

四、涡流式沉砂池

涡流式沉砂池是一种带有立式搅拌装置（桨叶分离机），水流在池内呈旋流状态的沉砂池，因此也称旋流沉砂池。涡流沉砂池由进水口、出水口、沉砂区、储砂区组成，配套专用设备有电动机、减速器、桨叶分离机、排砂管、空气管、鼓风机等。如果采用水泵排砂，则排砂管、空气管、鼓风机等可以省略。

沉砂区为圆柱形水池，进水沿切线方向进入，并在桨叶分离机的控制下在池中旋转，出水沿与进水相反的方向流出沉砂池。在旋流作用下，砂粒与有机污泥分离，在离心力作用下被抛向池壁，并沿池壁下滑进入储砂区。

涡流式沉砂池的特点是泥砂分离效果好，占地少，布置灵活，投资和运行费用较低，但沉砂效果业界存在争议。涡流沉砂池一般适用于中小型污水处理厂，大型污水处理厂是否采用应进行技术经济比较。

（一）设计概述

1. 设计参数

① 沉砂池水力表面负荷不大于 200m³/(m²·h)，最高时流量时水力停留时间不小于 30s。沉砂区水深 1.0~1.2m，径深比控制在 2.0~2.5。

② 进水渠道直段长度应为渠道宽的 7 倍，并且不小于 4.5m，以创造平稳的进水条件。

③ 进水渠道流速，在最大流量的 40%~80% 情况下为 0.6~0.9m/s，在最小流量时大于

0.15m/s；但最大流量不大于1.2m/s。

④ 出水渠道与进水渠道的夹角大于270°，以防止短流。出水渠道宽度为进水渠道的2倍，直线段不小于出水渠道宽度。

⑤ 沉砂区与储砂区的过渡段应有不小于25°的坡度，以利于砂粒滑入储砂区。储砂区底部锥斗坡度不小于45°

⑥ 沉砂池前应设格栅。沉砂池下游设堰板，以便保持沉砂池内所需的水位。

涡流式沉砂池的平面布置形式可参见图3-5和图3-6。

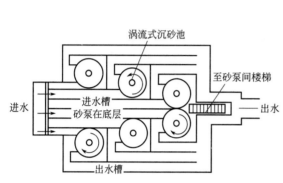

图3-5　涡流式沉砂池的总体布置

图3-6　涡流式沉砂池的布置要求

2. 规格尺寸

涡流式沉砂池的设计不仅与表面负荷、停留时间有关，而且与专用设备有关。目前国内已经形成系列化的涡流式沉砂池和配套设备可资选用，具体参数可向生产商索取。表3-2即为国内某厂商提供的尺寸以供参考，各部尺寸意义见图3-7。应当注意，在选型后需对部分参数进行校核，不满足要求时应进行调整。

表3-2　涡流式沉砂池规格

设计水量/(m³/h)	180	360	720	1 080	1 980	3 170	4 750	6 300	7 200
沉砂区直径 A/m	1.83	2.13	2.43	3.05	3.65	4.87	5.48	5.80	6.10
储砂区直径 B/m	0.91	0.91	0.91	1.52	1.52	1.52	1.52	1.52	1.83
进水渠宽度 C/m	0.31	0.38	0.46	0.61	0.72	1.07	1.22	1.37	1.68
出水渠宽度 D/m	0.61	0.76	0.91	1.22	1.52	2.13	2.44	2.74	3.35
锥斗底径 E/m	0.31	0.31	0.31	0.46	0.46	0.46	0.55	0.55	0.55
储砂区深度 F/m	1.52	1.52	1.52	1.68	2.03	2.08	2.13	2.44	2.44
沉砂区底坡降 G/m	0.30	0.30	0.40	0.45	0.60	1.00	1.00	1.30	1.30
进水渠水深 H/m	0.20	0.25	0.38	0.45	0.65	0.75	0.95	1.10	1.10
沉砂区水深 J/m	0.80	0.80	0.80	1.00	1.10	1.45	1.45	1.50	1.50
超高 K/m	0.30	0.30	0.35	0.35	0.35	0.40	0.40	0.45	0.45
沉砂区深度 L/m	1.1	1.1	1.15	1.35	1.45	1.85	1.85	1.95	1.95
驱动机构/W	0.56	0.86	0.86	0.75	0.75	1.5	1.5	1.5	1.5
桨板转速/(N/min)	20	20	20	14	14	13	13	13	13

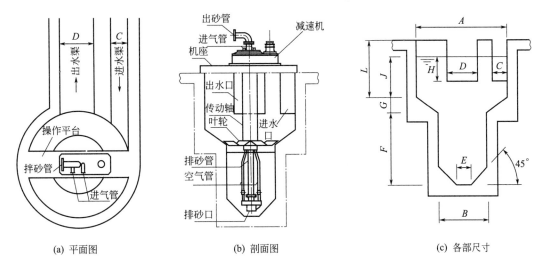

| (a) 平面图 | (b) 剖面图 | (c) 各部尺寸 |

图 3-7 涡流式沉砂池构造及各部尺寸

（二）计算例题

【例 3-6】 涡流式沉砂池的选型计算

1. 已知条件

某城市污水处理厂设计规模 20 000m³/d，综合变化系数 $K_z=1.5$，设计采用涡流式沉砂池，试确定涡流沉砂池尺寸。

2. 选型计算

（1）设计流量　沉砂池按最高时流量设计。本例最高时流量 $Q_{max}=K_z\dfrac{Q}{24}=1.5\times\dfrac{20\,000}{24}=1250$（m³/h）。

沉砂池设 2 座，每座沉砂池设计流量 $Q_D=Q_{max}/2=1\,250/2=625$（m³/h）。

（2）规格选择　查表 3-2，选择直径 2.43m 的涡流沉砂池，各部分尺寸见表 3-3。

表 3-3　涡流沉砂池尺寸

设计水量/(m³/h)	720	沉砂区底坡降 G/m	0.40
沉砂区直径 A/m	2.43	进水渠水深 H/m	0.38
储砂区直径 B/m	0.91	沉砂区水深 J/m	0.80
进水渠宽度 C/m	0.46	超高 K/m	0.35
出水渠宽度 D/m	0.91	沉砂区深度 L/m	1.15
锥斗底径 E/m	0.31	驱动机构/W	0.86
储砂区深度 F/m	1.52	桨板转速/(N/min)	20

（3）参数校核

① 表面负荷
$$q=\frac{4Q_D}{\pi A^2}=\frac{4\times625}{3.14\times2.43^2}=134.8\ [\text{m}^3/(\text{h}\cdot\text{m}^2)]$$

② 停留时间

a. 沉砂区体积 V
$$V=\frac{\pi A^2 J}{4}+\frac{\pi G}{12}(A^2+AB+B^2)$$
$$=\frac{3.14\times2.43^2\times0.8}{4}+\frac{3.14\times0.4}{12}\times(2.43^2+2.43\times0.91+0.91^2)=4.65\ (\text{m}^3)$$

b. 停留时间 HRT
$$\text{HRT}=3\,600V/Q_D=3\,600\times4.65/625=26.8\ (\text{s})$$

c. 参数调整。停留时间不足，沉砂区水深 J 调整为 1.0m，则

$$V' = \frac{3.14 \times 2.43^2 \times 1.0}{4} + \frac{3.14 \times 0.4}{12} \times (2.43^2 + 2.43 \times 0.91 + 0.91^2) = 5.57 \ (\text{m}^3)$$

$$\text{HRT} = 3\ 600 \times 5.57/625 = 32.1 \ (\text{s})$$

③ 进水渠流速 V_1

$$V_1 = \frac{Q_D}{3\ 600CH} = \frac{625}{3\ 600 \times 0.46 \times 0.38} = 0.99 \ (\text{m/s})$$

④ 出水渠流速 V_2

$$V_2 = \frac{Q_D}{3\ 600DH} = \frac{625}{3\ 600 \times 0.91 \times 0.38} = 0.50 \ (\text{m/s})$$

第 四 章

初次沉淀池

初次沉淀池的作用是对污水中密度大的固体悬浮物进行沉淀分离,以减轻后续生物处理的负荷并防止无机悬浮物对生物处理的不利影响。当污水进入初次沉淀池后流速迅速减小至0.02m/s以下,从而极大地减小了水流夹带悬浮物的能力,使悬浮物在重力作用下沉淀下来成为污泥,而相对密度小于1的细小漂浮物则浮至水面形成浮渣而除去。

按照初次沉淀池的形状和水流特点,通常将初次沉淀池分为平流式、竖流式、辐流式及斜板(管)四种。每种沉淀池均包含进水区、沉淀区、缓冲区、污泥区和出水区五个区。

四种初次沉淀池的优缺点和适用条件比较见表4-1。

表 4-1   四种初次沉淀池的优缺点和适用条件比较

池型	优 点	缺 点	适用条件
平流式	(1)沉淀效果好 (2)对冲击负荷和温度变化的适应能力较强 (3)施工方便 (4)多个池子易于组合为一体,可节省占地面积	(1)池子配水不易均匀 (2)采用多斗排泥时,每个斗需单独设排泥管各自排泥,操作量大;采用链带式刮泥机排泥时,链带的支承件和驱动件都浸于水中,易锈蚀	(1)适用于地下水位高及地质较差的地区 (2)适用于大、中、小型污水处理厂
竖流式	(1)无机械刮泥设备,排泥方便,管理简单 (2)占地面积较小	(1)池子深度大,施工困难 (2)对冲击负荷和温度变化的适应能力较差 (3)造价较高 (4)池径不宜过大,否则布水不匀	适用于处理水量不大的小型污水处理厂(单池容积小于1 000m³)
辐流式	(1)多为机械排泥,运行较好,管理较方便 (2)机械(刮)排泥设备已为定型 (3)结构受力条件好	(1)占地面积大 (2)机械排泥设备复杂,对施工质量要求高	(1)适用于地下水位较高及工程地质条件较差地区 (2)适用于大、中型污水处理厂
斜板(管)	(1)沉淀效率高、停留时间短 (2)占地面积较小	(1)斜板(管)设备在一定条件下,有滋长藻类等问题,维护管理不便 (2)排泥有一定困难	适用于处理城镇污水

初次沉淀池设计时一般应遵循以下规定。

① 设计流量应按分期建设考虑

a. 当污水为自流时,应按每期的最大流量设计;

b. 当污水为提升进入时,应按每期最大流量设计,并应按每期工作水泵的最大组合流量校核管渠;

c. 在合流制处理系统中,一般按旱流污水量设计,按合流设计流量校核,校核的沉淀时间不宜小于30min。

② 沉淀池的个数或分格数不应小于2个,并宜按并联系列考虑。

③ 当无实测资料时,城镇污水沉淀池的设计数据可参考表4-2选用。

表 4-2   初次沉淀池的设计数据

沉淀池位置	沉淀时间 /h	表面负荷 /[m³/(m²·h)]	污泥量(干物质) /[g/(人·d)]	污泥含水率 /%	堰口负荷 /[L/(s·m)]
单独沉淀池	1.5～2.0	1.5～2.5	15～17	95～97	≤2.9
二级处理前	1.0～2.5	1.5～3.0	14～27	95～97	≤2.9

④ 池子的超高至少采用0.3m。

⑤ 沉淀的有效水深（H）、沉淀时间（t）与表面负荷（q'）的关系见表4-3。当表面负荷一定时，有效水深与沉淀时间之比亦为定值，即 $H/t = q'$。一般沉淀时间不小于1.0h；有效水深多采用2～4m。

表 4-3　沉淀的有效水深（H）、沉淀时间（t）与表面负荷（q'）的关系

表面负荷 q' /[m³/(m²·d)]	沉淀时间 t/h				
	$H=2.0$m	$H=2.5$m	$H=3.0$m	$H=3.5$m	$H=4.0$m
3.0			1.0	1.17	1.33
2.5		1.0	1.2	1.4	1.6
2.0	1.0	1.25	1.50	1.75	2.0
1.5	1.33	1.67	2.0	2.33	2.67
1.0	2.0	2.5	3.0	3.5	4.0

⑥ 沉淀池的缓冲层高度，一般采用0.3～0.5m。

⑦ 当采用泥斗排泥时，每个泥斗均应设单独的闸阀和排泥管。污泥斗的斜壁与水平面的倾角，方斗不宜小于60°，圆斗不宜小于55°。

⑧ 排泥管直径不应小于200mm。

⑨ 沉淀池采用静压排泥时，初次沉淀池的静水头不应小于1.5m。

⑩ 初次沉淀池的污泥区容积宜按不大于2d的污泥量计算，并应有连续排泥措施，机械排泥初次沉淀池的污泥区容积宜按4h的污泥量计算。

⑪ 当每组沉淀池有2个池以上时，为使每个池的入流量均等，应在入流口设置调节阀门，以调整流量。

⑫ 当采用重力排泥时，污泥斗的排泥管一般采用铸铁管，其下端伸入斗内，顶端敞口，伸出水面，以便于疏通。在水面以下1.5～2.0m处，由排泥管接出水平排出管，污泥借静水压力由此排出池外。

⑬ 进水管有压力时，应设置配水井，进水管应由池壁接入，不宜由井底接入，且应将进水管的进口弯头朝向井底。

第一节　平流式初次沉淀池

一、设计概述

平流式初次沉淀池的主要设计参数和要求如下。

① 池子的长度与宽度之比不小于4，大型沉淀池可考虑设导流墙；池子的长度与有效水深的比值不小于8，一般采用8～12。

② 一般采用机械排泥时，宽度根据排泥设备确定。排泥机械行进速度为0.3～1.2m/min。

③ 缓冲层高度，非机械排泥时为0.5m，机械排泥时，缓冲层上缘高出刮泥板0.3m。

④ 池底纵坡不小于0.01，一般采用0.01～0.02。

⑤ 一般按表面负荷计算，按水平流速校核。最大水平流速为7mm/s。

⑥ 入口的整流措施（见第九章第二节），可采用溢流式入流装置，并设有孔整流墙（穿孔墙）；底孔式入流装置；淹没孔与挡流板的组合；淹没孔整流墙的组合。有孔整流墙的开孔总面积为过水断面的6%～20%。

⑦ 出口的整流措施可采用溢流式集水槽。平流式沉淀池的溢流式出水堰的形式如图4-1所示，其中锯齿形三角堰应用最普通，水面宜位于齿高的1/2处。为适应水流的变化或构筑物的不同沉降，在堰口处需设置使堰板能上下移动的调整装置。

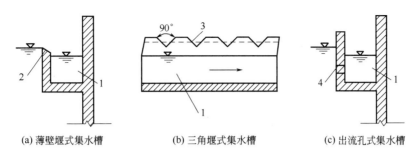

(a) 薄壁堰式集水槽   (b) 三角堰式集水槽   (c) 出流孔式集水槽

图 4-1　平流式沉淀池的溢流式出水堰形式
1—集水槽；2—自由堰；3—锯齿三角堰；4—淹没堰口

⑧ 进出口处应设置挡板，高出池内水面 0.1～0.15m。挡板淹没深度：进口处视沉淀池深度而定，不小于 0.25m，一般为 0.5～1.0m；出口处一般为 0.3～0.4m。挡板位置：距进水口为 0.5～1.0m；距出水口为 0.25～0.5m。

⑨ 在出水堰前应设置收集与排除浮渣的设施（如可转动排渣管、浮渣槽等）。当采用机械排泥时，可一并结合考虑（见图 4-2、图 4-3）。

⑩ 当沉淀池采用多斗排泥时，污泥斗平面呈方形或近于方形的矩形，排数一般不宜多于两排（见图 4-4）。

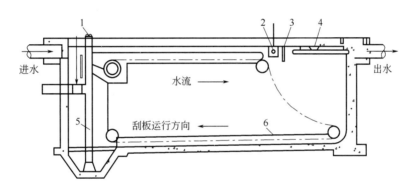

图 4-2　设有链带式刮泥机的平流式沉淀池
1—集渣器驱动装置；2—浮渣板；3—挡板；
4—可调节的出水堰；5—排泥管；6—刮板

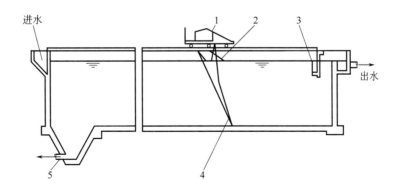

图 4-3　设有行车式刮泥机的平流式沉淀池
1—驱动装置；2—刮渣板；3—浮渣槽；4—刮泥板；5—排泥管

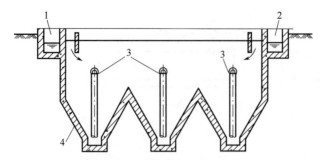

图 4-4　多斗式平流沉淀池
1—进水槽；2—出水槽；3—排泥管；4—污泥斗

二、计算例题

【例 4-1】 平流式初次沉淀池设计计算

1. 已知条件

某城镇污水处理厂最大设计流量 43 200m³/d，设计人口 25 万人，沉淀时间 1.50h，采用链带式刮泥机，求沉淀池各部分尺寸。

2. 设计计算

平流式沉淀池计算图见图 4-5（无污水悬浮物沉降资料）。

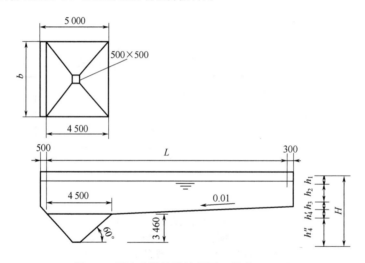

图 4-5　平流式沉淀池计算图（单位：mm）

（1）池子总面积 $A(\mathrm{m}^2)$

$$A = \frac{Q_{\max} \times 3\,600}{q'}$$

式中　$Q_{\max}$——最大设计流量，m³/s，$Q_{\max} = 43\,200\mathrm{m}^3/\mathrm{d} = 0.5\mathrm{m}^3/\mathrm{s}$；

　　　q'——表面负荷，m³/(m²·h)，取 $q' = 2.0\mathrm{m}^3/(\mathrm{m}^2 \cdot \mathrm{h})$。

$$A = \frac{0.5 \times 3\,600}{2} = 900 \quad (\mathrm{m}^2)$$

（2）沉淀部分有效水深 $h_2(\mathrm{m})$

$$h_2 = q't$$

式中　t——沉淀时间，h，取 $t = 1.5\mathrm{h}$。

$$h_2 = 2 \times 1.5 = 3.0 \quad (\mathrm{m})$$

（3）沉淀部分有效容积 $V'(\mathrm{m}^3)$

$$V' = Q_{\max}t \times 3\,600 = 0.5 \times 1.5 \times 3\,600 = 2\,700 \quad (\mathrm{m}^3)$$

（4）池长 L（m）

$$L = vt \times 3.6$$

式中　v——最大设计流量时的水平流速，mm/s，取 $v = 4.4$mm/s。

$$L = 4.4 \times 1.5 \times 3.6 = 23.76 \text{（m）} \approx 24 \text{（m）}$$

（5）池子总宽度 B（m）

$$B = A/L = 900/24 = 37.5 \text{（m）}$$

（6）池子个数 n（个）

$$n = B/b$$

式中　b——每个池子（或）分格宽度，m，取每个池子宽 4.8m。

$$n = 37.5/4.8 = 7.81 \approx 8 \text{（个）}$$

（7）校核长宽比

$$L/b = 24/4.8 = 5 > 4.0 \text{（符合要求）}$$

（8）污泥部分需要的总容积 V（m³）

$$V = \frac{SNT}{1\,000}$$

式中　S——每人每日污泥量，L/（人·d），一般采用 $0.3 \sim 0.8$L/（人·d）；

　　　N——设计人口数，人；

　　　T——两次清除污泥间隔时间，d，取 $T = 2$d。

取污泥量为 25g/（人·d），污泥含水率为 95%，则

$$\text{每人每日污泥量 } S = \frac{25 \times 100}{(100 - 95) \times 1\,000} = 0.50 \text{ [L/（人·d）]}$$

$$V = \frac{0.5 \times 250\,000 \times 2}{1\,000} = 250 \text{（m³）}$$

（9）每格池污泥所需容积 V''（m³）

$$V'' = V/n = 250/8 = 31.25 \text{（m³）}$$

（10）污泥斗容积　采用污泥斗见图 4-5。

$$h''_4 = \frac{4.5 - 0.5}{2} \times \tan 60° = 3.46 \text{（m）}$$

$$V_1 = \frac{1}{3} \times h''_4 (f_1 + f_2 + \sqrt{f_1 f_2})$$

$$= \frac{1}{3} \times 3.46 \times (4.5 \times 4.5 + 0.5 \times 0.5 + \sqrt{4.5^2 \times 0.5^2}) = 26 \text{（m³）}$$

（11）污泥斗以上梯形部分污泥容积 V_2（m³）

$$V_2 = \left(\frac{l_1 + l_2}{2}\right) h'_4 b$$

式中　l_1——污泥斗以上梯形部分上底长度，m；

　　　l_2——污泥斗以上梯形部分下底长度，m。

$$h'_4 = (24 + 0.3 - 4.5) \times 0.01 = 0.198 \text{（m）}$$

$$l_1 = 24 + 0.3 + 0.5 = 24.8 \text{（m）}$$

$$l_2 = 4.5\text{m}$$

$$V_2 = \frac{(24.8 + 4.5)}{2} \times 0.198 \times 4.8 = 13.92 \text{（m³）}$$

（12）污泥斗和梯形部分污泥容积

$$V_1 + V_2 = 26 + 13.92 = 39.92 \text{（m³）} > 31.25 \text{（m³）}$$

（13）池子总高度（见图 4-5）　设缓冲层高度 $h_3 = 0.50$m，则

$$H = h_1 + h_2 + h_3 + h_4$$
$$h_4 = h_4' + h_4'' = 0.198 + 3.46 = 3.66 \text{ (m)}$$
$$H = 0.3 + 2.4 + 0.5 + 3.66 = 6.86 \text{ (m)}$$

第二节 竖流式初次沉淀池

一、设计概述

竖流式沉淀池的主要设计参数如下。

① 池子直径（或正方形的一边）与有效水深之比值不大于3.0。池子直径不宜大于8.0m，一般采用4.0~7.0m，最大有达10m的。

② 中心管流速不大于30mm/s。

③ 中心管下口设有喇叭口和反射板（见图4-6）。

a. 板底面距泥面至少0.3m。

b. 喇叭口直径及高度为中心管直径的1.35倍。

c. 反射板的直径为喇叭口直径的1.30倍，反射板表面积与水平面之间的倾角为17°。

d. 中心管下端至反射板表面之间的缝隙高在0.25~0.50m范围内时，缝隙中污水流速，在初次沉淀池中不大于30mm/s。

④ 当池子直径（或正方形的一边）小于7.0m时，澄清污水沿周边流出；当直径 $D \geqslant 7.0$ m时应增设辐射式集水支渠。

⑤ 排泥管下端距池底不大于0.20m，管上端超出水面不小于0.40m。

⑥ 浮渣挡板距集水槽0.25~0.5m，高出水面0.1~0.15m；淹没深度0.3~0.40m。

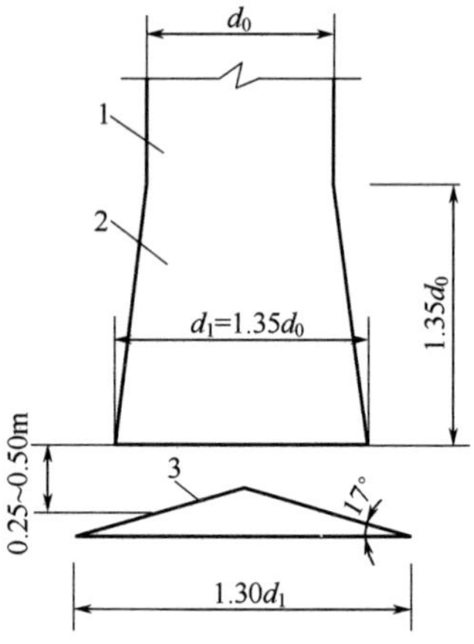

图 4-6 中心管尺寸构造
1—中心管；2—喇叭口；3—反射板

竖流式沉淀池的结构如图4-7所示。

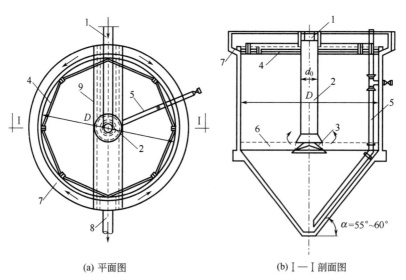

(a) 平面图   (b) I—I剖面图

图 4-7 竖流式沉淀池的结构
1—进水槽；2—中心管；3—反射板；4—挡板；5—排泥管；
6—缓冲层；7—集水槽；8—出水管；9—过桥

二、计算例题

【例 4-2】 竖流式初次沉淀池设计计算

1. 已知条件

某城市设计最大污水量 $Q_{max}=0.12\text{m}^3/\text{s}$，设计人口 $N=58\,000$ 人，采用竖流式沉淀池，求沉淀池各部分尺寸。

2. 设计计算

图 4-8 为竖流式沉淀池计算图。

（1）中心管面积 $f(\text{m}^2)$

$$f=q_{max}/v_0$$

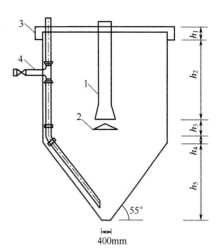

图 4-8 竖流式沉淀池计算图

1—中心管；2—反射板；

3—集水槽；4—排泥管

式中　q_{max}——每池最大设计流量，m^3/s；

　　　v_0——中心管内流速，m/s，取 $v_0=0.03\text{m}/\text{s}$。

取池数 $n=4$，则每池最大设计流量为

$$q_{max}=Q_{max}/n=0.12/4=0.03\ (\text{m}^3/\text{s})$$
$$f=0.03/0.03=1.0\ (\text{m}^2)$$

（2）沉淀部分有效断面积 $F(\text{m}^2)$

$$F=q_{max}/v$$

式中　v——污水在沉淀池中流速，m/s。

取表面负荷 $q'=2.5\text{m}^3/(\text{m}^2\cdot\text{h})$，则上升流速为

$$v=q'=2.50\ (\text{m}/\text{h})=0.000\,69\ (\text{m}/\text{s})$$
$$F=0.03/0.000\,69=43.48\ (\text{m}^2)$$

（3）沉淀池直径 $D(\text{m})$

$$D=\sqrt{\frac{4(F+f)}{\pi}}$$

$$=\sqrt{\frac{4\times(43.48+1.0)}{3.14}}=7.5\ (\text{m})<8\ (\text{m})$$

（4）沉淀池有效水深 $h_2(\text{m})$

$$h_2=vt\times 3\,600$$

式中　t——沉淀时间，h，取 $t=1.5\text{h}$。

$$h_2=0.000\,69\times 1.5\times 3\,600=3.73\ (\text{m})$$

（5）校核池径水深比　$D/h_2=7.5/3.73=2.01<3$，符合要求。

（6）校核集水槽每米出水堰的水力负荷 $q_0(\text{L}/\text{s})$

$$q_0=\frac{q_{max}}{\pi D}=\frac{0.03}{3.14\times 7.5}\times 1\,000=1.27\ (\text{L}/\text{s})$$

可见符合规范规定小于 $2.9\text{L}/(\text{s}\cdot\text{m})$ 的要求，可不另设辐射式集水槽。

（7）污泥体积 $V(\text{m}^3)$

$$V=\frac{SNT}{1\,000}$$

式中　S——每人每日污泥量，$\text{L}/(\text{人}\cdot\text{d})$，一般采用 $0.3\sim0.8\text{L}/(\text{人}\cdot\text{d})$，取 $S=0.5\text{L}/(\text{人}\cdot\text{d})$；

　　　N——设计人口数，$N=58\,000$ 人；

　　　T——两次清除污泥间隔时间，d，取 $T=2\text{d}$。

$$V=\frac{0.5\times 58\,000\times 2}{1\,000}=58\ (\text{m}^3)$$

（8）每池污泥体积 $V_1(\text{m}^3)$

$$V_1=V/n=58/4=14.5\ (\text{m}^3)$$

（9）池子圆截锥部分有效容积 $V_2(\text{m}^3)$ 取圆锥底部直径 d' 为 0.4m，截锥高度为 h_5，截锥侧壁倾角 $\alpha=55°$，则

$$h_5 = \left(\frac{D}{2} - \frac{d'}{2} \right) \tan\alpha = \left(\frac{7.5}{2} - \frac{0.4}{2} \right) \tan 55° = 5.07 \ (\text{m})$$

$$V_2 = \frac{\pi h_5}{3}(R^2 + r^2 + Rr)$$

$$= \frac{3.14 \times 5.07}{3} \times (3.75^2 + 0.2^2 + 3.75 \times 0.2)$$

$$= 78.86 \ (\text{m}^3) > 14.5 \ (\text{m}^3)$$

因此，池内足够容纳 2d 的污泥量。

（10）中心管直径 d_0(m)

$$d_0 = \sqrt{\frac{4f}{\pi}} = \sqrt{\frac{4 \times 1.0}{3.14}} = 1.13 \ (\text{m})$$

（11）中心管喇叭口下缘至反射板的垂直距离 h_3(m)

$$h_3 = \frac{q_{max}}{v_1 \pi d_1}$$

式中　v_1——污水由中心管喇叭口与反射板之间的缝隙流出流速，m/s，取 $v_1 = 0.02$m/s；

　　　d_1——喇叭口直径，m。

$$d_1 = 1.35 d_0 = 1.35 \times 1.13 = 1.53 \ (\text{m})$$

则

$$h_3 = \frac{0.03}{0.02 \times 3.14 \times 1.53} = 0.31 \ (\text{m})$$

（12）沉淀池总高度 H(m)

$$H = h_1 + h_2 + h_3 + h_4 + h_5$$

取池子保护高度 $h_1 = 0.3$m，缓冲层高 $h_4 = 0$（因泥面很低），则

$$H = h_1 + h_2 + h_3 + h_4 + h_5 = 0.3 + 3.73 + 0.31 + 0 + 5.07 = 9.41 \ (\text{m}) \approx 9.5 \ (\text{m})$$

第三节　辐流式初次沉淀池

一、设计概述

辐流式沉淀池的主要设计参数和要求如下。

① 池子直径（或正方形的一边）与有效水深的比值为 6～12。

② 池径不宜小于 16m。

③ 坡向泥斗的坡度不宜小于 0.05。

④ 一般均采用机械刮泥，也可附有空气提升或静水头排泥设施（此方法多用于二沉池）（见图 4-9）。

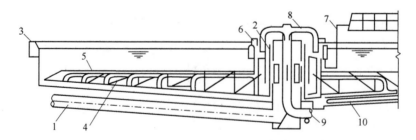

图 4-9　带有中央驱动装置的吸泥型辐流式沉淀池

1—进水管；2—挡板；3—堰；4—刮板；5—吸泥管；6—冲洗管的空气升液器；

7—压缩空气入口；8—排泥虹吸管；9—污泥出口；10—放空管

⑤ 当池径（或正方形的一边）较小（小于 20m）时，也可采用多斗排泥（见图 4-10）。

⑥ 进、出水的布置方式可分为中心进水周边出水、周边进水中心出水、周边进水周边出水。

⑦ 池径小于 20m，一般采用中心传动的刮泥机，其驱动装置设在池子中心走道板上（见图 4-11）；池径大于 20m 时，一般采用周边传动的刮泥机，其驱动装置设在桁架的外缘（见图 4-12）。

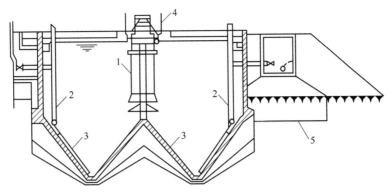

图 4-10　多斗排泥的辐流式沉淀池
1—中心管；2—DN200mm 污泥管；3—污泥斗；4—栏杆；5—砂垫

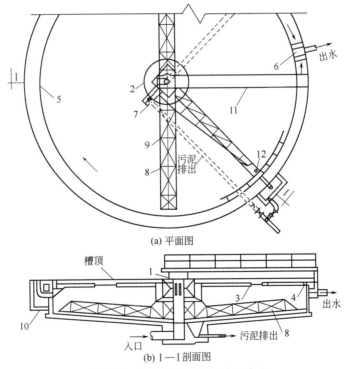

(a) 平面图

(b) I—I 剖面图

图 4-11　中央驱动式辐流式沉淀池
1—驱动装置；2—整流筒；3—撇渣挡板；4—堰板；5—周边出水槽；
6—出水井；7—污泥斗；8—刮泥板桁架；9—刮板；10—污泥井；
11—固定桥；12—球阀式撇渣机构

⑧ 刮泥机旋转速度一般为 1～3r/h，外周刮泥板的线速不超过 3m/min，一般采用 1.5m/min。

⑨ 在进水口的周围应设置整流板，整流板的开孔面积为过水断面面积的 6%～20%。

⑩ 浮渣用浮渣刮泥板收集，刮渣板装在刮泥机桁架的一侧，在出水堰前应设置浮渣挡板（见图 4-13）。

(a) 平面图

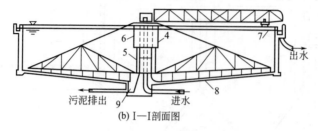

(b) I—I剖面图

图 4-12　周边驱动式辐流式沉淀池

1—步道；2—弧形刮板；3—刮板旋壁；4—整流筒；5—中心架；

6—钢筋混凝土支承台；7—周边驱动；8—池底；9—污泥斗

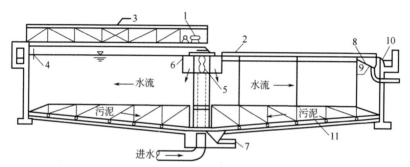

图 4-13　辐流式沉淀池（刮渣板装在刮泥机桁架的一侧）

1—驱动；2—装在一侧桁架上的刮渣板；3—桥；4—浮渣挡板；5—转动挡板；

6—转筒；7—排泥管；8—浮渣刮板；9—浮渣箱；10—出水堰；11—刮泥板

⑪ 周边进水的辐流式沉淀池是一种沉淀效率较高的池型，与中心进水、周边出水的辐流式沉淀池相比，其设计表面负荷可提高 1 倍左右。

二、计算例题

【例 4-3】 辐流式初次沉淀池设计计算

1. 已知条件

某城镇污水处理厂最大设计流量 $Q_{max}=43\,200\text{m}^3/\text{d}$，设计人口 $N=25$ 万人，采用机械刮泥，设计采用辐流式沉淀池，求沉淀池各部分尺寸。

2. 设计计算

图 4-14 为辐流式沉淀池计算图。

（1）沉淀部分水面面积 $F(\text{m}^2)$

$$F=\frac{Q_{max}}{nq'}$$

式中　Q_{max}——最大设计流量，m^3/h；

n——池数，个，取 $n=2$ 个；

q'——表面负荷，$\text{m}^3/(\text{m}^2\cdot\text{h})$，取 $q'=2\text{m}^3/(\text{m}^2\cdot\text{h})$。

$$Q_{max}=\frac{43\,200}{24}=1\,800\ (\text{m}^3/\text{h})$$

$$F=\frac{1\,800}{2\times2}=450\ (\text{m}^2)$$

（2）池子直径 D（m）

$$D=\sqrt{\frac{4F}{\pi}}=\sqrt{\frac{4\times450}{3.14}}=23.9\ \text{（m）（取}\ D=24\text{m）}$$

（3）有效水深 h_2（m）

$$h_2=q't$$

式中 t——沉淀时间，h，取 $t=1.5$h。

$$h_2=2\times1.5=3\ \text{（m）}$$

（4）沉淀池总高度

① 每天污泥量 V（m³）

$$V=\frac{SNT}{1\ 000n}$$

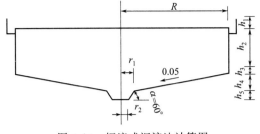

图 4-14 辐流式沉淀池计算图

式中 S——每人每日污泥量，L/（人·d），一般采用 $0.3\sim0.8$L/（人·d），取 $S=0.5$L/（人·d）；

N——设计人口数，$N=250\ 000$ 人；

T——两次清除污泥间隔时间，d，采用机械刮泥，取 $T=4$h。

$$V=\frac{0.5\times25\times10^4\times4}{1\ 000\times2\times24}=10.4\ \text{（m³）}$$

② 污泥斗容积 V_1（m³）

$$V_1=\frac{\pi h_5}{3}(r_1^2+r_1r_2+r_2^2)$$

式中 h_5——污泥斗高度，m；

r_1——污泥斗上部半径，m，取 $r_1=1.8$m；

r_2——污泥斗下部半径，m，取 $r_2=0.8$m。

$$h_5=(r_1-r_2)\tan\alpha=(1.8-0.8)\tan60°=1.73\ \text{（m）}$$

$$V_1=\frac{3.14\times1.73}{3}(1.8^2+1.8\times0.8+0.8^2)=9.6\ \text{（m³）}$$

③ 污泥斗以上圆锥体部分容积 V_2（m³）

$$V_2=\frac{\pi h_4}{3}(R^2+Rr_1+r_1^2)$$

式中 h_4——底坡落差，m；

R——池子半径，m。

$$h_4=(R-r_1)\times0.05=0.51\ \text{（m）}$$

因此，池底可贮存污泥的体积为

$$V_2=\frac{3.14\times0.51}{3}\times(12^2+12\times1.8+1.8^2)=90.1\ \text{（m³）}$$

共可贮存污泥体积为

$$V_1+V_2=9.6+90.1=99.7\ \text{（m³）}>10.4\ \text{（m³）（可见池内有足够的容积）}$$

④ 沉淀池总高度 H（m）

$$H=0.3+3+0.5+0.51+1.73=6.04\ \text{（m）}$$

（5）沉淀池周边处的高度

$$h_1+h_2+h_3=0.3+3.0+0.51=3.81\ \text{（m）}$$

（6）校核径深比 $D/h_2=24/3=8$，在 $6\sim12$ 范围内，满足要求。

（7）采用机械刮泥 选用某设备制造厂的周边传动式刮泥机（全桥式）。

刮泥机的主要技术性能参数有：①池径 24m；②周边线速 $2\sim3$m/min；③单边功率 0.75kW（为普通减速机拖动的刮泥机）；④周边单个轮压 35kN。

第四节 斜板（管）初次沉淀池

一、设计概述

斜板（管）沉淀池具有沉淀效率高、停留时间短、占地面积少等优点。斜板（管）沉淀池应用于城镇污水的初次沉淀池中，处理效果稳定。斜板（管）设备有藻类滋长，给维护管理工作带来一定困难。

按水流与污泥的相对运动方向，斜板（管）沉淀池也可为异向流、同向流和侧向流三种形式。在城镇污水处理中主要采用升流式异向流斜板（管）沉淀池。

在需要挖掘原有沉淀池潜力，或需要压缩沉淀池占地等技术经济条件要求下，可采用斜板（管）沉淀池。

斜板（管）沉淀池的主要设计参数和要求如下。

① 升流式异向流斜板（管）沉淀池的表面负荷，一般可比普通沉淀池的设计表面负荷提高一倍左右。对于二次沉淀池，应以固体负荷核算。

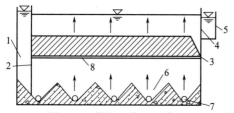

图 4-15　斜板（管）沉淀池
1—配水槽；2—穿孔墙；3—斜板或斜管；
4—淹没孔口；5—集水槽；6—集泥斗；
7—排泥管；8—阻流板

② 斜板净距（斜管孔径）一般采用 80～100mm。

③ 斜板（管）斜长一般采用 1.0～1.2m。

④ 斜板（管）倾角一般采用 60°。

⑤ 斜板（管）区底部缓冲层高度，一般采用 1.0m。

⑥ 斜板（管）区上部水深，一般采用 0.7～1.0m。

⑦ 在池壁与斜板的间隙处应装设阻流板，以防止水流短路。斜板上缘宜向池子进水端倾斜安装（见图 4-15）。

⑧ 进水方式一般采用穿孔墙整流布水，出水方式一般采用多槽出水，在池面上增设几条平行的出水堰和集水槽，以改善出水水质，加大出水量。

⑨ 斜板（管）沉淀池一般采用重力排泥。每日排泥次数至少 1～2 次，或连续排泥。

⑩ 池内停留时间：初次沉淀池不超过 30min。

⑪ 斜板（管）沉淀池应设斜板（管）冲洗设施。

二、计算例题

【例 4-4】　斜板（管）初次沉淀池设计计算

1. 已知条件

某城镇污水处理厂的最大设计流量 $Q_{max}=19\,200\text{m}^3/\text{d}$，生活污水量总变化系数 $K_z=1.49$，初次沉淀池采用升流式异向流斜板（管）沉淀池，进水悬浮物浓度 $C_1=250\text{mg/L}$，出水悬浮物浓度 $C_2=125\text{mg/L}$。求斜板（管）沉淀池各部分尺寸。

2. 设计计算

图 4-16 为斜板（管）沉淀池计算图。

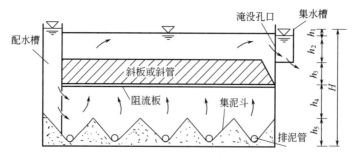

图 4-16　斜板（管）沉淀池计算图

（1）池子水面面积 $F(\text{m}^2)$

$$F=\frac{Q_{max}}{nq'\times 0.91}$$

式中 $Q_{\max}$——最大设计流量，$\mathrm{m^3/h}$；

　　　n——池数，个，取 $n=4$ 个；

　　　q'——表面负荷，$\mathrm{m^3/(m^2 \cdot h)}$，取 $q'=4\mathrm{m^3/(m^2 \cdot h)}$；

　0.91——斜板（管）区面积利用系数。

$$Q_{\max}=\frac{19\,200}{24}=800\ (\mathrm{m^3/h})$$

$$F=\frac{800}{4\times4\times0.91}=55\ (\mathrm{m^2})$$

（2）池子边长 $a(\mathrm{m})$

$$a=\sqrt{F}=\sqrt{55}=7.4\ (\mathrm{m})$$

（3）池内停留时间 $t(\mathrm{min})$

$$t=\frac{60(h_2+h_3)}{q'}$$

式中 h_2——斜板（管）区上部水深，m，取 $h_2=0.70\mathrm{m}$；

　　　h_3——斜板（管）高度，m。

取斜管管长为1m，则

$$h_3=1\times\sin60°=0.866\ (\mathrm{m})$$

$$t=\frac{(0.7+0.866)\times60}{4}=23.49\ (\mathrm{min})<30\ (\mathrm{min})$$

（4）污泥部分所需的容积 $V(\mathrm{m^3})$

$$V=\frac{Q_{\max}(C_1-C_2)\times24\times100T}{K_z\gamma(100-P_0)n}$$

式中 T——污泥室储泥周期，d，取 $T=2\mathrm{d}$；

　　　C_1——进水悬浮浓度，$\mathrm{t/m^3}$；

　　　C_2——出水悬浮浓度，$\mathrm{t/m^3}$；

　　　K_z——生活污水量总变化系数；

　　　γ——污泥容重，$\mathrm{t/m^3}$，取 $\gamma=1.0\mathrm{t/m^3}$；

　　　P_0——污泥含水率，%，取 $P_0=96\%$。

$$V=\frac{800\times(0.000\,24-0.000\,12)\times24\times100\times2}{1.49\times1\times(100-96)\times4}=19.33(\mathrm{m^3})$$

（5）污泥斗容积 $V_1(\mathrm{m^3})$　共设5个集泥斗，每个集泥斗容积 V_1，集泥斗底部夹角为90°。

$$V_1=\frac{1}{2}a_1h_5a$$

式中 a_1——污泥斗下部边长，m；

　　　a——方形池边长，m；

　　　h_5——污泥斗高度，m。

取 $a_1=a/5=7.4/5=1.48$ （m）则

$$h_5=\frac{1}{2}a_1=0.74\ (\mathrm{m})$$

$$V_1=\frac{1}{2}\times0.74\times1.48\times7.4=4.05\ (\mathrm{m^3})$$

$$5V_1=20.26\ (\mathrm{m^3})>19.33\ (\mathrm{m^3})$$

（6）沉淀池总高度 $H(\mathrm{m})$

$$H=h_1+h_2+h_3+h_4+h_5$$

式中 h_1——超高，m，取 $h_1=0.30\mathrm{m}$；

　　　h_4——斜板（管）区底部缓冲层高度，m，取 $h_4=1.0\mathrm{m}$。

$$H=h_1+h_2+h_3+h_4+h_5=0.30+0.70+0.866+1.0+0.74=3.61\ (\mathrm{m})$$

第五章

强化一级处理设施

目前我国经济尚不发达，在新建或拟建的污水处理厂中，往往采用先建一级处理，以后再续建二级处理，但普通的一级处理对有机物的去除率较低（BOD$_5$ 的去除率仅为20%~30%左右），难以有效地控制水环境的污染。为提高一级处理对污染物质的去除率，需强化一级处理效果。强化一级处理是在普通一级处理的基础上，通过增加较少的投资采取强化处理措施，较大程度地提高污染物的去除率，削减总污染负荷，降低去除单位污染物的费用。因此，既可通过强化一级处理的方法来降低二级处理的负荷，减少能耗；也可采取近期只运行一级强化，远期再运行二级处理。

常见的强化一级处理方法有水解（酸化）工艺、化学絮凝强化、AB法A段等工艺。

第一节 水解（酸化）工艺

水解工艺是将厌氧发酵阶段过程控制在水解与产酸阶段。水解池是改进的升流式厌氧污泥床反应器，故不需要密闭的池子，不需要搅拌器，降低了造价。

一、设计概述

1. 工艺特点

① 以功能水解池取代功能专一的初次沉淀池，水解池对各类有机物去除远远高于传统初次沉淀池，因此，降低了后续构筑物的负荷。

② 利用水解和产酸菌的反应，将不溶性有机物水解成溶解性有机物、大分子物质分解成小分子物质，使污水更适宜于后续的好氧处理，可以用较短的时间和较低的电耗完成净化过程。

③ 污水经水解池，可以在短的停留时间（HRT=2.5h）和相对较高的水力负荷［大于 1.0m³/（m²·h）］下获得较高的悬浮物去除率（平均85%的SS去除率）。出水 BOD/COD 值有所提高，增加了污水的可生化性。

④ 由于采用厌氧处理技术，在处理水的同时也完成了对污泥的处理，使污水污泥处理一元化，简化了传统处理流程。

2. 设计参数及要求

（1）反应器池体形式

① 反应器池体。一般可采用矩形和圆形结构。圆形反应器在同样的面积下，其周长比正方形的少12%。但是圆形反应器的这一优点仅仅在单个池子时才成立。当设有两个或两个以上反应器时，矩形反应器可以采用共用池壁。

② 反应器的高度。从运行方面考虑，高流速增加污水系统扰动，因此可增加污泥与进水有机物之间的接触。但过高的流速会引起污泥流失，在采用传统 UASB（上流式厌氧污泥床）系统的情况下，上升流速的平均值一般不小于 0.5m/h。最经济的反应器高度（深度）一般是在 4~6m 之间，并且在大多数情况下这也是系统最优的运行范围。

③ 反应器的面积和反应器的长、宽。在已知反应器的高度时，反应器的截面积计算公式如下。

$$A = V/H$$

式中　A——反应器表面积，m²；

H——反应器高度，m；

V——反应器体积，m^3。

在确定反应器容积和高度后，对矩形池必须确定反应器的长和宽。考虑布水均匀性和经济性时，池型的长宽比一般采用 $2:1$ 是合适的。从目前的实践看，反应器的宽度小于 $20m$（单池）是成功的。反应器的长度在采用渠道或管道布水时不受限制。

④ 反应器的上升流速度。水解反应器的上升流速 $v=0.5\sim1.8m/h$；最大上升流速 v_{max} 在持续时间超过 $3h$ 的情况下 $\leqslant1.8m/h$。

⑤ 反应器分格。采用分格的反应器对运行操作和管理是有益的，分格的反应器的单元尺寸减小，可避免单体过大带来的布水均匀问题。同时多池有利于维护和检修。

（2）配水方式 在分支式配水系统中配水均匀性与水头损失问题是一对矛盾。经中试试验，采用小阻力配水系统，可减少水头损失和系统的复杂程度。为了配水均匀一般采用对称布置，各支管出水口向下距池底约 $20cm$，位于所服务面积的中心。管口对准池底所设的反射锥体，使射流向四周散开，均布于池底。这种形式配水系统的特点是采用较长的配水支管增加沿程阻力，以达到布水均匀的目的。只要施工安装正确，配水能够基本达到均匀分布的要求。

（3）出水收集设备

① 水解池出水堰与沉淀池出水装置相同，即出水槽上加设三角堰。

② 出水设置应设在水解池顶部，尽可能均匀地收集处理过的废水。

③ 采用矩形反应器时出水采用几组平行出水堰的多槽出水方式。

④ 采用圆形反应器时可采用放射状的多槽出水。

⑤ 要避免出水堰过多，堰上水头低，三角堰易被漂浮的固体堵塞。

（4）排泥设备

① 清水区高度 $0.5\sim1.5m$ 为宜。

② 污泥排放可采用定时排放，日排泥一般为 $1\sim2$ 次。

③ 需要设置污泥液面监测仪，可根据污泥面高度确定排泥时间。

④ 排泥点以设在污泥区中上部为宜。

⑤ 对于矩形池应沿池纵向多点排泥。

⑥ 由于反应器底部可能会积累颗粒物质和小砂粒，应考虑下部排泥的可能性，这样可以避免或减少在反应器内积累的砂砾。

⑦ 在污泥龄大于 $15d$ 时，污泥水解率为 25%（冬季）$\sim50\%$（夏季）。

⑧ 污泥系统的设计流量需按冬季最不利情况考虑。

二、计算例题

【例 5-1】 水解（酸化）池设计计算

1. 已知条件

某城镇污水二级处理厂污水量近期为 $Q=15\,000m^3/d$（$625m^3/h$），总变化系数 $K_z=1.5$。设计进水水质 $BOD_5=200mg/L$，$COD=450mg/L$，$SS=300mg/L$，$pH=6\sim8$。水解处理出水水质预计为 $BOD_5=120mg/L$（去除率 40%），$COD=292mg/L$（去除率 35%），$SS=60mg/L$（去除率 80%）。求水解池容积及尺寸。

2. 设计计算

图 5-1 是水解池计算图。

（1）水解池的容积 $V(m^3)$

$$V=K_zQHRT$$

式中 K_z——总变化系数，$K_z=1.5$；

Q——设计流量，m^3/h；

HRT——水力停留时间，h，取 HRT$=2.5h$。

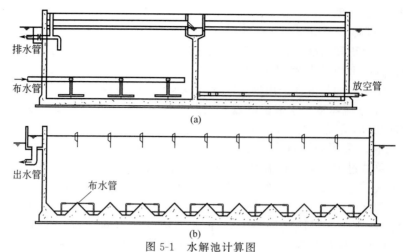

图 5-1 水解池计算图

$$V=1.5\times625\times2.5=2\,343.75\approx2\,344\ (\mathrm{m}^3)$$

近期设计一组水解池，分为 2 格。设每格池宽为 11.6m，水深为 4.4m，按长宽比 2∶1 设计，则每组水解池池长为 $2\times11.6=23.2$（m），则每组水解池的容积为 $2\times23.2\times11.6\times4.4=2\,368.26$（m³）。

（2）水解池上升流速核算　反应器的高度确定后，反应器的高度与上升流速之间的关系如下。

$$v=\frac{Q}{A}=\frac{V}{\mathrm{HRT}\times A}=\frac{H}{\mathrm{HRT}}$$

式中　v——上升流速，m/h；

　　　H——反应器高度，m；

　　HRT——水力停留时间，h。

$$v=4.4/2.5=1.76\ (\mathrm{m/h})\ （符合要求）$$

（3）配水方式　采用穿孔管布水器（分支式配水方式），配水支管出水口距池底 200mm，位于所服务面积的中心；出水管孔径为 20mm（一般在 15～25mm 之间）。

（4）出水收集　出水采用钢板矩形堰。

（5）排泥系统设计　采用静压排泥装置，沿矩形池纵向多点排泥，排泥点设在污泥区中上部。

污泥排放采用定时排泥，每日 1～2 次。另外，由于反应器底部可能会积累颗粒物质和小砂粒，需在水解池底部设排泥管。

第二节　化学絮凝强化工艺

化学絮凝强化一级处理，是向污水中投加絮凝剂以提高沉淀处理效果的一级强化处理技术，该工艺由于受自然条件约束少、占地省、流程短、基建与运行费用低、操作简单而成为极具竞争力的城镇污水处理方法。城镇污水中污染物主要是悬浮物、胶体和溶解性有机物，投加絮凝剂的一级处理能明显改善对悬浮物及胶体有机物的处理效果，提高了一级处理的出水水质，从而使原水的有机负荷降低，减少了后续处理构筑物的处理费用。

一、设计概述

1. 工艺特点

① 通过投加絮凝剂，使微小的悬浮固体(SS)、胶体颗粒脱稳，聚集形成较大的颗粒，从而提高沉淀效率。

② 对悬浮固体、胶体物质和磷的去除具有明显效果。一般 SS 去除率可达 90％，BOD 去除率为 50％～70％，COD 去除率为 50％～60％，细菌去除率为 80％～90％，总磷(TP)去除率为 80％～90％。而使用常规一沉池时，其去除率分别为：SS 50％～60％，BOD 25％～40％，总磷 10％。

③ 除磷效果好。一般单独采用生物除磷工艺很难满足出水含磷量低于1.0mg/L的排放要求。采用化学絮凝工艺的除磷效率将高于生物除磷，一般情况下，出水TP可满足低于1.0mg/L的排放要求（一级标准）。

④ 采用化学絮凝工艺，使沉淀污泥的产量增加、浓度降低，初沉池产泥量增加50%～100%，污泥体积增大，使污泥处理、处置的难度增加。因此在采用化学絮凝工艺时，除了考虑药剂费用外，还要考虑污泥的处理、处置费用。

2. 设计参数及要求

（1）混合反应时间

① 混合时间。一般要求几十秒至2min。混合过程要求激烈的湍流，在较快的时间内使药剂与水充分混合，混合作用一般靠水力或机械方法来完成。

② 反应时间（T）。一般控制在10～30min。

③ 反应中平均速度梯度（G）。一般取30～60s^{-1}，并应控制GT值在10^4～10^5范围内。

（2）药剂的选择

① 混凝剂的选择要对去除的污染物有较高的去除率，为达到这一目标，有时需要两种或多种絮凝剂及助凝剂同时配合使用。

② 混凝剂及助凝剂的价格应适当便宜，需要的投加量应适中，以防止由于价格昂贵造成处理运行费用过高。

③ 混凝剂的来源应当可靠，产品性能比较稳定，并应宜于储存和投加方便。

④ 所有的混凝剂都不应对处理出水产生二次污染。

二、计算例题

【例5-2】 化学絮凝强化设施计算

1. 已知条件

某城镇污水处理厂设计规模10 000m³/d（416.7 m³/h）。原水BOD$_5$=180mg/L，COD=380mg/L，SS=300mg/L，TP=4.2mg/L。采用化学絮凝强化一级处理，混凝剂为硫酸亚铁，最大投加量为30mg/L（按FeSO$_4$），药剂的溶液含量为15%；根据试验出水BOD$_5$去除率50%，COD去除率60%，SS去除率90%，TP去除率80%。

采用化学絮凝强化一级处理，工艺流程如图5-2所示。

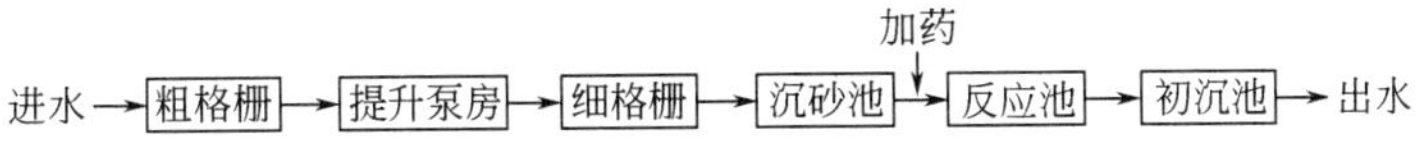

进水 → 粗格栅 → 提升泵房 → 细格栅 → 沉砂池 → 反应池 →（加药）→ 初沉池 → 出水

图5-2　化学絮凝强化一级处理工艺流程

2. 设计计算

格栅、沉砂池及初次沉淀池等构筑物的计算方法，可见本书第二、三、四章相关内容。本计算例题只对加药设施进行计算。

（1）强化处理效果　根据已知的各项污染物的去除率，得知强化处理后出水BOD$_5$=90mg/L，COD=152mg/L，SS=30mg/L，TP=0.84mg/L。

（2）溶液池

① 溶液池的有效容积V_1（m³）

$$V_1=\frac{aQ}{cn\times10^6}$$

式中　a——药剂投加量，mg/L，a=30mg/L；

　　　Q——设计水量，m³/d；

　　　c——药剂溶液含量，%，取15%；

　　　n——混凝剂每日配置次数，次，取n=2次。

$$V_1=\frac{30\times10\,000}{0.15\times2\times10^6}=1\ (\text{m}^3)$$

溶液池的有效容积为 $1m^3$。采用两个，以交替使用。

② 溶液池的尺寸。根据上述计算，每个溶液池的有效容积为 $1m^3$，溶液池采用矩形池子，其尺寸为：长×宽×高=$1.2 \times 1.2 \times 0.9 = 1.3$（$m^3$），其中有效容积 $1m^3$，溶液池超高 $0.2m$。

（3）溶解池 溶解池容积可按溶液池容积的 30% 计算，则

$$V_2 = 0.3 V_1 = 0.3 \times 1 = 0.3 \text{（m}^3\text{）}$$

溶解池进水流量 q_0（L/s）为

$$q_0 = \frac{V_2 \times 1\,000}{60t}$$

式中，t 为溶解池进水时间，min，取 $t = 5min$。

$$q_0 = \frac{0.3 \times 1\,000}{60 \times 5} = 1 \text{（L/s）}$$

查水力计算表得进水管直径 $d_1 = 25mm$。

（4）药剂投加 采用单柱塞计量泵投加药剂。

（5）药剂库 药剂储存量一般按最大投加量期间 1~2 个月的用量计算，并应根据药剂供应情况和运输条件等因素适量增减。药剂堆放高度一般为 1.5~2m，有起吊设备时可适当增加。

① 硫酸亚铁袋数 N（袋）

$$N = \frac{QaT}{1\,000W}$$

式中 Q——设计水量，m^3/d；

     a——药剂投加量，mg/L，取 $a = 30mg/L$；

     T——药剂储存期，d，取 $T = 30d$；

     W——每袋药剂的质量，kg，取 40kg。

$$N = \frac{10\,000 \times 30 \times 30}{1\,000 \times 40} = 225 \text{（袋）}$$

② 有效堆放面积 A（m^2）

$$A = \frac{NV}{H(1-e)}$$

式中 H——药剂堆放高度，m；

     V——每袋药剂体积，m^3，按每袋长 0.5m、宽 0.4m、高 0.2m 计；

     e——堆放孔隙率，袋堆时 $e = 0.2$。

$$A = \frac{225 \times 0.5 \times 0.4 \times 0.2}{1.5 \times (1-0.2)} = 7.5 \text{（m}^2\text{）}$$

第六章
好氧活性污泥法处理设施

好氧活性污泥法是当今研究最深入、应用最广泛的污水处理方法。其基本特征是生物反应器中的微生物以悬浮状存在，在好氧条件下氧化、分解有机物和氨氮。好氧活性污泥法不仅能有效地去除污水中的有机物，还可以有效地进行生物脱氮除磷。在工程实践中，因采用不同的运行方式和不同的出水水质要求，好氧活性污泥法分为传统活性污泥法、生物吸附-生物降解活性污泥法（AB）、缺氧-好氧生物脱氮活性污泥法（A_1/O）、厌氧-好氧生物除磷活性污泥法（A_2/O）、厌氧-缺氧-好氧活性污泥法（A^2/O）、氧化沟法以及近年来发展迅速的间歇式活性污泥法（SBR）。其中，A/O、A^2/O、氧化沟以及 SBR 等工艺因其具有良好的除磷脱氮功能而备受关注。

第一节 传统活性污泥法

一、设计概述

1. 传统活性污泥法类型

传统活性污泥法是活性污泥法的基本模式，以去除污水中有机物和悬浮物为主要目的，适用于无需考虑除磷脱氮的情况，其核心处理单元由曝气池和沉淀池组成。因运行方式和参数不同，传统活性污泥法演变出传统曝气、完全混合、阶段曝气、吸附再生、延时曝气、高负荷曝气、深井曝气、纯氧曝气等工艺。上述诸工艺各具特点，但基本设计方法相同，其优缺点、适用性及主要设计参数见表6-1。

表6-1 传统活性污泥工艺比较

工艺	优点	缺点	适用性	主要设计参数
传统曝气工艺	(1)有机物去除率较高 (2)不易发生污泥膨胀 (3)出水水质稳定	(1)耐冲击负荷能力差 (2)供氧利用率低 (3)运行费用较高	(1)适于大中型水量 (2)不控制出水氮磷	$N_s = 0.2 \sim 0.4 kgBOD_5/(kgMLSS \cdot d)$ $\theta_c = 3 \sim 10d$ $X = 1\,500 \sim 3\,500 mgMLSS/L$
完全混合工艺	(1)耐冲击负荷能力较强 (2)池内水质均匀,电耗低 (3)负荷率较高	(1)有机物去除率略低 (2)易发生污泥膨胀	(1)适用于中小水量 (2)适于工业废水 (3)不控制出水氮磷	$N_s = 0.2 \sim 0.6 kgBOD_5/(kgMLSS \cdot d)$ $\theta_c = 5 \sim 15d$ $X = 3\,000 \sim 6\,000 mgMLSS/L$
阶段曝气工艺	(1)耐冲击负荷能力较强 (2)池内溶解氧较均匀 (3)二沉池出水效果好	(1)有机物去除率略低 (2)易发生污泥膨胀	(1)适于大中型水量 (2)不控制出水氮磷	$N_s = 0.2 \sim 0.4 kgBOD_5/(kgMLSS \cdot d)$ $\theta_c = 5 \sim 15d$ $X = 2\,000 \sim 3\,500 mgMLSS/L$
吸附再生工艺	(1)曝气池体积较小 (2)有耐冲击负荷能力 (3)曝气电耗低	(1)有机物去除率较低 (2)溶解有机物去除差 (3)剩余污泥量较大	(1)悬浮有机物较多 (2)强化一级处理 (3)高浓度污水预处理	$N_s = 0.2 \sim 0.4 kgBOD_5/(kgMLSS \cdot d)$ $\theta_c = 3 \sim 10d$ $X = 1\,000 \sim 3\,000 mgMLSS/L$
延时曝气工艺	(1)有机物去除率较高 (2)剩余污泥量少且稳定 (3)硝化反应彻底	(1)曝气池体积大 (2)运行电耗高 (3)污泥活性差	(1)适用于中小水量 (2)出水氨氮控制严格	$N_s = 0.05 \sim 0.15 kgBOD_5/(kgMLSS \cdot d)$ $\theta_c = 0.5 \sim 2.5d$ $X = 3\,000 \sim 6\,000 mgMLSS/L$
高负荷曝气工艺	(1)曝气池体积小 (2)曝气电耗低 (3)负荷率高	(1)有机物去除率低 (2)不发生硝化反应 (3)剩余污泥量大	(1)强化一级处理 (2)污水预处理	$N_s = 1.5 \sim 5 kgBOD_5/(kgMLSS \cdot d)$ $\theta_c = 5 \sim 15d$ $X = 200 \sim 500 mgMLSS/L$
深井曝气工艺	(1)曝气池占地小 (2)充氧动力效率高 (3)有利于冬季保持水温	(1)曝气池构造复杂 (2)维修困难	(1)适用于工业废水 (2)适用于高浓度废水	$N_s = 1 \sim 1.2 kgBOD_5/(kgMLSS \cdot d)$ $\theta_c = 5d$ $X = 3\,000 \sim 5\,000 mgMLSS/L$
纯氧曝气工艺	(1)氧利用率高 (2)污泥指数低 (3)剩余污泥量少	(1)曝气池构造复杂 (2)运行成本高	(1)适用于工业废水 (2)适用于高浓度废水	$N_s = 0.4 \sim 0.8 kgBOD_5/(kgMLSS \cdot d)$ $\theta_c = 5 \sim 15d$ $X = 6\,000 \sim 10\,000 mgMLSS/L$

注：N_s 为曝气池的 BOD_5 污泥负荷；θ_c 为曝气池的污泥龄；X 为曝气池混合液污泥浓度。

2. 曝气池及其设计方法

曝气池按照水力学流态的不同分为完全混合式和推流式。完全混合式进水迅速与池内混合液混合，曝气池内各点水质均匀，池型为圆形或正多边形，一般可与二沉池合建，目前使用较少。推流式池内水质从入口到出口逐步降低，其池型多为廊道式，是目前应用最为广泛的形式。

曝气池设计方法主要有污泥负荷法和污泥龄法。污泥负荷法属于经验参数设计方法，污泥龄法属于经验参数与动力学参数相结合的设计方法。近年来国际水污染研究与控制协会（International Association on Water Pollution Research and Control，IAWPRC）推荐的活性污泥数学模型开始在国内应用。活性污泥数学模型包括 13 种水质指标、20 个动力学参数、8 个生物反应过程，是全面反映活性污泥生物处理系统运行状态的数学方程组，可用于活性污泥系统的数值模拟，以指导实际运行管理，用于工程设计则可使设计更科学合理，最大限度地接近工程实际。

二、计算例题

【例 6-1】 按污泥负荷法设计推流式曝气池

1. 已知条件

某城镇污水处理厂海拔高度 900m，设计处理水量 $Q = 20\,000\text{m}^3/\text{d}$，总变化系数 $K_z = 1.51$，设计采用传统曝气活性污泥法，鼓风微孔曝气。曝气池设计进水水质 $\text{COD}_{\text{Cr}} = 350\text{mg/L}$，$\text{BOD}_5 = 180\text{mg/L}$，$\text{NH}_3\text{-N} = 30\text{mg/L}$，$\text{SS} = 160\text{mg/L}$，夏季平均水温 $T = 25℃$，冬季平均水温 $T = 10℃$，设计出水水质 $\text{COD}_{\text{Cr}} = 120\text{mg/L}$，$\text{BOD}_5 = 30\text{mg/L}$，$\text{NH}_3\text{-N} = 25\text{mg/L}$，$\text{SS} = 30\text{mg/L}$，VSS 与 SS 的比例 $f = 0.75$。

2. 设计计算

（1）估算出水溶解性 BOD_5　二沉池出水 BOD_5 由溶解性 BOD_5 和悬浮性 BOD_5 组成，其中只有溶解性 BOD_5 与工艺计算有关。出水溶解性 BOD_5 可用下式估算。

$$S_e = S_z - 7.1 K_d f C_e$$

式中　S_e——出水溶解性 BOD_5，mg/L；

　　　S_z——二沉池出水总 BOD_5，mg/L，$S_z = 30\text{mg/L}$；

　　　K_d——活性污泥自身氧化系数，d^{-1}，典型值为 0.06d^{-1}；

　　　f——二沉池出水 SS 中 VSS 所占比例，$f = 0.75$；

　　　C_e——二沉池出水 SS，mg/L，$C_e = 30\text{mg/L}$。

$$S_e = 30 - 7.1 \times 0.06 \times 0.75 \times 30 = 20.4 \text{（mg/L）}$$

（2）确定污泥负荷 N_s　曝气池进水 BOD_5 浓度 $S_0 = 180\text{mg/L}$。

曝气池 BOD_5 去除率 η 为

$$\eta = \frac{S_0 - S_e}{S_0} \times 100\% = \frac{180 - 20.4}{180} \times 100\% = 89\%$$

污泥负荷 N_s 计算公式为

$$N_s = \frac{K_2 S_e f}{\eta}$$

式中　K_2——动力学参数，取值范围 $0.016\,8 \sim 0.028\,1$。

$$N_s = \frac{0.018 \times 20.4 \times 0.75}{0.89} = 0.31 \left[\text{kgBOD}_5 / (\text{kgMLSS} \cdot \text{d})\right]$$

（3）曝气池有效容积 V　用污泥负荷法计算，设计进水流量 $Q = 20\,000\text{m}^3/\text{d}$，曝气池混合液污泥浓度 $X = 2\,500\text{mgMLSS/L}$。

$$V = \frac{Q S_0}{X N_s} = \frac{20\,000 \times 180}{2\,500 \times 0.31} = 4\,645 \text{（m}^3\text{）}$$

曝气池设两座，每座有效容积 $= 4\,645/2 = 2\,322.5 \text{（m}^3\text{）}$。

（4）复核容积负荷 F_V

$$F_V = \frac{Q S_0}{1\,000 V} = \frac{20\,000 \times 180}{1\,000 \times 4\,645} = 0.78 \left[\text{kgBOD}_5 / (\text{m}^3 \cdot \text{d})\right]$$

F_V 大于 $0.4 kgBOD_5/(m^3 \cdot d)$，小于 $0.9 kgBOD_5/(m^3 \cdot d)$，符合《室外排水设计规范》（GB 50014—2006）的要求。

（5）污泥回流比 R　污泥指数 SVI 取 150，回流污泥浓度 X_R 为

$$X_R = \frac{10^6}{SVI} r = \frac{10^6}{150} \times 1.2 = 8\ 000\ （mg/L）$$

式中　r——与二沉池有关的修正系数。

污泥回流比 R 为

$$R = \frac{X}{X_R - X} \times 100\% = \frac{2\ 500}{8\ 000 - 2\ 500} \times 100\% = 45\%$$

（6）剩余污泥量 ΔX　剩余污泥由生物污泥和非生物污泥组成。生物污泥由微生物的同化作用产生，并因微生物的内源呼吸而减少。非生物污泥由进水悬浮物中不可生化部分产生。活性污泥产率系数 $Y = 0.6$，剩余生物污泥 ΔX_V 计算公式为

$$\Delta X_V = YQ \frac{S_0 - S_e}{1\ 000} - K_d V f \frac{X}{1\ 000}$$

式中　K_d——活性污泥自身氧化系数，d^{-1}。K_d 与水温有关，水温为 20℃时 $K_{d(20)} = 0.06 d^{-1}$。根据《室外排水设计规范》（GB 50014—2006）的有关规定，不同水温时应进行修正。本例中污水温度夏季 $T = 25℃$，冬季 $T = 10℃$。

$$K_{d(25)} = K_{d(20)} 1.04^{T-20} = 0.06 \times 1.04^{25-20} = 0.073\ （d^{-1}）$$
$$K_{d(10)} = K_{d(20)} 1.04^{T-20} = 0.06 \times 1.04^{10-20} = 0.041\ （d^{-1}）$$

夏季剩余生物污泥量：

$$\Delta X_{V(25)} = 0.6 \times 20\ 000 \times \frac{180 - 20.4}{1\ 000} - 0.073 \times 4\ 645 \times 0.75 \times \frac{2\ 500}{1\ 000} = 1\ 279.4\ （kg/d）$$

冬季剩余生物污泥量：

$$\Delta X_{V(10)} = 0.6 \times 20\ 000 \times \frac{180 - 20.4}{1\ 000} - 0.041 \times 4\ 645 \times 0.75 \times \frac{2\ 500}{1\ 000} = 1\ 558.1\ （kg/d）$$

剩余非生物污泥 ΔX_S 计算公式：

$$\Delta X_S = Q(1 - f_b f) \frac{C_0 - C_e}{1\ 000}$$

式中　C_0——设计进水 SS，mg/L，$C_0 = 160 mg/L$；
　　　f_b——进水 VSS 中可生化部分比例，设 $f_b = 0.7$。

$$\Delta X_S = Q(1 - f_b f) \frac{C_0 - C_e}{1\ 000} = 20\ 000 \times (1 - 0.7 \times 0.75) \times \frac{160 - 30}{1\ 000} = 1\ 235\ （kg/d）$$

夏季剩余污泥量 $\Delta X_{(25)}$ 为

$$\Delta X_{(25)} = \Delta X_{V(25)} + \Delta X_S = 1\ 279.4 + 1\ 235 = 2\ 514.4\ （kg/d）$$

冬季剩余污泥量 $\Delta X_{(10)}$ 为

$$\Delta X_{(10)} = \Delta X_{V(10)} + \Delta X_S = 1\ 558.1 + 1\ 235$$
$$= 2\ 793.1\ （kg/d）$$

剩余污泥含水率按 99.2% 计算，湿污泥量夏季为 314.3m³/d，冬季为 349.1m³/d。

（7）复核污泥龄 θ_c　夏季污泥龄 $\theta_{c(25)}$ 为

$$\theta_{c(25)} = \frac{XVf}{1\ 000 \Delta X_{V(25)}} = \frac{2\ 500 \times 4\ 645 \times 0.75}{1\ 000 \times 1\ 279.4} = 6.8\ （d）$$

冬季污泥龄 $\theta_{c(10)}$ 为

$$\theta_{c(10)} = \frac{XVf}{1\ 000 \Delta X_{V(10)}} = \frac{2\ 500 \times 4\ 645 \times 0.75}{1\ 000 \times 1\ 558.1} = 5.6\ （d）$$

复核结果表明，无论冬季或夏季，污泥龄都在允许范围内。

（8）复核出水 BOD_5　根据生物动力学原理，当曝气池体积 V，曝气池混合液污泥浓度 X 已知时，进水 BOD_5 浓度 S_0 与出水 BOD_5 浓度 S_e 之间的关系可用下式表示。

$$\frac{Q(S_0 - S_e)}{XfV} = K_2 S_e$$

上式演变成

$$S_e = \frac{QS_0}{Q + K_2 X f V}$$

$$= \frac{20\,000 \times 180}{20\,000 + 0.018 \times 2\,500 \times 0.75 \times 4\,645} = 20.4 \ (\text{mg/L})$$

复核结果表明，出水 BOD_5 可以达到设计要求，且与设定值十分接近。

（9）复核出水 $NH_3\text{-}N$　微生物合成去除的氨氮 N_w 可用下式计算。

$$N_w = 0.12 \frac{\Delta X_V}{Q}$$

冬季微生物合成去除的氨氮 $\Delta N_{w(10)}$ 为

$$\Delta N_{w(10)} = 0.12 \frac{\Delta X_{V(10)}}{Q} \times 1\,000 = 0.12 \times \frac{1\,558.1}{20\,000} \times 1\,000 = 9.4 \ (\text{mg/L})$$

冬季出水氨氮为

$$N_{e(10)} = N_0 - \Delta N_{w(10)} = 30 - 9.4 = 20.6 \ (\text{mg/L})$$

夏季微生物合成去除的氨氮 $\Delta N_{w(25)}$ 为

$$\Delta N_{w(25)} = 0.12 \frac{\Delta X_{V(25)}}{Q} \times 1\,000 = 0.12 \times \frac{1\,279.4}{20\,000} \times 1\,000 = 7.7 \ (\text{mg/L})$$

夏季出水氨氮为

$$N_{e(25)} = N_0 - \Delta N_{w(25)} = 30 - 7.7 = 22.3 \ (\text{mg/L})$$

复核结果表明，无论冬季或夏季，本例仅靠生物合成就可使出水氨氮低于设计出水标准。如果考虑硝化作用，出水氨氮计算采用动力学公式。

$$\mu_N = \mu_m \frac{N}{K_N + N}$$

式中　μ_N——硝化菌比增长速率，d^{-1}；

　　　　μ_m——硝化菌最大比增长速率，d^{-1}；

　　　　N——曝气池内氨氮浓度，mg/L；

　　　　K_N——硝化菌增长半速率常数，mg/L。

设出水氨氮 $N_e = N$，将上式进行变换，得

$$N_e = \frac{K_N \mu_N}{\mu_m - \mu_N}$$

μ_m 与水温、溶解氧、pH 值有关。设计水温条件下 $\mu_{m(T)}$ 为

$$\mu_{m(T)} = \mu_{m(15)} e^{0.098 \times (T-15)} \times \frac{DO}{K_O + DO} \times [1 - 0.833 \times (7.2 - pH)]$$

式中　$\mu_{m(15)}$——标准水温（15℃）时硝化菌最大比增长速率，d^{-1}，取 $\mu_{m(15)} = 0.5 d^{-1}$；

　　　　T——设计条件下污水温度，℃，取夏季 $T = 25℃$，冬季 $T = 10℃$；

　　　　DO——曝气池内平均溶解氧，mg/L，取 $DO = 2\text{mg/L}$；

　　　　K_O——溶解氧半速率常数，mg/L，取 $K_O = 1.3\text{mg/L}$；

　　　　pH——污水 pH 值，取 $pH = 7.2$。

将有关参数代入，得

$$\mu_{m(25)} = 0.5 \times e^{0.098 \times (25-15)} \times \frac{2}{1.3+2} \times [1 - 0.833 \times (7.2 - 7.2)] = 0.81$$

$$\mu_{m(10)} = 0.5 \times e^{0.098 \times (10-15)} \times \frac{2}{1.3+2} \times [1 - 0.833 \times (7.2 - 7.2)] = 0.19$$

硝化菌增长半速率常数 K_N 也与温度有关，计算公式为

$$K_{N(T)} = K_{N(15)} \times e^{0.118 \times (T-15)}$$

式中　$K_{N(15)}$——标准水温（15℃）时硝化菌半速率常数，mg/L，取 $K_{N(15)} = 0.5\text{mg/L}$。

$$K_{N(25)} = 0.5 \times e^{0.118 \times (25-15)} = 1.63 \ (\text{mg/L})$$

$$K_{N(10)} = 0.5 \times e^{0.118 \times (10-15)} = 0.28 \ (\text{mg/L})$$

硝化菌比增长速率可用下式计算。

$$\mu_N = \frac{1}{\theta_c} + b_N$$

式中 b_N——硝化菌自身氧化系数，d^{-1}。b_N 也受污水温度影响，其修正计算公式为

$$b_{N(T)} = b_{N(20)} \times 1.04^{T-20}$$

式中 $b_{N(20)}$——20℃时的 b_N 值，d^{-1}，$b_{N(20)} = 0.04 d^{-1}$。

$$b_{N(25)} = 0.04 \times 1.04^{25-20} = 0.049 \ (d^{-1})$$

$$b_{N(10)} = 0.04 \times 1.04^{10-20} = 0.027 \ (d^{-1})$$

本例夏季污泥龄 $\theta_c = 6.8d$，冬季污泥龄 $\theta_c = 5.6d$，硝化菌比增长速率为

$$\mu_{N(25)} = \frac{1}{6.8} + 0.049 = 0.2 (d^{-1})$$

$$\mu_{N(10)} = \frac{1}{5.6} + 0.027 = 0.21 (d^{-1})$$

夏季出水氨氮为

$$N_{e(25)} = \frac{K_{N(25)} \mu_{N(25)}}{\mu_{m(25)} - \mu_{N(25)}} = \frac{1.63 \times 0.2}{0.81 - 0.2} = 0.53 \ (mg/L)$$

冬季 μ_m 小于 μ_N，说明本例曝气池冬季基本没有硝化作用。如果要在冬季保持硝化功能，达到较低的出水氨氮，需提高 MLSS，增加污泥龄。

如果将 MLSS 增加到 4 000mg/L，出水 BOD_5 为

$$S_e = \frac{20\,000 \times 180}{20\,000 + 0.018 \times 4\,000 \times 0.75 \times 4\,645} = 13.3 \ (mg/L)$$

剩余生物污泥量为

$$\Delta X_{V(10)} = 0.6 \times 20\,000 \times \frac{180 - 13.3}{1\,000} - 0.041 \times 4\,645 \times 0.75 \times \frac{4\,000}{1\,000} = 1\,429.1 \ (kg/d)$$

污泥龄为

$$\theta_{c(10)} = \frac{XVf}{1\,000 \Delta X_{V(10)}} = \frac{4\,000 \times 4\,645 \times 0.75}{1\,000 \times 1\,429.1} = 9.8 \ (d)$$

硝化菌比增长速率为

$$\mu_{N(10)} = \frac{1}{9.8} + 0.027 = 0.13 \ (d^{-1})$$

出水氨氮为

$$N_{e(10)} = \frac{K_{N(10)} \mu_{N(10)}}{\mu_{m(10)} - \mu_{N(10)}} = \frac{0.28 \times 0.13}{0.19 - 0.13} = 0.61 \ (mg/L)$$

计算结果表明 冬季提高 MLSS，可以有效地促进硝化进程，降低出水氨氮。

（10）进出水口设计 本例进水口、回流污泥入口和出水口采用自由出流矩形堰。其形式如图 6-1 所示。

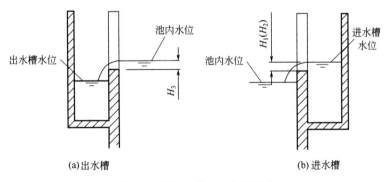

(a)出水槽　　　　　　　　(b)进水槽

图 6-1　曝气池进、出水堰示意

堰上水头一般为 0.1~0.2m，池壁厚度 0.3~0.5m，其水力学特征为自由出流宽顶堰。水力计算公式如下。

$$Q = mb\sqrt{2g}H^{3/2}$$

或

$$H = \left(\frac{q}{mb\sqrt{2g}}\right)^{2/3}$$

式中　H——堰上水头，m；

　　q——设计流量，m^3/s；

　　m——流量系数，$m=0.32$；

　　b——堰宽，m；

　　g——重力加速度，$9.8m/s^2$。

考虑到水量变化的影响，曝气池进水口、回流污泥入口和出水口设计流量应按最大时流量计算。对于进水口有

$$q_1=\frac{K_zQ}{86\,400\,n}=\frac{1.51\times20\,000}{86\,400\times2}=0.175\ （m^3/s）$$

$$H_1=\left(\frac{0.175}{0.32\times2.75\times\sqrt{2\times9.8}}\right)^{2/3}=0.126\ （m）$$

进水管设计流速 $v=0.7m/s$，进水管管径为

$$d_1=\sqrt{\frac{4q_1}{v\pi}}=\sqrt{\frac{4\times0.175}{0.7\times3.14}}=0.56\approx0.6\ （m）$$

对于回流污泥入口有

$$q_2=Rq_1=0.45\times0.175=0.079\ （m^3/s）$$

$$H_2=\left(\frac{0.079}{0.32\times2.75\times\sqrt{2\times9.8}}\right)^{2/3}=0.074\ （m）$$

污泥回流管设计流速 $v=0.6m/s$，污泥回流管管径 d_2 为

$$d_2=\sqrt{\frac{4q_2}{v\pi}}=\sqrt{\frac{4\times0.079}{0.6\times3.14}}=0.41\approx0.4\ （m）$$

对于出水口有

$$q_3=q_1+q_2=0.175+0.079=0.254\ （m^3/s）$$

$$H_3=\left(\frac{0.254}{0.32\times5.5\times\sqrt{2\times9.8}}\right)^{2/3}=0.102\ （m）$$

出水管设计流速 $v=0.7m/s$，出水管管径 d_3 为

$$d_3=\sqrt{\frac{4q_3}{v\pi}}=\sqrt{\frac{4\times0.254}{0.7\times3.14}}=0.68\approx0.7\ （m）$$

（11）设计需氧量　本例中生物池不具有反硝化功能，需氧量只计算有机物需氧量、硝化氨氮需氧量和生物合成减少的需氧量，设计公式为

$$AOR=0.001aQ(S_0-S_e)+b[0.001Q(N_k-N_{ke})-0.12\Delta X_V]-c\Delta X_V$$

式中　a——以 BOD_5 表示有机物时的氧当量，$kgO_2/kgBOD_5$，$a=1.47kgO_2/kgBOD_5$；

　　b——氨氮硝化需氧系数，kgO_2/kgN，$b=4.57kgO_2/kgN$；

　　c——微生物的氧当量，$kgO_2/kgVSS$，$c=1.42kgO_2/kgVSS$；

　　N_k——进水凯氏氮，mg/L；

　　N_{ke}——出水凯氏氮，mg/L。经过好氧反应后，进水有机氮全部被氨化，出水凯氏氮数值上等于氨氮。

夏季时水温较高，污泥龄较长，在有机物氧化的同时，氨氮的硝化也在进行。设计需氧量应包括氧化有机物需氧量，污泥自身氧化需氧量和氨氮硝化需氧量。

夏季设计需氧量 $AOR_{(25)}$ 为

$$AOR_{(25)}=1.47\times20\,000\times\frac{180-20.4}{1\,000}+4.6\times\left(20\,000\times\frac{30-0.53}{1\,000}-\right.$$

$$\left.0.12\times\frac{4\,645\times2\,500\times0.75}{1\,000\times6.8}\right)-1.42\times\frac{4\,645\times2\,500\times0.75}{1\,000\times6.8}$$

$$=4\,692+2\,004-1\,819=4\,877(kg/d)=203.2\ （kg/h）$$

本例冬季时污泥龄较低，且水温较低，当 $X=2\,500mg/L$ 时，不会发生氨氮的硝化，设计需氧量只包括氧化有机物需氧量，污泥自身氧化需氧量。设计需氧量 $AOR_{(10)}$ 为

$$\text{AOR}_{(10)} = aQ\frac{S_0 - S_e}{1\,000} - c\frac{VXf}{1\,000\theta_{c(10)}} = 1.47 \times 20\,000 \times \frac{180 - 14.25}{1\,000} - 1.42 \times \frac{4\,615 \times 2\,500 \times 0.75}{1\,000 \times 6.6}$$

$$= 4\,873 - 2\,234 = 2\,639 \text{ (kg/d)} = 110 \text{ (kg/h)}$$

冬季单位 BOD_5 去除量耗氧为 $0.8\text{kgO}_2/\text{kgBOD}_5$，符合 GB 50014—2006 $0.7\sim1.2\text{kgO}_2/\text{kgBOD}_5$ 的要求。

如果冬季将 X 提高到 4 000mg/L，设计需氧量将增加到

$$\text{AOR}_{(10)} = 1.47 \times 20\,000 \times \frac{180 - 13.3}{1\,000} + 4.6 \times \left(20\,000 \times \frac{30 - 0.61}{1\,000} - 0.12 \times \right.$$

$$\left. \frac{4\,645 \times 4\,000 \times 0.75}{1\,000 \times 9.8} \right) - 1.42 \times \frac{4\,645 \times 4\,000 \times 0.75}{1\,000 \times 9.8}$$

$$= 4\,901 + 1\,919 - 2\,019 = 4\,801 \text{(kg/d)} = 200 \text{ (kg/h)}$$

计算结果说明冬季提高 MLSS 后设计需氧量也将大幅度增加。

（12）标准需氧量和用气量　标准需氧量 SOR 计算公式为

$$\text{SOR} = \frac{\text{AOR} \times C_{s(20)}}{\alpha[\beta \rho C_{sb(T)} - C] \times 1.024^{T-20}}$$

式中　$C_{s(20)}$——20℃时氧在清水中饱和溶解度，mg/L，$C_{s(20)} = 9.17\text{mg/L}$（查本书附录九）；

α——氧总转移系数，$\alpha = 0.85$；

β——氧在污水中饱和溶解度修正系数，$\beta = 0.95$；

ρ——因海拔高度不同而引起的压力修正系数，$\rho = \dfrac{p}{1.013 \times 10^5}$；

p——所在地区大气压力，Pa；

T——设计污水温度，℃，本例冬季 $T = 10℃$，夏季 $T = 25℃$；

$C_{sb(T)}$——设计水温条件下曝气池内平均溶解氧饱和度，mg/L，$C_{sb(T)} = C_{s(T)}\left(\dfrac{p_b}{2.026 \times 10^5} + \dfrac{O_t}{42} \right)$；

$C_{s(T)}$——设计水温条件下氧在清水中饱和溶解度（查附录九），mg/L；

p_b——空气扩散装置处的绝对压力，Pa，$p_b = p + 9.8 \times 10^3 H$；

H——空气扩散装置淹没深度，m；

O_t——气泡离开水面时含氧量，%，$O_t = \dfrac{21(1 - E_A)}{79 + 21(1 - E_A)} \times 100\%$；

E_A——空气扩散装置氧转移效率，可由设备样本查得；

C——曝气池内平均溶解氧浓度，mg/L，取 $C = 2\text{mg/L}$。

工程所在地海拔高度 $P = 900\text{m}$，大气压力 $p = 0.91 \times 10^5 \text{Pa}$，压力修正系数 ρ 为

$$\rho = \frac{p}{1.013 \times 10^5} = \frac{0.91 \times 10^5}{1.013 \times 10^5} = 0.9$$

微孔曝气头安装在距池底 0.3m 处，淹没深度 4.2m，其绝对压力 p_b 为

$$p_b = p + 9.8 \times 10^3 H = 1.013 \times 10^5 + 0.098 \times 10^5 \times 4.2 = 1.42 \times 10^5 \text{ (Pa)}$$

微孔曝气头氧转移效率 E_A 为 20%，气泡离开水面时含氧量 O_t 为

$$O_t = \frac{21(1 - E_A)}{79 + 21(1 - E_A)} \times 100\% = \frac{21 \times (1 - 0.2)}{79 + 21 \times (1 - 0.2)} \times 100\% = 17.5\%$$

夏季清水氧饱和度 $C_{s(25)}$ 为 8.4mg/L，曝气池内平均溶解氧饱和度 $C_{sb(25)}$ 为

$$C_{sb(25)} = C_{s(25)}\left(\frac{p_b}{2.026 \times 10^5} + \frac{O_t}{42} \right) = 8.4 \times \left(\frac{1.42 \times 10^5}{2.026 \times 10^5} + \frac{17.5}{42} \right) = 9.4 \text{ (mg/L)}$$

夏季标准需氧量 $SOR_{(25)}$ 为

$$\text{SOR}_{(25)} = \frac{\text{AOR}_{(25)} \times C_{s(20)}}{\alpha[\beta \rho C_{sb(25)} - C] \times 1.024^{T-20}} = \frac{203.3 \times 9.17}{0.85 \times (0.95 \times 0.9 \times 9.4 - 2) \times 1.024^{25-20}} = 322.8 \text{ (kg/h)}$$

夏季空气用量 $Q_{F(25)}$ 为

$$Q_{F(25)} = \frac{\text{SOR}_{(25)}}{0.3 E_A} = \frac{322.8}{0.3 \times 0.2} = 5\,380 \text{ (m}^3/\text{h)} = 89.7 \text{ (m}^3/\text{min)}$$

冬季清水氧饱和度 $C_{s(10)}$ 为 11.33mg/L，曝气池内平均溶解氧饱和度 $C_{sb(10)}$ 为

$$C_{sb(10)} = C_{s(10)}\left(\frac{p_b}{2.026 \times 10^5} + \frac{O_t}{42} \right) = 11.33 \times \left(\frac{1.42 \times 10^5}{2.026 \times 10^5} + \frac{17.5}{42} \right) = 12.7 \text{ (mg/L)}$$

冬季标准需氧量 $SOR_{(10)}$ 为

$$SOR_{(10)} = \frac{AOR_{(10)} C_{s(20)}}{\alpha[\beta\rho C_{sb(10)} - C] \times 1.024^{T-20}} = \frac{110 \times 9.17}{0.85 \times (0.95 \times 0.9 \times 11.33 - 2) \times 1.024^{10-20}} = 156.8 \ (kg/h)$$

冬季空气用量 $Q_{F(10)}$ 为

$$Q_{F(10)} = \frac{SOR_{(10)}}{0.3 E_A} = \frac{156.8}{0.3 \times 0.2} = 2613.3 \ (m^3/h) = 43.6 \ (m^3/min)$$

（13）曝气池布置　设曝气池2座，单座池容为 $V_单$

$$V_单 = V/2 = 4645/2 = 2322.5 \ (m^3)$$

曝气池有效水深 $h = 4.5m$，单座曝气池有效面积 $A_单$ 为

$$A_单 = V_单/h = 2322.5/4.5 = 516.11 \ (m^2)$$

采用3廊道式，廊道宽 $b = 5.5m$，曝气池宽度 B 为

$$B = 3b = 3 \times 5.5 = 16.5 \ (m)$$

曝气池长度 L 为

$$L = A_单/B = 516.11/16.5 = 31.3 \ (m)$$

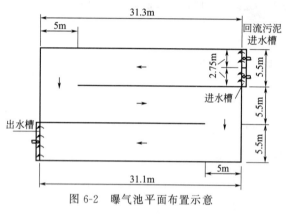

图 6-2　曝气池平面布置示意

校核宽深比：

$$廊道宽/水深 = b/h = 5.5/4.5 = 1.22$$

宽深比大于1，小于2，满足 GB 50014—2006 要求。

校核长宽比：

$$池长/廊道宽 = L/b = 31.3/5.5 = 5.7$$

长宽比大于5，小于10，满足 GB 50014—2006 要求。

曝气池超高取0.8m，曝气池总高为

$$H = 4.5 + 0.8 = 5.3 \ (m)$$

曝气池平面布置如图6-2所示。

（14）曝气设备布置　选用某微孔曝气器，其技术性能参数如下：氧转移效率16%～25%；阻力损失3～8kPa；服务面积0.3～0.75m²/个；供气量1.5～3m³/(h·个)；曝气器均匀布置，每廊道布置8列，45排，两座曝气池共布置曝气器2160个。

$$每个曝气器服务面积 = \frac{2LB}{n} = \frac{2 \times 31.1 \times 16.5}{2160} = 0.48 \ (m^2/个)$$

夏季每个曝气器供气量 $= Q_F/n = 5380.5/2160 = 2.5 \ [m^3/(h·个)]$

冬季每个曝气器供气量 $= Q_F/n = 2613.3/2160 = 1.2 \ [m^3/(h·个)]$

以上复核结果表明，曝气器服务面积和夏季曝气器供气量在设备允许范围之内，冬季单个曝气器供气量小于设备最低供气量，说明冬季曝气设备利用率较低。

【例 6-2】　按污泥龄法设计推流式曝气池

1. 已知条件

已知条件同例6-1，不考虑氨氮的硝化。

2. 设计计算

（1）出水溶解性 BOD_5　计算方法和参数同例6-1，出水溶解性 BOD_5 为

$$S_e = 30 - 7.1 \times 0.06 \times 0.75 \times 30 = 20.4 \ (mg/L)$$

（2）确定污泥龄 θ_c　根据生物动力学原理，当曝气池体积 V，曝气池混合液污泥浓度 X 已知时，进水 BOD_5 浓度 S_0 与出水 BOD_5 浓度 S_e 之间的关系可用下式表示。

$$\frac{Q(S_0 - S_e)}{XfV} = K_2 S_e$$

上式两面同时乘产率系数 Y，两面再同时减污泥自身氧化系数 K_d，可得

$$\frac{YQ(S_0 - S_e)}{XfV} - K_d = YK_2 S_e - K_d$$

等式左面为污泥龄的倒数。污泥龄与 K_2、S_e、K_d 的关系式为

$$\theta_c = \frac{1}{YK_2 S_e - K_d}$$

夏季时

$$K_{d(25)} = K_{d(20)} \theta_t^{T-20} = 0.06 \times 1.04^{25-20} = 0.073 \ (\text{d}^{-1})$$

$$\theta_{c(25)} = \frac{1}{YK_2 S_e - K_{d(25)}} = \frac{1}{0.6 \times 0.018 \times 20.4 - 0.073} = 6.8 \ (\text{d})$$

冬季时

$$K_{d(10)} = K_{d(20)} \theta_t^{T-20} = 0.06 \times 1.04^{10-20} = 0.041 \ (\text{d}^{-1})$$

$$\theta_{c(10)} = \frac{1}{YK_2 S_e - K_{d(10)}} = \frac{1}{0.6 \times 0.018 \times 20.4 - 0.041} = 5.6 \ (\text{d})$$

（3）确定曝气池体积 V　曝气池混合液污泥浓度 $X = 2\,500\text{mg/L}$。

夏季时所需曝气池体积 $V_{(25)}$ 为

$$V_{(25)} = \frac{YQ\theta_{c(25)}(S_0 - S_e)}{Xf[1 + K_{d(25)}\theta_{c(25)}]} = \frac{0.6 \times 20\,000 \times 6.8 \times (180 - 20.4)}{2\,500 \times 0.75 \times (1 + 0.073 \times 6.8)} = 4\,642 \ (\text{m}^3)$$

冬季时所需曝气池体积 $V_{(10)}$ 为

$$V_{(10)} = \frac{YQ\theta_{c(10)}(S_0 - S_e)}{Xf[1 + K_{d(10)}\theta_{c(10)}]} = \frac{0.6 \times 20\,000 \times 5.6 \times (180 - 20.4)}{2\,500 \times 0.75 \times (1 + 0.041 \times 5.6)} = 4\,652 \ (\text{m}^3)$$

计算表明，冬季或夏季，曝气池体积基本相同，本例体积按冬季所需体积 $4\,652\text{m}^3$ 确定。

（4）复核水力停留时间 T

$$T = 24V/Q = 24 \times 4\,652/20\,000 = 5.6 \ (\text{h})$$

（5）污泥回流比 R　污泥指数 SVI 取 125，回流污泥浓度 X_R 为

$$X_R = 10^6/\text{SVI} = 10^6/125 = 8\,000 \ (\text{mg/L})$$

污泥回流比 R 为

$$R = \frac{X}{X_R - X} \times 100\% = \frac{2\,500}{8\,000 - 2\,500} \times 100\% = 45\%$$

（6）复核污泥负荷 N_s

$$N_s = \frac{QS_e}{XV} = \frac{20\,000 \times 180}{2\,500 \times 4\,652} = 0.31 \ (\text{kgBOD}_5/\text{kgMLSS})$$

（7）剩余污泥量 ΔX　剩余污泥由生物污泥和非生物污泥组成。

冬季剩余生物污泥 $\Delta X_{V(10)}$ 为

$$\Delta X_{V(10)} = \frac{Y}{1 + K_{d(10)}\theta_{c(10)}} \times \frac{S_0 - S_e}{1\,000} Q = \frac{0.6}{1 + 0.041 \times 5.6} \times \frac{180 - 20.4}{1\,000} \times 20\,000 = 1\,557.6 \ (\text{kg/d})$$

夏季剩余生物污泥 $\Delta X_{V(25)}$ 为

$$\Delta X_{V(25)} = \frac{Y}{1 + K_{d(25)}\theta_{c(25)}} \times \frac{S_0 - S_e}{1\,000} Q = \frac{0.6}{1 + 0.073 \times 6.8} \times \frac{180 - 20.4}{1\,000} \times 20\,000 = 1\,279.9 \ (\text{kg/d})$$

剩余非生物污泥 ΔX_S 为

$$\Delta X_S = Q(1 - f_b f)\frac{C_0 - C_e}{1\,000} = 20\,000 \times (1 - 0.7 \times 0.75) \times \frac{160 - 30}{1\,000} = 1\,235 \ (\text{kg/d})$$

冬季剩余污泥量为

$$\Delta X_{(10)} = \Delta X_{V(10)} + \Delta X_3 = 1\,557.6 + 1\,235 = 2\,792.6 \ (\text{kg/d})$$

夏季剩余污泥量为

$$\Delta X_{(25)} = \Delta X_{V(25)} + \Delta X_3 = 1\,279.9 + 1\,235 = 2\,514.9 \ (\text{kg/d})$$

剩余污泥含水率按 99.2% 计算，湿污泥量夏季为 $314.4\text{m}^3/\text{d}$，冬季为 349.1m^3。

其余部分计算方法与例 6-1 相同，略。

例 6-1 与例 6-2 采用不同的设计方法，所得结果十分接近，可以互为校核。

【例 6-3】 完全混合式曝气池设计

1. 已知条件

某城镇污水处理厂海拔高度 550m，设计采用完全混合式活性污泥工艺，池型为合建式机械曝气沉淀池，处理水量 $Q = 5\,000\text{m}^3/\text{d}$，污水温度 $T = 27℃$，总变化系数 $K_z = 1.65$。经粗细格栅和初沉池预处理后，曝气池进水 BOD$_5$ 浓度 $S_0 = 160\text{mg/L}$，SS 浓度 $C_0 = 120\text{mg/L}$。出水水质要求达到 BOD$_5$ 浓度 $S_e = 30\text{mg/L}$，SS

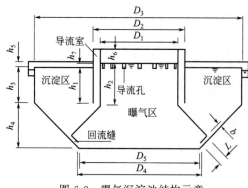

图 6-3 曝气沉淀池结构示意

浓度 $C_e=30$mg/L，VSS 与 SS 比值 $f=0.75$，不考虑氨氮的硝化。

2. 设计计算

（1）合建式机械曝气沉淀池 结构如图 6-3 所示。

（2）曝气区容积 V_1 采用容积负荷法进行设计。根据 GB 50014—2006，容积负荷 N_V 取 1.35kg BOD$_5$/（m^3·d），V_1 为

$$V_1=\frac{QS_0}{1\,000N_V}=\frac{5\,000\times160}{1\,000\times1.35}=593（\text{m}^3）$$

曝气池设 3 座，即 $n=3$，每座曝气池曝气区容积为 197.7m^3。

（3）复核曝气区水力停留时间 T

$$T=24V_1/Q=24\times593/5\,000=2.85（\text{h}）$$

（4）复核污泥负荷 曝气区混合液污泥浓度 X 取 3 500mg/L。

$$N_s=\frac{QS_0}{XV}=\frac{5\,000\times160}{3\,500\times593}=0.39\,[\text{kgBOD}_5/(\text{kgMLSS}\cdot\text{d})]$$

复核结果表明，污泥负荷 N_s 在规范允许的范围内 [0.25～0.5kgBOD$_5$/（kgMLSS·d）]。

（5）估算出水溶解性 BOD$_5$ 污泥龄 θ_c 取 4.2d，异养菌半速度常数 $K_s=60$mg/L，产率系数 $Y=0.6$，异养菌最大比增长速度 $\mu_{max}=5$d^{-1}，异养菌自身氧化系数 $K_d=0.06$d^{-1}。

$$S_e=\frac{K_s(1+K_d\theta_c)}{Y\mu_{max}\theta_c-(1+K_d\theta_c)}=\frac{60\times(1+0.06\times4.2)}{0.6\times5\times4.2-(1+0.06\times4.2)}=6.6（\text{mg/L}）$$

（6）剩余污泥产量 ΔX

$$\Delta X=\Delta X_V+\Delta X_S=\frac{YQ(S_0-S_e)}{1000(1+K_d\theta_c)}+\frac{Q(1-f_b f)(C_0-C_e)}{1000}$$

$$=\frac{0.6\times5\,000\times(160-6.6)}{1\,000\times(1+0.06\times4.2)}+\frac{5\,000\times(1-0.7\times0.75)\times(120-30)}{1\,000}$$

$$=367+214=581（\text{kg/d}）$$

剩余污泥含水率按 99.2% 计，剩余污泥湿泥量为 72.6m^3。

（7）复核污泥龄

$$\theta_c=\frac{XfV}{1\,000\Delta X_V}=\frac{3\,500\times0.75\times593}{1\,000\times367}=4.2（\text{d}）$$

复核结果与假设值一致。

（8）设计需氧量 AOR 设计需氧量 AOR 计算采用下式。

$$\text{AOR}=a'Q\frac{S_0-S_e}{1\,000}+b'\frac{X}{1\,000}Vf$$

式中 a'——有机物氧化需氧系数，kgO$_2$/kgBOD$_5$，取 $a'=0.5$kgO$_2$/kgBOD$_5$；

b'——活性污泥需氧系数，kgO$_2$/kgMLVSS，取 $b'=0.12$kgO$_2$/kgMLVSS。

$$\text{AOR}=a'Q\frac{S_0-S_e}{1\,000}+b'\frac{X}{1\,000}Vf=0.5\times5\,000\times\left(\frac{160-6.6}{1\,000}\right)+0.12\times\frac{3\,500}{1\,000}\times593\times0.75$$

$$=383.5+187=570.5(\text{kg/d})=23.8（\text{kg/h}）$$

单位 BOD$_5$ 去除量耗氧为 0.75kgO$_2$/kgBOD$_5$，符合 GB 50014—2006 的 0.7～1.2kgO$_2$/kgBOD$_5$ 的要求。

（9）标准需氧量 SOR 标准需氧量计算公式同例 6-1，即

$$\text{SOR}=\frac{\text{AOR}\times C_{s(20)}}{\alpha(\beta\rho C_{s(T)}-C)\times1.024^{27-7}}$$

工程所在地海拔高度 550m，大气压力 p 为 0.95×10^5Pa，大气压力修正系数为

$$\rho=\frac{p}{1.013\times10^5}=\frac{0.95\times10^5}{1.013\times10^5}=0.94$$

本例 $C_{s(20)}=9.17$mg/L，$\alpha=0.85$，$\beta=0.95$，$T=27℃$，$C=2$mg/L，代入公式有夏季标准需氧量为

$$SOR = \frac{AOR \times C_{s(20)}}{\alpha(\beta\rho C_s - C) \times 1.024^{27-20}} = \frac{23.8 \times 9.17}{0.85 \times (0.95 \times 0.94 \times 8.07 - 2) \times 1.024^{27-20}} = 41.8 \ (kg/h)$$

（10）曝气设备选型　选用 3 台泵型叶轮，直径 $d=0.75$m，每台曝气设备标准充氧量为 13.9kg/h，叶轮周边线速度 v 为

$$v = \left(\frac{SOR}{0.379K_1 d^{1.88}}\right)^{1/2.8} = \left(\frac{13.9}{0.379 \times 1 \times 0.75^{1.88}}\right)^{1/2.8} = 4.4 \ (m/s)$$

曝气机轴功率 N 为
$$N = 0.080 4K_2 v_3 d^{2.08} = 0.080 4 \times 1 \times 4.4^3 \times 0.75^{2.08} = 3.79 \ (kW)$$

曝气机最低转速 n' 为

$$n' = \frac{60v}{\pi d} = \frac{60 \times 4.4}{3.14 \times 0.75} = 112.1 \ (r/min)$$

曝气机充氧动力效率 η 为

$$\eta = SOR/N = 13.9/3.79 = 3.7 \ [kgO_2/(kW \cdot h)]$$

（11）曝气区直径 D_1

$$D_1 = 6d = 6 \times 0.75 = 4.5 \ (m)$$

（12）导流室设计　导流室污水下降流速 $v_2 = 15$mm/s，污泥回流比 $R = 300\%$，导流室面积 F_2 为

$$F_2 = \frac{Q(K_z + R)}{n \times 86.4 \times v_2} = \frac{5\ 000 \times (1.65 + 3)}{3 \times 86.4 \times 15} = 5.98 \ (m^2)$$

曝气区外壁结构厚度 $\delta_1 = 0.2$m，导流室外径 D_2 为

$$D_2 = \sqrt{(D_1 + \delta_1)^2 + 4F_2/\pi} = \sqrt{(4.5 + 0.2)^2 + (4 \times 5.98)/3.14} = 5.5 \ (m)$$

导流室宽度 B 为

$$B = (D_2 - D_1 - \delta_1)/2 = (5.5 - 4.5 - 0.2)/2 = 0.4 \ (m)$$

（13）沉淀区设计　沉淀区表面负荷 $q_1 = 1.0$m^3/(m^2 · h)，沉淀区面积 F_3 为

$$F_3 = \frac{K_z Q}{24nq} = \frac{1.65 \times 5\ 000}{24 \times 3 \times 1.0} = 114.6 \ (m^2)$$

导流室外壁采用 UPVC 板结构，厚度 $\delta_2 = 0.01$m，沉淀区直径 D_3 为

$$D_3 = \sqrt{(D_2 + \delta_2)^2 + 4F_2/\pi} = \sqrt{(5.5 + 0.01)^2 + (4 \times 114.6)/3.14} = 13.3 \ (m)$$

出水堰设在沉淀区周边，出水堰负荷 q_2 为

$$q_2 = \frac{K_z Q}{86.4n\pi D_3} = \frac{1.65 \times 5\ 000}{86.4 \times 3 \times 3.14 \times 13.3} = 0.76 \ [L/(s \cdot m)]$$

（14）其他部位尺寸　曝气区超高 $h_6 = 0.6$m，沉淀区超高 $h_5 = 0.3$m，曝气区与沉淀区水位差 $h_7 = 0.2$m。
沉淀时间 $t = 1.5$h，沉淀区高度 h_1 为
$$h_1 = qt = 1.0 \times 1.5 = 1.5 \ (m)$$

沉淀区直壁高度 $h_3 = 1.5$m，曝气区直壁高度 h_2 为
$$h_2 = h_1 + 0.414B = 1.5 + 0.414 \times 0.4 \approx 1.7 \ (m)$$

曝气区深度 $H = 4.5$m，斜壁高度 h_4 为

$$h_4 = H - h_3 = 4.5 - 1.5 = 3 \ (m)$$

池底，直径 D_5 为

$$D_5 = D_3 - 2h_4 = 13.3 - 2 \times 3 = 7.3 \ (m)$$

回流窗流速 $v_2 = 100$mm/s，回流窗面积 f_1 为

$$f_1 = \frac{Q(K_z + R)}{86.4nv_2} = \frac{5\ 000 \times (1.65 + 3)}{86.4 \times 2 \times 100} = 1.35 \ (m^2)$$

回流窗尺寸 0.2m×0.24m，沿曝气外壁均匀布置，共布置 28 个。
回流缝宽度 $b = 0.1$m，顺流圈长度 $L = 0.3$m，顺流圈内径 $D_4 = 7.5$m，回流缝面积 f_2 为

$$f_2 = b\pi\left(D_4 + \frac{L+b}{\sqrt{2}}\right) = 0.1 \times 3.14 \times \left(7.5 + \frac{0.5 + 0.1}{\sqrt{2}}\right) = 2.49 \ (m^2)$$

回流缝流速 v_2 为

$$v_2 = \frac{RQ}{86.4nf_2} = \frac{3 \times 5\ 000}{86.4 \times 3 \times 2.49} = 23.2 \ (mm/s)$$

v_2 大于 20mm/s，小于 40mm/s，符合要求。

（15）复核曝气区容积　曝气沉淀池总体积 V 为

$$V = \frac{\pi D_3^2 h_3}{4} + \frac{\pi}{3} \times \frac{h_4}{4}(D_3^2 + D_3 D_5 + D_5^2)$$

$$= \frac{3.14 \times 13.3^2 \times 1.5}{4} + \frac{3.14}{3} \times \frac{3}{4} \times (13.3^2 + 13.3 \times 7.3 + 7.3^2)$$

$$= 465.43 \ (\text{m}^3)$$

沉淀区体积 V_3 为

$$V_3 = \frac{\pi(D_3^2 - D_2^2)h_1}{4} = \frac{3.14 \times (13.3^2 - 5.5^2) \times 1.5}{4} = 172.76 \ (\text{m}^3)$$

曝气区及导流区实际有效体积 V_2 为

$$V_2 = 0.95(V - V_3) = 0.95 \times (465.43 - 172.76) = 278.04 \ (\text{m}^3)$$

曝气区及导流区实际有效体积大于计算所需。

【例 6-4】 阶段曝气活性污泥工艺设计计算

1. 已知条件

已知条件同例 6-1，不考虑氨氮的硝化，按阶段曝气工艺设计曝气池。

2. 设计计算

（1）工艺模式　本例考虑将曝气池平均分为 4 段，每段为一个完全混合反应器。每段进水比例均为 25%，回流污泥从第一段首端进入，混合液从最后一段末端流出。工艺流程模式如下。

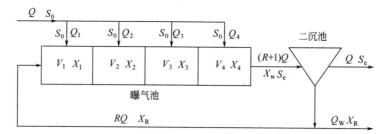

其中，Q、S_0 为进水流量和进水 BOD_5 浓度；R 为回流比；X_R 为回流污泥浓度；S_e 为出水 BOD_5 浓度；Q_w 为剩余湿污泥量；V 为曝气池体积；$Q_1 \sim Q_4$、$V_1 \sim V_4$ 和 $X_1 \sim X_4$ 为曝气池各段进水流量、体积和混合液污泥浓度。其中 $V_1 = V_2 = V_3 = V_4 = 0.25V$，$Q_1 = Q_2 = Q_3 = Q_4 = 0.25Q$。

（2）确定混合液污泥浓度　污泥回流比 R 为 60%，回流污泥浓度为 8 000mg/L，曝气池混合液污泥浓度平均为

$$X = \frac{RX_R}{4}\left(\frac{1}{R+0.25} + \frac{1}{R+0.5} + \frac{1}{R+0.75} + \frac{1}{R+1}\right)$$

$$= \frac{0.6 \times 8000}{4} \times \left(\frac{1}{0.6+0.25} + \frac{1}{0.6+0.5} + \frac{1}{0.6+0.75} + \frac{1}{0.6+1}\right)$$

$$= 4142 \ (\text{mg/L})$$

各段污泥浓度为

$$X_1 = \frac{RX_R}{R+0.25} = \frac{0.6 \times 8000}{0.6+0.25} = 5647 \ (\text{mg/L})$$

$$X_2 = \frac{RX_R}{R+0.5} = \frac{0.6 \times 8000}{0.6+0.5} = 4364 \ (\text{mg/L})$$

$$X_3 = \frac{RX_R}{R+0.75} = \frac{0.6 \times 8000}{0.6+0.75} = 3556 \ (\text{mg/L})$$

$$X_4 = \frac{RX_R}{R+1} = \frac{0.6 \times 8000}{0.6+1} = 3000 \ (\text{mg/L})$$

（3）确定曝气池容积　采用污泥负荷法计算曝气池容积。污泥负荷 N_s 取 0.26kgBOD$_5$/kgMLSS。

曝气池容积 V 为

$$V = \frac{QS_0}{XN_s} = \frac{20\,000 \times 180}{4\,142 \times 0.26} = 3\,343 \;(\text{m}^3)$$

（4）复核出水 BOD_5　第一段出水水质 S_{e1} 为

$$S_{e1} = \frac{Q_1 S_{01}}{Q_1 + K_2 X_1 f V_1} = \frac{5\,000 \times 180}{5\,000 + 0.022 \times 5\,647 \times 0.75 \times 835.75} = 10.86 \;(\text{mg/L})$$

第二段出水水质 S_{e2} 为

$$S_{e2} = \frac{Q_1 S_{e1} + Q_2 S_0}{(Q_1 + Q_2) + K_2 X_2 f V_2} = \frac{5\,000 \times 10.86 + 5\,000 \times 180}{(5\,000 + 5\,000) + 0.022 \times 4\,364 \times 0.75 \times 835.75} = 13.6 \;(\text{mg/L})$$

第三段出水水质 S_{e3} 为

$$S_{e3} = \frac{(Q_1 + Q_2) S_{e2} + Q_3 S_0}{(Q_1 + Q_2 + Q_3) + K_2 X_3 f V_3} = \frac{(5\,000 + 5\,000) \times 13.65 + 5\,000 \times 180}{(5\,000 + 5\,000 + 5\,000) + 0.022 \times 3\,556 \times 0.75 \times 835.75}$$
$$= 16.18 \;(\text{mg/L})$$

第四段出水水质 S_{e4} 为

$$S_{e4} = \frac{(Q_1 + Q_2 + Q_3) S_{e3} + Q_4 S_0}{(Q_1 + Q_2 + Q_3 + Q_4) + K_2 X_4 f V_4}$$
$$= \frac{(5\,000 + 5\,000 + 5\,000) \times 16.18 + 5\,000 \times 180}{(5\,000 + 5\,000 + 5\,000 + 5\,000) + 0.022 \times 3\,000 \times 0.75 \times 835.75} = 18.62 \;(\text{mg/L})$$

如果采用推流式传统曝气工艺，$X = 3\,000 \text{mg/L}$，出水溶解性 BOD_5 浓度 S_e 为

$$S_e = \frac{QS_0}{Q + K_2 X f V} = \frac{20\,000 \times 180}{20\,000 + 0.022 \times 3\,000 \times 0.75 \times 3\,343} = 19.41 \;(\text{mg/L})$$

复核结果表明，采用阶段曝气工艺运行，出水水质好于传统曝气工艺。

（5）计算剩余污泥　第一段剩余生物污泥 ΔX_{V1} 为

$$\Delta X_{V1} = Y \frac{Q_1 S_0 - Q_1 S_{e1}}{1\,000} - K_d \frac{X_1}{1\,000} V_1 f = Y \frac{Q}{4} \times \frac{S_0 - S_{e1}}{1\,000} - K_d \frac{X_1}{1\,000} V_1 f$$
$$= 0.6 \times \frac{20\,000}{4} \times \frac{180 - 10.86}{1\,000} - 0.041 \times \frac{5\,647}{1\,000} \times 835.75 \times 0.75 = 362.3 \;(\text{kg/d})$$

第二段剩余生物污泥 ΔX_{V2} 为

$$\Delta X_{V2} = Y \frac{[Q_1 S_{e1} + Q_2 S_0 - (Q_1 + Q_2) S_{e2}]}{1\,000} - K_d \frac{X_2}{1\,000} V_2 f = Y \frac{Q}{4} \times \frac{S_{e1} + S_0 - 2 S_{e2}}{1\,000} - K_d \frac{X_2}{1\,000} V_2 f$$
$$= 0.6 \times \frac{20\,000}{4} \times \frac{10.86 + 180 - 2 \times 13.6}{1\,000} - 0.041 \times \frac{4\,364}{1\,000} \times 835.75 \times 0.75$$
$$= 378.83 \;(\text{kg/d})$$

第三段剩余生物污泥 ΔX_{V3} 为

$$\Delta X_{V3} = Y \frac{(Q_1 + Q_2) S_{e2} + Q_3 S_0 - (Q_1 + Q_2 + Q_3) S_{e3}}{1\,000} - K_d \frac{X_3}{1\,000} V_3 f$$
$$= Y \frac{Q}{4} \times \frac{2 S_{e2} + S_0 - 3 S_{e3}}{1\,000} - K_d \frac{X_3}{1\,000} V_3 f$$
$$= 0.6 \times \frac{20\,000}{4} \times \frac{2 \times 13.6 + 180 - 3 \times 16.18}{1\,000} - 0.041 \times \frac{3\,556}{1\,000} \times 835.75 \times 0.75$$
$$= 384.59 \;(\text{kg/d})$$

第四段剩余生物污泥 ΔX_{V4} 为

$$\Delta X_{V4} = Y \frac{(Q_1 + Q_2 + Q_3) S_{e3} + Q_4 S_0 - (Q_1 + Q_2 + Q_3 + Q_4) S_{e4}}{1\,000} - K_d \frac{X_4}{1\,000} V_4 f$$
$$= Y \frac{Q}{4} \times \frac{3 S_{e3} + S_0 - 4 S_{e4}}{1\,000} - K_d \frac{N_{w4}}{1\,000} V_4 f$$
$$= 0.6 \times \frac{20\,000}{4} \times \frac{3 \times 16.18 + 180 - 4 \times 18.62}{1\,000} - 0.041 \times \frac{3\,000}{1\,000} \times 835.75 \times 0.75$$
$$= 385.08 \;(\text{kg/d})$$

剩余非生物污泥 ΔX_3 为

$$\Delta X_3 = Q(1 - f_b f) \frac{C_0 - C_e}{1\,000} = 20\,000 \times (1 - 0.7 \times 0.75) \times \frac{160 - 30}{1\,000} = 1\,235 \;(\text{kg/d})$$

剩余污泥总量 ΔX 为

$$\Delta X = 362.3 + 378.83 + 384.59 + 385.08 + 1\,235 = 2\,745.80 \ (\text{kg/d})$$

(6) 复核污泥龄

$$\theta_c = \frac{XfV}{\Delta X_V} = \frac{4\,142 \times 0.75 \times 3\,343}{1\,000 \times (362.3 + 378.83 + 384.59 + 385.08)} = 6.9 \ (\text{d})$$

(7) 设计需氧量计算　第一段设计需氧量 AOR_1 为

$$AOR_1 = a'\frac{Q_1 S_0 - Q_1 S_{e1}}{1\,000} + b'\frac{X_1}{1\,000} V_1 f = a'\frac{Q}{4} \times \frac{S_0 - S_{e1}}{1\,000} + b'\frac{X_1}{1\,000} V_1 f$$

$$= 0.5 \times \frac{20\,000}{4} \times \frac{180 - 10.86}{1\,000} + 0.12 \times \frac{5\,647}{1\,000} \times 835.75 \times 0.75$$

$$= 847.6 \ (\text{kg/d})$$

第二段设计需氧量 AOR_2 为

$$AOR_2 = a'\frac{Q_1 S_{e1} + Q_2 S_0 - (Q_1 + Q_2) S_{e2}}{1\,000} + b'\frac{X_2}{1\,000} V_2 f = a'\frac{Q}{4} \times \frac{S_{e1} + S_0 - 2S_{e2}}{1\,000} + b'\frac{X_2}{1\,000} V_2 f$$

$$= 0.5 \times \frac{20\,000}{4} \times \frac{(10.86 + 180 - 2 \times 13.6)}{1\,000} + 0.12 \times \frac{4\,364}{1\,000} \times 835.75 \times 0.75$$

$$= 737.4 \ (\text{kg/d})$$

第三段设计需氧量 AOR_3 为

$$AOR_3 = a'\frac{(Q_1 + Q_2) S_{e2} + Q_3 S_0 - (Q_1 + Q_2 + Q_3) S_{e3}}{1\,000} + b'\frac{X_3}{1\,000} V_3 f$$

$$= a'\frac{Q}{4} \times \frac{2S_{e2} + S_0 - 3S_{e3}}{1\,000} + b'\frac{X_3}{1\,000} V_3 f$$

$$= 0.5 \times \frac{20\,000}{4} \times \frac{2 \times 13.6 + 180 - 3 \times 16.18}{1\,000} + 0.12 \times \frac{3\,556}{1\,000} \times 835.75 \times 0.75$$

$$= 664.12 \ (\text{kg/d})$$

第四段设计需氧量 AOR_4 为

$$AOR_4 = a'\frac{(Q_1 + Q_2 + Q_3) S_{e3} + Q_4 S_0 - (Q_1 + Q_2 + Q_3 + Q_4) S_{e4}}{1\,000} + b'\frac{X_4}{1\,000} V_4 f$$

$$= a'\frac{Q}{4} \times \frac{3S_{e3} + S_0 - 4S_{e4}}{1\,000} + b'\frac{X_4}{1\,000} V_4 f$$

$$= 0.5 \times \frac{20\,000}{4} \times \frac{3 \times 16.18 + 180 - 4 \times 18.62}{1\,000} + 0.12 \times \frac{3\,000}{1\,000} \times 835.75 \times 0.75$$

$$= 610.80 \ (\text{kg/d})$$

总设计需氧量 AOR 为

$$AOR = AOR_1 + AOR_2 + AOR_3 + AOR_4 = 847.6 + 737.4 + 664.12 + 610.80$$

$$= 2\,859.92 \ (\text{kg/d}) = 119.16 \ (\text{kg/h})$$

以上计算表明，采用阶段曝气工艺，可以提高曝气池混合液浓度，缩小曝气体积，均衡需氧量，出水水质优于传统曝气工艺。

(8) 标准需氧量 SOR 和用气量　工程所在地海拔高度 900m，大气压力 p 为 0.91×10^5 Pa，压力修正系数 ρ 为

$$\rho = \frac{p}{1.013 \times 10^5} = \frac{0.91 \times 10^5}{1.013 \times 10^5} = 0.9$$

微孔曝气头安装在距池底 0.3m 处，淹没深度 4.2m，其绝对压力 p_b 为

$$p_b = p + 9.8 \times 10^3 H = 1.013 \times 10^5 + 0.098 \times 10^5 \times 4.2 = 1.42 \times 10^5 \ (\text{Pa})$$

微孔曝气头氧转移效率 E_A 为 20%，气泡离开水面时含氧量 O_t 为

$$O_t = \frac{21(1 - E_A)}{79 + 21(1 - E_A)} \times 100\% = \frac{21 \times (1 - 0.2)}{79 + 21 \times (1 - 0.2)} \times 100\% = 17.5\%$$

清水氧饱和度 $C_{s(25)}$ 为 8.4mg/L，曝气池内平均溶解氧饱和度 $C_{sb(25)}$ 为

$$C_{sb(25)} = C_{s(25)} \left(\frac{p_b}{2.026 \times 10^5} + \frac{O_t}{42} \right) = 8.4 \times \left(\frac{1.42 \times 10^5}{2.026 \times 10^5} + \frac{17.5}{42} \right) = 9.4 \ (\text{mg/L})$$

标准需氧量 SOR 为（公式见例6-1）

$$\text{SOR} = \frac{O_{\text{AOR}} C_{s(20)}}{\alpha[\beta\rho C_{\text{sb}(25)} - C] \times 1.024^{T-20}} = \frac{119.16 \times 9.17}{0.85 \times (0.95 \times 0.9 \times 9.4 - 2) \times 1.024^{25-20}} = 189.14 \text{（kg/h）}$$

空气用量 $Q_{F(25)}$ 为

$$Q_{F(25)} = \frac{\text{SOR}_{(25)}}{0.3 E_A} = \frac{189.14}{0.3 \times 0.2} = 3\,152.33 \text{（m}^3\text{/h）} = 52.54 \text{（m}^3\text{/min）}$$

（9）曝气池布置　曝气池分为两座。每座曝气池水深 4.5m，长 18.6m，宽 20m，分为 4 个廊道。曝气池布置如图 6-4 所示。

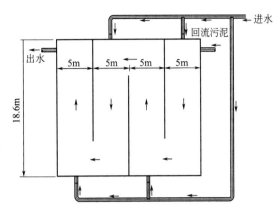

图 6-4　阶段曝气工艺曝气池布置示意

【例 6-5】 吸附再生活性污泥工艺设计计算

1. 已知条件

某城镇污水处理厂设计采用吸附再生活性污泥工艺，处理水量 $Q = 10\,000\text{m}^3/\text{d}$，总变化系数 $K_z = 1.65$。经粗细格栅和沉砂池预处理后，曝气池进水溶解性 $\text{BOD}_5 = 70\text{mg/L}$，悬浮性 $\text{BOD}_5 = 80\text{mg/L}$，$\text{SS} = 260\text{mg/}$L，出水水质要求达到 $\text{BOD}_5 = 30\text{mg/L}$，$\text{SS} = 30\text{mg/L}$，不考虑氨氮的硝化。试对曝气池进行设计。

2. 设计计算

（1）曝气池容积确定　根据《室外排水设计规范》（GB 50014—2006）表 6.6.10 的规定，容积负荷 $N_V = 0.9 \sim 1.8\text{BOD}_5/(\text{m}^3 \cdot \text{d})$，本例题取 $1.25\text{kgBOD}_5/(\text{m}^3 \cdot \text{d})$，曝气池容积 V 为

$$V = \frac{QS_0}{1\,000 N_V} = \frac{10\,000 \times 150}{1\,000 \times 1.25} = 1\,200 \text{（m}^3\text{）}$$

（2）确定吸附区容积 V_1　根据 GB 50014—2006，吸附区容积不小于曝气池容积的 1/4。水力停留时间不小于 0.5h。本例吸附区容积按曝气池容积的 1/4 计，吸附区容积 V_1 为

$$V_1 = V/4 = 1\,200/4 = 300 \text{（m}^3\text{）}$$

（3）吸附区水力停留时间 HRT_1

$$\text{HRT}_1 = 24 V_1/Q = 24 \times 300/10\,000 = 0.72 \text{（h）}$$

HRT_1 大于 0.5h，符合设计规范的要求。

（4）计算吸附区污泥浓度 X　设回流污泥浓度 $X_R = 6\,000\text{mg/L}$，污泥回流比 $R = 1$，吸附区污泥浓度 X 为

$$X = \frac{RX_R + C_0}{1 + R} = \frac{6\,000 + 260}{1 + 1} = 3\,130 \text{（mg/L）}$$

（5）再生区容积 V_2

$$V_2 = V - V_1 = 1\,200 - 300 = 900 \text{（m}^3\text{）}$$

（6）再生区水力停留时间 HRT_2

$$\text{HRT}_2 = \frac{24 V}{RQ} = \frac{24 \times 900}{1 \times 10\,000} = 2.16 \text{（h）}$$

（7）复核污泥负荷 N_s

$$N_s = \frac{QS_0}{V_1 X + V_2 X_R} = \frac{10\,000 \times 150}{300 \times 3\,130 + 900 \times 6\,000}$$
$$= 0.24 \text{［kgBOD}_5/(\text{kgMLSS} \cdot \text{d}）\text{］}$$

N_s 大于 $0.2\text{kgBOD}_5/(\text{kgMLSS} \cdot \text{d})$，小于 $0.4\text{kgBOD}_5/(\text{kgMLSS} \cdot \text{d})$，符合规范要求。

（8）计算剩余污泥量（公式参数意义见例6-1）

$$\Delta X = YQ\frac{S_0 - S_e}{1\,000} - K_d \frac{V_1 X + V_2 X_R}{1\,000} f + Q(1 - f_b f)\frac{C_0 - C_e}{1\,000}$$

$$= 0.6 \times 10\,000 \times \frac{150 - 21}{1\,000} - 0.06 \times \frac{300 \times 3\,130 + 900 \times 6\,000}{1\,000} \times 0.6 + 10\,000 \times (1 - 0.5 \times 0.6) \times \frac{260 - 30}{1\,000}$$

$$= 774 - 228.2 + 1610 = 1\,235.8 \text{（kg/d）}$$

（9）计算污泥龄

$$\theta_c = \frac{V_1 X + V_2 X_R}{1\,000 \Delta X_V} f = \frac{300 \times 3\,130 + 900 \times 6\,000}{1\,000 \times (774 - 228.2)} \times 0.6 = 7 \ (\text{d})$$

（10）计算设计需氧量

$$\text{AOR} = aQ \frac{S_0 - S_e}{1\,000} - c \Delta X_V = 1.47 \times 10\,000 \times \frac{150 - 21}{1\,000} - 1.42 \times (774 - 228.2)$$

$$= 1121.3 \ (\text{kg/d}) = 46.7 \ (\text{kg/h})$$

（11）计算标准需氧量　工程所在地海拔高度 900m，大气压力 p 为 0.91×10^5 Pa，压力修正系数 ρ 为

$$\rho = \frac{p}{1.013 \times 10^5} = \frac{0.91 \times 10^5}{1.013 \times 10^5} = 0.9$$

微孔曝气头安装在距池底 0.3m 处，淹没深度 3.7m，其绝对压力 p_b 为

$$p_b = p + 9.8 \times 10^3 H = 1.013 \times 10^5 + 0.098 \times 10^5 \times 3.7 = 1.38 \times 10^5 \ (\text{Pa})$$

微孔曝气头氧转移效率 E_A 为 20%，气泡离开水面时含氧量 O_t 为

$$O_t = \frac{21(1 - E_A)}{79 + 21(1 - E_A)} \times 100\% = \frac{21(1 - 0.2)}{79 + 21(1 - 0.2)} \times 100\% = 17.5\%$$

污水温度 $T = 25\,℃$，清水氧饱和度 $C_{s(25)}$ 为 8.4mg/L，曝气池内平均溶解氧饱和度 $C_{sb(25)}$ 为

$$C_{sb(25)} = C_{s(25)} \left(\frac{p_b}{2.026 \times 10^5} + \frac{O_t}{42} \right) = 8.4 \times \left(\frac{1.38 \times 10^5}{2.026 \times 10^5} + \frac{17.5}{42} \right) = 9.2 \ (\text{mg/L})$$

标准需氧量 $\text{SOR}_{(25)}$ 为（公式见例 6-1）

$$\text{SOR}_{(25)} = \frac{O_{\text{AOR}} C_{s(20)}}{\alpha [\beta \rho C_{sb(25)} - C] \times 1.024^{T-20}} = \frac{46.7 \times 9.17}{0.85 \times (0.95 \times 0.9 \times 9.2 - 2) \times 1.024^{25-20}}$$

$$= 76.3 \ (\text{kg/h})$$

夏季空气用量 $Q_{F(25)}$ 为

$$Q_{F(25)} = \frac{\text{SOR}_{(25)}}{0.3 E_A} = \frac{76.3}{0.3 \times 0.2} = 1271.7 \ (\text{m}^3/\text{h}) = 21.2 \ (\text{m}^3/\text{min})$$

$$\text{气水比} = 1271.7 \times 24 / 10\,000 = 3.1$$

（12）曝气池布置　曝气池设 2 座。每座长 16m，宽 9.4m，水深 4m，有效容积 601.6m³。2 座曝气池总容积为 1 203.2m³。曝气池布置如图 6-5 所示。

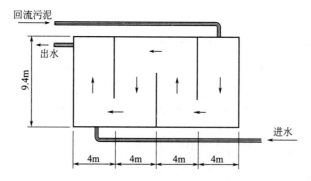

图 6-5　吸附再生工艺曝气池布置示意

第二节　脱氮除磷活性污泥法

　　长期以来，城镇污水的处理均以去除 BOD 和 SS 为目标，并不考虑对无机营养物质氮和磷的去除。随着防止水体富营养化和再生水回供的要求，有效地降低污水中氮、磷的含量，成为污水处理厂工艺选择时的一个重要因素。某些化学法和物理法可以有效地从污水中脱氮除磷，如化学药剂除磷、吹脱法去氮、离子交换法去除氨氮和磷酸盐。化学法或物理化学法运行费用较高，只能作为城镇污水处理的一个补充手段。因此，生物脱氮除磷工艺显得尤为重要。

传统活性污泥法主要去除污水中溶解性的有机物，污水中氮、磷的去除仅限于微生物细胞合成而从污水中摄取的数量，去除率低，氮为20%～40%，磷仅为5%～20%。为了有效地降低污水中氮、磷含量，利用生物脱氮除磷技术原理，发展了多种具有生物脱氮和除磷功能的污水处理工艺，主要包括 A_1/O 法（缺氧-好氧生物脱氮工艺）、A_2/O 法（厌氧-好氧生物除磷工艺）、A^2/O 法（厌氧-缺氧-好氧生物脱氮除磷工艺）、氧化沟法、SBR法。上述工艺在降解有机物的同时，具有较强的脱氮除磷效果，且去除率高，与化学法和物理法相比，节省投资和运行费用，成为脱氮除磷工艺的主导潮流。

一、A_1/O 生物脱氮工艺

（一）工艺特点

A_1/O 脱氮工艺是一种有回流的前置反硝化生物脱氮工艺，由前段缺氧池，后段好氧池串联组成，其基本工艺流程如图6-6所示。

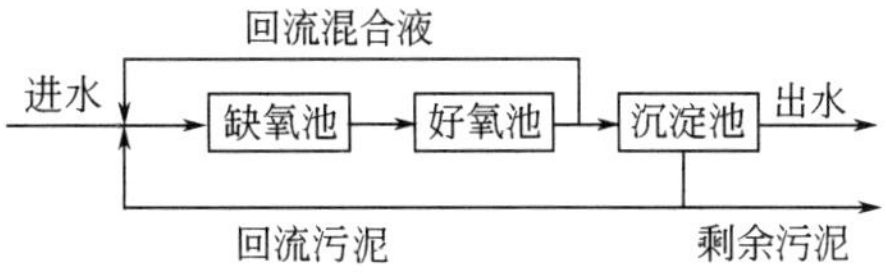

该工艺与传统生物脱氮工艺相比的主要特点如下。

（1）流程简单，构筑物少，大大节省了基建费用。

图6-6 A_1/O 脱氮工艺流程

（2）在原污水 C/N 较高（大于4）时，不需外加碳源，以原污水中的有机物为碳源，保证了充分的反硝化，降低了运行费用。

（3）好氧池设在缺氧池之后，可使反硝化残留的有机物得到进一步去除，提高出水水质。

（4）缺氧池在好氧池之前，一方面由于反硝化消耗了一部分碳源有机物，可减轻好氧池的有机负荷，另一方面，也可起到生物选择器的作用，有利于控制污泥膨胀；同时，反硝化过程产生的碱度也可以补偿部分硝化过程对碱度的消耗。

（5）该工艺在低污泥负荷、长泥龄条件下运行，因此系统剩余污泥量少，有一定稳定性。

（6）便于在常规活性污泥法基础上改造成 A_1/O 脱氮工艺。

（7）混合液回流比的大小直接影响系统的脱氮率，一般混合液回流比取200%～500%，太高则动力消耗太大。因此 A_1/O 工艺的脱氮率一般为70%～80%，难于进一步提高。

（二）设计参数及设备

1. 设计参数

A_1/O 脱氮工艺主要设计参数见表6-2。

表6-2 A_1/O 脱氮工艺主要设计参数

项　目	数　值	项　目	数　值
污泥负荷 $N/[kgBOD_5/(kgMLSS \cdot d)]$	≤0.18	总水力停留时间 t/h	7～12
总氮负荷 $/[kgTN/(kgMLSS \cdot d)]$	≤0.05	缺氧池水力停留时间 t_A	1.5～2.5
		好氧池水力停留时间 t_O	5.5～9.5
污泥浓度 $/(mgMLSS/L)$	3 000～5 000	$t_A : t_O$	(1:3)～(1:4)
污泥龄 θ_c/d	>10	污泥回流比 $R/\%$	50～100
溶解氧 $DO/(mg/L)$	缺氧池小于0.5；好氧池大于2	混合液回流比 $R_内/\%$	200～500
		缺氧池进水溶解性 $BOD_5/NO_x\text{-}N$	≥4

2. 主要设备

A_1/O 脱氮工艺好氧池的关键设备与常规活性污泥法相同。在缺氧反应池内采用机械搅拌。目前机械搅拌机类型主要有：潜水搅拌机、推进式搅拌机、桨式搅拌机等，应根据污水处理规模、反应池类型、池深、混合液浓度等进行比选。此外，还有硝化混合液回流泵，为大流量、低扬程、无堵塞、耐腐蚀、维修及安装方便的优质产品，多采用潜污泵或混合液回流专用泵。

（三）计算例题

【例6-6】 A_1/O 生物脱氮工艺设计计算

1. 已知条件

(1) 设计流量 $Q=30\,000m^3/d$，$K_z=1.45$。

(2) 设计进水水质 BOD_5 浓度 $S_0=160mg/L$；TSS浓度 $X_0=180mg/L$；VSS=126mg/L（VSS/TSS=0.7）；TN=28mg/L；NH_3-N=20mg/L；碱度 $S_{ALK}=280mg/L$；pH=7.0~7.5；最低水温14℃；最高水温25℃。

(3) 设计出水水质 BOD_5 浓度 $S_e=20mg/L$；TSS浓度 $X_e=20mg/L$；TN≤15mg/L；NH_3-N≤8mg/L。

2. 设计计算

(1) 好氧区容积 V_1

$$V_1=\frac{Y\theta_c Q(S_0-S)}{X_V(1+K_d\theta_c)}$$

式中 V_1——好氧区有效容积，m^3；

Q——设计流量，m^3/d；

S_0——进水 BOD_5 浓度，mg/L；

S——出水所含溶解性 BOD_5 浓度，mg/L；

Y——污泥产率系数，取 $Y=0.6$；

K_d——污泥自身氧化系数，d^{-1}，取 $K_d=0.05d^{-1}$；

θ_c——固体停留时间，d；

X_V——混合液挥发性悬浮固体浓度（MLSS），mg/L，$X_V=fX$；

f——混合液中 VSS 与 SS 之比，取 $f=0.7$；

X——混合液悬浮固体浓度（MLSS），mg/L，X 取 4 000mg/L。

$$X_V=fX=0.7\times4\,000=2\,800\ (mg/L)$$

① 出水溶解性 BOD_5。为使出水所含 BOD_5 降到 20mg/L，出水溶解性 BOD_5 浓度 S 应为

$$S=20-1.42\times\frac{VSS}{TSS}\times TSS(1-e^{-kt})=20-1.42\times0.7\times20\times(1-e^{-0.23\times5})=6.41\ (mg/L)$$

② 设计污泥龄。首先确定硝化速率 μ_N（取设计 pH=7.2），计算公式如下。

$$\mu_N=0.47e^{0.098(T-15)}\times\left(\frac{N}{N+10^{0.05T-1.158}}\right)\times\left(\frac{DO}{K_{O_2}+DO}\right)\times[1-0.833\times(7.2-pH)]$$

式中 N——NH_3-N 的浓度，mg/L；

K_{O_2}——氧的半速率常数，mg/L；

DO——反应池中溶解氧浓度，mg/L。

$$\mu_N=0.47e^{0.098\times(14-15)}\frac{8}{8+10^{0.05\times14-1.158}}\times\frac{2}{1.3+2}$$

$$=0.426\times0.958\times0.606=0.247\ (d^{-1})$$

硝化反应所需的最小泥龄 θ_c^m 为

$$\theta_c^m=\frac{1}{\mu_N}=\frac{1}{0.247}=4.05\ (d)$$

选用安全系数 $K=3$，设计污泥龄 $\theta_c=K\theta_c^m=3\times4.05=12.2$ (d)。

③ 好氧区容积 V_1（m^3）

$$V_1=\frac{0.6\times30\,000\times(0.16-0.006\,41)\times12.2}{2.8\times(1+0.05\times12.2)}=7\,482.38\ (m^3)$$

好氧区水力停留时间 $t_1=V_1/Q=7\,482.38/30\,000=0.249$ (d)=6 (h)

(2) 缺氧区容积 V_2

$$V_2=\frac{N_T\times1\,000}{q_{dn,T}X_V}$$

式中 V_2——缺氧区有效容积，m^3；

N_T——需还原的硝酸盐氮量，kg/d；

$q_{dn,T}$——反硝化速率，$kgNO_3^- \text{-N}/(kgMLVSS \cdot d)$。

① 需还原的硝酸盐氮量。微生物同化作用去除的总氮 N_w 为

$$N_w = 0.124 \times \frac{Y(S_0 - S)}{1 + K_d \theta_c} = 0.124 \times \frac{0.6 \times (160 - 6.41)}{1 + 0.05 \times 12.2} = 7.2 \text{（mg/L）}$$

所需脱硝量＝进水总氮量－出水总氮量－用于合成的总氮量

$$= 28 - 15 - 7.2 = 5.8 \text{（mg/L）}$$

需还原的硝酸盐氮量 $N_T = 30\,000 \times 5.8/1\,000 = 174.0$（kg/d）

② 反硝化速率 $q_{dn,T}$

$$q_{dn,T} = q_{dn,20} \theta^{T-20}$$

式中　$q_{dn,20}$——20℃时的反硝化速率常数，$kgNO_3^- \text{-N}/(kgMLVSS \cdot d)$，取 $0.035 kgNO_3^- \text{-N}/(kgMLVSS \cdot d)$；
　　　θ——温度系数，取 1.08。

$$q_{dn,T} = 0.035 \times 1.08^{14-20} = 0.022 [kgNO_3^- \text{-N}/(kgMLVSS \cdot d)]$$

③ 缺氧区容积 V_2

$$V_2 = \frac{174.0 \times 1\,000}{0.022 \times 2\,800} = 2\,824.68 \text{（m}^3\text{）}$$

缺氧区水力停留时间 t_2 为

$$t_2 = V_2/Q = 2\,824.68/30\,000 = 0.094(\text{d}) = 2.26 \text{（h）}$$

（3）曝气池总容积 $V_总$（m³）

$$V_总 = V_1 + V_2 = 7\,482.38 + 2\,824.68 = 10\,307.06 \text{（m}^3\text{）}$$

系统总设计泥龄＝好氧池泥龄＋缺氧池泥龄

$$= 12.2 + 12.2 \times (2\,824.68/10\,307.06) = 15.5 \text{（d）}$$

（4）碱度校核　每氧化 $1 mgNH_3\text{-N}$ 需要消耗 7.14mg 碱度；去除 $1 mgBOD_5$ 产生 0.1mg 碱度；每还原 $1 mgNO_3^- \text{-N}$ 产生 3.57mg 碱度。

被氧化的 $NH_3\text{-N}$ ＝进水总氮量－出水氨氮量－用于合成的总氮量

$$= 28 - 8 - 7.2 = 12.8 \text{（mg/L）}$$

剩余碱度 S_{ALK1} ＝进水碱度－硝化消耗碱度＋反硝化产生碱度＋去除 BOD_5 产生碱度

$$= 280 - 7.14 \times 12.8 + 3.57 \times 5.8 + 0.1 \times (160 - 6.4)$$

$$= 224.8 (\text{mg/L}) > 100 \text{mg/L} \text{（以 } CaCO_3 \text{ 计）}$$

此值可维持 pH≥7.2。

（5）污泥回流比及混合液回流比

① 污泥回流比 R。设 SVI＝150，回流污泥浓度 X_R 计算公式为

$$X_R = \frac{10^6}{SVI} \times r$$

式中　r——考虑污泥在沉淀池中停留时间、池深、污泥厚度等因素的系数，取 1.2。

$$X_R = \frac{10^6}{150} \times 1.2 = 8\,000 \text{（mg/L）}$$

混合液悬浮固体浓度 X（MLSS）＝4 000mg/L，故污泥回流比 R 为

$$R = \frac{X}{X_R - X} \times 100\% = \frac{4\,000}{8\,000 - 4\,000} \times 100\%$$

$$= 100\% \text{（一般取 } 50\% \sim 100\% \text{）}$$

② 混合液回流比 $R_内$。混合液回流比 $R_内$ 取决于所要求的脱氮率。脱氮率 η_N 可用下式粗略估算。

$$\eta_N = \frac{\text{进水TN} - \text{出水TN}}{\text{进水TN}} \times 100\% = \frac{28 - 15}{28} \times 100\% = 46\%$$

$$R_内 = \frac{\eta}{1 - \eta} \times 100\% = \frac{0.46}{1 - 0.46} \times 100\% = 85\% \approx 100\%$$

（6）剩余污泥量　生物污泥产量 P_X 为

$$P_X = \frac{YQ(S_0 - S)}{1 + K_d \theta_c} = \frac{0.6 \times 30\,000 \times (0.16 - 0.006\,4)}{1 + 0.05 \times 16.29}$$

$$= 1\,523.73 \text{（kg/d）}$$

对存在的惰性物质和沉淀池的固体流失量可采用下式计算。

$$P_S=Q(X_1-X_e)$$

式中　X_1——进水悬浮固体中惰性部分（进水 TSS－进水 VSS）的含量，kg/m^3；

　　　X_e——出水 TSS 的含量，kg/m^3；

　　　P_S——非生物污泥量，kg/d；

　　　Q——设计流量，m^3/d，取 $Q=30\,000m^3/d$。

$$P_S=Q(X_1-X_e)=30\,000\times(0.18-0.126-0.02)=1\,020\,(kg/d)$$

剩余污泥量 $\Delta X=P_X+P_S=1\,523.73+1\,020=2\,543.73\,(kg/d)$

$$每去除\,1kgBOD_5\,产生的干污泥量=\frac{\Delta X}{Q(S_0-S_e)}=\frac{2\,543.73}{30\,000\times(0.16-0.02)}$$
$$=0.61\,(kgDS/kgBOD_5)$$

（7）反应池主要尺寸

① 好氧反应池（按推流式反应池设计）。总容积 $V_1=7\,482.38m^3$，设反应池 2 组。单组池容 $V_{1单}$ 为

$$V_{1单}=V_1/2=7\,482.38/2=3\,741.19\,(m^3)$$

有效水深 $h=4.0m$，单组有效面积 $S_{1单}$ 为

$$S_{1单}=V_{1单}/h=3\,741.19/4.0=935.30\,(m^2)$$

采用 3 廊道式，廊道宽 $b=6m$，反应池长度 L_1 为

$$L_1=\frac{S_{1单}}{B}=\frac{935.30}{3\times6}=52\,(m)$$

校核：$b/h=6/4=1.5$（满足 $b/h=1\sim2$）；

　　　$L/b=52/6=8.7$（满足 $L/b=5\sim10$）。

超高取 $1.0m$，则反应池总高 $H=4.0+1.0=5.0\,(m)$

② 缺氧反应池尺寸。总容积 $V_2=2\,824.67m^3$，设缺氧池 2 组，单组池容 $V_{2单}$ 为

$$V_{2单}=2\,824.67/2=1\,412.3\,(m^3)$$

有效水深 $h=4.1m$，单组有效面积 $S_{2单}$ 为

$$S_{2单}=V_{2单}/4.1=1\,412.3/4.1=344.5\,(m)$$

长度与好氧池宽度相同，$L=18m$，池宽 $=S_{2单}/L=344.5/18=19\,(m)$。

（8）反应池进、出水计算

① 进水管。两组反应池合建，进水与回流污泥进入进水竖井，经混合后经配水渠、进水潜孔进入缺氧池。

反应池进水管设计流量 $Q_1=K_z\times\dfrac{Q}{86\,400}=1.45\times\dfrac{30\,000}{86\,400}=0.50\,(m^3/s)$

管道流速采用 $v=0.8m/s$，管道过水断面积 A 为

$$A=Q_1/v=0.50/0.8=0.625\,(m^2)$$

$$管径\,d=\sqrt{\frac{4A}{\pi}}=\sqrt{\frac{4\times0.625}{3.14}}=0.89\,(m)$$

取进水管管径 $DN700mm$，校核管道流速 v

$$v=\frac{Q}{A}=\frac{0.50}{\left(\frac{0.9}{2}\right)^2\times3.14}=0.79\,(m/s)$$

② 回流污泥渠道。反应池回流污泥渠道设计流量 Q_R 为

$$Q_R=RQ=1\times0.347=0.347\,(m^3/s)$$

渠道流速 $v=0.7m/s$，则渠道断面积 A' 为

$$A'=Q_R/v=0.347/0.7=0.496\,(m^2)$$

取渠道断面 $b\times h=1.0m\times0.5m$。

校核流速：$v=\dfrac{0.347}{1.0\times0.5}=0.69\,(m/s)$。

渠道超高取 $0.3m$，渠道总高为 $0.5+0.3=0.8\,(m)$。

③ 进水竖井。反应池进水孔尺寸如下。

进水孔过流量 $Q_2=(Q_1+Q_R)/2=(0.50+0.347)/2=0.424\,(m^3/s)$

孔口流速 $v=0.6\text{m/s}$，孔口过水断面积 A'' 为
$$A''=Q/v=0.424/0.6=0.707\ (\text{m}^2)$$

孔口尺寸取 $1.2\text{m}\times0.6\text{m}$，进水竖井平面尺寸 $2.0\text{m}\times1.6\text{m}$。

④ 出水堰及出水竖井。按矩形堰流量公式：
$$Q_3=0.42\sqrt{2g}\,bH^{\frac{3}{2}}=1.86\times b\times H^{\frac{3}{2}}$$

式中　b——堰宽，m，$b=6.0\text{m}$；

　　　H——堰上水头高，m。

$$Q_3=Q_2=0.424\ (\text{m}^3/\text{s})$$

$$H=\sqrt[3]{\left(\frac{Q_3}{1.86b}\right)^2}=\sqrt[3]{\left(\frac{0.424}{1.86\times6.0}\right)^2}=0.13\ (\text{m})$$

出水孔同进水孔。

⑤ 出水管。单组反应池出水管设计流量 Q_5 为
$$Q_5=Q_3=0.424\ (\text{m}^3/\text{s})$$

管道流速 $v=0.8\text{m/s}$，管道过水断面 A 为
$$A=Q_5/v=0.424/0.8=0.53\ (\text{m}^2)$$

管径
$$d=\sqrt{\frac{4A}{\pi}}=\sqrt{\frac{4\times0.53}{3.14}}=0.8\ (\text{m})$$

（9）曝气系统设计计算

① 设计需氧量 AOR。需氧量包括碳化需氧量和硝化需氧量，同时还应考虑反硝化脱氮产生的氧量。
$$\text{AOR}=\text{碳化需氧量}+\text{硝化需氧量}-\text{反硝化脱氮产氧量}$$

a. 碳化需氧量 D_1
$$D_1=\frac{Q(S_0-S)}{1-e^{-kt}}-1.42P_X$$

式中　k——BOD 的分解速度常数，d^{-1}，取 $k=0.23\text{d}^{-1}$；

　　　t——BOD$_5$ 试验的时间，d，取 $t=5\text{d}$。
$$D_1=\frac{30\,000\times(0.16-0.006\,4)}{1-e^{-0.23\times5}}-1.42\times1\,523.73$$
$$=6\,743.12-2\,163.70=4\,579.42\ (\text{kgO}_2/\text{d})$$

b. 硝化需氧量 D_2
$$D_2=4.6Q(N_0-N_e)-4.6\times12.4\%\times P_X$$

式中　N_0——进水总氮浓度，mg/L；

　　　N_e——出水 $NH_3\text{-}N$ 浓度，mg/L。
$$D_2=4.6\times30\,000\times(0.04-0.008)-4.6\times12.4\%\times1\,523.73$$
$$=4\,416-869.14$$
$$=3\,546.86\ (\text{kgO}_2/\text{d})$$

c. 反硝化脱氮产生的氧量 D_3
$$D_3=2.86N_T$$

式中，N_T 为反硝化脱除的硝态氮量，kg/d，取 $N_T=534\text{kg/d}$〔见本例题（2）〕。
$$D_3=2.86\times534=1\,527.24\ (\text{kgO}_2/\text{d})$$

故总需氧量
$$\text{AOR}=D_1+D_2-D_3=4\,579.42+3\,546.86-1\,527.24$$
$$=6\,599.04\ (\text{kgO}_2/\text{d})=274.96\ (\text{kgO}_2/\text{h})$$

最大需氧量与平均需氧量之比为 1.4，则
$$\text{AOR}_{\max}=1.4\text{AOR}=1.4\times6\,599.04=9\,238.66\ (\text{kgO}_2/\text{d})$$
$$=384.94\ (\text{kgO}_2/\text{h})$$

每去除 1kg BOD$_5$ 的需氧量 $=\dfrac{\text{AOR}}{Q(S_0-S_e)}=\dfrac{6\,599.04}{30\,000\times(0.16-0.02)}$
$$=1.57\ (\text{kgO}_2/\text{kgBOD}_5)$$

② 标准需氧量。采用鼓风曝气，微孔曝气器敷设于池底，距池底 0.2m，淹没深度 3.8m，氧转移效率 $E_A = 20\%$，将设计需氧量 AOR 换算成标准状态下的需氧量 SOR。

$$SOR = \frac{AOR \times C_{s(20)}}{\alpha [\beta \rho C_{sm(T)} - C_L] \times 1.024^{T-20}}$$

本例工程所在地区大气压为 1.013×10^5 Pa，故压力修正系数 $\rho = \dfrac{\text{工程所在地区大气压}}{1.013 \times 10^5} = 1$。

查本书附录九得水中溶解氧饱和度 $C_{s(20)} = 9.17$mg/L，$C_{s(25)} = 8.38$mg/L。

空气扩散器出口处绝对压力

$$\begin{aligned}
p_b &= p + 9.8 \times 10^3 H \\
&= 1.013 \times 10^5 + 9.8 \times 10^3 \times 3.8 \\
&= 1.385 \times 10^5 \ (Pa)
\end{aligned}$$

空气离开好氧反应池时氧的百分比 O_t 为

$$\begin{aligned}
O_t &= \frac{21(1 - E_A)}{79 + 21(1 - E_A)} \times 100\% \\
&= \frac{21 \times (1 - 0.2)}{79 + 21 \times (1 - 0.2)} \times 100\% = 17.54\%
\end{aligned}$$

好氧反应池中平均溶解氧饱和度 $c_{sm(25)}$ 为

$$\begin{aligned}
c_{sm(25)} &= c_{s(25)} \left(\frac{p_b}{2.066 \times 10^5} + \frac{O_t}{42} \right) \\
&= 8.38 \times \left(\frac{1.385 \times 10^5}{2.066 \times 10^5} + \frac{17.54}{42} \right) \\
&= 9.12 \ (mg/L)
\end{aligned}$$

本例 $C_L = 2$mg/L，$\alpha = 0.82$，$\beta = 0.95$，代入上述数据得标准需氧量 SOR 为

$$\begin{aligned}
SOR &= \frac{6\,599.04 \times 9.17}{0.82 \times (0.95 \times 1 \times 9.12 - 2) \times 1.024^{25-20}} \\
&= 9\,835.62(kg/d) = 409.82 \ (kg/h)
\end{aligned}$$

相应最大时标准需氧量 SOR_{max} 为

$$\begin{aligned}
SOR_{max} &= 1.4 SOR = 1.4 \times 9\,835.62 \\
&= 13\,769.87(kg/d) = 573.74 \ (kg/h)
\end{aligned}$$

好氧反应池平均时供气量 G_s 为

$$\begin{aligned}
G_s &= \frac{SOR}{0.3 E_A} \times 100 = \frac{409.82}{0.3 \times 0.2} \times 100 \\
&= 6\,830.33 \ (m^3/h)
\end{aligned}$$

最大时供气量 $\qquad G_{smax} = 1.4 G_s = 9\,562.46 \ (m^3/h)$

③ 所需空气压力 p（相对压力）

$$p = h_1 + h_2 + h_3 + h_4 + \Delta h$$

式中　h_1——供风管道沿程阻力，MPa；

　　　h_2——供风管道局部阻力，MPa；

　　　h_3——曝气器淹没水头，MPa；

　　　h_4——曝气器阻力，微孔曝气 $h_4 \leqslant 0.004 \sim 0.005$MPa，$h_4$ 取 0.004MPa；

　　　Δh——富余水头，MPa，一般 $\Delta h = 0.003 \sim 0.005$MPa，取 0.005MPa。

取 $h_1 + h_2 = 0.002$MPa（实际工程中应根据管路系统布置、供风管管径大小、风管流速大小等进行计算），代入数据得

$$p = 0.002 + 0.038 + 0.004 + 0.005 = 0.049 \ (MPa) = 49 \ (kPa)$$

可根据总供气量、所需风压、污水量及负荷变化等因素选定风机台数，进行风机与机房设计。

④ 曝气器数量计算（以单组反应池计算）

a. 按供氧能力计算曝气器数量

$$h_1 = \frac{SOR_{max}}{q_c}$$

式中　h_1——按供氧能力所需曝气器个数，个；

　　　q_c——曝气器标准状态下，与好氧反应池工作条件接近时的供氧能力，$kgO_2/(h \cdot 个)$。

采用微孔曝气器，参照有关手册，工作水深 4.3m，在供风量 $q = 1 \sim 3m^3/(h \cdot 个)$ 时，曝气器氧利用率 $E_A = 20\%$，服务面积 $0.3 \sim 0.75m^2$，充氧能力 $q_c = 0.14kgO_2/(h \cdot 个)$，则

$$h_1 = \frac{573.74/2}{0.14} = 2\,049 \ （个）$$

b. 以微孔曝气器服务面积进行校核

$$f = \frac{F}{n_1} = \frac{52 \times 3 \times 6}{2\,049} = 0.46 \ （m^2）< 0.75 \ （m^2）$$

⑤ 供风管道计算。供风管道指风机出口至曝气器的管道。

a. 干管。供风干管采用环状布置。

$$流量 \ Q_s = G_{smax}/2 = 9\,562.46/2 = 4\,781.23 \ （m^3/h）$$

流速 $v = 10m/s$，则管径 d 为

$$d = \sqrt{\frac{4Q}{\pi v}} = \sqrt{\frac{4 \times 4\,781.23}{3.14 \times 10 \times 3\,600}} = 0.411 \ （m）$$

取干管管径为 $DN400mm$。

b. 支管。单侧供气（向单侧廊道供气）支管（布气横管）流量 $Q_{s单}$ 为

$$Q_{s单} = \frac{1}{3} \times \frac{G_{max}}{2} = \frac{1}{6} \times 9\,562.46 = 1\,593.74 \ （m^3/h）$$

流速 $v = 10m/s$，则管径 d 为

$$d = \sqrt{\frac{4Q}{\pi v}} = \sqrt{\frac{4 \times 1\,593.74}{3.14 \times 10 \times 3\,600}} = 0.237 \ （m）$$

取支管管径为 $DN250mm$。

双侧供气（向两侧廊道供气）流量 $Q_{s双}$ 为

$$Q_{s双} = \frac{2}{3} \times \frac{G_{max}}{2} = \frac{1}{3} \times 9\,562.46 = 3\,187.49 \ （m^3/h）$$

流速 $v = 10m/s$，则管径 d 为

$$d = \sqrt{\frac{4Q}{\pi v}} = \sqrt{\frac{4 \times 3\,187.49}{3.14 \times 10 \times 3\,600}} = 0.336 \ （m）$$

取支管管径为 $DN400mm$。

（10）缺氧池设备选择　缺氧池分成三格串联，每格内设 1 台机械搅拌器。缺氧池内设 3 台潜水搅拌机，所需功率按 $5W/m^3$ 污水计算。

厌氧池有效容积　　　　　　$V_单 = 17 \times 18 \times 4.1 = 1\,254.6 \ （m^3）$

混合全池污水所需功率　　　$N_单 = 1\,254.6 \times 5 = 6\,273 \ （W）$

每格搅拌机轴功率　　　　　$N_单 = N/3 = 6\,273/3 = 2\,091 \ （W）$

每台搅拌机电机功率　　　　$N_机 = 1.15N_单 = 1.15 \times 2\,091 = 2\,405 \ （W）$

设计选用电机功率 3kW 的搅拌机。

（11）污泥回流设备选择　污泥回流比 $R = 100\%$，污泥回流量 Q_R 为

$$Q_R = RQ = 30\,000 （m^3/d） = 1\,250 \ （m^3/h）$$

设回流污泥泵房 1 座，内设 3 台潜污泵（2 用 1 备），单泵流量 $Q_{R单} = Q_R/2 = 1\,250/2 = 625 \ （m^3/h）$。

水泵扬程根据竖向流程确定。

（12）混合液回流泵　混合液回流比 $R_内 = 100\%$，混合液回流量 Q'_R 为

$$Q'_R = R_内 Q = 1 \times 30\,000 = 30\,000 \ （m^3/d） = 1\,250 \ （m^3/h）$$

每池设混合液回流泵 1 台，单泵流量 $Q'_{R单} = 1\,250/2 = 625 \ （m^3/h）$。

混合液回流泵采用潜污泵。

A_1/O 脱氮工艺计算如图 6-7 所示。

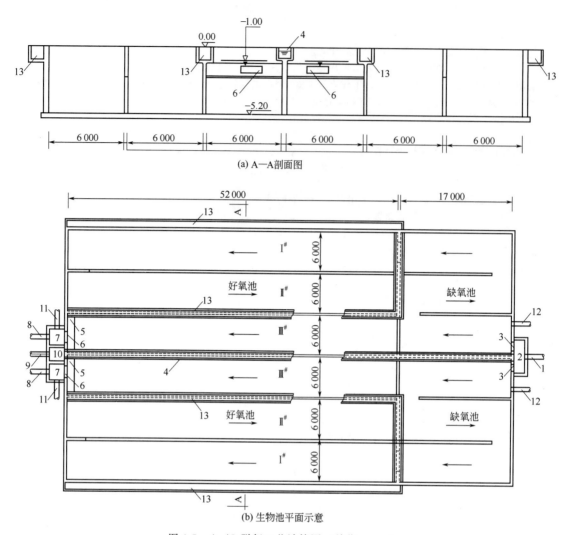

(a) A—A剖面图

(b) 生物池平面示意

图 6-7　A_1/O 脱氮工艺计算图 （单位：mm）

1—进水管；2—进水井；3—进水孔；4—回流污泥渠道；5—集水槽；6—出水孔；7—出水井；
8—出水管；9—回流污泥管；10—回流污泥井；11,12—混合液回流管；13—空气管廊

二、A_2/O 生物除磷工艺

（一）工艺特点

A_2/O 生物除磷工艺是由前段厌氧池和后段好氧池串联组成。其基本工艺流程如图 6-8 所示。

图 6-8　A_2/O 生物除磷工艺流程

该工艺的 BOD_5 去除率与普通活性污泥法基本相同，而磷的去除率为 $70\%\sim80\%$，剩余污泥中磷的含量在 2.5% 以上。

该工艺主要技术特点如下。

（1）工艺流程简单。

（2）厌氧池设在好氧池之前，可起到生物选择器的作用，有利于抑制丝状菌的膨胀，改善活性污泥的沉降性能，并能减轻后续好氧池的负荷。

（3）反应池水力停留时间较短。一般厌氧池水力停留时间为 $1\sim2h$，好氧池水力停留时间为 $2\sim4h$，总停留时间 $3\sim6h$。厌氧、好氧水力停留时间之比一般为 $(1:2)\sim(1:3)$。

（4）A_2/O 除磷工艺是通过排除富磷剩余污泥实现的，因此其除磷效果与排放的剩余污泥

量直接相关，只有在短泥龄条件下运行，才能达到除磷的目的。A_2/O 除磷工艺的泥龄一般以 $3.5\sim10d$ 为宜。

（5）便于在常规活性污泥工艺基础上改造成 A_2/O 除磷工艺。

（6）受运行条件和环境条件影响较大，因此除磷率难以进一步提高。一般处理城镇污水除磷率在 75% 左右。

（二）设计参数及设备

1. 设计参数

A_2/O 除磷工艺主要设计参数见表 6-3。

表 6-3　A_2/O 除磷工艺主要设计参数

参　　　数	数　值	参　　　数	数　值
污泥负荷 N/[kgBOD$_5$/(kgMLSS·d)]	$0.2\sim0.7$	污泥回流比 R/%	$40\sim100$
污泥浓度 MLSS/(mg/L)	$2\,000\sim4\,000$	溶解氧 DO/(mg/L)	A 段≈0； O 段$=2$
污泥龄 θ_c/d	$3.5\sim10$		
水力停留时间 t/h	$4\sim6$		
其中：厌氧段	$1\sim2$	COD/TN	$\geqslant10$
好氧段	$2\sim4$		
厌氧段：好氧段	$(1:2)\sim(1:3)$	BOD$_5$/TP	>20

2. 主要设备

A_2/O 除磷工艺好氧反应池关键设备与常规活性污泥法相同。在厌氧反应池内设潜水搅拌机，使原污水与回流污泥充分混合，并可推动水流，增加池底流速，避免污泥下沉。

（三）计算例题

【例 6-7】　A_2/O 生物除磷工艺设计计算

1. 已知条件

（1）设计流量　$Q=42\,000\text{m}^3/\text{d}$。

（2）设计进水水质　COD$=320$mg/L；BOD$_5$ 浓度 $S_0=225$mg/L；SS 浓度 $X_0=150$mg/L；TKN$=30$mg/L（进水中认为不含 NO$_3^-$-N）；TP$_0=6$mg/L。

（3）设计出水水质　COD$=100$mg/L；BOD$_5$ 浓度 $S_e=30$mg/L；SS 浓度 $X_e=30$mg/L；TP$_e\leqslant3$mg/L。

2. 设计计算

（1）判别水质是否可采用 A_2/O 生物除磷工艺　COD/TKN$=320/30=10.7>10$，BOD$_5$/TP$=180/6=30>20$，故可采用 A_2/O 生物除磷工艺。

（2）有关设计参数（用污泥负荷法）　BOD$_5$ 污泥负荷 $N=0.4$kgBOD$_5$/(kgMLSS·d)，混合液悬浮固体浓度（MLSS）$X=3\,000$mg/L，污泥回流比 $R=100\%$。

（3）反应池容积 V（m^3）

$$V=\frac{QS_0}{NX}=\frac{42\,000\times225}{0.4\times3\,000}=7\,875\text{（m}^3\text{）}$$

（4）水力停留时间 t（h）

反应池总停留时间　　　　$t=V/Q=7\,875/42\,000=0.19\text{（d）}=4.5\text{（h）}$

厌氧段与好氧段停留时间比取 $t_A:t_O=1:2$，则

厌氧段停留时间　　　　　$t_A=\dfrac{1}{3}\times4.5=1.5\text{（h）}$

好氧段停留时间　　　　　$t_O=\dfrac{2}{3}\times4.5=3\text{（h）}$

（5）剩余污泥量　生物污泥产量 P_X 为

$$P_X = YQ(S_0 - S_e) - K_d V X_V$$
$$= 0.6 \times 42\,000 \times (0.225 - 0.03) - 0.05 \times 7\,875 \times 3.0 \times 0.7$$
$$= 4\,914 - 826.9 = 4087.1 \ (kg/d)$$

非生物污泥产量 P_S 为

$$P_S = Q(TSS_0 - TSS_e) \times 50\%$$
$$= 42\,000 \times (0.15 - 0.03) \times 50\%$$
$$= 2\,520 \ (kg/d)$$

式中 TSS_0、TSS_e——生化反应池进、出水总悬浮固体浓度，kg/m^3。

剩余污泥总量 $\Delta X = P_X + P_S = 4087.1 + 2\,520 = 6607.1 \ (kg/d)$

（6）验算出水水质 剩余生物污泥含磷量按 6% 计，出水总磷 TP_e 为

$$TP_e = TP - 0.06 \times \frac{1\,000 P_X}{Q} = 6 - 0.06 \times \frac{1\,000 \times 4087.1}{42\,000}$$
$$= 0.16 \ (mg/L) \ (满足设计要求)$$

出水 BOD_5 浓度 S 可按下式计算。

$$S = \frac{QS_0}{Q + K_2 X f V}$$

式中 K_2——动力学参数，取值范围 $0.016\,8 \sim 0.028\,1$，K_2 取 0.022；

f——活性污泥中 VSS 所占比例，取 $f = 0.7$。

$$S = \frac{QS_0}{Q + K_2 X f V} = \frac{42\,000 \times 225}{42\,000 + 0.022 \times 3\,000 \times 0.7 \times 7\,875}$$
$$= 23.3 \ (mg/L) \ (满足设计要求)$$

（7）反应池主要尺寸 反应池总容积 $V = 7\,875\,m^3$，设反应池 2 组，则单组池容 $V_单$ 为

$$V_单 = V/2 = 7\,875/2 = 3\,937.5 \ (m^3)$$

有效水深 $h = 4.2\,m$，则单组有效面积 $S_单$ 为

$$S_单 = V_单/h = 3\,937.5/4.2 = 937.5 \ (m^2)$$

采用 3 廊道式反应池，廊道宽 $b = 6\,m$，则反应池长度 L 为

$$L = \frac{S_单}{B} = \frac{937.5}{3 \times 6} = 52 \ (m)$$

校核：$b/h = 6/4.2 = 1.43$（满足 $b/h = 1 \sim 2$）；

$L/b = 52/6 = 8.7$（满足 $L/b = 5 \sim 10$）。

超高取 $1.0\,m$，则反应池总高 H 为

$$H = 4.2 + 1.0 = 5.2 \ (m)$$

A 段厌氧段与 O 段好氧段停留时间比取 $t_厌 : t_好 = 1 : 2$，则 $V_厌 : V_好 = Qt_厌 : Qt_好 = 1 : 2$，即反应池第 I 廊道为厌氧段，第 II、第 III 廊道为好氧段。

关于进出水系统、曝气系统和设备选型计算方法及参数参见例 6-6，本例不再重复，只将计算结果列出。

① 进水管及出水管，设计流量 $0.486\,m^3/s$，管径 DN 900mm，流速 $0.76\,m/s$。

② 配水渠道，设计流量 $0.486\,m^3/s$，宽 $0.8\,m$，水深 $0.9\,m$，超高 $1.0\,m$，流速 $0.68\,m/s$。

③ 进水孔（每组 3 个），设计流量 $0.486\,m^3/s$，每个宽 $0.7\,m$，高 $0.4\,m$，过孔流速 $0.58\,m/s$；进水竖井，长 $1.8\,m$，宽 $1.8\,m$。

④ 回流污泥渠道，设计流量 $0.486\,m^3/s$，宽 $1.2\,m$，水深 $0.6\,m$，超高 $0.3\,m$，流速 $0.68\,m/s$。

⑤ 出水堰，设计流量 $0.486\,m^3/s$，宽度 $6\,m$，堰上水头 $0.12\,m$；出水孔，计流量 $0.486\,m^3/s$，宽 $1.35\,m$，高 $0.6\,m$，过孔流速 $0.6\,m/s$；出水竖井，长 $2.0\,m$，宽 $1.8\,m$。

⑥ 设计需氧量（AOR）$5\,544\,kg/d$，标准需氧量（SOR）$340.4\,kg/h$，用气量 $5\,673.6\,m^3/h$，供气压力 $5\,m$ 水柱。

⑦ 每组微孔曝气器 1\,216 个，2 组共 2\,432 个。

⑧ 每组设 1 条供气干管，设计流量 $0.79\,m^3/s$，管径 DN350mm，流速 $8.2\,m/s$。

⑨ 厌氧池搅拌机 3 台，搅拌功率 6\,552W。

图 6-9 为 A_2/O 除磷工艺计算图。

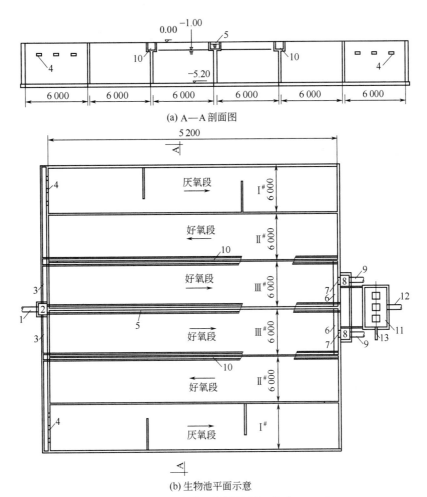

(a) A—A 剖面图

(b) 生物池平面示意

图 6-9　A₂/O 除磷工艺计算图（单位：mm）

1—进水管；2—进水井；3—配水渠；4—进水孔；5—回流污泥渠道；6—集水槽；7—出水孔；8—出水井；
9—出水管；10—空气管廊；11—回流污泥泵房；12—回流污泥管；13—剩余污泥管

三、A² / O 生物脱氮除磷工艺

（一）工艺特点

A²/O 脱氮除磷工艺（即厌氧-缺氧-好氧活性污泥法，亦称 A-A-O 工艺），它是在 A₂/O 除磷工艺基础上增设了一个缺氧池，并将好氧池出流的部分混合液回流至缺氧池，具有同步脱氮除磷功能。其基本工艺流程如图 6-10 所示。

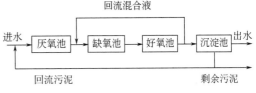

图 6-10　A² / O 生物脱氮除磷工艺

污水经预处理和一级处理后首先进入厌氧池，在厌氧池中的反应过程与 A₂/O 生物除磷工艺中的厌氧反应过程相同；在缺氧池中的反应过程与 A₁/O 生物脱氮工艺中的缺氧过程相同；在好氧池中的反应过程兼有 A₂/O 生物除磷工艺和 A₁/O 生物脱氮工艺中好氧池中的反应和作用。因此 A²/O 工艺可以达到同步去除有机物、硝化脱氮、除磷的功能。

A²/O 工艺适用于对氮、磷排放指标均有严格要求的城镇污水处理，其特点如下。

（1）工艺流程简单，总水力停留时间少于其他同类工艺，节省基建投资。

（2）该工艺在厌氧、缺氧、好氧环境下交替运行，有利于抑制丝状菌的膨胀，改善污泥沉降性能。

（3）该工艺不需要外加碳源，厌氧、缺氧池只进行缓速搅拌，节省运行费用。

（4）便于在常规活性污泥工艺基础上改造成 A^2/O。

（5）该工艺脱氮效果受混合液回流比大小的影响，除磷效果受回流污泥夹带的溶解氧和硝态氮的影响，因而脱氮除磷效果不可能很高。

（6）沉淀池要防止产生厌氧、缺氧状态，以避免聚磷菌释磷而降低出水水质和反硝化产生 N_2 而干扰沉淀。但溶解氧含量也不易过高，以防止循环混合液对缺氧池的影响。

（二）设计参数及设备

1. 设计参数

A^2/O 脱氮除磷工艺主要设计参数见表 6-4。

表 6-4　A^2/O 脱氮除磷工艺主要设计参数

项　　目	数　　值
BOD_5 污泥负荷 $N/[kgBOD_5/(kgMLSS \cdot d)]$	$0.13 \sim 0.2$
TN 负荷 $/[kgTN/(kgMLSS \cdot d)]$	＜0.05（好氧段）
TP 负荷 $/[kgTP/(kgMLSS \cdot d)]$	＜0.06（厌氧段）
污泥浓度 MLSS$/(mg/L)$	$3\,000 \sim 4\,000$
污泥龄 θ_c/d	$15 \sim 20$
水力停留时间 t/h	$8 \sim 11$
各段停留时间比例 A : A : O	$(1:1:3) \sim (1:1:4)$
污泥回流比 $R/\%$	$50 \sim 100$
混合液回流比 $R_内/\%$	$100 \sim 300$
溶解氧浓度 DO$/(mg/L)$	厌氧池＜0.2,缺氧池≤0.5,好氧池=2
COD/TN	＞8（厌氧池）
TP/BOD_5	＜0.06（厌氧池）

2. 主要设备

A^2/O 工艺的关键设备与常规活性污泥法相同。厌氧池、缺氧池内采用机械搅拌，与 A_1/O 生物脱氮工艺相同。

（三）计算例题

【例 6-8】 A^2/O 生物脱氮除磷工艺设计计算

1. 已知条件

（1）设计流量　$Q = 40\,000m^3/d$（不考虑变化系数）。

（2）设计进水水质　COD$=320mg/L$；BOD_5 浓度 $S_0 = 160mg/L$；TSS 浓度 $X_0 = 150mg/L$；VSS$=105mg/L$（MLVSS/MLSS$=0.7$）；TN$=35mg/L$；NH_3-N$=26mg/L$，TP$=4mg/L$；碱度 $S_{ALK} = 280mg/L$；pH$=7.0 \sim 7.5$；最低水温 14℃；最高水温 25℃。

（3）设计出水水质　COD$=60mg/L$；BOD_5 浓度 $S_e = 20mg/L$；TSS 浓度 $X_e = 20mg/L$；TN$=15mg/L$；NH_3-N$=8mg/L$；TP$=1.5mg/L$。

2. 设计计算（用污泥负荷法）

（1）判断是否可采用 A^2/O 法　COD/TN$=320/35=9.14＞8$，$TP/BOD_5 = 4/160 = 0.03 ＜ 0.06$，符合要求。

（2）有关设计参数　BOD_5 污泥负荷 $N = 0.13kgBOD_5/(kgMLSS \cdot d)$，回流污泥浓度 $X_R = 6\,600mg/L$，污泥回流比 $R = 100\%$。

$$混合液悬浮固体浓度 X = \frac{R}{1+R}X_R = \frac{1}{1+1} \times 6\,600 = 3\,300 \ (mg/L)$$

$$TN 去除率 \eta_{TN} = \frac{TN_O - TN_e}{TN_O} \times 100\% = \frac{35-15}{35} \times 100\% = 57\%$$

$$混合液回流比 R_内 = \frac{\eta_{TN}}{1 - \eta_{TN}} \times 100\% = \frac{0.57}{1 - 0.57} \times 100\% = 133\%$$

取 $R_{内}=200\%$。

（3）反应池容积 $V(\mathrm{m}^3)$

$$V=\frac{QS_0}{NX}=\frac{40\,000\times160}{0.13\times3\,300}=14\,918.41\ (\mathrm{m}^3)$$

反应池总水力停留时间 t 为

$$t=V/Q=14\,918.41/40\,000=0.37\ (\mathrm{d})\ =8.88\ (\mathrm{h})$$

各段水力停留时间和容积计算如下。

厌氧：缺氧：好氧＝1：1：3，于是有：

厌氧池水力停留时间 $t_{厌}=\frac{1}{5}\times8.88=1.78\ (\mathrm{h})$，池容 $V_{厌}=\frac{1}{5}\times14\,918.41=2\,983.7\ (\mathrm{m}^3)$；

缺氧池水力停留时间 $t_{缺}=\frac{1}{5}\times8.88=1.78(\mathrm{h})$，池容 $V_{缺}=\frac{1}{5}\times14\,918.41=2\,983.7\ (\mathrm{m}^3)$；

好氧池水力停留时间 $t_{好}=\frac{3}{5}\times8.88=5.32\ (\mathrm{h})$，池容 $V_{好}=\frac{3}{5}\times14\,918.41=8\,951\ (\mathrm{m}^3)$。

（4）校核氮磷负荷

好氧段总氮负荷 $=\dfrac{Q\times TN_0}{XV_{好}}=\dfrac{40\,000\times35}{3\,300\times8\,951}=0.047\ [\mathrm{kgTN/(kgMLSS\cdot d)}]$（符合要求）

厌氧段总磷负荷 $=\dfrac{Q\times TP_0}{XV_{厌}}=\dfrac{40\,000\times4}{3\,300\times2\,983.7}=0.016\ [\mathrm{kgTN/(kgMLSS\cdot d)}]$（符合要求）

（5）剩余污泥量 $\Delta X\ (\mathrm{kg/d})$

$$\Delta X=P_X+P_S$$
$$P_X=YQ(S_0-S_e)-k_dVX_V$$
$$P_S=(TSS-TSS_e)\times50\%$$

取污泥增殖系数 $Y=0.6$，污泥自身氧化率 $k_d=0.05\mathrm{d}^{-1}$，将各值代入得

$$P_X=0.6\times40\,000\times(0.16-0.02)-0.05\times14\,918.41\times3.3\times0.7=3\,360-1\,723=1\,637\ (\mathrm{kg/d})$$
$$P_S=(0.15-0.02)\times40\,000\times50\%=2\,600\ (\mathrm{kg/d})$$
$$\Delta X=1\,637+2\,600=4\,237\ (\mathrm{kg/d})$$

（6）碱度校核　每氧化 $1\mathrm{mg}\ NH_3\text{-}N$ 需消耗碱度 $7.14\mathrm{mg}$；每还原 $1\mathrm{mg}NO_3^-\text{-}N$ 产生碱度 $3.57\mathrm{mg}$；去除 $1\mathrm{mgBOD}_5$ 产生碱度 $0.1\mathrm{mg}$。

剩余碱度 $S_{ALK1}=$ 进水碱度－硝化消耗碱度＋反硝化产生碱度＋去除 BOD_5 产生碱度

假设生物污泥中含氮量以 12.4% 计，则

每日用于合成的总氮 $=0.124\times1\,637=202.99\ (\mathrm{kg/d})$

即进水总氮中有 $202.99\times1\,000\div40\,000=5.07\ (\mathrm{mg/L})$ 用于合成。

被氧化的 $NH_3\text{-}N=$ 进水总氮－出水总氮量－用于合成的总氮量 $=35-8-5.07=21.93\ (\mathrm{mg/L})$

所需脱硝量 $=35-15-5.07=14.93\ (\mathrm{mg/L})$

需还原的硝酸盐氮量 $N_T=40\,000\times14.93\times\dfrac{1}{1\,000}=597.2\ (\mathrm{kg/d})$

将各值代入有

剩余碱度 $S_{ALK1}=280-7.14\times21.93+3.57\times14.93+0.1\times(160-20)$

$$=280-156.58+53.30+14$$
$$=190.72\ (\mathrm{mg/L})>100\ (\mathrm{mg/L})\ (\text{以}\ CaCO_3\ \text{计})$$

可维持 $pH\geqslant7.2$。

（7）反应池主要尺寸　反应池总容积 $V=14\,918.41\mathrm{m}^3$，设反应池 2 组，单组池容 $V_{单}=V/2=14\,918.41/2=7\,459.21\ (\mathrm{m}^3)$。有效水深 $h=4.0\mathrm{m}$，则单组有效面积 $S_{单}$ 为

$$S_{单}=V_{单}/h=7\,459.21/4.0=1\,864.80\ (\mathrm{m}^2)$$

采用 5 廊道式推流式反应池，廊道宽 $b=7.5\mathrm{m}$，则单组反应池长度 L 为

$$L=\frac{S_{单}}{B}=\frac{1\,864.80}{5\times7.5}=50\ (\mathrm{m})$$

校核：$b/h=7.5/4.0=1.9$（满足 $b/h=1\sim2$）；

$L/b = 50/7.5 = 6.7$（满足 $L/h = 5 \sim 10$）。

取超高为 1.0m，则反应池总高 H 为

$$H = 4.0 + 1.0 = 5.0 \text{（m）}$$

关于进出水系统、曝气系统和设备选型计算方法及参数参见例 6-6，本例不再重复，只将计算结果列出。

① 进水管及回流污泥管，设计流量 $0.231\text{m}^3/\text{s}$，管径 $DN\,600\text{mm}$，流速 0.82m/s；混合液回流管，设计流量 $0.463\text{m}^3/\text{s}$，管径 $DN\,800\text{mm}$，流速 0.92m/s。

② 进水孔，设计流量 $0.463\text{m}^3/\text{s}$，宽 0.6m，高 1.3m，过孔流速 0.6m/s；进水井，长 2.4m，宽 2.4m。

③ 出水堰，设计流量 $0.926\text{m}^3/\text{s}$，宽度 7.5m，堰上水头 0.16m；出水孔，设计流量 $0.926\text{m}^3/\text{s}$，宽 2.0m，高 0.8m，过孔流速 0.6m/s；出水竖井，长 2.6m，宽 0.8m；出水管，设计流量 $0.463\text{m}^3/\text{s}$，管径 $DN\,900\text{mm}$，流速 0.73m/s。

④ 设计需氧量（AOR）$8\,992.56\text{kg/d}$，标准需氧量（SOR）633.4kg/h，平均用气量 $10\,556.7\text{m}^3/\text{h}$，最大用气量 $14\,779.3\text{m}^3/\text{h}$，供气压力 $4.9\text{m H}_2\text{O}$。

⑤ 每组微孔曝气器 3 167 个，2 组共 6 334 个。

⑥ 供气干管设计流量 $2.05\text{m}^3/\text{s}$，管径 $DN500\text{mm}$，流速 10.4m/s；双侧供气支管设计流量 $1.37\text{m}^3/\text{s}$，管径 $DN450\text{mn}$，流速 8.6m/s；单侧供气支管设计流量 $0.68\text{m}^3/\text{s}$，管径 $DN300\text{mm}$，流速 10m/s。

⑦ 厌氧池搅拌机 3 台，搅拌功率 7 500W；缺氧池搅拌机 3 台，搅拌功率 7 500W。

图 6-11 为 A^2/O 脱氮除磷工艺计算图。

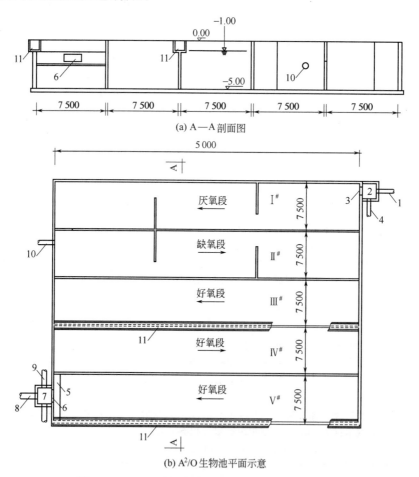

(a) A—A 剖面图

(b) A^2/O 生物池平面示意

图 6-11　A^2/O 脱氮除磷工艺计算图（单位：mm）

1—进水管；2—进水井；3—进水孔；4—回流污泥管；5—集水槽；6—出水孔；
7—出水井；8—出水管；9—混合液回流管；10—混合液回流管；11—空气管廊

【例 6-9】 按规范推荐的方法计算 A^2/O 工艺生物反应池

1. 已知条件

已知条件同例 6-8。

2. 设计计算

（1）好氧区容积 根据《室外排水设计规范》（GB 50014—2006），A^2/O 工艺生物反应池好氧区容积按下式计算。设计参数可采用经验数据或按该规范中表 6.6.20 的规定取值。

$$V_O = \frac{Q(S_0 - S_e) Y_t \theta_{CO}}{1000X}$$

式中　V——曝气池有效容积，m^3；

Q——曝气池设计流量，m^3/d，$Q = 40\,000\,m^3/d$；

S_0——进水 BOD_5 浓度，mg/L，$S_0 = 160mg/L$；

S_e——出水 BOD_5 浓度，mg/L，包括悬浮态和溶解态两种类型（悬浮态 BOD_5 主要是未能沉淀的微生物，溶解状态的 BOD_5 是生物反应的结果；用污泥龄法计算反应池容积，应采用溶解状态的 BOD_5，溶解状态的 BOD_5 计算可见本书例 6-6），本例 S_e 取 6.41mg/L；

Y_t——污泥总产率系数，$kgMLSS/kgBOD_5$，实际上是微生物的产率系数，该规范中表 6.6.20 推荐取值 $0.3\sim0.6kgMLSS/kgBOD_5$。受微生物内源呼吸的影响，污泥总产率系数与污泥龄有关，污泥龄短时取较大值，污泥龄长时取较小值。本例设计出水氨氮值较低，污泥龄较长，因此取 $0.4kgMLSS/kgBOD_5$；

θ_{co}——设计污泥泥龄，d，$\theta_{co} = F\dfrac{1}{\mu}$；

F——安全系数，取值范围 $1.5\sim3.0$，本例取 3.0；

μ——硝化菌比生长速率，d^{-1}，$\mu = 0.47\dfrac{N_a}{K_n + N_a}e^{0.098(T-15)}$；

N_a——好氧区中氨氮浓度，mg/L，本例按冬季低水温计算，取 8mg/L；

K_n——氨氮硝化的半速率常数，mg/L，典型值为 1.0mg/L，本例取 1.0 mg/L；

T——设计温度，℃，本例取 10℃；

X——生物反应池内混合液悬浮固体平均浓度，gMLSS/L，本例 X 取 3.3gMLSS/L。

代入数据得

$$\mu = 0.47 \times \frac{8}{1+8} \times e^{0.098 \times (10-15)} = \frac{0.47 \times 8}{9} \times e^{-0.49} = 0.26 \ (d^{-1})$$

$$\theta_{co} = F\frac{1}{\mu} = 3 \times \frac{1}{0.26} = 11.72 \approx 12 \ (d)$$

$$V_O = \frac{Q(S_0 - S_e) Y_t \theta_{co}}{1\,000X} = \frac{40\,000 \times (160-6.41) \times 0.4 \times 12}{1\,000 \times 3.3} = 8\,936 \ (m^3)$$

（2）缺氧区容积 根据 GB 50014—2006，A^2/O 工艺生物反应池缺氧区容积按下式计算。设计参数可采用经验数据或按该规范中表 6.6.20 的规定取值。

$$V_n = \frac{0.001Q(N_k - N_{te}) - 0.12\Delta X_v}{K_{de}X}$$

$$\Delta X_V = yY_tQ(S_0 - S_e)/1\,000$$

式中　V_n——缺氧区容积，m^3；

Q——缺氧区设计流量，m^3/d。Q 取 $40\,000m^3/d$；

N_k——生物反应池进水总凯氏氮浓度，mg/L。本例 N_k 为 35mg/L；

N_{te}——生物反应池出水总氮浓度，mg/L。本例 N_{te} 取 15mg/L；

ΔX_V——排出生物反应池系统的微生物量，kgMLVSS/d；

Y_t——污泥总产率系数，$kgMLSS/kgBOD_5$，本工程取 $0.4kgMLSS/kgBOD_5$；

y——MLSS 中 MLVSS 所占比例，本工程取 0.7；

K_{de}——脱氮速率，$kgNO_3^- - N/(kgMLSS \cdot d)$，$K_{de(T)} = K_{de(20)} \times 1.08^{t-20}$；

$K_{de(20)}$——20℃时脱氮速率，$kgNO_3^- - N/(kgMLSS \cdot d)$，参照 GB 50014—2006，$K_{de(20)}$ 取 $0.06kgNO_3^- - N/(kgMLSS \cdot d)$；

t——缺氧区内污水温度，℃，本例 t 取 10℃。

代入数据得

$$\Delta X_V = yY_tQ(S_0 - S_e)/1000 = 0.7 \times 0.4 \times 40000 \times (160 - 6.41)/1000 = 1720.2 \text{ (kg/d)}$$

$$K_{de} = K_{de(20)} \times 1.08^{t-20} = 0.06 \times 1.08^{10-20} = 0.0278 \text{ [kgNO}_3^--\text{N/(kgMLSS} \cdot \text{d)]}$$

$$V_n = \frac{0.001 \times 40000 \times (35 - 15) - 0.12 \times 1720.2}{0.0278 \times 3.3} = 6470 \text{ (m}^3)$$

（3）厌氧池的容积 根据 GB 50014—2006，A^2O 工艺生物反应池厌氧区容积按下式计算，设计参数可采用经验数据或按该规范中表 6.6.20 的规定取值。

$$V_p = \frac{t_p Q}{24}$$

式中 V_p ——厌氧池的容积，m^3；

$\quad Q$ ——厌氧池设计流量，m^3/d，$Q = 40000 \text{ m}^3/\text{d}$；

$\quad t_p$ ——厌氧池的水力停留时间，h，本例取 1.5h。

代入数据得

$$V_p = \frac{t_p Q}{24} = \frac{1.5 \times 40000}{24} = 2500 \text{ (m}^3)$$

（4）生物池水力停留时间

$$\text{HRT} = \frac{24(V_O + V_n + V_p)}{Q} = \frac{24 \times (8936 + 6470 + 2500)}{40000} = 10.74 \text{(h)}$$

满足 GB 50014—2006 介于 7～14h 的要求。其中厌氧池 1.5h，缺氧池 3.88h，好氧池 5.36h。

（5）污泥回流比 本例 SVI 取 150，r 为考虑污泥在沉淀池中停留时间、池深、污泥厚度等因素的系数，取 1.2。回流污泥浓度 X_R 计算公式为

$$X_R = \frac{10^6}{\text{SVI}} \times r = \frac{10^6}{150} \times 1.2 = 8000 \text{(mg/L)}$$

污泥回流比 R 为

$$R = \frac{X}{X_R - X} \times 100\% = \frac{3300}{8000 - 3300} \times 100\% = 70.2\%$$

回流污泥量 Q_R 为

$$Q_R = QR = 40000 \times 0.702 = 28080 \text{ (m}^3/\text{d)}$$

（6）混合液回流比 GB 50014—2006 考虑了污泥回流对混合液回流的影响，混合液回流量按下式计算。

$$Q_{Ri} = 1000 \frac{V_n X K_{de}}{N_{te} - N_{ke}} - Q_R$$

式中 Q_{Ri} ——混合液回流量，m^3/d；

$\quad N_{te}$ ——生物反应池出水总氮浓度，mg/L，本例为 15mg/L；

$\quad N_{ke}$ ——生物反应池出水凯氏氮浓度，mg/L，本例为 8mg/L；

$\quad Q_R$ ——回流污泥量，m^3/d。

代入数据得

$$Q_{Ri} = 1000 \times \frac{6470 \times 3.3 \times 0.0278}{15 - 8} - 28080 = 56714 \text{ (m}^3/\text{d)}$$

混合液回流比 R_i 为

$$R_i = \frac{Q_{Ri}}{Q} \times 100\% = \frac{56714}{40000} \times 100\% = 142\%$$

【题后语】例 6-8 系采用污泥负荷法计算，各部分反应区按比例进行分配，实际上是按经验参数计算。此方法未考虑进水温度、氨氮、总氮的变化，未考虑出水氨氮、总氮的要求，计算粗略，精度较差，不能适应日益严格的出水水质要求。

2016 年版的《室外排水设计规范》（GB 50014—2006）推荐了 A^2/O 工艺计算方法。该计算方法采用生物硝化反应动力学公式计算污泥龄，用污泥龄计算好氧区容积，采用反硝化速率计算缺氧区容积，计算过程反映了水温、出水氨氮、进出水总氮等因素，使好氧区、缺氧区计算更加精准，可确保出水水质达到设计要求。

本题是按 GB 50014—2006（2016 年版）进行的计算，与例 6-8（用污泥负荷法）计算结果相比较，计算过程考虑了进出水总氮、氨氮、硝态氮的影响，考虑了回流污泥对反硝化过程的影响，计算更加精细，出水水质保证程度更高。设计人员应根据实际情况和需要选择采用。其他计算内容见本书有关例题。

四、改良 A^2/O 生物脱氮除磷工艺

（一）工艺特点

改良 A^2/O 脱氮除磷工艺即预反硝化-厌氧-缺氧-好氧活性污泥法，是在传统的 A^2/O 工艺的厌氧池之前增设了回流污泥预反硝化区，达到提高生物除磷效果的目的。传统的 A^2/O 工艺当回流污泥进入厌氧池时，由于携带硝态氮进入厌氧池，将优先夺取污水中易生物降解的有机物，使聚磷菌失去竞争优势，影响了生物除磷效果。改良 A^2/O 法的改进原理是将来自二沉池的回流污泥和部分进水首先进入预反硝化区（另外一部分进水直接进入厌氧池），微生物利用进水中的有机物作碳源进行反硝化，去除由回流污泥带入的硝酸盐，消除了硝态氮对厌氧除磷的不利影响，提高了系统的生物除磷能力。其基本工艺流程如图 6-12 所示。

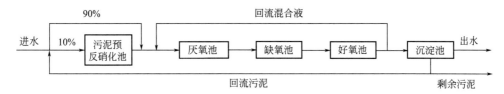

图 6-12　改良 A^2/O 生物脱氮除磷工艺流程

改良 A^2/O 工艺系统一般有四个相对独立的分区，即预反硝化区、厌氧区、缺氧区、好氧区。可根据不同的处理目标，调整进水方式和流量，使整个系统的去除能力得到提高。预反硝化区的池型一般为推流式和循环式两种结构，配套的主要设备一般为搅拌器和推进器两种类型。

（二）设计参数及设备

改良 A^2/O 工艺的预缺氧区一般按照水力停留时间来进行设计计算。水力停留时间一般为 $20\sim30$min，进水流量为生物反应池进水设计流量的 $10\%\sim15\%$。厌氧区、缺氧区、好氧区设计参数与传统 A^2/O 工艺相同。

（三）计算例题

【例 6-10】 改良 A^2/O 生物脱氮除磷工艺设计计算

1. 已知条件

（1）设计流量　$Q=160\,000$m³/d（不考虑变化系数）。

（2）设计进水水质　COD=450mg/L；BOD_5 浓度 $S_0=215$mg/L；TSS 浓度 $X_0=150$mg/L；VSS=105mg/L（MLVSS/MLSS=0.7）；TN=56mg/L；NH_3-N=40mg/L；TP=6mg/L；碱度 $S_{ALK}=280$mg/L；pH=7.0～7.5；最低水温 $T_{min}=8$℃；最高水温 $T_{max}=25$℃。

（3）设计出水水质　COD=60mg/L；BOD_5 浓度 $S_e=20$mg/L；TSS 浓度 $X_e=20$mg/L；TN=15mg/L；NH_3-N=5mg/L；TP=1.0mg/L。

2. 设计计算

（1）判断是否可采用改良 A^2/O 法　根据《室外排水设计规范》（GB 50014—2006）第 6.6.17 条进行判别 BOD_5/TN=215/56=3.8，BOD_5/TP=215/6=35.8＞17，符合要求，可以采用改良 A^2/O 法。

（2）好氧区容积 V_1（m³）

$$V_1=\frac{Q(S_0-S_e)\theta_{co}Y_t}{1\,000X}$$

式中　V_1——好氧区有效容积，m³；

　　　Q——设计流量，m³/d；

　　　S_0——进水 BOD_5 浓度，mg/L；

　　　S_e——出水 BOD_5 浓度，mg/L；

　　　θ_{co}——好氧区（池）设计污泥龄，d，取 $\theta_{co}=9$d；

　　　Y_t——污泥总产率系数，kgMLSS/kgBOD₅，取 $Y_t=0.85$kgMLSS/kgBOD₅；

X——生物反应池内混合液悬浮固体平均浓度，g/L，取 $X=4.0$g/L。

则
$$V_1=\frac{160\,000\times(215-20)\times9\times0.85}{1\,000\times4.0}=59\,670\,(\text{m}^3)$$

好氧区水力停留时间
$$t_1=V_1/Q=59\,670/160\,000=0.373\,(\text{d})=8.95\,(\text{h})$$

（3）缺氧区容积 $V_2(\text{m}^3)$　缺氧区容积采用反硝化动力学计算。
$$V_2=\frac{0.001Q(N_K-N_{te})-0.12\Delta X_V}{K_{de}X}$$

式中　V_2——缺氧区有效容积，m^3；

N_K——生物反应池进水总凯氏氮浓度，mg/L；

N_{te}——生物反应池出水总氮浓度，mg/L；

ΔX_V——排出生物反应池系统的微生物量，kgMLVSS/d；

K_{de}——脱氮速率，$\text{kgNO}_3^-\text{-N}/(\text{kgMLSS}\cdot\text{d})$。

① 脱氮速率 $K_{de(T)}$
$$K_{de(T)}=K_{de(20)}\theta^{T-20}$$

式中　$K_{de(20)}$——20℃时的脱氮速率，$\text{kgNO}_3^-\text{-N}/(\text{kgMLSS}\cdot\text{d})$，取 $K_{de(20)}=0.06\text{kgNO}_3^-\text{-N}/(\text{kgMLSS}\cdot\text{d})$；

θ——温度系数，取 1.08；

T——设计水温，℃，取 8℃。
$$K_{de(8)}=0.06\times1.08^{8-20}=0.024[\text{kgNO}_3^-\text{-N}/(\text{kgMLSS}\cdot\text{d})]$$

② 排出生物反应池系统的微生物量 ΔX_v
$$\Delta X_v=yY_t\frac{Q(S_0-S_e)}{1\,000}$$

式中　y——MLSS 中 MLVSS 所占比例，取 $y=0.7$。
$$\Delta X_v=0.7\times0.85\times\frac{160\,000\times(215-20)}{1\,000}=18\,564\,(\text{kg/d})$$

③ 缺氧区容积 V_2
$$V_2=\frac{0.001\times160\,000\times(56-15)-0.12\times18\,564}{0.024\times4.0}=45\,128\,(\text{m}^3)$$

缺氧区水力停留时间 t_2 为
$$t_2=V_2/Q=45\,128/160\,000=0.28\,(\text{d})=6.72\,(\text{h})$$

（4）厌氧区容积 V_3　根据 GB 50014—2006（2016 年版），厌氧区水力停留时间 1~2h，设计取 $t_3=1.5$h，则
$$V_3=Qt_3=\frac{160\,000}{24}\times1.5=10\,000\,(\text{m}^3)$$

（5）预反硝化段容积 V_4　为保证系统除磷效果，在厌氧段前增设预反硝化段（回流污泥反硝化池）。来自二沉池的回流污泥和 10%左右的进水进入该段（另外 90%左右的进水进入厌氧段，实际运行时可在较大范围调整），水力停留时间一般取 20~30min。微生物利用进水中的有机物作碳源，去除回流污泥中带入的硝酸盐，消除硝态氮对厌氧除磷的不利影响。

设计取 $t_4=30$min，则
$$V_4=Qt_4=\frac{160\,000}{24}\times\frac{30}{60}=3\,333\,(\text{m}^3)$$

（6）生物反应池总容积 V 及停留时间 t
$$V=V_1+V_2+V_3+V_4=59\,670+45\,128+10\,000+3\,333=118\,131\,(\text{m}^3)$$
$$t=V/Q=118\,131/160\,000=0.738\,(\text{d})=17.7\,(\text{h})$$

（7）校核负荷

① BOD_5 污泥负荷 L_{BOD}
$$L_{BOD}=\frac{QS_0}{XV_1}=\frac{160\,000\times0.215}{4.0\times59\,670}=0.144[\text{kgBOD}_5/(\text{kgMLSS}\cdot\text{d})]<0.2\text{kgBOD}_5/(\text{kgMLSS}\cdot\text{d})$$

② 好氧区总氮负荷 L_{TN}
$$L_{TN}=\frac{Q\times\text{TN}_0}{XV_1}=\frac{160\,000\times56}{4.0\times59\,670\times1\,000}=0.038[\text{kgTN}/(\text{kgMLSS}\cdot\text{d})]<0.05\text{kgTN}/(\text{kgMLSS}\cdot\text{d})$$

③ 总磷负荷 L_{TP}

$$L_{TP} = \frac{Q \times TP_0}{XV_3} = \frac{160\,000 \times 6}{4.0 \times 10\,000 \times 1000} = 0.024 [kgTP/(kgMLSS \cdot d)] < 0.06kgTP/(kgMLSS \cdot d)$$

对照表 6-4，三项负荷均符合要求。

(8) 剩余污泥量 ΔX

$$\Delta X = YQ(S_0 - S_e) - k_d V_1 X_v + fQ(X_0 - X_e)$$

式中 ΔX——剩余污泥量，kgSS/d；

　　　Y——污泥产率系数，kgVSS/kgBOD$_5$，取 0.6kgVSS/kgBOD$_5$；

　　　X_v——生物反应池内混合液挥发性悬浮固体平均浓度，gMLVSS/L；

　　　k_d——衰减系数，d^{-1}，取 $k_d = 0.05d^{-1}$；

　　　f——SS 的污泥转化率，gMLSS/gSS，取 $f = 0.6$gMLSS/gSS。

　　　X_0——进水 SS 浓度，mg/L；

　　　X_e——出水 SS 浓度，mg/L。

$$X_v = yX = 0.7 \times 4.0 = 2.8 gMLVSS/L$$

$$\Delta X = 0.6 \times 160\,000 \times (0.215 - 0.02) - 0.05 \times 59\,670 \times 2.8 + 0.6 \times 160\,000 \times (0.15 - 0.02)$$
$$= 22\,846 \ (kgSS/d)$$

实际污泥产率系数 Y_S 为

$$Y_S = \frac{\Delta X}{Q(S_0 - S_e)} = \frac{22\,846}{160\,000 \times (0.215 - 0.02)} = 0.73 \ (kgSS/kgBOD_5)$$

(9) 反应池主要尺寸　反应池总容积 $V = 118\,131m^3$，设反应池 4 组，单组池容 $V_{单}$ 为

$$V_{单} = V/4 = 118\,131/4 = 29\,532.75 \ (m^3)$$

有效水深 $h = 6.2m$，单组有效面积 $S_{单}$ 为

$$S_{单} = V_{单}/h = 29\,532.75/6.2 = 4\,763.35 \ (m^2)$$

① 好氧区主要尺寸。好氧区容积 $V_1 = 59\,670m^3$，好氧区单组池容 $V_{1单}$ 为

$$V_{1单} = V_1/4 = 59\,670/4 = 14\,917.5 \ (m^3)$$

好氧区单组有效面积 $S_{1单}$ 为

$$S_{1单} = V_{1单}/h = 14\,917.5/6.2 = 2\,406.05 \ (m^2)$$

采用 5 廊道式推流反应池，廊道宽 $b_1 = 9m$，好氧区反应池长度 L_1 为

$$L_1 = \frac{S_{1单}}{5b_1} = \frac{2\,406.05}{5 \times 9} = 53.5 \ (m)$$

廊道宽深比校核：$b_1/h = 9/6.2 = 1.5$（满足 $b/h = 1\sim2$）。

廊道长宽比校核：$L_1/b = 53.5/9 = 5.9$（满足 $L/h = 5\sim10$）。

取隔墙厚 0.25m，好氧区池总宽度 $B_1 = 5 \times 9 + 4 \times 0.25 = 46 \ (m)$。

取超高为 1.0m，则反应池总高 $H = 6.2 + 1.0 = 7.2 \ (m)$。

② 缺氧区主要尺寸。缺氧区容积 $V_2 = 45\,128m^3$，缺氧区单组池容 $V_{2单}$ 为

$$V_{2单} = V_2/4 = 45\,128/4 = 11\,282 \ (m^3)$$

缺氧区单组有效面积 $S_{2单}$ 为

$$S_{2单} = V_{2单}/h = 11\,282/6.2 = 1\,819.68 \ (m^2)$$

缺氧区长度与好氧区长度相同，$L_2 = 46m$，缺氧区宽度 B_2 为

$$B_2 = S_{2单}/L_2 = 1\,819.68/46 = 39.6 \ (m)$$

缺氧区采用 2 格，单格宽 b_2 为

$$b_2 = B_2/2 = 39.6/2 = 19.8 \ (m)$$

每格分成 2 个廊道，每个廊道宽为 9.9m，隔墙厚取 0.25m。

$$缺氧区总宽度 B = (9.9 \times 2 + 0.25) \times 2 = 40.1 \ (m)$$

③ 厌氧区、预缺氧区主要尺寸。厌氧区容积 $V_3 = 10\,000m^3$，预缺氧区容积 $V_4 = 3\,333m^3$，厌氧区单组池容 $V_{3单}$ 为

$$V_{3单} = V_3/4 = 10\,000/4 = 2\,500 \ (m^3)$$

厌氧区单组有效面积 $S_{3单}$ 为

$$S_{3\text{单}} = V_{3\text{单}}/h = 2\,500/6.2 = 403.23 \text{ (m}^2)$$

预缺氧区单组池容 $V_{4\text{单}}$ 为

$$V_{4\text{单}} = V_4/4 = 3\,333/4 = 833.25 \text{ (m}^3)$$

预缺氧区单组有效面积 $S_{4\text{单}}$ 为

$$S_{4\text{单}} = V_{4\text{单}}/h = 833.25/6.2 = 134.40 \text{ (m}^2)$$

厌氧区长度＋预缺氧区宽度与好氧区宽度相同，即 $L_3 + B_4 = 46\text{m}$。

厌氧区宽度 B_3 为

$$B_3 = L_4 = \frac{S_{3\text{单}} + S_{4\text{单}}}{L_2 + B_4} = \frac{403.23 + 134.40}{46} = 12 \text{ (m)}$$

厌氧区长度 $\qquad L_3 = S_{3\text{单}}/B_3 = 403.23/12 = 33.6 \text{ (m)}$

预缺氧区宽度 $\qquad B_4 = 46 - 33.6 = 12.4 \text{ (m)}$

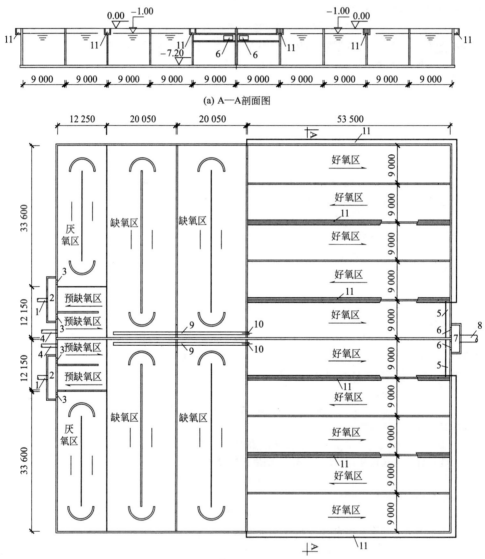

(a) A—A剖面图

(b) 改良A²/O生物池平面示意

图 6-13　改良 A²/O 脱氮除磷工艺计算图（单位：mm）

1—进水管；2—进水井；3—进水孔；4—回流污泥管；5—集水槽；6—出水孔；7—出水井；8—出水管；
9—混合液回流管；10—内回流泵；11—空气管廊

厌氧区分成 2 个廊道，每个廊道宽＝$B_3/2$＝12/2＝6（m），隔墙厚取 0.25m，厌氧区总宽度 B'_3＝6×2＋0.25＝12.25（m）。预缺氧区分成 2 个廊道，每个廊道宽＝$B_4/2$＝12.4/2＝6.2（m）。

（10）关于进出水系统、曝气系统和设备选型计算方法及参数参见例 6-6，本例不再重复，只将计算结果列出。

① 进水管，设计流量 0.463m³/s，管径 DN900mm，流速 0.73m/s；回流污泥管，设计流量 0.463m³/s，管径 DN800mm，流速 0.92m/s。

② 预缺氧区及厌氧区进水孔，设计流量 0.463m³/s，宽 1.1m，高 0.7m，过孔流速 0.6m/s；进水井，长 10.35m，宽 2.0m。

③ 出水堰，设计流量 0.926m³/s，宽度 9.0m，堰上水头 0.15m。出水孔，设计流量 0.926m³/s，宽 2.0m，高 0.8m，过孔流速 0.58m/s；出水竖井，长 16.24m，宽 4.25m。出水管，设计流量 1.852m³/s，管径 DN 1 600mm，流速 0.92m/s。

④ 设计需氧量（AOR）34 338.63kg/d，标准需氧量（SOR）2 344.21kg/h，平均用气量 27 907.26m³/h，最大用气量 36 279.44m³/h，供气压力 7.05mH₂O（1mH₂O＝98.1kPa，下同）。

⑤ 每组反应池需长度 1m 的微孔曝气管 3 224 根，2 组共 6 048 根。

⑥ 供气干管设计流量 2.52m³/s，管径 DN600mm，流速 8.91m/s；双侧供气支管设计流量 1.01m³/s，管径 DN350mm，流速 10.5m/s；单侧供气支管设计流量 0.5m³/s，管径 DN250mm，流速 10.2m/s。

⑦ 预缺氧区设搅拌机 2 台，单台功率 3 000W，搅拌功率密度 6.5W/m³；厌氧池设搅拌机 2 台，单台功率 7 500W，搅拌功率密度 6.0W/m³；缺氧区设搅拌机 8 台，单台功率 9 000kW，搅拌功率密度 6.4W/m³。

⑧ 混合液回流比 200%，回流量 0.926m³/s，每组设混合液回流泵（桨叶式循环泵）4 台（三用一备），单台流量 0.309m³/s，扬程 1.0m。

图 6-13 所示为改良 A²/O 脱氮除磷工艺计算图。

第三节　吸附-生物降解活性污泥法

一、工艺特点

吸附-生物降解活性污泥法简称 AB 法，它是在传统两段活性污泥法（Z-A 法）和高负荷活性污泥法的基础上改良的一种工艺。其主要特点是不设初沉池，A 段和 B 段的污泥回流系统严格分开。A 段污泥负荷高，泥龄短，水力停留时间短，微生物绝大部分是细菌，其世代时间短，繁殖速度快。A 段以较低的能耗（约为常规活性污泥法需氧量的 30%）去除 50%～60% 的有机物。在 B 段以低负荷运行，继续氧化分解 A 段处理后残留于水中的有机物，可保证较高的稳定性，达到较高的处理效率。

AB 法处理工艺具有较强的抗冲击负荷能力，对进水中的 pH 值、有毒物质以及水量、水质等冲击具有很好的缓冲作用。A 段高效和高度稳定的特点，对 B 段的运行带来良好的影响，主要表现在以下几个方面。

（1）可使 B 段的运行负荷减少 40%～70%，因此在给定的容积负荷下，活性污泥曝气池的总容积可减少 45% 左右，大大节省了土建工程造价。

（2）污水的浓度变化在 A 段得到明显的缓冲，使 B 段具有较低的、稳定的污染物负荷，污染物和有毒物质的冲击不再影响 B 段，从而保证了污水的净化效果。

（3）由于 A 段增加了碳的去除和 B 段污泥龄的相应加长，改善了 B 段硝化过程的工艺条件。

（4）由于 AB 法属两段工艺，并且 A 段的除磷效果好，使 AB 工艺为污水除磷过程提供了条件。

AB 法的主要缺点是产泥量较高，增加了污泥处置的费用。

AB 法主要适用于进水浓度高的城镇污水处理，B 段可根据出水要求采用传统活性污泥法、A²/O 法、A₁/O 法、氧化沟法、SBR 法或 BAF 法等。AB 法工艺流程如图 6-14 所示。

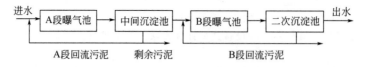

图 6-14　AB 法工艺流程

二、设计参数及设备

1. 设计参数

AB 法曝气池及沉淀池设计计算方法与普通活性污泥法相同，但设计参数不同，如无试验资料，则采用经验设计参数。AB 工艺主要设计参数见表 6-5。

表 6-5　AB 工艺主要设计参数

项　　目	数　值	
	A 段	B 段
BOD$_5$ 污泥负荷 N/[kgBOD$_5$/(kgMLSS·d)]	2～5	0.15～0.3
容积负荷 N_V/[kgBOD$_5$/(m³·d)]	6～10	≤0.9
污泥浓度 MLSS/(mg/L)	2 000～3 000	3 000～4 000
污泥龄 θ_c/d	0.4～0.7	10～25
水力停留时间 t/h	0.5～0.75	2～6
污泥回流比 R/%	20～50	50～100
溶解氧浓度 DO/(mg/L)	0.2～0.7	1～2

2. 主要设备

AB 工艺曝气池设备与常规活性污泥法相同。

三、计算例题

【例 6-11】　AB 法工艺设计计算

1. 已知条件

(1) 设计流量　$Q=86\,400\text{m}^3/\text{d}$。

(2) 设计进水水质　COD=460mg/L；BOD$_5$ 浓度 $S_0=270$mg/L；TSS 浓度 $X_0=280$mg/L；VSS=196mg/L（MLVSS/MLSS=0.7）。

(3) 设计出水水质　COD=100mg/L；BOD$_5$ 浓度 $S_e=30$mg/L；TSS 浓度 $X_e=30$mg/L。

2. 设计计算

(1) 有关设计参数

① A 段。BOD$_5$ 污泥负荷 $N_A=4.5$kgBOD$_5$/(kgMLSS·d)；污泥浓度（MLSS）$X_A=2\,000$mg/L；污泥回流比 $R_A=50\%$。

② B 段。BOD$_5$ 污泥负荷 $N_B=0.18$kgBOD$_5$/(kgMLSS·d)；污泥浓度（MLSS）$X_B=3\,500$mg/L；污泥回流比 $R_B=100\%$。

(2) 曝气池容积及水力停留时间

① A 段曝气池容积 V_A（m³）

$$V_A=\frac{QS_0}{N_A X_A}=\frac{86\,400\times270}{4.5\times2\,000}=2\,592\text{（m}^3\text{）}$$

② A 段水力停留时间 t_A（h）

$$t_A=V_A/Q=2\,592/86\,400=0.03\text{（d）}=0.72\text{（h）（符合要求）}$$

③ B 段曝气池容积 V_B（m³）

$$V_B=\frac{QS_{e(A)}}{N_B X_B}$$

式中　$S_{e(A)}$——A 段出水 BOD$_5$ 浓度（B 段进水 BOD$_5$ 浓度），mg/L。

A 段 BOD$_5$ 去处率 $E_{\text{BOD5(A)}}=45\%$，则 A 段出水 BOD$_5$ 浓度 $S_{e(A)}$ 为

$$S_{e(A)} = S_0 - S_0 \times E_{BOD_5(A)} = 270 - 270 \times 45\% = 148.5 \text{ (mg/L)}$$

故

$$V_B = \frac{86\,400 \times 148.5}{0.18 \times 3\,500} = 20\,365.71 \text{ (m}^3\text{)}$$

④ B 段水力停留时间 t_B（h）

$$t_B = V_B/Q = 20\,365.71/86\,400 = 0.236 \text{ (d)} = 5.66 \text{ (h)（符合要求）}$$

（3）剩余污泥

① A 段剩余污泥量（干重）

$$\Delta X_A = Q(\text{进水 TSS} - \text{A 段出水 TSS}) \times \frac{1}{1\,000} + a_A Q[S_0 - S_{e(A)}] \times \frac{1}{1\,000}$$

式中　ΔX_A——A 段剩余污泥量，kg/d；

　　　a_A——A 段污泥增长系数，kg/kgBOD$_5$ 一般为 $0.3 \sim 0.5$kg/kgBOD$_5$，取 $a_A = 0.4$kg/kgBOD$_5$。

　A 段 TSS 去除率 $E_{SS(A)} = 70\%$，则 A 段出水 TSS 浓度为

$$\text{TSS} - \text{TSS} \times E_{SS(A)} = 280 - 280 \times 70\% = 84 \text{ (mg/L)}$$

$$\Delta X_A = 86\,400 \times (280 - 84) \times \frac{1}{1\,000} + 0.4 \times 86\,400 \times (270 - 148.5) \times \frac{1}{1\,000}$$

$$= 16\,934.4 + 4\,199.04 = 21\,133.44 \text{ (kg/d)}$$

② A 段剩余污泥量（湿泥量）。A 段污泥含水率 $P_A = 98\% \sim 98.7\%$，取 $P_A = 98.6\%$。

A 段湿污泥量　　$Q_{s(A)} = \dfrac{\Delta X_A}{(1 - P_A) \times 10^3} = \dfrac{21\,133.44}{(1 - 0.986) \times 10^3} = 1\,509.53 \text{ (m}^3\text{/d)}$

③ B 段剩余污泥量（干重）

$$\Delta X_B = a_B Q[S_{e(A)} - S_e] \times \frac{1}{1\,000}$$

式中　ΔX_B——B 段剩余污泥量，kg/d；

　　　a_B——B 段污泥增长系数，kg/kgBOD$_5$，一般为 $0.5 \sim 0.65$kg/kgBOD$_5$，取 $a_B = 0.52$kg/kgBOD$_5$；

　　　S_e——出水 BOD$_5$ 浓度，mg/L。

$$\Delta X_B = 0.52 \times 86\,400 \times (148.5 - 30) \times \frac{1}{1\,000} = 5\,323.97 \text{ (kg/d)}$$

④ B 段剩余污泥量（湿泥量）。B 段污泥含水率 $P_B = 99.2\% \sim 99.6\%$，取 $P_B = 99.5\%$。

B 段湿污泥量　　$Q_{s(B)} = \dfrac{\Delta X_B}{(1 - P_B) \times 10^3} = \dfrac{5\,323.97}{(1 - 0.995) \times 10^3} = 1\,064.79 \text{ (m}^3\text{/d)}$

（4）污泥龄

A 段污泥龄：　　　　　　$\theta_{c(A)} = \dfrac{1}{\alpha_A N_A} = \dfrac{1}{0.4 \times 4.5} = 0.56 \text{ (d)}$

B 段污泥龄　　　　　　　$\theta_{c(B)} = \dfrac{1}{a_B N_B} = \dfrac{1}{0.52 \times 0.18} = 10.68 \text{ (d)}$

（5）A 段曝气池主要尺寸　A 段曝气池容积 $V_A = 2\,592$m^3。

设曝气池 2 组，则单组池容 $V_{A单}$ 为

$$V_{A单} = V_A/2 = 2\,592/2 = 1\,296 \text{ (m}^3\text{)}$$

有效水深 $h = 4.0$m，则单池有效容积 $S_{A单}$ 为

$$S_{A单} = V_{A单}/h = 1\,296/4 = 324 \text{ (m}^3\text{)}$$

采用推流式曝气池，单池池宽 $B = 7.2$m，则单组曝气池长度 L 为

$$L = S_{A单}/B = 324/7.2 = 45 \text{ (m)}$$

校核：$B/h = 7.2/4 = 1.8$（满足 $b/h = 1 \sim 2$）；

$L/B = 45/7.2 = 6.25$（满足 $L/b = 5 \sim 10$）。

取超高为 1.0m，则 A 段曝气池总高 $H = 4.0 + 1.0 = 5.0 \text{ (m)}$。

（6）B 段曝气池主要尺寸　B 段曝气池容积 $V_B = 20\,365.71$m^3，设曝气池 4 组，则单池池容 $V_{B单}$ 为

$$V_{B单} = V_B/4 = 5\,091.43 \text{ (m}^3\text{)}$$

有效水深 $h = 4.0$m，则单池有效容积 $S_{B单}$ 为

$$S_{B单} = V_{B单}/h = 5\,091.43/4 = 1\,272.86 \text{ (m}^3\text{)}$$

采用 3 廊道式推流式曝气池，廊道宽 $b = 8$m，则

单组曝气池长度
$$L=\frac{S_{B单}}{B}=\frac{1\,272.86}{3\times8}=53\ (m)$$

校核：$b/h=8/4=2$(满足 $b/h=1\sim2$)；

$L/b=53/8=6.63$(满足 $L/b=5\sim10$)。

取超高为 1.0m，则 A 段曝气池总高 $H=4.0+1.0=5.0$ (m)。

(7) 需氧量计算

① 设计需氧量。A 段曝气池设计需氧量 AOR_A 为
$$AOR_A=a'_A QS_{r(A)}$$

式中　a'_A——A 段需氧量系数，$kgO_2/kgBOD_5$，一般为 $0.4\sim0.6kgO_2/kgBOD_5$，取 $0.5kgO_2/kgBOD_5$；

$S_{r(A)}$——A 段曝气池去除的 BOD_5，$kgBOD_5/m^3$。
$$S_{r(A)}=S_0-S_{e(A)}=0.27-0.149=0.121\ (kg/m^3)$$
$$AOR_A=a'_A QS_{r(A)}=0.5\times86\,400\times0.121=5\,227.2\ (kg/d)$$

B 段曝气池实际需氧量 AOR_B 为
$$AOR_B=a'_B QS_{r(B)}+b'QN_r$$

式中　a'_B——B 段需氧量系数，$kgO_2/kgBOD_5$，取 $a'_B=1.23kgO_2/kgBOD_5$；

$S_{r(B)}$——B 段曝气池去除的 BOD_5，$kgBOD_5/m^3$；

b'——去除 1kg NH_3-N 需氧量，$b'=4.57kgO_2/kgNH_3$-N；

N_r——需要硝化的氮量，kg/m^3。
$$S_{r(B)}=S_{e(A)}-S_e=0.149-0.03=0.119\ (kg/m^3)$$
$$N_r=45-25=20\ (mg/L)=0.02\ (kg/m^3)\ (未考虑用于合成的氮)$$
$$AOR_B=a'_B QS_{r(B)}+b'QN_r=1.23\times86\,400\times0.119+4.57\times86\,400\times0.02$$
$$=20\,543.37\ (kg/d)$$

总需氧量　　$AOR=AOR_A+AOR_B=5\,227.20+20\,543.37=25\,770.57\ (kg/d)$

② 标准需氧量。A 段、B 段曝气均采用鼓风曝气，将实际需氧量换算成标准状态下需氧量 SOR。
$$SOR=\frac{AOR\times C_{s(20)}}{\alpha[\beta\rho C_{sm(T)}-C_L]\times1.024^{T-20}}$$

式中 $\alpha=0.82$；$\beta=0.95$；$\rho=\dfrac{所在地区实际气压}{1.013\times10^5}$，取 $\rho=1$；A 段 $C_{L(A)}=0.5mg/L$，B 段 $C_{L(B)}=2mg/L$。

A 段、B 段采用微孔曝气器，敷设于池底，距池底 0.2m，淹没深度 3.8m，氧转移效率 $E_A=20\%$，计算温度 $T=25℃$。

查附录九得水中溶解氧饱和度：$C_{s(25)}=8.38mg/L,C_{s(20)}=9.17mg/L$。

空气扩散器出口处绝对压力 p_b 为
$$p_b=1.013\times10^5+9.8\times10^3 H=1.385\times10^5\ (Pa)$$

空气离开曝气池时氧的百分比 O_t 为
$$O_t=\frac{21\times(1-E_A)}{79+21\times(1-E_A)}\times100\%=\frac{21\times(1-0.2)}{79+21\times(1-1.2)}\times100\%=17.54\%$$

曝气池中平均溶解氧浓度 $C_{sm(25)}$ 为
$$c_{sm(25)}=c_{s(25)}\left(\frac{p_b}{2.066\times10^5}+\frac{O_t}{42}\right)=8.38\times\left(\frac{1.385\times10^5}{2.066\times10^5}+\frac{17.54}{42}\right)=9.12\ (mg/L)$$

A 段标准需氧量 SOR_A 为
$$SOR_A=\frac{5\,227.20\times9.17}{0.82(0.95\times1\times9.12-0.5)\times1.024^{25-20}}=6\,359.5\ (kgO_2/d)=265\ (kgO_2/h)$$

B 段标准需氧量 SOR_B 为
$$SOR_B=\frac{20\,543.33\times9.17}{0.82(0.95\times1\times9.12-2)\times1.024^{25-20}}=30\,619\ (kgO_2/d)=1\,275.8\ (kgO_2/h)$$

总标准需氧量 $SOR=SOR_A+SOR_B=6\,359.5+30\,619=36\,978.5(kg/d)$

A 段供气量　$G_{s(A)}=\dfrac{SOR_A}{0.3\times E_A}\times100=\dfrac{265}{0.3\times0.2}\times100=4\,416.7\ (m^3/h)$

B 段供气量 $G_{s(B)} = \dfrac{SOR_B}{0.3 \times E_A} \times 100 = \dfrac{1\,275.8}{0.3 \times 0.2} \times 100 = 21\,263.3\ (\text{m}^3/\text{h})$

总供气量 $G_s = G_{s(A)} + G_{s(B)} = 4\,416.7 + 21\,263.3 = 25\,680\ (\text{m}^3/\text{h})$

③ 所需空气压力 p（相对压力）的计算。根据

$$p = h_1 + h_2 + h_3 + h_4 + \Delta h$$

取 $h_1 + h_2 = 0.2\text{m}$，$h_3 = 3.8\text{m}$，$h_4 = 0.4\text{m}$，$\Delta h = 0.5\text{m}$，则

$$p = 0.2 + 3.8 + 0.4 + 0.5 = 4.9\ (\text{m})$$

（8）关于进出水系统、曝气系统和设备选型计算方法及参数参见例 6-6，本例不再重复，只将计算结果列出。

① A 段曝气池

a. 进水管，设计流量 $1.0\text{m}^3/\text{s}$，管径 $DN1\,200\text{mm}$，流速 0.88m/s；出水管，设计流量 $0.75\text{m}^3/\text{s}$，管径 $DN1\,100\text{mm}$，流速 0.79m/s。

b. 配水渠道，设计流量 $0.75\text{m}^3/\text{s}$，宽 1.1m，水深 1.0m，超高 1.0m，流速 0.7m/s。

c. 进水孔（每组 3 个），设计流量 $0.75\text{m}^3/\text{s}$，每个宽 0.85m，高 0.5m，过孔流速 0.6m/s；进水竖井，长 1.8m，宽 1.8m。

d. 回流污泥渠道，设计流量 $0.5\text{m}^3/\text{s}$，宽 1.2m，水深 0.6m，超高 0.3m，流速 0.71m/s。

e. 出水堰，设计流量 $0.75\text{m}^3/\text{s}$，宽度 7.2m，堰上水头 0.15m；出水孔，计流量 $0.75\text{m}^3/\text{s}$，宽 1.8m，高 0.7m，过孔流速 0.6m/s；出水竖井，长 2.4m，宽 1.5m。

f. 每组设供气干管 1 条，设计流量 $0.613\text{m}^3/\text{s}$，管径 $DN300\text{mm}$，流速 8.7m/s。

g. 单组曝气池微孔曝气器 1 216 个，2 组共 2 432 个。

② B 段曝气池

a. 每 2 组共用一条进水管，设计流量 $0.5\text{m}^3/\text{s}$，管径 $DN900\text{mm}$，流速 0.79m/s；出水管，设计流量 $0.5\text{m}^3/\text{s}$，管径 $DN900\text{mm}$，流速 0.79m/s。

b. 配水渠道，设计流量 $0.5\text{m}^3/\text{s}$，宽 0.8m，水深 0.9m，超高 1.0m，流速 0.7m/s。

c. 进水孔（每组 4 个），设计流量 $0.5\text{m}^3/\text{s}$，每个宽 0.7m，高 0.4m，过孔流速 0.45m/s；进水竖井，长

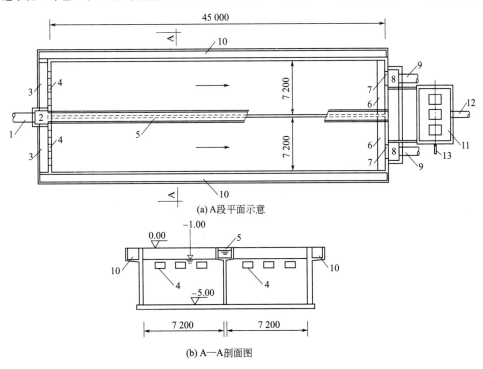

(a) A 段平面示意

(b) A—A 剖面图

图 6-15　AB 工艺（A 段）计算图（单位：mm）

1—进水管；2—进水井；3—配水渠；4—进水孔；5—回流污泥渠道；6—集水槽；7—出水孔；8—出水井；
9—出水管；10—空气管廊；11—回流污泥泵房；12—回流污泥管；13—剩余污泥管

2.0m，宽1.6m。

d. 回流污泥渠道，设计流量 0.5m³/s，宽1.2m，水深0.6m，超高0.3m，流速0.7m/s。

e. 出水堰，设计流量 0.5m³/s，宽度8.0m，堰上水头0.109m；出水孔，计流量0.5m³/s，宽1.2m，高0.7m，过孔流速0.6m/s；出水竖井，长2.0m，宽1.5m。

f. 单组B段曝气池微孔曝气器2 278个，4组共9 112个。

g. 每组设供气干管一条，设计流量1.48m³/s，管径DN450mm，流速9.3m/s。双侧供气支管设计流量0.98m³/s，管径DN350mm，流速10.2m/s；单侧供气支管设计流量0.49m³/s，管径DN250mm，流速10m/s。

图6-15、图6-16所示为AB工艺计算图。

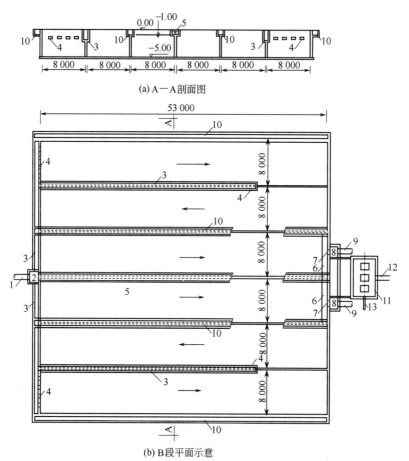

(a) A—A剖面图

(b) B段平面示意

图6-16 AB工艺（B段）计算图（单位：mm）

1—进水管；2—进水井；3—配水渠；4—进水孔；5—回流污泥渠道；6—集水槽；7—出水孔；
8—出水井；9—出水管；10—空气管廊；11—回流污泥泵房；12—回流污泥管；13—剩余污泥管

第四节 氧 化 沟

一、概述

氧化沟又称连续循环式反应池或循环曝气池，因其构筑物呈封闭的沟渠型而得名，故有人称其为"无终端的曝气系统"。

氧化沟是活性污泥法的一种改型，它把连续式反应池用作生物反应池。污水和活性污泥的混合液在该反应池中以一条闭合式曝气渠道进行连续循环。氧化沟通常在延时曝气条件下使用，水和固体的停留时间长，有机物质负荷低。它使用一种带方向控制的曝气和搅拌装置，向反应池中的物质传递水平速度，从而使被搅动的液体在闭合式曝气渠道中循环。

　　氧化沟池底水平流速 $v>0.3m/s$，污泥负荷和污泥龄的选取需考虑污泥稳定化和氨氮硝化两个因素。一般污泥龄为 $10\sim30d$，污泥负荷在 $0.05\sim0.10kgBOD_5/(kgMLVSS \cdot d)$ 之间，水力停留时间为 $12\sim24h$，污泥浓度（MLSS）一般在 $4\,000\sim5\,000mg/L$。

　　氧化沟曝气池占地面积比一般的生物处理要大，但是由于其不设初沉池，一般也不建污泥厌氧消化系统，因此，节省了构筑物之间的空间，使污水处理厂总占地面积并未增大，在经济上具有竞争力。

二、技术特点

氧化沟的技术特点主要表现在以下几个方面。

（1）处理效果稳定，出水水质好，并且具有较强的脱氮功能，有一定的抗冲击负荷能力。

（2）工程费用相当于或低于其他污水生物处理技术。

（3）污水处理厂只需要最低限度的机械设备，增加了污水处理厂正常运转的安全性。

（4）管理简化，运行简单。

（5）剩余污泥较少，污泥不经消化也容易脱水，污泥处理费用较低。

（6）与其他工艺相比，臭味较小。

（7）构造形式和曝气设备多样化。

（8）曝气强度可以调节。

三、氧化沟的类型和基本形式

1. 常用氧化沟的类型

氧化沟技术发展较快，类型多样，根据其构造和特征，主要分为帕斯维尔氧化沟（Pasveer）、卡鲁塞尔氧化沟（Carrousel）、交替工作式氧化沟、奥贝尔氧化沟（Orbal）、一体化氧化沟（合建式氧化沟）。各种氧化沟的形式及技术特点见表6-6。

2. 氧化沟系统的构成

氧化沟处理城镇污水时，一般不设初沉池，悬浮状的有机物可在氧化沟中得到好氧稳定。为了防止无机沉渣在氧化沟中积累，原污水应先经过格栅及沉砂池进行预处理。氧化沟污水处理流程如图 6-17 所示。

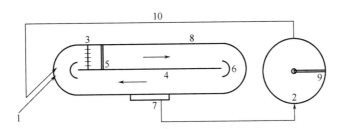

图 6-17　氧化沟工艺流程

1—进水；2—沉淀池；3—转刷；4—中心墙；5—导流板；6—导流墙；

7—出水堰；8—边壁；9—刮泥板；10—回流污泥

氧化沟系统的基本构成包括氧化沟池体、曝气设备、进出水装置、导流和混合装置。

四、奥贝尔氧化沟

（一）技术特点

奥贝尔氧化沟是一种多级氧化沟。典型的奥贝尔氧化沟有 3 个同心沟，而外沟约占总容积的 50%。由沉砂池来的污水，进入外沟在其中以缺氧状态运行，促进了同时进行的硝化和反硝化过程。虽然外沟的实际需氧量可高达总需氧量的 75%，但转碟供给此沟道的氧仅占该系统的总需氧量的 $30\%\sim60\%$，使系统在缺氧状态下运行，通过整个通道的溶解氧为零。外沟

表 6-6 各种氧化沟的形式及技术特点

名 称	性 能 特 点	结构形式	曝气设备	适用条件
帕斯维尔氧化沟	(1)出水水质好,脱氮效果较为明显 (2)构筑物简单,运行管理方便 (3)结构形式多样,可根据地形选择合适的构筑物形状 (4)单座构筑物处理能力有限,流量较大时,分组太多占地面积大,增加了管理的难度	单环路,有同心圆型、折流型和 U 型等形式,多为钢筋混凝土结构	转刷式转盘,水深较深时配置潜水推进器	出水水质要求高的小型污水处理厂
卡鲁塞尔氧化沟	(1)出水水质好,由于存在明显的富氧区和缺氧区,脱氮效率高 (2)曝气设施单机功率大,调节性能好,并且曝气设备数量少,既可节省投资,又可使运行管理简化 (3)有极强的混合搅拌与耐冲击负荷能力 (4)氧化沟沟深加大,使占地面积减少,土建费用降低 (5)用电量较大,设备效率一般 (6)设备安装较为复杂,维修和更换繁琐	多沟串联	立式低速表曝机,每组沟渠只在一端安设一个表面曝气机	大中型污水处理厂,特别是用地紧张的大型污水处理厂
奥贝尔氧化沟	(1)出水水质好,脱氧率高,同时硝化反硝化 (2)可以在未来负荷增加的情况下加以扩展 (3)易于适应多种进水情况和出水要求的变化 (4)容易维护 (5)节能,比其他任何氧化沟系统在运行时需要的动力都小 (6)受结构形式的限制,总图布置困难	三个或多个沟道,相互连通	水平轴曝气转盘(转碟),可进行多个组合	出水要求高的大中型污水处理厂
交替工作式氧化沟	(1)出水水质好 (2)不需单独设置二沉池,处理流程短,省占地 (3)不需单独设置反硝化区,通过运行过程中设置停曝期进行反硝化,具有较高的氮去除率 (4)设备闲置率高 (5)自动化程度要求高,增加了运行管理难度	单沟(A 型)双沟(B 型)和三沟(T 型),沟之间相互连通	水平轴曝气转盘	出水要求高的大中型污水处理厂
一体化氧化沟	(1)工艺流程短,构筑物和设备少 (2)不设置单独的二沉池,氧化沟系统占地面积较小 (3)沟内设置沉淀区,污泥自动回流,节省基建投资和运行费用 (4)造价低,建造快,设备事故率低,运行管理工作量少 (5)固液分离比一般二沉池高 (6)运行和启动存在一定问题 (7)技术尚处于研究开发阶段	单沟环形沟道,分为内置式固液分离和外置式分离式	水平轴曝气转盘	中小型污水处理厂

中同时硝化和反硝化作用造成总脱氮效率约为 80%,无需内循环。外沟是多数发生硝化-反硝化过程的地点,被称为曝气缺氧反应池。尽管处于溶解氧为零的情况,但系统的大部分硝化作用仍发生在外沟。

中沟的溶解氧在"摆动"方式下运行。溶解氧的设计值为 1mg/L。实际运行中溶解氧根据日负荷量而变化,在每天的高峰负荷时,溶解氧降至接近零,而当低负荷时上升为 2mg/L。

内沟的溶解氧设计值为 2mg/L,以保持"最终处理"方式,使污水在进入沉淀池前能去除剩余 BOD_5 和 NH_3-N,由于内沟体积小,需氧量为外沟所需的几分之一,所以只要补给少量的氧就可维持高的溶解氧。

奥贝尔氧化沟系统如增加内循环(从内沟到外沟),脱氮率将达到 95% 以上。

（二）设计参数及设备

奥贝尔氧化沟混合液悬浮固体浓度（MLSS）$X = 4\,000 \sim 5\,000mg/L$；污泥负荷 $N = 0.05 \sim 0.1kgBOD_5/(kgMLVSS \cdot d)$；考虑脱氮时停留时间 $T = 12 \sim 24h$；沟渠深 $H \leqslant 4.5m$。为简化曝气设备,各沟可取等宽,也可不等,沟深不超过沟宽。直线段尽可能短,弯曲部分约占体积的 70% ~ 90%；甚至可做成圆形。

在三沟系统中,体积分配为 50 : 33 : 17,一般第一沟占 50% ~ 70%。溶解氧控制比例为 0 : 1 : 2,充氧量分配按 65 : 25 : 10 考虑。

曝气设备采用曝气转碟，每米水平轴上转碟数不宜超过 5 个。一般采用 A 型（单沟采用一个电机）和 B 型（两沟共用一个电机）两种形式组合。出水采用电动可调节堰板。为保证流速 $v=0.3\text{m/s}$，池底可配置潜水推进器，安装在曝气转碟的下游。

（三）计算例题

【例 6-12】 奥贝尔氧化沟工艺设计计算

1. 已知条件

（1）设计水量 $Q=40\,000\text{m}^3/\text{d}$。

（2）设计进水水质 BOD_5 浓度 $S_0=200\text{mg/L}$；TSS 浓度 $X_0=250\text{mg/L}$；VSS=175mg/L（VSS/TSS=0.7）；TKN=45mg/L（进水中认为不含硝态氮）；$NH_3\text{-}N=35\text{mg/L}$；$S_{ALK}=280\text{mg/L}$（以 $CaCO_3$ 计，一般城镇污水多采用此值）；最低水温 14℃；最高水温 25℃。

（3）设计出水水质 BOD_5 浓度 $S_e=20\text{mg/L}$；TSS 浓度 $X_e=20\text{mg/L}$；TKN=20mg/L；$NH_3\text{-}N=15\text{mg/L}$。

2. 设计计算

（1）基本设计参数 污泥产率系数 $Y=0.55$；混合液悬浮固体浓度（MLSS）$X=4\,000\text{mg/L}$；混合液挥发性悬浮固体浓度（MLVSS）$X_V=3\,000\text{mg/L}$（MLVSS/MLSS=0.75）；污泥龄 $\theta_c=25\text{d}$；自身氧化系数 $K_d=0.055\text{d}^{-1}$；20℃时脱氮速率 $q_{dn}=0.035\text{kg}$ 还原的 $NO_3^-\text{-N}/(\text{kg MLVSS} \cdot \text{d})$。

（2）去除 BOD 计算

① 氧化沟出水溶解性 BOD_5 浓度 S。为了保证二级出水 BOD_5 浓度 $S_e \leqslant 20\text{mg/L}$，必须控制氧化沟出水所含溶解性 BOD_5 浓度。

$$S = S_e - 1.42 \times \left(\frac{\text{VSS}}{\text{TSS}}\right) \times \text{TSS} \times (1-e^{-0.23\times 5})$$
$$= 20 - 1.42 \times 0.7 \times 20 \times (1-e^{-0.23\times 5}) = 6.41 \ (\text{mg/L})$$

② 好氧区容积 V_1（m^3）

$$V_1 = \frac{Y\theta_c Q(S_0-S)}{X_V(1+K_d\theta_c)} = \frac{0.55 \times 25 \times 40\,000 \times (0.2-0.006\,41)}{3.0 \times (1+0.055\times 25)} = 14\,945 \ (\text{m}^3)$$

③ 好氧区水力停留时间 t_1（h）

$$t_1 = V/Q = 14\,945/40\,000 = 0.374(\text{d}) = 8.97 \ (\text{h})$$

④ 剩余污泥量 ΔX（kg/m^3）

$$\Delta X = Q(S_0-S)\frac{Y}{1+K_d\theta_c} + Q(X_1-X_e)$$

式中 X_1——进水悬浮固体惰性部分的浓度（进水 TSS-进水 VSS），mg/L；

X_e——TSS 的浓度。

上式中 $X_1=250-0.7\times 250=75\text{mg/L}=0.075(\text{kg/m}^3)$，$X_e=20\text{mg/L}=0.02\text{kg/m}^3$，故

$$\Delta X = 40\,000 \times (0.2-0.006\,41) \times \frac{0.55}{1+0.055\times 25} + 40\,000 \times (0.075-0.02) = 3\,993.48 \ (\text{kg/d})$$

每去除 1kg BOD_5 产生的干污泥量

$$\frac{\Delta X}{Q(S_0-S_e)} = \frac{3\,993.48}{40\,000 \times (0.2-0.02)} = 0.55 \ (\text{kgDS/kgBOD}_5)$$

（3）脱氮计算

① 氧化的氨氮量。进水中硝态氮为零，氧化沟产生的剩余生物污泥中含氮率为 12.4%。则用于生物合成的总氮 N_0 为

$$N_0 = 0.124 \times \frac{Y(S_0-S)}{1+K_d\theta_c} = 0.124 \times \frac{0.55 \times (200-6.41)}{1+0.055\times 25} = 5.56 \ (\text{mg/L})$$

需要氧化的氨氮量 N_1=进水 TKN-出水 $NH_3\text{-}N$-生物合成所需氮量 N_0
$$= 45-15-5.56 = 24.44 \ (\text{mg/L})$$

② 脱氮量 N_r

需要的脱氮量 N_r=进水总氮量-出水总氮量-生物合成所需的氮量
$$= 45-20-5.56 = 19.44 \ (\text{mg/L})$$

③ 碱度平衡。每氧化 1mg $NH_3\text{-}N$ 需消耗 7.14mg/L 碱度；每氧化 1mg BOD_5 产生 0.1mg/L 碱度，每还

原 1mg NO_3^--N 产生 3.57mg/L 碱度。

剩余碱度 S_{ALK1}＝原水碱度－硝化消耗碱度＋反硝化产生碱度＋氧化 BOD_5 产生碱度

$$=280-7.14\times24.44+3.57\times19.44+0.1\times(200-6.41)=194.26\ (mg/L)$$

④ 计算脱氮所需池容 V_2 及停留时间 t_2

脱硝速率 $\qquad\qquad\qquad q_{dn(t)}=q_{dn(20)}\times1.08^{T-20}$

14℃时 $\qquad\quad q_{dn}=1.08^{14-20}\times0.035=0.022(kgNO_3^-\text{-N}/kgMLVSS)$

脱氮所需的容积 $V_2=\dfrac{QN_r}{q_{dn}X_V}=\dfrac{40\ 000\times19.44}{0.022\times3\ 000}=11\ 781.8\ (m^3)$

停留时间 $t_2=V_2/Q=11\ 781.8/40\ 000=0.29(d)=7.07\ (h)$

（4）氧化沟总容积 V 及停留时间 t

$$V_{总}=V_1+V_2=14\ 945+11\ 781.8=26\ 726.8\ (m^3)$$

$$t=t_1+t_2=8.97+7.07=16.04\ (h)$$

校核污泥负荷 $N=\dfrac{QS_0}{XX_V}=\dfrac{40\ 000\times0.2}{3\times26\ 726.8}=0.099\ 8\ [kgBOD_5/(kgVSS\cdot d)]$

设计规程规定氧化沟污泥负荷应为 $0.05\sim0.1kgBOD_5/(kgVSS\cdot d)$。

（5）需氧量计算

① 设计需氧量 AOR

氧化沟设计需氧量 AOR ＝去除 BOD_5 需氧量－剩余污泥中 BOD_5 的需氧量＋

去除 NH_3-N 耗氧量－剩余污泥中 NH_3-N 的耗氧量－脱氮产氧量

去除 BOD_5 需氧量 D_1 为

$$D_1=a'Q(S_0-S)+b'VX_V$$

式中 a'——微生物对有机底物氧化分解的需氧率，取 0.52；

b'——活性污泥微生物自身氧化的需氧率，取 0.12。

$$D_1=0.52\times40\ 000\times(0.2-0.006\ 41)+0.12\times26\ 726.8\times3=13\ 649\ (kg/d)$$

剩余污泥 BOD 需氧量 D_2（用于合成的那一部分）为

$$D_2=1.42\Delta X=1.42\times\frac{YQ\Delta S}{1+K_d\theta_c}=1.42\times\frac{0.55\times40\ 000\times(0.2-0.006\ 41)}{1+0.055\times25}$$

$$=2\ 546.4\ (kg/d)$$

1kg NH_3-N 硝化需要消耗 4.6kg O_2，则去除氨氮的需氧量 D_3 为

$$D_3=4.6\times(\text{进水 TKN}-\text{出水 }NH_3\text{-N})=4.6\times\frac{45-15}{1\ 000}\times40\ 000=5\ 520\ (kg/d)$$

剩余污泥中 NH_3-N 耗氧量 D_4 为

$$D_4=4.6\times0.124(\text{污泥中含氮率})\times\frac{YQ\Delta S}{1+K_d\theta_c}$$

$$=4.6\times0.124\times\frac{0.55\times40\ 000\times(0.2-0.006\ 41)}{1+0.055\times25}=1\ 022.9\ (kg/d)$$

每还原 1kg NO_3^--N 产生 2.86kg O_2，则脱氮产氧量 D_5 为

$$D_5=2.86\times\frac{19.43}{1\ 000}\times40\ 000=2\ 222.8\ (kg/d)$$

总需氧量＝$13\ 649-2\ 546.4+5\ 520-1\ 022.9-2\ 222.8=13\ 376.9\ (kg/d)$

考虑安全系数 1.4，则

$$AOR=1.4\times13\ 376.9=18\ 727.7\ (kg/d)$$

校核：每去除 1kg BOD_5 的需氧量＝$18\ 727.7/[40\ 000\times(0.2-0.006\ 41)]=2.42\ (kgO_2/kgBOD_5)$，氧化沟设计规程规定在 $1.6\sim2.5kgO_2/kgBOD_5$，符合要求。

② 标准状态下需氧量 SOR

$$SOR=\frac{AOR\times C_{s(20)}}{\alpha[\beta\rho C_{s(T)}-C]\times1.024^{T-20}}$$

$$\rho=\frac{\text{所在地区实际气压}}{1.013\times10^5}=\frac{0.921\times10^5}{1.031\times10^5}=0.893$$

取 $C_{s(20)}=9.17mg/L$，$C_{s(25)}=8.38mg/L$，$\alpha=0.85$，$\beta=0.95$。

氧化沟采用三沟通道系统，计算溶解氧浓度 C 按照外沟：中沟：内沟$=0.2:1:2$，充氧量分配按照外沟：中沟：内沟$=65:25:10$ 来考虑，则供氧量分别为

$$外沟道\ AOR_1=0.65AOR=0.65\times18\ 727.7=12\ 173.0\ （kg/d）$$
$$中沟道\ AOR_2=0.25AOR=0.25\times18\ 727.7=4\ 681.93\ （kg/d）$$
$$内沟道\ AOR_3=0.1AOR=0.1\times18\ 727.7=1\ 872.7\ （kg/d）$$

各沟道标准需氧量分别为

$$SOR_1=\frac{12\ 173.0\times9.17}{0.85\times(0.95\times0.909\times8.38-0.2)\times1.024^{25-20}}=16\ 583\ （kgO_2/d）=691\ （kgO_2/h）$$

$$SOR_2=\frac{4\ 681.93\times9.17}{0.85\times(0.95\times0.909\times8.38-1.0)\times1.024^{25-20}}=7\ 192\ （kgO_2/d）=299.68\ （kgO_2/h）$$

$$SOR_3=\frac{1\ 872.7\times9.17}{0.85\times(0.95\times0.909\times8.38-2)\times1.024^{25-20}}=3\ 426\ （kgO_2/d）=142.76\ （kgO_2/h）$$

总标准需氧量 SOR 为

$$SOR=SOR_1+SOR_2+SOR_3=16\ 583+7\ 192+3\ 426=27\ 201\ （kgO_2/d）=1\ 133\ （kgO_2/h）$$

校核每去除 1kg BOD_5 的标准需氧量$=\dfrac{27\ 201}{40\ 000\times(0.2-0.006\ 41)}=3.51\ （kgO_2/kgBOD_5）$

（6）氧化沟尺寸计算　设氧化沟 2 座，则单座氧化沟容积 V 为
$$V=V_总/2=26\ 720/2=13\ 360\ （m^3）$$

氧化沟弯道部分按占总容积的 80% 考虑，直线部分按占总容积的 20% 考虑。
$$V_弯=0.8\times13\ 360=10\ 688\ （m^3）$$
$$V_直=0.2\times13\ 360=2\ 672\ （m^3）$$

氧化沟有效水深 h 取 4.5m，超高 0.5m；外、中、内三沟道之间隔墙厚度为 0.25m，则
$$A_弯=V_弯/h=10\ 688/4.5=2\ 375\ （m^2）$$
$$A_直=V_直/h=2\ 672/4.5=594\ （m^2）$$

① 直线段长度 L。取内沟、中沟、外沟宽度分别为 8m、8m、9m，则
$$L=\frac{A_直}{2(B_外+B_中+B_内)}=\frac{594}{2\times(9+8+8)}=11.88\ （m）$$

② 中心岛半径 r
$$A_弯=A_外+A_中+A_内\ （式中所指面积为各沟道弯道面积）$$

$$2\ 375=\left(r+8+0.25+8+0.25+\frac{9}{2}\right)\times2\times3.14\times9+$$
$$\left(r+8+0.25+\frac{8}{2}\right)\times2\times3.14\times8+\left(r+\frac{8}{2}\right)\times2\times3.14\times8$$

解得 $r=2.37\ （m）$，取 $r=2.40m$。

③ 校核各沟道的比例

$$外沟道面积=\left[9\times11.88+\left(2.4+8+0.25+8+0.25+\frac{9}{2}\right)\times3.14\times9\right]\times2$$
$$=(106.92+661.284)\times2=1\ 536.4\ （m^2）$$

$$中沟道面积=\left[8\times11.88+\left(2.4+8+0.25+\frac{8}{2}\right)\times3.14\times8\right]\times2$$
$$=(95.04+368.008)\times2=926.1\ （m^2）$$

$$内沟道面积=\left[8\times11.88+\left(2.4+\frac{8}{2}\right)\times3.14\times8\right]\times2=(95.04+160.768)\times2=511.6\ （m^2）$$

$$外沟道占总面积的比例=\frac{1\ 536.4}{1\ 536.4+926.1+511.6}\times100\%=51.66\%$$

$$中沟道占总面积的比例=\frac{926.1}{1\ 536.4+926.1+511.6}\times100\%=31.14\%$$

$$内沟道占总面积的比例=\frac{511.6}{1\ 536.4+926.1+511.6}\times100\%=17.20\%$$

基本符合奥贝尔氧化沟各沟道容积比（一般为 50∶33∶17 左右）。

（7）进出水管及调节堰计算

① 进出水管。污泥回流比 $R=100\%$，进出水管流量 $Q=2\times20\,000\text{m}^3/\text{d}=0.463$（$\text{m}^3/\text{s}$）；进出水管控制流速 $v\leqslant1\text{m/s}$。

进出水管直径 $d=\sqrt{\dfrac{4Q}{\pi v}}=\sqrt{\dfrac{4\times0.463}{3.14\times1.0}}=0.76$（m），取 0.8m（800mm）。

校核进出水管流速 $v=\dfrac{Q}{A}=\dfrac{0.463}{0.4^2\times3.14}=0.92$（m/s）$\leqslant1$（m/s）（满足要求）

② 出水堰计算。为了能够调节曝气转碟的淹没深度，氧化沟出水处设置出水竖井，竖井内安装电动可调节堰。初步估计为 $\delta/H<0.67$，因此按照薄壁堰来计算。

$$Q=1.86bH^{3/2}$$

取堰上水头高 $H=0.2\text{m}$，则堰宽 $b=\dfrac{Q}{1.86H^{3/2}}=\dfrac{0.463}{1.86\times0.2^{3/2}}=2.78$（m），取 $b=2.8\text{m}$。

考虑可调节堰的安装要求（每边留 0.3m），则出水竖井长度 $L=0.3\times2+b=0.6+2.8=3.4$（m）。

出水竖井宽度 B 取 1.2m（考虑安装高度），则出水竖井平面尺寸为 $L\times B=3.4\text{m}\times1.2\text{m}$。

出水井出水孔尺寸为 $b\times h=2.8\text{m}\times0.5\text{m}$，正常运行时，堰顶高出孔口底边 0.1m，调节堰上下调节范围为 0.3m。

出水竖井位于中心岛，曝气转碟上游。

（8）曝气设备选择　曝气设备选用转碟式氧化沟曝气机，转碟直径 $D=1\,400\text{mm}$，单碟（ds）充氧能力为 $1.3\text{kgO}_2/(\text{h}\cdot\text{ds})$，每米轴安装碟片不大于 5 片。

① 外沟道。外沟道标准需氧量 $\text{SOR}_1=691/2=345.5$（kgO_2/h）。

所需碟片数量 $n=\text{SOR}_1/1.3=345.5/1.3=265.77$（片），取 266 片。

每米轴安装碟片数为 4 个（最外侧碟片距池内壁 0.25m），则所需曝气转碟组数 $=\dfrac{n}{9\times4-1}=\dfrac{266}{35}=7.6$（组），取 8 组。

每组转碟安装的碟片数 $=266/8=33.25$（片），取 34 片。

校核：每米轴安装碟片数 $=\dfrac{34-1}{9-0.25\times2}=3.88$（片）$<5$ 片，满足要求。

故外沟道共安装 8 组曝气转碟，每组上共有碟片 34 片。

校核单碟充氧能力 $=\dfrac{345.5}{34\times8}=1.27$ $[\text{kgO}_2/(\text{h}\cdot\text{ds})]<1.3\text{kgO}_2/(\text{h}\cdot\text{ds})$，满足要求。

② 中沟道。中沟道标准需氧量 SOR_2 为

中沟道标准需氧量　　　　$\text{SOR}_2=299.68/2=149.84$（$\text{kgO}_2/\text{h}$）

所需碟片数量 $n=\text{SOR}_2/1.3=149.84/1.3=115.26$（片），取 116 片。

每米轴安装碟片数先考虑为 4 个（最外侧碟片距池内壁 0.25m），则所需曝气转碟组数 $=\dfrac{n}{8\times4-1}=\dfrac{116}{31}=3.52$（组），取 4 组。

$$\text{每组转碟安装的碟片数}=116\div4=29\text{（片）}$$

校核：每米轴安装碟片数 $=\dfrac{29-1}{8-0.25\times2}=3.73$（片）$<5$ 片，满足要求。

故外沟道共安装 4 组曝气转碟，每组上共有碟片 29 片。

校核：单碟充氧能力 $=\dfrac{149.84}{29\times4}=1.29$ $[\text{kgO}_2/(\text{h}\cdot\text{ds})]<1.3\text{kgO}_2/(\text{h}\cdot\text{ds})$，满足要求。

③ 内沟道。内沟道标准需氧量 $\text{SOR}_3=142.76/2=71.38$（$\text{kgO}_2/\text{h}$）。

所需碟片数量 $n=\text{SOR}_3/1.3=71.38/1.3=54.91$（片），取 55 片。

每米轴安装碟片数先考虑为 4 个（最外侧碟片距池内壁 0.25m），则所需曝气转碟组数 $=\dfrac{n}{8\times4-1}=\dfrac{55}{31}=1.77$（组），为了与中沟道匹配便于设备安装取 4 组。

每组转碟安装的碟片数 $=55\div4=13.75$（片），取 14 片。

校核每米轴安装碟片数 $=\dfrac{14-1}{8-0.25\times2}=1.73$（片）$<5$ 片，满足要求。

故外沟道共安装 4 组曝气转碟，每组上共有碟片 14 片。

校核单碟充氧能力 $=\dfrac{71.38}{14\times4}=1.27$ $[\text{kgO}_2/(\text{h}\cdot\text{ds})]$ $<1.3\text{kgO}_2/(\text{h}\cdot\text{ds})$，满足要求。

为了使表面较高流速转入池底，同时降低混合液表面流速，在每组曝气转碟下游 2.5m 处设置导流板与水平成 45°倾斜安装，板顶部距水面 0.2m。导流板采用玻璃钢，宽为 0.9m，长度与渠道宽度相同。为防止导流板翻转或变形，在每块倒流板后设 2 根 ϕ80mm 的钢管进行支撑。

根据上述计算，每座氧化沟共设 A 型（短轴）转碟 8 组，轴长 9m。B 型（长轴）转碟 4 组，轴长（8+8）m。碟片数：外沟 $=34\times8=272$（片），中沟 $=29\times4=116$（片），内沟 $=14\times4=56$（片）。

单座氧化沟所需电机功率 $N=22\times8+22\times4+18.5\times4=338$（kW）

图 6-18 所示为奥贝尔氧化沟计算图。

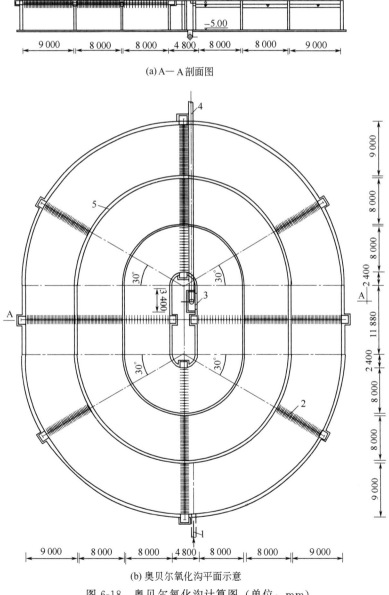

(a) A—A 剖面图

(b) 奥贝尔氧化沟平面示意

图 6-18　奥贝尔氧化沟计算图（单位：mm）

1—进水管；2—曝气转碟装置；3—出水井；4—出水管；5—潜水孔

五、帕斯维尔氧化沟

（一）工艺特点

帕斯维尔氧化沟采用单环路，在沟的出口处安装可调式溢流堰，以控制水位和曝气设施的淹没深度。一般设置中心岛或中心隔墙，其中以设置中心隔墙居多。为了减少弯道损失，并最大限度地减少弯道隔墙下游背流处的固体沉淀，需要在渠道弯曲部分设置导流墙，原污水和回流污泥从曝气转碟上游进入氧化沟，以便在曝气转碟处的横截面上使之充分混合分配，防止短路。

帕斯维尔氧化沟有多种形式，有同心圆、多转子、折流型、U 型等。目前多采用长椭圆形、中心隔墙形式。

（二）主要设计参数及设备

混合液悬浮固体浓度（MLSS）$X = 4\,000 \sim 4\,500 \text{mg/L}$；污泥负荷 $N = 0.05 \sim 0.1 \text{kgBOD}_5 /(\text{kgMLVSS} \cdot \text{d})$；容积负荷一般为 $0.16 \sim 0.57 \text{kgBOD}_5/\text{m}^3$，水力停留时间 $RT = 16 \sim 24 \text{h}$；水深 $H = 3.05 \sim 4.25 \text{m}$；沟宽一般不超过 8m。

曝气设备多采用转刷或转碟。

（三）计算例题

【例 6-13】 帕斯维尔氧化沟工艺设计计算

1. 已知条件

（1）设计流量 $Q = 7\,000 \text{m}^3/\text{d}$（不考虑变化系数）。

（2）设计进水水质 BOD_5 浓度 $S_0 = 180 \text{mg/L}$；TSS 浓度 $X_0 = 240 \text{mg/L}$；VSS $= 168 \text{mg/L}$；TKN $= 47 \text{mg/L}$；$NH_3\text{-N} = 35 \text{mg/L}$；$S_{ALK} = 280 \text{mg/L}$（以 $CaCO_3$ 计）；最低水温 14℃；最高水温25℃。

（3）设计出水水质 BOD_5 浓度 $S_e = 20 \text{mg/L}$；TSS 浓度 $X_e = 20 \text{mg/L}$；$NH_3\text{-N} = 15 \text{mg/L}$；TN $= 20 \text{mg/L}$；考虑污泥稳定化，污泥产率系数 $Y = 0.55$；混合液悬浮固体浓度（MLSS）$X = 4\,000 \text{mg/L}$；混合液挥发性悬浮固体浓度（MLVSS）$X_V = 2\,800 \text{mg/L}$（MLVSS/MLSS $= 0.7$）；污泥龄 $\theta_c = 30 \text{d}$；自身氧化系数 $K_d = 0.055 \text{d}^{-1}$；20℃ 时脱硝速率 $q_{dn} = 0.035 \text{kg}$ 还原的 $NO_3^-\text{-N}/(\text{kg MLVSS} \cdot \text{d})$。

2. 设计计算

（1）去除 BOD_5

① 氧化沟出水溶解性 BOD_5 浓度 S（mg/L）。为了保证沉淀池出水 BOD_5 浓度 $S_e \leqslant 20 \text{mg/L}$，必须控制氧化沟出水 BOD_5 浓度。因为沉淀池出水中的 VSS 也是构成 BOD_5 的一个组成部分。

$$S = S_e - S_1$$

式中 S_1——沉淀池出水中的 VSS 所构成的 BOD_5 浓度。

$S_1 = 1.42(\text{VSS/TSS}) \times \text{TSS} \times (1 - e^{-0.23 \times 5}) = 1.42 \times 0.7 \times 20 \times (1 - e^{-0.23 \times 5}) = 13.59$ （mg/L）

$S = 20 - 13.59 = 6.41$ （mg/L）

② 好氧区容积 V_1（m^3）

$$V_1 = \frac{Y \theta_c Q (S_0 - S)}{X_V (1 + K_d \theta_c)} = \frac{0.55 \times 30 \times 7\,000 \times (0.18 - 0.006\,41)}{2.8 \times (1 + 0.055 \times 30)} = 2\,702 \text{ （m}^3\text{）}$$

③ 好氧区水力停留时间 t_1（h）

$$t_1 = V_1/Q = 2\,702/7\,000 = 0.386 \text{ （d）} = 9.26 \text{ （h）}$$

④ 剩余污泥量

$$\Delta X = Q \Delta S \left(\frac{Y}{1 + K_d \theta_c} \right) + Q X_1 - Q X_e$$

$$= 7\,000 \times (0.18 - 0.006\,41) \times \left(\frac{0.55}{1 + 0.055 \times 30} \right) + 7\,000 \times (0.24 - 0.168) - 7\,000 \times 0.02$$

$$= 252.20 + 504 - 140 = 616.2 \text{ （kg/d）}$$

每去除 1kgBOD$_5$ 产生的干污泥量为

$$\frac{\Delta X}{Q(S_0 - S_e)} = \frac{616.2}{(0.18 - 0.02) \times 7\,000} = 0.55 \text{ （kgDS/kgBOD}_5\text{）}$$

（2）脱氮

① 需氧化的氨氮量。氧化沟产生的剩余污泥中含氮率为 12.4%，则用于生物合成的总氮量 N_0 为

$$N_0 = \frac{0.124 \times 252.2 \times 1\,000}{7\,000} = 4.47 \;(\text{mg/L})$$

需要氧化的 NH_3-N 量 $N_1 =$ 进水 TKN－出水 NH_3-N－生物合成所需氮 N_0

代入数据得

$$N_1 = 47 - 15 - 4.47 = 27.53 \;(\text{mg/L})$$

② 脱氮量 N_r

需要脱氮量 $N_r =$ 进水 TKN－出水 TN－用于生物合成的氮 N_0
$$= 47 - 20 - 4.47 = 22.53 \;(\text{mg/L})$$

③ 碱度平衡。一般认为，剩余碱度达到 100mg/L（以 $CaCO_3$ 计），即可保持 pH≥7.2，生物反应能够正常进行。每氧化 $1mgNH_3$-N 需要消耗 7.14mg/L 碱度；每氧化 $1mgBOD_5$ 产生 0.1mg/L 碱度；每还原 $1mgNO_3^-$-N 产生 3.57mg/L 碱度。

剩余碱度 $S_{ALK1} =$ 原水碱度－硝化消耗碱度＋反硝化产生碱度＋氧化 BOD_5 产生碱度

代入数据得

$$S_{ALK1} = 280 - 7.14 \times 27.53 + 3.57 \times 22.53 + 0.1 \times (180 - 6.41)$$
$$= 280 - 196.56 + 80.43 + 17.36 = 181.23 \;(\text{mg/L})$$

此值可保持 pH≥7.2，硝化和反硝化反应能够正常进行。

④ 脱氮所需的池容 V_2

脱硝速率

$$q_{dn(T)} = q_{dn(20)} \times 1.08^{(T-20)}$$

14℃时

$$q_{dn} = 1.08^{14-20} \times 0.035 = 0.022 \;(\text{kgNO}_3^-\text{-N/kgMLVSS})$$

脱氮所需的容积 $V_2 = \dfrac{QN_r}{q_{dn}X_V} = \dfrac{7\,000 \times 22.53}{0.022 \times 2\,800} = 2\,560 \;(\text{m}^3)$

⑤ 脱氮水力停留时间 t_2

$$t_2 = V_2/Q = 2\,560/7\,000 = 0.366 \;(\text{d}) = 8.78 \;(\text{h})$$

（3）氧化沟总容积及停留时间

$$V = V_1 + V_2 = 2\,702 + 2\,560 = 5\,262 \;(\text{m}^3)$$
$$t = V/Q = 5\,262/7\,000 = 0.75 \;(\text{d}) = 18 \;(\text{h})$$

校核污泥负荷　　　$N = \dfrac{QS_0}{X_V V} = \dfrac{7\,000 \times 0.18}{2.8 \times 5\,262} = 0.086 \;[\text{kgBOD}_5/(\text{kg MLVSS} \cdot \text{d})]$

（4）需氧量

① 设计需氧量 AOR

AOR ＝ 去除 BOD_5 需氧量－剩余污泥中 BOD_u 的需氧量＋去除 NH_3-N 耗氧量－
剩余污泥中 NH_3-N 的耗氧量－脱氮产氧量

a. 去除 BOD_5 需氧量 D_1

$$D_1 = a'Q(S_0 - S) + b'VX_V = 0.52 \times 7\,000 \times (0.18 - 0.006\,41) + 0.12 \times 5\,262 \times 2.8$$
$$= 631.87 + 1\,768.03 = 2\,399.9 \;(\text{kg/d})$$

b. 剩余污泥中 BOD_5 的需氧量 D_2（用于生物合成的那部分 BOD_5 需氧量）

$$D_2 = 1.42\Delta X_1 = 1.42 \times 252.20 = 358.12 \;(\text{kg/d})$$

c. 去除 NH_3-N 的需氧量 D_3。每硝化 $1kgNH_3$-N 需要消耗 $4.6kgO_2$。

$$D_3 = 4.6 \times (\text{TKN} - \text{出水 NH}_3\text{-N}) \times Q/1\,000 = 4.6 \times (47 - 15) \times 7\,000/1\,000 = 1\,030.4 \;(\text{kg/d})$$

d. 剩余污泥中 NH_3-N 的耗氧量 D_4

$$D_4 = 4.6 \times \text{污泥含氮率} \times \text{氧化沟剩余污泥} \; \Delta X_1 = 4.6 \times 0.124 \times 252.20 = 143.85 \;(\text{kg/d})$$

e. 脱氮产氧量 D_5。每还原 $1kgN_2$ 产生 $2.86kgO_2$，于是

$$D_5 = 2.86 \times \text{脱氮量} = 2.86 \times 22.53 \times 7\,000/1\,000 = 451.05 \;(\text{kg/d})$$

总需氧量 $AOR = D_1 - D_2 + D_3 - D_4 - D_5 = 2\,399.9 - 358.12 + 1\,030.4 - 143.85 - 451.05 = 2\,477.28 \;(\text{kg/d})$

考虑安全系数 1.4，则

$$AOR = 1.4 \times 2\,477.28 = 3\,468.19 \;(\text{kg/d})$$

每去除 $1kgBOD_5$ 的需氧量 $= \dfrac{AOR}{Q(S_0 - S)} = \dfrac{3\,468.19}{7\,000 \times (0.18 - 0.006\,41)} = 2.85 \;(\text{kgO}_2/\text{kgBOD}_5)$

② 标准状态下需氧量 SOR

$$SOR = \frac{AOR \times C_{s(20)}}{\alpha[\beta \rho C_{s(T)} - C] \times 1.024^{(T-20)}}$$

式中，$\rho = \dfrac{\text{所在地区实际气压}}{1.013 \times 10^5} = \dfrac{0.921 \times 10^5}{1.013 \times 10^5} = 0.909$；其余参数意义同前。

$$SOR = \frac{3\,468.19 \times 9.17}{0.85 \times (0.95 \times 0.909 \times 8.38 - 2) \times 1.024^{25-20}} = \frac{31\,801.56}{5.01} = 6\,347.62 \ (\text{kg/d})$$

每去除 1kgBOD$_5$ 的标准需氧量为

$$\frac{SOR}{Q(S_0 - S)} = \frac{6\,347.62}{7\,000 \times (0.18 - 0.006\,41)} = 5.22 \ (\text{kgO}_2/\text{kgBOD}_5)$$

(5) 氧化沟尺寸 设氧化沟2座，单座氧化沟容积 $V_{\text{单}} = V/2 = 5\,262/2 = 2\,631 \ (\text{m}^3)$

取氧化沟有效水深 $h = 3.5\text{m}$，超高为 0.5m，中间分隔墙厚度为 0.25m。

氧化沟面积 $A = V_{\text{单}}/h = 2\,631/3.5 = 751.71 \ (\text{m}^2)$，取 752m^2。

单沟道宽 b 取 8m，则

弯道部分的面积 $\qquad A_1 = \dfrac{2\pi(8 + 0.25) \times 8}{2} = 207.24 \ (\text{m}^2)$

直线段部分面积 $\qquad A_2 = A - A_1 = 752 - 207.24 = 544.76 \ (\text{m}^2)$

直线段部分长度 $L = \dfrac{A_2}{2b} = \dfrac{544.76}{2 \times 8} = 34.05 \ (\text{m})$，取 34m。

(6) 进水管和出水管 污泥回流比 $R = 100\%$，进出水管流量 $Q_1 = (1+R) \times \dfrac{Q}{2} = 2 \times \dfrac{7\,000}{2} = 7000(\text{m}^3/\text{d})$ $0.081 \ (\text{m}^3/\text{s})$，管道流速 $v = 0.8\text{m/s}$。

管道过水断面 $\qquad A = \dfrac{Q}{v} = \dfrac{0.081}{0.8} = 0.101 \ (\text{m}^2)$

管径 $d = \sqrt{\dfrac{4A}{\pi}} = \sqrt{\dfrac{4 \times 0.101}{3.14}} = 0.359 \ (\text{m})$，取 0.4m（400mm）。

校核管道流速 $\qquad v = \dfrac{Q}{A} = \dfrac{0.081}{\left(\dfrac{0.4}{2}\right)^2 \times 3.14} = 0.64 \ (\text{m/s})$

(7) 出水堰及出水竖井 为了能够调节曝气转碟的淹没深度，氧化沟出水设置出水竖井，竖井内安装电动可调堰。初步估算 $\delta/H < 0.67$，因此按薄壁堰来计算。

① 出水堰

$$Q = 1.86bH^{\frac{3}{2}}$$

式中 H 取 0.12m，则

$$b = \frac{Q}{1.86H^{\frac{3}{2}}} = \frac{0.081}{1.86 \times 0.12^{\frac{3}{2}}} = 1.04 \ (\text{m})$$

为了便于设备的选型，堰宽 b 取 1m。

校核堰上水头 $\qquad H = \sqrt[3]{\left(\dfrac{Q}{1.86b}\right)^2} = \sqrt[3]{\left(\dfrac{0.081}{1.86 \times 1}\right)^2} = 0.123 \ (\text{m})$

② 出水竖井。考虑可调堰安装要求，堰两边各留 0.3m 的操作距离。

出水竖井长 $\qquad L = 0.3 \times 2 + b = 0.6 + 1 = 1.6 \ (\text{m})$

出水竖井宽 $B = 1.2\text{m}$（满足安装需要），则出水竖井平面尺寸为 $L \times B = 1.6\text{m} \times 1.2\text{m}$。

氧化沟出水孔尺寸为 $b \times h = 1\text{m} \times 0.5\text{m}$（正常运行时，可调堰顶高出孔口底边 0.1m，可调堰上下可调范围为 0.3m）。

(8) 曝气设备选择 曝气设备选用转碟式氧化沟曝气机，转碟直径为 $D = 1\,400\text{mm}$，单碟充氧能力为 $1.3\text{kgO}_2/(\text{h} \cdot \text{ds})$，每米轴安装碟片不少于 5 片。

单座氧化沟需氧量 $SOR_1 = SOR/2 = 6\,348.09/2$

$$= 3\,174.05 \ (\text{kgO}_2/\text{d}) = 132.25 \ (\text{kgO}_2/\text{h})$$

所需碟片数量 $n=\text{SOR}_1/1.3=132.25/1.3=101.73$（片），取 102 片。

单座氧化沟设三组曝气转碟，每组转碟的碟片数
$$n_1=102/3=34\text{（片）}$$

每米转轴安装的碟片数 $n_2=\dfrac{34-1}{8-2\times0.25}=4.4$（片）$<5$ 片，满足要求。式中 0.25m 是指最外侧碟片距氧化沟池内壁距离。

每组转碟配电机功率为 22kW，单座氧化沟所需电机功率 $N=3\times22=66$（kW）。

为了使表面较高流速水流转入池底，确保池底流速 $v\geqslant0.3\text{m/s}$，同时降低混合液表面流速，在每组曝气转碟下游 2.5m 处设导流板，与水平成 45°倾斜放置，导流板顶部距水面 0.2m。导流板采用玻璃钢板，宽为 0.9m，长为 8m。为防止导流板翻转变形，在每块导流板背后设 2 根 $\phi80\text{mm}$ 的钢管进行支撑固定。

在氧化沟弯道部分设置导流墙，导流墙为半圆形，直径为 8.25m。

图 6-19 所示为帕斯维尔氧化沟计算图。

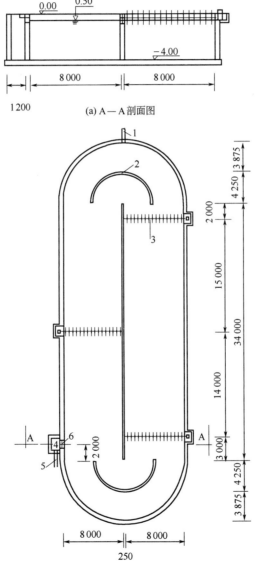

(a) A—A 剖面图

(b) 帕斯维尔氧化沟平面示意

图 6-19　帕斯维尔氧化沟计算图（单位：mm）

1—进水管；2—导流墙；3—曝气转碟装置；4—出水井；5—出水管；6—出水堰

六、交替工作式氧化沟

（一）工艺特点

交替式工作氧化沟是由丹麦 Kruger 公司开发创建。根据运行方式和沟的数量分为单沟（A 型）、双沟（D 型）和三沟（T 型）三种形式。其中双沟在原 D 型的基础上开发出了 VR 型氧化沟。这一类氧化沟主要是为了去除 BOD，如果要同时除磷脱氮，对于单沟和双沟型就要在氧化沟前后分别设置厌氧池和沉淀池，即成为 AE 型或 DE 型氧化沟。而三沟式氧化沟除磷脱氮可在同一反应器中完成。

交替式工作氧化沟系统没有单独设置反硝化区，通过在运行过程中设置停曝期来进行反硝化，从而获得较高的氮去除率。

单沟交替工作氧化沟由于不能保证连续进水，只能间歇运行，故已经很少采用。

双沟交替工作氧化沟（VR 型）是将曝气沟渠分为 A、B 两部分，其间有单向活扳门相连。利用定时改变曝气转刷的旋转方向，以改变沟渠中的水流方向，使 A、B 两部分交替地作为曝气区和沉淀区。D 型氧化沟由容积相同的 A、B 两池组成，串联运行，交替地作为曝气池和沉淀池，一般以 8h 为一个运行周期。该系统出水水质好，污泥稳定，不需设污泥回流装置，但是最大的缺点是曝气设施利用率仅为 37.5%。

三沟式氧化沟是由 3 个相同的氧化沟组建在一起作为一个单元运行。3 个氧化沟之间相互双双连通，两侧氧化沟可起曝气和沉淀双重作用，中间氧化沟一直为曝气池，原污水交替地进入两侧氧化沟，处理水则相应地从作为沉淀池的两侧氧化沟中流出，这样提高了曝气设备的利用率（可达 58%），另外也有利于生物脱氮。三沟式氧化沟基本运行方式大体分为 6 个阶段，工作周期为 8h。通过控制系统自动控制进、出水方向，溢流堰的升降以及曝气设备的开动和停止。

三沟式氧化沟运行方式可根据不同的入流水质及出水要求而改变，所以系统运行灵活，操作较方便，但要求自动控制程度高。三沟式氧化沟又称三沟轮换式氧化沟，将曝气与沉淀工序置于同一构筑物内。如果要将三沟式氧化沟工艺的污水处理厂进行扩建，可以把三沟式氧化沟单独作为曝气池，在其后再增建二沉池和回流设备，可将原污水处理厂的处理能力提高 1 倍。

三沟式氧化沟是一个 A-O（兼氧-好氧）活性污泥系统，可以完成有机物的降解和硝化反硝化过程，能取得良好的 BOD_5 去除效果和脱氮效果，依靠三池工作状态的转换，可以免除污泥回流和混合液回流，运行费用大大降低，处理流程简单，省去二沉池，管理方便，基建费用低，占地少。其最大缺点是设备利用率低。

（二）设计参数及设备

交替工作式氧化沟混合液悬浮固体浓度（MLSS）一般为 3 500～4 500mg/L，污泥负荷一般取 $N=0.05～0.1$ kgBOD$_5$/(kgMLVSS·d)，考虑脱氮和污泥稳定化时，停留时间 $T=12～24$h。沟有效水深一般取 $H=3.5$m，无论是 D 型或 T 型，每条沟容积一般相等。污泥龄 θ_c 一般为 20～30d。

曝气设备采用曝气转刷，直径一般分为 700mm 和 1 000mm 两种，转速为 70r/min 左右，浸深为 0.15～0.3m，充氧能力为 3～9.6kgO$_2$/(kW·h)，转刷有效长度最长可达 9m，每圈刷片分为 6 片或 12 片两种，每米约 6.67 圈。对于 T 型氧化沟，两侧边沟配置一定数量的潜水推进器。

（三）计算例题

【例 6-14】 三沟式氧化沟工艺设计计算

1. 已知条件

（1）设计流量 $Q=30\,000$m³/d（不考虑变化系数）。

（2）设计进水水质　BOD_5 浓度 $S_0 = 160mg/L$；TSS 浓度 $X_0 = 240mg/L$；VSS $= 168mg/L$；TKN $= 45mg/L$；NH_3-N $= 35mg/L$；碱度 $S_{ALK} = 280mg/L$；最低水温 14℃；最高水温 25℃。

（3）设计出水水质　BOD_5 浓度 $S_e = 20mg/L$；TSS 浓度 $X_e = 20mg/L$；NH_3-N $= 15mg/L$；TN $= 20mg/L$；污泥产率系数 $Y = 0.55$；混合液悬浮固体浓度（MLSS）$X = 4000mg/L$；混合液挥发性悬浮固体浓度（MLVSS）$X_V = 2800mg/L$；污泥龄 $\theta_c = 25d$；自身氧化系数 $K_d = 0.055d^{-1}$；20℃ 时脱硝速率 $q_{dn} = 0.035kg$ 还原的 NO_3^--N/(kgMLVSS·d)。

2. 设计计算

（1）去除 BOD_5

① 氧化沟出水溶解性 BOD_5 浓度 S

$$S = S_0 - 1.42(VSS/TSS) \times 出水\ TSS \times (1 - e^{-0.23 \times 5})$$
$$= 20 - 1.42 \times 0.7 \times 20 \times (1 - e^{-0.23 \times 5})$$
$$= 20 - 13.59 = 6.41\ (mg/L)$$

② 好氧区容积 V_1。好氧区容积计算采用动力学计算方法。

$$V_1 = \frac{Y\theta_c Q(S_0 - S)}{X_V(1 + K_d\theta_c)}$$
$$= \frac{0.55 \times 25 \times 30\,000 \times (0.16 - 0.006\,41)}{2.8 \times (1 + 0.055 \times 25)} = 9\,527\ (m^3)$$

③ 好氧区水力停留时间 t_1

$$t_1 = V_1/Q = 9\,527/30\,000 = 0.318\ (d) = 7.63\ (h)$$

④ 剩余污泥量 ΔX

$$\Delta X = Q\Delta S\left(\frac{Y}{1 + K_d\theta_c}\right) + QX_1 - QX_e$$
$$= 30\,000 \times (0.16 - 0.006\,41) \times \left(\frac{0.55}{1 + 0.055 \times 25}\right) + 30\,000 \times (0.24 - 0.168) - 30\,000 \times 0.02$$
$$= 1\,067.05 + 2\,160 - 600 = 2\,627.05\ (kgDS/d)$$

每去除 $1kgBOD_5$ 产生的干污泥量 $= \dfrac{\Delta X}{Q(S_0 - S_e)} = \dfrac{2\,627.05}{30\,000 \times (0.16 - 0.02)}$
$$= 0.625\ (kgDS/kgBOD_5)$$

（2）脱氮

① 需氧化的氨氮量 N_1。氧化沟产生的剩余污泥中含氮率为 12.4%，则用于生物合成的总氮量 N_0 为：

$$N_0 = \frac{0.124 \times 1\,067.05 \times 1\,000}{30\,000} = 4.41\ (mg/L)$$

需要氧化的 NH_3-N 量 N_1 = 进水 TKN - 出水 NH_3-N - 生物合成所需氮 N_0
$$= 45 - 15 - 4.41 = 25.59\ (mg/L)$$

② 脱氮量 N_r

N_r = 进水 TKN - 出水 TN - 用于生物合成的所需氮 N_0
$$= 45 - 20 - 4.41 = 20.59\ (mg/L)$$

③ 碱度平衡。硝化反应需要保持一定的碱度，一般认为，剩余碱度达到 $100mg/L$（以 $CaCO_3$ 计），即可保持 $pH \geq 7.2$，生物反应能够正常进行。每氧化 $1mgNH_3$-N 需要消耗 $7.14mg$ 碱度；每氧化 $1mgBOD_5$ 产生 $0.1mg$ 碱度；每还原 $1mgNO_3^-$-N 产生 $3.57mg$ 碱度。

剩余碱度 S_{ALK1} = 原水碱度 - 硝化消耗碱度 + 反硝化产生碱度 + 氧化 BOD_5 产生碱度
$$= 280 - 7.14 \times 25.59 + 3.57 \times 20.59 + 0.1 \times (160 - 6.41) = 186.16\ (mg/L)$$

此值可保持 $pH \geq 7.2$，硝化和反硝化反应能够正常进行。

④ 脱氮所需的容积 V_2

脱硝速率 $\qquad\qquad\qquad\qquad q_{dn(T)} = q_{dn(20)} \times 1.08^{T-20}$

14℃时 $\qquad q_{dn}=0.035 \times 1.08^{14-20}=0.022$ （kg 还原的 $NO_3^- \text{-N/kgMLVSS}$）

脱氮所需的容积 $\qquad V_2=\dfrac{QN_r}{q_{dn}X_V}=\dfrac{30\,000 \times 20.59}{0.022 \times 2\,800}=10\,028$ （m^3）

⑤ 脱氮水力停留时间 t_2

$$t_2=\frac{V_2}{Q}=\frac{10\,028}{30\,000}=0.334 \text{（d）}=8.02 \text{（h）}$$

（3）氧化沟总容积 V 及停留时间 t

$$V=V_1+V_2=9\,527+10\,028=19\,555 \text{（m}^3\text{）}$$

$$t=\frac{V}{Q}=\frac{19\,555}{30\,000}=0.652 \text{（d）}=15.65 \text{（h）}$$

校核污泥负荷 $\qquad N=\dfrac{QS_0}{X_V V}=\dfrac{30\,000 \times 0.16}{2.8 \times 19\,555}=0.088$ [$kgBOD_5/(kgMLVSS \cdot d)$]

（4）需氧量计算

① 设计需氧量 AOR

AOR＝去除 BOD_5 需氧量－剩余污泥中 BOD_u 的需氧量＋去除 $NH_3\text{-N}$ 耗氧量－剩余污泥中 $NH_3\text{-N}$ 的耗氧量－脱氮产氧量

BOD 需氧量 D_1 为

$$D_1=a'Q(S_0-S)+b'VX_V=0.52 \times 30\,000 \times (0.16-0.006\,41)+0.12 \times 19\,555 \times 2.8$$
$$=2\,396+6\,570.48=8\,966.48 \text{（kg/d）}$$

剩余污泥中 BOD 的需氧量 D_2（用于生物合成的那部分 BOD 需氧量）为

$$D_2=1.42\Delta X_1=1.42 \times 1\,067.05=1\,515.21 \text{（kg/d）}$$

每硝化 $1kgNH_3\text{-N}$ 需要消耗 $4.6kgO_2$，则去除 $NH_3\text{-N}$ 的需氧量 D_3 为

$$D_3=4.6 \times (\text{TKN}-\text{出水 }NH_3\text{-N}) \times Q/1\,000$$
$$=4.6 \times (45-15) \times 30\,000/1\,000$$
$$=4\,140 \text{（kg/d）}$$

剩余污泥中 $NH_3\text{-N}$ 的耗氧量 D_4 为

$$D_4=4.6 \times \text{污泥含氮率} \times \text{氧化沟剩余污泥 }\Delta X_1$$
$$=4.6 \times 0.124 \times 1\,067.05=608.65 \text{（kg/d）}$$

每还原 $1kgN_2$ 产生 $2.86kgO_2$，则脱氮产氧量 D_5 为

$$D_5=2.86 \times \text{脱氮量}=2.86 \times 20.59 \times 30\,000/1\,000$$
$$=1\,766.62 \text{（kg/d）}$$

总需氧量 AOR $=D_1-D_2+D_3-D_4-D_5$
$$=8\,966.48-1\,515.21+4\,140-608.65-1\,766.62$$
$$=9\,216 \text{（kg/d）}$$

考虑安全系数 1.4，则

$$\text{AOR}=1.4 \times 9\,216=12\,902.4 \text{（kg/d）}$$

每去除 $1kgBOD_5$ 的需氧量 $=\dfrac{\text{AOR}}{Q(S_0-S)}=\dfrac{12\,902.4}{30\,000 \times (0.16-0.006\,41)}$
$$=2.8 \text{（kgO}_2/\text{kgBOD}_5\text{）}$$

② 标准状态下需氧量 SOR

$$\text{SOR}=\frac{\text{AOR} \times C_{s(20)}}{\alpha[\beta\rho C_{s(T)}-C] \times 1.024^{T-20}}$$

式中，$\rho=\dfrac{\text{所在地区实际气压}}{1.013 \times 10^5}=\dfrac{0.921 \times 10^5}{1.013 \times 10^5}=0.909$；其余参数意义同前，见例 6-11。

$$\text{SOR}=\frac{12\,902.4 \times 9.17}{0.85 \times (0.95 \times 0.909 \times 8.38-2) \times 1.024^{25-20}}$$
$$=\frac{118\,315}{5.01}=23\,615.77 \text{（kg/d）}$$

每去除 1kgBOD$_5$ 的标准需氧量 $= \dfrac{\text{SOR}}{Q(S_0 - S)} = \dfrac{23\,615.77}{30\,000 \times (0.16 - 0.006\,41)} = 5.13$（kgO$_2$/kgBOD$_5$）

（5）氧化沟尺寸　设氧化沟 3 座，工艺反应的有效系数 $f_a = 0.58$，单座氧化沟有效容积 $V_单$ 为

$$V_单 = \frac{V}{3f_a} = \frac{19\,555}{3 \times 0.58} = 11\,239\;（\text{m}^3）$$

三组沟道采用相同的容积，则每组沟道容积 $V_单沟$ 为

$$V_单沟 = 11\,239/3 = 3\,746\;（\text{m}^3）$$

每组沟道单沟宽度 $B = 9$m，有效水深 $h = 3.5$m，超高为 0.5m，中间分隔墙厚度 $b = 0.25$m。

每组沟道面积　　　　　　$A = V_单沟/h = 3\,746/3.5 = 1\,070$（m^2）

弯道部分的面积　　　　$A_1 = \left(B + \dfrac{0.25}{2}\right)^2 \pi = \left(9 + \dfrac{0.25}{2}\right)^2 \times 3.14 = 261.45$（m^2）

直线段部分面积　　　　$A_2 = A - A_1 = 1\,070 - 261.45 = 808.55$（m^2）

直线段长度 $L = \dfrac{A_2}{2B} = \dfrac{808.55}{2 \times 9} = 44.92$（m），取 45m。

（6）进水管和出水管

进出水管流量　　　　$Q_1 = Q/3 = 30\,000/3 = 10\,000$（m^3/d）$= 0.116$（m^3/s）

管道流速 $v = 0.9$m/s，则管道过水断面 A 为

$$A = Q/v = 0.116/0.9 = 0.129\;（\text{m}^2）$$

管径 $D = \sqrt{\dfrac{4A}{\pi}} = \sqrt{\dfrac{4 \times 0.129}{3.14}} = 0.405$（m），取 0.4m（400mm）。

校核管道流速　　　　$v = \dfrac{Q}{A} = \dfrac{0.116}{\left(\dfrac{0.4}{2}\right)^2 \times 3.14} = 0.92$（m/s）

（7）出水堰及出水竖井

① 出水堰。出水堰计算按薄壁堰来考虑。

$$Q = 1.86 b H^{\frac{3}{2}}$$

式中堰上水头 H 取 0.03m，则

$$b = \frac{Q}{1.86 H^{\frac{3}{2}}} = \frac{0.116}{1.86 \times 0.03^{\frac{3}{2}}} = 12\;（\text{m}）$$

出水堰分为 3 组，每组宽度 $b_1 = b/3 = 4$（m）。

② 出水竖井。考虑可调式出水堰安装要求，在堰两边各留 0.3m 的操作距离。

出水竖井长　　　　　　$L = 0.3 \times 2 + 4 = 4.6$（m）

出水竖井宽 $B = 1.4$m（满足安装需要），则出水竖井平面尺寸为 $L \times B = 4.6$m$\times 1.4$m。

（8）设备选择

① 转刷曝气机。单座氧化沟需氧量 SOR$_1$ 为

$$\text{SOR}_1 = \text{SOR} \div n$$

式中　n——氧化沟个数。

$$\text{SOR}_1 = 23\,615.77/3 = 7\,872（\text{kgO}_2/\text{d}）= 328\;（\text{kgO}_2/\text{h}）$$

采用直径 $D = 1\,000$mm 的转刷曝气机，充氧能力为 4.5kgO$_2$/（m·h），单台转刷曝气机有效长度为 9m，动力效率为 2.5kgO$_2$/（kW·h）。

转刷曝气机有效长度 $L = \text{SOR}_1/4.5 = 320/4.5 = 71.11$（m），取 72m。

所需曝气转刷台数　　　　$n = 72/9 = 8$（台）（中间为 4 台，两侧边沟各 2 台）

$$单台转刷所需轴功率 = \frac{\text{SOR}_1}{2.5 \times 8} = \frac{328}{2.5 \times 8} = 16.4\;（\text{kW·h}）$$

单台转刷所需电机功率 $N = 18.5$kW·h。

② 潜水推进器。两侧边沟各设两台潜水推进器，共 4 台，每台电机功率为 $N = 3$kW。

③ 电动可调旋转堰门。氧化沟每个边沟设电动可调旋转堰门 3 台，共 6 台。堰门宽度 4m，可调高度 0.3m，电机功率 0.55kW。

图 6-20 所示为交替工作式氧化沟计算图。

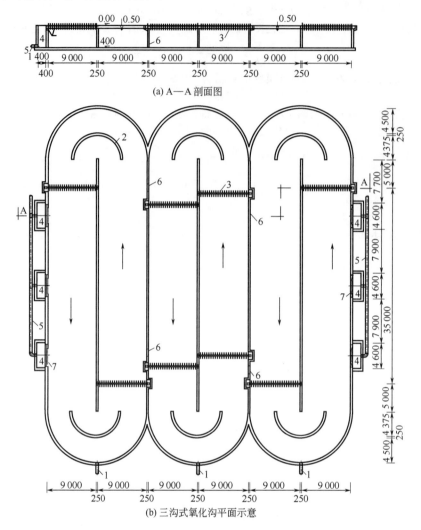

(a) A—A 剖面图

(b) 三沟式氧化沟平面示意

图 6-20　交替工作式氧化沟计算图（单位：mm）
1—进水管；2—导流墙；3—曝气转刷装置；4—出水井；5—出水管；6—连通孔；7—出水调节堰

七、卡鲁塞尔氧化沟

（一）工艺特点

卡鲁塞尔氧化沟是一个多沟串联的系统，进水与活性污泥混合后在沟内不停地循环运动。污水和回流污泥在第一个曝气区中混合。由于曝气器的泵送作用，沟中的流速保持在 0.3m/s 左右。水流在连续经过几个曝气区后，便流入外边最后一个环路，出水从这里通过出水堰排出，出水位于第一曝气区的前面。

卡鲁塞尔氧化沟采用垂直安装的低速表面曝气器，每组沟渠安装一个，均安装在同一端，因此形成了靠近曝气器下游的富氧区和曝气器上游以及外环的缺氧区。这不仅有利于生物凝聚，还使活性污泥易于沉淀。BOD 去除率可达 95%～99%，脱氮效率约为 90%，除磷率约为 50%。

在正常的设计流速下，卡鲁塞尔氧化沟渠道中混合液的流量是进水流量的 50～100 倍，曝气池中的混合液平均每 5～20min 完成一个循环。具体循环时间取决于渠道长度、渠道流速及设计负荷。这种状态可以防止短流，还通过完全混合作用产生很强的耐冲击负荷能力。

卡鲁塞尔氧化沟的表面曝气机单机功率大（可达 150kW），其水深可达 5m 以上，使氧化沟占地面积减小，土建费用降低。同时具有极强的混合搅拌和耐冲击负荷能力。当有机负荷较低时，可以停止某些曝气器的运行，或者切换较低的转速，在保证水流搅拌混合循环流动的前提下，节约能量消耗。由于曝气机周围的局部地区能量强度比传统活性污泥曝气池中强度高得多，使得氧的转移效率大大提高，平均传氧效率达到 2.1kg/(kW·h)。

为了满足越来越严格的水质排放标准，卡鲁塞尔氧化沟在原有的基础上开发了许多新的设计，实现了新的功能，提高了处理效率，降低了运行能耗，改进了活性污泥性能，提高了生物除磷脱氮功能。主要有单级标准卡鲁塞尔工艺和变形，Carrousel denitIR/Carrousel 2000 工艺，Carrousel 3000 工艺，以及四阶段和五阶段 Carrousel BardenpHo 工艺系统。

（二）设计参数

混合液浓度（MLSS）为 4 000～4 500mg/L，污泥回流比为 100%；有效水深 $h \geqslant 5m$；$N = 0.05 \sim 0.1kgBOD/(kgMLVSS·d)$；污泥龄 θ_c 在 25～30d 以上；水力停留时间为 18～28h。一般沟深是表面曝气机叶轮直径的 1.2 倍，沟宽是沟深的 2 倍。

（三）计算例题

【例 6-15】 卡鲁塞尔氧化沟工艺设计计算

1. 已知条件

（1）设计流量　$Q = 100\,000m^3/d$（不考虑变化系数）。

（2）设计进水水质　BOD_5 浓度 $S_0 = 190mg/L$；TSS 浓度 $X_0 = 250mg/L$；VSS = 175mg/L；TKN = 45mg/L；$NH_3-N = 35mg/L$；碱度 $S_{ALK} = 280mg/L$；最低水温 14℃；最高水温 25℃。

（3）设计出水水质　BOD_5 浓度 $S_e = 20mg/L$；TSS 浓度 $X_e = 20mg/L$；$NH_3-N = 15mg/L$；TN = 20mg/L。

考虑污泥稳定化：污泥产率系数 $Y = 0.55$；混合液悬浮固体浓度（MLSS）$X = 4\,000mg/L$；混合液挥发性悬浮固体浓度（MLVSS）$X_V = 2\,800mg/L$；污泥龄 $\theta_c = 30d$；自身氧化系数 $K_d = 0.055d^{-1}$；20℃时脱硝速率 $q_{dn} = 0.035kg$ 还原的 $NO_3^--N/(kgMLVSS·d)$。

2. 设计计算

（1）去除 BOD_5

① 氧化沟出水溶解性 BOD_5 浓度 S

$$S = S_0 - 1.42(VSS/TSS) \times TSS \times (1-e^{-0.23 \times 5}) = 20 - 1.42 \times 0.7 \times 20 \times (1-e^{-0.23 \times 5})$$
$$= 20 - 13.59 = 6.41 \text{（mg/L）}$$

② 好氧区容积 V_1。好氧区容积计算采用动力学计算方法。

$$V_1 = \frac{Y\theta_c Q(S_0-S)}{X_V(1+K_d\theta_c)} = \frac{0.55 \times 30 \times 100\,000 \times (0.19-0.006\,41)}{2.8 \times (1+0.055 \times 30)} = 40\,825 \text{（m}^3\text{）}$$

③ 好氧区水力停留时间 t_1

$$t_1 = V_1/Q = 40\,825/100\,000 = 0.408 \text{（d）} = 9.79 \text{（h）}$$

④ 剩余污泥量 ΔX

$$\Delta X = Q\Delta S\left(\frac{Y}{1+K_d\theta_c}\right) + QX_1 - QX_e$$

$$= 100\,000 \times (0.19-0.006\,41) \times \left(\frac{0.55}{1+0.055 \times 30}\right) + 100\,000 \times (0.25-0.175) - 10\,000 \times 0.02$$

$$= 3\,810.36 + 7\,500 - 2\,000 = 9\,310.36 \text{（kg/d）}$$

每去除 1kgBOD_5 产生的干污泥量 $= \dfrac{\Delta X}{Q(S_0-S_e)} = \dfrac{9\,310.36}{100\,000 \times (0.19-0.02)} = 0.548 \text{（kgDS/kgBOD}_5\text{）}$

（2）脱氮

① 需氧化的氨氮量 N_1。氧化沟产生的剩余污泥中含氮率为 12.4%，则用于生物合成的总氮量 N_0 为

$$N_0 = \frac{0.124 \times 3\,810.36 \times 1\,000}{100\,000} = 4.72 \text{ (mg/L)}$$

需要氧化的 $NH_3\text{-N}$ 量 N_1 ＝进水 TKN－出水 $NH_3\text{-N}$－生物合成所需氮 N_0

$$= 45 - 15 - 4.72 = 25.28 \text{ (mg/L)}$$

② 脱氮量 N_r

$$N_r = \text{进水 } TKN - \text{出水 } TN - \text{用于生物合成所需氮 } N_0 = 45 - 20 - 4.72 = 20.28 \text{ (mg/L)}$$

③ 碱度平衡。一般认为，剩余碱度达到100mg/L（以 $CaCO_3$ 计），即可保持 $pH \geq 7.2$，生物反应能够正常进行。每氧化 $1mgNH_3\text{-N}$ 需要消耗7.14mg碱度；每氧化 $1mgBOD_5$ 产生 0.1mg 碱度；每还原 $1mgNO_3^-\text{-N}$ 产生 3.57mg 碱度。

剩余碱度 S_{ALK1} ＝原水碱度－硝化消耗碱度＋反硝化产生碱度＋氧化 BOD_5 产生碱度

$$= 280 - 7.14 \times 25.28 + 3.57 \times 20.28 + 0.1 \times (190 - 6.41)$$
$$= 280 - 180.50 + 72.40 + 18.36 = 190.26 \text{ (mg/L)}$$

此值可保持 $pH \geq 7.2$，硝化和反硝化反应能够正常进行。

④ 脱氮所需的容积 V_2

脱硝速率

$$q_{dn(T)} = q_{dn(20)} \times 1.08^{T-20}$$

14℃时 $q_{dn} = 0.035 \times 1.08^{14-20} = 0.022$kg 还原的 $NO_3^-\text{-N}$/kgMLVSS

脱氮所需的容积 $V_2 = \dfrac{QN_r}{q_{dn}X_V} = \dfrac{100\,000 \times 20.28}{0.022 \times 2\,800} = 32\,922 \text{ (m}^3\text{)}$

⑤ 脱氮水力停留时间 t_2

$$t_2 = V_2/Q = 32\,922/100\,000 = 0.329 \text{ (d)} = 7.90 \text{ (h)}$$

（3）氧化沟总容积 V 及停留时间 t

$$V = V_1 + V_2 = 40\,825 + 32\,922 = 73\,747 \text{ (m}^3\text{)}$$
$$t = V/Q = 73\,747/100\,000 = 0.737 \text{(d)} = 17.70 \text{ (h)}$$

校核污泥负荷 $\quad N = \dfrac{QS_0}{X_V V} = \dfrac{100\,000 \times 0.19}{2.8 \times 73\,747} = 0.092 \left[\text{kgBOD}_5/(\text{kgMLVSS} \cdot \text{d}) \right]$

（4）需氧量

① 实际需氧量 AOR

AOR＝去除 BOD_5 需氧量－剩余污泥中 BOD_u 的需氧量＋去除 $NH_3\text{-N}$ 耗氧量－

剩余污泥中 $NH_3\text{-N}$ 的耗氧量－脱氮产氧量

去除 BOD 需氧量 D_1 为

$$D_1 = a'Q(S_0 - S) + b'VX_V = 0.52 \times 100\,000 \times (0.19 - 0.006\,41) + 0.12 \times 73\,747 \times 2.8$$
$$= 9\,546.68 + 24\,778.99 = 34\,325.67 \text{ (kg/d)}$$

剩余污泥中 BOD 的需氧量 D_2（用于生物合成的那部分 BOD 需氧量）为

$$D_2 = 1.42\Delta X_1 = 1.42 \times 3\,810.36 = 5\,410.71 \text{ (kg/d)}$$

每硝化 $1kgNH_3\text{-N}$ 需要消耗 $4.6kgO_2$，则去除 $NH_3\text{-N}$ 的需氧量 D_3 为

$$D_3 = 4.6 \times (TKN - \text{出水 } NH_3\text{-N}) \times Q/1\,000 = 4.6 \times (45 - 15) \times 100\,000/1\,000 = 13\,800 \text{ (kg/d)}$$

剩余污泥中 $NH_3\text{-N}$ 的耗氧量 D_4 为

$$D_4 = 4.6 \times \text{污泥含氮率} \times \text{氧化沟剩余污泥 } \Delta X_1 = 4.6 \times 0.124 \times 3\,810.36 = 2\,173.43 \text{ (kg/d)}$$

每还原 $1kgN_2$ 产生 $2.86kgO_2$，则脱氮产氧量 D_5 为

$$D_5 = 2.86 \times \text{脱氮量} = 2.86 \times 20.28 \times 100\,000/1\,000 = 5\,800.08 \text{ (kg/d)}$$

总需氧量 AOR＝$D_1 - D_2 + D_3 - D_4 - D_5$

$$= 34\,325.67 - 5\,410.71 + 13\,800 - 2\,173.43 - 5\,800.08 = 34\,741.45 \text{ (kg/d)}$$

考虑安全系数 1.4，则

$$AOR = 1.4 \times 34\,741.45 = 48\,638.03 \text{ (kg/d)}$$

每去除 $1kgBOD_5$ 的需氧量 $= \dfrac{AOR}{Q(S_0 - S)} = \dfrac{48\,638.03}{100\,000 \times (0.19 - 0.006\,41)} = 2.65 \text{ (kgO}_2/\text{kgBOD}_5\text{)}$

② 标准状态下需氧量 SOR

$$\text{SOR}=\frac{\text{AOR}\times C_{s(20)}}{\alpha\left[\beta\rho C_{s(T)}-C\right]\times 1.024^{T-20}}$$

式中 $C_{s(20)}$ 取 9.17mg/L，T 取 25℃，$C_{s(T)}$ 取 8.38mg/L，C 取 2mg/L，α 取 0.85，β 取 0.95。

$$\rho=\frac{\text{所在地区实际气压}}{1.013\times 10^5}=\frac{0.921\times 10^5}{1.013\times 10^5}=0.909$$

则
$$\text{SOR}=\frac{48\ 638.03\times 9.17}{0.85(0.95\times 0.909\times 8.38-2)\times 1.024^{25-20}}$$

$$=\frac{446\ 010.74}{5.01}=89\ 024.10\ （\text{kg/d}）$$

每去除 1kgBOD$_5$ 的标准需氧量
$$=\frac{\text{SOR}}{Q(S_0-S)}=\frac{89\ 024.10}{100\ 000\times(0.19-0.00641)}$$
$$=4.85\ （\text{kgO}_2/\text{kgBOD}_5）$$

（5）氧化沟尺寸　设氧化沟 6 座。单座氧化沟有效容积
$$V_{单}=V/6=73\ 747/6=12\ 291\ （\text{m}^3）$$

取氧化沟有效水深 $H=5$m，超高为 1m，氧化沟深度 $h=5+1=6$m。中间分隔墙厚度为 0.25m。

氧化沟面积
$$A=V_{单}/h=12\ 291/5=2\ 458.2\ （\text{m}^2）$$

单沟道宽度 $b=9$m，则

弯道部分的面积
$$A_1=\frac{3\times 3.14\times\left(\frac{2\times 9+0.25}{2}\right)^2}{2}+\left(\frac{3\times 9+3\times 0.25}{2}\right)\times 3.14\times 9$$
$$=392.18+392.11=784.29\ （\text{m}^2）$$

直线段部分面积 $A_2=A-A_1=2\ 458.2-784.29=1\ 673.91\ （\text{m}^2）$

单沟直线段长度 $L=\dfrac{A_2}{4b}=\dfrac{1\ 673.91}{4\times 9}=46.50\ （\text{m}）$，取 47m。

（6）进水管和出水管　污泥回流比 $R=100\%$，进出水管流量 $Q_1=(1+R)\times\dfrac{Q}{6}=2\times\dfrac{100\ 000}{6}=33333.3$

（m^3/d）=0.386（m^3/s），管道流速 $v=1.0$m/s，则

管道过水断面
$$A=Q/v=0.386/1.0=0.386\ （\text{m}^2）$$

管径 $d=\sqrt{\dfrac{4A}{\pi}}=\sqrt{\dfrac{4\times 0.386}{3.14}}=0.701\ （\text{m}）$，取 0.7m（700mm）。

校核管道流速
$$v=\frac{Q}{A}=\frac{0.386}{\left(\frac{0.7}{2}\right)^2\times 3.14}=1\ （\text{m/s}）$$

（7）出水堰及出水竖井　初步估算 $\delta/H<0.67$，因此按薄壁堰来计算。

① 出水堰
$$Q=1.86bH^{\frac{3}{2}}$$

式中，H 取 0.2m，则
$$b=\frac{Q}{1.86H^{\frac{3}{2}}}=\frac{0.386}{1.86\times 0.2^{\frac{3}{2}}}=2.32\ （\text{m}）$$

为了便于设备的选型，堰宽 b 取 2.3m，校核堰上水头 H
$$H=\sqrt[3]{\left(\frac{Q}{1.86b}\right)^2}=\sqrt[3]{\left(\frac{0.386}{1.86\times 2.3}\right)^2}=0.201\ （\text{m}）$$

② 出水竖井。考虑可调堰安装要求，堰两边各留 0.3m 的操作距离。

出水竖井长
$$L=0.3\times 2+b=0.6+2.3=2.9\ （\text{m}）$$

出水竖井宽 $B=1.4$m（满足安装需要），则出水竖井平面尺寸为 $L\times B=2.9\text{m}\times 1.4\text{m}$，氧化沟出水孔尺寸为 $b\times h=2.3\text{m}\times 0.5\text{m}$。

（8）曝气设备选择　单座氧化沟需氧量 SOR$_1$ 为
$$\text{SOR}_1=\text{SOR}/n$$

式中，n 为氧化沟个数。
$$SOR_1 = 89\,024.10/6 = 14\,837.35\,(kgO_2/d) = 618.22\,(kgO_2/h)$$

每座氧化沟设 2 台卡鲁塞尔专用表面曝气机。充氧能力为 $2.1kgO_2/(kW \cdot h)$，则所需电机功率 $N = \dfrac{618.22}{2 \times 2.1} = 147.20\,(kW)$，取 $N = 150kW$。表面曝气机叶轮直径 $D = 4\,000mm$。

图 6-21 所示为卡鲁塞尔氧化沟计算图。

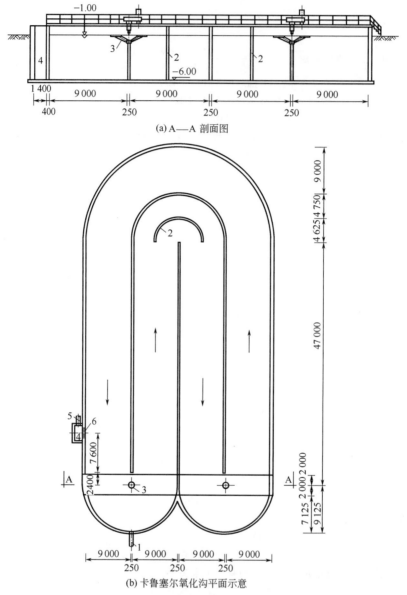

(a) A—A 剖面图

(b) 卡鲁塞尔氧化沟平面示意

图 6-21 卡鲁塞尔氧化沟计算图（单位：mm）

1—进水管；2—导流墙；3—表面曝气机；4—出水井；5—出水管；6—出水堰

八、改良卡鲁塞尔氧化沟

（一）工艺特点

改良卡鲁塞尔氧化沟是在传统的卡鲁塞尔氧化沟基础上进行了改进，设置了专门的反硝化脱氮区，并在传统氧化沟出水段与反硝化区之间设置了内回流渠，在不明显增加设备与土建投资，不增加额外动力提升装置的条件下，轻而易举实现 400% 甚至更高的内回流比和高达 90%

以上的总氮去除效果。该工艺充分利用了生物反硝化的工艺资源，而且还有助于抑制丝状菌等不利菌群的生长，加强了生物系统的稳定性和适用性。通过设置内回流渠，实现了对其他营养物的去除，简化了工艺衔接，打通了运行瓶颈。在内回流渠设控制闸门，可对混合液内回流流量进行控制，使反硝化脱氮效果达到最佳。

（二）设计参数

改良卡鲁塞尔氧化沟工艺设计参数基本上与传统卡鲁塞尔氧化沟工艺设计参数相近，内回流渠的流速 $v=0.3\sim0.5\mathrm{m/s}$。

（三）计算例题

【例 6-16】 改良卡鲁塞尔氧化沟工艺设计计算

1. 已知条件

（1）设计流量 $Q=10000\mathrm{m^3/d}(K_z=1.58)$。

（2）设计进水水质 BOD_5 浓度 $S_0=180\mathrm{mg/L}$；TSS 浓度 $X_0=225\mathrm{mg/L}$；VSS$=157.5\mathrm{mg/L}$（MLVSS/MLSS$=0.7$）；TKN$=50\mathrm{mg/L}$；NH_3-N$=35\mathrm{mg/L}$；TP$=5\mathrm{mg/L}$；S_{ALK} 碱度 $280\mathrm{mg/L}$；最低水温 8℃；最高水温 25℃。

（3）设计出水水质 BOD_5 浓度 $S_e=10\mathrm{mg/L}$；TSS 浓度 $X_e=10\mathrm{mg/L}$；NH_3-N$=5\mathrm{mg/L}$；TN$-15\mathrm{mg/L}$；TP$=1.0\mathrm{mg/L}$。

2. 设计计算

（1）基本参数 污泥总产率系数 $Y_t=1.05\mathrm{kgVSS/kgBOD_5}$；混合液悬浮固体浓度（MLSS）$X=4\mathrm{g/L}$（MLVSS/MLSS$=0.70$）；混合液挥发性悬浮固体浓度（MLVSS）$X_v=2.8\mathrm{g/L}$；好氧区设计污泥龄 $\theta_c=15\mathrm{d}$；污泥自身氧化系数 $K_d=0.05\mathrm{d^{-1}}$；SS 的污泥转换率 $f=0.6\mathrm{gMLSS/gSS}$。

（2）好氧区容积 V_1

$$V_1=\frac{Q(S_0-S_e)\theta_c Y_t}{1\,000X}=\frac{10\,000\times(180-10)\times15\times1.05}{1\,000\times4}$$
$$=6\,694\ (\mathrm{m^3})$$

好氧区水力停留时间 t_1 为

$$t_1=V_1/Q=6\,694/10\,000=0.669\ (\mathrm{d})=16.1\ (\mathrm{h})$$

（3）缺氧区容积 V_2 缺氧区容积采用反硝化动力学计算。

$$V_2=\frac{0.001Q(N_K-N_{te})-0.12\Delta X_v}{K_{de}X}$$

式中 V_2——缺氧区有效容积，$\mathrm{m^3}$；

N_K——生物反应池进水总凯氏氮浓度，$\mathrm{mg/L}$；

N_{te}——生物反应池出水总氮浓度，$\mathrm{mg/L}$；

ΔX_v——排出生物反应池系统的微生物量，$\mathrm{kgMLVSS/d}$；

K_{de}——脱氮速率，$\mathrm{kgNO_3^--N/(kgMLSS\cdot d)}$。

① 脱氮速率 $K_{de(T)}$

$$K_{de(T)}=K_{de(20)}\theta^{T-20}$$

式中 $K_{de(20)}$——20℃时的脱氮速率，$\mathrm{kgNO_3^--N/(kgMLSS\cdot d)}$，取 $K_{de(20)}=0.06\mathrm{kgNO_3^--N/(kgMLSS\cdot d)}$；

θ——温度系数，取 1.08；

T——设计水温，℃，取 8℃。

$$K_{de(8)}=0.06\times1.08^{8-20}=0.024(\mathrm{kgNO_3^--N})/(\mathrm{kgMLSS\cdot d})$$

② 排出生物反应池系统的微生物量 ΔX_v

$$\Delta X_v=yY_t\frac{Q(S_0-S_e)}{1\,000}$$

式中 Y_t——污泥总产率系数，$\mathrm{kgMLSS/kgBOD_5}$，取 $1.05\mathrm{kgMLSS/kgBOD_5}$；

y——MLSS 中 MLVSS 所占比例，取 $y=0.7$；

S_0——进水 BOD_5 浓度，$\mathrm{mg/L}$；

S_e——出水 BOD_5 浓度，mg/L。

$$\Delta X_V = 0.7 \times 1.05 \times \frac{10\,000 \times (180 - 10)}{1\,000} = 1\,250 \ (kg/d)$$

③ 缺氧容积 V_2

$$V_2 = \frac{0.001 \times 10\,000 \times (50 - 15) - 0.12 \times 1\,250}{0.024 \times 4.0} = 2\,083.3 \ (m^3)，取 \ 2084 m^3$$

缺氧区水力停留时间 t_2（h）

$$t_2 = V_2/Q = 2\,084/10\,000 = 0.208 \ (d) = 5 \ (h)$$

（4）厌氧区容积 V_3（m³） 根据《室外排水设计规范》（GB 50014—2006）（2016 年版），厌氧区水力停留时间 1～2h，设计取 $t_3 = 1.5$ h，则

$$V_3 = Q t_3 = \frac{10\,000}{24} \times 1.5 = 625 \ (m^3)$$

（5）氧化沟总容积 V 及停留时间 t

$$V = V_1 + V_2 + V_3 = 6\,694 + 2\,084 + 625 = 9\,403 \ (m^3)$$

$$t = V/Q = 9\,403/10\,000 = 0.94 (d) = 22.61 \ (h)$$

校核污泥负荷　　$N = \dfrac{QS_0}{X_V V_1} = \dfrac{10\,000 \times 0.18}{2.8 \times 6\,694} = 0.096 [kgBOD_5/(kgMLVSS \cdot d)]$（符合要求）

（6）剩余污泥量 ΔX（kg/d）

$$\Delta X = Y_t Q (S_0 - S_e) - K_d V_1 X_V + f Q (X_0 - X_e)$$
$$= 0.7 \times 1.05 \times 10\,000 \times (0.18 - 0.01) - 0.05 \times 6694 \times 2.8 + 0.6 \times 10\,000 \times (0.225 - 0.01)$$
$$= 1602 \ (kg/d)$$

去除 1kgBOD₅ 产生的干污泥量为

$$\frac{\Delta X}{Q (S_0 - S_e)} = \frac{1\,602}{10\,000 \times (0.18 - 0.01)} = 0.84 \ (kgDS/kgBOD_5)$$

（7）需氧量

① 污水需氧量 AOR

$$AOR = 0.001 a Q (S_0 - S_e) - c \Delta X_V + b [0.001 Q (N_k - N_{ke}) - 0.12 \Delta X_V]$$
$$- 0.62 b [0.001 Q (N_t - N_{ke} - N_{oe}) - 0.12 \Delta X_V]$$
$$= 0.001 \times 1.47 \times 10\,000 \times (180 - 10) - 1.42 \times 1250 + 4.57 \times [0.001 \times 10\,000 \times (50 - 5) -$$
$$0.12 \times 1250] - 0.62 \times 4.57 \times [0.001 \times 10\,000 \times (50 - 15) - 0.12 \times 1\,250]$$
$$= 1\,528.4 (kgO_2/d)$$

式中　AOR——污水需氧量，kgO_2/d；

$\quad\quad N_k$——生物反应池进水总凯氏氮浓度，mg/L；

$\quad\quad N_{ke}$——生物反应池出水总凯氏氮浓度，mg/L；

$\quad\quad N_t$——生物反应池进水总氮浓度，mg/L；

$\quad\quad N_{oe}$——生物反应池出水硝态氮浓度，mg/L；

$\quad 0.12 \Delta X_V$——排出生物反应池系统的微生物中含氮量，kg/d；

$\quad\quad a$——碳的氧当量，当含碳物质以 BOD_5 计时，取 $a = 1.47$；

$\quad\quad b$——常数，氧化每千克氨氮所需氧量，取 $b = 4.57$；

$\quad\quad c$——常数，细菌细胞的氧当量，取 $c = 1.42$。

最大需氧量与平均需氧量之比为 1.58，则

$$AOR_{max} = 1.58 AOR = 1.58 \times 1\,528.4$$
$$= 2\,414.87 \ (kgO_2/d) = 100.62 \ (kgO_2/h)$$

去除 1kgBOD₅ 需氧量 $= \dfrac{2\,414.87}{10\,000 \times (0.18 - 0.01)}$
$$= 1.42 \ (kgO_2/kgBOD_5)$$

② 标准状态下需氧量 SOR

$$SOR = \frac{AOR \times C_{S(20)}}{\alpha [\beta \rho C_{S(T)} - C] \times 1.024^{T-20}}$$

$$\rho = \frac{\text{所在地区实际气压（Pa）}}{1.013 \times 10^5} = \frac{0.902 \times 10^5}{1.013 \times 10^5} = 0.89$$

厂址处于平均海拔 1 153m 处，对应大气压 0.902×10^5 Pa。

β 取 0.90，得

$$SOR = \frac{1\ 528.4 \times 9.17}{0.85 \times [0.9 \times 0.89 \times 8.38 - 2] \times 1.024^{25-20}}$$
$$= 3\ 107.76\ (\text{kg/d}) = 129.49\ (\text{kg/h})$$

相应最大时标准需氧量 SOR_{max} 为

$$SOR_{max} = 1.58 SOR = 1.58 \times 3\ 107.76$$
$$= 4\ 910.26\ (\text{kgO}_2/\text{d})$$
$$= 204.59\ (\text{kgO}_2/\text{h})$$

（8）氧化沟尺寸　设氧化沟 2 组，则

单组氧化沟有效容积 　　　$V_单 = V/2 = 9\ 403/2 = 4701.5\ (\text{m}^3)$

取氧化沟有效水深 $h = 4\text{m}$，超高为 1.0m，则

单组氧化沟面积 　　　$A_单 = V_单/h = 4\ 701.5/4 = 1\ 175.38\ (\text{m}^2)$

氧化沟高度 　　　$H = 4 + 1.0 = 5.0\ (\text{m})$

① 好氧区尺寸

单组氧化沟好氧区容积 　　　$V_{1单} = V_1/2 = 6\ 694/2 = 3347\ (\text{m}^3)$

好氧区面积 　　　$A_{1单} = V_{1单}/h = 3\ 347/4 = 836.75\ (\text{m}^2)$

好氧区采用 2 沟道，单沟道宽度 b 取 8m，中间分隔墙厚度为 0.25m。

弯道部分面积 　　　$A_{1弯} = \frac{8^2 \times 3.14}{2} \times 2 = 200.96\ (\text{m}^2)$

直线段部分面积 　　　$A_{1直} = A_{1单} - A_{1弯} = 836.75 - 200.96 = 635.79\ (\text{m}^2)$

直线部分长度 　　　$L_{1直} = \frac{A_{1直}}{2b} = \frac{635.79}{2 \times 8} = 39.7\ (\text{m})$

② 缺氧区尺寸

单组氧化沟缺氧区容积 　　　$V_{2单} = V_2/2 = 2\ 084/2 = 1042\ (\text{m}^3)$

缺氧区面积 　　　$A_2 = V_{2单}/h = 1\ 042/4 = 260.5\ (\text{m}^2)$

缺氧区宽度 B_2 与好氧区沟道同宽，则

$$B_2 = 8 + 0.25 + 8 = 16.25\ (\text{m})$$

缺氧区长度 　　　$L_2 = A_{2单}/16.25 = 260.5/16.25 = 16\ (\text{m})$

③ 厌氧区尺寸

单组氧化沟厌氧区容积 　　　$V_{3单} = V_3/2 = 625/2 = 312.5\ (\text{m}^3)$

厌氧区面积 　　　$A_{3单} = V_{3单}/h = 312.5/4 = 78.125\ (\text{m}^2)$

厌氧区长度 L_3 与好氧区沟道同宽，则

$$L_3 = 8 + 0.25 + 8 = 16.25\ (\text{m})$$

厌氧区宽度 　　　$B_3 = A_{3单}/16.25 = 78.125/16.25 = 4.8\ (\text{m})$

（9）进水管、回流污泥管及进水井　进水与回流污泥进入进水井，经混合后经进水潜孔进入厌氧池。

① 进水管

单组氧化沟进水管设计流量 　　　$Q_1 = \frac{Q}{2}K_z = \frac{10\ 000}{2 \times 86\ 400} \times 1.58 = 0.091\ (\text{m}^3/\text{s})$

管道流速 $v = 0.8\text{m/s}$，则管径 $d = \sqrt{\frac{4Q_1}{\pi v}} = \sqrt{\frac{4 \times 0.091}{3.14 \times 0.8}} = 0.38\ (\text{m})$，取进水管 $DN400\text{mm}$。

校核管道流速 　　　$v = \frac{Q}{A} = \frac{0.091}{(0.4/2)^2 \times 3.14} = 0.72\ (\text{m/s})$

② 回流污泥管。污泥回流比 $R = 100\%$，则

单组氧化沟回流污泥管设计流量 　　　$Q_R = RQ_单 = 1 \times \frac{5\ 000}{86\ 400} = 0.058\ (\text{m}^3/\text{s})$

管道流速 $v=0.8\text{m/s}$，则管径 $d=\sqrt{\dfrac{4Q_1}{\pi v}}=\sqrt{\dfrac{4\times0.058}{3.14\times0.8}}=0.30$（m），取回流污泥管 $DN300\text{mm}$。

③ 进水井。进水潜孔设于厌氧池首端。

进水孔过流量　　　　　　$Q_2=Q_1+Q_R=0.091+0.058=0.149$（$\text{m}^3/\text{s}$）

孔口流速 $v=0.6\text{m/s}$，则孔口过水断面积

$$A=Q_2/V=0.149/0.6=0.248\ (\text{m}^2)$$

孔口尺寸取 $b\times h=0.65\text{m}\times0.4\text{m}$。

校核流速 $$v=\frac{0.149}{0.65\times0.4}=0.57\ (\text{m/s})$$

进水井平面尺寸 $1.6\text{m}\times1.6\text{m}$。

（10）出水堰及出水竖井、出水管　氧化沟出水处设置出水竖井，竖井内安装电动可调节堰。初步估算 $\delta/H<0.67$，因此按薄壁堰来计算。

$$Q_3=1.86bH^{\frac{3}{2}}$$

$Q_3=Q_1+Q_R=0.091+0.058=0.149(\text{m}^3/\text{s})$；$H$ 取 0.12m，则

$$b=\frac{Q_3}{1.86\times H^{3/2}}=\frac{0.149}{1.86\times0.12^{3/2}}=1.93\ (\text{m})$$

为了便于设备的选型，堰宽 b 取 2.0m。

校核堰上水头 $$H=\left(\frac{Q}{1.86b}\right)^{2/3}=\left(\frac{0.149}{1.86\times2.0}\right)^{2/3}=0.12\ (\text{m})$$

选用电动可调节堰门，通径 $2.0\text{m}\times0.5\text{m}$。

考虑可调节堰的安装要求，堰两边各留 0.4m 的操作距离。

出水竖井长 $$L=0.4\times2+2.0=2.8\ (\text{m})$$

出水竖井宽度取 $B=1.6\text{m}$（满足安装要求），则出水竖井平面尺寸为 $L\times B=2.8\text{m}\times1.6\text{m}$，氧化沟出水孔尺寸为 $b\times h=2.0\text{m}\times0.5\text{m}$。

单组反应池出水管设计流量 $Q_4=Q_1+Q_R=0.091+0.058=0.149$（$\text{m}^3/\text{s}$）

管道流速 $v=0.8\text{m/s}$，则管径 $d=\sqrt{\dfrac{4Q_4}{\pi v}}=\sqrt{\dfrac{4\times0.149}{3.14\times0.8}}=0.49$（m），取出水管 $DN500\text{mm}$。

校核管道流速 $$v=\frac{Q_4}{A}=\frac{0.149}{(0.5/2)^2\times3.14}=0.76\ (\text{m/s})$$

（11）内回流计算　为使反硝化脱氮效果达到最佳，在好氧区与缺氧区间设置内回流渠，并设置内回流门，对混合液内回流流量进行控制。

混合内回流比 $R_内=100\%\sim400\%$，则

内回流流量　　　　　　$Q_内=R_内\,Q_单=(1\sim4)\times\dfrac{5\,000}{86\,400}=(0.058\sim0.231)\text{m}^3/\text{s}$

内回流控制门通径 $0.6\text{mm}\times0.6\text{m}$。

（12）曝气设备选择　单组氧化沟需氧量为

$$\begin{aligned}\text{SOR}_{1\max}&=\text{SOR}_{\max}/2=4\,910.01/2\\&=2\,455.01\ (\text{kgO}_2/\text{d})=102.29\ (\text{kgO}_2/\text{h})\end{aligned}$$

每组氧化沟设 1 台卡鲁塞尔氧化沟专用曝气机，充氧能力为 $2.5\text{kgO}_2/(\text{kW}\cdot\text{h})$，则所需电机功率 $N=102.29/2.5=40.9$（kW），取 $N=45\text{kW}$。表面曝气机叶轮直径 $D=3\,000\text{mm}$。

（13）厌氧区、缺氧区设备选择（以单组反应池计算）　根据《室外排水设计规范》（GB 50014—2006）第 6.6.7 条，厌氧区、缺氧区应采用机械搅拌，混合功率宜采用 $2\sim8\text{W/m}^3$ 池容计算。

① 厌氧区混合功率按 6W/m^3 池容计算

厌氧区有效容积 $V_{3单}=16.25\times4.8\times4=312$（$\text{m}^3$）

混合全池污水所需功率 $=6\times312=1\,872$（W）

厌氧区内设潜水搅拌机 2 台，单机功率 1.1kW。

反算混合全池污水所用功率 $=\dfrac{2\times1.1\times1\,000}{312}=7$（$\text{W/m}^3$ 池容）（符合要求）

② 缺氧区混合功率按 6W/m³ 池容计算

$$缺氧区有效容积 V_2 = 16 \times 16.25 \times 4 = 1\,040\ (m^3)$$

$$混合全池污水所需功率 = 6 \times 1\,040 = 6\,240\ (W)$$

缺氧区内设潜水搅拌机 2 台，单机功率 3.0kW。

$$反算混合全池污水所用功率 = \frac{2 \times 3.0 \times 1\,000}{1\,040}$$

$$= 5.8\ (W/m^3\ 池容)（符合要求）$$

图 6-22 为改良卡鲁塞尔氧化沟计算图。

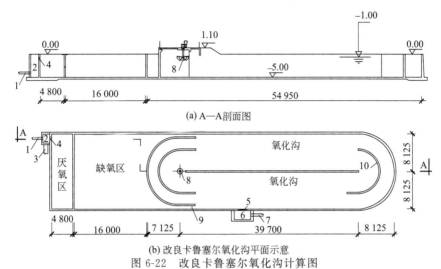

(a) A—A剖面图

(b) 改良卡鲁塞尔氧化沟平面示意

图 6-22　改良卡鲁塞尔氧化沟计算图

1—进水管；2—进水井；3—回流污泥管；4—进水孔；5—出水堰；6—出水井；7—出水管；
8—表面曝气机；9—内回流门；10—导流墙

第五节　间歇式活性污泥法

一、设计概述

间歇式活性污泥法也称序批式活性污泥法（简称 SBR），是在一个反应器中周期性完成生物降解和泥水分离过程的污水处理工艺。在典型的 SBR 反应器中，按照进水、曝气、沉淀、排水、闲置 5 个阶段顺序完成一个污水处理周期。SBR 工艺是最早的污水处理工艺。由于受自动化水平和设备制造工艺的限制，早期的 SBR 工艺操作烦琐，设备可靠性低，因此应用较少。近年来随着自动化水平的提高和设备制造工艺的改进，SBR 工艺克服了操作烦琐缺点，提高了设备可靠性，设计合理的 SBR 工艺具有良好的除磷脱氮效果，因而备受关注，成为污水处理工艺中应用最广泛的工艺之一。SBR 工艺的特点如下。

① 运行灵活。可根据水量水质的变化调整各时段的时间，或根据需要调整或增减处理工序，以保证出水水质符合要求。

② 近似于静止沉淀的特点，使泥水分离不受干扰，出水 SS 较低且稳定。

③ 在处理周期开始和结束时，反应器内水质和污泥负荷由高到低变化，溶解氧则由低到高变化。就此而言，SBR 工艺在时间上具有推流反应器特征，因而不易发生污泥膨胀。

④ 在某一时刻，SBR 反应器内各处水质均匀，具有完全混合的水力学特征，因而具有较好的抗冲击负荷能力。

⑤ SBR 一般不设初沉池，生物降解和泥水分离在一个反应器内完成，处理流程短，占地小。

⑥ 因为运行灵活，运行管理成为处理效果的决定因素。这要求管理人员具有较高的素质，

不仅要有扎实的理论基础，还应有丰富的实践经验。

SBR工艺是目前发展变化最快的污水处理工艺。SBR工艺的新变种有间歇式循环延时曝气活性污泥工艺（ICEAS）、间歇进水周期循环式活性污泥工艺（CAST）、连续进水周期循环曝气活性污泥工艺（CASS）、连续进水分离式周期循环延时曝气工艺（IDEA）等。在工程实践中，设计人员可根据进出水水质灵活组合处理工序和时段，灵活设置进水、曝气方式，灵活进行反应器内分区，并不局限上述定型工艺之中。

目前，SBR工艺的一些机理和设计方法还有待于进一步研究。工程实践中，SBR工艺的设计借鉴活性污泥工艺的设计计算方法，考虑到周期运行的特点，设计中引入反应时间比（或排水比）的参数。设计计算内容包括与生物化学有关的计算，与沉淀有关的计算，需氧量的计算，反应周期及各时段的确定等。

二、计算例题

【例 6-17】 经典 SBR 工艺设计

1. 已知条件

某城市污泥处理厂海拔高度 950m，设计处理水量 $Q=12\,000\text{m}^3/\text{d}$，总变化系数 $K_z=1.62$，冬季水温 $T=10^{\circ}\text{C}$。设计采用非限制曝气 SBR 工艺，鼓风微孔曝气。设计进水水质 $COD_{Cr}=450\text{mg/L}$，$BOD_5=250\text{mg/L}$，$SS=300\text{mg/L}$，$TN=45\text{mg/L}$，$NH_3\text{-N}=35\text{mg/L}$，$TP=6\text{mg/L}$，设计出水水质 $COD_{Cr}=60\text{mg/L}$，$BOD_5=20\text{mg/L}$，$SS=20\text{mg/L}$，$NH_3\text{-N}=15\text{mg/L}$，$TP=0.5\text{mg/L}$。试对 SBR 反应器进行设计。

2. 设计计算

（1）运行周期　反应器个数 $n_1=4$，周期时间 $t=6\text{h}$，周期数 $n_2=4$，每周期处理水量 750m^3。每周期分为进水、曝气、沉淀、排水 4 个阶段。其中进水时间为

$$t_e=\frac{24}{n_1 n_2}=\frac{24}{4\times4}=1.5\ (\text{h})$$

根据滗水器设备性能，排水时间 $t_d=0.5\text{h}$。

MLSS 取 $4\,000\text{mg/L}$，污泥界面沉降速度为

$$u=4.6\times10^4 X^{-1.26}=4.6\times10^4\times4\,000^{-1.26}=1.33\ (\text{m})$$

曝气池滗水高度 $h_1=1.2\text{m}$，安全水深 $\varepsilon=0.5\text{m}$，沉淀时间为

$$t_s=\frac{h_1+\varepsilon}{u}=\frac{1.2+0.5}{1.33}=1.3\ (\text{h})$$

曝气时间　　　　　$t_a=t-t_e-t_s-t_d=6-1.5-1.3-0.5=2.7\ (\text{h})$

反应时间比　　　　$e=t_a/T=2.7/6=0.45\ (\text{h})$

（2）曝气池体积 V　二沉池出水 BOD_5 由溶解性 BOD_5 和悬浮性 BOD_5 组成，其中只有溶解性 BOD_5 与工艺计算有关。出水溶解性 BOD_5 可用下式估算。

$$S_e=S_z-7.1K_d f C_e$$

式中　S_e——出水溶解性 BOD_5，mg/L；

S_z——二沉池出水总 BOD_5，mg/L，取 $S_z=20\text{mg/L}$；

K_d——活性污泥自身氧化系数，d^{-1}，典型值为 0.06d^{-1}；

f——二沉池出水 SS 中 VSS 所占比例，取 $f=0.75$；

C_e——二沉池出水 SS，mg/L，取 $C_e=20\text{mg/L}$。

$$S_e=20-7.1\times0.06\times0.75\times20=13.61\ (\text{mg/L})$$

本例进水 TN 较高。为满足硝化要求，曝气段污泥龄 θ_c 取 25d，污泥产率系数 Y 取 0.6，污泥自身氧化系数 K_d 取 0.06d^{-1}，曝气池体积为

$$V=\frac{YQ\theta_c(S_0-S_e)}{eXf(1+K_d\theta_c)}=\frac{0.6\times12\,000\times25\times(250-13.61)}{0.45\times4\,000\times0.75\times(1+0.06\times25)}=12\,608\ (\text{m}^3)$$

（3）复核滗水高度 h_1　SBR 曝气池共设 4 座，即 $n_2=4$，有效水深 $H=5\text{m}$，滗水高度 h_1 为

$$h_1=\frac{HQ}{n_2 V}=\frac{5\times12\,000}{4\times12\,608}=1.19\approx1.2\ (\text{m})$$

复核结果与设定值相同。

（4）复核污泥负荷

$$N_s = \frac{QS_0}{eXV} = \frac{12\,000 \times 250}{0.45 \times 4\,000 \times 12\,608} = 0.13 \text{（kg BOD}_5/\text{kgMLSS}）$$

（5）剩余污泥产量　剩余污泥由生物污泥和非生物污泥组成。剩余生物污泥 ΔX_V 计算公式为

$$\Delta X_V = YQ \times \frac{S_0 - S_e}{1\,000} - K_d Vf \times \frac{X}{1\,000}$$

K_d 与水温有关，水温为 20℃ 时 $K_{d(20)} = 0.06\text{d}^{-1}$。根据《室外排水设计规范》（GB 50014—2006）的有关规定，不同水温时应进行修正。本例污水温度 $T = 10℃$。

$$K_{d(10)} = K_{d(20)} 1.04^{T-20} = 0.06 \times 1.04^{10-20} = 0.041 \text{（d}^{-1}）$$

冬季剩余生物污泥量为

$$\Delta X_{V(10)} = YQ \times \frac{S_0 - S_e}{1\,000} - eK_d Vf \times \frac{X}{1\,000}$$

$$= 0.6 \times 12\,000 \times \frac{250 - 13.61}{1\,000} - 0.45 \times 0.041 \times 12\,608 \times 0.75 \times \frac{4\,000}{1\,000}$$

$$= 1\,004.16 \text{（kg/d）}$$

剩余非生物污泥 ΔX_S 计算公式如下。

$$\Delta X_S = Q(1 - f_b f) \times \frac{C_0 - C_e}{1\,000}$$

式中　C_0——设计进水 SS，mg/L，取 $C_0 = 300\text{mg/L}$；

f_b——进水 VSS 中可生化部分比例，设 $f_b = 0.7$。

$$\Delta X_S = Q(1 - f_b f) \times \frac{C_0 - C_e}{1\,000} = 12\,000 \times (1 - 0.7 \times 0.75) \times \frac{300 - 20}{1\,000} = 1\,596 \text{（kg/d）}$$

剩余污泥总量　　$\Delta X = \Delta X_V + \Delta X_S = 1\,004.16 + 1\,596 = 2\,600.16 \text{（kg/d）}$

剩余污泥含水率按 99.2% 计算，湿污泥量为 325.03m³/d。

（6）复核出水 BOD$_5$

$$L_{ch} = \frac{24S_0}{24 + K_2 Xf t_a n_2} = \frac{24 \times 250}{24 + 0.018 \times 4\,000 \times 0.75 \times 2.7 \times 4} = 9.88 \text{（mg/L）}$$

复核结果表明，出水 BOD$_5$ 可以达到设计要求，且与设定值十分接近。

（7）复核出水 NH$_3$-N　计算方法及参数同例 6-1。

$$\mu_{m(10)} = 0.5 \times e^{0.098 \times (10-15)} \times \frac{2}{1.3 + 2} \times [1 - 0.833 \times (7.2 - 7.2)] = 0.19(\text{d}^{-1})$$

$$K_{N(10)} = 0.5 \times e^{0.118 \times (10-15)} = 0.28 \text{（mg/L）}$$

$$b_{N(10)} = 0.04 \times 1.04^{10-20} = 0.027(\text{d}^{-1})$$

硝化菌比增长速度为

$$\mu_N = \frac{1}{\theta_c} + b_N = \frac{1}{25} + 0.027 = 0.067 \text{（d}^{-1}）$$

出水氨氮为

$$N_{e(10)} = \frac{K_{N(10)} \mu_{N(10)}}{\mu_{m(10)} - \mu_{N(10)}} = \frac{0.28 \times 0.067}{0.19 - 0.067} = 0.15 \text{（mg/L）}$$

复核结果表明，出水水质可以满足要求。

（8）设计需氧量　设计需氧量包括氧化有机物需氧量、污泥自身需氧量、氨氮硝化需氧量和出水带走的氧量。有机物氧化需氧系数 $a' = 0.5$，污泥需氧系数 $b' = 0.12$。氧化有机物和污泥需氧量 AOR$_1$ 为

$$AOR_1 = a'Q(S_0 - S_e) + eb'XVf$$

$$= 0.5 \times 12\,000 \times \left(\frac{250 - 13.61}{1\,000} \right) + 0.45 \times 0.12 \times \frac{4\,000}{1\,000} \times 12\,608 \times 0.75$$

$$= 1\,418.4 + 2\,042.5 = 3\,460.9 \text{（kg/d）}$$

进水总氮 $N_0 = 45\text{mg/L}$，出水氨氮 $N_e = 15\text{mg/L}$，硝化氨氮需氧量 AOR$_2$ 为

$$AOR_2 = 4.6 \left(Q\frac{N_0 - N_e}{1\,000} - 0.12 \frac{eVXf}{\theta_c} \right)$$

$$= 4.6 \times \left(12\,000 \times \frac{45-15}{1\,000} - 0.12 \times \frac{0.45 \times 4\,000 \times 12\,608 \times 0.75}{1\,000 \times 25} \right)$$

$$= 1\,280.2 \ (\text{kg/d})$$

反硝化产生的氧量 AOR_3 为

$$AOR_3 = 2.86 \times \left(Q\frac{N_j - TN_e}{1\,000} - 0.12\frac{eVN_w f}{1\,000\theta_c} \right)$$

$$= 2.86 \times \left(12\,000 \times \frac{45-20}{1\,000} - 0.12 \times \frac{0.45 \times 4\,000 \times 12\,608 \times 0.75}{1\,000 \times 25} \right)$$

$$= 624.3 \ (\text{kg/d})$$

总需氧量 AOR 为

$$AOR = AOR_1 + AOR_2 - AOR_3 = 3\,460.9 + 1\,280.2 - 624.3 = 4\,116.8 \ (\text{kg/d}) = 171.5 \ (\text{kg/h})$$

（9）标准需氧量

$$SOR = \frac{AOR \times C_{s(20)}}{\alpha[\beta\rho C_{sb(T)} - C] \times 1.024^{T-20}}$$

工程所在地海拔高度 950m，大气压力 p 为 0.91×10^5 Pa，压力修正系数 ρ 为

$$\rho = \frac{p}{1.013 \times 10^5} = \frac{0.91 \times 10^5}{1.013 \times 10^5} = 0.9$$

微孔曝气头安装在距池底 0.3m 处，淹没深度 $H = 4.7$m，其绝对压力 p_b 为

$$p_b = p + 9.8 \times 10^3 H = 1.013 \times 10^5 + 0.098 \times 10^5 \times 4.7 = 1.47 \times 10^5 \ (\text{Pa})$$

微孔曝气头氧转移效率 E_A 为 20%，气泡离开水面时含氧量 O_t 为

$$O_t = \frac{21(1-E_A)}{79 + 21(1-E_A)} \times 100\% = \frac{21 \times (1-0.2)}{79 + 21 \times (1-0.2)} \times 100\% = 17.5\%$$

夏季水温 25℃，清水氧饱和度 $C_{s(25)}$ 为 8.4mg/L，曝气池内平均溶解氧饱和度 C_{sb} 为

$$C_{sb} = C_{s(25)} \left(\frac{p_b}{2.026 \times 10^5} + \frac{O_t}{42} \right) = 8.4 \times \left(\frac{1.47 \times 10^5}{2.026 \times 10^5} + \frac{17.5}{42} \right) = 9.6 \ (\text{mg/L})$$

查附录九，$C_{s(20)} = 9.17$mg/L，$\alpha = 0.85$，$\beta = 0.95$，夏季 $T = 25$℃，则夏季标准需氧量为

$$SOR = \frac{AOR \times C_{s(20)}}{\alpha[\beta\rho C_{sb(25)} - C] \times 1.024^{25-20}} = \frac{171.5 \times 9.17}{0.85 \times [0.95 \times 0.9 \times 9.6 - 2] \times 1.024^{25-20}} = 264.7 \ (\text{kg/h})$$

空气用量
$$G_s = \frac{SOR}{0.3E_A} = \frac{264.7}{0.3 \times 0.20} = 4411.7 (\text{m}^3/\text{h}) = 73.5 (\text{m}^3/\text{min})$$

（10）曝气池布置　SBR 反应池共设 4 座。每座曝气池长 42m，宽 15m，水深 5m，超高 0.5m，有效体积为 3 150m³，4 座反应池总有效体积 12 600m³。单座 SBR 反应池见图 6-23。

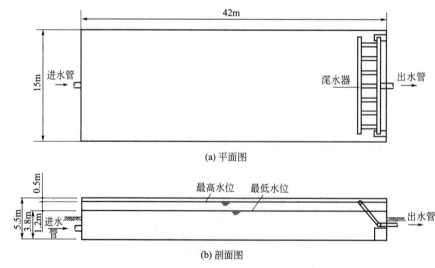

(a) 平面图

(b) 剖面图

图 6-23　传统 SBR 曝气池布置示意

【例 6-18】 CASS 工艺设计计算

1. 已知条件

已知条件同例 6-16，不考虑氨氮的硝化，试对 CASS 反应池进行设计。

2. 设计计算

（1）曝气时间 t_a 设混合液污泥浓度 $X=2\,500\text{mg/L}$，污泥负荷 $N_s=0.1\text{kgBOD}_5/\text{kgMLSS}$，充水比 $\lambda=0.24$，曝气时间 t_a 为

$$t_a=\frac{24\lambda S_0}{N_s X}=\frac{24\times0.24\times250}{0.1\times2\,500}=5.76\approx6\ (\text{h})$$

（2）沉淀时间 t_s 当污泥浓度小于 $3\,000\text{mg/L}$ 时，污泥界面沉降速度 u 为

$$u=7.4\times10^4 TX^{-1.7}$$

式中，T 为污水温度。

设污水温度 $T=10℃$，污泥界面沉降速度 u 为

$$u=7.4\times10^4 TX^{-1.7}=7.4\times10^4\times10\times2\,500^{-1.7}=1.24\ (\text{m/h})$$

设曝气池水深 $H=5\text{m}$，缓冲层高度 $\varepsilon=0.5\text{m}$，沉淀时间 t_s 为

$$t_s=\frac{\lambda H+\varepsilon}{u}=\frac{0.24\times5+0.5}{1.24}=1.37\ (\text{h})，取 1.5\text{h}$$

（3）运行周期 t 设排水时间 $t_d=0.5\text{h}$，运行周期 t 为

$$t=t_a+t_s+t_d=6+1.5+0.5=8\ (\text{h})$$

每日周期数

$$n_2=24/8=3$$

（4）曝气池容积 V 曝气池个数 $n_1=4$，每座曝气池容积 V 为

$$V=\frac{Q}{\lambda n_1 n_2}=\frac{12\,000}{0.24\times4\times3}=4\,167\ (\text{m}^3)$$

（5）复核出水溶解性 BOD_5 根据设计出水水质，出水溶解性 BOD_5 应小于 10.55mg/L。本例出水溶解性 BOD_5 为

$$S_e=\frac{24S_0}{24+K_2 Xft_a n_2}=\frac{24\times250}{24+0.022\times2\,500\times0.75\times6\times3}=7.8\ (\text{mg/L})$$

计算结果满足设计要求。

（6）计算剩余污泥量 $10℃$ 时活性污泥自身氧化系数为

$$K_{d(10)}=K_{d(20)}\theta_t^{T-20}=0.06\times1.04^{10-20}=0.041(\text{d}^{-1})$$

剩余生物污泥量 ΔX_V 为

$$\Delta X_V=YQ\frac{S_0-S_e}{1\,000}-K_d V\frac{X}{1\,000}f\frac{t_a}{24}n_1 n_2$$

$$=0.6\times12\,000\times\frac{250-7.8}{1\,000}-0.041\times4\,167\times\frac{2\,500}{1\,000}\times0.75\times\frac{6}{24}\times4\times3=782.83\ (\text{kg/d})$$

剩余非生物污泥 ΔX_S 为

$$\Delta X_S=Q(1-f_b f)\times\frac{C_0-C_e}{1\,000}=12\,000\times(1-0.7\times0.75)\times\frac{300-20}{1\,000}=1\,596\ (\text{kg/d})$$

剩余污泥总量 ΔX 为

$$\Delta X = \Delta X_V + \Delta X_S = 782.83 + 1\,596 = 2\,379 \quad (\text{kg/d})$$

剩余污泥浓度 N_R 为

$$N_R = \frac{N_w}{1-\lambda} = \frac{2\,500}{1-0.24} = 3\,290 \quad (\text{mg/L})$$

剩余污泥含水率按 99.7% 计算，湿污泥量为 723 m^3/d。

(7) 复核污泥龄

$$\theta_c = \frac{fN_w V n_1 n_2 t_a}{24\Delta X_V} = \frac{0.75 \times 2\,500 \times 4\,167 \times 4 \times 3 \times 6}{24 \times 783 \times 1\,000} = 29.9 \quad (\text{d})$$

计算结果表明，污泥龄可以满足氨氮完全硝化需要。

(8) 复核滗水高度 h_1 曝气池有效水深 $H = 5\text{m}$，滗水高度 h_1 为

$$h_1 = \frac{HQ}{n_1 n_2 V} = \frac{5 \times 12\,000}{4 \times 3 \times 4\,167} = 1.2 \quad (\text{m})$$

复核结果与设定值相同。

(9) 设计需氧量 考虑最不利情况，按夏季时高水温计算设计需氧量。根据《室外排水设计规范》(GB 50014—2006)第 6.7.2 条，设计需氧量 AOR 为

$$\begin{aligned}
\text{AOR} &= aQ\frac{S_0 - S_e}{1\,000} + b[Q(N_0 - N_e) - 0.12\Delta X_V] - c\Delta X_V \\
&= 1.47 \times 12\,000 \times \frac{250 - 7.8}{1\,000} + 4.6 \times \left(12\,000 \times \frac{45 - 15}{1\,000} - 0.12 \times 783\right) - 1.42 \times 783 \\
&= 4\,272.4 + 1\,223.8 - 1\,111.9 = 4\,384.3 \quad (\text{kg/d}) = 182.7 \quad (\text{kg/h})
\end{aligned}$$

(10) 标准需氧量 工程所在地海拔高度 900m，大气压力 p 为 0.91×10^5Pa，压力修正系数 ρ 为

$$\rho = \frac{p}{1.013 \times 10^5} = \frac{0.91 \times 10^5}{1.013 \times 10^5} = 0.9$$

微孔曝气头安装在距池底 0.3m 处，淹没深度 4.7m，其绝对压力 p_b 为

$$p_b = P + 9.8 \times 10^3 H = 1.013 \times 10^5 + 0.098 \times 10^5 \times 4.7 = 1.47 \times 10^5 \quad (\text{Pa})$$

微孔曝气头氧转移效率 E_A 为 20%，气泡离开水面时含氧量 O_t 为

$$O_t = \frac{21(1 - E_A)}{79 + 21(1 - E_A)} \times 100\% = \frac{21 \times (1 - 0.2)}{79 + 21 \times (1 - 0.2)} \times 100\% = 17.5\%$$

水温 25℃，清水氧饱和度 $C_{s(25)}$ 为 8.4mg/L，曝气池内平均溶解氧饱和度 C_{sb} 为

$$C_{sb} = C_{s(25)}\left(\frac{p_b}{2.026 \times 10^5} + \frac{O_t}{42}\right) = 8.4 \times \left(\frac{1.47 \times 10^5}{2.026 \times 10^5} + \frac{17.5}{42}\right) = 9.6 \quad (\text{mg/L})$$

标准需氧量 SOR 为

$$\begin{aligned}
\text{SOR} &= \frac{\text{AOR} \times C_{s(20)}}{\alpha[\beta\rho C_{sb(25)} - C] \times 1.024^{25-20}} = \frac{182.7 \times 9.17}{0.85 \times (0.95 \times 0.9 \times 9.6 - 2) \times 1.024^{25-20}} \\
&= 279.9 \quad (\text{kg/h})
\end{aligned}$$

空气用量

$$G_s = \frac{\text{SOR}}{0.3E_A} = \frac{279.9}{0.3 \times 0.20} = 4\,665 \quad (\text{m}^3/\text{h}) = 77.8 \quad (\text{m}^3/\text{min})$$

最大气水比 $= 4\,665 \times 24 / 12\,000 = 9.33$

(11) 曝气池布置 SBR 曝气池共设 4 座，每座曝气池长 55.6m，宽 15m，水深 5m，超高 0.5m，有效体积为 4\,170m^3。其中预反应区长 9m，占曝气池容积的 16%。单座 CASS 曝气池布置如图 6-24 所示。

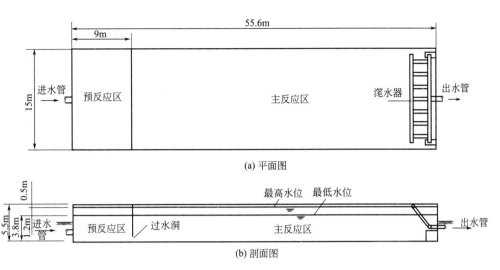

(a) 平面图

(b) 剖面图

图 6-24　单座 CASS 曝气池布置示意

【例 6-19】　经典 SBR 工艺脱氮除磷的设计计算

1. 已知条件

已知条件同例 6-17。

2. 设计计算

（1）反应时间 t_R　根据《序批式活性污泥法污水处理工程技术规范》(HJ 577—2010)的定义，反应时间包括进水时间和好氧、缺氧、厌氧反应时间。反应时间 t_R 为

$$t_R = \frac{24 S_0 m}{1\,000 L_s X}$$

式中　S_0——进水 BOD$_5$ 浓度，mg/L，本例为 250mg/L；

　　　m——充水比，根据 HJ 577—2010 中表 6，有脱氮除磷要求时宜采用 0.3～0.35，本例取 0.3；

　　　L_s——生物反应池 BOD$_5$ 污泥负荷，kgBOD$_5$／（kgMLSS·d），根据 HJ 577—2010 中表 6，本例取 0.1kgBOD$_5$／（kgMLSS·d）；

　　　X——生物反应池内 MLSS，gMLSS/L，根据 HJ 577—2010 中表 6，本例取 3.3gMLSS/L。

$$t_R = \frac{24 \times 250 \times 0.3}{1\,000 \times 0.1 \times 3.3} = 5.45 \approx 5.5(\text{h})$$

每格运行 3 个周期，每周期运行时间 t 为 8h，根据 HJ 577—2010，沉淀时间 t_s 取 1h；排水时间 t_D 取 1h，闲置时间：

$$t_b = t - t_R - t_s - t_D = 8 - 5.5 - 1 - 1 = 0.5(\text{h})$$

闲置时间可以作为机动时间，用于适应水质水量的变化，可以用于延长反应时间和沉淀时间。根据 HJ 577—2010 中表 6，好氧水力停留时间占比 75%，为 4.1h；厌氧反应时间占比 10%，为 0.55h，缺氧反应时间占比 15%，为 0.85h。

（2）反应池有效容积　反应池分 6 格，每周期处理水量 Q' 为

$$Q' = \frac{Q}{6 \times 3} = \frac{12\,000}{6 \times 3} = 667(\text{m}^3)$$

SBR 反应池容积为

$$V = \frac{24 Q' S_0}{1\,000 X L_s t_R} = \frac{24 \times 667 \times 250}{1\,000 \times 3.3 \times 0.1 \times 5.5} = 2\,205(\text{m}^3)$$

（3）污泥龄复核　剩余生物污泥量 ΔX_V 为

$$\Delta X_V = YQ(S_0 - S_e) - eK_{dT}VX_V$$

式中 ΔX_V——剩余污泥量，kgVSS/d；

  Y——污泥产率系数，kgVSS/kgBOD$_5$，据 HJ 577—2010 中表 6，本工程取 0.6；

  K_{dT}——衰减系数，d^{-1}，$K_{dT} = K_{d20}(\theta_T)^{T-20}$；

  K_{d20}——20℃时的衰减系数，d^{-1}，20℃的数值为 $0.04 \sim 0.075 d^{-1}$，本工程取 $0.06 d^{-1}$；

  θ_T——温度系数，采用 $1.02 \sim 1.06$，本工程取 1.04；

  T——设计温度，℃。冬季温度为 10℃；

  e——好氧水力停留时间占周期时间的比例；

  X_V——生物反应池内混合液挥发性悬浮固体平均浓度，gMLVSS/L。

$$K_{dT} = K_{d20} \times \theta_T^{T-20} = 0.06 \times 1.04^{10-20} = 0.040\,5\,(d^{-1})$$

$$e = 4.1/8 = 0.51$$

$$X_V = 0.7X = 0.7 \times 3.3 = 2.31(\text{gMLVSS/L})$$

$$\Delta X_V = 0.6 \times 12\,000 \times (0.25 - 0.02) - 0.51 \times 0.040\,5 \times (2\,205 \times 6) \times 2.31 = 1\,024.76(\text{kgVSS/d})$$

污泥龄：

$$\theta_{co} = \frac{eVX}{\Delta X_V} = \frac{0.51 \times 2\,205 \times 6 \times 2.31}{1\,024.76} = 15.21(d)$$

泥龄满足《室外排水设计规范》(GB 50014—2006)中表 6.6.18 的要求 11 ~23d。

（4）总氮负荷率校核　总氮负荷 $L_{TN} = \dfrac{24Q'TN_0}{1\,000XVt_R} = \dfrac{24 \times 667 \times 45}{1\,000 \times 3.3 \times 2\,205 \times 5.5} = 0.018\,[\text{kgTN/}(\text{kgMLSS} \cdot \text{d})]$

满足 HJ 577—2010 中要求的小于 $0.06\text{kgTN/}(\text{kg MLSS} \cdot \text{d})$。

【题后语】《序批式活性污泥法污水处理工程技术规范》(HJ 577—2010)是现行的用于指导和规范 SBR 污水处理工艺的工艺设计、工艺设备选型、施工与验收、工艺过程的检测与控制、运行与维护等方面的行业技术标准，适用于经典 SBR 工艺、循环式活性污泥工艺（CASS 和 CAST 工艺）、连续和间歇曝气工艺（DAT-IAT 工艺）、交替式内循环活性污泥工艺（AICS 工艺）。HJ 577—2010 推荐的工艺计算方法属于污泥负荷法，引入充水比 m 体现间歇反应器的特征，利用工艺参数取值的变化适应不同进水水质条件和不同出水水质要求。

本题是根据 HJ 577—2010 计算的，计算结果与例 6-17 相比较有所不同，设计人员应根据实际情况选择采用。

第六节　膜生物反应器

一、设计概述

膜生物反应器（Membrane Bioreactor，简称 MBR）是膜技术与污水生物处理技术相结合而变化出来的污水处理方法，最早出现于 1969 年，至今已有 40 年的历史。

1. 类别

按照膜在生物处理系统中的作用不同，可将 MBR 分为分离型 MBR、萃取型 MBR 和扩散型 MBR。分离型 MBR 是用膜分离技术替代传统污水生物处理过程中的沉淀和过滤，使得泥水分离更加彻底和高效，因而可以在生物反应器中保持极高的微生物浓度，在大大缩小生物反应器容积的同时获得高质量的出水；萃取型 MBR 是利用具有选择透过性的半透膜将某种特定组分萃取到膜的另一侧，然后进行生物降解；扩散型 MBR 是利用膜结构中的微孔进行曝气，可使气泡直径更小甚至不产生气泡，大大提高氧转移效率，进而降低曝气充氧所消耗的电能。目前工程上应用最多的是分离型 MBR，通常人们所讲的 MBR，如果没有特别说明，均指分离型 MBR。

按照膜的位置不同，MBR 可以分为浸没式（又称为一体式）MBR 和分置式 MBR，其模式见图 6-25。浸没式 MBR 是将分离膜浸入好氧曝气池的混合液中，利用池中曝气形成的强烈紊流防止或减缓膜的堵塞，可以在保持较高膜通量的同时，降低跨膜压差。浸没式 MBR 的优点是占地面积小、运行电耗低，缺点是化学清洗时需要停止运行，且清洗操作很不方便。分置式 MBR 是在生物池外进行泥与水的膜分离，通常采用错流式过滤方式。与浸没式 MBR 相反，分置式 MBR 的优点是化学清洗方便且彻底，清洗时不影响系统运行，膜的使用寿命长，但缺点是占地面积大，运行电耗高。

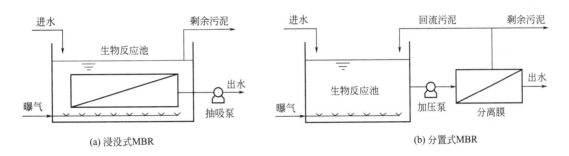

(a) 浸没式MBR (b) 分置式MBR

图 6-25　膜生物反应器（MBR）

MBR 中的分离膜可以是微滤膜，也可以是超滤膜，采用何种膜主要依据设计出水水质而定。采用微滤膜可以获得较大的膜通量且跨膜压差较低，膜的清洗较容易，不仅节省建设投资，而且运行费用也较低，但是出水水质略差。采用超滤膜可以获得较高的出水水质，但是膜通量较小，需要较多的膜和较大的操作压力，膜的清洗较困难，意味着建设费用和运行成本均较高。通常，MBR 所使用的膜其孔径在 $0.1\sim0.4\mu m$ 之间。

2. 特点

由于泥和水的分离采用了膜分离技术，使得 MBR 有两个突出的优点。

一是出水水质好。当采用超滤膜时，出水 SS 几乎为零，使得出水 COD、BOD 等指标大幅度降低。根据北京市北小河污水处理厂的经验，当 MBR（A/A/O 工艺）用于以生活污水为主的城镇污水处理时，其出水 COD 通常小于小于 $30mg/L$，BOD 小于 $5mg/L$，NH$_3$-N 小于 $1.5mg/L$，TP 小于 $0.5mg/L$。仅就有机物、NH$_3$-N 和 TP 等指标而言，出水水质可以达到Ⅳ类地表水的水质标准。

二是节省占地。由于生物不会随出水流失，生物反应池中的污泥浓度可以大幅度提高，容积可以大幅度缩小。当采用浸没式 MBR 时，生物反应池中的污泥浓度可达 $10\sim20g/L$，比传统生物处理方法的污泥浓度提高 2～7 倍。

MBR 也有两个明显的缺点：一是目前膜的造价还较高，导致建设费用居高不下；二是运行电耗较高，膜的使用寿命较短，较高的电耗和频繁更换膜导致处理成本较高。随着技术进步，膜的价格会逐步降低，使用寿命也逐步延长，MBR 的造价和运行成本都会逐步下降，这有利于 MBR 的推广应用。

MBR 中的生物反应池灵活多样，几乎所有污水生物处理方法均可以与膜分离结合形成多种多样的 MBR。例如，可以在好氧曝气池之前增加厌氧池、缺氧池，并增加必要的回流，以达到生物除磷脱氮的目的；可以在前端增加水解酸化池以改善污水的可生化性；还可以在上述好氧、缺氧、厌氧的生物反应池中增加填料形成复合型生物处理系统。

3. 设计要点

MBR 工艺目前没有设计规范和标准，其工艺设计参数由膜的生产商提供。MBR 的设计要点如下。

（1）为保持产水量长期稳定，膜通量设计值应采用下限。

（2）MBR 出水应尽量保持稳定，当处理水量较小时应设调节池。调节池容积可按处理水量的 15%～30% 考虑。

（3）MBR 在运行时，最低水位应淹没膜元件，淹没深度不小于 0.3m。

（4）为防止进水中的砂粒和漂浮物对膜的损伤，MBR 工艺的前处理中要特别强调沉砂池和细格栅的作用，建议细格栅间隙不大于 2mm，最好采用不低于 10 目的筛网，在常规沉砂池之后建议增加初沉池。

（5）污水中的动植物油和矿物油过高时会造成严重的膜污染，因此当原污水中动植物油超过 50mg/L，矿物油超过 3mg/L 时，应采取有效的除油措施。

（6）污水中的二氧化硅会对膜造成不可逆的严重污染，因此在预处理时切记不要使用含二氧化硅的药剂，例如助凝剂水玻璃、硅胶系列消泡剂等。当曝气池中泡沫较多，需要加入消泡剂时，应使用高级乙醇系列消泡剂。

（7）预处理时最好不要使用高分子絮凝剂［例如聚丙烯酰胺（PAM）］，未凝聚的高分子凝聚剂有时同样会妨碍稳定运转。

（8）MBR 在出水时污泥会在膜表面聚集形成泥层导致出水负压增大。为促进聚集在膜表面的泥层在曝气的作用下脱落，MBR 在持续出水一段时间后需要短时间停止出水。当抽吸泵停止运行时，由于虹吸作用或重力作用，出水并不能立即停止，膜表面的泥层无法脱落。因此在出水管路上应加设电磁阀，当抽吸泵停止运行时关闭出水阀。

（9）MBR 需要定期进行在线或离线化学清洗，化学清洗方式和周期应遵从设备供应商的有关说明。

二、计算例题

【例 6-20】　浸没式 MBR 设计计算

1. 已知条件

某城镇污水处理厂设计规模为 $1.5 \times 10^4 \, \text{m}^3/\text{d}$，设计进出水水质见表 6-7。生物反应池设计采用具有除磷脱氮功能的（A^2/O 工艺）浸没式 MBR。

表 6-7　设计进出水水质

水质指标	进水水质	出水水质	水质指标	进水水质	出水水质
pH 值	7.0～7.5	6.5～8.5	NH_3-N/(mg/L)	30	5
COD_{Cr}/(mg/L)	320	50	TP/(mg/L)	6	0.5
BOD_5/(mg/L)	160	10	碱度/(mg/L)	280	
SS/(mg/L)	150	10	水温/℃	10～25	
TN/(mg/L)	38	15			

某膜产品生产商提供的设计参数如下：MLSS 3 000～15 000mg/L；BOD 容积负荷 1.2kg/(m³·d)；水力停留时间 4～6h；标准膜通量 290L/(d·m²)；组件膜面积 1 372m²；曝气强度 4.2～5.6L/(min·m²)；膜组

件产水量 400m³/d；膜组件长 2.7m，宽 2.0m，高 1.6m；运行方式为出水 13min，停止 3min。

2. 设计计算

（1）判别水质　$BOD_5/TN=160/38=4.2>4$，$BOD_5/TP=160/6=26.7>17$，C/N 和 C/P 均满足设计《室外排水设计规范》（GB 50014—2006）的要求，可采用 A^2/O 法生物同步除磷脱氮工艺。

（2）工艺模式　本例工艺模式见图 6-26。

（3）设计流量　生物反应池按平均时流量设计，平均时流量 Q_a 为

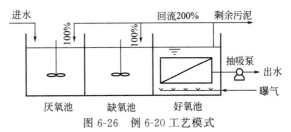

图 6-26　例 6-20 工艺模式

$$Q_a=15\,000/24=625\,（m^3/h）=174\,（L/s）$$

（4）膜组件数量　膜组件产水量 $q_s=400m^3/d$，膜组件数用量 n 为

$$n=\frac{24Q_a}{q_s}=\frac{24\times625}{400}=37.5\,（个）$$

好氧池分为 2 格，每格设膜组件数量 20 个，共计 40 个。每个好氧池中膜组件排列方式为 2 列，10 排。为方便安装与维修，膜组件列间距 0.8m，排间距 0.4m，与池壁间距 0.8m。

单格好氧池宽度：$B=2\times2+3\times0.8=6.4$（m）。

单格好氧池长度：$L_O=10\times2.7+9\times0.4+2\times0.8=32.2$（m）。

生物池平均水深 $H_1=5m$，好氧池容积 V_O 为

$$V_O=2BL_OH_1=2\times6.4\times32.2\times5=2\,060.8\,（m^3）$$

（5）工艺参数复核

① 好氧池停留水力停留时间

$$HRT_O=V_O/Q_a=2\,060.8/625=3.3\,（h）$$

② BOD 容积负荷

$$N_s=\frac{24Q_aS_0}{1\,000V_O}=\frac{24\times625\times160}{1\,000\times2\,060.8}=1.16<1.2\,（kg/d）$$

式中　S_0——好氧池进水 BOD_5 浓度。

③ 污泥龄 θ_c。设计污泥龄按氨氮硝化需要确定，计算方法见例 6-6。

本例污水最低温度 $T=10℃$，出水氨氮 $N=5mg/L$，好氧池溶解氧 $O_2=2mg/L$，氧的半速常数 $K_{O_2}=1.3mg/L$，设计最低 pH 7.0，硝化速率 μ_N 为

$$\mu_N=0.47e^{0.098(T-15)}\times\left(\frac{N}{N+10^{0.05T-1.158}}\right)\times\left(\frac{O_2}{K_{O_2}+O_2}\right)\times[1-0.833\times(7.2-pH)]$$

$$=0.47e^{0.098(10-15)}\times\left(\frac{5}{5+10^{0.05\times10-1.158}}\right)\times\left(\frac{2}{1.3+2}\right)\times[1-0.833\times(7.2-7)]=0.14(d^{-1})$$

设计安全系数 $K=3.5$，污泥龄 θ_c 为

$$\theta_c=K\frac{1}{\mu_c}=3.5\times\frac{1}{0.14}=25\,（d）$$

④ 好氧池污泥浓度。好氧池中活性污泥挥发比 $f_X=0.7$，产率系数 $Y=0.6$，污泥衰减系数 $K_d=0.05d^{-1}$；进水 BOD_5 浓度 $S_0=160mg/L$，出水 BOD_5 全部为溶解性有机物，考虑到安全系数，$S_e=5mg/L$；好氧池挥发性活性污泥浓度为

$$X_{OV}=\frac{24Q_aY\theta_c(S_0-S_e)}{V_O(1+K_d\theta_c)}=\frac{24\times625\times0.6\times25\times(160-5)}{2\,060.8\times(1+0.05\times25)}$$

$$=7521\,（mg/L）$$

MLSS 浓度：$X=X_{OV}/f_X=7\,521/0.7=10\,744\approx11\,000\,（mg/L）$

⑤ 确定回流比。进水 TN 浓度 $N_0=38mg/L$，出水 TN 浓度 $N_e=15mg/L$，回流比 R 为

$$R=\frac{N_0-N_e}{N_e}\times100\%=\frac{38-15}{15}\times100\%=153\%$$

设计值取 $R=200\%$。其中，厌氧池回流比 $R_1=100\%$，缺氧池回流比 $R_2=100\%$。

⑥ 厌氧池污泥浓度

$$X_{A1} = \frac{R_1}{1+R_1} X_O = \frac{1}{1+1} \times 11\,000 = 5\,500 \ (\text{mg/L})$$

⑦ 缺氧池污泥浓度

$$X_{A2} = \frac{(1+R_1)X_{A1} + R_2 X_O}{1+R_1+R_2} = \frac{(1+1) \times 5\,500 + 1 \times 11\,000}{1+1+1} = 7\,333 \ (\text{mg/L})$$

(6) 厌氧池计算　厌氧池停留时间 $\text{HRT}_{A1} = 1.5\text{h}$，厌氧池容积 V_{A1} 为

$$V_{A1} = q_s \times \text{HRT}_{A1} = 625 \times 1.5 = 937.5 \ (\text{m}^3)$$

厌氧池分为 2 格，每格宽 7.5m，水深同好氧池，池长 L_{A1} 为

$$L_{A1} = \frac{V_{A1}}{2BH_2} = \frac{937.5}{2 \times 7.5 \times 5} = 12.5 \ (\text{m})$$

(7) 缺氧池计算　缺氧池进水硝态氮 $N_0 = 38\text{mg/L}$，出水硝态氮 $N_e = 15\text{mg/L}$，脱氮速率 $K_{de} = 0.025\text{kgNO}_3^- \text{-N/kgMLSS}$，缺氧池容积 V_{A2} 为

$$\begin{aligned}
V_{A2} &= \frac{24Q_a}{K_{de}X} \left[N_0 - N_e - 0.12 \frac{Y(S_0 - S_e)}{1 + K_d \theta_c} \right] \\
&= \frac{24 \times 625}{0.025 \times 7333} \times \left[38 - 15 - 0.12 \times \frac{0.6 \times (160-5)}{1 + 0.05 \times 25} \right] \\
&= 1\,476 \ (\text{m}^3)
\end{aligned}$$

缺氧池分为 2 格，宽度、水深同好氧池，缺氧池长度 L_{A2} 为

$$L_{A2} = \frac{V_{A2}}{2BH_1} = \frac{1476}{2 \times 7.5 \times 5} = 19.68 \approx 19.7 \ (\text{m})$$

缺氧池水力停留时间

$$\text{HRT}_{A2} = V_{A2}/Q_a = 1\,476/625 = 2.4 \ (\text{h})$$

生物池总水力停留时间

$$\text{HRT} = \text{HRT}_O + \text{HRT}_{A1} + \text{HRT}_{A2} = 3.3 + 1.5 + 2.4 = 7.2 \ (\text{h})$$

(8) 曝气量计算　在 A^2/O 系统中，溶解氧的需要量由三部分组成，即有机物降解需氧量、氨氮硝化需氧量和硝态氮反硝化需氧量，其中反硝化需氧量为负值。

① 有机物碳化需氧量 O_1

$$O_1 = \frac{1.47Q(S_0 - S_{se})}{1\,000} = \frac{1.47 \times 15\,000 \times (160-5)}{1\,000} = 3\,417.8 \ (\text{kg/d})$$

② 氨氮硝化需氧量 O_2

$$\begin{aligned}
O_2 &= 4.57Q \left[\frac{N_{H0} - N_{He}}{1\,000} - 0.12 \times \frac{Y(S_0 - S_e)}{1\,000(1 + K_d \theta_c)} \right] \\
&= 4.57 \times 15\,000 \times \left[\frac{38-5}{1\,000} - 0.12 \times \frac{0.6 \times (160-5)}{1\,000 \times (1 + 0.05 \times 25)} \right] \\
&= 1\,922.1 \ (\text{kg/d})
\end{aligned}$$

式中　N_{H0}、N_{He}——进出水氨氮浓度，mg/L；

Q——日处理水量，m^3/d。

③ 反硝化需氧量 O_3

$$\begin{aligned}
O_3 &= \frac{2.86Q}{1\,000} \left[N_0 - N_e - 0.12 \times \frac{Y(S_0 - S_e)}{1 + K_d \theta_c} \right] \\
&= \frac{2.86 \times 15\,000}{1\,000} \times \left[38 - 15 - 0.12 \times \frac{0.6 \times (160-5)}{1 + 0.05 \times 25} \right] \\
&= 733.9 \ (\text{kg/d})
\end{aligned}$$

④ 生物池需氧量 O

$$O = O_1 + O_2 + O_3 = 3\,417.8 + 1\,922.1 - 733.9 = 4\,606 \ (\text{kg/d}) = 191.9 \ (\text{kg/h})$$

⑤ 按生物反应需要计算曝气量。标准需氧量与设计需氧量之比为 1.6，曝气器采用穿孔管曝气设备，氧转移效率 E_A 为 7%，按生物反应需要计算的曝气量 Q_{qs} 为

$$Q_{qs} = \frac{1.6 O_2}{0.3 E_A} = \frac{1.6 \times 186}{0.3 \times 0.07} = 14\,171 \ (\mathrm{m^3/h}) = 236.2 \ (\mathrm{m^3/min})$$

⑥ 按膜需要计算曝气量。每个膜组件的面积 $f = 1\,372\mathrm{m^2}$，曝气强度 $q_q = 5\mathrm{L/(min \cdot m^2)}$，总用气量 Q_{qM} 为

$$Q_{qM} = \frac{q_q nf}{1\,000} = \frac{5 \times 40 \times 1\,372}{1\,000} = 274.4 \ (\mathrm{m^3/min})$$

设计曝气量按膜需要量确定。

其他计算从略。本例生物池布置见图 6-27。

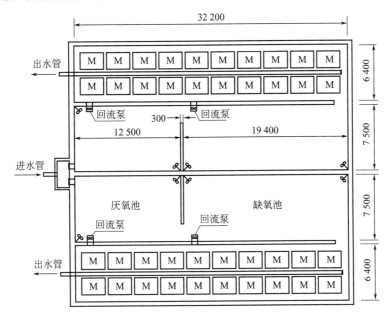

图 6-27　MBR 反应池平面示意（单位：mm）

第七节　复合生物反应器

一、设计概述

复合生物反应器是由悬浮生长微生物和附着生长微生物共同作用的生物反应器，是近年来出现的一种新型污水处理方法。由于两种状态的微生物共同作用，使得复合生物反应器兼有活性污泥法和生物膜法二者的优点，而避免了二者的缺点。

1. 特点

（1）活性污泥法生物除磷要求污泥龄较短，而氨氮的硝化又要求污泥龄较长，二者往往不能兼顾。生物膜法工艺中的填料有利于硝化菌生长，但不利于聚磷菌生长，生物除磷效果较差。复合生物反应器内附着生长的微生物污泥龄较长，有利于硝化菌生物生长；悬浮生长的微生物可以控制在较短的污泥龄状态，且反复处于厌氧、缺氧、好氧环境，有利于生物除磷。因此，复合生物反应器可以较好地兼顾生物脱氮和生物除磷的要求。

（2）生物膜法工艺中，脱落的丝状菌很难沉淀，脱落的生物膜残片又没有凝聚作用，因此二沉池出水浊度较高。复合生物反应器内悬浮状微生物以菌胶团为主，具有生物凝聚作用，可以捕捉附着微生物脱落的丝状菌，有利于降低二沉池出水的浊度。

（3）由于同时存在两种状态的微生物，反应器内微生物浓度高于活性污泥法，也高于生物膜法。较高的微生物浓度可以提高反应器的容积负荷，提高了反应器抗冲击负荷能力，减少反应器体积和占地。而附着生长微生物不会增加二沉池固体通量，不影响二沉池工作。

（4）当进水 COD 较低时，活性污泥增长速度小于二沉池污泥流失速度，反应器内微生物

浓度无法维持，所以活性污泥法不能用于处理 COD 较低（如 COD 低于 100mg/L）的污水。由于复合生物反应器内的微生物以两种状态存在，当进水 COD 很低时，附着微生物可以很好地发挥作用，所以能够很好地适应低浓度污水。

（5）当进水 COD 较低时复合生物反应器可以按纯生物膜法运行，当进水 COD 较高时可以适当增加悬浮污泥浓度以提高处理能力，所以复合生物反应器运行十分灵活。

2. 设计要点

目前，复合生物反应器还没有标准的设计方法。根据其工作原理和工程实践经验，总结出设计要点如下。

（1）复合反应器中悬浮污泥中包含了填料上脱落的老化生物膜残片，所以悬浮污泥的生物活性较差。根据工程实践经验，有效悬浮污泥浓度（相当于活性污泥法中的 MLVSS）与MLSS 的比值要低于常规污泥法工艺。

（2）如果缺氧段设置填料，搅拌设计应充分考虑填料的影响。应采用垂直轴，大直径、低转速的搅拌设备，搅拌功率密度按轴功率计算不宜小于 $10W/m^3$。

（3）填料应易于挂膜，不易堵塞，比表面积较大。可以选用立体弹性填料或悬浮填料，缺氧池宜选用悬浮填料。如果选用悬浮填料，其用量一般在池容的 30% 左右。如果选用立体弹性填料，其底部应预留 0.9～1.5m 的检修空间，用量不宜超过池容的 60%。

（4）由于存在附着状态的生物，好氧池溶解氧浓度应高于活性污泥法工艺，一般溶解氧应控制在 3mg/L 左右。

二、计算例题

【例 6-21】 复合生物反应器计算

1. 已知条件

某城镇污水处理厂设计规模为 $1.5 \times 10^4 m^3/d$，设计处理工艺采用 A^2/O 复合生物反应器，不设初沉池。设计进水水质：$COD_{Cr} = 450mg/L$，$BOD_5 = 180mg/L$，SS = 150mg/L，NH_3-N = 35mg/L，TN = 45mg/L，TP = 4.5mg/L。出水水质：$COD_{Cr} = 60mg/L$，$BOD_5 = 20mg/L$，SS = 20mg/L，NH_3-N = 5mg/L，TN = 15mg/L，TP = 1.5mg/L。

2. 设计计算

（1）估算反应器生物浓度 悬浮态混合液污泥浓度，$X_1 = 3500mg/L$，其中 $X_{1v} = 1750mg/L$。

采用弹性填料，填料填充率为 60%，规格为 120mm（填料串直径）×0.35mm（塑料丝直径），比表面积 $380m^2/m^3$，单位串数 77 串/m^3，挂膜后生物膜总质量为 $380kg/m^3$，含水率为 98%。附着态生物折算生物浓度为

$$X_2 = 380 \times (1-0.98) \times 0.6 \times 1000 = 4560 \text{（mg/L）}$$

其中有效生物

$$X_{2v} = 4560 \times 0.6 = 2736 \text{（mg/L）}$$

反应器内污泥浓度合计

$$X = X_1 + X_2 = 3500 + 4560 = 8060 \text{（mg/L）}$$
$$X_V = X_{1v} + X_{2v} = 1750 + 2736 = 4486 \text{（mg/L）}$$

悬浮态有效生物所占比例 $K_1 = X_{1v}/X_V = 1750/4486 = 0.39$

附着态有效生物所占比例 $K_2 = X_{2v}/X_V = 2344/4486 = 0.61$

（2）剩余污泥产量 剩余污泥量由三部分组成：一为附着态生物污泥产量；二为悬浮态生物污泥产量；三为非生物污泥产量。附着态生物污泥产量和悬浮态生物污泥产量与两种状态生物对 BOD 削减量的贡献值有关，而贡献值与两种状态生物所占比例成正比。

① 悬浮态生物污泥量 ΔX_1

$$\Delta X_1 = \frac{K_1 Q Y_1 (S_0 - S_e)}{1000(1 + K_d \theta_c)} = \frac{0.39 \times 15000 \times 0.6 \times (180 - 6.4)}{1000 \times (1 + 0.05 \times 8)} = 435.2 \text{（kg/d）}$$

式中 Y_1——悬浮态生物产率系数，$Y_1 = 0.6$；

θ_c——悬浮态生物污泥龄，d，考虑到生物除磷的需要，$\theta_c = 8d$；

S_0——进水溶解性 BOD_5 浓度，mg/L，$S_0 = 180$mg/L；

S_e——出水溶解性 BOD_5 浓度，mg/L，参照例6-6的计算，$S_e = 6.4$mg/L。

② 附着态生物污泥产量 ΔX_2

$$\Delta X_2 = \frac{K_2 Q Y_2 (S_0 - S_e)}{1\,000} = \frac{0.61 \times 15\,000 \times 0.35 \times (180 - 6.4)}{1\,000} = 556 \ (\text{kg/d})$$

式中 Y_2——附着态生物表观产率系数，根据经验，$Y_2 = 0.35$。

③ 非生物污泥量 ΔX_3

$$\Delta X_3 = \frac{Y_3 Q X_0}{1\,000} = \frac{0.5 \times 15\,000 \times 150}{1\,000} = 1\,125 \ (\text{kg/d})$$

式中 X_0——进水 SS 浓度，mg/L；

Y_3——进水悬浮物的污泥产率系数。

根据经验，进水悬浮物中约50%可以被生物降解，剩余50%转化为非生物污泥，所以 $Y_3 = 0.5$。

④ 总剩余污泥 ΔX

$$\Delta X = \Delta X_1 + \Delta X_2 + \Delta X_3 = 435.2 + 556 + 1\,125 = 2\,116.2 \ (\text{kg/d})$$

（3）生物反应池

① 厌氧池。厌氧池停留时间 $HRT_{A1} = 1.5$h，厌氧池容积 V_{A1} 为

$$V_{A1} = q_s \times HRT_{A1} = 625 \times 1.5 = 937.5 (\text{m}^3)$$

② 缺氧池。生物合成去除的氨氮 N_s 为

$$N_s = 1\,000 \times \frac{0.12(\Delta X_1 + \Delta X_2)}{Q} = 1\,000 \times \frac{0.12 \times (435.2 + 556)}{15\,000} = 7.93 \ (\text{mg/L})$$

反硝化速率 K_{de} 取 0.025kgNO_3^--N/kgMLSS，缺氧池容积 V_{A2} 为

$$V_{A2} = \frac{Q(N_0 - N_e - N_S)}{K_{de} X} = \frac{15\,000 \times (45 - 15 - 7.93)}{0.025 \times 8\,060} = 1\,642.9 \ (\text{m}^3)$$

缺氧池水力停留时间　　$HRT_{A2} = 24 V_{A2}/Q = 24 \times 1\,642.9/15\,000 = 2.63 \ (\text{h})$

缺氧池中填料用量　　　$M_{A2} = 1\,642.9 \times 0.6 = 985.7 \ (\text{m}^3)$

按两种状态生物共同作用计算，反硝化填料负荷 P_{NO} 为

$$P_{NO} = \frac{K_2 Q(N_0 - N_e - N_S)}{1\,000 M_{A2}} = \frac{0.57 \times 15\,000 \times (45 - 15 - 7.93)}{1\,000 \times 985.7} = 0.20[\text{kg}NO_3^- \text{-N}/(\text{m}^3 \cdot \text{d})]$$

《室外排水设计规范》(GB 50014—2006)第 6.9.23 条推荐的曝气生物滤池的反硝化填料负荷设计参数为 0.8～4.0kgNO_3^--N/(m^3·d)，据此可以判定缺氧池可以满足反硝化需要。

③ 好氧池。根据污泥龄的定义，好氧池容积 V_O 为

$$V_O = 1\,000 \theta_c \Delta X_1 / X_{1V} = 1\,000 \times 8 \times 435.2/1\,750 = 1\,989.5 \ (\text{m}^3)$$

好氧池水力停留时间 HRT_O 为

$$HRT_O = 24 V_O/Q = 24 \times 1\,989.5/15\,000 = 3.18 \ (\text{h})$$

好氧池填料用量　　　$M_O = 1\,989.5 \times 0.6 = 1\,193.7 \ (\text{m}^3)$

按两种状态生物共同作用计算，好氧池填料 BOD_5 负荷 P_O 为

$$P_O = \frac{K_2 Q S_0}{1\,000 M_O} = \frac{0.61 \times 15\,000 \times 180}{1\,000 \times 1\,193.7} = 1.38[\text{kg}BOD_5/(\text{m}^3 \cdot \text{d})]$$

GB 50014—2006 第 6.9.11 条推荐的接触氧化工艺同时碳化和硝化时填料 BOD_5 负荷参数为 0.2～2.0kgBOD_5/(m^3·d)，据此可以判定本例好氧池也可以满足硝化需要。

④ 总停留时间。生物反应器总水力停留时间为

$$HRT = HRT_{A1} + HRT_{A2} + HRT_O = 1.5 + 2.63 + 3.18 = 7.31 \ (\text{h})$$

计算表明，复合生物反应器比常规活性污泥法 A^2/O 工艺的生物池容积缩小约50%。

⑤ 出水总磷。附着态生物剩余污泥中不含聚磷菌，按生物膜分子构成（$C_{60}H_{87}O_{23}N_{12}P$）分析，其含磷量可按2.3%计。悬浮态剩余生物污泥泥龄较短，含磷量较高，可按6%计。原污水 TP 中约50%为颗粒状磷，其中20%可以直接沉淀。因此，二沉池出水 TP 浓度 P_e 为

$$P_e = P_0 - \frac{1\,000(0.06\Delta X_1 + 0.02\Delta X_2)}{Q} - 0.2 P_0$$

$$=4.5-\frac{1\,000\times(0.06\times435.2+0.023\times556)}{15\,000}-0.1\times4.5=1.46\ (\text{mg/L})$$

按全部剩余污泥量计算，污泥含磷量 X_P 为

$$X_P=\frac{Q(P_0-P_e)}{1\,000\Delta X}\times100\%=\frac{15\,000\times(4.5-1.46)}{1\,000\times2\,116.2}\times100\%=2.15\%$$

污泥含磷量符合一般工程实际运行数据。

其他计算从略。

第八节　改良型 SBR

一、设计概述

改良型 SBR（Modified SBR）即 MSBR，系美国 Aqua-Acrobic Inc 的专利技术。MSBR 系统实质是由 A^2/O 工艺与 SBR 系统串联而成，具有生物除磷脱氮功能，可以连续进水、连续出水，与传统 SBR 有着很大的区别，其工艺原理见图 6-28。

MSBR 技术起源于 20 世纪 80 年代，初期为类似于三沟氧化沟的三池系统，目前逐步发展成为多单元组合系统。

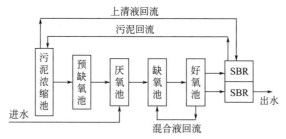

图 6-28　MSBR 工艺原理

1. 特点

（1）MSBR 采用空气堰的出水方式。在出水槽上方设置了一个反扣的空气腔，其下部深入到水中。当需要出水时，关闭进气阀，打开排气阀，使空气腔的压力降低，水位上升到溢流堰顶以上开始出水。当需要停止出水时，关闭排气阀，打开进气阀，使空气腔中的压力升高，水位下降到出水堰顶以下停止出水。采用空气堰的出水方式，可以使 SBR 反应池进水和出水同时进行，并在出水时保持池内水位恒定。采用空气堰的出水方式，使 SBR 运行周期由通常的四个阶段（进水、反应、沉淀、出水）缩减到三个阶段（反应、沉淀和进水出水），大大延长了 SBR 的有效反应时间，提高了反应池利用效率。

（2）一组 MSBR 由一个回流污泥浓缩池，加一组 A^2/O 反应池，再加两个 SBR 反应池组成。当其中一个 SBR 反应池沉淀出水时，另一个 SBR 反应池处于反应状态，因此可以在连续进水的条件下，保持连续出水。

（3）A^2/O 反应池加 SBR 反应池，既保留了 A^2/O 同步除磷脱氮的优势，又发挥了 SBR 的长处，与经典 SBR 相比，出水水质保证率显著提高。

（4）在 A^2/O 反应池之前设置了回流污泥浓缩池。回流污泥经过浓缩后进入 A^2/O 反应池，提高了生物反应池中的污泥浓度和容积利用效率。

（5）省去了二沉池，降低了工程建设费用，节省了占地面积。

2. 设计要点

目前，MSBR 工艺没有统一的设计计算方法，根据其工作原理和工程实际经验，总结出以下设计要点。

（1）MSBR 流程的实质与传统 A^2/O 工艺一样，相当于 A^2/O＋SBR。

（2）A²/O 段参考相关规范计算，SBR 段参考《序批式活性污泥法污水处理工程技术规范》（HJ 577—2010）计算。

（3）合理分配 A²/O 段和 SBR 段的去除负荷。

二、计算例题

【例 6-22】 MSBR 工艺的设计计算

1. 已知条件

某污水处理厂设计处理水量 $Q=20\,000\text{m}^3/\text{d}$，设计采用 MSBR 工艺。生物反应池进水水质为：$COD_{Cr}=310\text{mg/L}$，$BOD_5=180\text{mg/L}$，$TN=45\text{mg/L}$，$NH_3\text{-}N=35$，$TP=4.0\text{mg/L}$，总 $SS=120\text{mg/L}$。污水温度夏季 25℃，冬季 10℃。设计出水水质：$COD_{Cr}\leqslant60\text{ mg/L}$，$BOD_5\leqslant15\text{mg/L}$，$TN\leqslant15\text{mg/L}$，$NH_3\text{-}N\leqslant5\text{mg/L}$，$TP\leqslant1.0\text{mg/L}$，$SS\leqslant20\text{mg/L}$，$VSS/TSS=0.750$。

2. 设计计算

MSBR 可以看成是 A²/O 与 SBR 的串联。设定污染物去除负荷率，A²/O 为 75％~80％的，SBR 为 20％~25％。MSBR 分为两组，A²/O 与 SBR 设计进出水水质目标见表 6-8。

表 6-8 A²/O 与 SBR 设计进出水水质情况

阶段		COD_{Cr}	BOD_5	SS	总氮	总磷	氨氮
进水/(mg/L)		310	180	120	45	4.0	35
A²/O	出水/(mg/L)	110	40	30	21	1.0	11
	去除率/％	64.5％	77.7％	75％	53.3％	75％	68.6％
SBR	出水/(mg/L)	60	15	20	15	1.0	5
	去除率/％	45.5％	62.5％	50％	28.6％	0％	54.5％
总去除率/％		80.6％	91.7％	83.3％	66.7％	73％	85.7％

（1）A²/O 段设计

① 好氧区 V_1 容积计算

$$V_1=\frac{Q\theta_c Y\,(S_0-S)}{X_V\,(1+K_d\theta_c)}$$

式中　V_1——好氧区有效容积，m^3；

　　　Q——设计流量，m^3/d，单组进水量为 $10\,000\text{m}^3/\text{d}$；

　　　S_0——进水 BOD_5 浓度，mg/L；

　　　S——出水溶解性 BOD_5 浓度，mg/L；

　　　Y——污泥产率系数，取 $Y=0.6\text{kgMLVSS/kgBOD}_5$；

　　　K_d——污泥自身氧化系数，d^{-1}，取 $K_d=0.05\text{d}^{-1}$；

　　　θ_c——固体停留时间，d^{-1}；

　　　X_V——混合液挥发性悬浮固体浓度（MLVSS），mg/L，$X_V=fX$；

　　　X——混合液悬浮固体浓度（MLSS），g/L，取 4g/L；

　　　f——混合液中 VSS/SS 之比，取 $f=0.7$。

出水溶解性 BOD_5 为

$$S=S_e-1.42f\times TSS\times\,(1-e^{-kt})$$
$$=40-1.42\times0.7\times30\times\,(1-e^{-0.23\times5})=19.62\,\text{(mg/L)}$$

式中　k——好氧系数，取 0.23；

　　　t——BOD 测定时间，d，5d。

污泥龄　　　　　　$$\theta_c=F\frac{1}{\mu_0}=F\frac{1}{0.47e^{0.098(T-15)}\times\dfrac{N_a}{K_n+N_a}}$$

式中 θ_c——好氧池设计泥龄，d；

F——安全系数，取值范围 $1.5\sim3.0$，本设计取 3.0；

μ_0——硝化菌比生长速率，d^{-1}；

K_n——氨氮硝化反应的半速率常数，mg/L，本设计取 1mg/L；

N_a——生物池中氨氮浓度，$N_a=11mg/L$；

T——设计水温，℃，在此取 10℃。

$$\mu_0=0.47\times e^{0.098(10-15)}\times\frac{11}{1+11}=0.47\times0.613\times0.917=0.264\ (d^{-1})$$

$$\theta_c=3.0\times\frac{1}{0.264}=11.37\ (d)$$

根据计算结果，θ_c 取 12d。

代入上述数据，好氧区容积 V_1 为

$$V_1=\frac{10\ 000\times12\times0.6\times(180-19.26)}{1\ 000\times0.7\times4\times(1+0.05\times12)}=2\ 583.3(m^3)$$

好氧区水力停留时间 t_1 为

$$t_1=\frac{2\ 583.3\times24}{10\ 000}=6.2\ (h)$$

② 缺氧区容积

$$V_2=\frac{0.001Q(N_k-N_{te})-0.12\Delta X_V}{K_{de}X}$$

式中 V_2——缺氧区有效容积，m^3；

N_k——生物反应池进水总凯氏氮浓度，mg/L；

N_{te}——生物反应池出水总氮浓度，21mg/L；

K_{de}——反硝化速率，$kgNO_3^--N/\ (kgMLSS\cdot d)$；

ΔX_V——排出生物反应池的微生物量，kgMLVSS/d；

X——混合液悬浮固体浓度（MLSS），g/L，取 4.0g/L。

排出生物反应池的微生物量 ΔX_V 为

$$\Delta X_V=\frac{YQ(S_0-S)}{1+K_d\theta_c}=\frac{0.6\times10\ 000\times(0.18-0.04)}{1+0.05\times12}=525(kg/d)$$

脱氮速率 K_{de} 为

$$K_{de}=K_{de,20}\times1.08^{T-20}$$

式中 $K_{de,20}$——20℃时的脱氮速率常数，取 $0.06kgNO_3^--N/\ (kgMLSS\cdot d)$。

$$K_{de,10}=0.06\times1.08^{10-20}=0.028[kgNO_3^--N/(kgMLSS\cdot d)]$$

缺氧区容积 V_2 为

$$V_2=\frac{0.001\times10\ 000\times(45-21)-0.12\times525}{0.028\times4.0}=1\ 580.4(m^3)$$

缺氧区水力停留时间 t_2 为

$$t_2=\frac{1\ 580.4\times24}{10\ 000}=3.8(h)$$

③ 厌氧区容积。厌氧区水力停留时间设计取 $t_3=1.5$ （h），故厌氧区容积 V_3 为

$$V_3=1.5\times\frac{10\ 000}{24}=625(m^3)$$

④ A^2/O 段总池容

$$V = V_1 + V_2 + V_3 = 2\,583.3 + 1\,580.4 + 625 = 4\,788.7(m^3)$$

⑤ A^2/O 段总停留时间

$$HRT_{AAO} = \frac{24V}{Q} = \frac{24 \times 4\,788.7}{10\,000} = 11.5(h)$$

⑥ 校核计算

a. BOD_5 污泥负荷

$$L_{BOD_5} = \frac{QS_0}{XV_1} = \frac{10\,000 \times 0.18}{4 \times 2\,583.3} = 0.174[kgBOD_5/(kgMLSS \cdot d)]$$

计算结果小于 0.2，符合规范要求。

b. 好氧区总氮负荷 L_{TN}

$$L_{TN} = \frac{Q \times TN_0}{XV_1} = \frac{10\,000 \times 45}{4.0 \times 2\,583.3 \times 1\,000} = 0.044[kgTN/(kgMLSS \cdot d)]$$

计算结果小于 0.05，符合规范要求。

(2) SBR 段设计

① 设计方案。每组 A^2/O 配套两格 SBR 池，每格每日运行 6 个周期，每周期处理水量 833.3m^3，充水比 m 为 0.35。每周期运行时间 4h，其中 1.5h 生物反应，0.5h 预沉，2h 进水和排水。

② 混合液浓度。MSBR 工艺设计在 SBR 池反应阶段回流污泥，在进出水阶段不回流污泥，因此 SBR 池内 MLSS 是变化的。开始进出水时最低，随着进水不断带入 SS，使 MLSS 不断增加，停止出水时达到最高。开始出水时，池内 X_{min} 为 4 000mg/L。停止出水时，池内 X_{max} 为

$$X_{max} = X_{min}(1+m) = 4\,000 \times (1+0.35) = 5\,400(mg/L)$$

SBR 池内平均 MLXX 浓度为

$$X_{均} = \frac{X + X_{max}}{2} = \frac{4\,000 + 5\,400}{2} = 4\,700(mg/L)$$

③ 反应时间。好氧反应时间 t_{RO} 为

$$t_{RO} = \frac{24S_0 m}{1\,000 L_s X_{均}}$$

式中　S_0——进水 BOD_5 浓度，mg/L，本例为 50mg/L；

　　　m——充水比，本例取 0.35；

　　　L_s——BOD_5 污泥负荷，$kgBOD_5/(kgMLSS \cdot d)$，本例取 $0.1kgBOD_5/(kgMLSS \cdot d)$；

　　　$X_{均}$——生物反应池内混合液悬浮固体平均浓度，gMLSS/L。

$$t_{RO} = \frac{24 \times 40 \times 0.35}{1\,000 \times 0.1 \times 4.7} = 0.71 \ (h)$$

总反应时间 t_R 为 1.5h，缺氧反应时间 t_{RA} 为

$$t_{RA} = 1.5 - 0.71 = 0.79(h)$$

④ SBR 反应池有效容积 V_{SBR}

$$V_{SBR} = \frac{Q'}{m} = \frac{833.3}{0.35} = 2\,381 \ (m^3)$$

⑤ 总氮负荷 L_{TN}

$$L_{TN} = \frac{24 \times Q' \times TN_0}{1\,000 XV t_R} = \frac{24 \times 833.3 \times 21}{1\,000 \times 4.7 \times 2\,381 \times 0.71} = 0.053[kgTN/(kgMLSS \cdot d)]$$

满足《序批式活性污泥法污水处理工程技术规范》(HJ 577—2010)中表 6 的要求小于 $0.06kgTN/(kgMLSS \cdot d)$。

⑥ 复核出水总氮。每周期缺氧反应时间 0.79h，反硝化去除的硝态氮 ΔNO 为

$$\Delta NO = \frac{K_{de}XVt_{RA}}{24} = \frac{0.028 \times 4.7 \times 2\,381 \times 0.79}{24} = 10.31(kg)$$

出水剩余总氮 TN_e 为

$$TN_e = TN_o - \frac{1\,000\,(\Delta NO + 0.12\Delta X_V)}{Q'}$$

式中　Q'——每格每周期处理水量，m^3，$Q' = 833.3 m^3$；

TN_o——SBR 池进水总氮浓度，mg/L，$TN_o = 21mg/L$；

ΔX_V——排出生物反应池的微生物量，kgMLVSS/d。

Y 污泥产率系数 Y 取 0.4kgMLVSS/kgBOD$_5$，则

$$\Delta X_V = \frac{YQ'(S_0 - S_e)}{1\,000} = \frac{0.4 \times 833.3 \times (40 - 15)}{1\,000} = 8.33(kg)$$

$$TN_e = 21 - \frac{1\,000 \times (10.31 + 0.12 \times 10)}{833.3} = 7.19(mg/L)$$

（3）其他部分设计

① 污泥回流比

a. SBR 池污泥至污泥浓缩池的回流。SBR 池在反应阶段回流，平均回流污泥浓度 X_i 为 4 700mg/L，浓缩后污泥浓度 8 000mg/L，回流比 R_1 为

$$R_1 = \frac{8\,000}{4\,700} \times 100\% = 170\%$$

b. 污泥浓缩池至厌氧池的回流。回流污泥浓度 X_R 为 8 000mg/L，生物池污泥浓度 X 设计为 4 000mg/L，污泥回流比 R_2 为

$$R_2 = \frac{X}{X_R - X} \times 100\% = \frac{4\,000}{8\,000 - 4\,000} \times 100\% = 100\%$$

② 污泥浓缩池

a. 污泥浓缩时间。浓缩时间可用污泥界面下降时间推算。浓缩开始时，污泥界面高度为 H_0，X_0 为 4 700 mg/L，在 Δt 时间后，污泥界面下降为 H_i，污泥浓度为

$$X_i = \frac{X_{i-1}H_{i-1}}{H_{i-1} - 4.6 \times 10^4 X_{i-1}^{-1.26} \Delta t}$$

时间间隔 Δt 取 0.1h，起始污泥界面高度取 5m，按上式迭代计算，当沉淀 2.6h 后，污泥浓度达到 7 983 mg/L。因此浓缩时间取 3.0h。

b. 浓缩池面积。浓缩池表面负荷 q 取 2.0m^3/（m^2·h），浓缩池面积 A 为

$$A = \frac{Q(R_1 - R_2)}{q} = \frac{416.7 \times (1.7 - 1)}{2.0} = 145.8(m^2)$$

c. 浓缩池高度。污泥浓缩池清水区高度 H_0 取 1.0m，超高取 1.0m，底部出泥区高度 1.0m，浓缩池池总高度 H 为

$$H = 5.0 + 1.0 + 1.0 + 1.0 = 8.0(m)$$

③ 预缺氧池。预缺氧池的作用是预先反硝化回流污泥中的硝酸盐，防止厌氧池中聚磷菌磷的释放受到干扰。根据经验，预缺氧池的有效容积为缺氧池容积的 15%。预缺氧池体积 V_3 为

$$V_3 = 0.15V_D = 0.15 \times 1\,580.4 = 237(m^3)$$

停留时间
$$t = \frac{V_3}{Q_i} = \frac{237}{416.7 \times 1.67} = 0.34(h)$$

(4) MSBR 平面尺寸 图 6-29 为 MSBR 池平面图。设污泥浓缩池、预缺氧池、厌氧池、缺氧池有效水深为 7.0m，好氧池和 SBR 池有效水深为 6.0m，超高取 1.0m。在各单位组合过程中，对个别单元容积进行了适当调整，各单元尺寸分别为：

SBR 池，长 41.3m，宽 10.0m，水深 6.0m，超高 1.0m，容积 2 478m³；

污泥浓缩池，长 12.0m，宽 12.0m，水深 7m，超高 1.0m，容积 1 008m³；

预缺氧池，长 12.0m，宽 3.0m，水深 7m，超高 1.0m，容积 252 m³；

厌氧池，长 12.0m，宽 7.5m，水深 7m，超高 1.0m，容积 630 m³；

缺氧池，长 18.8m，宽 12.0m，水深 7m，超高 1.0m，容积 1 579.2 m³；

好氧池，长 32.0m，宽 13.5m，水深 6m，超高 1.0m，容积 2 592 m³。

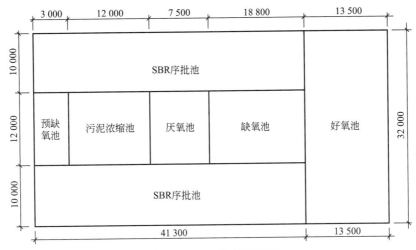

图 6-29　MSBR 池平面图

【题后语】MSBR 尚无标准的计算方法可循。本题的设计计算方法参考了 MSBR 工艺相关论文资料及 MSBR 工艺在国内已建成的污水处理厂的设计参数。预缺氧池的设计计算，还参考了太钢污水处理厂和深圳盐田污水处理厂 MSBR 工艺的一些经验参数。该例题的设计计算系探索性，请同行指正完善。

第九节　移动床生物膜工艺

一、设计概述

移动床生物膜工艺（Moving Bed BiofilmReactor，简称 MBBR）是国内近些年来出现的新型污水处理工艺。该工艺系在活性污泥法的生物反应器中投加悬浮填料，是活性污泥法和生物膜法的有机结合。由于存在悬浮态和附着态两种形态的微生物，在发挥两种工艺优点的同时，避免了两种工艺的缺点。

该技术的成功运用，关键在于研发出了密度接近于水、生物亲和性好、双表面积大、机械强度高、使用寿命长的新型悬浮填料。在曝气、搅拌或水流速度大于 0.3m/s 的条件下，填料可随水自由运动，保持填料处于悬浮状态。

MBBR 工艺原理如图 6-30 和图 6-31 所示。曝气充氧时，空气泡的上升浮力推动填料和周围的水体流动起来，当气流穿过水流和填料的空隙时又被填料阻滞，并被分割成小气泡。在这样的过程中，填料被充分地搅拌并与水流混合，而空气流又被充分地分割成细小的气泡，增加了填料上生物膜与氧气的接触和传氧效率。在厌氧条件下，水流和填料在潜水搅拌器的作用下充分流化起来，达到生物膜和被处理的污染物充分接触而降解的目的。因此，流动床生物膜工艺克服了传统固定填料生物膜法的堵塞和配水不均的缺点。

MBBR 工艺的核心是实现悬浮载体填料的充分流化，以达到强化处理污染物的目的。因此，该工艺实质是涉及生物填料、池体设计、曝气系统、拦截筛网、推进器、填料投加与打捞设备的有机统一。

为了防止充分流化的悬浮填料随混合液进入下一个环节,在各反应区出水口处设置筛网进行简单拦截和分隔。筛网材质选用不锈钢,型式与悬浮填料配套。

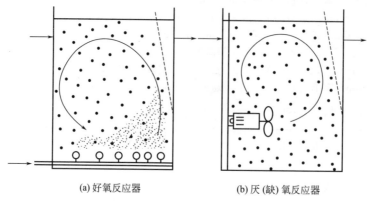

(a) 好氧反应器　　　　　　　(b) 厌 (缺) 氧反应器

图 6-30　流动床生物膜工艺原理示意

图 6-31　悬浮载体填料

MBBR 工艺的特点如下。

(1) 容积负荷高　与活性污泥法相比,生物反应器中投加生物填料,可显著提高有效生物量。对比生物膜法,填料流化可显著提高传质效果。因此,MBBR 容积负荷较活性污泥法更高,特别适用于建设用地受限,或现有污水处理厂的升级改造。

(2) 可同步强化脱氮除磷　MBBR 工艺可实现同一反应器内不同功能微生物的污泥龄分离。悬浮态生物中以异养微生物为主,污泥龄较短,有利于有机物和磷的去除。附着态生物以自养微生物为主,污泥龄较长,有利于氨氮的硝化。

(3) 抗冲击负荷能力强　该工艺抗冲击负荷能力强的原因如下。一是由于 MBBR 生物量较大,因此抗冲击负荷能力强。二是填料不随水流跨区流动,附着微生物长期处于专性条件,生物活性高,反应速率高,有利于抗冲击负荷。三是各反应区形成完全混合区域,污染物进入立刻被稀释,大大削弱了高负荷污染物的冲击。四是流动的填料提高了基质传质速度,增大了反应速率。工程实践表明,当进水负荷波动在 20% 内 (非持续性),系统处理效果基本不受影响;当进水负荷波动在 20%～50% 内或短时有毒物质冲击时,系统可在冲击过后 1～2d 内迅速恢复。

(4) 适应恶劣条件能力强　MBBR 有利于多种微生物的筛选与富集,有利于细菌活性的维系，宏观表现出 MBBR 在低温、高盐、低基质等恶劣水质条件下，仍有较好的处理效果。

（5）污泥沉降性能好　MBBR 工艺由于老化脱落的生物膜无机质比例较高，密度大易于沉降；且生物膜胞外聚合物比活性污泥更多，具有接触絮凝效果，提高污泥聚集性能，提高污泥沉降性能。

二、设计要点

目前，MBBR 工艺没有统一的设计计算方法。根据其工作原理和工程实际经验，总结出以下设计要点。

（1）合理分配悬浮微生物和附着微生物的污染物去除负荷。悬浮污泥去除负荷 70% 左右，附着微生物去除负荷 30% 左右。

（2）生物池容积按活性污泥法工艺计算，填料用量按负荷法计算。填料比表面积在 $650m^2/m^3$ 左右，填料负荷控制在 $0.5g/(m^2 \cdot d)$ 左右。

（3）投加填料的反应区要保证填料的充分流化，防止填料聚集在出水口，可采用首尾相连，类似氧化沟的池型。

（4）各反应区过水洞口加装格网，防止填料流失。

（5）搅拌机加装防护网，防止填料被打碎。

【例 6-23】MBBR 工艺的设计计算

1. 已知条件

某污水处理厂设计处理水量 $Q = 20\,000m^3/d$，原设计为 A^2O 工艺，生物池分为 2 组，每组容积 $4\,381m^3$。其中厌氧区 $500m^3$，缺氧区 $1\,765m^3$，好氧区 $2\,253m^3$。生物池设计 MLSS 为 $3\,500mg/L$，污水温度冬季 $10℃$。生物反应池进水水质为：$COD_{Cr} = 300mg/L$，$BOD_5 = 190mg/L$，$TN = 50mg/L$，$NH_3\text{-}N = 40$，$TP = 4.0mg/L$，$TSS = 200mg/L$。

升级改造方案：厌氧池保持原样，不做改造；缺氧池和好氧池增加悬浮填料，改为 MBBR 工艺。升级改造后生物池设计出水水质：$COD_{Cr} \leqslant 55mg/L$，$BOD_5 \leqslant 15mg/L$，$TN \leqslant 15mg/L$，$NH_3\text{-}N \leqslant 5mg/L$，$TP \leqslant 1.0mg/L$，$SS \leqslant 15mg/L$。

2. 设计计算

（1）缺氧池计算

① 需要反硝化的硝态氮量

$$\Delta N_1 = 0.001Q\,(N_k - N_{te}) - 0.12\Delta X_V$$
$$\Delta X_V = 0.001YQ\,(S_0 - S_e)$$

式中　Q——设计流量，m^3/d；

$\quad\quad N_k$——进水总凯氏氮浓度，mg/L；

$\quad\quad N_{te}$——出水总氮浓度，mg/L；

$\quad\quad \Delta X_V$——剩余微生物量，$kg\,(MLVSS)/d$；

$\quad\quad S_0$——进水 BOD_5 浓度，mg/L；

$\quad\quad S_e$——出水溶解性 BOD_5 浓度，mg/L，溶解状态的 BOD_5 计算可见本书例 6-6，本题取 $S_e = 4.81mg/L$；

$\quad\quad Y$——污泥产率系数，取 $Y = 0.4kgMLVSS/kgBOD_5$；

$\quad\quad y$——MLSS 中 MLVSS 所占比例，取 0.7。

$$\Delta X_V = 0.12 \times 0.001 \times 0.4 \times 20\,000 \times (190 - 4.81) = 177.78\,(kg/d)$$
$$\Delta N_1 = 0.001 \times 20\,000 \times (50 - 15) - 177.78 = 522.22\,(kg/d)$$

设计水温时的脱氮速率　　　　　$K_{de,t} = K_{de,20} \times 1.08^{T-20}$

$20℃$ 时的脱氮速率 $K_{de,20}$ 取 $0.06kgNO_3^-\text{-}N/(kgMLSS \cdot d)$。水温 $10℃$ 时脱氮速率 $K_{de,10}$ 为

$$K_{de,10} = K_{de,20} \times 1.08^{T-20} = 0.06 \times 1.08^{10-20} = 0.028\,[kgNO_3^-\text{-}N/(kgMLSS \cdot d)]$$

② 现状缺氧池悬浮活性污泥反硝化去除氮的量 ΔN_2 为

$$\Delta N_2 = \frac{nK_{de,10}XV_N}{1\,000} = \frac{2 \times 0.028 \times 3\,500 \times 1\,765}{1\,000} = 345.9 \ (kg/d)$$

式中　$K_{de,10}$——10℃时的脱氮速率，$kgNO_3^- \text{-N}/ \ (kgMLSS \cdot d)$；

　　　　X——生物池 MLSS 氮浓度，mg/L；

　　　　V_N——现状缺氧池容积，m^3；

　　　　n——生物池个数。

③ 悬浮填料反硝化去除氮的量

$$\Delta N_3 = \Delta N_1 - \Delta N_2 = 522.22 - 345.9 = 176.32 \ (kg/d)$$

④ 反硝化需要悬浮填料的量。10℃的悬浮填料膜面负荷取值 $q_1 = 0.52gNO_3^- \text{-N}/ \ (m^2 \cdot d)$，需要填料膜面积 A_N 为

$$A_N = \frac{\Delta N_3}{q} = \frac{176.32 \times 1\,000}{0.52} = 3.39 \times 10^5 \ (m^2)$$

填料的折合有效比表面积为 $\varepsilon = 650 m^2 / m^3$，需要填料的体积 $V_{填料N}$ 为

$$V_{填料N} = \frac{A_N}{\varepsilon} = \frac{3.39 \times 10^5}{650} = 522 \ (m^3)$$

⑤ 填料填充率

$$n_1 = \frac{V_{填料N}}{V_N} = \frac{522}{1\,765} \times 100\% = 29.6\%$$

（2）好氧池硝化计算

① 现状好氧池所能处理的污水量

$$Q' = \frac{nV_o \ (1+K_d\theta_{co}) \ X_V}{Y\theta_{co} \ (S_0-S_e)} = \frac{2 \times 2\,253 \times \ (1+0.05 \times 15) \times 3\,500 \times 0.7}{0.4 \times 15 \times \ (190-4.81)} = 17\,387 \ (m^3/d)$$

式中　Q'——现状好氧池所能处理的污水量，m^3/d；

　　　　V_o——现状好氧生物池容积，m^3；

　　　　S_0——进水 BOD_5 浓度，mg/L；

　　　　S_e——出水溶解性 BOD_5 浓度，mg/L，溶解状态的 BOD_5 计算可见本书例 6-6，本题取 $S_e = 4.81mg/L$；

　　　　Y——污泥产率系数，取 $Y = 0.4kgMLVSS/kgBOD_5$；

　　　　X——生物池 MLSS 氮浓度，mg/L；

　　　　n——生物池个数；

　　　　K_d——污泥自身氧化系数，d^{-1}，取 $K_d = 0.05d^{-1}$；

　　　　θ_{co}——好氧泥龄，d，取 15d。

② 需要填料生物膜承担去除的氨氮的量计算。需要硝化的氨氮量 ΔN_4 为

$$\Delta N_4 = 0.001(Q-Q')(N_k-N_{ne}) - 0.12 \times 0.001Y(Q-Q')(S_0-S_e)$$

式中　N_{ne}——生物反应池出水氨氮浓度，mg/L；

　　　其他符号同上。

$$\Delta N_4 = 0.001(Q-Q')(N_k-N_{ne}) - 0.12 \times 0.001Y(Q-Q')(S_0-S_e)$$
$$= 0.001 \times (20\,000-17\,387) \times (50-5) - 0.12 \times 0.001 \times 0.4 \times (20\,000-17\,387) \times (190-4.81)$$
$$= 94.36(kg/d)$$

③ 反硝化需要悬浮填料的量计算。10℃的悬浮填料膜面负荷取值 $q_2 = 0.445g/ \ (m^2 \cdot d)$，需要生物膜面积 A_O 为

$$A_O = \frac{\Delta N_4}{q_2} = \frac{94.36 \times 1\,000}{0.445} = 2.12 \times 10^5 \ (\text{m}^2)$$

④ 硝化需要悬浮填料的量计算。填料的折合有效比表面积为 $650\text{m}^2/\text{m}^3$，需要填料的体积 $V_{填料n}$ 为

$$V_{填料n} = \frac{2.12 \times 10^5}{650} = 326 \ (\text{m}^3)$$

⑤ 填料填充率 $n_2 = \frac{326}{2\,253} \times 100 = 14.5\%$

其他计算从略。

【题后语】MBBR 尚无标准的计算方法可循。本题采用了活性污泥和生物膜两种生物状态共同作用的计算方法。该例题的设计计算系探索性，请同行指正完善。

第 七 章
生物膜法处理设施

第一节 生 物 滤 池

一、滤池种类及参数

好氧生物滤池大致可分为普通生物滤池（即低负荷生物滤池、滴滤池）、高负荷生物滤池和塔式生物滤池。一般均采用自然通风。为防止堵塞，减少占地，一些滤池工艺采用处理后水回流。这些滤池填料大都采用碎石、炉渣、蜂窝、波形板等。生物滤池较适合于温暖地区和小城镇的污水处理。污泥产量受各种因素影响较多，一般靠试验确定。其技术参数见表7-1。

表 7-1　生物滤池技术参数

项　　目	普通生物滤池	高负荷生物滤池	塔式生物滤池
表面水力负荷/[m³/(m²·d)]	0.9～3.7	9～36(含回流)	16～97
容积负荷/[gBOD$_5$/(m³·d)]	110～370	370～1 840	1 000～4 800
滤料高/m	1.5～2.0	2～4	8～12
回流	无	有	一般有
滤料材质	碎石、炉渣	碎石、塑料制品	轻质材料(广泛应用玻璃钢蜂窝，塑料波纹板等)
粒径/mm	25～100	40～100	
BOD$_5$ 去除率/%	85～95	75～85	65～85

二、普通生物滤池

（一）一般规定

（1）滤池个数（或分格数）应不少于2个，且按同时工作考虑。

（2）普通生物滤池填料层分工作层和承托层两部分，工作层厚1.5～1.8m，粒径25～40mm，承托层厚0.2m，粒径70～100mm。

（3）池壁高度比滤料表面层高出0.5～0.9m，用以挡风，保证布水均匀。

（4）池底部四周开设通风孔，其总面积不小于滤池表面积的1%。

（二）计算例题

【例 7-1】 用容积负荷法计算普通生物滤池

1. 已知条件

污水量 $Q=2\,000$m³/d；进水 BOD$_5$ 浓度 $S_0 \leqslant 160$mg/L；出水溶解 BOD$_5$ 浓度 $S_e \leqslant 20$mg/L；冬季污水平均水温10℃；当地年平均气温11℃。

2. 设计计算

（1）BOD$_5$ 去除率

$$\eta_{BOD} = \frac{160-20}{160} \times 100\% = 87.5\%$$

本例 BOD$_5$ 去除效率在中等水平，根据表7-1，宜选用中等容积负荷。当地年平均气温11℃，根据表7-2要求，本例滤池的 BOD$_5$ 容积负荷 N_V 选用200gBOD$_5$/(m³·d)。

表 7-2　冬季污水平均温度10℃时滤料容积负荷

年平均气温/℃	容积负荷/[gBOD$_5$/(m³·d)]	年平均气温/℃	容积负荷/[gBOD$_5$/(m³·d)]
3～6	100	>10	200
6.1～10	170		

（2）滤料体积 V　设计2座滤池并联运行，滤池总容积 $V_总$ 为

$$V_{总} = \frac{QS_0}{N_V} = \frac{2\,000 \times 160}{200} = 1\,600 \text{ (m}^3)$$

单池容积

$$V_{单} = V_{总}/2 = 1\,600/2 = 800 \text{ (m}^3)$$

（3）滤池尺寸　设滤料层高 $h_2 = 2\text{m}$，滤池超高 $h_1 = 0.8\text{m}$，底部构造层 $h_3 = 1\text{m}$（包括承托层），单池滤料面积 $A_{单}$ 为

$$A_{单} = V_{单}/h_2 = 800/2 = 400 \text{ (m}^2)$$

滤池采用方形，每池边长 a 为

$$a = \sqrt{A_{单}} = \sqrt{400} = 20 \text{ (m)}$$

滤池总高　　　$H = h_1 + h_2 + h_3 = 0.8 + 2 + 1 = 3.8 \text{ (m)}$

（4）校核滤池表面水力负荷（N_q）

$$N_q = \frac{Q/2}{A_{单}} = \frac{2\,000/2}{400} = 2.5 \text{ [m}^3/(\text{m}^2 \cdot \text{d)]}$$

计算水力负荷在表 7-1 推荐范围之内。

普通生物滤池如图 7-1 所示。

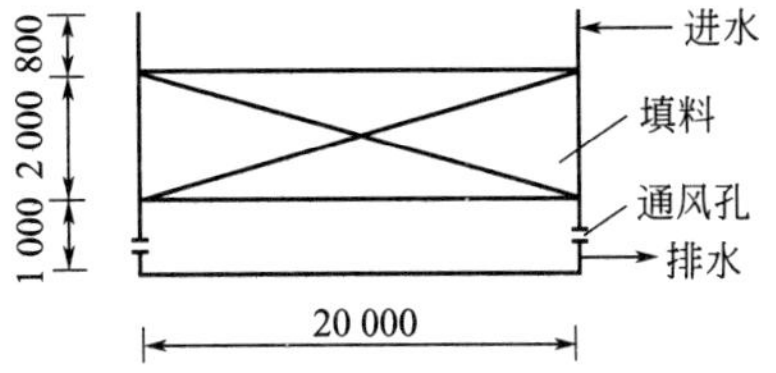

图 7-1　普通生物滤池（单位：mm）

【例 7-2】 用动力学公式法计算普通生物滤池

1. 已知条件

已知条件同例 7-1，但出水 BOD_5 值 $S_e \leqslant 30\text{mg/L}$。

2. 设计计算

同样设计 2 座滤池并联运行。

（1）反应常数 K_T　有机物降解反应常数 K_T 与温度有关，20℃ 时，反应常数 $K_{20} = 1.01\text{d}^{-1}$。水温为 10℃，有机物降解反应常数为

$$K_T = K_{20} \theta^{T-20}$$

θ 取 1.035d，则

$$K_{10} = 1.01 \times 1.035^{10-20} = 0.716 \text{ (d}^{-1})$$

（2）滤池水力负荷 N_q　滤池水力负荷可用下式计算。

$$\frac{S_e}{S_0} = 10^{\frac{-KH}{N_q^n}}$$

式中　S_e——出水 BOD_5 值，mg/L；

　　　S_0——进水 BOD_5 值，mg/L；

　　　K——反应常数，d^{-1}；

　　　H——滤料高度，m；

　　　N_q——滤池水力负荷，$\text{m}^3/(\text{m}^2 \cdot \text{d})$；

　　　n——常数。

本例题 n 值取 0.6，设计滤料高 $h_2 = 2\text{m}$，则

$$\frac{30}{160} = 10^{\frac{-0.716 \times 2}{N_q^{0.6}}}$$

$$N_q = \sqrt[0.6]{-\frac{0.716 \times 2}{\lg 0.187\,5}} = 3.1 \text{ [m}^3/(\text{m}^2 \cdot \text{d)]}$$

（3）滤池面积 A

$$A = Q/N_q = 2\,000/3.1 = 645 \text{ (m}^2)$$

单池面积

$$A_{单} = A/2 = 645/2 = 322.5 \text{ (m}^2)$$

（4）滤池尺寸计算　滤池采用方形，超高 h_1 为 0.8m，底部构造层 h_3 为 1m（包括承托层），则边长 a 为

$$a = \sqrt{A_{单}} = \sqrt{322.5} = 17.96 \text{ (m)} \approx 18 \text{ (m)}$$

滤池总高　　　$H = h_1 + h_2 + h_3 = 0.8 + 2 + 1 = 3.8 \text{ (m)}$

（5）容积负荷校核

$$N_V = \frac{QS_0}{V} = \frac{2\,000 \times 160}{645 \times 2} = 248 \left[\text{gBOD}_5/(\text{m}^3 \cdot \text{d})\right]$$

所求容积负荷值在推荐范围内。

三、高负荷生物滤池

（一）一般规定

（1）滤池个数（格数）不应小于 2 个，且按并联运行。

（2）进水 BOD_5 浓度不大于 200mg/L，否则宜用处理后水回流稀释。

（3）滤料层厚度一般 2～4m。自然通风时，滤料层不大于 2m，工作层厚 1.8m。滤料粒径 40～70mm；承托层厚 0.2m，粒径 70～100mm。

（二）计算例题

【例 7-3】 用面积负荷法计算高负荷生物滤池

1. 已知条件

污水量 5 500m³/d；进水 BOD_5＝305mg/L；出水 $\text{BOD}_5 \leqslant 20$mg/L；当地年平均气温为 9.5℃，污水平均温度冬季 14.5℃，夏季 28℃。

2. 设计计算

（1）滤池回流稀释倍数 R　滤池进水 BOD_5＝305mg/L，需要处理后水回流稀释。

① 进入滤池污水经回流稀释后 BOD_5 值 S_a。污水稀释后 BOD_5 值 S_a 可用下式计算。

$$S_a = \alpha S_e$$

式中　S_a——稀释后污水 BOD_5 值，mg/L；

　　　α——系数，按表 7-3 选用；

　　　S_e——出水 BOD_5 值，mg/L。

表 7-3　α 值选用

污水冬季平均温度/℃	年平均气温/℃	滤池滤料层高度/m				
		2.0	2.5	3.0	3.5	4.0
8～10	＜3	2.5	3.3	4.4	5.7	7.5
10～14	3～6	3.3	4.4	5.7	7.5	9.6
＞14	＞6	4.4	5.7	7.5	9.6	12

设滤料层高度为 2m，根据题目条件，α 值选用 4.4，则

$$S_a = 4.4 \times 20 = 88 \ (\text{mg/L})$$

② 回流稀释倍数 R

$$R = \frac{S_0 - S_a}{S_a - S_e}$$

式中　R——回流稀释倍数；

　　　S_0——原污水 BOD_5 值，mg/L。

代入数据得

$$R = \frac{305 - 88}{88 - 20} = 3.2$$

（2）滤池面积 A　滤池面积负荷（N_A）一般为 1 100～2 000gBOD₅/（m²·d），本例取值 1 600gBOD₅/（m²·d），则

$$A = \frac{Q(R+1)S_a}{N_A} = \frac{5\,500 \times (3.2+1) \times 88}{1\,600} = 1\,270.5 \ (\text{m}^2)$$

滤料高 $h_2 = 2$m，则滤料总体积 $V_{总}$ 为

$$V_{总} = 2 \times 1\,270.5 = 2\,541 \ (\text{m}^3)$$

（3）校核容积负荷与表面水力负荷　滤池容积负荷 N_V 为

$$N_V = \frac{Q(R+1)S_a}{V_{总}} = \frac{5\,500 \times (3.2+1) \times 88}{2\,541}$$

$$=800 \ [\text{gBOD}_5/(\text{m}^3 \cdot \text{d})]$$

表面水力负荷 N_q 为

$$N_q = \frac{Q(R+1)}{A} = \frac{5\,500 \times (3.2+1)}{1\,270.5} = 18.2 \ [\text{m}^3/(\text{m}^2 \cdot \text{d})]$$

计算值在推荐范围之内。

(4) 滤池尺寸计算 设计 6 座圆形滤池并联运行，则每池面积 $A_{单}$ 为

$$A_{单} = A/6 = 1\,270.5/6 = 211.75 \ (\text{m}^2)$$

单池直径

$$D = \sqrt{\frac{4A_{单}}{\pi}} = \sqrt{\frac{4 \times 211.75}{3.14}} = 16.4 \ (\text{m})$$

设滤池超高 $h_1 = 0.8\text{m}$，底部构造层高 $h_3 = 1.5\text{m}$，则滤池总高 H 为

$$H = h_1 + h_2 + h_3 = 0.8 + 2 + 1.5 = 4.3 \ (\text{m})$$

【例 7-4】 用容积负荷法计算高负荷生物滤池

1. 已知条件

污水量 $Q = 3\,500\text{m}^3/\text{d}$；进水 BOD_5 值 $S_0 = 120\text{mg/L}$；出水 BOD_5 值 $S_e \leqslant 20\text{mg/L}$；污水冬季平均水温 $10℃$。

2. 设计计算

(1) 容积负荷 N_V 采用人工塑料滤料的高负荷生物滤池容积负荷与出水 BOD_5、滤层高度、污水冬季平均水温等因素有关，可按表 7-4 选用。

表 7-4 高负荷生物滤池（人工塑料滤料）容积负荷

处理后水 BOD_5/(mg/L)	BOD_5 容积负荷/[kgBOD$_5$/(m^3·d)]					
	滤层高 3m			滤层高 4m		
	污水冬季平均水温/℃					
	10~12	13~15	16~20	10~12	13~15	16~20
15	1.15	1.30	1.55	1.50	1.75	2.10
20	1.35	1.55	1.85	1.80	2.10	2.50
25	1.65	1.85	2.20	2.10	2.45	2.90
30	1.85	2.10	2.50	2.45	2.85	3.40
40	2.15	2.50	3.00	2.90	3.20	4.00

滤池滤料选用人工塑料制品，滤料高 h_2 采用 3m，根据表 7-4 和已知条件，选用容积负荷 $N_V = 1.35\text{kgBOD}_5/(\text{m}^3 \cdot \text{d})$。

(2) 滤料容积 V 由于进水 BOD_5 浓度较低，不需处理后水回流稀释，滤料体积可按进水 BOD_5 浓度 S_0 计算。

$$V = \frac{QS_0}{N_V} = \frac{3\,500 \times 0.12}{1.35} = 311 \ (\text{m}^3)$$

(3) 滤池面积 A

$$A = V/h_2 = 311/3 = 103.7 \ (\text{m}^2)$$

设计 2 座圆形滤池，则单池面积 $A_{单}$ 为

$$A_{单} = A/2 = 103.7/2 = 51.9 \ (\text{m}^2)$$

(4) 滤池直径 D

$$D = \sqrt{\frac{4A_{单}}{\pi}} = \sqrt{\frac{4 \times 51.9}{3.14}} \approx 8.1 \ (\text{m})$$

设滤池超高 h_1 为 0.8m，底部构造层高 h_3 为 1.5m，则滤池总高 H 为

$$H = h_1 + h_2 + h_3 = 0.8 + 3 + 1.5 = 5.3 \ (\text{m})$$

（5）校核水力负荷 N_q

$$N_q = Q/A = 3\,500/103.7 = 33.8 \ [\mathrm{m^3/(m^2 \cdot d)}]$$

计算值基本在经验参数范围内。

四、塔式生物滤池

（一）一般规定

（1）一般塔高为 8～24m，直径 1～3.5m，径高比(1∶6)～(1∶8)左右。

（2）塔内滤料应分层设置，每层高度宜为 2～2.5m。

（3）污水进水 BOD_5 浓度值控制在 500mg/L 以下。

（二）计算例题

【例 7-5】 塔式生物滤池计算

1. 已知条件

污水量 $Q = 1\,100\mathrm{m^3/d}$；进水 BOD_{20} S_0 为 280mg/L；出水 BOD_{20} $S_e \leqslant 40\mathrm{mg/L}$；冬季平均水温 12℃，夏季 26℃。

一般在 20℃时，生活污水和多种工业废水的 BOD_5 值约为 BOD_{20} 值的 70%～80%。

2. 设计计算

（1）滤料总体积 V 根据塔式生物滤池容积负荷与出水 BOD_{20} 的关系（见图 7-2），选用塔滤的容积负荷 N_V 为 1 980gBOD$_{20}$/(m^3·d)。

$$V = \frac{QS_0}{N_V} = \frac{1\,100 \times 280}{1\,980} = 155.6 \ (\mathrm{m^3})$$

（2）滤池面积 A 和直径 D 设计 4 座塔滤池，根据进水 BOD_{20} 与滤料层总高度的关系（见图 7-3），选取滤料高度 h_2 为 9.5m。

滤池面积 $\qquad A = V/h_2 = 155.6/9.5 = 16.4 \ (\mathrm{m})$

单池面积 $\qquad A_单 = A/4 = 16.4/4 = 4.1 \ (\mathrm{m^2})$

单池直径 $\qquad D = \sqrt{\dfrac{4A_单}{\pi}} = \sqrt{\dfrac{4 \times 4.1}{3.14}} = 2.3 \ (\mathrm{m})$

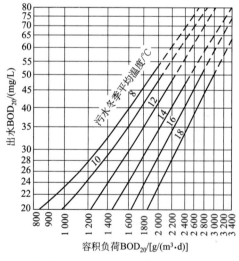

图 7-2 塔式生物滤池容积负荷与出水 BOD_{20} 的关系

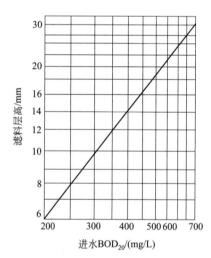

图 7-3 进水 BOD_{20} 与滤料层总高度的关系

（3）滤池总高 H 设滤料上部超高 $h_1 = 0.8\mathrm{m}$，滤料分 5 层，每层高 1.9m，滤层间距高 $h_3 = 0.4\mathrm{m}$，底部构造高 $h_4 = 1.85\mathrm{m}$。塔滤池总高 H 为

$$H = h_1 + h_2 + h_3 + h_4 = 0.8 + 9.5 + 0.4 \times 4 + 1.85 = 13.75 \ (\mathrm{m})$$

（4）校核塔径与塔高的比值 $D/H = 2.3/13.75 = 0.167$（满足 0.125～0.167）

(5) 校核塔式生物滤池水力负荷　塔式生物滤池实际面积 $A_{实}$ 为

$$A_{实} = 4 \times \frac{\pi D^2}{4} = 4 \times \frac{3.14 \times 2.3^2}{4} = 16.6 \ (m^2)$$

$$N_q = Q/A = 1\ 100/16.6 = 66.3 \ [m^3/(m^2 \cdot d)]$$

计算水力负荷值在推荐范围之内。

塔式生物滤池如图 7-4 所示。

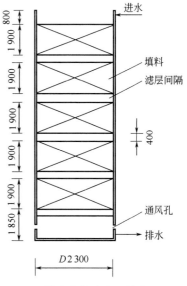

图 7-4　塔式生物滤池（单位：mm）

五、生物滤池需氧量

【例 7-6】　生物滤池需氧量计算

1. 已知条件

污水量 8 000m³/d；进水 BOD₅ $S_0 = 100mg/L$，出水 BOD₅ $S_e \leqslant 20mg/L$；污水夏季平均温度 25℃，冬季 9℃；室外夏季平均温度 31.5℃，冬季 3℃。

2. 设计计算

(1) 计算填料体积　设计以高负荷生物滤池考虑，滤料选用炉渣，滤料高 2m。

本例污水进水 BOD₅ 为 100mg/L，不需出水回流。

容积负荷 N_V 选用 750gBOD₅/(m³·d)，滤池填料体积 V 为

$$V = \frac{QS_0}{N_V} = \frac{8\ 000 \times 100}{750} = 1\ 066.7 \ (m^2)$$

滤料面积 $A = V/h = 1\ 066.7/2 = 533.4 \ (m^2)$

(2) 生物滤池需氧量 OR　滤池单位容积滤料需氧量 OR 可用下式计算。

$$OR = a \times \frac{Q(S_0 - S_e)}{1\ 000V} + bP$$

式中　OR——生物滤池单位容积滤料需氧量，kg/m³；

a——1kgBOD₅ 完全降解所需氧量，kgO₂/kgBOD₅，对一般城镇污水取 1.46kgO₂/kgBOD₅ 左右；

b——单位质量活性生物膜需氧量，一般为 0.18；

P——单位体积滤料上的生物膜量，kg/m³。

本例试验测定 1m³ 该滤料生物平均覆盖量约为 2.2kg。则

$$OR = 1.46 \times \left[\frac{8\ 000 \times (100 - 20)}{1\ 000 \times 1\ 066.7} \right] + 0.18 \times 2.2$$

$$= 1.27 \ [kg/(m^3 \cdot d)]$$

(3) 供气量计算 G　生物滤池一般情况下，采用自然通风供氧，通过空气流通将氧转移至污水中进而扩散至生物膜。

空气流速是影响通风供气的重要因素之一，可用下式计算。

$$v = 0.075\Delta T - 0.15$$

式中　v——空气流速，m/min；

ΔT——滤池内外温差，℃。

夏季流速　　　　　　　　$v = 0.075 \times 6.5 - 0.15 = 0.338 \ (m/min)$

冬季流速　　　　　　　　$v = 0.075 \times 6 - 0.15 = 0.3 \ (m/min)$

1m³ 滤料通气量（以空床计）$G_气$ 为

$$G_气 = vA = (0.3 \sim 0.338) \times 1 = 0.3 \sim 0.338 \ (m^3/min)$$

$$= 432 \sim 487 \ (m^3/d)$$

1m³ 滤料供氧量 O_2' 为

$$O_2' = 0.28 \times (432 \sim 487) = 121 \sim 136 \ [kg/(m^3 \cdot d)]$$

氧利用率以 6% 计，则 1m³ 空气中氧利用量 O_2 为

$$O_2 = O_2' \times 6\% = (121 \sim 136) \times 6\%$$

$$= 7.26 \sim 8.16 \ [kg/(m^3 \cdot d)] > 1.27kg/(m^3 \cdot d)$$

供氧量满足要求。

六、生物滤池布水系统

（一）一般规定

滤池布水一般采用固定式喷嘴布水装置和旋转式布水器。低负荷滤池、小型塔式生物滤池可用固定式喷嘴系统。高负荷滤池、大型塔式生物滤常用旋转式布水器。固定喷嘴系统喷洒周期为 5～15min，配水管网设置距滤料表面 0.7～0.8m，喷嘴伸出滤料表面 0.15～0.20m，喷嘴口径 15～25mm。喷嘴布置形式如图 7-5 所示，一般常采用（c）。每台旋转布水器有布水横管 2～4 根。布水器直径 $D'=D-200mm$（D 为池内径），横管长 $L=1/2D'$。布水横管高出滤料0.15～0.25m，布水横管直径采用 50～250mm，小孔直径10～15mm。

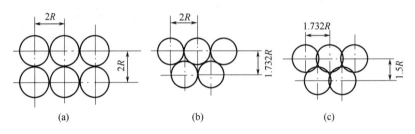

图 7-5　喷嘴布置形式

（二）计算例题

【例 7-7】 固定式喷嘴布水器计算

1. 已知条件

同例 7-1。

2. 设计计算

（1）单个喷嘴流量 q_{max} 和喷洒面积 A_p　设计喷嘴系统最大静水压力为 2.3m，配水管总水头损失为 35%，则喷嘴最大自由水头 H'_{max} 为

$$H'_{max}=2.3\times(1-0.35)=1.5\ (m)$$

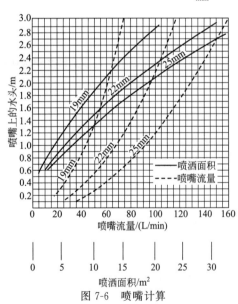

图 7-6　喷嘴计算

喷嘴口径选用 22mm，根据喷嘴计算（见图 7-6），查出每个喷嘴流量 q_{max} 为 84L/min，喷洒面积 A_p 约 10.5m²。

（2）喷嘴数量计算 n　喷嘴布置选用图 7-5(c)，喷嘴喷洒半径 R 为

$$R=\frac{\sqrt{A_p}}{1.61}=\frac{\sqrt{10.5}}{1.61}=2.01\ (m)$$

喷嘴间距 $L_1=1.732R=1.732\times2.01=3.48$（m）

喷嘴排距 $L_2=1.5R=1.5\times2.01=3.0$（m）

每排喷嘴数 $n_1=a/L_1=20/3.48=5.7\approx6$（个）

其中 a 为滤池边长，$a=20m$。

每个滤池排数 $n_2=a/L_2=20/3=6.6\approx7$（排）

每个滤池喷嘴总数 $n=n_1n_2=6\times7=42$（个）

实际排距 $=20/7=2.86$（m）

实际间距 $=20/6=3.33$（m）

共需喷嘴 $2\times42=84$（个）

（3）进入滤池的最大污水量 Q_{max}　前面已查出单个喷嘴最大流量 $q_{max}=84L/min=1.4L/s$，则进入单池污水量 Q'_{max} 为

$$Q'_{max}=q_{max}n=1.4\times42=58.8\ (L/s)$$

进入 2 座池总水量 Q_{max} 为

$$Q_{\max}=2Q'_{\max}=2\times58.8=117.6\ \text{(L/s)}$$

（4）投配池进水量 Q_0 设 2 座滤池合用 1 座投配池。

进入投配池最大流量 Q_0 约考虑为 $2\,000\text{m}^3/\text{d}$（污水生物处理前水量由初沉池已调节），即

$$Q_0=2\,000\text{m}^3/\text{d}=23.1\ \text{(L/s)}$$

（5）投配池出水量 Q_m 投配池最大出水量 $Q_{\max}=117.6\text{L/s}$，投配池最小出水量 $Q_{\min}$ 为

$$Q_{\min}=1.5Q_0=1.5\times23.1=34.7\ \text{(L/s)}$$

每个滤池最小进水量 $\qquad Q'_{\min}=Q_{\min}/2=34.7/2=17.4\ \text{(L/s)}$

最小流量时，自由水头 $H_{\min}$ 为

$$H_{\min}=H'_{\max}\times\frac{Q_{\min}^2}{Q_{\max}^2}=1.5\times\frac{0.034\,7^2}{0.117\,6^2}=0.13\ \text{(m)}<0.2\ \text{(m)}$$

为防止滤料堵塞，修改为 $H_{\min}=0.5\text{m}$，此时投配池最小出水量 $Q_{\min}$ 为

$$Q_{\min}=Q_{\max}\sqrt{\frac{H_{\min}}{H'_{\max}}}=117.6\times\sqrt{\frac{0.5}{1.5}}=67.9\ \text{(L/s)}$$

投配池平均出水量

$$Q_m=1.1\times\frac{Q_{\max}+Q_{\min}}{2}=1.1\times\frac{117.6+67.9}{2}=102\ \text{(L/s)}$$

式中，1.1 为系数。

（6）投配池容积 V 设定喷嘴喷洒时间 t_1 为 2min。

$$V=(Q_m-Q_0)\times t_1\times60=(102-23.1)\times2\times60$$
$$=9\,468\ \text{(L)}=9.47\ \text{(m}^3\text{)}$$

（7）投配池工作时间 t 投配池充满时间 t_2 为

$$t_2=V/Q_0=9.47/2\,000=0.004\,7\ \text{(d)}=6.8\ \text{(min)}$$

投配池工作时间 $\qquad t=t_1+t_2=2+6.8=8.8\ \text{(min)}$

（8）配水管水头损失 $\sum h$ 配水管布置从投配池出水，分流至两边滤池。干管管径 $DN400\sim200\text{mm}$，长度 23.7m；进入滤池支管管径 $DN100\sim50\text{mm}$，长度 20.4m，中间设有四通、三通等管件。

配水管总水头损失（从投配池至最远处喷嘴）计算为 $\sum h=0.785\text{m}$。

前面设计中估算为 $2.3\times0.35=0.805\ \text{(m)}$，相差仅 0.02m。

最小流量时水头损失为

$$\sum h'=\frac{Q_{\min}^2}{Q_{\max}^2}\sum h=\frac{67.9^2}{117.6^2}\times0.785=0.262\ \text{(m)}$$

（9）投配池工作深度 H_5

$$H_5=(H'_{\max}+\sum h)-(H'_{\min}+\sum h')$$
$$=(1.5+0.785)-(0.5+0.262)=1.52\ \text{(m)}$$

（10）投配池尺寸 当投配池容积计算为 9.47m^3，$H_5=1.52\text{m}$ 时，查阅投配池尺寸（图 7-7），得出投配池顶边长 3.65m，底边长 1m，其容积 V_t 为

$$V_t=\frac{1}{3}\times1.52\times(1^2+3.65^2+\sqrt{1^2\times3.65^2})=9.1\ \text{(m}^3\text{)}$$

V_t 与计算投配池容积相近。

固定式喷嘴布水器布置如图 7-8 所示。

【例 7-8】 旋转式布水器计算

1. 已知条件

污水量 $Q=5\,500\text{m}/\text{d}$；变化系数 $K_z=1.72$。

2. 设计计算

（1）单座滤池最大污水量 设计选取圆形生物滤池水力负荷 $22.4\text{m}^3/(\text{m}^2\cdot\text{d})$，则总面积 $A=422.3\text{m}^2$，设有 2 座滤池，单池面积 $A_{\text{单}}=211.2\text{m}^2$，单池直径 $D=16.4\text{m}$。

单座滤池最大污水量 $Q'_{\max}$ 为

$$Q'_{\max}=Q_{\max}/2=109.5/2=54.8\ \text{(L/s)}$$

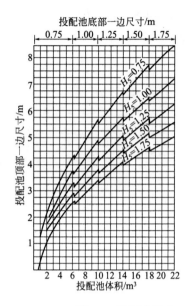

投配池底部一边尺寸/m

图 7-7　投配池尺寸

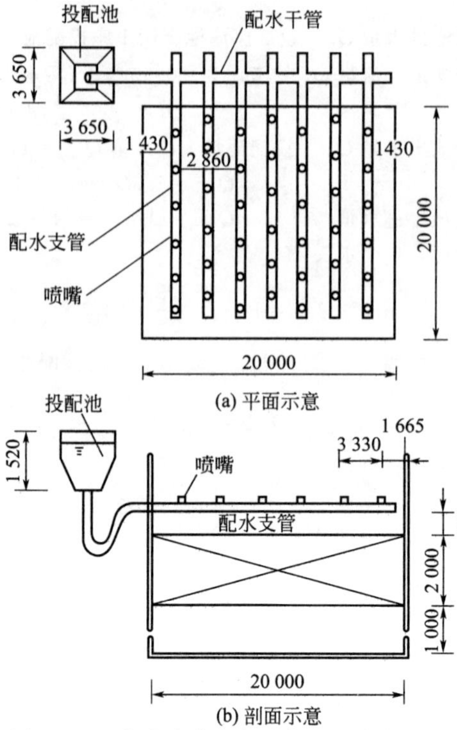

图 7-8　固定式喷嘴布水器布置（单位：mm）

设每座滤池 1 架布水器，每架布水器四根横管，其管径 d_1 为 100mm，布水小孔直径 d_2 为 15mm。

（2）布水器直径 D_2

$$D_2 = D - 0.2$$

式中　D——滤池内径，m。

$$D_2 = 16.4 - 0.2 = 16.2 （m）$$

（3）布水器横管长 L

$$L = D_2/2 = 16.2/2 = 8.1 （m）$$

（4）每根横管布水小孔数 m

$$m = \cfrac{1}{1 - \left(1 - \cfrac{4d_2}{D_2}\right)^2} = \cfrac{1}{1 - \left(1 - \cfrac{4 \times 15}{16\,200}\right)^2} = 135 （个）$$

（5）布水小孔间距 r　布水小孔间距 r_i 可用下式计算。

$$r_i = R \sqrt{\cfrac{i}{m}}$$

式中　r_i——布水小孔与布水器中心距离，m；

　　　R——布水器半径，m，$R = D_2/2$；

　　　i——布水器横管上布水小孔从布水器中心开始的排列序号。

布水器上第 1 小孔距离 r_1 为

$$r_1 = R \sqrt{\cfrac{1}{m}} = 8.1 \sqrt{\cfrac{1}{135}} = 0.70 （m）$$

布水器上第 2 小孔距离 r_2 为

$$r_2 = 8.1 \sqrt{\cfrac{2}{135}} = 0.99 （m）$$

布水器上第 62 小孔距离 r_{62} 为

$$r_{62} = 8.1 \sqrt{\cfrac{62}{135}} = 5.49 （m）$$

布水器上第 134 孔距离 r_{134} 为

$$r_{134} = 8.1\sqrt{\frac{134}{135}} = 8.07 \text{（m）}$$

布水器上第 135 小孔距离 r_{135} 为

$$r_{135} = 8.1\sqrt{\frac{135}{135}} = 8.1 \text{（m）}$$

（6）布水器转速 n

$$n = \frac{34.78 \times 10^6}{md^2 D_2} Q'_{\max} = \frac{34.78 \times 10^6}{135 \times 15^2 \times 16\,200} \times 54.8 = 3.87 \text{（r/min）}$$

（7）布水器所需水头 H　布水器水头损失 H 可用下式计算。

$$H = \left(\frac{Q'_{\max}}{n_0}\right)^2 \left(\frac{256 \times 10^6}{m^2 d_2^4} - \frac{81 \times 10^6}{d_1^4} + \frac{294 D_2}{K^2 \times 10^3}\right)$$

式中　H——布水器水头损失，m；

　　　n_0——每架布水器横管数，根；

　　　K——流量模数，L/s，见表 7-5。

表 7-5　流量模数 K 值

布水横管直径 d_1/mm	50	63	75	100	125	.150	175	200	250
K 值/(L/s)	6	11.5	19	43	86.5	134	209	300	560
K^2	36	132	361	1 849	7 482	17 956	43 680	90 000	313 600

设每架布水器有布水横管 4 根，布水器水头损失 H 为

$$H = \left(\frac{54.8}{4}\right)^2 \times \left(\frac{256 \times 10^6}{135^2 \times 15^4} - \frac{81 \times 10^6}{100^4} + \frac{294 \times 16\,200}{43^2 \times 10^3}\right) = 383.5 \text{（mm）}$$

设计水头损失 H 需考虑安全系数 1.5～2，则

$$H_\text{设} = 1.8 \times 383.5 = 690.3 \text{（mm）}$$

旋转式布水器如图 7-9 所示。

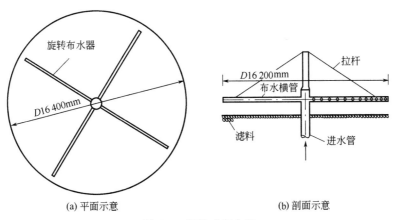

(a) 平面示意　　　　　　　　　(b) 剖面示意

图 7-9　旋转式布水器

七、生物滤池排水通风系统

生物滤池底部构造层能起到排除污水和自然通风作用。

排水系统有渗水装置、集水沟（渠）、排水沟（渠）等。常用渗水装置如图 7-10 所示。渗水装置中排水孔总面积不小于滤池表面积的 20%。构造层空间高度不小于 0.6m。滤池底部可直接收水或设集水沟收水。池底坡度一般在 1%～2%，集水沟坡度在 0.5%～1%，集水沟宽 0.15m，间距为 2.5～4m。

底部通风孔总面积应不小于滤池表面积的 1%，塔式生物滤池自然通风孔有效面积不小于

7.5%～10%。

八、生物滤池污泥量

依据资料，生物滤池剩余生物膜量：普通生物滤池为每当量人口 8g/d（含水率96%），高负荷生物滤池和塔滤池为每当量人口 28g/d（含水率96%）。

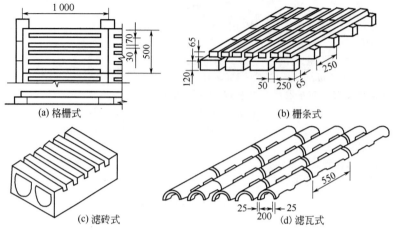

(a) 格栅式　　　　　　　　　　　　　(b) 栅条式

(c) 滤砖式　　　　　　　　　　　　　(d) 滤瓦式

图 7-10　生物滤池的渗水装置（单位：mm）

【例 7-9】 高负荷生物滤池污泥量计算

1. 已知条件

某城镇居民人口约 2 万人；工业废水量 1 500m³/d，工业废水中平均 BOD₅ 为 80mg/L；公共建筑污水量为 800m³/d。

2. 设计计算

设计当地居民平均用水量标准为 120L/（人·d），排水量标准为 0.8×120＝96L/（人·d），BOD₅ 排放标准 $a_s＝30$g/（人·d）。当量人口产泥量 28g/（人·d），含水率 96%。

假设脱落生物膜量基本全部转化成生物污泥。

（1）当地城镇当量人口数 N

① 居民人口数 N_1。依据已知条件：$N_1＝20\ 000$ 人。

② 工业当量人口数 N_2

$$N_2＝\frac{QS_i}{a_s}$$

式中　N_2——工业当量人口数，人；

$\quad\quad Q$——该城镇工业废水总量，m³/d；

$\quad\quad S_i$——该城镇工业废水中平均 BOD₅ 值，g/m³；

$\quad\quad a_s$——当地居民 BOD₅ 排放标准，g/（人·d）。

$$N_2＝\frac{1\ 500×80}{30}＝4\ 000（人）$$

③ 公共建筑当量人口数 N_3

$$N_3＝\frac{Q}{P}$$

式中　N_3——公建当量人口数，人；

$\quad\quad Q$——公建污水量，m³/d；

$\quad\quad P$——排水量标准，m³/（人·d）。

$$N_3＝\frac{800×1\ 000}{96}≈8\ 333（人）$$

④ 当量人口总数 N

$$N＝N_1＋N_2＋N_3＝20\ 000＋4\ 000＋8\ 333＝32\ 333（人）$$

（2）生物干污泥重 $W_干$

$$W_干 = \frac{28}{1\,000} \times N = 0.028 \times 32\,333 \approx 905 \quad (\text{kg/d})$$

（3）湿泥量 $Q_泥$　设生物干污泥占总泥量 75%，则总干泥量 $W_总$ 为

$$W_总 = W_干/0.75 = 905/0.75 \approx 1\,207 \quad (\text{kg/d})$$

$$Q_泥 = \frac{W_总}{(1-0.96) \times 1\,000} = \frac{1\,207}{(1-0.96) \times 1\,000} \approx 30.2 \quad (\text{m}^3/\text{d})$$

第二节　生物转盘

一、设计概述

1. 构造组成

生物转盘是由一系列平行的旋转圆盘、转动横轴、动力及减速装置、氧化槽等组成。

盘片直径一般为 $1 \sim 4\text{m}$，厚度一般为 $2 \sim 10\text{mm}$，盘片间距多为 30mm，若采用多级转盘，前面盘距为 $25 \sim 35\text{mm}$，后面盘距为 $10 \sim 20\text{mm}$。

转动轴是固定盘片并带动其转动的装置，一般轴长约 $0.5 \sim 7\text{m}$，直径 $50 \sim 80\text{mm}$，转轴中心距氧化槽内污水面距离，不小于 150mm，且与转盘直径比在 $0.05 \sim 0.1$ 之间。

驱动装置包括动力、减速装置和链条等。一般带动转盘转速为 $0.8 \sim 3.0\text{r/min}$，线速度 $10 \sim 20\text{m/min}$。

氧化槽即接触反应槽，其各部尺寸应根据转盘的直径（D）和轴长确定。盘片边缘与槽内面间距一般按 $0.1D$ 考虑，但不小于 150mm。

生物转盘布置形式一般有三种：单轴单级［见图 7-11(a)］、单轴多级［见图 7-11(b)］、多轴多级［见图 7-11(c)］。

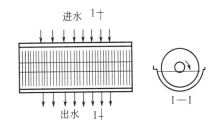

(a) 单轴单级生物转盘

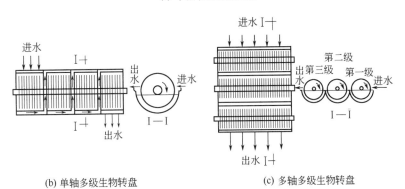

(b) 单轴多级生物转盘　　　　　(c) 多轴多级生物转盘

图 7-11　生物转盘布置形式

2. 设计主要参数

BOD_5 面积负荷 $N_A = 10 \sim 20\text{gBOD}_5/(\text{m}^2 \cdot \text{d})$；表面水力负荷 $N_q = 50 \sim 200\text{L}/(\text{m}^2 \cdot \text{d})$；容积面积比 $G = 5 \sim 9\text{L/m}^2$；污泥产率为 $0.25 \sim 0.6\text{kgDS/kgBOD}_5$。

当生活污水为主时，也可参考图 7-12、图 7-13 和表 7-6 选取设计参数。

表 7-6 　生活污水盘面积负荷与 BOD₅ 去除率

面积负荷/[gBOD₅/(m²·d)]	6	10	25	30	60
BOD 去除率/%	93	92	90	81	60

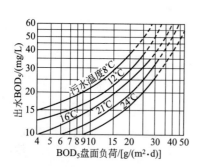

图 7-12 　生活污水盘面负荷与出水 BOD 的关系

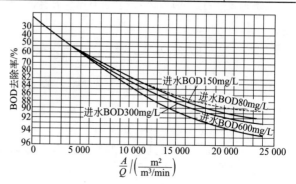

图 7-13 　生活污水水力负荷与 BOD 去除率的关系

二、计算例题

【例 7-10】　生物转盘计算

1. 已知条件

污水量 Q 为 2 000m³/d（以生活污水为主）；进水 BOD₅ S_0 为 150mg/L；出水 BOD₅ $S_e \leqslant 20$mg/L；污水冬季平均温度 16℃。

2. 设计计算

（1）盘面积计算 A

① 面积负荷法。BOD₅ 去除率 η 为

$$\eta = \frac{S_0 - S_e}{S_0} \times 100\% = \frac{150 - 20}{150} \times 100\% = 86.7\%$$

参考表 7-6，插值计算，转盘面积负荷选取 $N'_A = 26.8$gBOD₅/(m²·d)。

转盘面积

$$A_1 = \frac{QS_0}{N'_A} = \frac{2\,000 \times 150}{26.8} = 11\,194 \ (\text{m}^2)$$

参考图 7-12，转盘面积负荷选取 $N''_A = 15$gBOD₅/(m²·d)。

转盘面积

$$A_2 = \frac{QS_0}{N''_A} = \frac{2\,000 \times 150}{15} = 20\,000 \ (\text{m}^2)$$

② 水力负荷法。参考图 7-13，转盘水力负荷选取 $N_q = \frac{1}{14\,300} \times 60 \times 24 = 0.1$[m³/(m²·d)]，则转盘面积

$$A_3 = \frac{Q}{N_q} = \frac{2\,000}{0.1} = 20\,000 \ (\text{m}^2)$$

三种方法计算，其中有两种结果一致，本设计选取此数值，即转盘总面积为 $A = 20\,000$m²。

（2）转盘总数 m　设转盘直径 D 为 3m，则转盘总数 m 为

$$m = 0.637 \times \frac{A}{D^2} = 0.637 \times \frac{20\,000}{3^2} = 1\,416 \ (\text{片})$$

（3）转动轴有效长度计算（氧化槽有效长度）L　设采用三级六轴转盘，盘片厚度 $b = 0.004$m，盘片间距 $d = 0.025$m。

单轴转盘片数　　　　　　$m_1 = m/6 = 1\,416/6 = 236 \ (\text{片})$

每级盘片数　　　　　　　$m_2 = m/3 = 1\,416/3 = 472 \ (\text{片})$

三级盘片分配：第一级 472 片，第二级 472 片，第三级 472 片。

转动轴有效长度可用下式计算。

$$L = m_1(d + b)K$$

式中　L——每级转盘的转轴有效长度，m；

　　　d——盘片净距，m；

　　　b——盘片厚度，m；

　　　K——考虑循环沟道系数，取值1.2。

转动轴有效长度 L（氧化槽有效长度）为

$$L = 236 \times (0.004 + 0.025) \times 1.2 = 8.2 \quad (\text{m})$$

（4）氧化槽有效容积 V 及有效宽度 B　转盘与氧化槽净距 C 采用0.2m。

每个氧化槽有效容积 V 为

$$V = (0.294 \sim 0.335)(D + 2C)^2 L$$
$$= 0.32 \times (3 + 2 \times 0.2)^2 \times 8.2 = 30.3 \quad (\text{m}^3)$$

每个氧化槽净有效容积 V' 为

$$V' = 0.32 \times (D + 2C)^2 (L - m_1 b)$$
$$= 0.32 \times (3 + 2 \times 0.2)^2 \times (8.2 - 236 \times 0.004)$$
$$= 26.8 \quad (\text{m}^3)$$

每个氧化槽有效宽度 B 为

$$B = D + 2C = 3 + 2 \times 0.2 = 3.4 \quad (\text{m})$$

（5）转盘转速 n_0　转盘转速 n_0 可用下式计算。

$$n_0 = \frac{6.37}{D} \times \left(0.9 - \frac{V'}{Q'} \right)$$

式中　n_0——转盘转速，r/min；

　　　V'——每个氧化槽净有效容积，m³；

　　　Q'——每个氧化槽污水流量，m³/d；

　　　D——转盘直径，m。

代入数据得　　$$n_0 = \frac{6.37}{3} \times \left(0.9 - \frac{26.8}{2\,000/2} \right) = 1.85 \quad (r/min)$$

（6）电机功率 N_P　每轴由一个电动机带动，电机功率 N_P 可用下式计算。

$$N_P = \frac{3.85 R^4 n_0^2}{d \times 10^{12}} m_1 \alpha \beta$$

式中　N_P——电机功率，kW；

　　　R——转盘半径，cm；

　　　n_0——转盘转数，r/min；

　　　d——盘片间距，cm；

　　　m_1——一根转动轴上盘片数，片；

　　　α——同一电机带动的转轴数；

　　　β——生物膜厚度系数，见表7-7。

表7-7　生物膜厚度系数 β 值

膜厚/mm	0～1	1～2	2～3
β 值	2	3	4

β 取值为3，则电机功率 N_P 为

$$N_P = \frac{3.85 \times 150^4 \times 1.85^2}{2.5 \times 10^{12}} \times 236 \times 1 \times 3 = 1.89 \quad (\text{kW})$$

（7）氧化槽内污水水力停留时间 t　单个氧化槽水力停留时间 t_1 为

$$t_1 = \frac{V'}{Q'} = \frac{26.8}{2\,000/2} = 0.026\,8 \quad (\text{d}) = 0.64 \quad (\text{h})$$

氧化槽总停留时间 t 为

$$t = 3t_1 = 3 \times 0.64 = 1.92 \text{ (h)}$$

（8）校核容积面积比值 G

$$G = \frac{V}{A} \times 10^3 = \frac{26.8 \times 6}{20\,000} \times 10^3 = 8.04 \text{ (L/m}^2\text{)}$$

计算值满足 $5 \sim 9\text{L/m}^2$ 要求。

（9）总干泥量 W　依据经验，生物转盘每去除 1kgBOD$_5$ 产干泥（活性污泥）量为 0.3kg，则活性污泥量 W' 为

$$W' = 0.3 \times Q(S_0 - S_e)$$
$$= 0.3 \times 2\,000 \times (0.15 - 0.02) = 78 \text{ (kg/d)}$$

一般活性污泥占污泥总量约 75%，则总干泥量 W 为

$$W = W'/75\% = 78/0.75 = 104 \text{ (kg/d)}$$

生物转盘如图 7-14 所示。

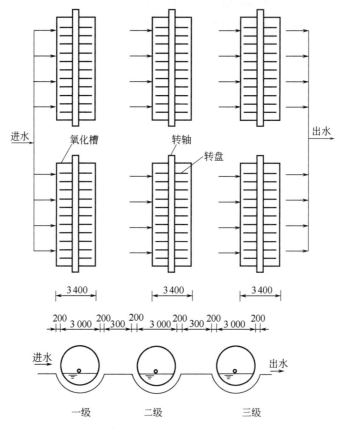

图 7-14　生物转盘（单位：mm）

第三节　生物接触氧化法

一、设计概述

生物接触氧化法根据充氧方式可分为分流式和直流式。分流式接触氧化池是污水与载体填料接触和充氧在不同的空间进行。直流式接触氧化池是污水和填料接触、充氧在同一空间进行，即直接在填料下曝气充氧。

生物接触氧化工艺又可分为一段式、二段式和多段式。一段式为一次氧化、一次沉淀，二段式为二次氧化、二次沉淀（或一次沉淀），多段式为二次以上氧化和沉淀。

目前生物接触氧化法中的填料种类繁多而且还在不断推陈出新。常用的有粒状填料（诸如

炉渣、沸石、塑料球、纤维球等）、蜂窝填料、软性纤维填料、半软性填料以及组合填料等。各种填料因其材料、性质、比表面积、空隙率的不同，而直接影响挂膜、微生物生长、氧利用率等。因此，该工艺设计参数宜根据选用填料进行试验后确定。常用填料基本性能见表7-8。

表7-8 常用填料基本性能

填料名称	材　质	规　格/mm	挂膜	比表面积/(m²/m³)	空隙率/%
炉渣、沸石	—	d 20～80	较易	60～200	48～60
塑料球	聚乙烯、聚丙烯	ϕ25,ϕ50	较易	236～400	84～90
蜂窝填料	玻璃钢、聚氯乙烯	D20～36	较易	100～200	98～99
软性纤维填料	维纶	纤维长 120～160 束距 60～80	易	1 400～2 400	>90
盾状填料	聚乙烯、维纶	纤维长 120～200 束距 60～80	易	1 000～2 500	98～99
半软性填料	变性聚乙烯	单片 ϕ120～160	较易	87～93	97
立体波纹填料	硬聚氯乙烯	1 600×800	较易	110～200	90～96
组合填料（如 SB-A）	塑料和醛化维纶	D120～200 片距 40～90	易	1 230	99

二、计算例题

【例 7-11】 二段式生物接触氧化池计算

1. 已知条件

污水量 $Q=3\,500\text{m}^3/\text{d}$；进水 $\text{BOD}_5(S_0)=120\text{mg/L}$；出水 $\text{BOD}_5(S_e)\leqslant30\text{mg/L}$；进水 $\text{SS}(X_0)=110\text{mg/L}$；出水 $\text{SS}(X_e)\leqslant30\text{mg/L}$。

2. 设计计算

采用二段式接触氧化，分两组并列运行。填料选用炉渣，一氧池填料高 $h_{1\text{-}3}$ 取 3m，二氧池填料高 $h_{2\text{-}3}$ 取 2.5m。

（1）填料容积负荷 N_V

$$N_V=0.288\,1S_e^{0.724\,6}$$

式中　N_V——接触氧化的容积负荷，$\text{BOD}_5\,\text{kg}/(\text{m}^3\cdot\text{d})$；

　　　　S_e——出水 BOD_5 值，mg/L。

该公式源自太原市政工程设计研究院编制的《生物接触氧化法设计规程》（CECS 128：2001），当 BOD_5 进水值小于 180mg/L，采用炉渣填料、蜂窝填料及组合填料，穿孔管曝气的二段式接触氧化法时，可应用此公式。

$$N_V=0.288\,1\times30^{0.724\,6}=3.39\,[\text{kg}/(\text{m}^3\cdot\text{d})]$$

（2）污水与填料接触时间 t

$$t=\frac{24S_0}{1\,000N_V}=\frac{24\times120}{1\,000\times3.39}=0.85\ (\text{h})$$

一氧池接触氧化时间 t_1 占总接触时间的 60%，则

$$t_1=0.6t=0.6\times0.85=0.51\ (\text{h})$$

二氧池接触氧化时间 t_2 占总时间 40%，则

$$t_2=0.4t=0.4\times0.85=0.34\ (\text{h})$$

（3）接触氧化池尺寸计算　单组一氧池（单池）填料体积 V_1 为

$$V_1=\frac{Q}{2}t_1=\frac{3\,500}{2\times24}\times0.51=37.2\ (\text{m}^3)$$

一氧池面积　　　　　　$A_1=V_1/h_{1\text{-}3}=37.2/3=12.4\ (\text{m}^2)$

一氧池宽 B_1 选取 4m，池长 L_1 为

$$L_1=A_1/B_1=12.4/4=3.1\ (\text{m})$$

一氧池超高 $h_{1\text{-}1}$ 取 0.5m，稳水层高 $h_{1\text{-}2}$ 取 0.5m，底部构造层高 $h_{1\text{-}4}$ 取 0.8m，则一氧池总高 H_1 为

$$H_1=h_{1\text{-}1}+h_{1\text{-}2}+h_{1\text{-}3}+h_{1\text{-}4}=0.5+0.5+3+0.8=4.8\ (\text{m})$$

一氧池尺寸 $L_1\times B_1\times H_1=3.1\text{m}\times4.0\text{m}\times4.8\text{m}$。

单组二氧池填料体积 V_2 为

$$V_2=\frac{Q}{2}t=\frac{3\ 500}{2\times24}\times0.34=24.8\ (\text{m}^3)$$

二氧池面积 $\qquad A_2=V_2/h_{2\text{-}3}=24.8/2.5=9.9\ (\text{m}^2)$

二氧池宽 B_2 选取 4m，池长 L_2 为

$$L_2=A_2/B_2=9.9/4=2.5\ (\text{m})$$

二氧池超高 $h_{2\text{-}1}$ 取 0.5m，稳水层高 $h_{2\text{-}2}$ 取 0.5m，底部构造层高 $h_{2\text{-}4}$ 取 0.8m，则二氧池总高 H_2 为

$$H_2=h_{2\text{-}1}+h_{2\text{-}2}+h_{2\text{-}3}+h_{2\text{-}4}=0.5+0.5+2.5+0.8=4.3\ (\text{m})$$

单池二氧化尺寸 $L_2\times B_2\times H_2=2.5\text{m}\times4\text{m}\times4.3\text{m}$。

（4）接触氧化需气量计算　接触氧化池曝气采用在填料下方穿孔管鼓风曝气方式。根据试验，气水比为 5：1（符合 CECS 128：2001），总需气量 $Q_气$ 为

$$Q_气=5Q=5\times3\ 500=17\ 500(\text{m}^3/\text{d})=12.2\ (\text{m}^3/\text{min})$$

一氧池需气量

$$Q'_{1\text{-}气}=\frac{2}{3}\times Q_气=\frac{2}{3}\times12.2=8.1\ (\text{m}^3/\text{min})$$

单组一氧池需气量

$$Q_{1\text{-}气}=\frac{1}{2}\times Q_{1\text{-}气}=\frac{1}{2}\times8.1=4.05\ (\text{m}^3/\text{min})$$

二氧池需气量

$$Q'_{2\text{-}气}=\frac{1}{3}\times Q_气=\frac{1}{3}\times12.2=4.1\ (\text{m}^3/\text{min})$$

单组二氧池需气量

$$Q_{2\text{-}气}=\frac{1}{2}\times Q'_{2\text{-}气}=\frac{1}{2}\times4.1=2.05(\text{m}^3/\text{min})$$

接触氧化池曝气强度校核如下。

一氧池曝气强度为 $\dfrac{Q_{1\text{-}气}}{A_1}=\dfrac{4.05}{3.1\times4}=0.33[\text{m}^3/(\text{m}^2\cdot\text{min})]=19.8\ [\text{m}^3/(\text{m}^2\cdot\text{h})]$

二氧池曝气强度为 $\dfrac{Q_{2\text{-}气}}{A_2}=\dfrac{2.05}{2.5\times4}=0.21[\text{m}^3/(\text{m}^2\cdot\text{min})]=12.6\ [\text{m}^3/(\text{m}^2\cdot\text{h})]$

二池均满足 CECS 128：2001 要求的范围 $[10\sim20\text{m}^3/(\text{m}^2\cdot\text{h})]$。

接触氧化池曝气管采用钢管，干管流速选取 $v=10\text{m/s}$ 左右，小支管流速 $v=5\text{m/s}$。干管管径选用 $d_N=200\sim100\text{mm}$，支管管径选用 $d_N=32\text{mm}$，支管布置间距 20cm，支管上小孔孔径 5mm，小孔间距 6cm，小孔向下 45°开孔，交错分布。

（5）接触氧化池进出水设计

① 进水导流槽设计。根据 CECS 128：2001，导流槽宽选取 0.8m，导流槽长与池宽相同 4m，导流墙下缘距填料底为 0.3m，导流墙距池底 0.5m。

② 出水槽计算。接触氧化池出槽采用锯齿形集水槽（两边进水）。集水槽污水过堰负荷 q 选取 2L/(s·m)。一氧池单池集水槽总长 $L_{j\text{-}1}$ 为

$$L_{j\text{-}1}=\frac{Q/2}{q}=\frac{3\ 500/2}{24\times3.6\times2}=10.1\ (\text{m})$$

一氧池单池集水槽条数 n_1 为

$$n_1=\frac{L_{j\text{-}1}}{2L_1}=\frac{10.1}{2\times3.1}\approx1.63\ (\text{条})\approx2\ (\text{条})$$

二氧池单池集水槽总长 $L_{j\text{-}2}$ 为

$$L_{j\text{-}2}=\frac{Q/2}{q}=\frac{3\ 500/2}{24\times3.6\times2}=10.1\ (\text{m})$$

二氧池单池集水槽条数 n_2 为

$$n_2 = \frac{L_{j-2}}{2L_2} = \frac{10.1}{2 \times 2.5} = 2 \text{（条）}$$

【例 7-12】 接触沉淀池计算（二段式）

接触氧化后应用沉淀池，任何形式的沉淀池均可选用。但是为了提高沉淀效果，并且与接触氧化池建设上更好匹配，减少工程量，节省费用，常选用接触沉淀池。

接触沉淀池表面水力负荷一般采用 $5 \sim 7 \text{m}^3/(\text{m}^2 \cdot \text{h})$，停留时间 $20 \sim 30 \text{min}$，有效水深为 $1.8 \sim 2.5 \text{m}$。空气冲洗强度采用 $24 \sim 40 \text{m}^3/(\text{m}^2 \cdot \text{h})$，冲洗时间 $10 \sim 15 \text{min}$。

接触沉淀池滤层的滤料可用砾石、炉渣等粒状材料。

1. 已知条件

与例 7-11 相同。

2. 设计计算

（1）接触沉淀池表面积 A　第一接触沉淀池表面水力负荷 N_{q-1} 选取 $5.5 \text{m}^3/(\text{m}^2 \cdot \text{h})$，有效水深 h_{1-2} 为 2m，第二接触沉淀池表面水力负荷 N_{q-2} 选取 $5 \text{m}^3/(\text{m}^2 \cdot \text{h})$，有效水深 $h_{2-2} = 1.8 \text{m}$。二池滤料均选用炉渣，滤料层高 0.5m。单组一沉池面积 A_1 为

$$A_1 = \frac{Q/2}{N_{q-1}} = \frac{3\,500/2}{24 \times 5.5} = 13.3 \text{（m}^2\text{）}$$

二沉池面积 A_2 为

$$A_2 = \frac{Q/2}{N_{q-2}} = \frac{3\,500/2}{24 \times 5} = 14.6 \text{（m}^2\text{）}$$

（2）校核水力停留时间 t　一沉池水力停留时间 t_1 为

$$t_1 = \frac{A_1 h_{1-2}}{Q/2} = \frac{13.3 \times 2}{3\,500/(2 \times 24)} = 0.36 \text{（h）} = 21.6 \text{（min）}$$

二沉池水力停留时间 t_2 为

$$t_2 = \frac{A_1 h_{2-2}}{Q/2} = \frac{14.6 \times 1.8}{3\,500/(2 \times 24)} = 0.36 \text{（h）} = 21.6 \text{（min）}$$

符合规程要求。

（3）接触沉淀池尺寸　单组一沉池宽 B_1 取值 4m（方便与接触氧化池合建）。

池长　　　　　　　　　$L_1 = A_1/B_1 = 13.3/4 = 3.3 \text{（m）}$

一沉池超高 h_{1-1} 取值 0.5m，有效水深 h_{1-2} 取 2m，泥斗斜壁设计与水平面倾角为 $60°$，清水层选取 0.4m，滤料层 0.5m 均包括在有效水深内，缓冲层 0.5m，包入泥斗中。泥斗下底边长 0.2m，泥斗高 h_{1-3} 为

$$h_{1-3} = \left(\frac{4}{2} - \frac{0.2}{2} \right) \tan 60° = 3.3 \text{（m）}$$

一沉池高　　　　　$H_1 = h_{1-1} + h_{1-2} + h_{1-3} = 0.5 + 2 + 3.3 = 5.8 \text{（m）}$

一沉池尺寸 $L_1 \times B_1 \times H_1 = 3.3\text{m} \times 4\text{m} \times 5.8\text{m}$。

单组二沉池有效水深 1.8m，其他相同。

二沉池池长　　　　　　$L_2 = A_2/B_2 = 14.6/4 = 3.7 \text{（m）}$

二沉池总高　　　　$H_2 = h_{2-2} + h_{2-2} + h_{2-3} = 0.5 + 1.8 + 3.3 = 5.6 \text{（m）}$

二沉池尺寸 $L_2 \times B_2 \times H_2 = 3.7\text{m} \times 4\text{m} \times 5.6\text{m}$。

（4）污泥量 Q_S　在 CECS 128：2001 中推荐该工艺系统污泥产率为 $0.3 \sim 0.4 \text{kgDS/kgBOD}_5$，含水率 $96\% \sim 98\%$。

本例题，污泥产率以 $Y = 0.4 \text{kgDS/kgBOD}_5$ 计，含水率 97%。则干泥量 W_{DS} 用下式计算。

$$W_{DS} = YQ(S_0 - S_e) + (X_0 - X_h - X_e)Q$$

式中　W_{DS}——污泥干重，kg/d；

　　　　Y——活性污泥产率，kgDS/kgBOD_5；

　　　　Q——污水量，m^3/d；

　　　　S_0——进水 BOD_5 值，mg/L；

　　　　S_e——出水 BOD_5 值，mg/L；

　　　　X_0——进水总 SS 浓度值，mg/L；

X_h——进水中 SS 活性部分量，mg/L；

X_e——出水 SS 浓度值，mg/L。

设该污水 SS 中 70% 可为生物降解活性物质。污泥干重 W_{DS} 为

$$W_{DS} = 0.4 \times 3\,500 \times (0.12 - 0.03) + (0.11 - 0.7 \times 0.11 - 0.03) \times 3\,500$$
$$= 136.5 \ (kg/d)$$

污泥体积 $$Q_S = \frac{W_{DS}}{1 - 97\%} = \frac{136.5/1\,000}{0.03} = 4.55 \ (m^3/d)$$

（5）校核泥斗容积 泥斗容积计算公式为

$$V_S = \frac{1}{3} h (A' + A'' + \sqrt{A' A''})$$

式中 V_S——泥斗容积，m^3；

h——泥斗高，m；

A'——泥斗上口面积，m^2；

A''——泥斗下口面积，m^2。

单组一沉池泥斗容积为

$$V_S = \frac{1}{3} \times 3.3 \times (13.2 + 0.04 + \sqrt{13.2 \times 0.04}) = 15.4 \ (m^3)$$

单组二沉池污泥斗容积为

$$V_S = \frac{1}{3} \times 3.3 \times (14.8 + 0.04 + \sqrt{14.8 \times 0.04}) = 17.2 \ (m^3)$$

共有沉淀池 4 座，各池泥斗减去缓冲层，也能容纳本例 24h 泥量。

（6）接触沉淀池进出水设计 接触沉淀池进出水槽设计计算与接触氧化池方法相同，只不过设计参数不同。进水导流槽宽也是 0.8m，导流墙下缘至滤料底面距离：一沉池为 1.1m，二沉池为 0.9m。出水集水槽进水负荷采用 1.2L/(s·m)。

一沉池集水槽总长 $$L_{j-1} = \frac{Q/2}{q} = \frac{3\,500/(2 \times 24 \times 3.6)}{1.2} = 16.9 \ (m)$$

一沉池集水槽条数 $$n_1 = \frac{L_{j-1}}{2L_1} = \frac{16.9}{2 \times 3.3} = 2.6 \approx 3 \ (条)$$

二沉池集水槽总长 $$L_{j-2} = \frac{Q/2}{q} = \frac{3\,500/(2 \times 24 \times 3.6)}{1.2} = 16.9 \ (m)$$

一沉池集水槽条数 $$n_2 = \frac{L_{j-2}}{2L_2} = \frac{16.9}{2 \times 3.7} = 2.3 \approx 3 \ (条)$$

（7）接触沉淀池需气量计算 根据 CECS 128：2001，接触沉淀池冲洗强度采用 $30m^3/(m^2 \cdot h)$，冲洗时间 15min。工作周期 24h。一沉池单池需气量 $Q_{1-气}$ 为

$$Q_{1-气} = q_气 A_1 = 30 \times 13.2 = 396 \ (m^3/h) = 6.6 \ (m^3/min)$$

二沉池单池需气量 $Q_{2-气}$ 为

$$Q_{2-气} = q_气 A_2 = 30 \times 14.8 = 444 \ (m^3/h) = 7.4 \ (m^3/min)$$

（8）鼓风机气量选择 结合例 7-11，生物接触氧化池单组需气量 $6.1m^3/min$，2 组池共需气量 $12.2m^3/min$。

接触沉淀池可进行单组反冲洗（即一组工作，另一组冲洗），需气量为 $14m^3/min$。

所以应考虑接触氧化池一组运行，另一组可暂时停止工作。（反冲洗仅 15min，对生物膜影响不大）。鼓风机气量应据此选择，并考虑备用（也可考虑接触沉淀池一组工作，一组反冲，二组接触氧化同时曝气）。

（9）反冲洗气管设计 反冲洗气管设计同样采用穿孔钢管，流速设计同接触氧化池，计算干管、支干管管径 $DN250 \sim 150mm$，小支管管径 $DN40mm$，支管布置间距 25cm，支管上小孔孔径 5mm，小孔间距 10cm，小孔向下 45° 开孔，交错分布。

生物接触氧化池及接触沉淀池布置如图 7-15 所示。

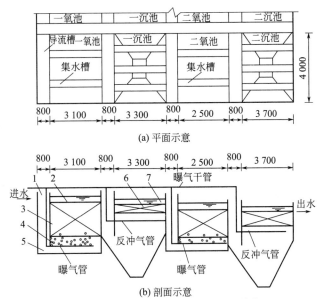

(a) 平面示意

(b) 剖面示意

图 7-15 接触氧化池及接触沉淀池布置（单位：mm）

1—导流槽；2—稳水层；3—填料层；4—导流墙；
5—构造层；6—滤层；7—清水层

【例 7-13】生物接触氧化法硝化工艺的设计计算

1. 已知条件

某污水处理厂设计处理水量 10 000m³/d，采用两段生物接触氧化法污水处理工艺。第一段为有机物碳化段，第二段为氨氮的硝化段。生物反应池进水水质：$BOD_5 = 200mg/L$，N_k（凯氏氮）$= 40mg/L$，$TP = 9mg/L$，$TSS = 200mg/L$，碱度 $S_{ALK} = 280mg/L$。平均水温夏季 $T = 25℃$，冬季 $T = 10℃$。设计出水水质为：$BOD_5 \leqslant 10mg/L$，$NH_3\text{-}N \leqslant 10mg/L$，浊度 $\leqslant 5mg/L$。计算生物接触氧化法处理系统构筑物。

2. 设计计算

（1）生物接触氧化池 根据《生物接触氧化法污水处理工程技术规范》（HJ 2009—2011），生物反应池容积按下式计算：

$$V = \frac{Q(S_0 - S_e)}{M_c \eta_1 \times 1\,000} + \frac{Q(N_{IKN} - N_{EKN})}{M_N \eta_2 \times 1\,000}$$

式中 V——生物接触氧化池有效容积，m^3；

Q——生物接触氧化池设计流量，m^3/d，$Q = 10\,000m^3/d$；

S_0——进水 BOD_5 浓度，mg/L，$S_0 = 200mg/L$；

S_e——出水 BOD_5 浓度，mg/L，$S_e = 10mg/L$；

M_c——碳化段填料 BOD_5 去除负荷，$kgBOD_5/(m^3 \cdot d)$，按照 HJ 2009—2011 的建议，$M_c = 1.0kgBOD_5/(m^3 \cdot d)$；

η_1——碳化段填料填充比，%，设计采用悬挂填料，按照 HJ 2009—2011 的建议，$\eta_1 = 0.7\%$；

N_{IKN}——进水凯氏氮，mg/L，$N_{IKN} = 40mg/L$；

N_{EKN}——出水凯氏氮，mg/L，$N_{EKN} = 10mg/L$；

M_N——硝化段填料容积负荷，$kgTKN/(m^3 \cdot d)$，按照 HJ 2009—2011 的建议，$M_N = 0.8kgTKN/(m^3 \cdot d)$；

η_2——硝化段填料填充比，采用悬挂填料，按照 HJ 2009—2011 的建议，$\eta_2 = 0.7$。

$$V = \frac{10\,000 \times (200 - 10)}{1.0 \times 0.7 \times 1\,000} + \frac{10\,000 \times (40 - 10)}{0.8 \times 0.7 \times 1\,000} = 2\,714.29 + 535.71 = 3\,250(m^3)$$

根据 HJ 2009—2011 的建议，生物反应池长宽比取 2:1~1:1，有效水深宜取 3~6m，超高不宜小于 0.5m。

采用悬挂式填料时,曝气区高宜采用 $1.0\sim1.5$m,填料层高宜取 $2.5\sim3.0$m,稳水层高宜取 $0.4\sim0.5$m。

生物反应池设两组,即 $n=2$。有效水深 h 取 4.5m,每组平面面积 F_1 为

$$F_1=V/(hn)=3\,250/(4.5\times2)=361.11(\text{m}^2)$$

每组生物池平面尺寸 $30\text{m}\times12\text{m}$,总有效容为 $1\,620\text{m}^3$,水力停留时间

$$HRT=1\,620\times2\times24/10\,000=7.8\ (\text{h})$$

计算结果符合 HJ 2009—2011 关于水力停留时间为 $4\sim16$h 的要求。

按照 HJ 2009—2011 的建议,生物池第一级容积比例取 60%,平面尺寸 $18\text{m}\times12\text{m}$;第二级容积比例取 40%,平面尺寸 $12\text{m}\times12\text{m}$。

生物超高 0.5m,曝气区高 1.0m,填料层高宜 3.5m,稳水层 0.5m,总高度 5m。

(2) 沉淀池　设计采用斜管沉淀池。根据 HJ 2009—2011,表面负荷 q 宜取常规活性污泥法沉淀池设计值的 $70\%\sim80\%$。本例,两级沉淀池均取 $2.0\text{m}^3/(\text{m}^2\cdot\text{h})$。沉淀池表面积 F_2 为

$$F_2=Q/(24nq)=10\,000/(2\times24\times2.0)=104.17\ (\text{m}^2)$$

沉淀池平面尺寸 $12\text{m}\times9\text{m}$,分二格,每格 $6\text{m}\times9\text{m}$。

根据《室外排水设计规范》(GB 50014—2006)第 6.5.15 条,沉淀池超高取 0.3m,斜管(板)区上部水深 0.8m,斜管孔径 80mm,斜管(板)斜长 1.0m,斜管(板)水平倾角 $60°$,则垂直高度 0.866m。斜管(板)区底部缓冲层高度 1m,污泥斗高度 4m。沉淀池总高 $0.3+0.8+0.866+1+4=6.966\ (\text{m})$。为便于沉淀池排泥,每格沉淀池单独布置。

每级沉淀池共设 4 个污泥斗,每个污泥斗的容积 $V_{单斗}$ 为

$$V_{单斗}=\frac{1}{3}h_{泥斗}\ (f_1+f_2+\sqrt{f_1f_2})$$

式中　f_1——污泥斗上口面积,m^2;

　　　f_2——污泥斗下口面积,m^2;

　　$h_{泥斗}$——污泥斗的高度,m。

$$f_1=4.5\times6=27\ (\text{m}^2)$$

$$f_2=1.381\times1.381=1.91\ (\text{m}^2)$$

污泥斗为方斗,倾角 $\alpha=60°$,

则　　　　$$h_{泥斗}=[(6-1.381)/2]\tan60°=4\ (\text{m})$$

$$V_{单斗}=\frac{1}{3}\times4\times(27+1.91+\sqrt{27\times1.91})=51.78\ (\text{m}^3)$$

每级沉淀池设 4 个泥斗,总容积均为 207m^3。

根据 GB 50014—2006 第 6.5.6 条,确定排泥管管径 $DN200$mm,排泥口与沉淀池水面高差 $2.366\text{m}>0.9$m,满足 GB 50014—2006 第 6.5.7 条的要求。

生物接触氧化池与沉淀池的平面及剖面图分别见图 7-16、图 7-17。

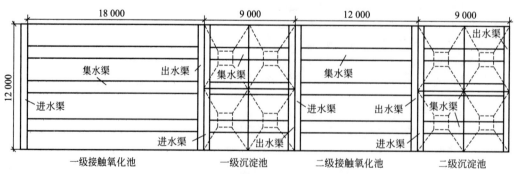

图 7-16　生物接触氧化池与沉淀池平面图

(3) 剩余污泥量　根据《生物接触氧化法设计规程》(CECS 128:2001)第 3.3.6 条,生物接触氧化产生

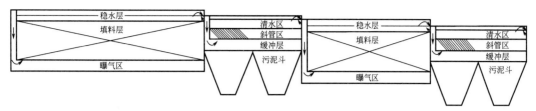

图 7-17 生物接触氧化池与沉淀池剖面图

的泥量可按去除每千克 BOD_5 产生 $0.35 \sim 0.4kg$ 干污泥计算。

$$\Delta X = YQ(S_0 - S_e) + fQ(SS_0 - SS_e)$$

式中 ΔX——剩余污泥量，$kgSS/d$；

Y——污泥产率系数，$kgVSS/kgBOD_5$，本工程取 $0.4kgVSS/kgBOD_5$；

Q——设计平均日污水量，m^3/d；

S_0——生物反应池进水五日生化需氧量，kg/m^3，本工程为 $0.2kg/m^3$；

S_e——生物反应池出水五日生化需氧量，kg/m^3，本工程为 $0.01kg/m^3$；

SS_0——生物反应池进水悬浮物浓度，kg/m^3，本工程为 $0.25kg/m^3$；

f——进水悬浮物中无机部分，本工程取 $0.6kg/kgSS$；

SS_e——生物反应池出水悬浮物浓度，kg/m^3，本工程为 $0.01kg/m^3$。

$$\Delta X = 0.4 \times 10\,000 \times (0.2 - 0.01) + 0.6 \times 10\,000 \times (0.25 - 0.01) = 2\,200(kgSS/d)$$

参照 CECS 128：2001，本例污泥含水率取 97%。

$$Q_s = 0.001\Delta X/(1-p) = 0.001 \times 2\,200/(1-0.97) = 73.33(m^3/d)$$

污泥量小于污泥斗容积。

（4）接触氧化池需氧量 根据 HJ 2009—2011 第 6.5 条：

$$O_2 = 0.001aQ(S_0 - S_e) - c\Delta X_V + b[0.001(N_k - N_{ke}) - 0.12\Delta X_V]$$

式中 O_2——曝气池需氧量，kgO_2/d；

a——碳的氧当量，本工程含碳物质数量以 BOD_5 计，取 1.47；

c——常数，细菌细胞的氧当量，取 1.42；

b——常数，氧化每公斤氨氮所需氧量，kgO_2/kgN，取 $4.57kgO_2/kgN$；

N_k——曝气池进水总凯氏氮浓度，mg/L，本工程为 $40mg/L$；

N_{ke}——曝气池出水总凯氏氮浓度，mg/L，本工程为 $10mg/L$；

ΔX_V——排出生物反应池系统的微生物量，kg/d。

$$\Delta X_V = 0.75\Delta X = 0.75 \times 2\,200 = 1\,650\ (kg/d)$$

则 $$O_2 = 0.001 \times 1.47 \times 10\,000 \times (200-10) - 1.42 \times 1\,650 + 4.57 \times [0.001 \times 10\,000 \times (40-10) - 0.12 \times 1\,650]$$

$$= 2\,793 - 2\,343 + 466.14 = 916.14(kgO_2/d) = 38.17(kgO_2/h)$$

【题后语】《生物接触氧化法污水处理工程技术规范》（HJ 2009—2011）是用于指导和规范生物接触氧化污水处理工艺设计、设备选型、运行维护的工程技术行业标准。按照 HJ 2009—2011 进行设计，可以更好地保证出水水质达到设计要求，同时避免造成浪费，使工艺设计更加合理。

【例 7-14】 一段式生物接触氧化池计算

1. 已知条件

污水量 Q 为 $5\,000m^3/d$；进水 BOD_5（S_0）为 $130mg/L$；出水 BOD_5（S_e）$\leqslant 30mg/L$。

2. 设计计算

（1）生物接触氧化池　一段式生物接触氧化池设计计算也常采用上述容积负荷法。本例采用另一种接触时间计算法。

① 接触反应时间 t。采用纤维软填料，填料高 h_3 为 3m，氧化池内填料充填率为 70%。曝气设备选用微孔曝气头。接触时间计算公式为

$$t = K \ln \frac{S_0}{S_e}$$

式中　t——接触氧化反应时间，h；

S_0——进水 BOD_5 浓度值，mg/L；

S_e——出水 BOD_5 浓度值，mg/L；

K——常数，$K = 0.33 \times \left(\frac{p}{75}\right) \times S_0^{0.46}$；

p——为接触氧化池内填料充填率。

代入数据得　　　　　　　　$K = 0.33 \times \frac{70}{75} \times 130^{0.46} = 2.89$

$$t = 2.89 \ln \frac{130}{30} = 4.2 \ (h)$$

② 生物接触氧化池尺寸。设计 2 组接触氧化池，接触氧化池总容积 $V_{总}$ 为

$$V_{总} = Qt = \frac{5\ 000}{24} \times 4.2 = 875 \ (m^3)$$

单池容积　　　　　　　　$V_{单} = V_{总}/2 = 875/2 = 437.5 \ (m^3)$

单池面积　　　　　　　　$A_{单} = V_{单}/h_3 = 437.5/3 = 145.8 \ (m^2)$

设单池池宽 $B = 8.5m$，池长 L 为

$$L = A_1/B = 145.8/8.5 = 17.2 \ (m)$$

设氧化池超高 h_1 为 0.5m，稳水层高 h_2 为 0.4m，填料高 h_3 为 3m，底部构造层 h_4 为 0.3m。池总高

$$H = h_1 + h_2 + h_3 + h_4 = 0.5 + 0.4 + 3 + 0.3 = 4.2 \ (m)$$

单氧化池尺寸 $L \times B \times H = 17.2m \times 8.5m \times 4.2m$。

容积负荷 N_V 为

$$N_V = \frac{QS_0}{V} = \frac{5\ 000 \times 0.13}{875} = 0.74 \ [kg/(m^3 \cdot d)]$$

③ 需气量计算。通过试验，接触氧化气水比约 6:1，则需气量

$$Q_{气} = 6Q_{水} = 6 \times 5\ 000 = 30\ 000 \ (m^3/d) = 1\ 250 \ (m^3/h)$$

曝气强度　　　　　　　　$q_{气} = \frac{Q_{气}}{A} = \frac{1\ 250}{2 \times 146.2} = 4.27 \ [m^3/(m^2 \cdot h)]$

由于采用软性纤维填料不会发生堵塞，曝气强度 $4.27m^3/(m^2 \cdot h)$，远大于 $2m^3/(m^2 \cdot h)$，也不会发生淤积，所以选用微孔曝气头。单个曝气量为 $2.5m^3/h$，曝气头数量 n 为

$$n = Q_{气}/Q'_{气} = 1\ 250/2.5 = 500 \ (个)$$

（2）沉淀池设计　沉淀池可采用上述的接触沉淀池，也可选用一般二沉池，计算可参考第九章。

第四节　曝气生物滤池

一、设计概述

1. 类型和结构

曝气生物滤池是接触氧化和过滤结合在一起的工艺，是普通生物滤池的一种变形方式。由于填料细小，过滤作用强，因此出水不再进行沉淀，节省了二沉池。但为减少反冲洗次数，其进水 SS 浓度有一定限制，一般需要初沉等预处理措施。

曝气生物滤池根据功能上可划分为 DC 型曝气生物滤池（主要考虑碳氧化的滤池）、N 型曝气生物曝气池（考虑硝化的滤池也可将去除 BOD_5 和硝化功能合并一池）、DN 型曝气生物滤池（硝化反硝化的滤池）以及 DN-P 滤池（脱氮除磷的滤池）。

根据滤池进出水情况，划分为上向流（同向流）曝气生物滤池（水流、气流由下向上方向一致）和下向流（逆向流）曝气生物滤池（水流向下，气流反之）。

根据池型结构和生物膜载体又划分为 Bio-for 池、Biostyr 池和 Biopur 池。

曝气生物滤池自 20 世纪 80 年代欧洲出现以来，目前应用越来越多，它与粒状填料生物接触氧化工艺十分接近。因此在选择应用上要根据进出水水质要求、当地条件等因素综合考虑。生物接触氧化工艺与曝气生物滤池工艺比较详见表 7-9。

表 7-9　生物接触氧化工艺与曝气生物滤池工艺比较

项　目	生物接触氧化	曝气生物滤池
工艺机理	主要利用微生物吸附、氧化分解作用去除污染物	主要利用微生物的吸附、氧化作用和滤料的过滤作用去除污染物
系统组成	可有初沉池，必须有二沉池，一般常采用接触沉淀，处理城镇污水的应用二段式居多	必须有初沉池，一般不需要二沉池，可进行模块化设计
填（滤）料	可应用碎石、炉渣、塑料等粒状填料，也可应用波纹板、软性纤维、蜂窝等填料	一般应用陶粒等粒状滤料，粒径在 3～8mm
系统运行	一般不需进行反冲洗	需要进行反冲洗，可进行自控管理
污泥产量	较少	较多
优缺点	(1)动力消耗较少 (2)出水水质较好 (3)抗冲击能力差	(1)出水水质好(尤其 NH_3-N 去除较高) (2)能抗日常冲击负荷 (3)动力消耗较大(反冲洗)

2. 设计参数

几种类型曝气生物滤池设计可参照表 7-10 中参数取值。

表 7-10　曝气生物滤池设计参数

	项　目	DC 型曝气生物滤池	N 型曝气生物滤池	DN 型曝气生物滤池
特征参数	滤料粒径/mm	3～8	3～8	3～8
	滤料高/m	2～4.5	2～4.5	2～4.5
	滤床单格面积/m²	<100	<100	<100
运行参数	BOD_5 容积负荷/[$kgBOD_5$/($m^3 \cdot d$)]	2～4	<2	—
	NH_3-N 容积负荷/[$kgNH_3$-N/($m^3 \cdot d$)]	—	0.4～0.8	—
	NO_3^--N 容积负荷/[$kgNO_3$-N/($m^3 \cdot d$)]	—	—	0.8～4
	过滤速率/[m^3/($m^2 \cdot h$)]	2～8	2～8	2～8
	曝气速率/[m^3/($m^2 \cdot h$)]	4～15	4～15	4～15
冲洗	冲洗水强度/[m^3/($m^2 \cdot h$)]	20～80	20～80	20-80
	冲洗气强度/[m^3/($m^2 \cdot h$)]	20～80	20～80	20～80
	工作周期/h	12～72	24～72	24～72
	冲洗时间/min	30～40	30～40	30～40
	冲洗水量/%	5～40	5～40	5～40

二、计算例题

【例 7-15】 DC 型曝气生物滤池计算

1. 已知条件

污水量 6 000m^3/d；进水 BOD_5（S_0）=160mg/L；出水 BOD_5（S_e）≤20mg/L；进水 SS（X_0）=90mg/L；出水 SS（X_e）≤20mg/L；夏季污水水温 28℃；冬季污水水温 10℃。

2. 设计计算

（1）曝气生物滤池滤料体积 V　曝气生物滤池选用陶粒滤料，容积负荷 N_V 选用 3$kgBOD_5$/（$m^3 \cdot d$）。

$$V = \frac{QS_0}{1\,000N_V} = \frac{6\,000 \times 160}{1\,000 \times 3} = 320 \ (\text{m}^3)$$

（2）曝气生物滤池面积 A　设滤池分2格，滤料高 h_3 为3.5m。

$$A = V/h_3 = 320/3.5 = 91.4 \ (\text{m}^3)$$

单格滤池面积

$$A_\text{单} = A/2 = 91.4/2 = 45.7 \ (\text{m}^3)$$

（3）滤池尺寸　滤池每格采用方形，单格滤池边长 a 为

$$a = \sqrt{A_\text{单}} = \sqrt{45.7} = 6.8 \ (\text{m})$$

取滤池超高 h_1 为0.5m，稳水层高 h_2 为0.9m，滤料高 h_3 为3.5m，承托层高 h_4 为0.3m，配水室高 h_5 为1.5m，则滤池总高为

$$H = h_1 + h_2 + h_3 + h_4 + h_5 = 0.5 + 0.9 + 3.5 + 0.3 + 1.5 = 6.7 \ (\text{m})$$

（4）水力停留时间 t　空床水力停留时间为

$$t = \frac{V}{Q} \times 24 = \frac{2 \times 6.8 \times 6.8 \times 3.5}{6\,000} \times 24 = 1.3 \ (\text{h})$$

实际水力停留时间为

$$t' = \varepsilon t = 0.5 \times 1.3 = 0.65 \ (\text{h})$$

式中　ε——滤料层空隙率，一般为0.5。

（5）校核污水水力负荷 N_q

$$N_q = \frac{Q}{A} = \frac{6\,000}{2 \times 6.8 \times 6.8} = 64.9 \ [\text{m}^3/(\text{m}^2 \cdot \text{d})] = 2.7 \ [\text{m}^3/(\text{m}^2 \cdot \text{h})]$$

过滤速率（水力负荷）满足一般规定要求。

（6）需氧量　DC型曝气生物滤池设计需氧量可用下式计算。

$$\text{OR} = 0.82 \times \frac{\Delta\text{BOD}_s}{\text{BOD}} + 0.32 \times \frac{X_0}{\text{BOD}}$$

式中　OR——单位质量的BOD需氧量，$\text{kgO}_2/\text{kgBOD}_5$；

ΔBOD_s——滤池去除可溶性BOD，mg/L；

BOD——滤池进入的BOD，mg/L；

X_0——悬浮物浓度，mg/L。

① 溶解性BOD计算。上述公式运用的是 BOD_u。在20℃下，一般有机物完全分解需100d左右，实际应用较为困难，20d的 BOD_{20} 已完成了90％的 BOD_u，BOD_5 又完成了70％～80％的 BOD_{20}，因此可以说 BOD_5 完成氧化分解有机物的大部分。而且BOD的污染物考核指标也是 BOD_5，所以可以用 BOD_5 值代入上式近似计算OR值，然后可乘上1.4系数。

设 $K_{20} = 0.3$，$\theta = 1.035$，VSS/SS $= 0.7$，进水溶解性 BOD_5/进水总 $\text{BOD}_5 = 0.5$。

冬季10℃时生化反应常数 K_{10} 为

$$K_{10} = K_{20}\theta^{T-20} = 0.3 \times 1.035^{10-20} = 0.21 \ (\text{d}^{-1})$$

出水SS中 BOD_5 的量 S_{SS} 为

$$S_{SS} = \frac{\text{VSS}}{\text{SS}} \times X_e \times 1.42 \times (1 - e^{-K_{10} \times 5})$$

$$= 0.7 \times 20 \times 1.42 \times (1 - e^{-0.21 \times 5}) = 12.9 \ (\text{mg/L})$$

出水中溶解性 BOD_5 的量 S_e 为

$$S_e = 20 - 12.9 = 7.1 \ (\text{mg/L})$$

去除溶解性 BOD_5 的量 ΔBOD_5 为

$$\Delta\text{BOD}_5 = 0.5 \times 160 - 7.1 = 72.9 \ (\text{mg/L})$$

夏季28℃时生化反应常数 K_{28} 为

$$K_{28} = K_{20}\theta^{T-20} = 0.3 \times 1.035^{28-20} = 0.4 \ (\text{d}^{-1})$$

出水SS中 BOD_5 的量 S_{SS} 为

$$S_{SS} = \frac{\text{VSS}}{\text{SS}} \times X_e \times 1.42 \times (1 - e^{-K_{28} \times 5})$$

$$= 0.7 \times 20 \times 1.42 \times (1 - e^{-0.4 \times 5}) = 17.2 \ (\text{mg/L})$$

出水中溶解性 BOD_5 的量 S_e 为

$$S_e = 20 - 17.2 = 2.8 \ （mg/L）$$

去除溶解性 BOD_5 的量 ΔBOD_5 为

$$\Delta BOD_5 = 80 - 2.8 = 77.2 \ （mg/L）$$

② 实际需氧量计算。冬季单位 BOD 需氧量为

$$OR = 0.82 \times \frac{0.072\ 9}{0.16} + 0.32 \times \frac{0.09}{0.16} = 0.55 \ （kgO_2/kgBOD_5）$$

冬季实际需氧为

$$\begin{aligned} AOR &= 1.4 \times OR \times S_0 Q = 1.4 \times 0.55 \times 0.16 \times 6\ 000 \\ &= 739 \ （kgO_2/d） = 30.8 \ （kgO_2/h） \end{aligned}$$

夏季单位 BOD 需氧量为

$$OR = 0.82 \times \frac{0.077\ 2}{0.16} + 0.32 \times \frac{0.09}{0.16} = 0.58 \ （kgO_2/kgBOD_5）$$

夏季实际需氧量为

$$\begin{aligned} AOR &= 1.4 \times OR \times S_0 Q = 1.4 \times 0.58 \times 0.16 \times 6\ 000 \\ &= 779.5 \ （kgO_2/d） = 32.5 \ （kgO_2/h） \end{aligned}$$

③ 标准需氧量换算。标准需氧量 SOR 可按下式换算。

$$SOR = \frac{AOR \times C_s}{\alpha(\beta\rho C_{sm} - C_0) \times 1.024^{T-20}}$$

式中　SOR——标准需氧量，kgO_2/h；

　　　AOR——实际需氧量，kgO_2/h；

　　　C_s——标准条件下清水饱和溶解氧，9.2mg/L；

　　　ρ——大气压修正系数；

　　　α——混合液中氧转移系数（K_{La}）与清水中 K_{La} 值之比，一般为 0.8~0.85；

　　　β——混合液饱和溶解氧与清水饱和溶解氧之比，一般为 0.9~0.97；

　　　C_{sm}——曝气装置在水下深度至水面平均溶解氧值，mg/L，$C_{sm} = C_T \left(\dfrac{O_t}{42} + \dfrac{p_b}{2.026 \times 10^5} \right)$；

　　　C_0——混合液剩余溶解氧值，mg/L；

　　　T——混合液温度，℃；

　　　C_T——温度 T 时清水饱和溶解氧浓度，$O_t = \dfrac{21(1-E_A)}{79 + 21 \times (1-E_A)} \times 100\%$，mg/L；

　　　O_t——滤池逸出气体中含氧量，%；

　　　p_b——曝气装置处绝对压力，Pa；

　　　E_A——氧利用率，%。

设曝气装置氧利用率 E_A 为 16%，混合液剩余溶解氧 C_0 为 3mg/L，曝气装置安装在水面下 4.65m，α 取值 0.8，β 取值 0.9，ρ 取值 1.0。

$$\begin{aligned} p_b &= 1 \times 10^5 + 9.8 \times 10^3 \times h_{H_2O} = 1 \times 10^5 + 9.8 \times 10^3 \times 4.65 \\ &= 1.46 \times 10^5 \ （Pa） \end{aligned}$$

$$O_t = \frac{21 \times (1-0.16)}{79 + 21 \times (1-0.16)} \times 100\% = 18.3\%$$

冬季：

$$C_{sm} = 11.3 \times \left(\frac{18.3}{42} + \frac{1.46 \times 10^5}{2.026 \times 10^5} \right) = 13.1 \ （mg/L）$$

$$SOR = \frac{30.8 \times 9.2}{0.8 \times (0.9 \times 1.0 \times 13.1 - 3) \times 1.024^{10-20}} = 51.1 \ （kgO_2/h）$$

夏季：

$$C_{sm} = 7.9 \times \left(\frac{18.3}{42} + \frac{1.46 \times 10^5}{2.026 \times 10^5} \right) = 9.1 \ （mg/L）$$

$$SOR = \frac{32.5 \times 9.2}{0.8 \times (0.9 \times 1 \times 9.1 - 3) \times 1.024^{28-20}} = 59.5 \ （kgO_2/h）$$

需氧量选用较大值：$59.5kgO_2/h$。

(7) 需气量　需气量 G_s 为

$$G_s = \frac{SOR}{0.3E_A} = \frac{59.5}{0.3 \times 0.16} = 1\,239.6\ (m^3/h) = 20.7\ (m^3/min)$$

曝气负荷校核：

$$N_{气} = \frac{G_s}{A} = \frac{1\,239.6}{6.8 \times 6.8 \times 2} = 13.4\ [m^3/(m^2 \cdot h)]$$

曝气速率符合一般规定要求。

曝气装置选用氧利用率较高的单孔膜曝气器，共需选用4 130个。安装密度约为 45 个/m^2，管内流速设计与接触氧化曝气管相同，曝气干管公称直径＝80～150mm，小支管公称直径＝25mm，管道间距 12.5cm。

曝气生物滤池需氧可应用一般生物处理公式计算。近年来随着研究的深入，有些专家学者认为曝气生物滤池需氧量计算可应用本例题（6）需氧量中的公式计算。

(8) 反冲洗系统　采用气水联合反冲洗。

① 空气反冲洗计算。选用空气冲洗强度 $q_{气}$ 为 40m^3/($m^2 \cdot h$)，两格滤池轮流反冲，每格需气量 $Q_{气}$ 为

$$Q_{气} = q_{气} A_{单} = 40 \times 46.2 = 1\,848\ (m^3/h) = 30.8\ (m^3/min)$$

② 水反冲洗计算。选用水反冲洗强度 $q_{水}$ 为 25m^3/($m^2 \cdot h$)，每格需水量 $Q_{水}$ 为

$$Q_{水} = q_{水} A_{单} = 25 \times 46.2 = 1\,155\ (m^3/h) = 19.3\ (m^3/min)$$

冲洗水量占进水量比为

$$\frac{19.3 \times 30}{6\,000} \times 100\% = 9.7\%$$

工作周期24h计，水冲洗每次30min。

(9) 泥量估算　曝气生物滤池污泥产率 Y 可用下式计算。

$$Y = \frac{0.6\Delta BOD_s + 0.8X_0}{\Delta BOD}$$

式中　Y——污泥产率，kg/kgBOD；

ΔBOD——滤池进出水 BOD 差值，mg/L。

其他符号与需氧量计算公式中相同，同样考虑以 BOD_5 近似替代 BOD_s。

$$Y = \frac{0.6 \times 77.2 + 0.8 \times 90}{160 - 20} = 0.85\ (kg/kgBOD_5)$$

产泥量　　　　$W_{泥} = yQ(S_0 - S_e) = 0.85 \times 6\,000 \times (0.16 - 0.02)$
$$= 714\ (kgDS/d)$$

曝气生物滤池污泥产率也可参照表 7-11 选取。

表 7-11　曝气生物滤池污泥产率

BOD 负荷/[kg/($m^3 \cdot$d)]	1.0	1.5	2.0	2.5	3.0	3.6	3.9
污泥产率/(kg/kg)	0.18	0.37	0.45	0.52	0.58	0.70	0.75

(10) 进水水管设计

① 布水设施。滤池布水系统采用小阻力系统的长柄滤头，选用长柄滤头，单个滤头缝隙宽度 2mm，缝隙面积 320mm^2/个，共需滤头 3 780 个，安装密度 41 个/m^2。

② 出水设施。单堰出水，出水边设置 60°斜坡，并安装栅形稳流器，降低出水流速，并阻止滤料流失。曝气生物滤池构造及布置如图 7-18 所示。

【例 7-16】 N 型曝气生物滤池计算

1. 已知条件

污水量 $Q = 6\,000m^3/d$；进水 BOD_5（S_0）＝60mg/L；出水 BOD_5（S_e）≤20mg/L；进水 SS（X_0）＝40mg/L；出水 SS（X_e）≤20mg/L；进水 NH_3-N（S_0'）为 40mg/L；出水 NH_3-N（S_e'）≤8mg/L；水温：冬季水温10℃，夏季水温28℃；进水碱度（以 $CaCO_3$ 计）350mg/L。

2. 设计计算

（1）N 型曝气生物滤池尺寸

① 滤料体积计算 V。选用陶粒作为滤料。NH_3-N 去除率 η_N 为

$$\eta_N = \frac{S_0' - S_e'}{S_0'} \times 100\% = \frac{40-8}{40} \times 100\% = 80\%$$

根据图 7-19 氮负荷对生物滤池硝化作用的影响，选取滤池 NH_3-N 滤料的面积负荷 N_A 为 0.4g NH_3-N/($m^2 \cdot d$)。

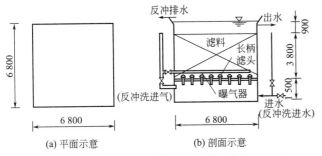

图 7-18　曝气生物滤池构造及布置（单位：mm）

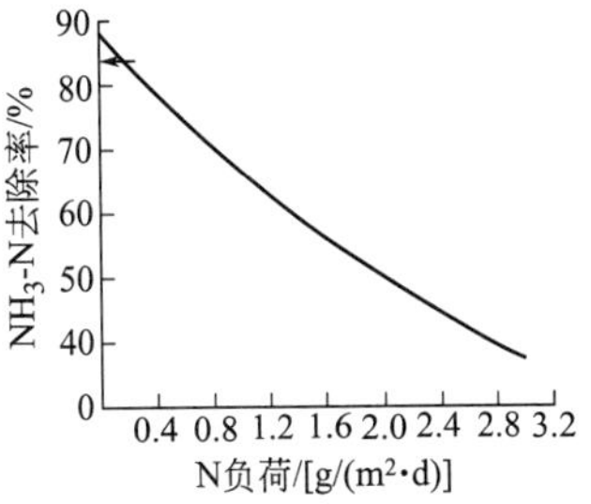

图 7-19　氮负荷对生物滤池硝化作用的影响

陶粒的比表面积 A' 为 1 200m^2/m^3。

N 型滤池滤料总表面积 $A_表$ 为

$$A_表 = \frac{QS_0'}{N_A} = \frac{6\,000 \times 40}{0.4} = 600\,000 \;（m^2）$$

滤料总体积 V 为

$$V = \frac{A_表}{A'} = \frac{600\,000}{1\,200} = 500 \;（m^3）$$

滤池 NH_3-N 容积负荷 N_V 为

$$N_V = \frac{QS_0'}{V} = \frac{6\,000 \times 0.04}{500} = 0.48 \;\left[kgNH_3\text{-}N/(m^3 \cdot d)\right]$$

容积负荷计算值符合一般规定要求。

② 滤池尺寸计算。设计滤池为 4 格，每格滤料高 h_3 为 3m。单格面积 A 为

$$A = \frac{V}{4h_3} = \frac{500}{4 \times 3} = 41.7 \;（m^2）$$

过滤池为方形，则每边长 a 为

$$a = \sqrt{A} = \sqrt{41.7} \approx 6.5 \;（m）$$

过滤池超高 h_1 为 0.5m，稳水层 h_2 为 0.8m，滤料层高 h_3 为 3m，承托层高 h_4 为 0.3m，配水区高 h_5 为 1.5m，则滤池总高 H 为

$$H = h_1 + h_2 + h_3 + h_4 + h_5 = 0.5 + 0.8 + 3 + 0.3 + 1.5 = 6.1 \;（m）$$

③ 水力停留时间 t。空床水力停留时间 t 为

$$t = \frac{V}{Q} \times 24 = \frac{500}{6\,000} \times 24 \approx 2 \;（h）$$

实际水力停留时间 t' 为

$$t' = \varepsilon t = 0.5 \times 2 = 1.0 \;（h）$$

④ BOD_5 容积负荷校核

$$N_V = \frac{QS_0}{V} = \frac{6\,000 \times 0.06}{500} = 0.72 \left[kgBOD_5/(m^3 \cdot d) \right]$$

计算 BOD_5 容积负荷满足要求。

(2) 需氧量计算

① 降解 BOD_5 实际需氧量 AOR'。可采用 DC 滤池实际需氧量方法计算，也可估算。当出水 BOD_5 值为 20mg/L 时，流入滤池污水 1kg BOD_5 氧需要量 $0.9 \sim 1.4 kgO_2$：

$$AOR' = 1.1 \times 6\,000 \times 0.06 = 396 \; (kgO_2/d) = 16.5 \; (kgO_2/h)$$

② 硝化 NH_3-N 实际需氧量 AOR''

$$AOR'' = \frac{4.57 \times Q(S_0' - S_e')}{1\,000} = \frac{4.57 \times 6\,000 \times (40-8)}{1\,000}$$

$$= 877.4 \; (kgO_2/d) = 36.6 \; (kgO_2/h)$$

实际总需氧量 $\qquad AOR = AOR' + AOR'' = 16.5 + 36.6 = 53.1 \; (kgO_2/h)$

(3) 碱度计算 S_{ALK} 碳氧化过程中会产生少量碱度，微生物的同化作用过程中消耗氮营养物，减少碱度消耗（在②硝化 NH_3-N 实际需氧量计算中，也将碳化过程中消耗 N 省略）。本例题进水 BOD_5 较低，这两项对碱度影响都很小。硝化需要碱度

$$S_{ALK} = 7.14(S_0' - S_e') = 7.14 \times (40-8) = 228.5 \; (mg/L)$$

因为本例题进水碱度为 350mg/L，满足硝化碱度需求，且剩余碱度为 121.5mg/L，所以对出水 pH 值也不会影响很大。

【例 7-17】 按规范计算 N 型曝气生物滤池

1. 已知条件

已知条件同例 7-16。按照《曝气生物滤池工程技术规程》（CECS 265—2009）的公式和参数进行计算。

2. 设计计算

(1) 滤料体积 采用陶粒滤料，根据 CECS 265—2009，硝化型曝气生物滤池的容积 $W_硝$ 按下式计算：

$$W_硝 = \frac{Q \Delta C_{TKN}}{1\,000 q_{NH_3-N}}$$

式中 $\quad W_硝$——硝化型曝气生物滤池的容积，m^3；

ΔC_{TKN}——进、出滤池 NH_3-N 的浓度差，mg/L，见例 7-16；

q_{NH_3-N}——硝化负荷，$kgNH_3-N/(m^3 \cdot d)$，根据 CECS 265—2009 表 4.4.1，本例 q_{NH_3-N} 取 $0.7 kgNH_3-N/(m^3 \cdot d)$。

$$W_硝 = \frac{6\,000 \times (40-8)}{1\,000 \times 0.7} = 274.3 \; (m^3)$$

(2) 曝气生物滤池的面积 根据 CECS 265—2009，陶粒滤料装填高度 h_3 为 3m，滤池面积 $A_硝$ 为

$$A_硝 = W_硝/h_3 = 274.3/3 = 91.4 \; (m^2)，取 92m^2$$

滤池分为 4 格，每格滤池尺寸为 4.8m×4.8m。满足 CECS 265—2009 分格数大于 2，单格滤床面积小于 $100m^2$ 的要求。

滤池空床水力停留时间 t 校核：

$$t = \frac{24A_硝 h_3}{Q} = \frac{24 \times 92 \times 3}{6\,000} \times 60 = 66.24 (min)$$

空床停留时间大于 CECS 265—2009 表 4.1.1 中 $30 \sim 45min$ 的范围要求。

(3) 滤池高度 过滤池超高 h_1 为 0.4m，填料淹没高度 h_2 为 0.9m，承托层高 h_4 为 0.3m，配水区高 h_5 为 1.5m，滤池总高度 H 为

$$H = h_1 + h_2 + h_3 + h_4 + h_5 = 0.4 + 0.9 + 3 + 0.3 + 1.5 = 6.1(\text{m})$$

（4）碱度校核　硝化过程消耗碱度

$$S_{\text{ALK1}} = 7.14 \times (\text{NH}_0 - \text{NH}_e) = 7.14 \times (40 - 8) = 228.48(\text{mg/L})$$

剩余碱度　　$S_{\text{ALKe}} = S_{\text{ALK0}} - S_{\text{ALK1}} = 350 - 228.48 = 121.52(\text{mg/L}) > 100 \ (\text{mg/L})$

（5）需氧量　根据 CECS 265—2009，去除单位质量 BOD_5 的需氧量 ΔR_0 为

$$\Delta R_0 = \frac{0.82 \Delta C_{\text{BOD}_5}}{T_{\text{BOD}_5}} + \frac{0.28 \text{SS}_i}{T_{\text{BOD}_5}} = \frac{0.82 \times (60 - 20)}{60} + \frac{0.28 \times 40}{60} = 0.733(\text{kgO}_2/\text{d})$$

每日去除 BOD_5 的需氧量 R_0 为

$$R_0 = Q \Delta C_{\text{BOD}_5} \Delta R_0 / 1\,000 = 6\,000 \times (60 - 20) \times 0.733/1\,000 = 175.92 \ (\text{kgO}_2/\text{d})$$

每日氨氮硝化的需氧量 R_N 为

$$R_\text{N} = Q \times 4.57 \Delta C_{\text{TKN}} / 1\,000 = 6\,000 \times 4.57 \times (40 - 8)/1\,000 = 877.44(\text{kgO}_2/\text{d})$$

总需氧量为

$$R = R_0 + R_\text{N} = 175.92 + 877.44 = 1\,053.36(\text{kgO}_2/\text{d}) = 43.89(\text{kgO}_2/\text{h})$$

【题后语】本题是根据《曝气生物滤池工程技术规程》（CECS 265—2009）计算，其计算结果与例 7-19 相比较有一定不同，设计人员应根据实际情况选择采用。

【例 7-18】　分建式 DN 型曝气生物滤池计算

1. 已知条件

某污水处理厂规模为 3 000m³/d，原设计出水执行二级标准。拟在二级生化工艺后增加 DN 型曝气生物滤池加化学除磷将出水标准提高至《城镇污水厂污染物排放标准》（GB 18918—2002）一级 A 标准。其中，DN 型曝气生物滤池的好氧段与缺氧段分建式，缺氧段后置。该滤池进出水水质要求为：进水 BOD_5（S_0）=30mg/L；出水 BOD_5（S_e）≤10mg/L；进水 SS（X_0）=30mg/L；出水 SS（X_e）≤10mg/L；进水 $\text{NH}_3\text{-N}$（S_0'）=25mg/L；出水 $\text{NH}_3\text{-N}$（S_e'）≤5mg/L；进水 TN（S_0''）=30mg/L，出水 TN（S_e''）≤15mg/L。

2. 设计计算

（1）好氧段滤料体积计算（DC 和 N 段）　选用陶粒作为滤料，比表面积 A' 为 1 200m²/m³。$\text{NH}_3\text{-N}$ 去除率

$$\eta_\text{N} = \frac{25 - 5}{25} \times 100\% = 80\%$$

查图 7-19，选取滤池 $\text{NH}_3\text{-N}$ 面积负荷 $N_\text{A} = 0.4\text{gNH}_3\text{-N}/(\text{m}^2 \cdot \text{d})$，好氧段滤料总表面积 $A_\text{表}$ 为

$$A_\text{表} = \frac{Q(S_0' - S_e')}{N_\text{A}} = \frac{3\,000 \times (25 - 5)}{0.4} = 150\,000 \ (\text{m}^2)$$

滤料体积　　　　　$V_\text{t} = A_\text{表}/A' = 150\,000/1200 = 125 \ (\text{m}^3)$

（2）校核滤料 $\text{NH}_3\text{-N}$ 容积负荷 N_{V1}'

去除负荷　　$N_{\text{V1}} = \frac{Q(S_0' - S_e')}{V_1} = \frac{3\,000 \times (0.025 - 0.005)}{125} = 0.48 \ [\text{kgNH}_3\text{-N}/(\text{m}^3 \cdot \text{d})]$

投配负荷　　　　$N_{\text{V1}}' = \frac{QS_0'}{V_1} = \frac{3\,000 \times 0.025}{125} = 0.6 \ [\text{kgNH}_3\text{-N}/(\text{m}^3 \cdot \text{d})]$

（3）校核滤料 BOD_5 容积负荷 N_B

去除负荷 $\quad N_B = \dfrac{Q(S_0 - S_e)}{V_1} = \dfrac{3\,000 \times (0.03 - 0.01)}{125} = 0.48 \ [\text{kgBOD}_5/(\text{m}^3 \cdot \text{d})]$

投配负荷 $\qquad\qquad N_B' = \dfrac{QS_0}{V_1} = \dfrac{3\,000 \times 0.03}{125} = 0.72 \ [\text{kgBOD}_5/(\text{m}^3 \cdot \text{d})]$

上述指标计算值满足一般规定要求。

（4）缺氧段滤料体积（DN段）

$$进水缺氧段 NO_3\text{-}N 浓度 \ S_0''' = 20 + (30 - 25) = 25 \ (\text{mg/L})$$
$$出水中允许 NO_3\text{-}N 浓度 \ S_e''' = 15 - 5 = 10 \ (\text{mg/L})$$
$$需反硝化 NO_3\text{-}N 浓度 = S_0''' - S_e''' = 25 - 10 = 15 \ (\text{mg/L})$$

取反硝化容积负荷 $N_{V2} = 1.0 \text{kgNO}_3^-\text{-N}/(\text{m}^3 \cdot \text{d})$，则滤料体积 V_2 为

$$V_2 = \frac{Q(S_0''' - S_e''')}{N_{V2}} = \frac{3\,000 \times (0.025 - 0.01)}{1.0} = 45 \ (\text{m}^3)$$

由于是二级出水且后置式反硝化，进水中碳源不足，需在缺氧段投加碳源。

（5）好氧段滤池尺寸　好氧段滤池为2格，每格好氧段滤料高 $h_3 = 3\text{m}$，则单格面积 A_1 为

$$A_1 = \frac{V_1}{2h_3} = \frac{125}{2 \times 3} = 20.8 \ (\text{m}^2)$$

每格为正方形，则每边长 a_1 为

$$a_1 = \sqrt{A_1} = \sqrt{20.8} \approx 4.6 (\text{m})$$

滤速 $\qquad\qquad\qquad v = \frac{Q}{2A_1} = \frac{3000}{2 \times 20.8} = 72.1 \ (\text{m/d}) = 3.0 \ (\text{m/h})$

满足过滤速率一般规定要求。

滤池超高 h_1 为 0.5m，稳水层 $h_2 = 0.8\text{m}$，滤料高 $h_3 = 3\text{m}$，承托层高 $h_4 = 0.3\text{m}$，配水室高 $h_5 = 1.5\text{m}$，则滤池总高 H_1 为

$$H_1 = h_1 + h_2 + h_3 + h_4 + h_5 = 0.5 + 0.8 + 3 + 0.3 + 1.5 = 6.1 \ (\text{m})$$

（6）缺氧段滤池尺寸　缺氧段滤池为2格，每格缺氧段滤料高 $h_3' = 2.5\text{m}$，则单格面积 A_2 为

$$A_2 = \frac{V_2}{2h_3'} = \frac{45}{2 \times 2.5} = 9 \ (\text{m}^2)$$

每格为正方形，则每边长 a_2 为

$$a_2 = \sqrt{A_2} = \sqrt{9} = 3 \ (\text{m})$$

滤速 $\qquad\qquad\qquad\quad v = \frac{Q}{2A_2} = \frac{3000}{2 \times 9} = 166.7 \ (\text{m/d}) = 6.9 \ (\text{m/h})$

过滤速率满足一般规定要求。

滤池超高 $h_1' = 0.5\text{m}$，稳水层高 $h_1' = 0.8\text{m}$，滤料层高 $h_3' = 2.5\text{m}$，承托层高 $h_4' = 0.3\text{m}$，配水室高 $h_5' = 1.2\text{m}$，则滤池总高 H_1 为

$$H_1 = h_1' + h_2' + h_3' + h_4' + h_5' = 0.5 + 0.8 + 2.5 + 0.3 + 1.2 = 5.3 \ (\text{m})$$

（7）水力停留时间　滤料空隙率设为 $\varepsilon = 0.5$，好氧段空床水力停留时间 t_1 为

$$t_1 = \frac{V_1}{Q} \times 24 = \frac{125}{3000} \times 24 = 1 (\text{h})$$

实际水力停留时间 $\qquad\qquad t_1' = \varepsilon t_1 = 0.5 \times 1 = 0.5 (\text{h})$

缺氧段空床水力停留时间

$$t_2 = \frac{V_2}{Q} \times 24 = \frac{45}{3000} \times 24 = 0.36 (\text{h})$$

实际水力停留时间

$$t_2' = \varepsilon t_2 = 0.5 \times 0.36 = 0.18 (\text{h})$$

其他计算从略。分建式 DN 型曝气生物滤池布置见图 7-20。

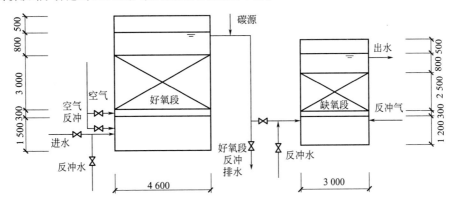

图 7-20　分建式 DN 型曝气生物滤池布置（单位：mm）

【例 7-19】　合建式 DN 型曝气生物滤池计算

1. 已知条件

与例 7-16 已知条件相同。

2. 设计计算

（1）总氮去除率

$$\eta_{TN} = \frac{(S_0'' - S_e'')}{S_0''} \times 100\% = \frac{30 - 15}{30} \times 100\% = 50\%$$

（2）硝化液回流比

$$R = \frac{\eta}{1 - \eta} \times 100\% = \frac{0.5}{1 - 0.5} \times 100\% = 100\%$$

为减少缺氧段堵塞，确定回流比为 200%。

（3）好氧段滤料体积（DC 和 N 段）　选取好氧段 $NH_3\text{-}N$ 容积负荷 $N_V = 0.3\text{kg }NH_3\text{-}N/(m^3 \cdot d)$ 则好氧段滤料体积

$$V_1 = \frac{Q(S_0' - S_e')}{N_V} = \frac{3000 \times (0.025 - 0.005)}{0.3} = 200 \ (m^3)$$

（4）校核 BOD_5 容积负荷

去除负荷　　$N_B = \frac{Q(S_0 - S_e)}{V_1} = \frac{3000 \times (0.03 - 0.01)}{200} = 0.3 \ [kgBOD_5/(m^3 \cdot d)]$

投配负荷

$$N_B' = \frac{QS_0}{V_1} = \frac{3\,000 \times 0.03}{200} = 0.45 (kgBOD_5/m^3 \cdot d)$$

满足一般规定要求。

（5）缺氧段滤料体积（DN 段）

需硝化 $NH_3\text{-}N$ 的浓度（量）$= 25 - 5 = 20 \ (mg/L)$

原水中的 $NO_3^-\text{-}N$ 浓度（量）$= 30 - 25 = 5 \ (mg/L)$

允许出水中的 $NO_3^-\text{-}N$ 浓度（量）$S_e''' = 15 - 5 = 10 \ (mg/L)$

曝气生物滤池中 $NO_3^-\text{-}N$ 浓度（量）$= S_0''' = 20 + 5 = 25 \ (mg/L)$

反硝化 $NO_3^-\text{-}N$ 浓度（量）$= 25 - 10 = 15 \ (mg/L)$

选缺氧段 $NO_3^-\text{-}N$ 容积负荷为 $0.8\text{kg}NO_3\text{-}N/(m^3 \cdot d)$，则缺氧段体积 V_2 为

$$V_2 = \frac{Q(S_0''' - S_e''')}{N_{V2}} = \frac{3\,000 \times (0.025 - 0.01)}{0.8} = 56 \ (m^3)$$

（6）滤池尺寸　过滤速率为 $q = 6m^3/(m^2 \cdot h)$，滤池分为方形 2 格，单格面积 A 为

$$A = \frac{(1 + R)Q}{2q} = \frac{(1 + 2) \times 125}{2 \times 6} = 31.25 \ (m^2)$$

每格边长 $$a = \sqrt{31.25} \approx 5.6 \text{（m）}$$

每格曝气生物滤池好氧段滤料高 h_3 为

$$h_3 = \frac{200/2}{31.25} = 3.2 \text{（m）}$$

每格曝气生物滤池缺氧段滤料高 h_3' 为

$$h_3' = \frac{56/2}{31.25} = 0.9 \text{（m）}$$

取滤池超高 $h_1 = 0.3\text{m}$，稳水层高 $h_2 = 0.8\text{m}$，好氧段与缺氧段间距 $h_4 = 0.3\text{m}$，好氧段承托层高 $h_5 = 0.2\text{m}$，缺氧段承托层高 $h_5' = 0.2\text{m}$，配水室高 $h_6 = 1.2\text{m}$，计算好氧段填料高 $h_3 = 3.2\text{m}$，缺氧段滤料高 $h_3' = 0.9\text{m}$，则滤池总高 H 为

$$H = h_1 + h_2 + h_3 + h_3' + h_4 + h_5 + h_5' + h_6 = 0.3 + 0.8 + 3.2 + 0.9 + 0.3 + 0.2 + 0.2 + 1.2 = 7.1 \text{（m）}$$

（7）好氧段水力停留时间　滤料空隙率为 $\varepsilon_1 = 0.5$，其空床水力停留时间 t_1 为

$$t_1 = \frac{V_1}{3Q} \times 24 = \frac{200}{9000} \times 24 = 0.53 \text{（h）}$$

实际水力停留时间　　$t_1' = \varepsilon t_1 = 0.5 \times 0.53 = 0.265 \text{（h）}$

（8）缺氧段水力停留时间　设滤料空隙率 $\varepsilon = 0.6$，其空床水力停留时间 t_2 为

$$t_2 = \frac{V_2}{3Q} \times 24 = \frac{56}{9000} \times 24 = 0.15 \text{（h）}$$

实际水力停留时间

$$t_2' = \varepsilon t_2 = 0.6 \times 0.15 = 0.09 \text{（h）}$$

由于本例题污水处理厂二级处理后出水再经曝气生物滤池深度处理且出水还有回流，曝气生物滤池进水 BOD_5 为 30mg/L，而反硝化 $NO_3\text{-N}$ 需 15mg/L。一般设计 C/N 考虑为 4 倍，碳源不足可外加少量碳源。

合建式 DN 型曝气生物滤池布置见图 7-21。

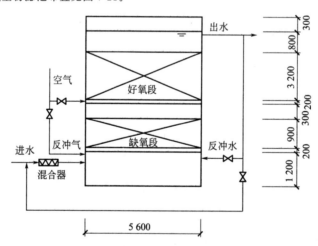

图 7-21　合建式 DN 型曝气生物滤池布置（单位：mm）

【题后语】　例 7-18 和例 7-19 均选用一级曝气生物滤池，工程实践如需采用二级或多级曝气生物滤池，可用相同方法进行计算。

第五节　生物流化床

一、设计概述

生物流化床技术是 20 世纪 70 年代美国首先开发出的一种新型生物膜处理技术，其特点是采用密度大于水的细小、惰性颗粒如陶粒、活性炭、塑胶等为载体，微生物附着载体表面形成生物膜。污水在床内流动，使载体处于流化状态，污水和生物膜充分接触。由于床内微生物浓度很高，并且氧和有机物传质效率也高，故生物流化床工艺是一种高效的生物处理技术。

好氧流化床技术在我国应用于工程尚少，有些试验工作还不能放大于设计，因此还不十分成熟。

好氧生物流化床种类可分为二相床和三相床。二相床采用预曝气充氧，反应器内只进行液固两相接触。三相床是以气体为动力使载体流化并充氧，床内固、液、气三相互相接触。三相床不需体外充氧和体外脱膜，而更受重视。

二、计算例题

【例 7-20】 好氧三相流化床容积计算

1. 已知条件

污水量 $Q=10\,000\mathrm{m^3/d}$；进水 BOD_5 $(S_0)=150\mathrm{mg/L}$；出水 BOD_5 $(S_e)\leqslant30\mathrm{mg/L}$。

2. 设计计算

设计流化床分两格。容积负荷选用 $N_V=4\mathrm{kgBOD_5/(m^3 \cdot d)}$，床层高 $h=1.2\mathrm{m}$，池内悬浮固体浓度 $X=20\mathrm{g/L}$，VSS/SS$=0.75$。

（1）流化床容积 V

$$V_{总}=\frac{24QS_0}{1\,000N_V}=\frac{24\times\dfrac{10\,000}{24}\times150}{1\,000\times4}=375\ (\mathrm{m^3})$$

单格容积 $\qquad\qquad V_{单}=V_{总}/2=375/2=187.5\ (\mathrm{m^3})$

（2）校核水力负荷 N_q 和污泥负荷 N_s　流化床单格面积 $A_{单}$ 为

$$A_{单}=V_{单}/h=187.5/1.2=156.25\ (\mathrm{m^2})$$

流化床水力负荷 N_q 为

$$N_q=\frac{Q}{A_{总}}=\frac{10\,000}{2\times156.25}=32\ [\mathrm{m^3/(m^2 \cdot d)}]$$

流化床污泥负荷 N_s 为

$$N_s=\frac{24Q(S_0-S_e)}{1\,000VX\times0.75}=\frac{24\times\dfrac{10\,000}{24}\times(150-30)}{1\,000\times375\times20\times0.75}$$

$$=0.21\ [\mathrm{kgBOD_5/(kgVSS \cdot d)}]$$

上述两参数基本在一些经验数据范围内 [一般水力负荷为 $30\mathrm{m^3/(m^2 \cdot d)}$ 左右，污泥负荷 $0.12\sim1.92\mathrm{kgBOD_5/(kgVSS \cdot d)}$]。

【题后语】 生物膜法设计参数污染物容积负荷（或面积负荷），有些资料采用的是投配负荷（即进水 BOD_5 或 NH_3-N 等），有些则采用去除负荷或称氧化能力（ΔBOD_5、ΔNH_3-N 即 BOD_5、NH_3-N 进出水浓度差）。在设计计算中如果已考虑污染物的去除率或出水水质或污染物去除率较高时，所应用的容积负荷（或面积负荷）可选为投配负荷，其所计算的填料体积（或面积）值要大一些。也可依据经验选取。

第六节　竖向多级 A/O 池

一、工艺概述

竖向多级 A/O 生物池是一个水深大于 6m 的水池，自下而上分为污泥稳定及储存区、厌氧（沉淀）区、缺氧区、好氧区、植物种植区等多个功能区。经过预处理（细格栅、沉砂池）的污水从污泥上部进入，由下而上通过厌氧（沉淀）区、缺氧区、好氧区和植物种植区。污水中的 SS、生物处理区产生的剩余污泥沉入污泥稳定及储存区，在厌氧状态下进行氧化分解，最终达到无机化。缺氧区和好氧区是核心反应区，在缺氧区和好氧区设有固定填料，好氧区下部设有曝气装置，在曝气的作用下污水在好氧区和缺氧区上下循环，完成碳化、硝化和反硝化等过程。最后，污水在植物种植区进一步净化后排出。为保持水从下而上的流态，在厌氧（沉淀）区、缺氧区和好氧区设有竖向分隔，将其分为多个格子。

竖向多级 A/O 工艺核心是多层多级生物膜法 A/O 工艺，同时融合了初沉池、超深厌氧塘、好氧塘等部分功能，具有污染物去除（SS、COD、TN、TP 等的去除）和污泥处理（污泥无机化）的多重功效。

1. 工艺特点

（1）无需处理生化污泥　竖向多级 A/O 工艺无生化剩余污泥排放，可大幅度减小污泥处置系统规模，降低工程基建投资和运行处理成本。

（2）运行能耗低　污水中大部分可沉有机物沉入池底部并通过厌氧过程降解，节省了能耗。综合能耗比传统工艺低 30% 左右。

（3）建设费用低　竖向多级 A/O 工艺可利用坑溏凹地，采用防渗膜措施，不建钢筋混凝土池体，加之不需要污泥处理，大大节省建设费用。

（4）抗冲击能力强　较长的水力停留时间和较低的 BOD_5 负荷，可使处理系统具有较强的抗冲击负荷能力，对进水水质变化具有较强的适应能力。

（5）出水水质好且稳定　竖向多级 A/O 工艺构建了一个由细菌、藻类、微型动物（原生动物和后生动物）、水生植物以及其他水生动物组成的生态系统，其食物链（网）远比其他工艺复杂得多，对于难降解有机物有较强的去除能力，出水水质好且稳定。

（6）对气温变化适用性强　较大的水深可减少池的表面积，减少冬季池表面热量损失，池内水温变化较小，从而减少冬季气温降低对处理效率的影响。厌氧区和缺氧区位于好氧区的下方，由于好氧区的保护作用，使厌氧区和缺氧区基本不受气温影响。

（7）厂区环境优美　厂区可以结合环境美化要求建成生态公园，既可营造生态景观、改善生态环境，又可融入到城市绿化建设中。

2. 设计要点

目前，竖向多级 A/O 池还没有标准的设计方法。根据其工作原理和工程实践经验，总结出设计要点如下。

（1）池体利用坑溏凹地建成，多为不规则多边形，边坡以保持稳定为原则，一般按（1∶1.2）～（1∶2.0）控制。

（2）厌氧（沉淀）区、缺氧区和好氧区水由下而上流动，上升流速控制在 2～2.5m/d。

（3）污泥稳定及储存区高度一般为 2.0m 左右。

（4）好氧区和缺氧区功能通过拼装组合处理单元实现。组合处理单元由支架、组合填料、曝气器、导流装置等组成。

（5）植物种植区位于组合处理单元之间，主要功能是为创造生物多样性提供条件、美化环境。

3. 工程应用案例及存在问题

（1）部分工程应用案例应用该法的污水处理厂有：浙江省乐清市虹桥污水处理厂（图 7-22），$8.0 \times 10^4 m^3/d$（一级 A）；西安纺织工业园区污水处理厂，$5.0 \times 10^4 m^3/d$（一级 A）；邯郸漳河生态园区污水处理厂，$3.0 \times 10^4 m^3/d$（一级 A）；浙江省瑞安市高楼污水处理厂，$0.8 \times 10^4 m^3/d$（一级 A）；浙江省瑞安市马屿污水处理厂，$2.0 \times 10^4 m^3/d$（一级 A）；浙江省瑞安市湖岭污水处理厂，$1.1 \times 10^4 m^3/d$（一级 A）；浙江省乐清市翁洋污水处理厂，$12.0 \times 10^4 m^3/d$（一级 A）。

（2）存在的问题　竖向多级 A/O 池是人工建立的生态系统，其特征是低负荷、长食物链。如果遭到破坏，系统恢复时间数倍于常规工艺。

二、计算例题

【例 7-21】竖向多级 A/O 工艺的设计计算

1. 已知条件

某污水处理厂设计规模为 $3.0 \times 10^4 m^3/d$。设计进水水质为：$COD_{Cr} = 350mg/L$，$BOD_5 = 180mg/L$，SS

图 7-22 运行中的浙江省乐清市虹桥污水处理厂

=200mg/L，NH_3-N=30mg/L，TN=45mg/L。出水水质：COD_{Cr}=50mg/L，BOD_5=10mg/L，SS=10mg/L，NH_3-N=5mg/L，TN=15mg/L。拟采用竖向多级 A/O 污水处理技术，竖向多级 A/O 池池体利用自然凹地开挖而成，池底面积 S_0=12 245m^2，边坡坡度 α=1∶1.5。

2. 设计计算

（1）布水点个数 池内上升流速 v 取 2.0m/d，每格尺寸 30m×30m，单格面积 M=900m^2，布水点个数

$$n=\frac{Q}{vM}=\frac{30\,000}{2.0\times900}=16.7\ （个）$$

为便于实施，取 n=16。实际上升流速 v 为

$$v=\frac{Q}{nM}=\frac{30\,000}{16\times900}=2.08\ （m/d）$$

（2）污泥稳定及储存区 V_1 污泥稳定及储存区高度 h_1 取 2m，污泥区顶面积 S_1 为

$$S_1=\left(\frac{2h_1}{\alpha}+\sqrt{S_0}\right)^2=\left(\frac{2\times2}{1/1.5}+\sqrt{12\,245}\right)^2=13\,609\ （m^2）$$

污泥区体积 V_1 为

$$V_1=\frac{h_1}{3}\left(S_0+S_1+\sqrt{S_0S_1}\right)$$
$$=\frac{2}{3}\left(12\,245+13\,609+\sqrt{12\,245\times13\,609}\right)=25\,842\ （m^3）$$

（3）厌氧（沉淀）区 厌氧（沉淀）区高度 h_2 取 2.5m，顶部面积 S_2 为

$$S_2=\left(\frac{2h_2}{\alpha}+\sqrt{S_1}\right)^2=\left(\frac{2\times2.5}{1/1.5}+\sqrt{13\,609}\right)^2=15\,415\ （m^2）$$

厌氧（沉淀）区容积 V_2 为

$$V_2=\frac{h_2}{3}\left(S_1+S_2+\sqrt{S_1S_2}\right)$$
$$=\frac{2.5}{3}\left(13\,609+15\,415+\sqrt{13\,609\times15\,415}\right)=36\,257\ （m^3）$$

厌氧（沉淀）区水力停留时间 HRT_1 为

$$HRT_1=\frac{24V_2}{Q}=\frac{24\times36\,257}{30\,000}=29.0\ （h）$$

厌氧（沉淀）区水力负荷 N 为

$$N = \frac{Qh_2}{24V_2} = \frac{30\,000 \times 2.5}{24 \times 36\,257} = 0.086 \, [\text{m}^3/(\text{m}^2 \cdot \text{h})]$$

（4）缺氧区计算　缺氧区高度 $h_3 = 1.5\text{m}$，顶部面积 S_3 为

$$S_3 = \left(\frac{2h_3}{\alpha} + \sqrt{S_2}\right)^2 = \left(\frac{2 \times 1.5}{1/1.5} + \sqrt{15\,415}\right)^2 = 16\,552 \, (\text{m}^2)$$

缺氧区容积　$V_3 = \dfrac{h_3}{3}(S_2 + S_3 + \sqrt{S_2 S_3})$

$$= \frac{1.5}{3}(15\,415 + 16\,552 + \sqrt{15\,415 \times 16\,552}) = 23\,970 \, (\text{m}^3)$$

缺氧区水力停留时间 HRT_2 为

$$\text{HRT}_2 = \frac{24V_3}{Q} = \frac{24 \times 23\,970}{30\,000} = 19.2 \, (\text{h})$$

缺氧区内安装Ⅱ型生化组合填料，填料高度 1.5m，容积负荷 N_{V1} 选用 0.12kgTN/（m³·d），填料体积 V'_3 为

$$V'_3 = \frac{QN_0}{1\,000N_{\text{V1}}} = \frac{30\,000 \times 45}{1\,000 \times 0.12} = 11\,250 \, (\text{m}^3)$$

缺氧区填料接触时间 t_1 为　　$t_1 = \dfrac{24V'_3}{Q} = \dfrac{24 \times 11\,250}{30\,000} = 9.0 \, (\text{h})$

（5）好氧区计算　好氧区高度 h_4 取 2.0m，顶部面积 S_4 为

$$S_4 = \left(\frac{2h_4}{\alpha} + \sqrt{S_3}\right)^2 = \left(\frac{2 \times 2}{1/1.5} + \sqrt{16\,552}\right)^2 = 18\,132 \, (\text{m}^2)$$

好氧区容积 V_4 为

$$V_4 = \frac{h_4}{3}(S_3 + S_4 + \sqrt{S_3 S_4})$$

$$= \frac{2}{3}(16\,552 + 18132 + \sqrt{16\,552 \times 18\,132}) = 34\,672 \, (\text{m}^3)$$

好氧区水力停留时间 HRT_3 为

$$\text{HRT}_3 = \frac{24V_4}{Q} = \frac{24 \times 34\,672}{30\,000} = 27.7 \, (\text{h})$$

好氧区内安装Ⅰ型生化组合填料，填料高度 2.0m，容积负荷 N_{V2} 选用 0.30kgBOD₅/（m³·d），填料体积 V'_4 为

$$V'_4 = \frac{QL_0}{1\,000N_{\text{V2}}} = \frac{30\,000 \times 180}{1\,000 \times 0.3} = 18\,000 \, (\text{m}^3)$$

填料接触时间 t_2 为

$$t_2 = \frac{24V'_4}{Q} = \frac{24 \times 18\,000}{30\,000} = 14.4 \, (\text{h})$$

（6）竖向多级 A/O 池尺寸（图 7-23）　池体有效水深 h 为

$$h = h_1 + h_2 + h_3 + h_4 = 2 + 2.5 + 1.5 + 2 = 8 \, (\text{m})$$

池体超高 h_5 取 0.5m，总高度 H 为

$$H = h + h_5 = 8 + 0.5 = 8.5 \, (\text{m})$$

有效容积 V' 为

$$V' = V_1 + V_2 + V_3 + V_4 = 25\,842 + 36\,257 + 23\,970 + 34\,672 = 120\,741 \ (\text{m}^3)$$

总水力停留时间 HRT 为

$$\text{HRT} = \frac{V'}{Q} = \frac{120\,741}{30\,000} = 4.02 \ (\text{d})$$

池顶总面积 S_5 为

$$S_5 = \left(\frac{2h_5}{\alpha} + \sqrt{S_4} \right)^2 = \left(\frac{2 \times 0.5}{1/1.5} + \sqrt{18\,132} \right)^2 = 18\,538 \ (\text{m}^2)$$

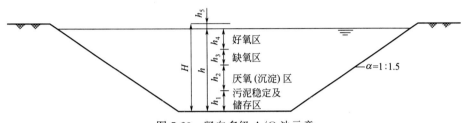

图 7-23 竖向多级 A/O 池示意

【题后语】竖向多级 A/O 生物池，尚无统一的标准设计参数和计算方法。本题的设计计算内容和方法系探索性，请同行指正完善。

第八章

自然净化设施

城镇污水二级处理一般采用物理筛分、沉淀，再加上生物处理，需要修建一些构筑物设施等，创造各自的环境。这样的工程投资和运行费用都是较昂贵的，某些经济欠发达地区有时还难以承受。污水自然净化处理是利用天然环境条件或做些简单工程，作为物理和生化处理，达到污水净化的目的。常采用的是稳定塘技术和土地处理技术。

第一节 稳 定 塘

一、稳定塘的种类和选用

稳定塘也称生物塘、氧化塘。一般是利用天然湖塘、洼地、干枯河段或略加整修形成自然的生物处理设施。污水在塘内长时间经过不同细菌的分解代谢作用而降解有机物。

稳定塘按功能可分为好氧塘、兼性塘、厌氧塘，还有高效塘。按方式分又有自然充氧塘、曝气充氧塘（曝气塘）。

选用稳定塘的一般规定如下。

（1）城市规划或现状中有湖塘、洼地等可供污水处理利用且在城镇水体下游。

（2）稳定塘至少应分为两格。

（3）污水进入稳定塘前，宜经过一定预处理。

（4）稳定塘可接在其他生物处理工序之后，也可用作二级生物处理，稳定塘可单塘运行也可多级串联运行。

（5）当稳定塘多级串联运行，经过沉淀处理后的污水，串联级数一般不少于3级；经过生物处理后的污水，串联运行可为1~3级。

（6）稳定塘的超高不小于0.9m，稳定塘应采用防止污染地下水源和周围环境的措施，并应妥善处理污泥。

常用稳定塘的特点和适用条件见表8-1。

表 8-1 常用稳定塘的特点和适用条件

内 容	好氧塘	兼性塘	厌氧塘	曝气塘
优点	（1）池塘浅、溶解氧高，菌藻共生、活跃 （2）基建投资少，运行费用低 （3）处理效果较好 （4）管理简便	（1）基建投资和运行费用低 （2）塘中分不同区域有不同的作用，耐冲击负荷 （3）处理效果较好 （4）管理简便	（1）耐冲击负荷强 （2）占地小 （3）所需动力很少 （4）贮泥多，且起到一定的浓缩消化作用	（1）耐冲击负荷较强 （2）体积较小，占地省 （3）所产生气味小 （4）处理程度较高
缺点	（1）池面大、占地多 （2）出水中藻类含量高，需进行补充处理 （3）产生一定臭味	（1）池面大、占地较多 （2）出水水质不稳定，有波动 （3）夏季运行时常有漂浮污泥 （4）产生一定臭味	（1）对温度要求较高 （2）产生臭味大	（1）出水中含固体物质高 （2）运行费用较高 （3）易起泡沫
适用条件	（1）去除营养物 （2）去除溶解性有机物 （3）处理生化二级后出水	（1）适于城镇污水和工业废水 （2）适宜小城镇污水处理	适宜处理温度高，有机物浓度高的污水	适宜处理城镇污水和工业废水

二、好氧塘

(一) 设计参数

好氧塘水深一般较浅（约 0.5m），阳光直透塘底，塘中溶解氧高，藻类繁茂，细菌活跃。典型好氧塘设计参数见表 8-2。

表 8-2　典型好氧塘设计参数

项　　目	高负荷好氧塘	普通好氧塘	熟化好氧塘 （深度处理塘）
BOD_5 负荷/[kg/($10^4 m^2 \cdot d$)]	80～160	40～120	<5
水力停留时间/d	4～6	10～40	5～20
水深/m	0.30～0.45	1～1.5	1～1.5
pH 值	6.5～10.5	6.5～10.5	6.5～10.5
温度范围/℃	5～30	0～30	0～30
BOD_5 去除率/%	80～90	80～95	60～80
藻类浓度/(mg/L)	100～260	40～100	5～10
出水悬浮固体/(mg/L)	150～300	80～140	10～30

(二) 计算例题

【例 8-1】 用面积负荷法计算普通好氧塘

1. 已知条件

污水量 $Q=3\,000 m^3/d$；进水 BOD_5 (S_0)$=100mg/L$；出水 BOD_5 (S_e)$\leqslant 20mg/L$。

2. 设计计算

选用一个系统，两塘并联运行。

(1) 好氧塘有效面积 $A_总$　据表 8-2 选取 BOD_5 面积负荷 $N_A=50kg/(10^4 m^2 \cdot d)$。

好氧塘有效面积 $A_总$ 为

$$A_总 = \frac{QS_0}{1\,000 N_A} = \frac{3\,000 \times 100}{1\,000 \times 50} = 6 \times 10^4 (m^2) = 6 (hm^2) = 90 （亩）$$

单塘有效面积　　　　　　　　　　$A_1 = 6/2 = 3 （hm^2）$

(2) 单塘水面长度 L_1 和水面宽度 B_1　塘长宽比采用 3：1。

$$L_1 = \sqrt{3 \times 3 \times 10^4} = 300 （m）$$

$$B_1 = \frac{1}{3} \times L_1 = \frac{1}{3} \times 300 = 100 （m）$$

(3) 单塘有效容积 V_1

$$V_1 = [L_1 B_1 + (L_1 - 2Sd_1)(B_1 - 2Sd_1) + 4(L_1 - Sd_1)(B_1 - Sd_1)] \times \frac{d_1}{6}$$

式中　V_1——单塘有效容积，m^3；

　　　　d_1——塘有效深度，m；

　　　　S——边坡系数。

本例题边坡系数设 2.5：1，即 $S=2.5$，塘有效深度 0.5m，则

$$V_1 = [(300 \times 100) + (300 - 2 \times 2.5 \times 0.5) \times (100 - 2 \times 2.5 \times 0.5) +$$
$$4 \times (300 - 2.5 \times 0.5) \times (100 - 2.5 \times 0.5)] \times \frac{0.5}{6}$$
$$= 14\,751 （m^3）$$

(4) 水力停留时间 t

$$t = \frac{2V_1}{Q} = \frac{2 \times 14\,751}{3\,000} = 9.8 （d）$$

(5) 单塘长度 L 和宽度 B　塘的超高采用 1m，塘总深 $d=1.5m$，则

$$L = L_1 + 2S(d - d_1) = 300 + 2 \times 2.5 \times (1.5 - 0.5) = 305 （m）$$

$$B = B_1 + 2S(d - d_1) = 100 + 2 \times 2.5 \times (1.5 - 0.5) = 105 （m）$$

(6) 单塘容积 V_2 和总容积 V

$$V_2 = [LB + (L-2Sd)(B-2Sd) + 4(L-Sd)(B-Sd)] \times \frac{d}{6}$$

$$= [305 \times 105 + (305 - 2 \times 2.5 \times 1.5) \times (105 - 2 \times 2.5 \times 1.5) +$$

$$4 \times (305 - 2.5 \times 1.5) \times (105 - 2.5 \times 1.5)] \times \frac{1.5}{6}$$

$$= 45\,759 \ (m^3)$$

好氧塘总容积
$$V = 2V_2 = 91\,518 \ (m^3)$$

（7）好氧塘占地面积 A

$$A = 2LB = 2 \times 305 \times 105 = 64\,050 \ (m^2) = 96 \ (亩)$$

【例 8-2】 用奥斯瓦德法（Oswald）计算普通好氧塘

1. 已知条件

某城镇污水量 $Q = 3\,000 m^3/d$，进水 BOD_5（S_0）$=150 mg/L$，出水 BOD_5（S_e）$\leqslant 30 mg/L$。

2. 设计计算

（1）阳光辐射值 S　该城镇位北纬 38°，全年阳光辐射值 12 月最低，当地海拔高度 780m，查附录四不同纬度地区海平面逐月可见光辐射值得：日照率 0.62，$S_{max} = 77 cal$[1]$/(cm^2 \cdot d)$，$S_{min} = 30 cal/(cm^2 \cdot d)$，设计值计算公式为

$$S = (1 + 0.003\,3E)\left[S_{min} + \frac{P}{100}(S_{max} - S_{min})\right]$$

式中　S——设计阳光辐射值，$cal/(cm^2 \cdot d)$；

　　　E——地区海拔高度，m；

　　　P——日照率，日照时数与当地可照时数比。

$$S = (1 + 0.003\,3 \times 780) \times [30 + 0.62 \times (77 - 30)]$$

$$= 211.36[cal/(cm^2 \cdot d)]$$

（2）水力停留时间 t

$$t = \frac{d_1 K(S_0 - S_e)}{0.028FS}$$

式中　t——水力停留时间，d；

　　　K——BOD_u/BOD_5，生活污水一般为 1.3，其他由试验确定；

　　　F——氧转换系数，在 1.25～1.75 之间，一般为 1.6。

塘有效深度 d_1 采用 0.5m，水力停留时间为

$$t = \frac{0.5 \times 1.3 \times (150 - 30)}{0.028 \times 1.6 \times 211.36} = \frac{78}{9.47} = 8.24 \ (d)$$

（3）塘有效容积 V_0

$$V_0 = Qt = 3\,000 \times 8.24 = 24\,720 \ (m^3)$$

塘数采用 2 个，则单池有效容积

$$V_1 = V_0/2 = 24\,720/2 = 12\,360 \ (m^3)$$

（4）单塘水面长度 L_1 和宽度 B_1

$$V_1 = \left[\frac{1}{R}L_1^2 + (L_1 - 2Sd_1)\left(\frac{L_1}{R} - 2Sd_1\right) + 4(L_1 - Sd_1)\left(\frac{L_1}{R} - Sd_1\right)\right] \times \frac{d_1}{6}$$

其中 $S = 2.5$，长宽比 $R = 3$。将 V_1、S、R 值代入公式，得二次方程：

$$12\,360 = \left[\frac{1}{3}L_1^2 + (L_1 - 2 \times 2.5 \times 0.5) \times \left(\frac{L_1}{3} - 2 \times 2.5 \times 0.5\right) +\right.$$

$$\left.4(L_1 - 2.5 \times 0.5) \times \left(\frac{L_1}{3} - 2.5 \times 0.5\right)\right] \times \frac{0.5}{6}$$

整理方程得
$$L_1^2 - 5L_1 - 74\,243.75 = 0$$

解方程得
$$L_1 = 275 \ (m)$$

---

[1]　$1cal = 4.186\,8J$，全书同。

$$B_1 = \frac{1}{3}L_1 = \frac{1}{3} \times 275 = 92 \ (\text{m})$$

（5）单塘水面面积 A_1

$$A_1 = L_1 B_1 = 275 \times 92 = 25 \ 300 \ (\text{m}^2)$$

（6）校核 BOD$_5$ 面积负荷 N_A　　投配负荷为

$$N_A = \frac{QS_0}{2A_1} = \frac{3 \ 000 \times 0.15}{2 \times 25 \ 300} = 88.9 \text{kg}/(10^4 \ \text{m} \cdot \text{d})$$

计算面积负荷值基本满足要求。

（7）单塘容积 V_2　　取超高 1m，塘深为 1.5m，则单塘长 L 为

$$L = L_1 + 2S(d - d_1) = 275 + 2 \times 2.5 \times (1.5 - 0.5) = 280 \ (\text{m})$$

塘宽　　　　　$B = B_1 + 2S(d - d_1) = 92 + 2 \times 2.5 \times (1.5 - 0.5) = 97 \ (\text{m})$

单塘容积　$V_2 = [BL + (L - 2Sd)(B - 2Sd) + 4(L - Sd)(B - Sd)] \times \dfrac{d}{6}$

$$= [97 \times 280 + (280 - 2 \times 2.5 \times 1.5) \times (97 - 2 \times 2.5 \times 1.5) + 4 \times (280 - 2.5 \times 1.5) \times$$

$$(97 - 2.5 \times 1.5)] \times \frac{1.5}{6}$$

$$= 38 \ 647.5 \ (\text{m}^3)$$

（8）塘总容积 V

$$V = 2V_2 = 2 \times 38 \ 647.5 = 77 \ 295 (\text{m}^3)$$

（9）好氧塘占地面积 A

$$A = 2LB = 2 \times 280 \times 97 = 54 \ 320 \ (\text{m}^2) = 81.5 \ (\text{亩})$$

【例 8-3】　用维纳-威廉法（Wehner-Wiehelm）计算普通好氧塘

1. 已知条件

污水量 $Q = 3 \ 000\text{m}^3/\text{d}$；进水 BOD$_5$（$S_0$）$= 100\text{mg/L}$；出水 BOD$_5$（$S_e$）$\leqslant 20\text{mg/L}$；冬季污水水温最低 10℃。

2. 设计计算

（1）反应速度常数 K_T　　计算公式为

$$K_T = K_{20}\theta^{T-20}$$

式中　K_T——T℃时反应速度常数，d^{-1}；

　　　K_{20}——20℃时一级反应速度常数，d^{-1}，由试验确定，一般为 $0.05 \sim 1.01\text{d}^{-1}$；

　　　θ——温度常数，一般为 $1.06 \sim 1.09$；

　　　T——设计水温，℃。

本题 K_{20} 选用 0.3，θ 选用 1.06，则

$$K_{10} = 0.3 \times 1.06^{10-20} = 0.168 \ (\text{d}^{-1})$$

（2）BOD$_5$ 目标剩余率 η

$$\eta = S_e/S_0 = 20/100 = 0.2$$

（3）水力停留时间 t

$$\eta' = \frac{4a \, \text{e}^{\frac{1}{2D}}}{(1+a)^2 \text{e}^{\frac{a}{2D}} - (1-a)^2 \text{e}^{-\frac{a}{2D}}}$$

式中　η'——实际剩余率；

　　　a——系数，$a = \sqrt{1 + 4K_T t D}$；

　　　D——扩散系数，一般为 $0.1 \sim 2.0$（很少超过 1.0）。

① 求 a。假设 $t = 12\text{d}$，D 选用 0.2，则

$$a = \sqrt{1 + 4 \times 0.168 \times 12 \times 0.2} = 1.62$$

② 求 η'。将 a、D 代入，得

$$\eta' = \frac{4 \times 1.62 \times \text{e}^{\frac{1}{2 \times 0.2}}}{(1+1.62)^2 \times \text{e}^{\frac{1.62}{2 \times 0.2}} - (1-1.62)^2 \times \text{e}^{-\frac{1.62}{2 \times 0.2}}} = 0.2$$

η' 与 η 相同，无需重新假设 t 值（若 η' 与 η 差距较大，需重新假设 t 值，计算 a 值及 η'，直至 η' 与 η 接近）。

（4）塘有效容积 V_1　总容积 V_0 为

$$V_0 = Qt = 3\,000 \times 12 = 36\,000 \ (\text{m}^3)$$

设塘数为 2 个，单塘有效容积 V_1 为

$$V_1 = V_0/2 = 36\,000/2 = 18\,000 \ (\text{m}^3)$$

（5）单塘水面长度 L_1 和水面宽度 B_1　单塘有效容积 V_1 计算公式为

$$V_1 = [L_1 B_1 + (L_1 - 2Sd_1)(B_1 - 2Sd_1) + 4 \times (L_1 - Sd_1)(B_1 - Sd_1)] \times \frac{d_1}{6}$$

同样塘水面长宽比 $R=3$，边坡系数 $S=2.5$，有效深度 $d_1=0.5\text{m}$。得方程：

$$18\,000 = \left[L_1 \times \frac{L_1}{3} + (L_1 - 2 \times 2.5 \times 0.5) \times \left(\frac{L_1}{3} - 2 \times 2.5 \times 0.5 \right) + \right.$$

$$\left. 4(L_1 - 2.5 \times 0.5) \times \left(\frac{L_1}{3} - 2.5 \times 0.5 \right) \right] \times \frac{0.5}{6}$$

解方程，得

$$L_1 = 331 \ (\text{m})$$

$$B_1 = L_1/3 = 331/3 = 110.3 \ (\text{m}) \approx 110 \ (\text{m})$$

（6）单塘有效面积 A_1

$$A_1 = L_1 B_1 = 331 \times 110 = 36\,410 \ (\text{m}^2)$$

（7）校核 BOD_5 面积负荷 N_A　投配负荷为

$$N_A = \frac{QS_0}{2A_1} = \frac{3\,000 \times 0.1}{3.641 \times 2} = 41.2 \ [\text{kg}/(10^4\,\text{m}^2 \cdot \text{d})]$$

计算面积负荷值基本满足要求。

（8）单塘容积 V_2 和总容积 V　单塘超高 1.0m，塘深 1.5m，则

单塘长度
$$L = L_1 + 2S(d - d_1)$$
$$= 331 + 2 \times 2.5 \times (1.5 - 0.5) = 336 \ (\text{m})$$

单塘宽度
$$B = B_1 + 2S(d - d_1)$$
$$= 110 + 2 \times 2.5 \times (1.5 - 0.5) = 115 \ (\text{m})$$

单塘容积
$$V_2 = [LB + (L - 2Sd)(B - 2Sd) + 4(L - Sd)(B - Sd)] \times \frac{d}{6}$$
$$= [336 \times 115 + (336 - 2 \times 2.5 \times 1.5) \times (115 - 2 \times 2.5 \times 1.5) +$$
$$4 \times (336 - 2.5 \times 1.5) \times (115 - 2.5 \times 1.5)] \times \frac{1.5}{6}$$
$$= 55\,451 \ (\text{m}^3)$$

塘总容积
$$V = 2V_2 = 2 \times 55\,451 = 110\,902 \ (\text{m}^3)$$

（9）好氧塘占地面积 A

$$A = 2LB = 336 \times 115 \times 2 = 77\,280 \ (\text{m}^2) = 115.9 \ (\text{亩})$$

三、兼性塘

（一）设计参数

兼性塘应用较多，在多级串联塘中，常作为好氧塘的前级预处理塘，可直接接受原污水或预处理的污水。其塘深较好氧塘深，约为 $1.2\sim2.5\text{m}$，塘中存在不同的处理区域，可起不同的作用，其处理城镇污水时，设计参数可见表 8-3。

表 8-3　兼性塘面积负荷与水力停留时间

冬季最冷月年均气温 /℃	BOD_5 负荷 /[kg/(10⁴m²·d)]	停留时间/d	冬季最冷月年均气温 /℃	BOD_5 负荷 /[kg/(10⁴m²·d)]	停留时间/d
15 以上	70~100	≥7	−10~0	20~30	120~40
10~15	50~70	20~7	−10~−20	10~20	150~120
0~10	30~50	40~20	−20 以下	<10	180~150

（二）计算例题

【例 8-4】 用面积负荷法计算兼性塘

1. 已知条件

污水量 $Q = 8\,000\,\mathrm{m^3/d}$；进水 BOD_5（S_0）$= 160\,\mathrm{mg/L}$；出水 BOD_5（S_e）$\leqslant 30\,\mathrm{mg/L}$；冬季平均气温为 $-6\,℃$。

2. 设计计算

选用 2 个相同系统，每个系统由 3 个塘串联。一塘 BOD_5 面积负荷 N'_A 选用 $50\,\mathrm{kg/(10^4\,m^2 \cdot d)}$，总塘负荷 N_A 选用 $30\,\mathrm{kg/(10^4\,m^2 \cdot d)}$。

（1）BOD_5 总量

$$BOD_5 \text{ 总量} = QS_0 = 8\,000 \times 0.16 = 1\,280 \quad (\mathrm{kg/d})$$

（2）塘水面面积 A 一塘水面有效面积 A'_1 为

$$A'_1 = \frac{BOD_5 \text{ 总量}}{N'_A} = \frac{1\,280}{50} \times 10^4 = 25.6 \times 10^4 \quad (\mathrm{m^2})$$

总塘水面有效面积 A 为

$$A = \frac{BOD_5 \text{ 总量}}{N_A} = \frac{1\,280}{30} \times 10^4 = 42.7 \times 10^4 \quad (\mathrm{m^2})$$

每系统一塘水面有效面积 A_1 为

$$A_1 = A'_1/2 = 25.6 \times 10^4/2 = 12.8 \times 10^4 \quad (\mathrm{m^2})$$

每系统其他二、三塘有效面积相同，则

$$A_2 = A_3 = \frac{(A - A'_1)}{2 \times 2} = \frac{42.7 \times 10^4 - 25.6 \times 10^4}{2 \times 2}$$
$$= 4.275 \times 10^4 \quad (\mathrm{m^2})$$

（3）塘尺寸 设塘长宽比 $R = 3$，边坡系数 $S = 2.5$，一塘有效水深 $d'_1 = 2.0\,\mathrm{m}$，二、三塘有效水深 $d'_2 = 2.5\,\mathrm{m}$，超高 $1\,\mathrm{m}$；一塘总深 $d_1 = 3\,\mathrm{m}$，二、三塘总深 $d_2 = 3.5\,\mathrm{m}$。一塘有效面积与水面长和宽的关系为

$$A'_1 = L'_1 B'_1 = L'_1 \times \frac{L'_1}{3} = \frac{L'^2_1}{3}$$

式中 L'_1——氧化塘水面长，m；

B'_1——氧化塘水面宽，m。

解出水面长 $\qquad L'_1 = \sqrt{3 A'_1} = \sqrt{3 \times 128\,000} = 619.7 \approx 620 \quad (\mathrm{m})$

塘水面宽 $\qquad B'_1 = 620/3 = 206.7 \quad (\mathrm{m}) \approx 207 \quad (\mathrm{m})$

塘长 $\qquad L_1 = L'_1 + 2S(d_1 - d'_1) = 620 + 2 \times 2.5 \times (3.0 - 2.0) = 625 \quad (\mathrm{m})$

塘宽 $\qquad B_1 = B'_1 + 2S(d_1 - d'_1) = 207 + 2 \times 2.5 \times (3.0 - 2.0) = 212 \quad (\mathrm{m})$

二、三塘尺寸如下。

塘水面长 $\qquad L'_2 = \sqrt{3 A'_2} = \sqrt{3 \times 42\,750} = 358.12 \approx 358 \quad (\mathrm{m})$

塘水面宽 $\qquad B'_2 = \frac{358}{3} = 119 \quad (\mathrm{m})$

塘水面长 $\qquad L_2 = L'_2 + 2S(d_2 - d'_2) = 358 + 2 \times 2.5 \times (3.5 - 2.5) = 363 \quad (\mathrm{m})$

塘水面宽 $\qquad B_2 = B'_2 + 2S(d_2 - d'_2) = 119 + 2 \times 2.5 \times (3.5 - 2.5) = 124 \quad (\mathrm{m})$

（4）塘容积 V 一塘单塘有效容积 V'_1 为

$$V'_1 = \left[L'_1 B'_1 + (L'_1 - 2Sd'_1)(B'_1 - 2Sd'_1) + 4(L_1 - Sd'_1)(B_1 - Sd'_1)\right] \times \frac{d'_1}{6}$$

$$= \left[620 \times 207 + (620 - 2 \times 2.5 \times 2)(207 - 2 \times 2.5 \times 2) + \right.$$

$$\left. 4 \times (620 - 2.5 \times 2)(207 - 2.5 \times 2)\right] \times \frac{2}{6}$$

$$= 248\,477 \quad (\mathrm{m^3})$$

一塘单塘总容积 V_1 为

$$V_1 = [625 \times 212 + (625 - 2 \times 2.5 \times 3) \times (212 - 2 \times 2.5 \times 3) +$$

$$4 \times (625 - 2.5 \times 3) \times (212 - 2.5 \times 3)] \times \frac{3}{6}$$

$$= 378\,893 \ (\text{m}^3)$$

二、三塘单塘有效容积为

$$V'_2 = V'_3 = [358 \times 119 + (358 - 2 \times 2.5 \times 2.5) \times (119 - 2 \times 2.5 \times 2.5) +$$

$$4 \times (358 - 2.5 \times 2.5) \times (119 - 2.5 \times 2.5)] \times \frac{2.5}{6}$$

$$= 99\,182 \ (\text{m}^3)$$

三、三塘单塘总容积为

$$V_2 = V_3 = [363 \times 124 + (363 - 2 \times 2.5 \times 3.5) \times (124 - 2 \times 2.5 \times 3.5) +$$

$$4 \times (363 - 2.5 \times 3.5) \times (124 - 2.5 \times 3.5)] \times \frac{3.5}{6}$$

$$= 142\,985 \ (\text{m}^3)$$

（5）水力停留时间 t

一塘停留时间 $\qquad t_1 = 2V'_1 / Q = (2 \times 248\,477)/8\,000 \approx 62 \ (\text{d})$

二、三塘共停留时间 $\qquad t_2 = 4V'_2 / Q = (4 \times 99\,182)/8\,000 \approx 49.6 \ (\text{d})$

总停留时间

$$t = t_1 + t_2 = 62 + 49.6 = 111.6 \ (\text{d}) \ \text{（在推荐范围内）}$$

（6）兼性塘占地面积

$$\sum A = 2L_1 B_1 + 4L_2 B_2$$

$$= 2 \times 625 \times 212 + 4 \times 363 \times 124 = 445\,048 \ (\text{m}^2) = 667.6 \ (\text{亩})$$

【例 8-5】 用曲线图解法计算兼性塘

1. 已知条件

污水量 $Q = 7\,000\text{m}^3/\text{d}$；进水 BOD_5（S_0）$= 180\text{mg/L}$，出水 BOD_5（S_e）$\leqslant 30\text{mg/L}$，污水水温冬季 $7℃$，夏季 $25℃$，冬季平均气温 $0℃$。

2. 设计计算

（1）反应常数 K_T 设兼性塘 $K_{20} = 0.12\text{d}^{-1}$，温度常数 $\theta = 1.09$。

$$K_T = K_{20} \theta^{T-20} = 0.12 \times 1.09^{7-20} = 0.039 \ (\text{d}^{-1})$$

（2）BOD_5 剩余率 η

$$\eta = \frac{S_e}{S_0} \times 100\% = \frac{30}{180} \times 100\% = 16.7\%$$

（3）水力停留时间 t 设塘的扩散系数 $D = 1$。

根据所求出的 BOD_5 剩余率 $\eta = 16.7\%$ 和所设 $D = 1$，查图8-1，得出 $K_T t = 3.55$，计算 t 值（也可采用 Wehher-Wihelm 公式法）。

$$t = 3.55/0.039 = 91 \ (\text{d})$$

故确定兼性塘水力停留时间为 91d。

（4）塘总有效容积 $V_总$

$$V_总 = Qt = 7\,000 \times 91 = 637\,000 \ (\text{m}^3)$$

（5）塘尺寸 同样设有 2 个系统，每个系统 3 个塘串联，一塘面积负荷选用 $50\text{kg}/(10^4\,\text{m}^2 \cdot \text{d})$，一塘有效水深约为 1.5m，二塘有效水深亦为 2.0m，则一塘面积 A_1 为

$$A_1 = \text{BOD}_5 \, 总量/面积负荷 = 1\,260/50 \times 10^4 = 252\,000 \ (\text{m}^2)$$

一塘有效容积 V'_1 为

$$V'_1 = 252\,000 \times 1.5 = 378\,000 (\text{m}^3)$$

一塘单塘面积 A_1 为

$$A_1 = A'_1 / 2 = 252\,000/2 = 126\,000 \ (\text{m}^2)$$

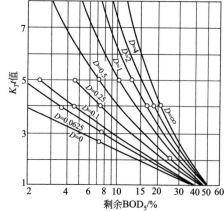

图 8-1 BOD_5 剩余率-$K_T t$ 值关系曲线

一塘单塘有效容积 V_1 为

$$V_1 = V_1'/2 = 378\,000/2 = 189\,000 \ (\text{m}^3)$$

二塘与三塘相同，其有效容积为

$$V_2' = V_3' = (V_{总} - V_1') \times \frac{1}{2} = (637\,000 - 378\,000) \times \frac{1}{2}$$

$$= 129\,500 \ (\text{m}^3)$$

其水面面积为

$$A_2' = A_3' = 129\,500/2 = 64\,750 \ (\text{m}^2)$$

二、三塘单塘有效容积为

$$V_2 = V_3 = 129\,500/2 = 64\,750 \ (\text{m}^3)$$

二、三塘单塘水面面积为

$$A_2 = A_3 = 64\,750/2 = 32\,375 \ (\text{m}^2)$$

其一塘、二塘、三塘具体尺寸计算同上例。

（6）校核兼性塘总塘 BOD_5 面积负荷 N_A

$$N_A = \frac{QS_0}{A_{总}} \times 10^4 = \frac{1\,260}{381\,500} \times 10^4 = 33 \ [\text{kgBOD}_5/(10^4\,\text{m}^2 \cdot \text{d})]$$

计算面积负荷基本满足要求。

应当指出，兼性塘计算方法上还有 Gloynal 法、Marais-Shaw 法等，根据我国的实际情况，专家推荐使用面积负荷法和 Wehner-Wihelm 法。

四、厌氧塘

（一）设计参数

厌氧塘与活性污泥的厌氧池相似，全塘大都处于厌氧状态。它作为预处理而与好氧塘或兼性塘组成生物稳定塘系统，能较好地应用于处理水量小、浓度高的有机废水。BOD_5 面积负荷 $200 \sim 2\,000\text{kg}/(10^4\,\text{m}^2 \cdot \text{d})$ [一般选用 $200 \sim 400\text{kgBOD}_5/(10^4\,\text{m}^2 \cdot \text{d})$]，$BOD_5$ 去除率约为 $50\% \sim 70\%$。城镇污水在厌氧塘水力停留时间 $2 \sim 6\text{d}$，有效水深 $3 \sim 6\text{m}$。

（二）计算例题

【例 8-6】 厌氧塘计算

1. 已知条件

某城镇污水处理工程采用多级氧化塘工艺，其中一级塘为厌氧塘。厌氧塘设计条件：污水量 $Q = 2\,000\text{m}^3/\text{d}$；进水 BOD_5（S_0）$= 350\text{mg/L}$；出水 BOD_5（S_e）$\leqslant 180\text{mg/L}$；冬季污水水温 15℃。

2. 设计计算

采用公式

$$\frac{S_e}{S_0} = \frac{1}{1 + K_T t}$$

式中 S_e——厌氧塘出水 BOD_5 浓度，mg/L；

S_0——厌氧塘进水 BOD_5 浓度，mg/L；

K_T——温度 T（℃）时的反应速度常数，d^{-1}；

t——水力停留时间，d。

（1）水力停留时间 t 查图 8-2 厌氧塘反应速度常数 K 与水温的关系曲线，得 $K_{15} = 0.15\text{d}^{-1}$。

则

$$t = \frac{\left(\dfrac{S_0}{S_e} - 1\right)}{K_T} = \frac{\left(\dfrac{350}{180} - 1\right)}{0.15} \approx 6.3 \ (\text{d})$$

（2）厌氧塘有效容积 V

$$V = Qt = 2\,000 \times 6.3 = 12\,600 \ (\text{m}^3)$$

设有 2 座厌氧塘，单塘有效容积 V_1 为

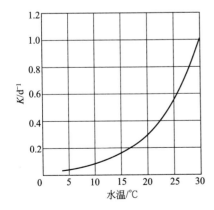

图 8-2 厌氧塘反应速度常数 K 与水温的关系曲线

$$V_1 = V/2 = 12\ 600/2 = 6\ 300\ (m^3)$$

（3）厌氧塘尺寸　设厌氧塘有效水深 $d_1 = 4m$，塘长宽比选用 $R = 3$，边坡系数 $S = 2.5$，超高 0.9m，可采用例 8-1 计算方法求得塘的水面宽、长度、有效面积、总容积等。

塘平均平面面积 A' 为

$$A' = V_1/d_1 = 6\ 300/4 = 1\ 575\ (m^2)$$

假设有效水深 1/2 处面积接近平均面积，则 1/2 水深处的长 L_m、宽 B_m 为

$$L_m B_m = 3B_m B_m = 3B_m^2$$
$$3B_m^2 = 1\ 575\ (m^2)$$
$$B_m = 22.9\ (m) \approx 23\ (m)$$
$$L_m = 3B_m = 3 \times 23 = 69\ (m)$$

塘水面长度 L_s 和宽度 B_s 分别为

$$L_s = L_m + \frac{d_1}{2} \times S \times 2 = 69 + \frac{4}{2} \times 2.5 \times 2 = 79\ (m)$$

$$B_s = B_m + \frac{d_1}{2} \times S \times 2 = 23 + \frac{4}{2} \times 2.5 \times 2 = 33\ (m)$$

塘底长度 L_b 和宽度 W_b 分别为

$$L_b = L_m - \frac{d_1}{2} \times S \times 2 = 69 - \frac{4}{2} \times 2.5 \times 2 = 59\ (m)$$

$$B_b = B_m - \frac{d_1}{2} \times S \times 2 = 23 - \frac{4}{2} \times 2.5 \times 2 = 13\ (m)$$

单塘有效容积 V'_1 为

$$V'_1 = \frac{d_1}{6} \times (L_s B_s + 4L_m B_m + L_b B_b)$$

$$= \frac{4}{6} \times (79 \times 33 + 4 \times 69 \times 23 + 59 \times 13)$$

$$= 6\ 481\ (m^3)$$

计算单塘有效容积 V'_1 与 V_1 值相差较多，需重新计算。根据前面计算，取 $B_m = 22.7m$，则

$$L_m = RB_m = 3 \times 22.7 = 68.1\ (m)$$

$$L_s = L_m + \frac{d_1}{2} \times S \times 2 = 68.1 + \frac{4}{2} \times 2.5 \times 2 = 78.1\ (m)$$

$$B_s = B_m + \frac{d_1}{2} \times S \times 2 = 22.7 + \frac{4}{2} \times 2.5 \times 2 = 32.7\ (m)$$

$$L_b = L_m - \frac{d_1}{2} \times S \times 2 = 68.1 - \frac{4}{2} \times 2.5 \times 2 = 58.1\ (m)$$

$$B_b = B_m - \frac{d_1}{2} \times S \times 2 = 22.7 - \frac{4}{2} \times 2.5 \times 2 = 12.7\ (m)$$

$$V'_1 = \frac{d_1}{6} \times (L_s B_s + 4L_m B_m + L_b B_b)$$

$$= \frac{4}{6} \times (78.1 \times 32.7 + 4 \times 68.1 \times 22.7 + 58.1 \times 12.7)$$

$$= 6\ 316.8\ (m^3)$$

其与 V_1 值较接近，即此厌氧池尺寸可行。

单池长　　　$L = L_s + 2S(d - d_1) = 78.1 + 2 \times 2.5 \times (4.9 - 4) = 82.6\ (m)$

单池宽　　　$B = B_s + 2S(d - d_1) = 32.7 + 2 \times 2.5 \times (4.9 - 4) = 37.2\ (m)$

单塘总容积 V_{T-1} 为

$$V_{T-1} = [LB + (L - 2Sd)(B - 2Sd) + 4(L - Sd)(B - Sd)] \times \frac{d}{6}$$

$$= [82.6 \times 37.2 + (82.6 - 2 \times 2.5 \times 4.9) \times (37.2 - 2 \times 2.5 \times 4.9) +$$

$$4\times(82.6-2.5\times4.9)\times(37.2-2.5\times4.9)]\times\frac{4.9}{6}$$

$$=8\,845.7\ (m^3)$$

厌氧塘总容积 V_T 为

$$V_T=2V_{T-1}=2\times8\,845.7=17\,691\ (m^3)$$

（4）校核投配 BOD_5 面积负荷

$$N_A=\frac{S_0Q}{2L_sB_s}=\frac{0.35\times2\,000}{2\times78.1\times32.7}=0.137kg/(m^2\cdot d)$$

$$=1\,370kg/(10^4\,m^2\cdot d)$$

计算面积负荷在推荐值范围内。

（5）厌氧塘占地面积

$$A=2LB=2\times82.6\times37.2=6\,145.4\ (m^2)=9.2\ (亩)$$

五、曝气塘

（一）设计参数

曝气塘可分为好氧曝气塘和兼性曝气塘两类。前者是塘中全部固体物质处于悬浮状态，并具有足够的溶解氧。后者则是塘中部分固体物质悬浮，另一部分沉积塘底而厌氧分解。一般大多选用好氧曝气塘，其设计塘水深在 $1.8\sim5m$，停留时间 $2\sim10d$，BOD_5 面积负荷在 $100\sim600kg/(10^4\,m^2\cdot d)$，一般采用 $100\sim400kg/(10^4\,m^2\cdot d)$。

（二）计算例题

【例 8-7】 等容积串联好氧曝气塘计算

1. 已知条件

污水量 $Q=12\,000m^3/d$，进水 BOD_5（S_0）$=200mg/L$，出水 BOD_5 值 $S_e\leqslant30mg/L$，冬季平均气温 $-6.5℃$，排入塘内污水水温 $13℃$（假设串联各塘内水温相同）。

2. 设计计算

设计相同 2 组，每组 3 座曝气塘串联。

（1）一次计算

① 塘内污水停留时间 t。设冬季塘水温度 $10℃$，选用 $K_{C20}=2.5d^{-1}$，$\theta=1.085$。K_{C20} 为完全混合一级反应速率常数，d^{-1}，一般应通过当地塘试验确定，估算可取值 $2.5d^{-1}$。

$$K_{C10}=K_{C20}\theta^{T-20}$$

$$t=\frac{n}{K_{C_T}}\times\left[\left(\frac{S_0}{S_e}\right)^{\frac{1}{n}}-1\right]$$

式中　t——污水塘内水力停留时间，d；

　　　n——串联塘数，个；

　　　S_0——原污水（进入塘前）BOD_5 浓度，mg/L；

　　　S_e——串联塘第 n 级塘出水 BOD_5 浓度，mg/L。

$$K_{C10}=2.5\times1.085^{10-20}=1.1(d^{-1})$$

$$t=\frac{3}{1.1}\times\left[\left(\frac{200}{30}\right)^{1/3}-1\right]=2.4\ (d)$$

每组由 3 个塘串联，则单塘水力停留时间 t_1 为

$$t_1=T/3=2.4/3=0.8\ (d)$$

② 单塘有效容积 V_1

$$V_1=\frac{Q}{2}\times t_1=\frac{12\,000}{2}\times0.8=4\,800\ (m^3)$$

③ 验算冬季塘水温度 t_w。设塘有水深 $d_1=2m$，边坡系数 $S=2.5$，长宽比 $R=3$。单塘水面面积根据例 8-1 方法计算出：水面长 $L_1=94.8m$，水面宽 $B_1=31.6m$，水面面积 $A_1=L_1B_1=94.8\times31.6=2\,996\ (m^2)$。

计算塘水温（应用 Mancini-Barnhart 公式）：

$$t_w = \frac{AfT_a + QT_i}{Af + Q}$$

式中 t_w——塘水温度，℃；

A——塘水面积，m^2；

f——热损失系数；

T_a——冬季平均气温，℃；

T_i——入流污水温度，℃；

Q——污水流量，m^3/d。

设 $f = 0.5$，塘水温度为

$$t_w = \frac{2\,996 \times 0.5 \times (-6.5) + 6\,000 \times 13}{2\,996 \times 0.5 + 6\,000} = 9.1 \; (℃)$$

验算结果低于设定温度，说明设定温度高于实际，应修正设计水温，进行二次计算。

（2）二次计算

① 塘内污水停留时间 t。设冬季塘水温度 9℃，其他参数意义相同。

$$K_{C_5} = 2.5 \times 1.085^{9-20} = 1.02 \; (d^{-1})$$

$$T = \frac{3}{1.02} \times \left[\left(\frac{200}{30} \right)^{1/3} - 1 \right] = 2.6 \; (d)$$

单塘水力停留时间 t_1 为

$$t_1 = T/3 = 2.6/3 = 0.87 \; (d)$$

② 单塘有效容积

$$V_1 = \frac{Q}{2} \times t_1 = \frac{12\,000}{2} \times 0.87 = 5\,220 \; (m^3)$$

③ 验算冬季塘水温度 t_w。其设计参数相同，则单塘水面长 $L_1 = 98.5m$，单塘水面宽 $B_1 = 32.8m$，单塘水表面积 $A_1 = L_1 B_1 = 98.5 \times 32.8 = 3\,230.8 \; (m^2)$。

塘水温度为

$$t_w = \frac{3\,230.8 \times 0.5 \times (-6.5) + 6\,000 \times 13}{3\,230.8 \times 0.5 + 6\,000} = 8.86 \; (℃)$$

本次计算与假设 9℃，误差为 1.6%（小于 5%），其结果可行。

（3）校核 BOD_5 表面积负荷

$$N_A = \frac{QS_0}{2 \times 3A_1} \times 10^4 = \frac{12\,000 \times 0.2}{2 \times 3 \times 3\,230.8} \times 10^4 = 1\,238 \; [kg/(10^4 m^2 \cdot d)]$$

采用公式法计算结果，水力停留时间在推荐值范围内，但 BOD_5 面积负荷值较高，这可能是 K_{C20} 选用的是较高估算值，故在工程设计中，宜根据当地塘试验后确定。

（4）动力要求 好氧曝气塘在有机物降解和工艺等方面基本与延时曝气法相接近，所以需氧量计算可按活性污泥方法需氧量计算。其冬夏季塘水温度可用 Mancini-Barnhart 公式估算。值得注意是污水中悬浮固体不能沉淀，当选用表曝机时其动力不仅要满足需氧要求，还需保证固体物质处于悬浮状态。有些专家学者提出不小于 $5.9kW/1\,000m^3$ 污水。

第二级和第三级串联塘的容积、有效水深及面积与第一级塘相同。

【例 8-8】 用去除率计算好氧曝气塘

1. 已知条件

污水量 $Q = 3\,300m^3/d$；进水 BOD_5（S_0）$= 180mg/L$；出水 BOD_5（S_e）$\leqslant 30mg/L$；污水水温 $T = 15.5℃$。

2. 设计计算

（1）反应速度常数 K_T 设 $K_{20} = 0.6d^{-1}$，$\theta = 1.06$，则反应速度常数

$$K_T = K_{20}\theta^{T-20} = 0.6 \times 1.06^{15.5-20} = 0.46(d^{-1})$$

（2）BOD_5 去除率 η

$$\eta = \frac{S_0 - S_e}{S_0} \times 100\% = \frac{180 - 30}{180} \times 100\% = 83.3\%$$

（3）水力停留时间 t

$$t = \frac{\eta}{K_T(1-\eta)} = \frac{83.3}{0.46 \times (100 - 83.3)} = 10.8 \text{（d）}$$

（4）曝气塘有效容积 V

$$V = Qt = 3\,300 \times 10.8 = 35\,640 \text{（m}^3\text{）}$$

（5）曝气塘面积 A 设曝气塘有效水深 $h = 2.5\text{m}$，则

$$A = V/h = 35\,640/2.5 = 14\,256 \text{（m}^2\text{）}$$

（6）校核 BOD_5 面积负荷 N_A

$$N_A = \frac{QS_0}{A} = \frac{3\,300 \times 0.18}{14\,256} = 0.041\,7 \text{ [kg/(m}^2 \cdot \text{d)]}$$
$$= 417 \text{ [kg/(10}^4\text{m}^2 \cdot \text{d)]}$$

计算面积负荷符合一般要求。

六、稳定塘污泥量

稳定塘产生污泥量开始不稳定，5 年以后，基本趋向稳定，约为 40L/(a·人)。多级塘串联，一级塘产泥量较大，一般占总泥量的 30%～50%。

【例 8-9】 稳定塘污泥量计算（1）

1. 已知条件

某城镇污水量 $Q = 6\,000\text{m}^3/\text{d}$；进水 BOD_5（S_0）$= 120\text{mg/L}$；进水 SS（X_0）$= 150\text{mg/L}$；出水 BOD_5（S_e）$\leqslant 30\text{mg/L}$；出水 SS（X_e）$\leqslant 30\text{mg/L}$；城镇人口约 20 000 人。

2. 设计计算

（1）稳定塘污泥量计算公式

$$Q_泥 = \frac{365QX_i}{C\rho}$$

式中　$Q_泥$——稳定塘底泥产量，m^3/a；

　　Q——稳定塘处理污水量，m^3/d；

　　C——底泥干固体质量分数，一般取值 $C = 0.1$；

　　ρ——底泥密度，g/m^3，一般取 $(1.03 \sim 1.04) \times 10^6 \text{g/m}^3$；

　　X_i——污水中惰性固体，mg/L，$X_i = X_a + X_b + 0.23YS_0$；

　　X_a——进水中生物不可降解挥发性悬浮固体，mg/L；

　　X_b——进水中非挥发性悬浮固体，mg/L；

　　Y——生长产率（产生细胞质量与消耗底物质量比）；

　　S_0——进水中 BOD_5 浓度，mg/L。

（2）泥量计算　经试验测定进水污水中非挥发性悬浮固体占总悬浮固体比例为 25%，不可降解的挥发性悬浮固体占挥发性悬浮固体比例为 40%，污泥产率为 0.6，则

$$X_a = 0.4 \times 0.75 \times 150 = 45 \text{（mg/L）}$$
$$X_b = 0.25 \times 150 = 37.5 \text{（mg/L）}$$
$$X_i = 45 + 37.5 + 0.23 \times 0.6 \times 120 = 99 \text{（mg/L）}$$
$$Q_泥 = \frac{365 \times 6\,000 \times 99}{0.1 \times 1.03 \times 10^6} = 2\,105 \text{（m}^3/\text{a）}$$

【例 8-10】 稳定塘污泥量计算（2）

1. 已知条件

同例 8-9。

2. 设计计算

（1）稳定塘污泥量　$Q_泥$ 也可用下式计算。

$$Q_泥 = \frac{365XNa}{C\rho}$$

式中　a——污泥固体经厌氧消化残存系数，一般取值 0.6～0.65；

　　X——相似城镇污水初沉和二沉排泥量总和，g 干固体/(d·人)，取值 25～55g 干固体/(d·人)；

　　N——人口数，人；

　　C——底泥干固体质量分数，一般取值 0.1；

　　ρ——底泥密度，g/m^3，一般取 $(1.03 \sim 1.04) \times 10^6 \text{g/m}^3$。

（2）泥量计算　设计取值 $a = 0.63$，$X = 45\text{g}$ 干固体/(d·人)，则

$$V = \frac{365 \times 45 \times 20\,000 \times 0.63}{0.1 \times 1.03 \times 10^6} = 2\,009 \text{（m}^3/\text{a）}$$

(3) 稳定塘清淤　稳定塘产生的污泥可每年轮换停水进行清淤，或设计中考虑污泥量（稳定塘容积上留有余地），或特殊情况下逐步适当增加堤高，以保证处理效果。清除污泥间隔时间一般采用 5～10 年。塘底污泥蓄积深度通常采用 0.3～0.5m。

七、稳定塘对氮和磷的去除

在相当二级生化处理出水的稳定塘后，增加深度处理塘，可对氮和磷进行较为有效的处理。

资料表明，深度处理塘当 BOD_5 表面负荷不大于 $20kg/(10^4 m^2 \cdot d)$ 或水力停留时间不小于 12d，氨氮的去除率可达 65%～70%。

硝态氮的去除主要依靠藻类吸收和微生物的硝化反硝化作用。在夏季水中含藻量大，去除硝态氮也多，约为 30%，冬季则较少，仅为 0～10%。

同样资料表明，深度处理塘 BOD_5 表面负荷为 $60～230kg/(10^4 m^2 \cdot d)$ 及水力停留时间 1.8～3.3d 时，水中磷去除约为 15%～20%，当 BOD_5 表面积负荷为 $13kg/(10^4 m^2 \cdot d)$ 及水力停留时间为 12d 时，磷去除达 60%。

磷酸盐的去除，主要靠藻类吸收和光合作用下高 pH 值水中致使磷沉淀去除。在夏季藻类多，磷去除可达 70% 以上，冬季则只有 2%～27%。

八、稳定塘其他有关设计计算

（一）进出水口设计计算

1. 设计概述

稳定塘进出水口形式对其水力特性影响很大，也直接影响到塘的处理效率。一般尽量避免污水在塘内出现短流、沟流、返混和死区，要使塘内水流处于推流状态。

进出口设计应注意下面几点：

（1）进出水口的直线距离应尽量加大；

（2）进出水口的配水、集水要均匀；

（3）进出水口设置在水面下 30cm 为宜，并与塘底保持足够的高度；

（4）进出水口要避开当地常年主导风向。

2. 进出口计算例题

【例 8-11】 稳定塘进出水口设计计算

（1）已知条件　某城镇污水量 3 000 m^3/d。

（2）设计计算

① 不同形式进水方式

a. 竖向圆管进水口（见图 8-3）

$$d = \sqrt{\frac{4Q}{\pi v}}$$

式中　d——进水管管径，m；

Q——设计流量，m^3/s；

v——管内流速，m/s，一般 $v \leqslant 1m/s$。

根据已知条件，稳定塘进水量 $Q = 3\ 000 m^3/d = 0.035 m^3/s$。

设管内流速 $v = 0.8m/s$，则消能罩直径 $D = (2～3)\ d$，取 $D = 3d$，则

$$d = \sqrt{\frac{4 \times 0.035}{3.14 \times 0.8}} = 0.236\ (m) \approx 25\ (cm)$$

$$D = 3 \times 25 = 75\ (cm)$$

b. 横向扩散进水口（见图 8-4）

$$A = \frac{Q}{v}$$

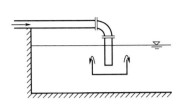

图 8-3 竖向圆管进水口

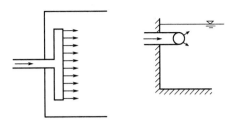

图 8-4 横向扩散进水口

$$n = \frac{4A}{f\pi d^2}$$

式中　A——扩散孔总面积，m^2；

　　　Q——设计进水量，m^3/s；

　　　v——扩散孔流速，m/s；

　　　n——每排孔数；

　　　d——扩散孔直径，m，一般取 $10\sim30mm$；

　　　f——扩散孔排数，一般宜取 $2\sim3$ 排。

　　稳定塘设计进水量为 $Q=3\,000m^3/d=0.035m^3/s$，设扩散孔流速 $v=0.7m/s$，扩散孔 2 排，扩散孔直径 $20mm$，则

$$A = Q/v = 0.035/0.7 = 0.05 \ (m^2)$$

$$n = \frac{4A}{f\pi d^2} = \frac{4\times0.05}{2\times3.14\times0.02^2} = 80 \ (个)$$

　　c. 多点进水口（见图 8-5）

$$n = \frac{B}{a}$$

式中　n——进水管数，根；

　　　B——塘宽，m。

　　　a——进水管间距，m。

$$d = \sqrt{\frac{4Q}{n\pi v}}$$

式中　d——进水管管径，m；

　　　v——进水管流速，m/s。

　　塘进水量 $Q=3\,000m^3/d=0.035m^3/s$；塘池宽 $B=102.5m$。

　　设进水管间距 $a=20m$，进水管流速 $v=0.5m/s$，则

$$n = \frac{B}{a} = \frac{102.5}{20} \approx 5 \ (根)$$

$$d = \sqrt{\frac{4Q}{n\pi v}} = \sqrt{\frac{4\times0.035}{5\times3.14\times0.5}} = 0.134 \ (m) \approx 15 \ (cm)$$

　　d. 花墙进水口（见图 8-6）

$$A = \frac{Q}{v}$$

式中　A——花墙孔眼总面积，m^2；

　　　v——孔眼流速，m/s，一般取 $0.1\sim0.3m/s$。

$$n = \frac{A}{A_1}$$

式中　n——孔眼数，个；

　　　A_1——每个孔眼面积，m^2。

　　设计污水量 $Q=0.035m^3/s$；设孔眼流速 $v=0.1m/s$，每孔眼面积 $A_1=0.1\times0.1=0.01 \ (m^2)$。

$$A = \frac{Q}{v} = \frac{0.035}{0.1} = 0.35 \ (m^2)$$

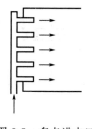 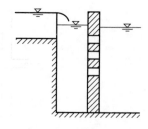 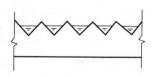

图 8-5 多点进水口   图 8-6 花墙进水口   图 8-7 三角堰出水口

$$n = A \div A_1 = 0.35 \div 0.01 = 35 \ (孔)$$

② 不同形式出水方式

a. 三角堰出水口（见图 8-7）

$$q = Kh^m$$

式中　q——每个三角堰（90°）过水量，m^3/s；

　　　h——过堰水深，m；

　K、m——常数，当 $h = 0.021 \sim 0.20m$ 时，$K = 1.4$，$m = 2.5$；当 $h = 0.301 \sim 0.350m$ 时，$K = 1.343$，$m = 2.47$；当 $h = 0.201 \sim 0.300m$ 时，q 为上述两种情况下的平均值。

设计污水流量 $Q = 0.035m^3/s$，选过堰水深 $h = 0.05m$，则

$$q = 1.4h^{2.5} = 1.4 \times 0.05^{2.5} = 0.000\,78 \ [m^3/(s \cdot 个)]$$

三角堰个数（n）为

$$n = Q/q = 0.035/0.000\,78 = 44.9 \approx 45 \ (个)$$

三角堰高采用 10cm，出水堰长 9m，每米堰长出水量 3.9L/s。

b. 多点出水口。多点出水口计算与多点进水口相同。

（二）稳定塘长宽比设计

研究表明，稳定塘长宽比的设计对塘内水流特性、处理效率、工程造价等有一定的影响。仅就水力特性而言，实验室测定矩形塘的长宽比在 3~4 左右最好。

实际设计中在新建矩形塘 3~4 的长宽比可供参考。对利用现有旧河道、滩地等改造成稳定塘，可不过多考虑长宽比。新建塘应尽量减少内壁总面积，当体积、深度相同的塘，长宽比不同时，其内壁面积也不同，可用下式计算。

$$A = \frac{V}{H} + 2\sqrt{\frac{VH}{L/B}} \, (L/B + 1)$$

式中　A——塘的内壁（含塘底）总面积，m^2；

　　　V——塘的容积，m^3；

　　　H——塘深，m；

　L/B——塘的长宽比。

（三）导流墙设计

稳定塘中导流墙的设计同样对塘内水力特性、处理效率有一定的影响。

试验研究表明，确定稳定塘中导流墙数目时，控制廊道中污水流动的雷诺数在 100 左右为宜。矩形塘导流墙长度一般为塘宽（或长）的 0.7~0.8 倍；非矩形塘导流墙长度可按下式确定。

$$L = X - ab$$

式中　L——导流墙长度，m；

　　　X——与导流墙平行的塘的宽（或长），m；

　　　b——廊道宽度，m；

　　　a——常数，取 1.5~3。

（四）稳定塘组合工作及处理效率

"七五"期间，我国国家重点科技攻关 59-02-13-03 课题组对稳定塘各种组合进行室内模型试验，计算出十几种串并联形式的处理效率（见表 8-4），可供设计人员参考。

表 8-4　稳定塘串并联与处理效率

系统名称	组合名称	组 合 图 式	处理效率/%
单塘系统	单塘	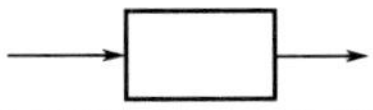	76.8
二塘系统	二塘串联	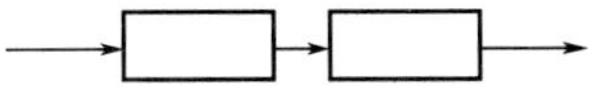	80.9
	二塘并联	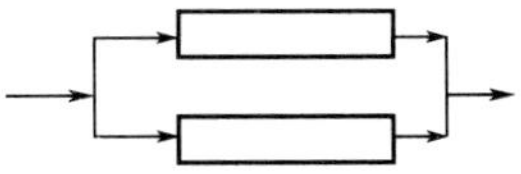	78.8
三塘系统	三塘串联	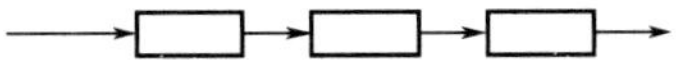	83.4
	三塘并联	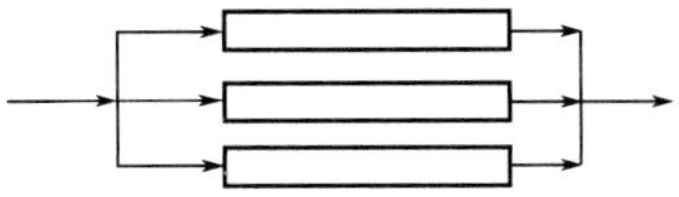	79.4
	二塘并联和单塘串联	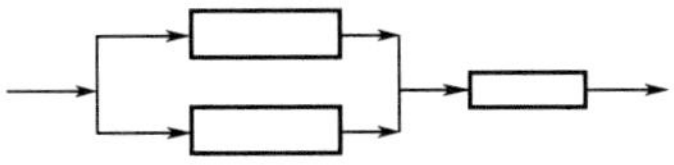	79.9
	单塘与二并联塘串联	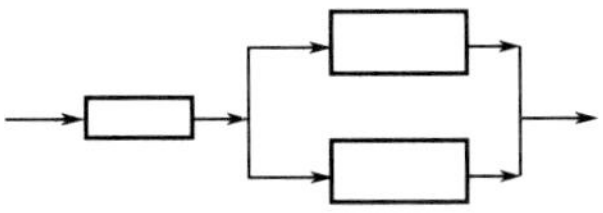	79.9
四塘系统	四塘串联	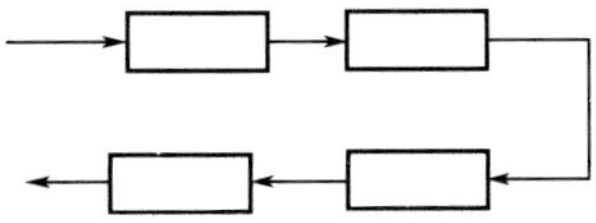	84.6
	四塘并联	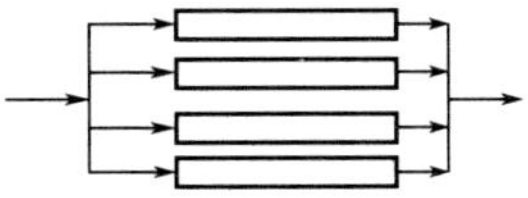	80.4
	二塘并联与第三、四塘串联	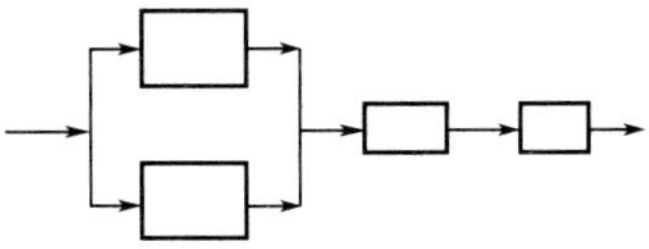	82.9
	第一、二塘串联与两并联塘串联	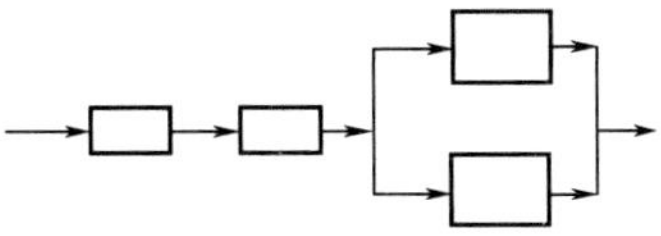	82.9
	两塘串联再并联	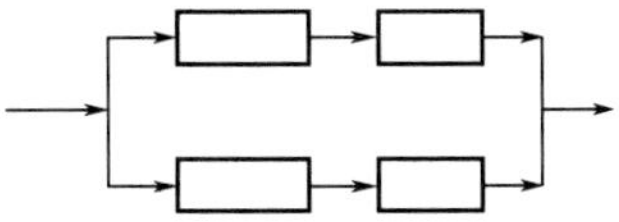	81.0

上述试验表明，稳定塘的串联和并联都会改善水力特性和处理效率，串并联级数愈多，效果愈好，但超过 4 个塘后，处理效率提高已很有限了。

第二节　土　地　处　理

一、土地处理的类型和参数

土地处理是由于表层土的过滤截留、土壤团粒结构的吸附贮存、微生物的氧化分解、植物吸收以及土壤胶粒的交换等作用而能够去除污水中各类污染物质。土地处理可分为慢速渗滤系统、快速渗滤系统、地表漫流系统和湿地处理系统。土地处理系统设计时应注意几个问题。

（1）进水水质有一定限制，对微生物、植物和土壤有危害的工业废水或含有毒有害物质的污水均不能进行土地处理。

（2）要进行详细的场地调查和选址，尽可能了解当地地质、气象、农业、水文、环境等资料，还要进行适当的现场勘测与试验。

（3）土地处理系统中所选用的植物有一定要求，对不同的处理方法要充分考虑植物的耐水性、不同温度和高湿条件的适应性以及对土壤渗滤的影响等。

（4）避免对环境产生较大的影响诸如对地下水的污染、对植物的危害以及重金属在土壤中积累。

（5）土地处理可能会滋生蚊蝇，飞沫也可能传播疾病，应注意采取必要的预防措施。

（一）适用条件

土地处理方法有多种，每种方法的适用条件见表 8-5。

表 8-5　污水土地处理系统的适用条件

条 件	慢速渗滤	快速渗滤	地表漫流	湿 地
预处理最低程度	一级处理	一级处理	格栅、筛滤	格栅、筛滤
气候条件	冬季污水需贮存	可全年运行	冬季降低负荷运行或贮存	可全年运行
适宜土壤	砂壤土、黏壤土	砂、砂质土、亚砂土	黏土、亚黏土	黏土、黏壤土、砂壤土
栽种植物	谷物、牧草、林木	无要求	牧草	芦苇等

（二）设计参数和处理效果

根据国内外土地处理的实践和研究，归纳总结出不同类型土地处理法的设计参数和处理效果，见表 8-6 与表 8-7。

表 8-6　污水土地处理设计参数

项　　目	慢速渗滤	快速渗滤	地表漫流	湿　地
配水方式	表面布水或高压喷淋	表面布水	表面布水或高低压喷淋	表面布水
年水力负荷/(m/a)	0.5~6	6~125	3~21	3~30
BOD_5 负荷 /[kg/($10^4 m^2 \cdot d$)] /[kg/($10^4 m^2 \cdot a$)]	50~500 $2×10^3$~$2×10^4$	150~1 000 $3.6×10^4$~$4.7×10^4$	40~120 $1.5×10^4$	18~140 $1.8×10^4$
土地面积/[$10^4 m^2$/(1 000$m^3 \cdot d$)]	6.1~74	0.8~6.1	1.7~11.1	1~27.5

表 8-7 污水土地处理效果（净化出水）

指　标	慢速渗滤		快速渗滤		地表漫流		湿　地	
	平均值	最高值	平均值	最高值	平均值	最高值	平均值	最高值
BOD_5/(mg/L)	<2	<5	5	<10	10	<15	10～20	<30
SS/(mg/L)	<1	<5	2	<5	10	<20	10	<20
TN/(mg/L)	3	<8	10	<20	5	<10	10	<20
NH_3-N/(mg/L)	<0.5	<2	0.5	<2	<4	<8	5～10	<15
TP/(mg/L)	<0.1	<0.3	1	<5	4	<6	4	<10
大肠菌群/(个/L)	0	$<1\times10^2$	1×10^2	$<2\times10^3$	2×10^3	2×10^4	4×10^5	$<4\times10^6$

二、慢速渗滤系统

（一）设计条件

适宜慢速渗滤处理的场地，土层厚度应大于 0.6m，地下水埋深应大于 1.2m，土壤渗透系数应在 0.15～1.5cm/h，地面坡度小于 30%。

（二）计算例题

【例 8-12】 慢速渗滤系统计算

1. 已知条件

污水量 $Q=6\,000\text{m}^3/\text{d}$；进水 BOD_5 $(S_0)=150\text{mg/L}$，SS 值 $(X_0)=180\text{mg/L}$，TN$(S_0')=50\text{mg/L}$；出水 BOD_5 $(S_e)\leqslant30\text{mg/L}$，SS$(X_e)\leqslant30\text{mg/L}$，TN$(S_e')\leqslant25\text{mg/L}$。

2. 设计计算

（1）考虑 BOD_5、SS 处理

① 污水日入渗速度 P_{wd}

$$P_{wd}=24K\lambda$$

式中　P_{wd}——污水日入渗速度，cm/d；

　　　　K——限制土层水传导率，cm/h；

　　　　λ——设计污水渗滤率相对清水传导率的系数，一般为 0.04～0.1。

本设计取 $\lambda=0.07$，土壤饱和水传导率为 0.6cm/h，则

$$P_{wd}=24\times0.6\times0.07=1.008\ （\text{cm/d}）$$

② 全年污水水力负荷 L_w。调研当地资料，取得逐月蒸发量 ET、逐月降水量 P_r 并编制表 8-8。

表 8-8　蒸发量、降水量一览

月　份	ET/(cm/月)	P_r/(cm/月)	ET－P_r/(cm/月)	月　份	ET/(cm/月)	P_r/(cm/月)	ET－P_r/(cm/月)
1	1.3	0.3	1.0	7	9.2	20.3	−11.1
2	5.1	0.4	4.7	8	9.0	23.0	−14.0
3	7.8	0.6	7.2	9	8.9	9.9	−1.0
4	13.3	2.5	10.8	10	5.1	2.6	2.5
5	16.2	2.8	13.4	11	2.9	1.5	1.4
6	15.2	8.0	7.2	12	1.3	0.4	0.9

污水水力负荷计算公式如下。

$$L_w=\text{ET}-P_r+P_{wm}$$

式中　L_w——投配污水水力负荷，cm/月；

　　　　ET——月蒸发量，cm/月；

　　　　P_r——月降水量，cm/月；

P_{wm}——月污水渗滤率，cm/月，$P_{wm}=P_{wd}d$；

　　d——运行天数，d。

　　依据当地气候和作物生长情况，逐月污水投配设计日数：12月、1月、2月全月不投配，3月15d不投配，11月12d不投配，7月、10月两次收割牧草时，各有6d不投配污水，再根据上述数据和公式计算，得出水力负荷见表8-9。

表8-9　水力负荷

月　份	运行天数/d	P_{wm}/(cm/月)	ET$-P_r$/(cm/月)	L_w/(cm/月)
1	—	—	1.0	—
2	—	—	4.7	—
3	16	16.1	7.2	23.3
4	30	30.2	10.8	41.0
5	31	31.2	13.4	44.6
6	30	30.2	7.2	37.4
7	25	25.2	−11.1	25.2
8	31	31.2	−14.0	31.2
9	30	30.2	−1.0	30.2
10	25	25.2	2.5	27.7
11	18	18.1	1.4	19.5
12	—	—	0.9	—
全年	236	237.6	23.0	280.1

　　③ 慢渗滤土地面积 A

$$A=\frac{365Q+\Delta V_S}{100L_w}$$

式中　A——慢滤田土地面积，hm^2；

　　　Q——污水量，m^3/d；

　　　L_w——设计水力负荷，cm/a；

　　　365——设计运行天数，d；

　　　ΔV_S——预处理系统中（含储存池）由于降水、蒸发、渗漏引起的水量变化量，m^3/d。

　　设 $\Delta V_S=0$，慢滤田土地面积

$$A=\frac{6\,000\times365}{280.1\times100}=78.2\,(hm^2)=1\,173\,（亩）$$

BOD$_5$ 去除率　　　$\eta_{BOD}=\dfrac{S_0-S_e}{S_0}\times100\%=\dfrac{150-30}{150}\times100\%=80\%$

SS 去除率　　　$\eta_{SS}=\dfrac{180-30}{180}\times100\%=83.3\%$

根据一般土地处理效率，满足上述 BOD$_5$、SS 去除要求。

　　（2）考虑氮处理

　　① 氮投配负荷 L_{wN}

$$L_{wN}=\frac{C_p(P_r-ET)+10U}{(1-f)C_n-C_p}$$

式中　L_{wN}——氮的水力负荷，cm/a；

　　　C_p——渗滤水中氮浓度，mg/L；

　　　U——植物对氮的利用量，$kg/(hm^2\cdot a)$，紫苜蓿为224～672$kg/(hm^2\cdot a)$，雀麦草为129～224kg/$(hm^2\cdot a)$，黑麦草为179～280kg/$(hm^2\cdot a)$，果园草246～347kg/$(hm^2\cdot a)$，高羊毛草146～325$kg/(hm^2\cdot a)$；

　　　f——氮损失系数（挥发、脱氮、土壤贮存），预处理为二级生化处理时，$f=0.15～0.25$，一级处理时$f>0.25$；

C_n——投配氮浓度，mg/L。

草皮紫苜蓿对氮的利用量选用 $U=335kg/(hm^2 \cdot a)$，氮损失系数选用 $f=0.3$，则

$$L_{WN}=\frac{25\times(-23.0)+10\times335}{(1-0.3)\times50-25}=\frac{2\,775}{10}=277.4\ (cm/a)$$

② 慢渗滤土地面积 A

$$A=\frac{6\,000\times365}{100\times277.5}=78.9\ (hm^2)=1\,183.4\ (亩)$$

若考虑 TN 的去除，应选取较大面积 1 183.4 亩土地，进行污水处理即可，满足要求。总氮去除率 η_{TN} 为

$$\eta_{TN}=\frac{50-25}{50}\times100\%=50\%$$

同样根据一般土地处理效率，可以满足 TN 去除要求。

（3）慢渗田负荷校核　日BOD$_5$ 面积负荷 N_A 为

$$N_A=QS_0/A=(6\,000\times0.15)/78.9=11.4\ [kg/(hm^2 \cdot d)]$$

年 BOD$_5$ 面积负荷 N_A' 为

$$N_A'=(365QS_0)/A=(365\times6\,000\times0.15)/78.9$$
$$=4.16\times10^3\ [kg/(hm^2 \cdot a)]$$

计算值基本在推荐范围内。

（4）储存塘水量计算　雨季、冬季和作物收割时不投配污水，应贮水，所以要修建储水塘。

① 污水量在处理田地面积上月理论分布水深 h_L

$$h_L=\frac{365Q}{12A}$$

式中　h_L——月理论分布水深，m/月；

$\quad\quad Q$——污水量，m^3/d；

$\quad\quad A$——处理田地面积，m^2。

$$h_L=\frac{365\times6\,000}{12\times789\,000}=0.231\ (m/月)=23.1\ (cm/月)$$

② 月余亏值（h_L-L_w）和累计余亏值（调节值）。根据每月 h_L-L_w 计算，得出表 8-10。

表 8-10　余亏值计算

月份	理论分布值 h_L /(cm/月)	污水负荷 L_w /(cm/月)	h_L-L_w /(cm/月)	调节值 /(cm/月)
10	23.1	27.7	−4.6	0
11	23.1	19.5	3.6	3.6
12	23.1	—	23.1	26.7
1	23.1	—	23.1	49.8
2	23.1	—	23.1	72.9
3	23.1	23.3	−0.2	72.7
4	23.1	41.0	−17.9	54.8
5	23.1	44.6	−21.5	33.3
6	23.1	37.4	−14.3	19
7	23.1	25.2	−2.1	16.9
8	23.1	31.2	−8.1	8.8
9	23.1	30.2	−7.1	1.7

③ 最大储存值。从表 8-10 看出需调节的最大值发生在 2 月，该值乘上处理田地面积再除以设计污水量，得到每年储存水量最大日数：

$$t = \frac{72.9 \times 10^{-2} \times 789\,000}{6\,000} = 96 \ (\text{d})$$

储存水塘有效容积 $\qquad V = Qt = 6\,000 \times 96 = 576\,000 \ (\text{m}^3)$

三、快速渗滤系统

（一）设计条件

适宜快速渗滤处理的场地，应具有土层厚度大于 1.5m，地下水埋深大于 2.5m，渗透性良好（≥0.5cm/h），地面坡度小于 15% 的条件。

（二）计算例题

【例 8-13】 快速渗滤系统计算

1. 已知条件

污水量 $Q = 11\,000\text{m}^3/\text{d}$；进水 $\text{BOD}_5(S_0) = 150\text{mg/L}$，$\text{SS}(X_0) = 150\text{mg/L}$，$\text{NH}_3\text{-N}(S_0) = 35\text{mg/L}$；出水 $\text{BOD}_5(S_e) \leqslant 30\text{mg/L}$，$\text{SS}(X_e) \leqslant 30\text{mg/L}$，$\text{NH}_3\text{-N}(S'_e) \leqslant 25\text{mg/L}$。

2. 设计计算

（1）快渗系统水力负荷

$$L = 0.24\alpha t K_V$$

式中　L——污水年水力负荷，m/a；

α——水力负荷速率测定方法修正系数，试验测定 $\alpha = 0.04 \sim 0.1$；

t——一年中设计运行天数，d；

K_V——垂直水力传导系数，cm/h。

设垂直水力传导系数 $K_V = 1.5\text{cm/h}$，修正系数 $\alpha = 0.08$，污水全年运行，则

$$L = 0.24 \times 0.08 \times 365 \times 1.5 = 10.5 \ (\text{m/a})$$

（2）快速渗滤地面积

$$A = \frac{1.9Q}{LP}$$

式中　A——渗地面积，$10^4\,\text{m}^2$；

Q——设计污水量，m^3/d；

L——设计年水力负荷，m/a；

P——每年运行周数，周/a。

$$A = \frac{1.9 \times 11\,000}{10.5 \times 52.14} = 38.2 \times 10^4 \ (\text{m}^2) = 573 \ (\text{亩})$$

（3）投配速率计算　考虑 $\text{NH}_3\text{-N}$ 去除，根据表 8-11 推荐的负荷周期选用淹水期 2d，干化期 7d，则负荷周期天数 $2+7=9$（d），年负荷周期数 $=365/9 = 40.6$。

表 8-11　推荐的负荷周期

负荷周期的目标	投配的污水	季　节	淹水时间/d	干化时间/d
最大渗滤速率	一级处理出水	夏季	1～2	5～7
		冬季	1～2	7～12
	二级处理出水	夏季	1～3	4～5
		冬季	1～3	5～10
最大氮去除量	一级处理出水	夏季	1～2	10～14
		冬季	1～2	12～16
	二级处理出水	夏季	7～9	10～15
		冬季	9～12	12～16
最大硝化作用	一级处理出水	夏季	1～2	5～7
		冬季	1～2	7～12
	二级处理出水	夏季	1～3	4～5
		冬季	1～3	5～10

投配周期平均水力负荷 $= 10.5/40.6 = 0.26$（m/周）

投配速率　　　　$R = 0.26/2 = 0.13$（m/d）

投配流量 $\qquad Q=1.16\times10^{-5}AR$

$$=1.16\times10^{-5}\times38.2\times10^4\times0.13=0.58\ (\text{m}^3/\text{s})$$

（4）快渗滤田池组数　污水连续投配所需渗滤池的最少数目见表8-12。

表8-12　污水连续投配所需渗滤池的最少数目

淹水期/d	干化期/d	最少的渗滤池(组)数	淹水期/d	干化期/d	最少的渗滤池(组)数
1	5～7	6～8	1	10～14	11～15
2	5～7	4～5	2	10～14	6～8
1	7～12	8～13	1	12～16	13～17
2	7～12	5～7	2	12～16	7～9
1	4～5	5～6	7	10～15	3～4
2	4～5	3～4	8	10～15	3
3	4～5	3	9	10～15	3
1	5～10	6～11	7	12～16	3～4
2	5～10	4～6	8	12～16	3
3	5～10	3～5	9	12～16	3

根据表8-12，本例快渗滤田池组数最少4组，又根据每组大型渗滤田不宜大于2～8hm²，选用6组，每组为38.2/6=6.37（hm²）。

（5）渗滤田堤高 H　渗滤田长期运行中，可能会发生堵塞积水，使干化期减少，影响处理效果，甚至外溢（此时需对表层土进行翻耕或清除）。

渗滤田最大水深可采用下式计算。

$$H_{\max}=(R-I)t$$

式中　$H_{\max}$——渗滤田最大污水深度，m；

$\qquad R$——污水投配速率，m/d；

$\qquad I$——污水极限渗滤速率，m/d；

$\qquad t$——淹水期时间，d。

本例为堤高设计安全计，设极限滤速 $I=0$（即堵塞时），则

$$H_{\max}=(0.13-0)\times2=0.26\ (\text{m})$$

选取超高0.3m，则堤高

$$H=0.3+0.26=0.56\ (\text{m})$$

（6）渗滤田负荷及去除率

BOD₅面积负荷 $\qquad N_A=\dfrac{QS_0}{A\times\dfrac{2}{9}}=\dfrac{11\,000\times0.15}{38.2\times0.22}=196.3\ [\text{kg}/(10^4\ \text{m}^2\cdot\text{d})]$

计算值在推荐范围内。

BOD₅去除率 $\qquad\qquad \eta_{\text{BOD}}=\dfrac{150-30}{150}\times100\%=80\%$

SS去除率 $\qquad\qquad\quad \eta_{\text{SS}}=\dfrac{150-30}{150}\times100\%=80\%$

NH₃-N去除率 $\qquad\qquad \eta_N=\dfrac{35-25}{35}\times100\%=28.6\%$

四、地表漫流系统

（一）适宜条件和设计参数

适宜地表漫流处理的场地，土层厚度应大于0.3m，土壤渗透系数小于等于0.5cm/h，地面坡度小于15%（一般常用2%～8%）。地表漫流系统设计参数见表8-13。

表 8-13　地表漫流系数设计参数

预处理方式	水力负荷 /(cm/d)	投配速率 /[m³/(m·h)]	投配时间 /(h/d)	投配频率 /(d/周)	斜面长度 /m
格栅	0.9～3.0	0.07～0.12	8～12	5～7	36～45
初次沉淀	0.4～4.0	0.08～0.12	8～12	5～7	30～36
稳定塘	1.3～3.3	0.03～0.10	8～12	5～7	45
二级生化	2.8～6.7	0.10～0.20	8～12	5～7	30～36

(二) 计算例题

【例 8-14】 地表漫流系统计算

1. 已知条件

污水量 $Q = 3\,000\,\text{m}^3/\text{d}$；进水 $\text{BOD}_5(S_0) = 180\,\text{mg/L}$，$\text{SS}(X_0) = 150\,\text{mg/L}$；出水 $\text{BOD}_5(S_e) \leqslant 30\,\text{mg/L}$，$\text{SS}(X_e) \leqslant 30\,\text{mg/L}$。

2. 设计计算

(1) 解法一　采用经验数据法，即用表 8-13 选择设计参数。

该城镇污水排入漫流田地前经过格栅，沉砂预处理，则参数选用：投配速率 $q = 0.1\,\text{m}^3/(\text{m}\cdot\text{h})$；坡面长度 $Z = 36\,\text{m}$；投配时间 $t = 10\,\text{h/d}$。

处理田面积 $A = \dfrac{QZ}{qt} = \dfrac{3\,000 \times 36}{0.1 \times 10} = 108\,000\ (\text{m}^2) = 10.8\ (\text{hm}^2) = 162\ (\text{亩})$

(2) 解法二　采用公式法计算。

① 以去除 BOD_5 计算

a. 坡长 Z

$$\frac{S_Z - S}{S_0} = F\exp(-KZ)$$

式中　S_Z——坡面距离 Z 处径流水 BOD_5 或 SS 浓度，mg/L；

S——径流水可达到的最低 BOD_5 或 SS 浓度，mg/L；

S_0——进水中 BOD_5 或 SS 浓度，mg/L；

F——经验速度常数，当污水预处理为格栅、筛滤时，$F = 0.64 \times (q + 0.72)$，当污水预处理为一级或二级处理时，$F = 2.13 \times (q + 0.143)$；

K——总速度常数，当预处理为格栅、筛滤时，$K = 0.147 \times (0.8 - q)$；当预处理为一、二级处理时，$K = 0.052\,5 \times (1.73 - q)$；

Z——计算坡面长度，m；

q——污水投配率，$\text{m}^3/(\text{h}\cdot\text{m})$，一般采用 $q = 0.09 \sim 0.36\,\text{m}^3/(\text{h}\cdot\text{m})$。

本例以 BOD_5 计算中，选用 $q = 0.1\,\text{m}^3/(\text{h}\cdot\text{m})$，预处理为格栅，应用公式求经验速度常数 F 和总速度常数 K。

$$F = 0.64 \times (q + 0.72) = 0.64 \times (0.1 + 0.72) = 0.525$$
$$K = 0.147 \times (0.8 - q) = 0.147 \times (0.8 - 0.1) = 0.103$$

依题意要求 Z 处 BOD_5 应不小于 30mg/L，径流水可达到最低 BOD_5 为 20mg/L，则

$$\frac{S_Z - S}{S_0} = \frac{30 - 20}{180} = 0.056$$

坡面长度

$$Z = \frac{\ln\left(\dfrac{S_Z - S}{S_0} \Big/ F\right)}{-K} = \frac{\ln\left(\dfrac{0.056}{0.525}\right)}{-0.103} = 21.7\ (\text{m})$$

b. 漫流田面积 A。投配时间选用 $t = 10\,\text{h/d}$，则

$$A = \frac{QZ}{qt} = \frac{3\,000 \times 21.7}{0.1 \times 10} = 65\,100\ (\text{m}^2) = 6.51\ (\text{hm}^2) = 97.6\ (\text{亩})$$

② 以去除 SS 计算

a. 计算坡长 Z

$$\frac{X_z - X}{X_0} = F\exp(-KZ)$$

式中各意义与去除 BOD_5 计算公式相同，但：当进水污水预处理为格栅、筛滤时 $F=0.44$，当预处理为一、二级处理时，$F=0.94$。

$$K = k/q^n$$

式中　k——经验反应常数，当污水预处理为格栅、筛滤时，$k=0.0375$，当预处理为一、二级处理时，$k=0.031$；

　　　n——经验常数，一般取 0.5。

代入数据得

$$\frac{X_z - X}{X_0} = \frac{30-20}{150} = 0.067$$

$$K = \frac{k}{q^n} = \frac{0.0375}{(0.1)^{0.5}} = 0.119$$

坡面长度

$$Z = \frac{\ln\left(\frac{X_z - X}{X_0}/F\right)}{-K} = \frac{\ln\left(\frac{0.067}{0.44}\right)}{-0.119} = 15.8 \text{ (m)}$$

b. 计算漫流田面积 A

$$A = \frac{QZ}{qt} = \frac{3\,000 \times 15.8}{0.1 \times 10} = 47\,400 \text{ (m}^2\text{)} = 4.74 \text{ (hm}^2\text{)} = 71.1 \text{ (亩)}$$

（3）校核负荷

① 解法一

水力负荷　　　　$N_q = 365Q/A = (365 \times 3\,000)/108\,000 = 10.1 \text{ (m/a)}$

BOD 负荷　　　　$N_A = QS_0/A = (3\,000 \times 0.18)/10.8 = 50 \text{ [kg/(10}^4\text{m}^2 \cdot \text{d)]}$

② 解法二

水力负荷　　　　$N_q = 365Q/A = (365 \times 3\,000)/65\,100 = 16.8 \text{ (m/a)}$

BOD_5 负荷　　　$N_A = QS_0/A = (3\,000 \times 0.18)/6.51 = 82.9 \text{ [kg/(10}^4\text{m}^2 \cdot \text{d)]}$

计算所得负荷值基本在推荐范围内。

同时去除 BOD_5、SS 应选用较大的面积，一般地表漫流系统能满足本例设计要求。

上述两种解法结果有一定出入。表 8-13 给出的设计参数是经过大量工程实践总结出来的，设计人员应根据实际情况酌情采用，一般坡面长度不宜小于 30m。

五、湿地处理系统

（一）设计条件

适宜湿地处理的场地，其土层厚度大于 0.3m，土壤渗透系数小于等于 0.5cm/h（一般在 0.0285～0.35cm/h 为宜），地面坡度小于 2%，地下水位不限。

（二）计算例题

【例 8-15】　地表流湿地处理计算

1. 已知条件

污水量 $Q=12\,000\text{m}^3/\text{d}$；进水 BOD_5(S_0)$=150\text{mg/L}$，SS(X_0)$=100\text{mg/L}$；出水 BOD_5(S_e)$\leqslant 30\text{mg/L}$，SS(X_e)$\leqslant 30\text{mg/L}$；夏季污水水温 26℃，冬季水温 10℃；污水中不可沉淀的 BOD_5 比例 $a=50\%$。

2. 设计计算

（1）水力停留时间 t

$$t = \frac{\ln S_0 - \ln S_e + \ln a}{0.7K_T(A_v)^{1.75}n}$$

式中　t——水力停留时间，d；

　　　S_0——进水 BOD_5 浓度，mg/L；

　　　S_e——出水 BOD_5 浓度，mg/L；

　　　a——湿地前部污水中 BOD_5 不可沉淀去除的份额；

　　　K_T——水温 T（℃）时的反应速率常数，d^{-1}，$K_T = K_{20} \times 1.1^{T-20}$；

A_V——活性生物的比表面积，m^2/m^3；

　　n——系统孔隙率。

设活性生物比表面积 $A_V=17.8m^2/m^3$，系统孔隙率 $n=0.70$，水温 20℃时湿地生化反应速率常数 $K_{20}=0.005\,8d^{-1}$。

① 当水温为 26℃时

$$K_{26}=K_{20}\times1.1^{26-20}=0.005\,8\times1.1^6=0.01\ (d^{-1})$$

$$t_S=\frac{\ln S_0-\ln S_e+\ln a}{0.7K_T(A_V)^{1.75}n}=\frac{\ln150-\ln30+\ln0.5}{0.7\times0.01\times17.8^{1.75}\times0.7}=1.21\ (d)$$

② 当水温为 10℃时

$$K_{10}=K_{20}\times1.1^{-10}=0.005\,8\times1.1^{-10}=0.002\,2\ (d^{-1})$$

$$t_w=\frac{\ln150-\ln30+\ln0.5}{0.7\times0.002\,2\times17.8^{1.75}\times0.7}=5.5\ (d)$$

（2）湿地面积 A

$$A=\frac{Qt}{H}$$

式中　A——湿地处理田面积，m^2；

　　　Q——污水设计流量，m^3/d；

　　　t——水力停留时间，d；

　　　H——湿地水深，m。

本例设计湿地水深夏季 $H_S=20cm$，冬季 $H_w=35cm$，则

夏季　　　　$A_S=\dfrac{Qt_S}{H_S}=\dfrac{12\,000\times1.21}{0.20}=72\,600\ (m^2)=108.9\ (亩)$

冬季　　　　$A_w=\dfrac{Qt_w}{H_w}=\dfrac{12\,000\times5.5}{0.35}=188\,571\ (m^2)=282.8\ (亩)$

湿地面积选用最不利的冬季 282.8 亩。

（3）校核负荷及去除率

① 水力负荷

$$N_q=365Q/A=(365\times12\,000)/188\,571=23.2\ (m/a)$$

② BOD_5 负荷

$$N_A=S_0Q/A=(0.15\times12\,000)/18.86=95.4\ [kgBOD_5/(10^4\,m^2\cdot d)]$$

所得负荷值在推荐范围内。

③ 去除率

BOD_5 去除率　　　　　　　$\eta_{BOD}=\dfrac{150-30}{150}\times100\%=80\%$

SS 去除率　　　　　　　　　$\eta_{SS}=\dfrac{100-30}{100}\times100\%=70\%$

【例 8-16】 按水力负荷对潜流湿地处理计算

1. 已知条件

某污水处理厂污水量 $Q=3000m^3/d$，原排出水达到《城镇污水处理厂污染物排放标准》（GB 18918—2002）二级标准，现增加湿地处理达到 GB 18918—2002 一级 A 标准。

2. 设计计算

（1）湿地面积　依据人工湿地资料，设潜流湿地水力负荷 $q=0.06m^3/(m^2\cdot d)$，水力停留时间 $T=4d$，碎石填料孔隙率 $n=0.5$。

湿地面积　　　　　$A=Q/q=3000/0.06=50\,000\ (m^2)$

（2）潜流湿地填料容积和高度

填料容积　　　　　$V=Qt/n=3000\times4/0.5=24\,000\ (m^3)$

填料高度　　　　　$h=V/A=24\,000/50\,000=0.48\ (m)$

（3）湿地面积校核

① 以 BOD_5 去除校核湿地面积。湿地面积 A 的计算公式为

$$A = \frac{Q(\ln S_0 - \ln S_e)}{K_T H n}$$

式中　A——湿地面积，m^2；

　　　Q——处理污水量，m^3/d；

　　S_0——湿地进水 BOD_5 浓度，mg/L；

　　S_e——湿地出水 BOD_5 浓度，mg/L；

　　K_T——设计水温条件下的反应速率常数，d^{-1}，$K_T = K_{20} \times 37.31 \times n^{4.172} \times 1.1^{T-20}$；

　　K_{20}——水温 20℃时的反应速率，与填料有关，d^{-1}；

　　　T——设计水温，℃；

　　　H——湿地水深，m；

　　　n——填料床孔隙率。

当填料为中砂介质，最大粒径 1mm 占 10%时，$K_{20} = 1.84d^{-1}$；当填料为粗砂介质，最大粒径为 2mm 占 10%时，$K_{20} = 1.35d^{-1}$；当填料为砾砂介质，最大粒径 8mm 占 10%时，$K_{20} = 0.86d^{-1}$。

本例设计填料为砾石粗颗粒，反应速率选取 $K_{20} = 0.86d^{-1}$，$n = 0.5$，设最不利时冬季水温 $T = 10$℃。

$$K_{10} = K_{20} \times 37.31 \times 0.5^{4.172} \times 1.1^{10-20} = 0.86 \times 37.31 \times 0.0555 \times 0.3855 = 0.6865 (d^{-1})$$

湿地面积　　　　　　$A = \frac{3000 \times (\ln 30 - \ln 10)}{0.6865 \times 0.48 \times 0.5} = 20000$（$m^2$）

② 以 TN 去除校核湿地面积。湿地面积 A 的计算公式为

$$A = \frac{Q \ln\left(\frac{S_{0TN}'' - S_{TN}^*}{S_{eTN}'' - S_{TN}^*}\right)}{K_{TTN}}$$

式中　A——湿地面积，m^2；

　　　Q——年处理污水量，m^3/年；

　S_{0TN}''——湿地进水 TN 浓度，mg/L；

　S_{eTN}''——湿地出水 TN 浓度，mg/L；

　S_{TN}^*——公式模型总氮背景值，一般推荐为 $1.5mg/L$；

　K_{TTN}——水温 T（℃）时总氮速率常数，m/a，$K_{TTN} = K_{20TN} \times 1.05^{T-20}$；

　K_{20TN}——水温 20℃时总氮速率，m/a，一般潜流湿地 $K_{20TN} = 27m/a$。

$$K_{10TN} = K_{20TN} \times 1.05^{10-20} = 27 \times 1.05^{-10} = 16.58 (m/a)$$

湿地面积　　　　　　$A = \frac{365 \times 3000 \times \ln\left(\frac{30-1.5}{15-1.5}\right)}{16.58} = 49348.6$（$m^2$）

③ 以经验估算公式校核湿地面积。湿地面积 A 的计算公式为

$$A = \frac{0.0365Q}{qt}$$

式中　A——湿地面积，hm^2；

　　　Q——处理污水量，m^3/d；

　　　q——湿地水力负荷，m/周；

　　　t——运行时间（全年运行周数），周/a。

设全年运行 52 周，每周 7d，本例 $q = 0.06m/d = 0.42m$/周，则湿地面积

$$A = \frac{0.0365Q}{qt} = \frac{0.0365 \times 3000}{0.42 \times 52} = 5.01 \text{（hm}^2\text{）} = 50100 \text{（m}^2\text{）}$$

经多种方法校核，设计计算湿地面积满足要求。

④ 湿地布置。湿地长宽比 4:1，即 $4B^2 = 50000$（m^2），则 $B \approx 112$（m），$L = 448$（m）。

该湿地宽分 8 格，长分 3 格，则每单元（格）宽 $B = 14m$，长 $L = 149.3m$。

六、土地处理进出水设计

（一）土地处理进水设计

土地处理进水布水系统可采用地面布水系统和喷洒系统。

1. 地面布水

地面布水系统又可采用垄沟布水和坡畦布水。

(1) 垄沟布水　垄沟的沟渠污水流量是以输入系统设计为依据。当水沟坡度大于 0.3% 时，最大不冲出流量由下式估算。

$$Q_e = \frac{C}{G}$$

式中　Q_e——最大的单位出流量，L/s；

　　　C——常数，0.6；

　　　G——坡度，%。

出水沟坡度小于 0.3% 时，最大允许出流量由沟渠的过水能力控制，由下式估算。

$$Q_c = CA_h$$

式中　Q_c——水沟过水能力，L/s；

　　　C——常数，50；

　　　A_h——水沟横断面积，m^2。

关于沟渠坡度，直沟坡度不大于 2%；在坡度 2%～10% 时，宜采用异型沟。

沟渠间距：砂土 30～61cm，壤土 61～122cm，黏土 91cm。

水沟长度可参见表 8-14。

表 8-14　不同土壤、坡度和投配水深下推荐的最大开沟长度/m

沟的坡度/%	黏 土				壤 土				砂 土			
	平均的投配水深/cm											
	7.5	15	22.5	30	5	10	15	20	5	7.5	10	12.5
0.05	300	400	400	400	120	270	400	400	60	90	150	190
0.1	340	440	470	500	180	340	440	470	90	120	190	220
0.2	370	470	530	620	220	370	470	530	120	190	250	300
0.3	400	500	620	800	280	400	500	600	150	220	280	400
0.5	400	500	560	750	280	370	470	530	120	190	250	300
1.0	280	400	500	600	250	300	370	470	90	150	220	250
1.5	250	340	430	500	220	280	340	400	80	120	190	220
2.0	220	270	340	400	180	250	300	340	60	90	150	190

(2) 坡畦布水　在坡度小于 7% 的场地上，可采取坡畦布水，对坡度 7%～20% 的地方应采用台阶型坡畦（梯田式）布水。坡畦布水设计参数，可参见表 8-15 和表 8-16。

表 8-15　深层扎根作物坡畦布水的设计参数

土壤类型和渗透率	坡度/%	每米畦块宽度的单宽流量/(L/s)	投配水的平均深度/cm	畦块/m	
				宽 度	长 度
砂土，≥2.5cm/h	0.2～0.4	10～15	7～10	12～30	60～90
	0.4～0.6	8～10	7～10	9～12	60～90
	0.6～1.0	5～8	7～10	6～9	75
粉砂土，1.8～2.5cm/h	0.2～0.4	7～10	10～13	12～30	75～150
	0.4～0.6	5～8	10～13	8～12	75～150
	0.6～1.0	3～6	10～13	8	75
砂壤，1.2～1.8cm/h	0.2～0.4	5～7	10～15	12～30	90～250
	0.4～0.6	4～6	10～15	6～12	90～180
	0.6～1.0	2～4	10～15	6	90
黏壤，0.6～0.8cm/h	0.2～0.4	3～4	15～18	12～30	180～300
	0.4～0.6	2～3	15～18	6～12	90～180
	0.6～1.0	1～2	15～18	6	90
黏土，0.3～0.6cm/h	0.2～0.3	2～4	15～20	12～30	350

表 8-16　浅层扎根作物坡畦布水的设计参数

土壤剖面	坡度/%	每米畦块宽度的单宽流量/(L/s)	投配水的平均深度/cm	畦块/m 宽 度	畦块/m 长 度
黏壤,60cm 深,下仍为可渗透土层	0.15～0.6 0.6～1.5 1.5～4.0	6～8 4～6 2～4	5～10 5～10 5～10	5～18 5～6 5～6	90～180 90～180 90
黏土,60cm 深,下仍为可渗透土层	0.15～0.6 0.6～1.5 1.5～4.0	3～4 2～3 1～2	10～15 10～15 10～15	5～18 5～6 5～6	180～300 180～300 180
壤土,15～45cm 深,在不透水层之上	1.0～4.0	1～4	3～8	5～6	90～300

（3）穿孔管布水　在地表漫流系统中，也可采用穿孔管布水，管材可用塑料管、钢管、铝管等。管上开圆孔或狭缝，孔距 0.3～1.2m，布水管长度一般不大于 90m，一般在低压下运行。

2. 喷洒布水系统

喷洒布水系统按压力可分为高压喷洒和低压喷洒。按喷洒装置安装可分为固定装置型、活动站型和连续移动型。各类喷洒布水系统的特性见表 8-17。喷洒布置方式可参考图 8-8 和图 8-9。

表 8-17　喷洒布水系统的特性

类　型	典型投配速率/(cm/h)	喷嘴的压力范围/(N/cm²)	单个系统的规模/hm²	灌溉田的形状	最大坡度/%	作物的最大高度/m
固定装置型						
永久性	0.13～5.08	21～69	不受限制	任意形状	—	—
轻便性	0.13～5.08	21～41	不受限制	任意形状	—	—
活动站型						
手移动式	0.03～5.08	21～41	<1～16	任意形状	20	—
沿端头移动式	0.03～5.08	21～41	8～16	矩形	5～10	—
沿侧面移动式	0.25～5.08	21～41	8～32	矩形	5～10	1～1.2
固定喷枪	0.64～5.08	35～69	8～16	任意形状	20	—
连续移动型						
移动式喷枪	0.64～2.54	35～69	16～41	任意形状	—	—
中心旋转枢轴	0.51～2.54	10～41	16～65	圆形	5～15	2.4～3
直线移动式	0.51～2.54	10～41	16～130	矩形	5～15	2.4～3

(a)　　　　　　　　(b)　　　　　　　　(c)

图 8-8　低压布水设置方式

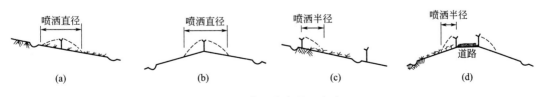

(a)　　　　　　(b)　　　　　　(c)　　　　　　(d)

图 8-9　高压布水设置方式

（二）土地处理出水设计

土地处理出水（排水系统）可采用地下排水、垂直井排水和地面排水系统。

1. 地下排水

地下排水一般采用排水穿孔管收集出水。管道埋深约为 $1\sim3m$，排水管直径 $10\sim20cm$。排水管间距：亚黏土 $15\sim30m$；砂性土 $60\sim300m$，一般采用 120m。

对快速渗滤场系统，排水管间距（见图 8-10）可采用下式计算。

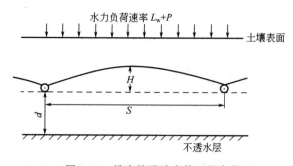

图 8-10　排水管设计中使用的参数

$$S=\sqrt{\dfrac{4KH}{L_w+P}\times(2d+H)}$$

式中　S——排水管间距，m；

　　　K——土壤的横向水力传导系数，m/d；

　　　H——地下水丘超出排水管高度，m；

　　　L_w——年平均日的污水负荷，m/d；

　　　P——平均年降水量，以日的降水量表示，m/d；

　　　d——排水管到下面隔水层的距离，m。

通常快滤场排水管间距为 15m，埋深 $2.5\sim5.0m$。

2. 地面排水

地面排水系统，采用地面沟渠，支沟一般用 V 形断面，主沟用梯形断面，沟渠要容纳一定的暴雨径流量。

对地表漫流系统径流水量可用下式计算。

$$R=P_r-ET-P_w+L_w$$

式中　R——径流水量；

　　　P_r——降水量；

　　　ET——蒸散量；

　　　P_w——渗滤水量；

　　　L_w——污水负荷。

3. 慢速渗滤尾水回收

慢速渗滤系统所产生的尾水往往不能达标，所以必须进行回收并送至系统前端再行处理，其设计有关参数可参见表 8-18。

表 8-18　尾水回流系统的推荐设计参数

渗 透 率		土壤类型	尾水的最大持续时间（占投配时间的百分数）/%	估算的尾水水体积（占投配体积的百分数）/%	建议的最大设计尾水体积（占投配体积的百分数）/%
分级	速率/(cm/h)				
非常慢到慢	$0.15\sim0.50$	黏土到黏壤土	33	15	30
慢到中等慢	$0.50\sim1.50$	黏壤土到粉砂壤土	33	25	50
中等慢到中等快	$1.50\sim15.0$	粉砂壤土到砂壤土	75	35	70

4. 快速渗滤系统地下水丘的影响

在渗滤场地污水投配期间（淹水期），由于渗滤水不断地向下移动，到达地下水或迁隔水层时，场地下面有可能产生一个暂时性地下水丘。随着投配污水的增加，水丘还会不断升高扩大，过高的水丘会阻碍渗滤功能和影响处理效果。因此，在地下水位上升到渗滤场地下面 $1 \sim 2m$ 之内时，快速渗滤系统需增设排水设施（排水管间距减小）。

【例 8-17】按污染物负荷计算潜流人工湿地

1. 已知条件

某城镇拟采用水平潜流人工湿地作为其污水处理厂排放水的后续处理设施，设计处理水量 $Q = 5\,000m^3/d$。人工湿地设计进水水质为：$COD_{Cr} = 90mg/L$，$BOD_5 = 30mg/L$，$NH_3\text{-}N = 10mg/L$，$TN = 40mg/L$，$TP = 3.5mg/L$，$TSS = 40mg/L$，水温夏季 $T = 25℃$，冬季 $T = 10℃$。人工湿地出水水质为：$COD_{Cr} \leqslant 50mg/L$，$BOD_5 \leqslant 10mg/L$，$NH_3\text{-}N \leqslant 5$（8）$mg/L$，$TN \leqslant 15mg/L$，$TP \leqslant 0.5mg/L$，$TSS \leqslant 10mg/L$。按照《人工湿地污水处理工程技术规范》（HJ 2005—2010），计算水平潜流人工湿地系统。

2. 设计计算

（1）人工湿地面积

$$A = \frac{Q(S_0 - S_e)}{1\,000q_{os}}$$

式中　A——人工湿地面积，m^2；

　　Q——人工湿地设计流量，m^3/d，本例为 $5\,000m^3/d$；

　　S_0——进水 BOD_5 浓度，mg/L，本例为 $30mg/L$；

　　S_e——出水 BOD_5 浓度，mg/L，本例为 $10mg/L$；

　　q_{os}——人工湿地 BOD_5 去除负荷，$kgBOD_5/(hm^2 \cdot d)$，根据 HJ 2005—2010 中表 3，取 $90kgBOD_5/(hm^2 \cdot d)$；

$$A = \frac{Q(S_0 - S_e)}{1\,000q} = \frac{5\,000 \times (30 - 10)}{1\,000 \times 90} = 1.111(hm^2) = 11\,110(m^2)$$

人工湿地面积 A 取 $11\,200m^2$。

（2）湿地填料容积及水力停留时间　根据 HJ 2005—2010，湿地设计水深 h 取 $1.5m$，填料体积 V 为

$$V = Ah = 11\,200 \times 1.5 = 16\,800\,(m^3)$$

基质层初始孔隙率 ε 取 38%，水力停留时间 T 为

$$T = \frac{V\varepsilon}{Q} = \frac{16\,800 \times 0.38}{5\,000} = 1.28\,(d)$$

水力停留时间满足 HJ 2005—2010 表 3 中 $1 \sim 3d$ 的要求。

（3）水力负荷校核　水力负荷 q_{hs} 为

$$q_{hs} = Q \div A = 5\,000 \div 11\,200 = 0.45[m^3/(m^2 \cdot d)]$$

水力负荷满足 HJ 2005—2010 表 3 中小于 $0.5m^3/(m^2 \cdot d)$ 的要求。

（4）湿地布置　根据 HJ 2005—2010，该湿地分为 16 格，每格面积为 $700\,m^2$，则每单元（格）宽 $B = 20m$，长 $L = 35m$。

（5）配水系统设计　进入湿地的平均日污水流量为 $5\,000m^3/d$，平均时流量为 $208.3m^3/h$，总变化系数为 1.74，则最高日最高时设计流量为 $362.4m^3/h$。本次设计采用穿孔管配水。

单格人工湿地最大时设计流量

$$Q_单 = Q_{max} \div n = 362.4 \div 16 = 22.65\,(m^3/h) = 6.29\,(L/s)$$

孔口淹没出流公式　　　　　　　　　　　$$Q_c = A\varepsilon v_c$$

式中 Q_c——孔口流量，m^3/s；

A——孔口面积，m^2；

ε——收缩系数，一般取 0.62；

v_c——孔口流速，m/s，此次设计取 1.5 m/s。

所需孔口总面积 A 为

$$A = \frac{Q_c}{\varepsilon v_c} = \frac{0.00\,629}{0.62 \times 1.5} = 0.00\,676(m^2)$$

孔径取 10mm，开孔个数 n 为

$$n = \frac{4A_{孔}}{\pi d^2} = \frac{4 \times 0.00\,676}{3.14 \times 0.01^2} = 86\ (个)$$

孔口流速

$$v_c = \varphi \sqrt{2gh_0}$$

式中 h_0——配水所需水头，m；

φ——流速系数，取 0.98。

配水所需水头

$$h_0 = \frac{v_c^2}{2g\varphi^2} = \frac{1.5^2}{2 \times 9.8 \times 0.98^2} = 0.12(m)$$

单格人工湿地宽 20m，配水管选用 U-PVC 管，开孔距离取 0.22m，管穿孔位置均为斜向下 45°，配水管长 = （86+1）×0.22=19.14≈19.2（m）。

穿孔集水管设置在人工湿地基床表面以下 0.4m，距进水端 0.3m 处，周边铺设粒径较大的基质。

（6）集水系统设计 集水管设计计算同配水管计算，孔口流速为 0.67m/s，出水所需水头为 0.02m。为防止集水孔堵塞，集水管孔口直径取 15mm，集水管直径取 De100mm，开孔距离取 0.22m，开孔个数 86 个，管穿孔位置均为斜向下 45°，集水管长 19.2m。

穿孔集水管设置在人工湿地床底部以上 0.5m，距出水端 0.3m 处，周边铺设粒径较大的基质，并设置旋转弯头和控制阀门以调节床内的水位。

（7）清淤倒膜装置 倒膜管的作用是将人工湿地中填料脱落的生物膜排出，防止人工湿地堵塞。

在人工湿地出水端底部设置清淤装置，倒膜管长取 19.2m，直径 DN250mm，开孔间距 0.4m，孔口直径取 20mm，开孔个数 48 个，管穿孔位置均为斜向下 45°，并在倒膜管出口设置阀门，定期对人工湿地进行清淤导膜。

穿孔倒膜管设置在人工湿地基床底部以上 0.25m，距出水端 1.0m 处。

人工湿地的布置图分别见图 8-11 和图 8-12。

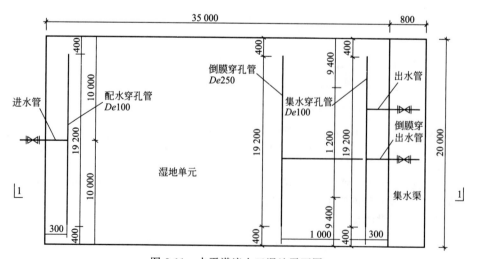

图 8-11 水平潜流人工湿地平面图

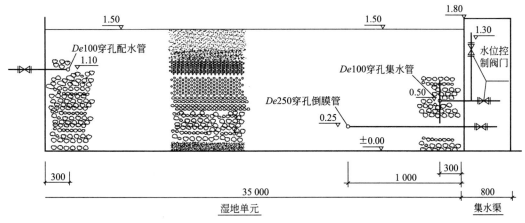

图 8-12　1—1 剖面图

第九章

二次沉淀池

沉淀是污水中的悬浮物质在重力的作用下，与水分离的过程。这种工艺简单易行，分离效果好，在各类污水处理系统中往往是不可缺少的一种工序。本章主要讨论二次沉淀池（二沉池）区别于初次沉淀池（初沉池）的特点和设计计算方法。

通常把生物处理后的沉淀池称为二沉池或最终沉淀池（终沉池）。二沉池的作用是泥水分离，使混合液澄清、污泥浓缩并将分离的污泥回流到生物处理段。其工作效果直接影响回流污泥的浓度和活性污泥处理系统的出水水质。

第一节　二次沉淀池的特点和设计要点

一、二次沉淀池与初次沉淀池的区别

二沉池与初沉池的主要区别在于处理对象和所起的作用不同。二沉池的处理对象是活性污泥混合液，它具有浓度高（2 000～4 000mg/L）、有絮凝性、质轻、沉速较慢等特点。沉淀时泥水之间有清晰的界面，属于成层沉淀。

二沉池除了进行泥水分离外，还起着污泥浓缩的作用。在二沉池中同时进行两种沉淀，即层状沉淀和压缩沉淀。层状沉淀满足澄清的要求，压缩沉淀完成污泥浓缩的功能。所以与初沉池相比所需要的面积大于进行泥水分离所需的池面积。设计时采用表面负荷率计算二沉池的面积，用固体通量进行校核。

由于二沉池的上述特点，设计二沉池时，污泥的沉降速度、最大容许的水平流速、出水堰负荷等参数小于初沉池。初沉池与二沉池的区别见表 9-1。

表 9-1　初沉池与二沉池的区别

区　别	初 沉 池	二 沉 池
处理对象	原污水中的悬浮物	活性污泥絮体
沉淀类型	主要为自由沉淀	主要为成层沉淀
表面负荷/[m³/(m²·h)]	1.5～4.5	0.5～1.5(1.0～2.0)
污泥区容积	≤2d 污泥量	≤2h(4h)污泥量
出水堰负荷/[L/(s·m)]	≤2.9	≤1.7
允许最大水平流速/(mm/s)	7.0	5.0
静水压力排泥所需的静水压头/mH₂O	≥1.5	≥0.9(1～2)

注：1. 括号中数值为生物膜法处理后二沉池的值。

2. $1mH_2O=9.80665×10^3Pa$。

二沉池的设计包括池型选择、沉淀池面积、有效水深计算、污泥区容积计算、沉淀池结构尺寸设计等。

二、池型选择

用于初沉池的平流式沉淀池、辐流式沉淀池、竖流式沉淀池和斜板（管）沉淀池，原则上均可作二沉池使用，但由于二沉池中的污泥密度小、含水量高、呈絮状等特点，使用时略有不同。设计时应根据具体情况进行全面技术经济比较后决定，参见表4-1。

据调查，斜板（管）沉淀池用作二沉池，由于活性污泥黏度较大，容易黏附在斜板（管）上，影响沉淀效果，甚至可能堵塞斜板（管）引起泛泥，应慎用。用时应以固体负荷核算。

三、设计要点

1. 二沉池面积的设计计算方法

（1）表面负荷法

$$A = \frac{Q_{\max}}{q} = \frac{Q_{\max}}{3.6v}$$

式中　A——二沉池的面积，m^2；

　　$Q_{\max}$——最大时污水流量，m^3/h；

　　v——活性污泥成层沉淀时沉速，mm/s。

$$H = \frac{Q_{\max}t}{A} = qt$$

　　H——澄清区水深，m；

　　q——水力表面负荷，$m^3/(m^2 \cdot h)$；

　　t——二沉池水力停留时间，h。

（2）固体通量法

$$A = \frac{24Q_{\max}X}{G}$$

式中　G——固体通量，即固体面积负荷值，$kg/(m^2 \cdot d)$，$G = v_g X_r + v_0 X$；

　　X——反应器中的污泥浓度，kg/m^3；

　　v_g——由排泥引起的污泥下沉速度，m/d；

　　X_r——沉淀池底流回流污泥浓度，kg/m^3；

　　v_0——初始浓度为 X 的成层沉淀速度，m/d。

2. 设计一般规定

根据二沉池的特点，设计时参数的选用应符合以下原则。

① 二沉池的设计流量应为污水的最大时流量，不包括回流污泥量。但在沉淀池中心筒的设计中则应包括回流污泥量。

② 二沉池个数或分格数不应少于 2 个，并宜按并联设置。

③ 沉淀池中心筒中的下降流速不应超过 $0.03m/s$。

④ 二沉池中污泥成层沉淀的速度 v 在 $0.2 \sim 0.5mm/s$ 之间，相应表面负荷 q 在 $0.72 \sim 1.8m^3/(m^2 \cdot h)$ 之间，该值的大小与污水水质和混合污泥浓度有关。当污水中无机物含量较高时，可采用较高的 v 值；而当污水中的溶解性有机物较多时，则 v 值宜低；混合液污泥浓度越高，v 值越低；反之，v 值越高。表 9-2 列举了 v 值与混合液浓度之间关系的实测资料，供设计时参考。

表 9-2　混合液污泥浓度与沉降速度 v 值

混合液污泥浓度 MLSS /(mg/L)	沉降速度 v /(mm/s)	混合液污泥浓度 MLSS /(mg/L)	沉降速度 v /(mm/s)
2 000	$\leqslant 0.5$	5 000	0.22
3 000	0.35	6000	0.18
4 000	0.28	7000	0.14

⑤ 二沉池的固体负荷 G 一般为 $140 \sim 160kg/(m^2 \cdot d)$，斜板（管）二沉池可加大到$180 \sim 195kg/(m^2 \cdot d)$。

⑥ 出水堰负荷不宜大于 $1.7L/(s \cdot m)$。

⑦ 二沉池污泥斗的作用是储存和浓缩沉淀污泥，提高回流污泥浓度，减少回流量。由于活性污泥易因缺氧使其失去活性而腐化，因此污泥斗的容积不能过大。对于曝气池后二沉池一

般规定污泥斗的储泥时间为 2h，生物膜法后按 4h 污泥量计算。

⑧ 二沉池宜采用连续机械排泥措施。当用静水压力排泥时，二沉池的静水头，生物膜法后不小于 1.2m，曝气池后不小于 0.9m。污泥斗的斜壁与水平面夹角不应小于 50°。

3. 沉淀池出流堰设计

每种类型沉淀池均包括五部分，即进水区、沉淀区、缓冲区、污泥区和出水区。除沉淀区、缓冲区外，其余三个区需对应安装流入装置、排泥装置和流出装置。

流入装置和排泥装置对于不同类型的沉淀池有不同的方式，将在后面的章节中讨论。

二沉池的流出装置大多采用自由堰与出流槽。堰前设挡板以阻拦浮渣，或设浮渣收集和排除装置。出流堰是沉淀池的重要部分，不仅控制沉淀池的水面高程，而且对沉淀池内水流的均匀分布有着直接影响。

目前常用的出流堰有水平堰和三角堰。水平堰加工不太方便。若安装欠水平时对沉淀池的均匀出流影响较大，因此对堰的施工精度要求较高。

锯齿形三角堰克服了上述缺点，堰板材料可选用钢板、硬聚氯乙烯塑料板或玻璃钢板，堰板与集水槽用螺栓连接，螺孔呈上下较长的长条形，可上下调整，保证出流堰的水平，如图 9-1 所示。

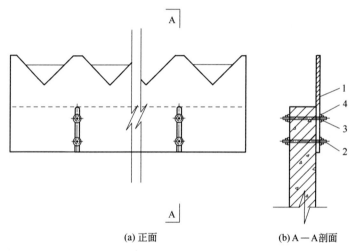

(a) 正面   (b) A—A 剖面

图 9-1　锯齿形三角堰

1—堰板；2—螺栓；3—螺母；4—垫圈

（1）过堰流量计算

① 水平堰。无侧收缩、自由出流的水平堰单宽流量计算公式如下。

$$q = 18.6h^{3/2}$$

式中　q——水平堰的单宽流量，$m^3/(s \cdot m)$；

h——堰上水头，m。

② 三角堰

a. 堰口角度 θ 为 90° 的自由出流三角堰过堰流量。当 $h = 0.021 \sim 0.200m$ 时

$$q = 1.40h^{5/2}$$

式中　q——过堰流量，m^3/s。

当 $h = 0.301 \sim 0.35m$ 时

$$q = 1.343h^{2.47}$$

当 $h = 0.201 \sim 0.300m$ 时，q 采用两者的平均值。

b. 堰口角度 θ 为 60° 的自由流三角堰过堰流量。

$$q = 0.826h^{5/2}$$

（2）集水槽 沉淀池集水槽为方便施工一般设计为平底，沿途接纳出流堰流出之水，故槽内水流系属非均匀稳定流。

当沿槽长溢入流量均匀，且为自由跌水出流，集水槽出口处水深为临界水深 h_k（m），可用下式计算。

$$h_k = \sqrt[3]{\dfrac{Q^2}{gB^2}}$$

式中 Q——槽出流处流量，m^3/s，为确保安全，对设计流量再乘 1.2～1.5 的安全系数；

B——槽宽，m，$B = 0.9Q^{0.4}$。

集水槽起端水深 h_0（m）可由下式计算。

$$h_0 = 1.73h_k$$

第二节 平流式二次沉淀池

一、设计概述

平流式沉淀池如图 9-2 所示。

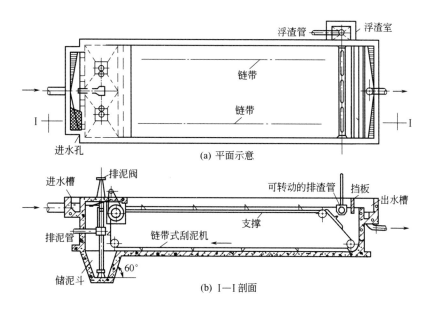

图 9-2 平流式沉淀池

平流式沉淀池中污水由池一端流入，按水平方向在池内流动由另一端溢出。池呈长方形，在进水端底部设储泥斗。

1. 平流式沉淀池构造要求

（1）池体 池子的长度与宽度之比值不小于 4，长度与有效水深的比值不小于 8。池长不宜大于 50m。

（2）流入装置 由设有侧向或槽底潜孔的配水槽、挡流板组成，布水方式如图 9-3 所示。

挡流板应高出水面 0.15～0.20m，深入水下深度不小于 0.25m，一般为 0.5～1.0m，距流入槽 0.5～1.0m。为使水流均匀分布，流入口流速一般不大于 25mm/s。

（3）流出装置 由流出槽与挡板组成。流出槽多采用自由溢流堰式集水槽（见图 9-4）。堰的形式常采用 90°锯齿形堰。

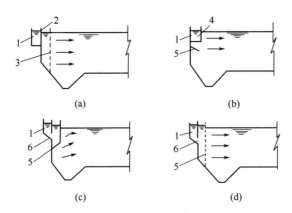

图 9-3　平流式沉淀池流入装置

1—进水槽；2—溢流堰；3—多孔花墙；4—底孔；5—挡流板；6—潜孔

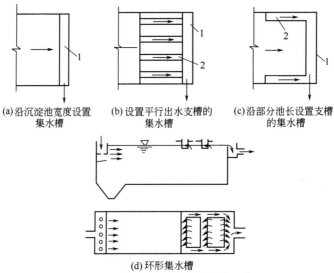

(a)沿沉淀池宽度设置　　　(b)设置平行出水支槽的　　　(c)沿部分池长设置支槽
　　集水槽　　　　　　　　　　集水槽　　　　　　　　　　的集水槽

(d)环形集水槽

图 9-4　平流式沉淀池集水槽形式

1—集水槽；2—集水支渠

挡流板入水深 0.3～0.4m，距溢流堰 0.25～0.5m。出水堰的长度应根据溢流负荷进行计算。

（4）排泥装置　平流式沉淀池用作二沉池时，由于活性污泥质轻，含水率高，不易被刮除，故需采用泵吸泥机，使集泥与排泥同时完成，此时平流式沉淀池可采用平底。

（5）沉淀池各部尺寸　平流式沉淀池的总高由池子的超高、有效水深、缓冲层高度及污泥区高度组成。常用的数值见表 9-3。沉淀池每格池宽一般为 5～10m，排泥机械行进速度为 0.3～1.2m/min。

表 9-3　平流式沉淀池的总高组成

项　目	数　据	项　目	数　据
池子的超高 h_1	≥0.3m	污泥区高度 h_4	按容纳污泥量计算
有效水深 h_2	2～4m	沉淀池总高 H	$H = h_1 + h_2 + h_3 + h_4$
缓冲层高度 h_3	缓冲层上缘宜高出刮泥板 0.3m		

2. 平流式沉淀池设计参数

平流式沉淀池除应满足第一节中的有关要求之外，作为二沉池时的设计参数参照表 9-4 选用。

表 9-4　平流式沉淀池作为二沉池时的设计参数

沉淀池位置	沉淀时间 /h	表面水力负荷 /[m³/(m²·h)]	污泥含水率 /%	水平流速 /(mm/s)	出水堰负荷 /[L/(m·s)]
生物膜法后	1.5~2.5	1.0~2.0	96~98		
活性污泥法后	1.5~2.5	1.0~1.5	99.2~99.6	≤5.0	≤1.7
延时曝气法后	1.5~2.5	0.5~1.0	99.2~99.6		

平流式二沉池最大允许水平流速要比初沉池小一半，出水堰的水力负荷不超过 1.7L/(m·s)，在靠近出水堰处的上升流速应为 3.7~7.3m/h。

二、计算例题

【例 9-1】 按沉淀时间和水平流速计算平流式二沉池

1. 已知条件

某污水处理厂日污水量 $Q=6\,000\text{m}^3/\text{d}$，最大小时流量 $Q_{max}=417\text{m}^3/\text{h}$，采用活性污泥法污水处理工艺，混合液污泥浓度为 $X=2\,500\text{mg/L}$，回流污泥浓度为 $X_r=10\,000\text{mg/L}$，回流比 $R=50\%$，试计算平流式二沉池各部尺寸。

2. 设计计算

（1）池长 L　选取设计参数，水平流速 $v=3.5\text{mm/s}$，沉淀时间 $t=2.5\text{h}$，则
$$L=3.6vt=3.6\times3.5\times2.5=31.5\,（\text{m}）$$

（2）池面积 A　池的有效水深采用 $h_2=3.0\text{m}$，则
$$A=Q_{max}t/h_2=417\times2.5/3.0=347.5\,（\text{m}^2）$$

（3）池宽 B
$$B=A/L=347.5/31.5=11.03\,（\text{m}），\quad 取\,B=11.0\text{m}$$

（4）池个数　设每格池宽 $b=5.5\text{m}$，则
$$n=11.0/5.5=2\,（个）$$

（5）校核
$$长宽比=L/b=31.5/5.5=5.73>4\,（符合要求）$$
$$长深比=L/h_2=31.5/3.0=10.5>8\,（符合要求）$$

表面负荷
$$q=\frac{Q_{max}}{A}=\frac{417}{31.5\times11}=1.203\,[\text{m}^3/(\text{m}^2\cdot\text{h})]（符合要求）$$

固体负荷
$$G=\frac{24(1+R)Q_{max}X}{A}$$
$$=\frac{24\times(1+0.5)\times417\times2.5}{347.5}=108\,[\text{kg}/(\text{m}^2\cdot\text{d})]（基本符合要求）$$

（6）污泥部分的容积 V　污泥区的容积按 2h 的储泥量计。
$$V=\frac{4(1+R)QX}{24(X+X_r)}=\frac{(1+R)QX}{6(X+X_r)}$$

式中　Q——日均污水流量，m^3/d；

$\quad\quad X$——混合液污泥浓度，mg/L；

$\quad\quad X_r$——回流污泥浓度，mg/L；

$\quad\quad R$——回流比，%。
$$V=\frac{(1+0.5)\times6\,000\times2\,500}{6\times(2\,500+10\,000)}=300.0（\text{m}^3）$$

每格沉淀池所需污泥部分容积 $V'=300/2=150\,（\text{m}^3）$

（7）污泥斗的容积　采用污泥斗的尺寸如图 9-5 所示。每格沉淀池设 2 个污泥斗，则每斗容积 V_0 为
$$V_0=\frac{1}{3}h_4'(f_1+f_2+\sqrt{f_1f_2})$$

式中　f_1——污泥斗上口面积，m^2；

$\quad\quad f_2$——污泥斗下口面积，m^2；

$\quad\quad h_4'$——污泥斗的高度，m。
$$f_1=5.5\times5.5=30.25\,（\text{m}^2）$$

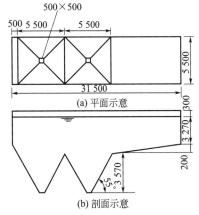

图 9-5　平流式沉淀池污泥斗
计算简图（单位：mm）

$$f_2=0.5\times0.5=0.25 \text{ (m}^2\text{)}$$

污泥斗为方斗，$\alpha=55°$,则

$$h_4'=\frac{5.5-0.5}{2}\times\tan55°=3.57 \text{ (m)}$$

$$V_0=\frac{1}{3}\times3.57\times(30.25+0.25+\sqrt{30.25\times0.25})=39.6 \text{ (m}^3\text{)}$$

$$\text{两个污泥斗的总容积}=2V_0=2\times39.6=79.2 \text{ (m}^3\text{)}$$

（8）污泥斗以上梯形部分的容积 V_2

$$V_2=\frac{L+l}{2}\times h_4''b$$

式中　L——梯形上部的长度，即沉淀池长，m；

　　　　l——梯形下部的长度，m；

　　　　h_4''——梯形部分的高度，m。

由上可知 $L=31.5\text{m}$，$l=5.5\times2=11 \text{ (m)}$，$h_4''=(31.5-11-0.5)\times0.01=0.2 \text{ (m)}$，则

$$V_2=\frac{31.5+11}{2}\times0.2\times5.5=23.4 \text{ (m}^3\text{)}$$

（9）污泥区的总高度 h_4

$$\text{污泥层厚度 } h_4'''=\frac{V'-V_1-V_2}{A'}$$

污泥区的总高度　　　　　　　$h_4=h_4'+h_4''+h_4'''$

式中　A'——单池面积，m^2，$A'=A/n$。

$$h_4'''=\frac{150-79.2-23.4}{347.5/2}=0.27 \text{ (m)}$$

所以　　　　　　　$h_4=h_4'+h_4''+h_4'''=3.57+0.2+0.27=4.04 \text{ (m)}$

（10）沉淀池的总高度 H　设缓冲层高度 $h_3=0.3\text{m}$，超高 $h_1=0.3\text{m}$，所以

$$H=h_1+h_2+h_3+h_4=0.3+3.0+0.3+4.04=7.64\text{(m)}$$

【例 9-2】　平流式沉淀池进出水系统计算

1. 已知条件

利用例 9-1 的设计结果，每格沉淀池进水流量 $Q_0==\dfrac{Q_{\max}(1+R)}{2\times3\,600}=\dfrac{417\times(1+0.5)}{2\times3\,600}=0.087 \text{ (m}^3/\text{s)}$，出水流量 $Q_0'=\dfrac{417}{2\times3\,600}=0.058\text{(m}^3/\text{s)}$，池宽 $B=5.5\text{m}$，有效水深 $h_2=3.0\text{m}$，试对平流式沉淀池进、出水系统进行设计。

2. 设计计算

（1）进水花墙　采用砖砌进水花墙，孔眼形式为半砖孔洞，尺寸为 $0.125\text{m}\times0.063\text{m}$。

单孔面积　　　　　　　$A_1=0.125\times0.063=0.007\,88\text{(m}^2\text{)}$

孔眼流速一般为 $0.2\sim0.3\text{m/s}$,取 $v_1=0.25\text{m/s}$,则

孔眼总面积　　　　　　　$A_0=Q_0/v_1=0.087/0.25=0.348\text{(m}^2\text{)}$

孔眼数 $n_0=A_0/A_1=0.348/0.007\,88=44.16$(个)，取 44 个，则孔眼实际流速 v'

$$v'=\frac{Q_0}{n_0A_1}=\frac{0.087}{44\times0.007\,88}=0.25\text{(m/s)}$$

孔眼布置成 4 排,每排孔眼数 $=44/4=11$(个)。

（2）出水堰

① 堰长 L。取出水堰负荷 $q'=1.6\text{L/(s·m)}$，则

$$L=Q_0/q'=0.058\times1\,000/1.6=36.25 \text{ (m)}$$

② 出水堰的形式和尺寸。采用 90°三角堰出水，每米堰板设 5 个堰口，详细尺寸如图 9-6 所示。

每个堰口出流量　　　　$q=q'/5=1.6/5=0.32 \text{ (L/s)}=0.000\,32 \text{ (m}^3/\text{s)}$

③ 堰上水头 h_1。每个三角堰出流量 $q=1.4h_1^{5/2}$。

$$h_1=\sqrt[5]{(q/1.4)^2}=\sqrt[5]{(0.000\,32/1.4)^2}=0.035 \text{ (m)}$$

④ 集水槽宽 B

$$B = 0.9Q^{0.4}$$

为确保安全，集水槽设计流量 $Q = (1.2 \sim 1.5)Q_0$，代入数据得

$$B = 0.9 \times Q^{0.4} = 0.9 \times (1.3 \times 0.058)^{0.4} = 0.32 \text{（m）}$$

⑤ 槽深度

集水槽临界水深 $\quad h_k = \sqrt[3]{\dfrac{Q^2}{gB^2}} = \sqrt[3]{\dfrac{(1.3 \times 0.058)^2}{9.8 \times 0.3^2}} = 0.19 \text{（m）}$

集水槽起端水深 $\quad h_0 = 1.73h_k = 1.73 \times 0.19 = 0.33 \text{（m）}$

设出水槽自由跌落高度 $h_2 = 0.1\text{m}$，则

集水槽总深度 $\quad h = h_1 + h_2 + h_0 = 0.035 + 0.1 + 0.33 = 0.465 \text{（m）}$

⑥ 布置沉淀池进、出水系统。详见图 9-6 平流式沉淀池进出水系统计算简图。

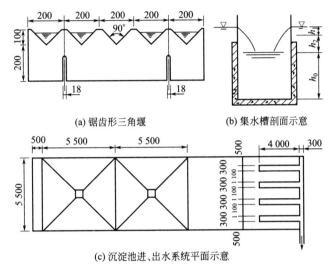

(a) 锯齿形三角堰　　　(b) 集水槽剖面示意

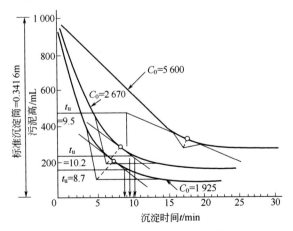

(c) 沉淀池进、出水系统平面示意

图 9-6　平流式沉淀池进、出水系统计算简图（单位：mm）

【例 9-3】　根据沉淀试验计算二沉池面积

1. 已知条件

某工业区废水最大流量 5 000m³/d，采用活性污泥法污水处理工艺，预期混合液悬浮固体浓度 4 000mg/L，要求底流污泥浓度为 12 000mg/L，计算二沉池的各部尺寸。图 9-7 所示为根据沉淀试验绘制的成层沉淀曲线。

图 9-7　不同浓度成层沉淀曲线

注：c_0 的单位为 mg/L。

2. 设计计算

（1）根据沉淀曲线计算每个原始浓度的界面沉速和沉淀时间，并绘制污泥浓度与界面沉速、沉淀时间的关系曲线。

界面沉速即通过每条沉淀曲线的起点做切线，与横坐标相交得沉降时间 t_1，t_2，…，t_n，则

$$v_i = H_0/t_i$$

C_0 为 1 925mg/L 的界面沉速 $v_1 = 3.41$m/h；C_0 为 2 670mg/L 的界面沉速 $v_2 = 2.62$m/h；C_0 为 5 600mg/L 的界面沉速 $v_3 = 0.91$m/h。

沉淀时间 t_u 值计算如下（沉淀试验在 1 000mL 标准量筒中进行）。

当 C_0 为 1 925mg/L 时，根据物料平衡

$$C_0 H_0 = C_u H_u$$

1 925×1 000＝12 000H_u，H_u＝160mL，由图 9-7 查得 t_u＝8.7min；同理，当 C_0 为 2 670mg/L 时，H_u＝222mL，t_u＝10.2min；当 C_0 为 5 600mg/L 时，H_u＝466mL，t_u＝9.5min。

（2）将计算得到的数据绘成图 9-8、图 9-9 的成层曲线。当设计混合液固体浓度为 4 000mg/L 时，查图 9-8、图9-9得：t_u＝10.15min，v＝1.58m/h。

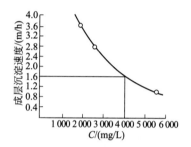

图 9-8　成层沉淀速度与悬浮
固体浓度的关系曲线

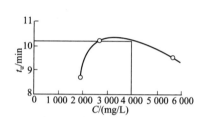

图 9-9　成层沉淀的停留时间与悬浮
固体浓度的关系曲线

（3）当 C_0＝4 000mg/L 时，计算单位面积的溢流率：

$$q = \frac{H_0}{t_u}\left(\frac{C_u - C_0}{C_u}\right) = \frac{0.341}{0.169} \times \left(\frac{12\,000 - 4\,000}{12\,000}\right) = 1.345 \ [\text{m}^3/(\text{m}^2 \cdot \text{h})]$$

式中　H_0——标准1 000mL 量筒的高度，m，H_0＝0.341m。

（4）根据成层沉淀速度复核二沉池的溢流率。成层沉淀速度为 1.58m/h 相当于表面负荷 1.58$\text{m}^3/(\text{m}^2 \cdot \text{h})$，大于计算溢流率。

（5）控制溢流率为 1.345$\text{m}^3/(\text{m}^2 \cdot \text{h})$。为补偿紊流、短流和进出口损失的影响，通常将试验所得的表面负荷除以 1.25~1.75 的系数（本例取 1.25），则

$$q_{设} = 1.345/1.25 = 1.076 \ [\text{m}^3/(\text{m}^2 \cdot \text{h})]$$

所需沉淀池的面积 A 为

$$A = \frac{Q}{q} = \frac{5\,000}{1.076 \times 24} = 193.62 \ (\text{m}^2)$$

第三节　辐流式二次沉淀池

一、设计概述

辐流式沉淀池一般为圆形或方形，水流沿池半径方向流动。池直径（或边长）6~60m，最大可达 100m，池周水深 1.5~3.0m，根据进出水方式的不同可分为两大类，即普通辐流式沉淀池和向心流辐流式沉淀池。

1. 辐流式沉淀池构造要求

（1）池子直径（或正方形的一边）与有效水深之比宜为 6~12。

（2）池子直径不宜小于 16m，不宜大于 50m。

（3）池底坡度不宜小于 0.05（当采用机械刮吸泥时，可不受此值限制）。

（4）缓冲层高度非机械排泥时宜为 0.5m，机械排泥时缓冲层上缘宜高出刮泥板 0.3m。

（5）进出水装置有三种布置方式：①中心进水周边出水（见图 9-10）；②周边进水中心出水（见图 9-11）；③周边进水周边出水（见图 9-12）。

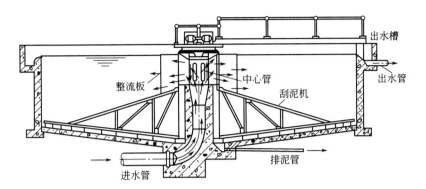

图 9-10　中心进水周边出水辐流式沉淀池

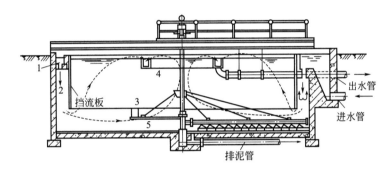

图 9-11　周边进水中心出水辐流式沉淀池
1—流入槽；2—导流絮凝区；3—沉淀区；4—流出槽；5—污泥区

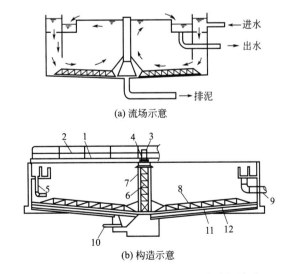

(a) 流场示意

(b) 构造示意

图 9-12　周边进水周边出水的辐流式沉淀池
1—过桥；2—栏杆；3—传动装置；4—转盘；5—进水下降管；6—中心支架；7—传动器罩；
8—桁架式耙架；9—出水管；10—排泥管；11—刮泥板；12—可调节的橡皮刮板

（6）在进水口的周围应设置整流板或挡流板，整流板的开孔面积为池断面积的 10%～20%。在出水堰前应设置浮渣挡板。

（7）辐流式沉淀池多采用机械排泥，也可附空气提升或静水头排泥设施。

① 当池径小于 20m 时，一般采用中心传动排泥设备，其驱动装置设在池中心的走道上。

② 当池径大于 20m 时，一般采用周边传动排泥设备，其驱动装置设在桁架的外缘。

③ 排泥机械的旋转速度一般为 1～3r/h；刮泥板的外缘线速度不宜大于 3m/min。

2. 辐流式沉淀池设计参数

普通辐流式沉淀池设计参数可按表 9-4 采用。向心流辐流式沉淀池由于在一定程度上克服了普通辐流式沉淀池中心流速较大、对池底污泥干扰等缺点，容积利用率大大提高，所以向心流辐流沉淀池沉淀效率高，与普通辐流式沉淀池相比，设计表面负荷可提高 1 倍左右，一般不大于 2.5m³/(m²·h)，出水堰负荷不大于 4.34L/(s·m)，污泥固体负荷为 140～160kg/(m²·d)。

3. 辐流式沉淀池的设计计算

普通辐流式沉淀池和向心流辐流式沉淀池除负荷能力和池子进出水构造有所不同外，计算方法基本相同。

辐流式沉淀池取池子半径 1/2 处断面作为计算断面。计算公式见表 9-5、表 9-6。

表 9-5 普通辐流式沉淀池计算公式

名　称	公　式	符　号　说　明
沉淀部分水面面积/m²	$F=\dfrac{Q_{max}}{nq}$ $F\geqslant\dfrac{24(1+R)Q_0X}{G_L}$	Q_{max}——最大设计流量，m³/h n——池数，个 q——表面负荷，m³/(m²·h) R——回流比 Q_0——单池设计流量，m³/h X——混合液悬浮固体浓度，kg/m³ G_L——极限固体通量，kg/(m²·d)
直径/m	$D=\sqrt{\dfrac{4F}{\pi}}$	
沉淀部分有效水深/m	$h_2=qt$	t——沉淀时间，h
污泥区的容积/m³	$V=\dfrac{2T(1+R)QX}{(X+X_r)\times24}$	Q——平均日污水量，m³/d T——贮泥时间，h X_r——沉淀池底流污泥浓度，kg/m³
污泥区高度/m	$h_4=h_4'+h_4''+h_4'''$ $h_4'=\dfrac{12}{\pi(D_1^2+D_1D_2+D_2^2)}\times V_1$ $h_4''=\dfrac{12}{\pi(D^2+DD_1+D_1^2)}\times V_2$ $h_4'''=\dfrac{V-V_1-V_2}{F}$	V_1——污泥斗容积，m³ V_2——污泥斗以上圆锥体部分容积，m³ h_4'——污泥斗的高度，m h_4''——圆锥体部分高度，m h_4'''——竖直段污泥部分的高度，m D_1——污泥斗上部的直径，m D_2——污泥斗下部的直径，m
沉淀池总高/m	$H=h_1+h_2+h_3+h_4$	h_1——超高，m h_3——缓冲层高度，m

二、计算例题

【例 9-4】 普通辐流式二沉池设计计算

1. 已知条件

最大设计流量 $Q_{max}=1775\text{m}^3/\text{h}=0.493\text{m}^3/\text{s}$，变化系数 $K=1.42$；氧化沟中悬浮固体浓度 $X=3500\text{mg/}$L；二沉池底流生物固体浓度 $X_r=10000\text{mg/L}$；污泥回流比 $R=50\%$。试计算普通辐流式二沉池各部尺寸。

2. 设计计算（见图 9-13）

表 9-6　向心流辐流式沉淀池计算公式

名　　　称	公　　　式	符　号　说　明
沉淀部分水面面积/m²	$F=\dfrac{Q_{\max}}{nq}$	$Q_{\max}$——最大设计流量,m³/h n——池数,个 q——表面负荷,m³/(m²·h)一般不大于 2.5m³/(m²·h)
池子直径/m	$D=\sqrt{\dfrac{4F}{\pi}}$	
校核堰口负荷/[L/(s·m)]	$q'=\dfrac{Q_0}{3.6\pi D}$	Q_0——单池设计流量,m³/h $q'\leqslant4.34\text{L}/(\text{s·m})$
校核固体负荷/[kg/(m²·d)]	$G=\dfrac{24(1+R)Q_0X}{F}$	X——混合液悬浮固体浓度,kg/m³ R——回流比 G 值一般可达 150kg/(m²·d)
澄清区高度/m	$h_2'=\dfrac{Q_0t}{F}=qt$	t——沉淀时间,h
污泥区高度/m	$h_2''=\dfrac{2T(1+R)QX}{24(X+X_r)F}$	Q——日均流量,m³/d T——污泥停留时间,h X_r——沉淀池底流污泥浓度,kg/m³
池边水深/m	$h_2=h_2'+h_2''+0.3$	0.3——缓冲层高度,m
池总高/m	$H=h_1+h_2+h_3+h_4$	h_1——超高,m,一般采用 0.3m h_3——池中心与池边落差,m h_4——污泥斗高度,m

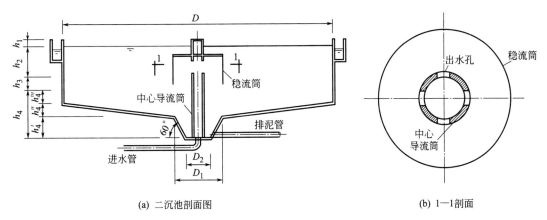

(a) 二沉池剖面图　　　　　　　　　　　　　(b) 1—1剖面

图 9-13　普通辐流式二沉池计算示意

（1）沉淀部分水面面积 F　根据生物处理段的特性，选取二沉池表面负荷 $q=0.9$m³/(m²·h)，设两座沉淀池即 $n=2$。

$$F=\frac{Q_{\max}}{nq}=\frac{1\,775}{2\times0.9}=986.11\,(\text{m}^2)$$

（2）池子直径 D

$$D=\sqrt{\frac{4F}{\pi}}=\sqrt{\frac{4\times986.11}{3.14}}=35.43\,(\text{m}),\text{取 }D=35\text{m}。$$

（3）校核固体负荷 G

$$G=\frac{24(1+R)Q_0X}{F}=\frac{24\times(1+0.5)\times887.5\times3.5}{986.11}$$

$$=113.4\,[\text{kg}/(\text{m}^2\cdot\text{d})]\,（符合要求）$$

(4) 沉淀部分的有效水深 h_2　设沉淀时间 $t=2.5\mathrm{h}$。

$$h_2=qt=0.9\times2.5=2.25\ (\mathrm{m})$$

(5) 污泥区的容积 V　设计采用周边传动的刮吸泥机排泥，污泥区容积按 2h 贮泥时间确定。

$$V=\frac{2T(1+R)QX}{24\times(X+X_r)}=\frac{2\times2\times(1+0.5)\times30\,000\times3\,500}{24\times(3\,500+10\,000)}$$
$$=1\,944.4\ (\mathrm{m}^3)$$

每个沉淀池污泥区的容积 $V'=1\,944.4/2=972.2\ (\mathrm{m}^3)$

(6) 污泥区高度 h_4

① 污泥斗高度。设池底的径向坡度为 0.05，污泥斗底部直径 $D_2=1.5\mathrm{m}$，上部直径 $D_1=3.0\mathrm{m}$，倾角60°，则

$$h'_4=\frac{D_1-D_2}{2}\times\tan60°=\frac{3.0-1.5}{2}\times\tan60°=1.30\ (\mathrm{m})$$

$$V_1=\frac{\pi h'_4}{12}\times(D_1^2+D_1D_2+D_2^2)$$

$$=\frac{3.14\times1.3}{12}\times(3.0^2+3.0\times1.5+1.5^2)=5.36\ (\mathrm{m}^3)$$

② 圆锥体高度

$$h''_4=\frac{D-D_1}{2}\times0.05=\frac{35-3}{2}\times0.05=0.80(\mathrm{m})$$

$$V_2=\frac{\pi h''_4}{12}\times(D^2+DD_1+D_1^2)$$

$$=\frac{3.14\times0.80}{12}\times(35^2+35\times3+3^2)=280.44\ (\mathrm{m}^3)$$

③ 竖直段污泥部分的高度

$$h'''_4=\frac{V-V_1-V_2}{F}=\frac{972.2-5.36-280.44}{986.11}=0.70\ (\mathrm{m})$$

污泥区的高度　　　　$h_4=h'_4+h''_4+h'''_4=1.30+0.80+0.70=2.80\ (\mathrm{m})$

(7) 沉淀池的总高度 H　设超高 $h_1=0.3\mathrm{m}$，缓冲层高度 $h_3=0.5\mathrm{m}$，则

$$H=h_1+h_2+h_3+h_4=0.3+2.25+0.5+2.80=5.85\ (\mathrm{m})$$

(8) 中心进水导流筒及稳流筒

① 中心进水导流筒。进水 $D_0=700\mathrm{mm}$，进水管流速 v_0 为

$$v_0=\frac{4(1+R)Q_{max}}{n\pi D_0^2}=\frac{4\times(1+0.5)\times0.493}{2\times3.14\times0.7^2}=0.96(\mathrm{m/s})$$

中心进水导流筒内流速 v_1 取 $0.6\mathrm{m/s}$，导流筒直径 D_3 为

$$D_3=\sqrt{\frac{4(1+R)Q_{max}}{n\pi v_1}}=\sqrt{\frac{4\times(1+0.5)\times0.493}{2\times3.14\times0.6}}=0.89\approx0.9\ (\mathrm{m})$$

中心进水导流筒设 4 个出水孔，出水孔尺寸 $B\times H=0.35\mathrm{m}\times1.35\mathrm{m}$，出水孔流速 v_2 为

$$v_2=\frac{(1+R)Q_{max}}{4nBH}=\frac{(1+0.5)\times0.493}{4\times2\times0.35\times1.35}=0.196\leqslant0.2\ (\mathrm{m/s})$$

② 稳流筒。稳流筒用于稳定由中心筒流出的水流，防止对沉淀产生不利影响。稳流筒下缘淹没深度为水深的 30%～70%，且低于中心导流筒出水孔下缘 0.3m 以上。稳流筒内下降流速 v_3 按最高时流量设计时一般控制在 0.02～0.03m/s 之间，本例 v_3 取 0.03，稳流筒内水流面积 f 为

$$f=\frac{(1+R)Q_{max}}{nv_3}=\frac{(1+0.5)\times0.493}{2\times0.03}=12.33\ (\mathrm{m}^2)$$

稳流筒直径 D_4 为

$$D_4 = \sqrt{\frac{4f}{\pi} + D_3^2} = \sqrt{\frac{4 \times 12.33}{3.14} + 0.9^2} = 4.06 \approx 4.0 \ (\text{m})$$

③ 验算二沉池表面负荷。二沉池有效沉淀区面积 A 为

$$A = \frac{\pi(D^2 - D_4^2)}{4} = \frac{3.14 \times (35^2 - 4^2)}{4} = 949.55 \ (\text{m}^2)$$

二沉池实际表面负荷 q' 为

$$q' = \frac{3\,600 Q_{\max}}{nA} = \frac{3\,600 \times 0.493}{2 \times 949.55} = 0.935 \ [\text{m}^3/(\text{m}^2 \cdot \text{h})]$$

④ 验算二沉池固体负荷 G'

$$G' = \frac{86\,400 \times (1+R) X Q_{\max}}{1\,000 nA} = \frac{86\,400 \times (1+0.5) \times 3\,500 \times 0.493}{1\,000 \times 2 \times 949.55} = 117.75 \ [\text{kg}/(\text{m}^2 \cdot \text{d})]$$

【例 9-5】 向心流辐流式二沉池设计计算

1. 已知条件

某城市每日污水量为 60 000m³，总变化系数为 1.36，拟采用活性污泥生物处理工艺，曝气池悬浮固体浓度为 3 000mg/L，污泥回流比为 50%，要求二沉池底流浓度达到 9 000mg/L，试设计周边进水、周边出水沉淀池。

2. 设计计算（见图 9-14）

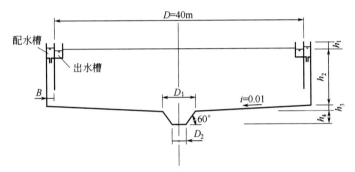

图 9-14　向心流辐流式二沉池计算示意

（1）沉淀池部分水面面积 F

最大设计流量

$$Q_{\max} = 1.36 \times \frac{60\,000}{24} = 3\,400 \ (\text{m}^3/\text{h})$$

采用两座向心流辐流沉淀池，表面负荷取 1.4m³/(m²·h)，则

$$F = \frac{Q_{\max}}{nq} = \frac{3\,400}{2 \times 1.4} = 1\,214.29 \ (\text{m}^2)$$

（2）池子直径 D

$$D = \sqrt{\frac{4F}{\pi}} = \sqrt{\frac{4 \times 1\,214.29}{3.14}} = 39.32 \ (\text{m}), \ \text{取} \ D = 40\text{m}$$

（3）校核堰口负荷 q'

$$q' = \frac{Q_0}{3.6\pi D} = \frac{1\,700}{3.6 \times 3.14 \times 40} = 3.76 [\text{L}/(\text{s} \cdot \text{m})] < 4.34 \ \text{L}/(\text{s} \cdot \text{m})$$

（4）校核固体负荷 G

$$G = \frac{24(1+R) Q_0 X}{F} = \frac{24 \times (1+0.5) \times 1\,700 \times 3.0}{1\,214.29}$$

$$= 151.2 \ [\text{kg}/(\text{m}^2 \cdot \text{d})]$$

（5）澄清区高度 h_2'　设沉淀池沉淀时间 $t = 2.5\text{h}$。

$$h_2' = \frac{Q_0 t}{F} = qt = \frac{1\,700 \times 2.5}{1\,214.29} = 3.5 \ (\text{m})$$

（6）污泥区高度 h_2''　设污泥停留时间 2h。

$$h_2'' = \frac{2T(1+R) Q X}{24(X + X_r) F}$$

$$= \frac{2 \times 2.0 \times (1+0.5) \times 30\,000 \times 3.0}{24 \times (3.0+9.0) \times 1\,214.29} = 1.54\ (\text{m})$$

(7) 池边水深 h_2

$$h_2 = h_2' + h_2'' + 0.3 = 3.5 + 1.54 + 0.3 = 5.34\ (\text{m})$$

(8) 污泥斗高 h_4　设污泥斗底直径 $D_2 = 1.0\text{m}$，上口直径 $D_1 = 2.0\text{m}$，斗壁与水平夹角 $60°$，则

$$h_4 = \left(\frac{D_2}{2} - \frac{D_1}{2}\right) \times \tan 60° = \left(\frac{2}{2} - \frac{1}{2}\right) \times \tan 60° = 0.87\ (\text{m})$$

(9) 池总高 H　二次沉淀池拟采用单管吸泥机排泥，池底坡度取 0.01，排泥设备中心立柱的直径为 1.5m。

池中心与池边落差

$$h_3 = \frac{40 - 2.0}{2} \times 0.01 = 0.19\ (\text{m})$$

超高 $h_1 = 0.3\text{m}$，故池总高

$$H = h_1 + h_2 + h_3 + h_4 = 0.3 + 5.34 + 0.19 + 0.87 = 6.70\ (\text{m})$$

(10) 流入槽设计　采用环行平底槽，等距设布水孔，孔径 50mm，并加 100mm 长短管。

① 流入槽。设流入槽宽 $B = 0.8\text{m}$，槽中流速取 $v = 1.4\text{m/s}$。

槽中水深

$$h = \frac{Q_0(1+R)}{3\,600\,vB} = \frac{1\,700 \times (1+0.5)}{3\,600 \times 1.4 \times 0.8} = 0.63\ (\text{m})$$

② 布水孔数 n。布水孔平均流速 v_n 计算公式为

$$v_n = \sqrt{2t\nu}\ G_m$$

式中　v_n——布水孔平均流速，m/s，一般为 $0.3 \sim 0.8\text{m/s}$；

　　　t——导流絮凝区平均停留时间，s，池周有效水深为 $2 \sim 4\text{m}$ 时，取 $360 \sim 720\text{s}$；

　　　ν——污水的运动黏度，m^2/s，与水温有关；

　　　G_m——导流絮凝区的平均速度梯度，s^{-1}，一般可取 $10 \sim 30\text{s}^{-1}$。

取 $t = 650\text{s}$，$G_m = 20\text{s}^{-1}$，水温为 $20℃$ 时，$\nu = 1.06 \times 10^{-6}\ \text{m}^2/\text{s}$，故

$$v_n = \sqrt{2t\nu}\ G_m = \sqrt{2 \times 650 \times 1.06 \times 10^{-6}} \times 20 = 0.74\ (\text{m/s})$$

布水孔数

$$n = \frac{Q_0(1+R)}{3\,600\,v_n S} = \frac{1\,700 \times (1+0.5)}{3\,600 \times 0.74 \times \frac{3.14}{4} \times 0.05^2} = 488\ (\text{个})$$

③ 孔距 l

$$l = \frac{\pi(D+B)}{n} = \frac{3.14 \times (40+0.8)}{488} = 0.263\ (\text{m})$$

④ 校核 G_m

$$G_m = \left(\frac{v_1^2 - v_2^2}{2t\nu}\right)^2$$

式中　v_1——布水孔水流收缩断面的流速，m/s，$v_1 = v_n/\varepsilon$，因设有短管，取 $\varepsilon = 1$；

　　　v_2——导流絮凝区平均向下流速，m/s，$v_2 = Q/f$；

　　　f——导流絮凝区环形面积，m^2。

设导流絮凝区的宽度与配水槽同宽，则

$$v_2 = \frac{Q_0(1+R)}{3\,600\pi(D+B)B} = \frac{1\,700 \times (1+0.5)}{3\,600 \times 3.14 \times (40+0.8) \times 0.8} = 0.006\,9\ (\text{m/s})$$

$$G_m = \sqrt{\frac{v_1^2 - v_2^2}{2t\nu}} = \sqrt{\frac{0.74^2 - 0.006\,9^2}{2 \times 650 \times 1.06 \times 10^{-6}}} = 19.9\ (\text{s}^{-1})$$

G_m 在 $10 \sim 30\text{s}^{-1}$ 之间，合格。

第四节　斜板（管）二次沉淀池

斜板（管）沉淀池是利用浅层理论，在普通沉淀池中加设斜板或蜂窝斜管，以提高沉淀效率的沉淀池。具有去除率高、停留时间短、占地面积小等优点。在污水处理厂中主要应用于旧厂挖潜或扩大处理能力以及占地面积受到限制时使用。斜板（管）沉淀池应用于二沉池时，其固体负荷不能过大，否则处理效果不稳定，易造成污泥上浮。

按水流方向与颗粒的沉淀方向之间的相对关系，斜板（管）沉淀池可分为 3 种（见图 9-15）：侧向流、同向流、异向流斜板（管）沉淀池。

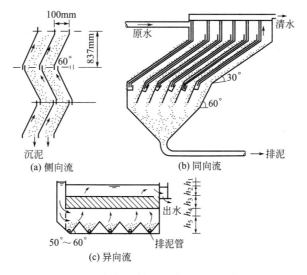

图 9-15　斜板（管）沉淀池的 3 种类型

h_1—超高；h_2—清水区高度；h_3—斜板（管）区高度；h_4—缓冲层高度；h_5—沉淀区高度

一、设计概述

1. 斜板（管）沉淀池构造要求

① 斜板（管）沉淀池一般为矩形或圆形。

② 进水方式一般采用穿孔花墙整流布水，出水一般是采用多条集水槽和出水堰。

③ 斜板（管）的倾角 α 采用 $50°\sim60°$，一般为 $60°$。

④ 斜板之间的垂直净距一般采用 $80\sim100mm$，斜管孔径一般采用 $50\sim80mm$。

⑤ 斜板上缘宜向池子进水端后倾安装。在池壁与斜板的间隙处应装设阻流板，以防止水流短路。

⑥ 排泥方式一般为机械排泥和重力排泥两种，机械排泥有泵吸式和虹吸式，重力排泥多采用穿孔管排泥和多斗式排泥。

⑦ 为防止藻类等微生物生长、清通堵塞污泥，斜板（管）沉淀池应设冲洗设施。

2. 斜板（管）沉淀池设计参数

① 升流式异向流斜板（管）沉淀池的设计表面负荷，一般为普通沉淀池设计表面负荷的 2 倍。可按表 9-4 中数值的 2 倍选取。

② 作为二沉池，应以固体负荷核算，一般为 $192 kg/(m^2 \cdot d)$。

③ 设计停留时间，作为初沉池不超过 $30min$，作为二沉池不超过 $60min$。

④ 斜板（管）区上部清水层高度，一般采用 $0.7\sim1.0m$。

⑤ 斜板（管）区底部缓冲层高度，一般采用 $0.5\sim1.0m$。

⑥ 斜板（管）区斜长一般采用 $1\sim1.2m$。

二、计算例题

【例 9-6】 斜管二沉池设计计算

1. 已知条件

某城镇污水处理厂最大设计流量 $Q_{max}=450m^3/h$，总变化系数 $K_z=1.50$，二沉池拟采用升流式异向流斜管沉淀池，斜管长度为 $1.0m$，倾斜角度为 $60°$。进入二沉池的混合液悬浮固体浓度为 $X=2\,500mg/L$，污泥回流比为 $R=60\%$，若二沉池的底流浓度为 $X_r=9\,000mg/L$ 时，求斜管沉淀池各部尺寸。

2. 设计计算（见图 9-16）

（1）池子水面面积 A（m^2）

$$A=\frac{Q_{max}}{0.91nq}$$

式中　Q_{max}——最大设计流量，m^3/h；

n——池数，个；

q——表面负荷，$\mathrm{m^3/(m^2 \cdot h)}$；

0.91——斜管面积利用系数。

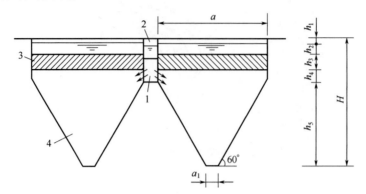

图 9-16 斜管沉淀池计算示意

1—进水槽；2—出水槽；3—斜管；4—污泥斗

设二沉池设计表面负荷 $q=2.2\mathrm{m^3/(m^2 \cdot h)}$，池数 $n=4$ 个，代入得

$$A=\frac{Q_{\max}}{0.91nq}=\frac{450}{0.91\times4\times2.2}=56.19\ (\mathrm{m^2})$$

（2）沉淀池平面尺寸 采用方形池，边长 $a=\sqrt{A}=\sqrt{56.19}=7.49\ (\mathrm{m})$，取 $a=7.5\mathrm{m}$。

（3）池内停留时间 t（min）

$$t=\frac{60(h_2+h_3)}{q}$$

式中 h_2——斜管区上部清水层高度，m；

h_3——斜管的自身垂直高度，m。

设斜管区上部清水层高度 $h_2=1.0\mathrm{m}$，则斜管的垂直高度 h_3 为

$$h_3=1.0\times\sin60°=0.866\ (\mathrm{m})$$

$$t=\frac{(h_2+h_3)\times60}{q}=\frac{(1.0+0.866)\times60}{2.2}=50.89\ (\mathrm{min})$$

（4）校核固体负荷 G

$$G=\frac{24(1+R)Q_0X}{A}=\frac{24\times(1+0.6)\times112.5\times2.5}{56.19}$$

$$=192.19\ [\mathrm{kg/(m^2 \cdot d)}]\ (符合要求)$$

（5）污泥储量计算 V 按 2h 储泥量计算，则

$$V=\frac{2T(1+R)QX}{X+X_r}=\frac{2\times2\times(1+0.6)\times300\times2.5}{2.5+9.0}$$

$$=417.39\ (\mathrm{m^3})$$

（6）污泥斗的容积 设污泥斗底边 $a_1=0.8\mathrm{m}$，则

$$h_5=\left(\frac{a}{2}-\frac{a_1}{2}\right)\times\tan60°=\left(\frac{7.5}{2}-\frac{0.8}{2}\right)\times\tan60°=5.8\ (\mathrm{m})$$

$$V_1=\frac{h_5}{3}(a^2+aa_1+a_1^2)=\frac{5.8}{3}(7.5^2+7.5\times0.8+0.8^2)$$

$$=121.59\ (\mathrm{m^3})$$

4 个斗的总容积为 $4\times121.59=486.35\ (\mathrm{m^3})(>417.39\mathrm{m^3})$

（7）沉淀池总高度 设超高 $h_1=0.3\mathrm{m}$，缓冲层高度 $h_4=0.8\mathrm{m}$，则

$$H=h_1+h_2+h_3+h_4+h_5$$

$$=0.3+1.0+0.866+0.8+5.8=8.766\ (\mathrm{m})$$

第五节 矩形同侧进出水式二次沉淀池

一、设计概述

矩形同侧进出水式二沉池是周边进水周边出水辐流式沉淀池的变形，利用异重流原理提高了沉淀池容积利用率，改善了沉淀效果。矩形的池形和其他生处理构筑物合建，具有减少占地、降低构筑物之间水头损失等优点。

二、计算例题

【例 9-7】 矩形同侧进出水式二沉池设计计算

1. 已知条件

某污水处理厂设计处理水量为 15 000 m³/d，总变化系数 1.5，采用活性污泥生物处理工艺，生物池悬浮固体浓度为 3 000ml/L。污泥回流比为 50%，矩形同侧进水出水沉淀池的平面图和剖面图分别见图 9-17 和图 9-18。

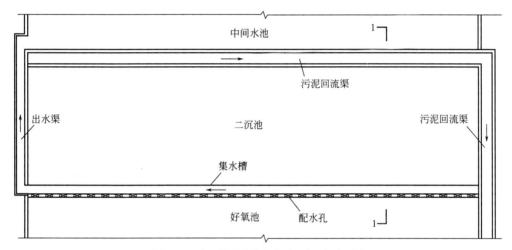

图 9-17　矩形同侧进出水式二沉池平面图

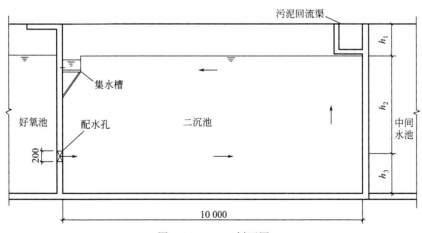

图 9-18　1—1 剖面图

2. 设计计算

（1）沉淀池水面面积 F　最大时设计流量

$$Q_{max} = K\frac{Q}{24} = 1.5 \times \frac{15\ 000}{24} = 937.5 (m^3/h)$$

采用两座二沉池（$n=2$），表面负荷取 $q=1.5\ \mathrm{m^3/(m^2 \cdot h)}$，则单池面积 F 为

$$F=\frac{Q_{\max}}{nq}=\frac{937.5}{2\times1.5}=313(\mathrm{m^2})$$

池长 L 与生物池相同，取 32m，池宽 B 取 10m。

（2）校核出水槽堰口负荷 q'　堰长 L_y 与沉淀池长 L 相同，为 32m，出水槽堰口负荷 q' 为

$$q'=\frac{Q_{\max}}{3.6nL_y}=\frac{937.5}{3.6\times2\times32}=4.07[\mathrm{L/(s \cdot m)}]<4.34\mathrm{L/(s \cdot m)}$$

（3）校核固体负荷 G

$$G=\frac{24(1+R)Q_{\max}X}{nF}=\frac{24\times(1+0.5)\times937.5\times30}{2\times320}=158.2[\mathrm{kg/(m^2 \cdot d)}]$$

校核固体负荷稍大于《室外排水设计规范》(GB 50014—2006)表 6.5.1 中 $G\leqslant150\mathrm{kg/(m^2 \cdot d)}$ 的范围要求。

（4）澄清区高度 h_2　沉淀时间 t 取 2.0h，澄清区高度 h_2 为

$$h_2=\frac{Q_{\max}t}{nF}=\frac{937.5\times2.0}{2\times320}=2.93(\mathrm{m})，取\ 3.0\mathrm{m}$$

（5）污泥区高度 h_3　采用机械排泥，污泥缓冲区高度区 0.8m，污泥浓缩区取 0.5m。污泥区高度 h_3 为

$$h_3=0.8+0.5=1.3\ (\mathrm{m})$$

（6）二沉池高度 H　超高 h_1 取 0.7m，二沉池高度 H 为

$$H=h_1+h_2+h_3=0.7+3.0+1.3=5.0\ (\mathrm{m})$$

（7）配水孔设计　从生物池到二沉池过水采用均布配水孔方式。配水孔流速按最高时流量设计，取值 $v=0.03\mathrm{m/s}$，配水孔宽 $B_k=0.5\mathrm{m}$，高 $H_k=0.2\mathrm{m}$。

配水孔个数　　$$m=\frac{Q_{\max}}{3600nB_kH_kv}=\frac{937.5}{3600\times2\times0.2\times0.5\times0.03}=44(个)$$

配水孔应设置在污泥浓缩区以上，距池底 1.3m 处。

第十章

消毒设施

水消毒处理的目的是解决水中的生物污染问题。城镇污水经过二级处理后，水质改善，细菌含量大幅度减少，但细菌的绝对值仍很可观，并存在病原菌的可能，为防止对人类健康产生危害和对生态造成污染，在污水排入水体前应进行消毒。

目前，城镇污水处理厂中最常用的消毒剂仍是液氯，其他还有次氯酸钠、二氧化氯、臭氧。

正确选择消毒剂是影响工程投资和运行成本的重要因素，也是保证出水水质的关键。几种常用消毒剂的性能比较见表 10-1。

表 10-1 几种常用消毒剂的性能比较

项　目	液　氯	次氯酸钠	二氧化氯	臭　氧	紫外线
杀菌有效性	较强	中	强	最强	强
效能：对细菌 对病毒 对芽孢	有效 部分有效 无效	有效 部分有效 无效	有效 部分有效 无效	有效 有效 有效	有效 部分有效 无效
一般投加量 /(mg/L)	5～10	5～10	5～10	10	
接触时间	10～30min	10～30min	10～30min	5～10min	10～100s
一次投资	低	较高	较高	高	高
运转成本	便宜	贵	贵	最贵	较便宜
优点	技术成熟，投配设备简单，有后续消毒作用	可用海水或浓盐水作原料，也可购买商品次氯酸钠，使用方便	使用安全可靠，有定型产品	能有效去除污水中残留有机物、色、臭味，受pH 值、温度影响	杀菌迅速，无化学药剂
缺点	有臭味、残毒，使用时安全措施要求高	现场制备设备复杂，维护管理要求高	需现场制备，维修管理要求较高	需现场制备，设备管理复杂，剩余臭氧需做消除处理	消毒效果受出水水质影响较大。缺乏后续消毒作用
适用条件	大中型污水处理厂，最常用方法	中小型污水处理厂	中小型污水处理厂	要求出水水质较好、排入水体的卫生条件高的污水处理厂	小型污水处理厂，随着设备逐渐成熟，正日益广泛采用

第一节　液氯消毒

一、设计概述

氯是一种具有特殊气味的黄绿色有毒气体。很容易压缩成琥珀色透明液体即为液氯，液氯的相对密度约是水的1.5 倍，氯气的相对密度约是空气的 2.5 倍。液氯的消毒效果与水温、pH 值、接触时间、混合程度、污水浊度、所含干扰物质及有效氯浓度有关。

1. 液氯消毒工艺流程

如图 10-1 所示。

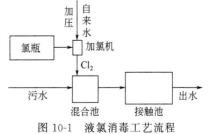

图 10-1 液氯消毒工艺流程

2. 设计参数

(1) 投加量 对于城镇污水，一级处理后为 15～25mg/L；不完全二级处理后为 10～15mg/L，二级处理后为 5～10mg/L。

(2) 混合池 混合时间为 5～15s。混合方式可采用机械混合、管道混合、静态混合器混合、跌水混合、鼓风混合、隔板式混合。

① 机械混合。混合所需的能量按 1m³/d 的污水量 0.06～0.12W 提供。污水在混合室中的停留时间为 5～15s。如图 10-2 所示。

② 管道混合。当管道中为满流，流量变化不大时采用。加药管需插入压力管内 1/4～1/3 管径处。当雷诺数大于 2 000，投药口至下游 10 倍于管径的距离内，可达到完全混合。如图 10-3 所示。

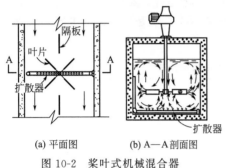

(a) 平面图　　(b) A—A 剖面图

图 10-2　桨叶式机械混合器　　　　　　　　图 10-3　管道混合器

③ 跌水混合。药剂加注到跌落水流中，达到混合效果，跌水水头应保持 0.3～0.4m。如图 10-4 所示。

④ 鼓风混合。鼓风强度为 0.2m³/(m³·min)，空气压力应大于 1 200mmH₂O❶，污水在池中的流速应大于 0.6m/s。

⑤ 扩散混合器。不需外加动力设备，水头损失一般为 0.3～0.4m，其管节长度≥500mm，适用于中型污水处理厂。如图 10-5 所示。

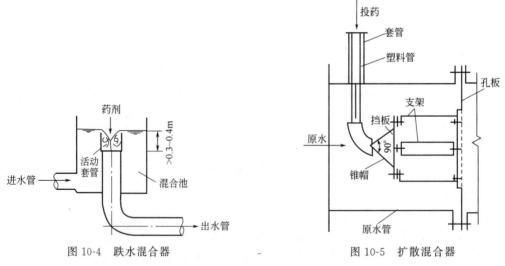

图 10-4　跌水混合器　　　　　　　　　　　图 10-5　扩散混合器

(3) 消毒时间 氯消毒时间（从混合开始起算）采用 30min，保证余氯量不小于 0.5mg/L。

3. 加氯间、氯库设计要求

---

❶　1mmH₂O＝9.806 65Pa，全书同。

① 加氯间和氯库可合建，但应有独立向外开的门，方便药剂运输。

② 氯库的储药量一般按最大日用量的 15～30d 计算。

③ 加氯机不少于 2 套，间距 0.7m，一般高于地面 1.5m。

④ 加氯间、氯库应设置每小时换气 8～12 次的通风设备。排风扇安装在低处，进气孔在高处。

⑤ 漏氯探测器安装位置不宜高于室内地面 35cm。

⑥ 氯瓶中的液氯气化时，会吸收热量，一般用自来水喷淋在氯瓶上，以供给热量。

二、计算例题

【例 10-1】 液氯消毒工艺设计计算

1. 已知条件

某城镇污水处理厂日处理量 10 万吨，二级处理后采用液氯消毒，投氯量按 7mg/L 计，仓库储量按 15d 计算，试设计加氯系统。

2. 设计计算

（1）加氯量 G

$$G = 0.001 \times 7 \times \frac{100\,000}{24} = 29.2 \ (\text{kg/h})$$

（2）储氯量 W

$$W = 15 \times 24G = 15 \times 24 \times 29.2 = 1\,0512 \ (\text{kg})$$

（3）加氯机和氯瓶 采用投加量为 0～20kg/h 加氯机 3 台，2 用 1 备，并轮换使用。液氯的储存选用容量为 1 000kg 的钢瓶，共 12 只。

（4）加氯间和氯库 加氯间与氯库合建。加氯间内布置 3 台加氯机及其配套投加设备，两台水加压泵。氯库中 12 只氯瓶两排布置，设 6 台称量氯瓶质量的液压磅秤。为搬运氯瓶方便，氯库内设 CD_1 2-6D 单轨电动葫芦一个，轨道在氯瓶上方，并通到氯库大门外。

氯库外设事故池，池中长期储水，水深 1.5m。加氯系统的电控柜，自动控制系统均安装在值班控制室内。为方便观察巡视，值班与加氯间设大型观察窗及连通的门。加氯间、氯库平面布置如图 10-6 所示。

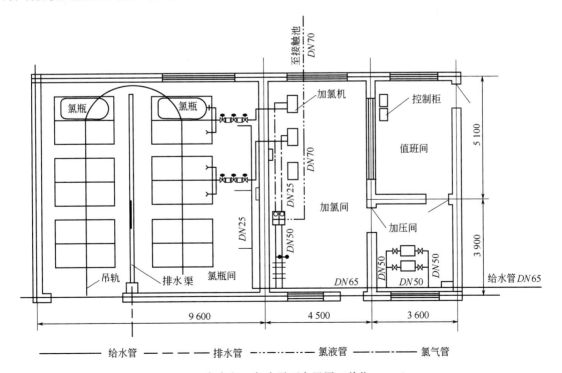

图 10-6 加氯间、氯库平面布置图（单位：mm）

(5) 加氯间和氯库的通风设备　根据加氯间、氯库工艺设计，加氯间总容积 $V_1=4.5\times9.0\times3.6=145.8$ （m^3），氯库容积 $V_2=9.6\times9\times4.5=388.8$ （m^3）。为保证安全每小时换气 8～12 次。

加氯间每小时换气量 $\quad\quad\quad G_1=145.8\times12=1749.6$ （m^3）

氯库每小时换气量 $\quad\quad\quad\quad G_2=388.8\times12=4665.6$ （m^3）

故加氯间选用一台 T30-3 通风轴流风机，配电功率 0.25kW。

氯库选用两台 T30-3 通风轴流风机，配电功率 0.4kW，并各安装一台漏氯探测器，位置在室内地面以上 20cm。

第二节　二氧化氯消毒

一、设计概述

二氧化氯（ClO_2）是黄色气体，带有辛辣味，易溶于水，在水中溶解度 2900g/L，二氧化氯在压缩加压时不稳定，在水中极易挥发，因而不能储存，必须现场制备。

制备方法有化学法和电解法。化学法是以氯酸盐或亚氯酸盐和盐酸为原料；电解法是利用食盐和水为原料，通过特制的隔膜电解槽，产生气体或液化的二氧化氯。

二氧化氯在空气中体积分数大于 10% 或水中含量大于 30% 时，就有可能爆炸。

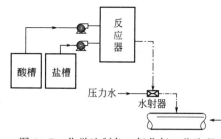

图 10-7　化学法制备二氧化氯工艺流程

二氧化氯中氯是以正四价态存在，其活性可为氯的 2.5 倍。即若氯气的有效氯含量为 100% 时，二氧化氯的有效氯含量为 263%，因而有较高的杀菌效果。

二氧化氯不和水中的有机物发生反应，避免生成有毒的有机卤代烃，但对酚特别有效，有除臭、脱色能力。二氧化氯的投加量（以有效氯计）、接触时间、混合方式等与液氯相同。如图 10-7 所示为化学法制备二氧化氯的工艺流程。

氯酸钠或亚氯酸钠和盐酸经各自的计量装置提升，准确计量后投加进入反应器中。反应生成二氧化氯气体，经射流器抽吸与水混合制成高效的二氧化氯消毒液，投入到需消毒的水中。

二、计算例题

【例 10-2】　二氧化氯消毒设计计算

1. 已知条件

某污水处理厂处理水量 $Q=300m^3/h$，经生物处理后，拟采用二氧化氯消毒，试设计二氧化氯消毒系统。

2. 设计计算

(1) 投药量 G　按有效氯计算，每立方米水中投加 7g 的氯，则投药量 G 为

$$G=0.001\times7\times300=2.1 （kg/h）$$

(2) 设备选型　拟采用化学法制备二氧化氯，即采用氯酸钠和盐酸反应生成二氧化氯和氯气的混合气体。

主反应： $\quad\quad\quad NaClO_3+2HCl\longrightarrow ClO_2\uparrow+\frac{1}{2}Cl_2\uparrow+NaCl+H_2O$

副反应： $\quad\quad\quad NaClO_3+6HCl\longrightarrow 3Cl_2\uparrow+NaCl+3H_2O$

选用 2 台 HB-3000 型二氧化氯发生器，每台产气量 3000g/h，1用1备，日常运行时，交替使用。

(3) 耗药量及药液储槽　根据设备要求，HB-3000 型二氧化氯发生器的药液配制含量：$NaClO_3$ 为 30%，HCl 为 30%。市售的氯酸钠为袋装 50kg 的纯固体粉末，盐酸为稀盐酸，浓度为31%。

理论计算，产生1g 二氧化氯需消耗 0.65g 的 $NaClO_3$ 和 1.3g 的 HCl。但在实际运行中氯酸钠和盐酸不可能完全转化，经验数据为氯酸钠在 70% 以上，盐酸为 80% 左右。

氯酸钠消耗量 $\quad\quad\quad G_{氯酸钠}=0.65\times3000/70\%=2785.7 （g/h）$

盐酸消耗量 $\quad\quad\quad\quad G_{盐酸}=1.3\times3000/80\%=4875 （g/h）$

配制成30%的溶液，则药液的体积为

$$V_{氯酸钠} = 2\,785.7/30\% \times 10^{-6} = 0.009\,3\ (m^3/h)$$

$$V_{盐酸} = 4\,875/30\% \times 10^{-6} = 0.016\ (m^3/h)$$

由于污水处理厂规模小，每日耗药量较小，所以选用两个容积为200L的药液储槽，每日配药1～2次。

（4）储药量 W　储药量按15d设计。

$$W_{氯酸钠} = 24 \times 2.785\,7 \times 15 = 1\,002.85\ (kg)$$

按市售50kg袋装氯酸钠计约需20袋。

$$W_{盐酸} = 24 \times 4.875 \times 15 = 1\,755\ (kg)$$

按市售31%的稀盐酸计约需5 661kg，即4.92m³（31%的稀盐酸密度为1.15t/m³）。

（5）加氯间、药库平面布置　见图10-8。在加氯间低处设排风扇两台，每小时换气8～12次。

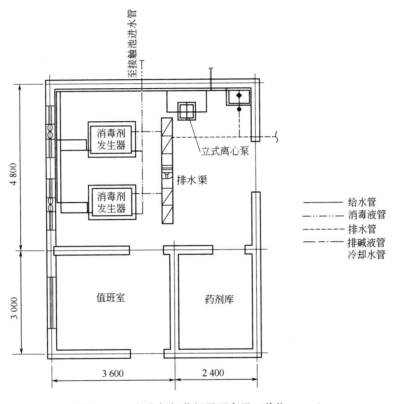

图10-8　二氧化氯加药间平面布置（单位：mm）

第三节　臭 氧 消 毒

一、设计概述

臭氧（O_3）是一种极强的氧化剂和高效杀菌消毒剂，具有特殊的刺激性气味，在浓度很低时呈现新鲜气味，臭氧是淡蓝色气体，在高压下形成液体为深褐色。

1. 臭氧消毒工艺流程

臭氧须由臭氧发生器现场制取，一般以干燥空气为原料，在10～20kV交流电压作用下，通过电极间放电制取低浓度的臭氧化空气。

由于臭氧不易溶于水而被充分利用，生产成本又相当高，所以要有设计良好的水气接触装置，方能充分发挥臭氧的效力。

臭氧与水接触后，剩余的臭氧从尾气管中排出，为保护环境，必须加以处理。臭氧消毒处理工艺流程如图10-9所示。

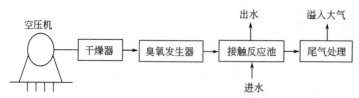

图 10-9　臭氧消毒处理工艺流程

2. 设计参数

（1）投加量　臭氧消毒的投加量由于受出水水质的影响较大，应通过试验或参照类似处理厂的运行经验确定，污水二级处理出水一般为 1～5mg/L。

（2）臭氧发生器的选择　臭氧发生量 D（kgO_3/h）的计算公式如下。

$$D = 1.06aQ$$

式中　a——臭氧投加量，kg/m^3；

Q——处理水量，m^3/h；

1.06——安全系数。

另需考虑 25%～30% 的备用，但不得少于 2 台备用。

臭氧发生器的工作压力 H 为

$$H \geqslant h_1 + h_2 + h_3$$

式中　h_1——接触池水深，m；

h_2——布气装置的水头损失，m；

h_3——臭氧化空气输送管的水头损失，m。

臭氧发生器产品所产生的臭氧化空气中的臭氧浓度约为 10～20g/m^3。

（3）臭氧接触系统　臭氧吸收接触装置有多种形式：微孔扩散器、水射器、填料塔、机械涡轮注入器和固定螺旋混合器等，如图 10-10 所示。

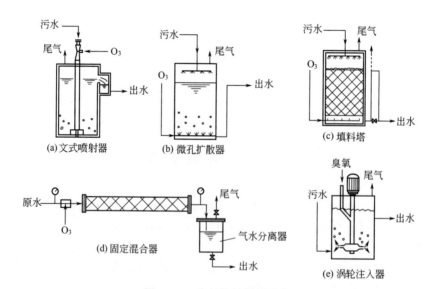

图 10-10　臭氧接触装置示意

目前，各种新型微孔扩散器材料不断出现，产生的气泡较小，溶氧效率逐步提高，因此应用较广泛。不同接触方式的比较见表 10-2。

① 消毒接触时间一般为 4～12min，当需要可靠消灭病毒时，可用双格接触池。第一格接

触时间 4～6min，第二格接触时间 4min，布气量可按 6：4 分配。

表 10-2　不同接触方式的比较

接触方式	臭氧利用率/%	要求水头/(kgf/m²)	气体压力/(kgf/m²)	主 要 特 点
微孔扩散器	90～99	无	>0.6	效率高，简单易行，易堵塞
水射器	80～95	1～2.5	无	需另外的加压系统，用于小投加量
填料塔	90～99	无	>0.6	传质好，效率高，但填料费用高
涡轮注入器	70～90	无	无	效率较低，需消耗动力
固定螺旋混合器	70～90	1～2.5	>0.6	效率较低，水头损失大

注：1kgf/m² ≈ 9.806 65Pa，全书同。

② 臭氧接触池容积 V（m³）

$$V = \frac{QT}{60}$$

式中　Q——设计流量，m³/h；

T——水力停留时间，min。

接触池水深一般为 4～4.5m，根据接触时间要求可建成封闭的单格或多格串联的接触池，如图 10-11、图 10-12 所示。

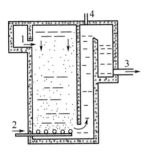

图 10-11　单格接触池
1—进水；2—臭氧化空气进口；
3—出水；4—尾气

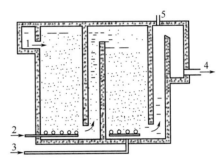

图 10-12　双格接触池
1—进水；2，3—臭氧化空气进口；
4—出水；5—尾气

③ 微孔扩散器的材料有陶瓷、刚玉、锡青铜、钵板等。国产微孔扩散材料压力损失实测值见表 10-3。

表 10-3　国产微孔扩散材料压力损失实测值

材料型号及规格	不同过气流量[L/(cm²·h)]下的压力损失/kPa							
	0.2	0.45	0.93	1.65	2.74	3.8	4.7	5.4
WTDIS 型钛板（孔径小于 10μm，厚 4mm）	5.80	6.00	6.40	6.80	7.06	7.333	7.60	8.00
WTDZ 型微孔钛板（孔径10～20μm，厚 4mm）	6.53	7.06	7.60	8.26	8.80	8.93	9.33	9.60
WTD3 型微孔钛板（孔径25～40μm，厚 4mm）	3.47	3.73	4.00	4.27	4.53	4.80	5.07	5.20
锡青铜微孔板（孔径未测，厚 6mm）	0.67	0.93	1.20	1.73	2.27	3.07	4.00	4.67
刚玉石微孔板（厚 20mm）	8.26	10.13	12.00	13.86	15.33	17.20	18.00	18.93

（4）尾气处理　臭氧接触池的尾气中还含有一部分臭氧，如直接排入大气会污染环境，危害人体健康，必须加以处理。尾气处理的方法有燃烧法、活性炭吸附法、化学吸收法和霍加特催化法。

（5）臭氧处理系统的安全与防护

① 臭氧具有很强的腐蚀性，管道阀门、接触反应设备均应采取防腐措施。

② 臭氧发生间的电线、电缆不能使用橡胶包线，应使用塑料电线。

③ 设备间应设置通风设备。通风机应安装在靠近地面处。

二、计算例题

【例 10-3】 臭氧消毒工艺计算

1. 已知条件

某污水处理厂二级处理出水采用臭氧消毒，设计水量 $Q=1\,450\mathrm{m^3/h}$，经试验确定其最大投加量为 3mg/L，试设计臭氧消毒系统。

2. 设计计算

（1）所需臭氧量 D

$$D=1.06aQ=1.06\times0.003\times1\,450=4.61\;(\mathrm{kgO_3/h})$$

考虑到臭氧的实际利用率只有 70%～90%，确定需要臭氧发生器的产率＝4.61/70%＝6.59（$\mathrm{kgO_3/h}$）。

（2）臭氧接触池 设臭氧接触池水力停留时间 $T=10\mathrm{min}$，则臭氧接触池容积 V 为

$$V=QT/60=1\,450\times10/60=241.67\;(\mathrm{m^3})$$

采用两格串联的臭氧接触池，设计水深 4.5m，超高 0.5m，第一、二格池容按 6∶4 分配，容积分别为 145.00$\mathrm{m^3}$、96.67$\mathrm{m^3}$，接触池面积 A 为

$$A=V/h_1=241.67/4.5=53.7\;(\mathrm{m^2})$$

池宽取 5m，池长为 11m，则接触池容积 V 为

$$V=11\times5.0\times4.5=247.5\;(\mathrm{m^3})>241.7\mathrm{m^3}$$

臭氧接触池计算图如图 10-13 所示。

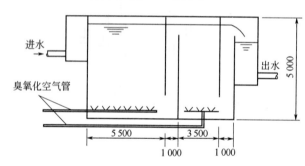

图 10-13　臭氧接触池计算图（单位：mm）

（3）微孔扩散器的数量 n 设臭氧发生器产生的臭氧化空气中臭氧的浓度为 20$\mathrm{g/m^3}$，则臭氧化空气的流量 $Q_{气}$ 为

$$Q_{气}=\frac{1\,000\times6.59}{20}=329.5\;(\mathrm{m^3/h})$$

折算成发生器工作状态（$t=20℃$，$p=0.08\mathrm{MPa}$）下的臭氧化室气流量 $Q'_{气}$ 为

$$Q'_{气}=0.614Q_{气}=0.614\times329.5=202.3\;(\mathrm{m^3/h})$$

选用刚玉微孔扩散器，每个扩散器的鼓气量为 1.2 $\mathrm{m^3/h}$，则扩散器的个数 $n=Q'_{气}/1.2=202.3/1.2=169$（个）。

（4）臭氧发生器的工作压力 H

① 接触池设计水深 $h_1=4.5\mathrm{m}$。

② 布气装置的水头损失查表 10-3，$h_2=17.2\mathrm{kPa}=1.72\mathrm{mH_2O}$。

③ 臭氧化空气管路损失 h_3。根据臭氧化空气流量、管径、管路布置计算管路的沿程和局部水头损失，取 $h_3=0.5\mathrm{m}$，则

$$H\geqslant h_1+h_2+h_3=4.5+1.72+0.5=6.72\;(\mathrm{m})$$

（5）选择设备 选用 4 台卧管式臭氧发生器，3 用 1 备，每台臭氧产量为 3 500g/h。

（6）尾气处理 采用霍加拉特催化剂分解尾气中臭氧，每千克药剂可分解约 27kg 以上的臭氧，选用两个装设 15kg 催化剂的钢罐，交替使用，隔 100h 将药剂取出，烘干继续使用。

第四节 紫外线消毒

一、设计概述

紫外线消毒是细菌、病毒和其他病原微生物细胞吸收紫外线能量后，其遗传物质（DNA）发生突变，使其不再繁殖而达到对水和废水进行消毒的目的。紫外光波长为 200～280nm 的杀菌能力最强。紫外线消毒应用于污水处理工程，随着紫外线消毒技术日益成熟和设备的不断完善而被逐渐推

广使用。近年来随着公众对环境、健康问题的关注，紫外线消毒以其安全、环保的优势取代液氯消毒，被《室外排水设计规范》（GB 50014—2006）确定为"宜采用"的消毒方法。

1. 紫外线消毒的优缺点

紫外线消毒具有高效、经济、环保、安全的优点，具体体现在以下几方面。

① 紫外线消毒具有广谱性，即对细菌、病毒、原生动物均有效。

② 紫外线消毒合乎环境保护的要求，不会产生三卤甲烷、高分子诱变剂、致癌物质等毒副产物。

③ 不需要运输、使用、储藏有毒或危险化学药剂，维护简单方便，操作安全。

④ 消毒接触时间极短，无需巨大的接触池、药剂库等建构筑物，大大减少了土建费用。

⑤ 占地面积小。

⑥ 运行成本较氯消毒低。

⑦ 紫外线消毒无残余消毒作用。

⑧ 紫外线消毒效果受出水水质影响较大。

2. 影响紫外消毒的因素

（1）紫外光穿透率（UVT）　由于水中的某些物质和粒子（如水的色度、浊度、含铁量等）吸收和分散紫外光，使紫外光穿透率降低。紫外光穿透率越低，达到同样消毒效果所需的紫外剂量就越大。

（2）悬浮物　水中的悬浮颗粒可吸收并分散紫外能量，同时使隐藏于颗粒中的微生物避免紫外光的照射，所以悬浮物浓度越高，消毒效果越差；颗粒尺寸越大，紫外剂量需求越大。

（3）温度　紫外灯管周围的介质温度影响灯管能量的发挥。介质温度低，杀菌效果差。

3. 紫外消毒设备

紫外线消毒器主要有两种，即浸水式和水面式。浸水式紫外线消毒器是把光源置于水中。此法的特点是紫外线利用率高，杀

图 10-14　紫外消毒设施

菌效能好，但设备的构造复杂。水面式紫外线消毒器构造简单，利用反射罩将紫外光辐射到水中。由于反射罩吸收紫外光，以及光线散射，杀菌效果不如前者。

近年来浸水式的紫外消毒设备得到很大发展。采用了低压、中压石英灯管，使用寿命由500h 提高到 5 000～12 000h；采用了机械加化学自动清洗系统和模块式的集成系统，每个模块可独立运行，极大地方便了维护管理工作，如图 10-14 所示。加拿大 TROJAN 公司生产的紫外消毒系统的主要参数见表 10-4。

表 10-4　加拿大 TROJAN 公司生产的紫外消毒系统的主要参数

设备型号		UV3000PTP	UV3000PLUS	UV4000PLUS
处理水量 /(m³/d)	峰值	95～5 700	5 700～76 000	76 000 以上
	均值	40～2 900	2 900～38 000	38 000 以上
性能		二级出水每 3 800m³/d 需 28 根灯管	二级出水每 3 800m³/d 需 14 根灯管	二级出水每 3 800m³/d 需 2.5 根灯管
出水水质要求		TSS：10～30mg/L UVT≥45%	TSS：10～30mg/L UVT＝45%～70%	TSS：10～100mg/L UVT＞15%
每模块灯管数/根		2、4	4、6、8	6～24
每根灯管的功率/W		44	250	2 800
灯管清洗方式		手动	机械加化学 自动清洗	在线机械加化学 自动清洗

2006 年我国颁布实施的紫外线消毒设备的国家标准《城市给排水紫外线消毒设备》（GB/T 19837—2005），对紫外线消毒设备的分类、技术要求、检验规则等给出了详细的规定，对工程设计也具有重要的指导意义。

目前紫外线消毒设备根据紫外灯类型分为低压灯系统、低压高强灯系统和中压灯系统。按照紫外灯安装方式分为明渠式紫外线消毒设备和压力式管道紫外线消毒设备。

低压灯紫外线消毒系统适用于小型污水处理厂或低流量水处理系统；低压高强灯紫外线消毒系统适用于中型污水处理厂；中压灯紫外线消毒系统适用于大型污水处理厂和高悬浮物、紫外线穿透率低的水处理系统。

4. 设计要点

（1）紫外消毒剂量是单位面积上接收到的紫外线能量（mJ/cm^2）是所有紫外线辐射强度和曝光时间的乘积。紫外消毒剂量的大小与出水水质、水中所含物质种类、灯管的结垢系数等多种因素有关，应通过试验确定。在工程设计和应用时，可通过有资质的第三方使用同类设备在类似水质中所做的检验报告确定。城镇污水处理厂达到二级标准和一级 B 标准时，紫外线有效剂量不低于 $15mJ/cm^2$，达到一级 A 标准时，紫外线的有效剂量不低于 $20mJ/cm^2$。

（2）光照接触时间 $10\sim100s$。

（3）紫外线照射渠中的水流尽可能保持推流状态。灯管前后的渠长度不宜小于 1m。水位可由固定溢流堰或自动水位控制器控制。

（4）水流流速最好不小于 0.3m/s，以减小套管结垢，可采用串联运行，以保证所需的接触时间。

（5）紫外线照射渠一般设置 2 条，当水量较小设置 1 条时，应设置超越渠道。

二、计算例题

【例 10-4】 紫外线消毒工艺计算

1. 已知条件

某污水处理厂日处理水量 $Q=20\ 000m^3/d$，$K=1.5$，二级处理出水拟采用紫外线消毒，试设计紫外线消毒系统。

2. 设计计算

（1）峰值流量

$$Q_峰 = 20\ 000 \times 1.5 = 30\ 000\ (m^3/d)$$

（2）灯管数 初步选用 UV3000PLUS 紫外消毒设备，每 $3\ 800m^3/d$ 需 14 根灯管，故灯管数

$$n_平 = \frac{20\ 000}{3\ 800} \times 14 = 5.26 \times 14 = 74\ (根)$$

$$n_峰 = \frac{30\ 000}{3\ 800} \times 14 = 7.89 \times 14 = 110\ (根)$$

拟选用 6 根灯管为一个模块，则模块数 N

$$12.33\ 个 < N < 18.33\ 个$$

（3）消毒渠设计 按设备要求渠道深度为 129cm，设渠中水流速度为 0.3m/s。渠道过水断面积 A 为

$$A = \frac{Q}{v} = \frac{30\ 000}{0.3 \times 24 \times 3\ 600} = 1.16\ (m^2)$$

渠道宽度 $\qquad B = A/H = 1.16/1.29 = 0.89\ (m)$，取 0.9m。

复核流速：

$$v_峰 = \frac{Q_峰}{A} = \frac{30\ 000}{1.29 \times 0.9 \times 24 \times 3\ 600} = 0.299\ (m/s)$$

$$v_平 = \frac{Q_平}{A} = \frac{20\ 000}{1.29 \times 0.9 \times 24 \times 3\ 600} = 0.199\ (m/s)$$

若灯管间距为 8.89cm，沿渠道宽度可安装 10 个模块，故选取用 UV3000PLUS 系统，两个 UV 灯组，每个 UV 灯组 9 个模块。

每个模块长度为 2.46 m，两个灯组间距 1.0m，渠道出水设堰板调节。调节堰与灯组间距 1.5m，则渠道总长 L 为

$$L = 2 \times 2.46 + 2 \times 1.0 + 1.5 = 8.42 \ (m)$$

复核辐射时间

$$t_{峰} = \frac{2 \times 2.46}{0.299} = 16.45 \ (s) \ (符合要求)$$

$$t_{平} = \frac{2 \times 2.46}{0.199} = 24.72 \ (s)$$

紫外线消毒渠道布置如图 10-15 所示。

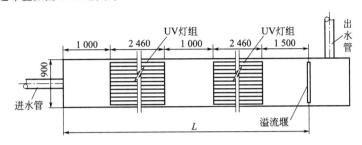

图 10-15 紫外线消毒渠道布置（单位：mm）

（4）计算小结　污水处理厂紫外线消毒系统选用 UV3000PLUS 系统，两个 UV 灯组，每个 UV 灯组 9 个模块，每模块 5 根灯管。采用串联布置，设置超越渠。详见图 10-16。

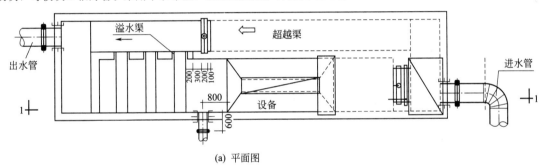

(a) 平面图

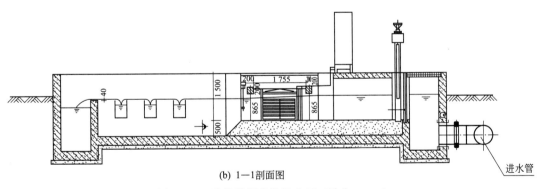

(b) 1—1剖面图

图 10-16 紫外线消毒装置布置（单位：mm）

第五节　接　触　池

一、设计概述

接触池的作用是保证消毒剂与水有充分的接触时间，使消毒剂发挥作用，达到预期的杀菌效果。设计合理的接触池应使污水的每个分子都有相同的停留时间，也就是说水流属于 100% 的推流。采用的消毒方法不同，接触池的停留时间、形式也不同。下面重点介绍氯消毒接触池

的设计要点。

（1）氯与污水的混合接触时间（包括接触池后污水在管渠中流动的全部时间）采用 30min。

（2）接触池容积应按最大小时污水量设计。

（3）接触池池形可采用矩形隔板式、竖流式和辐流式。

（4）矩形隔板式接触池的隔板应沿纵向分隔，当水流长度∶宽度＝72∶1，池长∶单格宽＝18∶1，水深∶宽度（h/b）≤1.0 时，接触效果最好。

（5）竖流式、辐流式接触池计算公式同竖流式、辐流式沉淀池，沉降速度采用 1～1.3mm/s。

二、计算例题

【例 10-5】 接触池工艺计算

1. 已知条件

最大设计流量 $Q_{max}＝1\,800m^3/h$，采用氯消毒工艺，接触时间 $t＝30min$，设计接触池各部尺寸。

2. 设计计算

（1）接触池容积 V

$$V＝Q_{max}t＝1\,800×0.5＝900（m^3）$$

（2）采用矩形隔板式接触池两座（$n＝2$），每座池容积 $V_1＝900/2＝450（m^3）$。

（3）取接触池水深 $h＝2.0m$，单格宽 $b＝1.8m$，则池长 $L＝18×1.8＝32.4（m）$，水流长度 $L'＝72×1.8＝129.6（m）$。

$$每座接触池的分格数＝129.6/32.4＝4（格）$$

图 10-17 为其计算图。

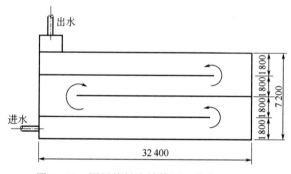

图 10-17 隔板接触池计算图（单位：mm）

（4）复核池容 由以上计算，接触池宽 $B＝1.8×4＝7.2（m）$，长 $L＝32.4m$，水深 $h＝2.0m$。

所以
$$V_1＝32.4×7.2×2＝466.56（m^2）＞450m^3$$

接触池出水设溢流堰。

第十一章
污泥处理及除臭设施

第一节 污泥处理的目标和工艺流程

污水处理厂的污泥处理处置是我国环境治理面临的非常迫切的问题，在 2009 年三部委联合颁布的《城镇污水处理厂污泥处理处置及污染防治技术政策》中明确规定城镇污水处理厂新建、改建和扩建时，污泥处理处置设施应与污水处理设施同时规划、同时建设、同时投入运行。这将污泥处理处置提升到前所未有的高度。

污泥处理处置的目标是实现减量化、稳定化和无害化，尽量回收和利用污泥中的能源和资源。在安全、环保和经济的前提下合理实现污泥的处理处置以及综合利用，达到节能减排和发展循环经济的目的。

污泥处理处置应遵循"源头削减和全过程控制"原则，在源头上加强对有毒有害物质的控制。在设计中应根据污泥特性和最终安全处置要求，选择适宜的污泥处理工艺。

表 11-1 污泥处理工艺类型

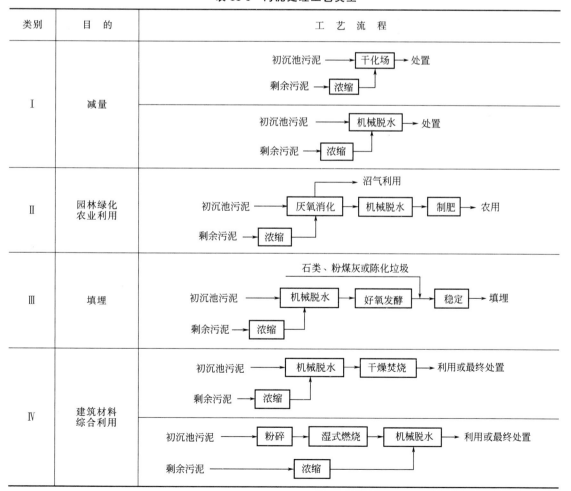

类别	目的	工艺流程
Ⅰ	减量	初沉池污泥 → 干化场 → 处置；剩余污泥 → 浓缩 初沉池污泥 → 机械脱水 → 处置；剩余污泥 → 浓缩
Ⅱ	园林绿化农业利用	初沉池污泥 → 厌氧消化（→沼气利用）→ 机械脱水 → 制肥 → 农用；剩余污泥 → 浓缩
Ⅲ	填埋	初沉池污泥 → 机械脱水（石类、粉煤灰或陈化垃圾）→ 好氧发酵 → 稳定 → 填埋；剩余污泥 → 浓缩
Ⅳ	建筑材料综合利用	初沉池污泥 → 机械脱水 → 干燥焚烧 → 利用或最终处置；剩余污泥 → 浓缩 初沉池污泥 → 粉碎 → 湿式燃烧 → 机械脱水 → 利用或最终处置；剩余污泥 → 浓缩

污泥处置是指处理后污泥的消纳过程,处置方式有土地利用、填埋、建筑材料综合利用等。其中污泥土地利用主要包括土地改良、园林绿化和污泥农用。

污泥处理必须满足污泥处置的要求,根据污泥处置要求和相应的泥质标准,选择适宜的污泥处理技术路线。当前我国污泥处理的技术路线是在污泥浓缩、调理和脱水等实现污泥减量化的常规处理工艺基础上,根据污泥处置要求和相应的泥质标准,选择适宜的污泥处理工艺。以园林绿化、农业利用为处置方式时,宜采用厌氧消化或高温好氧发酵(堆肥)等方式处理污泥;以填埋为处置方式时,可采用高温好氧发酵(堆肥)、石灰稳定等方式处理污泥,也可添加粉煤灰和陈化垃圾对污泥进行改性;以建筑材料综合利用为处置方式时,可采用污泥热干化、污泥焚烧等处理方式。

污泥处理的工艺流程大致归纳为四类,详见表11-1。

第二节 污泥产量计算

污水处理过程中产生的污泥量决定于原污水的水量、水质、处理工艺及去除率。我国主要城镇污水处理厂污泥产量的数据见表11-2。

表 11-2 我国主要城镇污水处理厂污泥产量

原污水的浓度 BOD、SS/(mg/L)	250~350	150~250	70~150
处理深度	二级处理	二级处理	二级处理
去除率/%	90 以上	90 左右	90 左右
污泥产量占污水量的百分数/%	2.0~3.8	0.8~1.0	0.4~0.7

一、设计概述

城镇污水处理厂产生的污泥主要有初沉污泥和剩余污泥。初次沉淀池的污泥量可根据污水中悬浮物浓度、污水流量、沉淀效率及污泥含水率进行计算。剩余污泥量因采用的污水处理工艺不同,计算方法也不尽相同。

1. 几个污泥性质指标

(1) 污泥含水率 污泥含水率有两种表示方法,即湿基含水率 p 与干基含水率 d。

$$p = \frac{污泥所含水分质量}{污泥总质量} \times 100\%$$

$$d = \frac{污泥所含水分质量}{污泥所含干固体质量} \times 100\%$$

两者关系为

$$d = \frac{p}{1-p}$$

(2) 污泥相对密度 污泥相对密度有湿污泥相对密度 γ、干污泥相对密度 γ_s、挥发性固体的相对密度 γ_v、灰分的相对密度 γ_f。

$$湿污泥相对密度 \gamma = \frac{湿污泥的质量}{同体积水的质量} = \frac{p+(100-p)}{p+\frac{100-p}{\gamma_s}}$$

$$= \frac{100\gamma_s}{p\gamma_s+(100-p)}$$

$$干污泥相对密度 \gamma_s = \frac{干污泥的质量}{同体积水的质量}$$

即

$$\frac{100}{\gamma_s} = \frac{p_v}{\gamma_v} + \frac{100-p_v}{\gamma_f}$$

$$\gamma_s = \frac{100\gamma_f\gamma_v}{100\gamma_v + p_v(\gamma_f + \gamma_v)} = \frac{250}{100 + 1.5p_v}(\text{取}\ \gamma_v = 1, \gamma_f = 2.5)$$

式中　p_v——污泥中挥发性固体所占比例，%。

（3）污泥的可消化程度 R_d

$$R_d = \left(1 - \frac{p_{v2}p_{f1}}{p_{v1}p_{f2}}\right) \times 100\%$$

式中　p_{v1}、p_{v2}——生污泥与熟污泥中有机物所占的百分数，%；

　　　p_{f1}、p_{f2}——生污泥与熟污泥中无机物所占的百分数，%。

2. 污泥产量

（1）初沉污泥量 V_1（m^3/d）

$$V_1 = \frac{100C_0\eta Q}{10^3(100-p) \times \rho}$$

式中　C_0——原污水中悬浮物浓度，mg/L；

　　　η——初次沉淀池沉淀效率，%，一般取 $40\% \sim 55\%$；

　　　Q——设计污水量，m^3/d；

　　　p——污泥含水率，%，一般取 $95\% \sim 97\%$；

　　　ρ——初沉污泥容重，kg/m^3 以 $1\,000kg/m^3$ 计。

对于生活污水，也可按每人每日产生的污泥量 V（m^3/d）计算，其数值见表11-3。

$$V = \frac{SNT}{1\,000}$$

式中　S——每人每日污泥量，L/(人·d)；

　　　N——设计人口数，包括城市人口数和设计当量人口数，人；

　　　T——初沉池两次排泥的间隔时间，d。

表 11-3　生活污水产生的污泥量

沉淀池类型		进水中污泥含量	污泥量		污泥含水率 /%
			/[g/(人·d)]	/[L/(人·d)]	
初沉池		SS=35~50g/(人·d)	14~27	0.47~0.9	97
二沉池	活性污泥	BOD$_5$=20~35g/(人·d),污泥增殖系数按0.6计	10~21	1.67~3.5	99.4
	生物膜法	BOD$_5$=20~35g/(人·d),污泥增殖系数按0.5计	7~19	0.35~0.95	98

（2）剩余污泥 V_2　活性污泥系统中，微生物一方面对可生物降解的有机物进行生物氧化，并把氧化过程中产生的能量用于合成新的细胞物质，另一方面微生物内源呼吸使细胞物质减少，这两项生理活动的综合结果，使系统中活性污泥量发生变化。活性污泥的净增量是这两项活动的差值，也即每日排出系统的剩余污泥量。

不同的污水处理工艺，有机物生物降解和微生物内源呼吸的程度不同，所以剩余污泥量的计算方法也不完全一致，可参见第六章等有关章节。

（3）消化污泥量 V_3　污泥经消化处理后，被消化的有机物分解为 CO_2、H_2O、CH_4 等，因此污泥体积会有所减小。消化后污泥体积 V_3（m^3/d）为

$$V_3 = \frac{(100-p)V}{100-p_d} \times \left(1 - \frac{p_v R_d}{10\,000}\right)$$

式中　　p——生污泥的含水率，%；

　　　　p_d——消化污泥的含水率，%；

　　　　V——生污泥体积，m^3/d；

　　　　R_d——可消化程度，%；

　　　　p_v——生污泥有机物的含量，%。

二、计算例题

【例 11-1】 污泥含水率计算

1. 已知条件

某剩余污泥 100kg，含水率为 98%，干污泥有机物含量为 65%，经浓缩后含水率降低至 96% 时，求其质量、体积、干基含水率。

2. 设计计算

（1）污泥质量　当污泥的含水率大于 65% 时，湿污泥的相对密度近似等于 1，所以污泥含水率、干固体浓度、体积、质量之间存在以下关系。

$$\frac{100-p_2}{100-p_1}=\frac{C_2}{C_1}=\frac{W_1}{W_2}=\frac{V_1}{V_2}$$

含水率由 98% 降至 96% 时，污泥质量变为

$$W_2=W_1\times\frac{100-p_1}{100-p_2}=100\times\frac{100-98}{100-96}=50\ (\text{kg})$$

（2）污泥体积　$V_2=V_1\times\dfrac{W_2}{W_1}=V_1\times\dfrac{50}{100}=\dfrac{V_1}{2}$，即为原体积的一半。

（3）干基含水率　当 $p_1=98\%$ 时

$$干基含水率\ d_1=\frac{p_1}{1-p_1}\times100\%=\frac{0.98}{1-0.98}\times100\%=49\%$$

当 $p_2=96\%$ 时

$$干基含水率\ d_2=\frac{p_2}{1-p_2}\times100\%=\frac{0.96}{1-0.96}\times100\%=24\%$$

【例 11-2】 污泥相对密度计算

1. 已知条件

某初沉污泥 120m^3，含水率为 97%，干污泥有机物含量为 65%，求干污泥相对密度、湿污泥相对密度及湿污泥质量。

2. 设计计算

（1）干污泥相对密度

$$\gamma_s=\frac{250}{100+1.5p_v}=\frac{250}{100+1.5\times65}=1.266$$

（2）湿污泥相对密度

$$\gamma=\frac{100\gamma_s}{p\gamma_s+(100-p)}=\frac{100\times1.266}{97\times1.266+(100-97)}=1.0063$$

（3）湿污泥质量

$$W=\gamma V=1.0063\times120=120.756\ (\text{t})$$

【例 11-3】 消化污泥量计算

1. 已知条件

某污水处理厂产生的混合污泥 600m^3/d，含水率 96%，有机物含量为 65%，用厌氧消化作稳定处理，消化后熟污泥的有机物含量为 50%。消化池无上清液排除设备，求消化污泥量。

2. 设计计算

（1）污泥可消化程度 R_d　生污泥中有机物含量为 $p_{v_1}=65\%$，无机物含量 $p_{f_1}=35\%$，熟污泥中有机物含量为 $p_{v_2}=50\%$，无机物含量 $p_{f_2}=50\%$，则

$$R_d=\left(1-\frac{p_{v_2}p_{f_1}}{p_{v_1}p_{f_2}}\right)\times100\%=\left(1-\frac{50\times35}{65\times50}\right)\times100\%=46.2\%$$

（2）消化污泥体积 V_d

$$V_d = \frac{(100-p)V}{100-p_d} \times \left(1 - \frac{p_v R_d}{10\,000}\right)$$

污泥经消化处理后，被消化的有机物分解为 CO_2、H_2O、CH_4，因此，污泥的体积将减小，含水率增加。设消化后污泥含水率为 97%，则

$$V_d = \frac{(100-96) \times 600}{(100-97)} \times \left(1 - \frac{65 \times 46.2}{10\,000}\right) = 559.76 \ （m^3/d）$$

第三节　污泥的管道输送

污泥的管道输送是普遍采用的方法，具有卫生条件好，没有气味与污泥外溢、操作方便、便于自动化等优点，但一次性投资较高。

一、设计概述

（1）污泥管道输送可分为重力管道和压力管道两种。污水厂内短距离输送，多采用重力管道，管道坡度 0.01～0.02，管径不小于 200mm，中途设清通口。污泥远距离输送采用压力管道。

（2）污泥含固、液两相，当含固率较低（＜1%）时，流动特性接近于水流。随着固体浓度增高，呈现出假塑性或塑性流体的特性。污泥在流速较小时，是层流状态，由于首先需克服初始剪力 τ_0，流动阻力很大。流速加大，则为紊流状态，流动阻力较小。

（3）设计常采用较大的 v 值，使污泥处于紊流状态。在输泥管常用的管径范围内，流速 1.0～1.5m/s 是污泥层流和紊流状态的界限值。推荐压力输泥管最小流速为 1.0～2.0m/s，按污泥浓度选取，浓度高者取上限，反之取下限。

（4）管道内污泥的流动状态，在紊流开始时，水头损失最小，是最经济的流速。消化污泥不同管径极限流速的试验值见表 11-4。初沉污泥无机颗粒含量较高，流动性差，极限流速要高一些。

表 11-4　不同管径的极限流速

管径/mm	极限流速/(m/s)		管径/mm	极限流速/(m/s)	
	低限	高限		低限	高限
200	1.09	1.38	350	1.05	1.31
250	1.08	1.35	500	1.04	1.29

（5）压力管道输送水力计算

① 沿程水头损失 h_f（m）。压力输泥管沿程水头损失，在紊流条件下采用哈森-威廉姆斯（Hazen-Wiliams）公式计算。

$$h_f = 6.82 \times \left(\frac{L}{D^{1.17}}\right)\left(\frac{v}{C_H}\right)^{1.85}$$

$$v = 0.85 C_H R^{0.63} i^{0.54}$$

或　　　　　　　　　　　$h_f = iL$

式中　L——输泥管长度，m；

　　　D——输泥管径，m；

　　　v——输泥管内污泥流速，m/s；

　　　C_H——哈森-威廉姆斯系数，其值与污泥浓度有关，见表 11-5；

　　　R——水力半径，m；

　　　i——水力坡度。

表 11-5　污泥浓度与 C_H 值

污泥浓度/%	C_H 值	污泥浓度/%	C_H 值
0.0	100	6.0	45
2.0	81	8.5	32
4.0	61	10.1	25

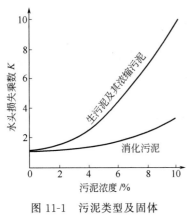

图 11-1　污泥类型及固体
浓度与 K 值关系

为安全起见，哈森-威廉姆斯公式计算结果，需乘以 K 值。K 值与污泥性质和浓度有关，可查污泥类型及固体浓度与 K 值关系（见图 11-1）。

② 局部水头损失 h_i（m）

$$h_i = \xi \times \frac{v^2}{2g}$$

式中　ξ——局部阻力系数，见表 11-6；

v——管内污泥流速，m/s；

g——重力加速度，9.81m/s²。

③ 污泥管道的水头损失计算。也可采用简便的方法，即按清水计算，并乘以比例系数。在紊流状态下，污泥含水率大于 98% 时，污泥管道的水头损失可定为清水的 2～4 倍；含水率为 90%～92% 时，为清水的 6～8 倍。

表 11-6　污泥管道输送局部阻力系数 ξ 值

配件名称		ξ 值	污泥含水率/%	
			98	96
承插接头		0.4	0.27	0.43
三通		0.8	0.6	0.73
90°弯头		1.46 ($r/R=0.9$)	0.85 ($r/R=0.7$)	1.14 ($r/R=0.8$)
四通		—	2.5	—
闸门	$h/d=0.9$	0.03		0.04
	0.8	0.05		0.12
	0.7	0.2		0.32
	0.6	0.7		0.90
	0.5	2.03		2.57
	0.4	5.27		6.30
	0.3	11.42		13.00
	0.2	28.70		29.70

（6）敷设要求

① 管材宜选用铸铁管和塑料管，管径不小于 150mm。

② 污泥管道的线路应尽量设置在下水道附近，以便排除冲洗水及泄空污泥。平面和纵向布置中，尽量减少急剧的转折。

③ 污泥管道坡度应不小于 0.001～0.002，凸部设排气阀，凹部设泄水阀。每隔 100～

200m 或适当地点设检查井，作为观察、检修及清通管道之用。

二、计算例题

【例 11-4】 污泥输送管道计算

1. 已知条件

某城镇污水处理厂日产消化污泥 2 500m³/d，含水率为 98%，用管道输送至厂外农场灌溉，输送距离 500m，沿线设闸门一个，90°转弯两处，试设计管路系统。

2. 设计计算

（1）输泥管管径 D 由于污泥（含水率为 98%）属假塑性流体，层流状态下阻力较大，紊流状态下阻力较小，所以设计输泥管道时，通常采用较大流速。取设计流速 $v=1.6\text{m/s}$，设计流量 $Q=2\,500\text{m}^3/\text{d}=0.028\,9\text{m}^3/\text{s}$。

$$输泥管管径\ D=\sqrt{\frac{4Q}{\pi v}}=\sqrt{\frac{4\times0.028\,9}{3.14\times1.6}}=0.152(\text{m})，取\ D=150\text{mm}。$$

（2）沿程损失 h_f 因 $p=98\%$，查表 11-5 得 $C_H=81$。

$$h_f=6.82\times\left(\frac{L}{D^{1.17}}\right)\left(\frac{v}{C_H}\right)^{1.85}$$

$$=6.82\times\left(\frac{500}{0.15^{1.17}}\right)\times\left(\frac{1.6}{81}\right)^{1.85}=22.06(\text{m})$$

由于是消化污泥，浓度为 2%，查图 11-1，得 $K=1.03$，故

$$输泥管沿程水头损失=Kh_f=1.03\times22.06=22.72（\text{m}）$$

（3）局部损失 h_i 查表 11-6，90°弯头 $\xi_1=0.85$，闸门 $\xi_2=0.03$，则

$$h_i=\sum\xi_i\times\frac{v^2}{2g}=(2\xi_1+\xi_2)\times\frac{v^2}{2g}$$

$$=(2\times0.85+0.03)\times\frac{1.6^2}{2\times9.8}=0.23(\text{m})$$

（4）总水头损失 h

$$h=h_f+h_i=22.72+0.23=22.95(\text{m})$$

（5）选泵 根据 $Q=0.028\,9\text{m}^3/\text{s}$，$h=22.95\text{m}$，选择单螺杆泵输送污泥。

第四节 污 泥 浓 缩

污泥浓缩的目的在于去除污泥颗粒间的空隙水，以减少污泥体积，为污泥的后续处理提供便利条件。

一、设计概述

污泥浓缩有重力浓缩、气浮浓缩、离心浓缩、微孔滤机浓缩及隔膜浓缩等方法。

重力浓缩适用于活性污泥、活性污泥与初沉污泥的混合体以及消化污泥的浓缩，不宜用于脱氮除磷工艺产生的剩余污泥。腐殖污泥与高负荷腐殖污泥经长时间浓缩后，比阻将增加，上清液 BOD_5 升高，不利于机械脱水，因此也不宜采用重力浓缩。

气浮浓缩适用于相对密度接近 1.0 的疏水性物质，如好氧消化污泥、接触稳定污泥、延时曝气活性污泥和一些工业的含油废水等，可将含水率为 99.5% 的活性污泥浓缩到 94%～96%。气浮浓缩由于在好氧状态中完成，而且持续时间较短，因此适用于脱氮除磷系统的污泥浓缩。初沉污泥、腐殖污泥、厌氧消化污泥等，由于相对密度较大，沉降性能好、絮凝性能差，不适于气浮浓缩。

离心浓缩是利用污泥中的固体与液体的相对密度差，在离心力场所受的离心力的不同而被分离浓缩。因此适用范围较广，但运行与维修费较高。

1. 重力浓缩

重力浓缩根据运行方式不同分为连续式、间歇式，如图 11-2、图 11-3 所示。

前者适用于大、中型污水处理厂，后者应用于小型污水处理厂。

（1）间歇式重力浓缩池进泥、排泥是间歇进行的。在池子的不同高度上设置上清液排出管。运行时，应先排除上清液，然后排除浓缩污泥，排空池容，再投入下一个循环。

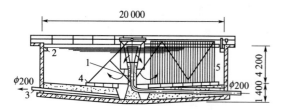

(a) 有刮泥机及搅动栅的连续式重力浓缩池

1—中心进泥管；2—上清液溢流堰；
3—排泥管；4—刮泥机；5—搅动栅

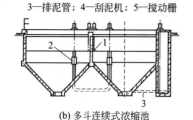

(b) 多斗连续式浓缩池

1—进口；2—可升降的上清液排除管；3—排泥管

图 11-2　连续式重力浓缩池（单位：mm）

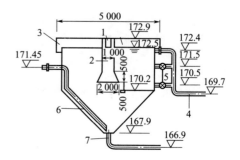

图 11-3　带中心管间歇式
重力浓缩池（单位：mm）

（2）连续式重力浓缩池可采用沉淀池形，一般为竖流或辐流式，带有刮泥机和搅动栅。

（3）重力浓缩池面积应按污泥沉淀曲线试验数据确定的固体通量计算，当无污泥沉淀试验资料时，可参考表 11-7 选取。

表 11-7　重力浓缩池固体通量经验值

污泥类型	污泥含水率/%	固体通量/[kg/(m² · d)]	浓缩污泥含水率/%
初沉污泥	95~97	80~120	90~92
活性污泥	99.2~99.6	20~30	97~98
腐殖污泥	98~99	40~50	96~97
混合污泥	99~99.4	30~50	97~98

（4）污泥浓缩时间不宜小于 12h。

（5）当浓缩池不设刮泥机时，污泥斗斜壁与水平面形成的角度不小于 50°，设刮泥机时，池底坡度为 1/20。

（6）刮泥机周边线速度一般为 1~2m/min。

2. 气浮浓缩

气浮浓缩系统由加压泵、溶气罐、气浮池溶气释放器和排泥设备组成。可分为有回流气浮浓缩和无回流气浮浓缩，如图 11-4 所示。

（1）气浮浓缩池可采用矩形或圆形。每座池处理能力小于 $100m^3/h$ 时，多采用矩形池。处理能力大于 $100m^3/h$、小于 $1\,000m^3/h$ 时，多采用圆形辐流式气浮池（见图 11-5）。

（2）溶气比 A_a/S（即气浮单位质量固体所需空气质量）应通过气浮试验确定。无试验资料时，一般采用 0.005~0.04，入流污泥固体浓度高时，取下限；反之，取上限。

（3）气浮浓缩池的表面水力负荷、固体负荷可参照表 11-8 采用。

（4）溶气罐的容积，一般按加压水停留 1~3min 计算，罐内溶气压力为 $2~4kgf/cm^2$，溶气效率一般为 50%~80%。溶气罐的直径：高度＝1：（2~4）。

（5）矩形气浮池，长：宽＝（3：1）~（4：1），深度：宽度≥0.3，有效水深为 3~4m，水平流速 4~10mm/s。辐流式气浮池深度不小于 3m。

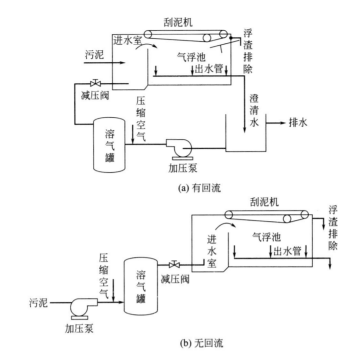

(a) 有回流

(b) 无回流

图 11-4 气浮浓缩系统

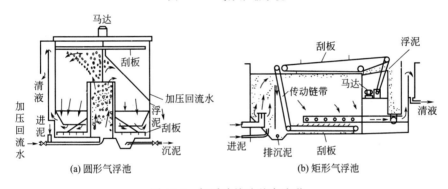

(a) 圆形气浮池

(b) 矩形气浮池

图 11-5 气浮浓缩池基本池形

表 11-8 气浮浓缩池表面水力负荷和固体负荷

污 泥 种 类	原污泥固体浓度/%	表面水力负荷/[m³/(m²·h)]		表面固体负荷/[kg/(m²·h)]	气浮污泥固体浓度/%
		有回流	无回流		
活性污泥混合液	<0.5			1.04~3.12	
剩余活性污泥	<0.5			2.08~4.17	
纯氧曝气剩余活性污泥	<0.5	1.0~3.6	0.5~1.8	2.5~6.25	3~6
初沉污泥与剩余污泥的混合污泥	1~3			4.17~8.34	
初沉污泥	2~4			<10.8	

（6）气浮池应设置可调式出水堰，控制水面上浮渣厚度为0.15~0.3m，刮泥机的运行速度一般采用0.5m/min。

二、计算例题

【例 11-5】 用试验法设计连续式重力浓缩池

1. 已知条件

某污水处理厂每日产生初沉污泥与剩余污泥的混合污泥共计 3 800m³/d，含水率 $p_0=96.924\%$（即固体浓度 $C_0=30.76$kg/m³），若采用连续式重力浓缩池浓缩，使污泥浓度达到 $p_u=94.47\%$（即固体浓度 $C_u=55.3$kg/m³），求浓缩池各部尺寸及排泥速度。

2. 设计计算

采用静态试验的方法，设计浓缩池，试验装置如图 11-6 所示。

（1）用污水处理厂的混合污泥进行浓缩试验，并绘制沉淀时间和污泥界面高度即 H_i-t_i 曲线（见图 11-7）。

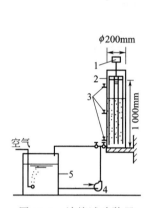

图 11-6　浓缩试验装置

1—搅拌装置；2—沉淀筒；
3—取样口；4—泵；5—污泥桶

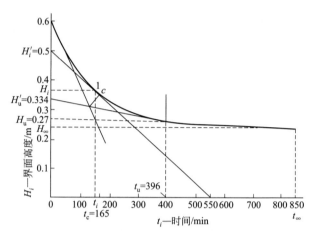

图 11-7　污泥界面沉降曲线（H_i-t_i）

（2）计算沉降曲线上任一污泥界面沉速及其浓度　在图 11-7 上任取一点"1"，其横坐标 $t_i=150$min，纵坐标 $H_i=0.364$m，经点"1"做切线，截纵坐标于 $H_i'=0.5$m，切线的斜率即为"1"点的沉速。

$$v_i=\frac{H_i'-H_i}{t_i}=\frac{0.5-0.364}{150}=0.000\ 9\ （\text{m/min}）=1.296\ （\text{m/d}）$$

对应"1"点的污泥界面浓度　　　　　　　　　$$C_i=\frac{C_0 H_0}{H_i}$$

式中　C_0——入流污泥的浓度，kg/m³；

H_0——初始污泥界面高度，m。

本试验中 $H_0=0.6$m，代入数据得

$$C_i=\frac{C_0 H_0}{H_i}=\frac{30.76\times0.6}{0.5}=37\ （\text{kg/m}^3）$$

（3）计算任一污泥界面所需浓缩池面积 A_i

$$A_i=\frac{Q_0 C_0}{v_i}\left(\frac{1}{C_i}-\frac{1}{C_u}\right)$$

式中　Q_0——入流污泥流量，m³/h；

C_u——浓缩池底部排泥浓度，kg/m³。

$$A_i=\frac{Q_0 C_0}{v_i}\left(\frac{1}{C_i}-\frac{1}{C_u}\right)=\frac{3\ 800\times30.76}{1.296}\times\left(\frac{1}{37}-\frac{1}{55.3}\right)=806.7\ （\text{m}^2）$$

依照上述方法可计算不同断面的 C_i、A_i、v_i 值，见表 11-9。

做 A_i-v_i 曲线如图 11-8 所示。查曲线 A_i-v_i 最高点的纵坐标为 894m²，即为浓缩池设计面积。

表 11-9　浓缩试验及计算结果

t_i /min	H_i /m	v_i /(m/min)	v_it_i /m	$H_i'=H_i+v_it_i$ /m	C_i /(kg/m³)	A_i /m²	$G_i=v_iC_i$ /[kg/(m²·d)]
25	0.542	0.001 74	0.043 6	0.586	30.9	670	77.42
50	0.491	0.001 70	0.085 0	0.576	31.4	672	76.87
75	0.447	0.001 45	0.109 0	0.556	32.6	703	72.06
100	0.411	0.001 28	0.128 0	0.539	33.5	750	61.75
125	0.383	0.001 10	0.132 0	0.515	35.0	780	55.44
150	0.364	0.000 90	0.136 0	0.500	37.0	806.7	47.95
175	0.340	0.000 70	0.125 0	0.465	38.8	874	39.12
200	0.327	0.000 62	0.121 0	0.448	40.2	882	35.90
225	0.317	0.000 53	0.117 0	0.434	41.8	894	31.92
250	0.303	0.000 46	0.114 0	0.417	43.4	874	28.75
275	0.290	0.000 38	0.106 0	0.396	45.6	794	24.96
300	0.285	0.000 33	0.097 0	0.382	47.4	765	22.54
350	0.269	0.000 26	0.089 0	0.358	50.3	600	18.84
400	0.260	0.000 15	0.062 0	0.322	56.2	0	12.14
425	0.258	0.000 12	0.051 0	0.309	58.4	0	10.08

（4）校核浓缩池面积　浓缩池设计面积

$$A\geqslant\frac{Q_0C_0}{G_L}$$

式中　G_L——极限固体通量，kg/(m²·d)。

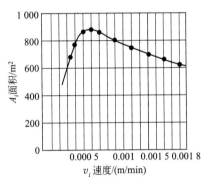

图 11-8　A_i-v_i 曲线

污泥自重压密固体通量 $G_i=v_iC_i$，用计算所得的 G_i、C_i 值绘制 G_i-C_i 曲线，如图 11-9 所示。

在 G_i-C_i 曲线上通过 C_u 点做曲线的切线，此切线所截纵坐标即为极限固体通量 G_L。

当 $C_u=55.3\text{kg/m}^3$ 时，$G_L=131.6\text{kg/(m}^2\cdot\text{d})$，则

$$\frac{Q_0C_0}{G_L}=\frac{3\,800\times30.76}{131.6}=888.2\text{（m}^2\text{）}<894\text{m}^2\text{（符合要求）}$$

（5）计算浓缩污泥量 Q_u 和上清液流量 Q_e

上清液流量　　　$Q_e=Q_0-Q_u$

浓缩污泥流量　　$Q_u=uA$

式中　A——设计断面积，m²；

　　　u——向下流流速，m/d。

$$u=G_L/C_u=131.6/55.3=2.38\text{（m/d）}=0.1\text{（m/h）}$$

浓缩污泥流量　　　$Q_u=uA=0.1\times894=89.4\text{（m}^3/\text{h）}$

上清液流量　　$Q_e=Q_0-Q_u=3\,800/24-89.4=68.93\text{（m}^3/\text{h）}$

（6）确定所需的浓缩时间 t_u　当污泥浓度达到 $C_u=55.3\text{kg/m}^3$ 时

$$H_u'=\frac{C_0H_0}{C_u}=\frac{30.76\times0.6}{55.3}=0.334\text{（m）}$$

在图 11-7 上，经 $H_u'=0.334\text{m}$ 点，做 H_i-t_i 曲线的切线，切点的横坐标 $t_u=396\text{min}=6.6\text{h}$，即所需的浓缩时间为 6.6h。

（7）确定浓缩池的各部尺寸　选用 2 座辐流式浓缩池。

池直径　　　　$$D=\sqrt{\frac{4A}{\pi n}}=\sqrt{\frac{4\times894}{3.14\times2}}=23.9\text{（m）}，取 D=24\text{m}。$$

浓缩池的有效深度　　　　　$H=h_1+h_2+h_3+h_4$

式中　h_1——上清液区厚度，取 0.5m；

　　　h_2——阻滞区厚度，m，取 0.5m；

　　　h_3——浓缩区厚度，m；

h_4——污泥斗的高度，m。

$h_3 = \dfrac{Q_0 t_u}{A} = \dfrac{3\,800/24 \times 6.6}{894} = 1.17$ （m），取 $h_3 = 1.2$m，浓缩池选用带搅动栅的刮泥机排泥，池底采用 0.05 的坡度。污泥斗底直径 $D_1 = 1.0$m，上口直径 $D_2 = 2.0$m，斗倾角 $\alpha = 60°$，则

$$h_4 = \dfrac{D}{2} \times 0.05 + \left(\dfrac{D_2}{2} - \dfrac{D_1}{2}\right) \times \tan 60°$$

$$= \dfrac{24}{2} \times 0.05 + \left(\dfrac{2}{2} - \dfrac{1}{2}\right) \times \tan 60° = 1.47 \text{（m）}$$

故浓缩池的有效深度 $H = 0.5 + 0.5 + 1.2 + 1.47 = 3.67$ （m）。

详见连续式重力浓缩池计算简图（图 11-10）。

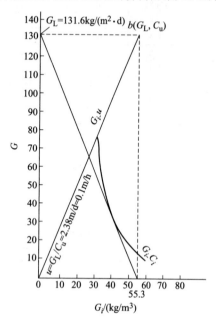

图 11-9　污泥浓度和固体通量关系

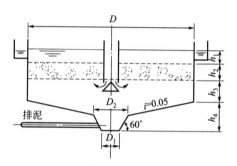

图 11-10　连续式重力浓缩池计算简图

【例 11-6】 用污泥固体通量设计连续式重力浓缩池

1. 已知条件

某污水处理厂日产剩余污泥 $Q = 2\,200$m³/d，含水率 $p_0 = 99.4\%$（即固体浓度 $C_0 = 6$kg/m³），浓缩后使污泥固体浓度为 $C_u = 30$kg/m³（即污泥含水率 $p_u = 97\%$），试设计重力浓缩池。

2. 设计计算（见图 11-11）

（1）浓缩池面积 A　浓缩污泥为剩余活性污泥，根据表 11-7 污泥固体通量选用 30kg/(m²·d)。

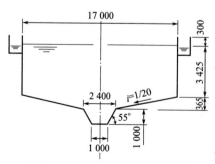

图 11-11　辐流式浓缩池计算简图
（单位：mm）

浓缩池面积 $A = \dfrac{QC_0}{G}$

式中　Q——污泥量，m³/d；

C_0——污泥固体浓度，kg/m³；

G——污泥固体通量，kg/(m²·d)。

$$A = \dfrac{QC_0}{G} = \dfrac{2\,200 \times 6}{30} = 440 \text{（m²）}$$

（2）浓缩池直径 D　设计采用 $n = 2$ 个圆形辐流池。

单池面积　$A_1 = A/n = 440/2 = 220$ （m²）

浓缩池直径 $D = \sqrt{(4A_1)/\pi} = \sqrt{(4 \times 220)/3.14} = 16.73$ （m），取 $D = 17.0$m。

（3）浓缩池深度 H　浓缩池工作部分的有效水深 h_2 为

$$h_2 = \frac{QT}{24A}$$

式中 T——浓缩时间，h，取 $T=15$h。

$$h_2 = \frac{QT}{24A} = \frac{2\,200 \times 15}{24 \times 440} = 3.125 \ (\text{m})$$

超高 $h_1 = 0.3$m，缓冲层高度 $h_3 = 0.3$m，浓缩池设机械刮泥，池底坡度 $i=1/20$，污泥斗下底直径 $D_1 = 1.0$m，上底直径 $D_2 = 2.4$m。

池底坡度造成的深度

$$h_4 = \left(\frac{D}{2} - \frac{D_2}{2}\right) \times i = \left(\frac{17}{2} - \frac{2.4}{2}\right) \times \frac{1}{20}$$
$$= 0.365 \ (\text{m})$$

污泥斗高度

$$h_5 = \left(\frac{D_2}{2} - \frac{D_1}{2}\right) \times \tan 55° = \left(\frac{2.4}{2} - \frac{1.0}{2}\right) \times \tan 55°$$
$$= 1.0 (\text{m})$$

浓缩池深度

$$H = h_1 + h_2 + h_3 + h_4 + h_5$$
$$= 0.3 + 3.125 + 0.3 + 0.365 + 1.0 = 5.09 \ (\text{m})$$

【例 11-7】 气浮浓缩池设计计算

1. 已知条件

某城镇污水处理厂剩余污泥量 900m³/d，含水率 $P=99.6\%$，水温 20℃，采用气浮浓缩不投加混凝剂，使污泥浓度达到 4%，试计算气浮浓缩池。

2. 设计计算

可采用无回流加压溶气气浮和出水部分回流加压气浮流程。

(1) 无回流加压气浮流程

① 确定溶气比。用全部污泥加压溶气，溶气比为

$$\frac{A_a}{S} = \frac{S_a(fp-1)}{C_0}$$

式中 S_a——1atm (101 325Pa) 下，水中空气饱和溶解度，mg/L，S_a＝空气在水中溶解度×空气容重，数值参见表 11-10；

f——溶气效率，即回流加压水中已达到的空气饱和系数，%，一般为 50%～80%；

C_0——入流污泥固体浓度，mg/L；

p——所加压力，kgf❶/cm²，一般为 2～4kgf/cm²。

表 11-10　空气在水中的溶解度及空气容重

气温/℃	溶解度/(L/L)	空气容重/(mg/L)	气温/℃	溶解度/(L/L)	空气容重/(mg/L)
0	0.029 2	1 252	30	0.015 7	1 127
10	0.022 8	1 206	40	0.014 2	1 092
20	0.018 7	1 164			

由于 C_0 较低，取 $\frac{A_a}{S} = 0.02$，当水温为 20℃时，查表 11-10 得 $S_a = 0.018\,7 \times 1\,164 = 21.77$ （mg/L）；f 值取 0.8，入流污泥固体浓度 $C_0 = 4\,000$mg/L。

故

$$0.02 = \frac{21.77 \times (0.8p-1)}{4\,000}$$

得 $p = 5.84$kgf/cm²；压力太大，不合适。

再取 $\frac{A_a}{S} = 0.01$，$0.01 = \frac{21.77 \times (0.8p-1)}{4\,000}$，得 $p = 3.55$kgf/cm²；合适。

② 气浮池面积 A。用表面水力负荷计算，按表 11-8 取表面水力负荷 $q = 0.5$m³/(m²·h)，则

---

❶　1kgf＝9.8N，下同。

气浮池的面积
$$A=\frac{Q_0}{q}=\frac{900}{24\times0.5}=75 \ (\text{m}^2)$$

③ 用表面固体负荷校核
$$\frac{Q_0C_0}{A}=\frac{900\times4\,000}{24\times1\,000\times75}=2.0[\text{kg}/(\text{m}^2\cdot\text{h})] \ (\text{符合设计规定})$$

（2）有回流加压气浮流程

① 计算回流比 R。加压水回流比 R 可用下式计算。
$$R=\frac{\dfrac{A_a}{S}C_0}{S_a(fP-1)}$$

溶气比 $\dfrac{A_a}{S}=0.03$，溶气效率 $f=0.8$，所加压力 $p=4.0\text{kgf}/\text{cm}^2$。污水温度20℃时
$$S_a=0.018\,7\times1\,164=21.77 \ (\text{mg/L})$$

$$R=\frac{\dfrac{A_a}{S}C_0}{S_a(fp-1)}=\frac{0.03\times4\,000}{21.77\times(0.8\times4.0-1)}=2.5$$

总流量
$$Q=(1+R)Q_0=(1+2.5)\times900=3\,150 \ (\text{m}^3/\text{d})=131.25 \ (\text{m}^3/\text{h})$$

② 气浮池表面积 A。有回流的加压气浮表面水力负荷，取 $q=1.8\text{m}^3/(\text{m}^2\cdot\text{h})$，即 $43.2\text{m}^3/(\text{m}^2\cdot\text{d})$，则
$$A=\frac{Q}{q}=\frac{(1+R)Q_0}{q}=\frac{(1+2.5)\times900}{43.2}=73 \ (\text{m}^2)$$

③ 用表面固体负荷校核
$$\frac{Q_0C_0}{A}=\frac{900\times4\,000}{24\times1\,000\times73}=2.05[\text{kg}/(\text{m}^2\cdot\text{h})] \ (\text{符合设计规定})$$

④ 气浮池池形尺寸。采用矩形池，长∶宽＝（3～4）∶1，长度15.0m，宽度5.0m，则表面积 $A=15.5\times5.0=75 \ (\text{m}^2)$。

⑤ 气浮池有效水深。气浮池有效水深决定于气浮停留时间，根据气浮停留时间与气浮污泥浓度的关系（见图11-12）。

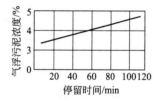

图 11-12　气浮停留时间与气浮污泥浓度的关系

查图11-12，当气浮污泥固体含量要求达到4%时，气浮停留时间 $T=60\text{min}$，考虑1.5的安全系数，设计停留时间 $T=90\text{min}=1.5\text{h}$，则
$$h=\frac{(1+R)Q_0T}{24A}=\frac{(1+2.5)\times900\times1.5}{24\times75}=2.625 \ (\text{m})$$

⑥ 气浮池总高 H。超高采用0.3m，刮泥机高度0.3m，则
$$H=0.3+0.3+2.625=3.225 \ (\text{m})$$

⑦ 溶气罐容积。一般加压水停留时间为1～3min，设计采用3min。

回流水量＝$2.5Q_0=2.5\times900$
$$=2\,250 \ (\text{m}^3/\text{d})=93.75 (\text{m}^3/\text{h})$$

溶气罐容积
$$V=\frac{93.75}{60}\times3=4.69 \ (\text{m}^3)$$

溶气罐直径∶高度＝1∶（2～4），若直径为1.5m，则高度为3.13m。

第五节　污泥的厌氧消化

在城镇污水处理厂一级处理阶段产生的初沉污泥和生物处理阶段产生的剩余污泥中仍含有大量有机物。若不进行稳定处理将会对环境造成二次污染。用于污泥处理的土建投资和运行费在污水处理厂总投资和总运行费用中占很大的比例，统计数据见表11-11。因此，污泥处理是污水处理厂的主要任务之一。

表 11-11　污泥厌氧消化的基建投资和运行费用

污泥种类	固体含量 /%	有机物含量 /%	基建投资占污水处理厂总投资比例/%	运行费占污水处理厂总运行费比例/%
初沉污泥	4%～5%	50%～60%	5%～20%	5%～18%
剩余污泥	0.2%～0.4%	60%～70%		
腐殖污泥	3%～5%	55%～65%		

注：当污泥处理工艺采用中温消化时，基建投资占污水处理厂总投资的20%，运行费占污水处理厂总运行费用的18%。

　　污泥稳定最常用的方法是厌氧消化工艺。厌氧消化工艺可分为传统厌氧消化法、二级厌氧消化法和两相厌氧消化法，消化过程控制温度为30～35℃时，称为中温厌氧消化，消化时间约为20～30d；若控制温度为50～55℃时，称为高温厌氧消化，消化时间约为10～15d。污泥经过厌氧消化后，可生物降解的有机物被降解35%～45%，体积可减少60%～70%。

一、设计概述

1. 工艺流程

（1）传统厌氧消化　污泥传统厌氧消化工艺也即一级消化工艺。污泥在单级消化池内进行搅拌和加热，完成消化。工艺流程如图11-13所示。

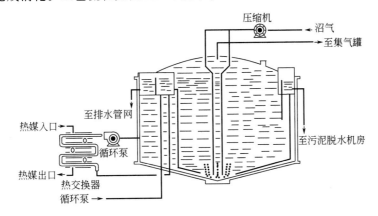

图 11-13　一级消化工艺流程

　　（2）二级厌氧消化　二级厌氧消化法是利用污泥消化过程的特点，采用两个消化池串联运行。第一座消化池设有加温、搅拌与沼气收集装置，消化温度33～35℃，消化时间8～9d，产气率达80%。第二座消化池不设加温与搅拌装置，利用来自第一座消化池污泥的余热，继续消化，消化温度可保持在20～26℃，消化时间20d左右，产气量仅占总产气量的20%，主要功能浓缩和排除上清液。第一级消化与第二级消化池的容积比可采用1:1、2:1或3:2，常采用的是2:1。工艺流程见图11-14。

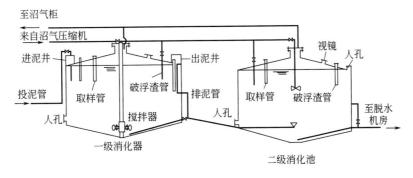

图 11-14　二级消化工艺流程

（3）两相厌氧消化　两相厌氧消化是将污泥厌氧消化的三个阶段即水解发酵阶段、产酸脱氢阶段、产甲烷阶段中，前两阶段在一个反应器内完成，称为产酸相应反应器，第三阶段在另一个反应器内完成，称为产甲烷相消化池，使各自都在最佳的环境中完成反应，达到提高反应速率，缩短反应时间，减小消化池体积的目的。两相厌氧消化工艺流程如图 11-15 所示。

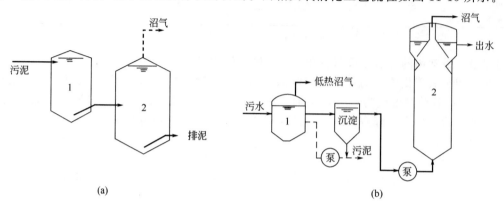

(a)　　　　　　　　　　　　　　(b)

图 11-15　两相厌氧消化工艺流程
1—酸相反应器；2—甲烷相消化池

2. 厌氧消化池的池型和构造设计

（1）厌氧消化池基本池型　有两种圆柱形和蛋形，如图 11-16 所示。

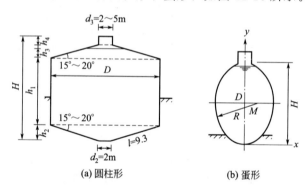

(a) 圆柱形　　　　　　　　(b) 蛋形

图 11-16　消化池池型
（a）H—消化池总高度；h_1—圆柱体高度；h_2—下部锥体高度；
h_3—上部锥体高度；h_4—集气罩高度；D—消化池直径；d_2—下锥体底部直径；d_3—集气罩直径
（b）H—消化池长轴；D—消化池短轴；R—池壁曲线半径；M—池壁曲线焦点

圆柱形消化池，池径一般为 $6 \sim 35 m$，$D/h_1=1$，池底与池盖倾角取 $15° \sim 20°$，集气罩高度 $h_4=1 \sim 3m$，圆柱形消化池顶盖可用弓形、活动盖型等。

蛋形消化池短轴直径 D 可达 22m，长轴直径 H 可达 45m 以上。$D/H=1.4 \sim 2.0$，容积可达 $6\,000 m^3$ 以上，甚至 $10\,000 m^3$，适用于大型污水处理厂。

（2）消化池管道布置　消化池附设的管道有进泥管、出泥管、循环搅拌管、溢流管、取样管、上清液排除管等。

① 进泥管。大型池设两根，小型池设一根，进泥口布置在泥位上层。

② 出泥管。出泥口布置在池底中央或在池底分散数处，依靠消化池内静水压力排泥。

③ 溢流管。消化池的溢流装置是保证其安全运行的重要措施，常采用的几种方式如图 11-17所示。溢流管最小管径 200mm。

④ 取样管。一般设置在池顶，最少可为两个。一个在池子中部，另一个在池边。取样管的长度最少应伸入最低泥位 0.5m 以下，最小管径为 100mm。

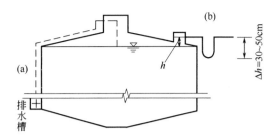

(3) 消化池的构造　消化池的池体一般采用钢筋混凝土结构。气室部分应设耐腐蚀涂料或衬里，其下沿应深入最低泥位 0.5m 以下。池子周壁及池盖需采取保温措施。池顶应设不小于 1.5m 直径的工作孔，池壁和池底交接处设置 0.6～1.0m 的工作孔。

3. 污泥厌氧消化的设计参数

（1）消化温度　中温消化温度 33～35℃，高温消化温度 50～55℃，允许的温度变动范围为 $\pm(1.5～2.0)$℃。

（2）消化时间　中温消化 20～30d（即投配率 3.33%～5%），高温消化 10～15d（即投配率 10%～6.67%）。

（3）有机负荷和产气量　中温消化挥发性有机负荷 0.6～1.5kg/(m³·d)，产气量 1.0～1.3m³/(m³·d)；高温消化挥发性有机负荷 2.0～2.8kg/(m³·d)，产气量 3.0～4.0m³/(m³·d)。

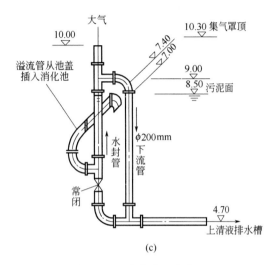

图 11-17　消化池溢流装置
(a) 倒虹管式；(b) 大气压式；(c) 水封式

（4）两级消化中一级、二级消化池的容积比　可采用 1:1、2:1 或 3:2，常采用的是 2:1。

污泥厌氧消化的工艺设计主要包括消化池容积计算、热工计算、加温设备、搅拌方式与功率、沼气产量及储气柜设计计算等。

二、计算例题

【例 11-8】　消化池容积计算

1. 已知条件

某城镇污水处理厂混合污泥经浓缩后，含水率为 96%，污泥量 600m³/d，挥发性固体（VSS）含量为 65%。采用中温消化，消化后 VSS 去除 50%，试设计消化池各部尺寸。

2. 设计计算

（1）消化池有效容积计算

① 根据污泥龄 v_c 计算

$$V=Qv_c$$

式中　V——消化池容积，m³；

　　　Q——污泥量，m³/d；

　　　v_c——污泥龄，d，可通过试验求得或采用经验数据。

取 $v_c=20$d，则

$$V=Qv_c=600\times20=12\,000(m^3)$$

② 根据容积负荷 S_V 计算

$$V=\frac{QC_0}{S_V}$$

式中　C_0——污泥中可生物降解有机物浓度，kg/m³；

S_V——容积负荷，$kgVSS/(m^3 \cdot d)$。

由已知条件，污泥含水率为 96%，则污泥固体含量为 4%，其中挥发性固体 VSS 占 65%，则

$$C_0 = 4\% \times 65\% \times 1\ 000 = 26 (kg/m^3)$$

取 $S_V = 1.3 kg/(m^3 \cdot d)$，则

$$V = \frac{QC_0}{S_V} = \frac{600 \times 26}{1.3} = 12\ 000 (m^3)$$

（2）池体设计　采用中温两级消化，容积比一级：二级＝2：1，则一级消化池总容积为 8 000m³，用 2 座池，单池容积为 4 000m³。二级消化池容积为 4 000m³，用 1 座池。

① 圆柱形消化池几何尺寸。一级、二级消化池采用相同池形，计算简图如图 11-18 所示。

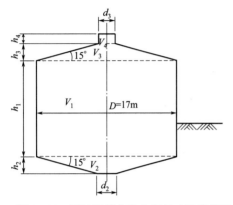

消化池直径 D 采用 17m，集气罩直径 $D_3 = 2m$，高 $h_4 = 2.0m$，池底锥底直径 $d_2 = 2m$，锥角采用 15°，故

$$h_2 = h_3 = \frac{17-2}{2} \times \tan 15° = 2.0 (m)$$

消化池柱体高度 $h_1 = D = 17m$。

消化池各部容积计算如下。

集气罩容积 $V_4 = \frac{\pi d_3^2}{4} \times h_4 = \frac{3.14 \times 2^2}{4} \times 2.0 = 6.28$ （m³）

上盖容积 $V_3 = \frac{1}{3} \pi h_3 \left(\frac{D^2}{4} + \frac{Dd_3}{4} + \frac{d_3^2}{4} \right)$

$$= \frac{1}{3} \times 3.14 \times 2.0 \times \left(\frac{17^2}{4} + \frac{17 \times 2}{4} + \frac{2^2}{4} \right)$$

$$= 171.1 \ (m^3)$$

下锥体容积等于上盖容积，即 $V_2 = V_3 = 171.1 m^3$。

图 11-18　圆柱形消化池几何尺寸计算简图

柱体容积 $\qquad V_1 = \frac{\pi D^2}{4} \times h_1 = \frac{3.14}{4} \times 17^2 \times 17 = 3\ 856.7 (m^3)$

故消化池有效容积 $\qquad V = V_1 + V_2 + V_3$

$$= 3\ 856.7 + 171.1 + 171.1 = 4\ 198.9 (m^3) > 4\ 000 (m^3)$$

消化池各部分表面积计算如下。

集气罩表面积 $\qquad A_4 = \frac{\pi}{4} d_3^2 + \pi d_3 h_4 = \frac{3.14}{4} \times 2^2 + 3.14 \times 2 \times 2 = 15.7$ （m²）

上盖表面积 $\qquad A_3 = \frac{\pi}{2} (D + d_3) \times \frac{h_3}{\sin \alpha} = \frac{3.14}{2} \times (17 + 2) \times \frac{2.0}{\sin 15} = 230.6$ （m²）

下锥体表面积 $\qquad A_2 = \frac{\pi d_2^2}{4} + \frac{\pi}{2} (D + d_2) \times \frac{h_2}{\sin \alpha}$

$$= \frac{3.14 \times 2^2}{4} + \frac{3.14}{2} (17 + 2) \times \frac{2.0}{\sin 15} = 233.7 (m^2)$$

消化池柱体表面积 $\qquad A_1 = \pi D h_1 = 3.14 \times 17 \times 17 = 907.5$ （m²）

故消化池总面积 $\qquad A = A_1 + A_2 + A_3 + A_4$

$$= 907.5 + 233.7 + 230.6 + 15.7 = 1\ 387.5$ （m²）

② 蛋形消化池几何尺寸。消化池短轴直径 $D = 17.6m$，短轴半径 $a = D/2 = 8.8m$。

长轴直径 H 一般为（1.4～2.0）D，取 $H = 1.41D = 1.41 \times 17.6 = 24.8 (m)$，长轴半径 $b = H/2 = 12.4m$。

壳体弧线半径 $R = (0.74 \sim 0.84)D$，取 $R = 0.75D = 0.75 \times 17.6 = 13.2$ （m）。

消化池体积 $\qquad V = \frac{4}{3} \pi a^2 b = \frac{4}{3} \times 3.14 \times 8.8^2 \times 12.4 = 4\ 020.3 (m^3)$

消化池壳体表面积

$$F = 2\pi \frac{\sqrt{b^2 - a^2}}{a} \times \frac{a^2 b^2}{b^2 - a^2} \left(2\pi - 2\sin^{-1} \frac{a}{b} + \frac{a}{b^2} \sqrt{b^2 - a^2} \right)$$

$$= 2 \times 3.14 \times \frac{\sqrt{12.4^2 - 8.8^2}}{8.8} \times \frac{8.8^2 \times 12.4^2}{12.4^2 - 8.8^2} \times \left(\frac{3.14}{2} - 2\sin^{-1} \frac{8.8}{12.4} + \frac{8.8}{12.4^2} \sqrt{12.4^2 - 8.8^2} \right)$$

$$= 479.5 \ (m^2)$$

注：$\dfrac{a}{b}$ 用弧度表示。

【例 11-9】 中温污泥消化系统热平衡计算

1. 已知条件

例 11-8 中三座消化池，采用中温两级消化工艺，消化温度为 35℃，污水的年平均温度为 17.6℃，日平均最低温度 13℃。处理厂所在地年平均气温 12.6℃，冬季室外计算气温，采用历年平均每年不保证 5d 的日平均气温－8.3℃；土壤全年平均温度为 13.4℃，冬季计算温度为 5.1℃。根据结构设计可知，消化池各部钢筋混凝土结构厚度：顶盖 100mm，池壁 400mm，池底 800mm，冬季冻土深度 0.7m，无地下水。试进行热平衡计算。

2. 设计计算

消化池的加热是为使污泥厌氧生物处理系统经常保持要求的温度，保证消化过程顺利进行。热平衡计算包括消化系统耗热量计算、消化池保温设计、热交换器计算。

(1) 消化系统耗热量计算 消化系统总耗热量包括把生污泥加热到消化温度、消化池体热损失、输泥管道与交换器的热损失三部分。

① 加热生污泥耗热量 Q_1 (kcal/h)

$$Q_1 = \dfrac{V'}{24}(T_D - T_S) \times 1\,000$$

式中　V'——消化池每日投配的生污泥量，m^3/d；

　　　T_D——消化污泥温度，℃；

　　　T_S——生污泥温度，℃。

注：T_S 采用全年平均污水温度时，Q_1 为全年平均耗热量；T_S 采用日平均最低污水温度时，Q_1 为最大耗热量。

已知每座一级消化池每日投配的生污泥量 $V' = 600/2 = 300$（m^3/d），$T_D = 35$℃，污泥年平均温度为 17.6℃，日平均最低温度 13℃，故

平均耗热量　　　　$Q_1 = \dfrac{300}{24} \times (35-17.6) \times 1\,000 = 2.175 \times 10^5$（kcal/h）

最大耗热量　　　　$Q_{1\max} = \dfrac{300}{24} \times (35-13) \times 1\,000 = 2.75 \times 10^5$（kcal/h）

② 消化池体热损失 Q_2（kcal/h）

$$Q_2 = \sum FK(T_D - T_A) \times 1.2$$

式中　F——池盖、池壁及池底的散热面积，m^2；

　　　T_A——池外介质的温度，℃，池外介质为大气时，计算平均耗热量，采用年平均气温，计算最大耗热量，采用冬季室外计算温度；池外介质为土壤时，采用全年平均温度；

　　　K——池盖、池壁与池底的传热系数，kcal/($m^2 \cdot h \cdot$℃)。

在合理的保温结构厚度下：池盖 $K \leqslant 0.7$kcal/($m^2 \cdot h \cdot$℃)；池壁 $K \leqslant 0.6$kcal/($m^2 \cdot h \cdot$℃)（池外为大气）；池底 $K \leqslant 0.45$kcal/($m^2 \cdot h \cdot$℃)（池外为土壤）。

a. 池盖的热损失 Q_{21}。由例 11-8 可知，$F = A_3 + A_4 = 230.6 + 15.7 = 246.3$（$m^2$），池外介质为大气，年平均气温为 12.6℃，冬季室外计算气温为－8.3℃，故

平均耗热量　　　　　　　$Q_{21} = 246.3 \times 0.7 \times (35-12.6) \times 1.2$
　　　　　　　　　　　　　　　$= 0.046 \times 10^5$（kcal/h）

最大耗热量　　　　　　　$Q_{21} = 246.3 \times 0.7 \times [35-(-8.3)] \times 1.2$
　　　　　　　　　　　　　　　$= 0.090 \times 10^5$（kcal/h）

b. 池壁（地面以上）的热损失 Q_{22}。若消化池池壁的 1/3 在地面以下，2/3 在地面以上，则

$$F = 2/3A_1 = 2/3 \times 907.9 = 605.3（m^2）$$

平均耗热量　　　　　　　$Q_{22} = 605.3 \times 0.6 \times (35-12.6) \times 1.2$
　　　　　　　　　　　　　　　$= 0.098 \times 10^5$（kcal/h）

最大耗热量　　　　　　　$Q_{22} = 605.3 \times 0.6 \times [35-(-8.3)] \times 1.2$
　　　　　　　　　　　　　　　$= 0.189 \times 10^5$（kcal/h）

c. 池壁（地面以下）的热损失 Q_{23}。因 $F = A_1/3 = 907.9/3 = 302.6$（$m^2$），池外介质为土壤，年平均气温为 13.4℃，冬季室外计算气温为 5.1℃。

平均耗热量　　　　　　　$Q_{23} = 302.6 \times 0.45 \times (35-13.4) \times 1.2$
　　　　　　　　　　　　　　　$= 0.035 \times 10^5$（kcal/h）

最大耗热量

$$Q_{23} = 302.6 \times 0.45 \times (35 - 5.1) \times 1.2$$
$$= 0.049 \times 10^5 \ (kcal/h)$$

d. 池底的热损失 Q_{24}。因 $F = A_2 = 233.7 \ (m^2)$，故

平均耗热量

$$Q_{24} = 233.7 \times 0.45 \times (35 - 13.4) \times 1.2$$
$$= 0.027 \times 10^5 \ (kcal/h)$$

最大耗热量

$$Q_{24} = 233.7 \times 0.45 \times (35 - 5.1) \times 1.2$$
$$= 0.038 \times 10^5 \ (kcal/h)$$

每座消化池的总热损失：

平均耗热量

$$Q_2 = 0.046 \times 10^5 + 0.098 \times 10^5 + 0.035 \times 10^5 + 0.027 \times 10^5$$
$$= 0.206 \times 10^5 \ (kcal/h)$$

最大耗热量

$$Q_{2max} = 0.090 \times 10^5 + 0.189 \times 10^5 + 0.049 \times 10^5 + 0.038 \times 10^5$$
$$= 0.366 \times 10^5 \ (kcal/h)$$

③ 输泥管道与热交换器的耗热量 Q_3。输泥管道与热交换器的耗热量可简化计算取前两项热损耗和的 $5\% \sim 15\%$，即 $Q_3 = (0.05 \sim 0.15)(Q_1 + Q_2)$，设计取 10%。

$$Q_3 = 0.1 \times (2.175 \times 10^5 + 0.206 \times 10^5) = 0.238 \times 10^5 \ (kcal/h)$$
$$Q_{3max} = 0.1 \times (2.75 \times 10^5 + 0.366 \times 10^5) = 0.312 \times 10^5 \ (kcal/h)$$

每座消化池总耗热量为

$$Q_T = (Q_1 + Q_2 + Q_3) = 2.619 \times 10^5 \ (kcal/h)$$
$$Q_{Tmax} = (Q_{1max} + Q_{2max} + Q_{3max}) = 3.428 \times 10^5 \ (kcal/h)$$

消化系统总耗热量

$$Q' = nQ_T = 2 \times 2.619 \times 10^5 = 5.238 \times 10^5 \ (kcal/h)$$
$$Q'_{Tmax} = nQ_{Tmax} = 2 \times 3.428 \times 10^5 = 6.856 \times 10^5 \ (kcal/h)$$

式中　n——一级消化池的个数。

（2）消化池保温设计　为减少消化池内热量散失，节约能耗，在消化池体外侧应设保温结构，它由保温层和保护层组成。保温结构的厚度可通过消化池池壁结构低限热阻 R_0^d 进行计算，即使消化池池壁结构的总热阻 $R_0 \geqslant R_0^d$。

保温材料厚度

$$\delta = \lambda (R_0^d - R_0')$$

式中　λ——保温材料的传热系数，$kcal/(m^2 \cdot h \cdot ℃)$，由附录八查得；

$\quad\quad R_0^d$——池壁结构低限热阻，$m^2 \cdot h \cdot ℃/kcal$。

$$R_0^d = \frac{T_D - T_A}{\Delta T'} R_n k A$$

式中　$\Delta T'$——冬季池壁结构允许温差，$℃$，一般 $\Delta T' = 7 \sim 10℃$；

$\quad\quad R_n$——池壁结构热阻，$m^2 \cdot h \cdot ℃/kcal$，对消化池盖内表面 $R_n = 0.133 m^3 \cdot h \cdot ℃/kcal$；

$\quad\quad k$——温度修正系数，对消化池盖 $k = 1$；

$\quad\quad A$——保温材料变形和池壁结构热惰性系数，对可压缩的保温材料 $A = 1.2$，热惰性指标 $D_0 \leqslant 3$ 的材料 $A = 1.1$，其他材料 $A = 1$。

对于多层保温结构

$$D_0 = \sum R_i S_i$$

式中　R_i——某一层材料的热阻，$m^2 \cdot h \cdot ℃/kcal$；

$\quad\quad S_i$——某一层材料的蓄热系数，$kcal/(m^2 \cdot h \cdot ℃)$。

$$R_0' = R_n + \sum R + R_w$$

式中　R_0'——池壁结构中除掉保温材料外的总热阻，$m^2 \cdot h \cdot ℃/kcal$；

$\quad\quad R_w$——池壁结构外表面热阻，$m^2 \cdot h \cdot ℃/kcal$，取 $R_w = 0.05 m^2 \cdot h \cdot ℃/kcal$。

$$\sum R = \frac{\delta_i}{\lambda_i}$$

式中　δ_i——除保温材料外各层池壁结构厚度，m；

$\quad\quad \lambda_i$——除保温材料外各层池壁结构热导率，$kcal/(m \cdot h \cdot ℃)$。

采用上述计算方法较为复杂，为简化计算对于固定盖式消化池，池体结构为钢筋混凝土时，各部保温材料厚度 δ。

$$\delta = \frac{1\,000 \times \dfrac{\lambda_G}{K} - \delta_G}{\dfrac{\lambda_G}{\lambda_B}}$$

式中　λ_G——消化池各部钢筋混凝土的传热系数，kcal/(m·h·℃)；

λ_B——保温材料的传热系数，kcal/(m·h·℃)；

K——各部分传热系数的允许值，kcal/(m·h·℃)；

δ_G——消化池各部分结构厚度，mm。

① 池顶盖保温。池顶盖保温结构见图 11-19(a)。

a. 确定参数。对于消化池顶盖 $\Delta T' = 7℃$，$R_n = 0.133 m^2 \cdot ℃/kcal$，$R_w = 0.05 m^2 \cdot ℃/kcal$，$k = 1$，假定池顶结构热惰性指标 $D_0 < 3$，故取 $A = 1.1$。

b. 计算低限热阻 R_0^d

$$R_0^d = \frac{T_D - T_A}{\Delta T'} R_n k A = \frac{35 - (-8.3)}{8} \times 0.133 \times 1 \times 1.1 = 0.792 \ (m^2 \cdot ℃/kcal)$$

c. 设计保温层厚度、计算各层材料的 R、D_0。查附录八可得：钢筋混凝土 $\lambda_4 = 1.33 kcal/(m \cdot h \cdot ℃)$，$S_4 = 12.85$，故

$$R_4 = \delta_4/\lambda_4 = 0.1/1.33 = 0.075\,2 \ (m^2 \cdot h \cdot ℃/kcal)，D_{04} = 0.075\,2 \times 12.85 = 0.966$$

水泥砂浆抹面层 $\lambda_2 = 0.8 kcal/(m \cdot h \cdot ℃)$，$S_2 = 8.65$，故

$$R_2 = \delta_2/\lambda_2 = 0.02/0.8 = 0.025 \ (m^2 \cdot h \cdot ℃/kcal)，D_{02} = 0.025 \times 8.65 = 0.216$$

防水层 $\lambda_1 = 0.15 kcal/(m \cdot h \cdot ℃)$，$S_1 = 2.85$，故

$$R_1 = \delta_1/\lambda_1 = 0.01/0.15 = 0.067 \ (m^2 \cdot h \cdot ℃/kcal)，D_{01} = 0.067 \times 2.85 = 0.191$$

由于　$R_0' = R_n + \sum R + R_w$

$$= 0.133 + 0.075\,2 + 0.025 + 0.067 + 0.05 = 0.35 \ (m^2 \cdot h \cdot ℃/kcal)$$

消化池顶盖保温材料采用加气混凝土，$\lambda_3 = 0.25 kcal/(m \cdot h \cdot ℃)$，$S_3 = 3.2$，故

$$\delta_3 = \lambda_3 (R_0^d - R_0') = 0.25 \times (0.792 - 0.35) = 0.111 \ (m)，取 \delta_3 = 110mm$$

则　$R_3 = \delta_3/\lambda_3 = 0.11/0.25 = 0.44 \ (m^2 \cdot h \cdot ℃/kcal)，D_{03} = 0.44 \times 3.2 = 1.41$。

d. 校核总的热惰性指标

$$D_0 = D_{01} + D_{02} + D_{03} + D_{04}$$
$$= 0.191 + 0.216 + 1.41 + 0.966 = 2.783 < 3.0$$

与假定的 D_0 值相符，保温材料及选定厚度合理。

② 池壁（地面以上）保温。消化池池壁采用聚氨酯泡沫塑料作为保温材料，保温结构层见图 11-19(b)，聚氨酯泡沫塑料的传热系数 $\lambda_B = 0.02 kcal/(m \cdot h \cdot ℃)$，钢筋混凝土的传热系数 $\lambda_G = 1.33 kcal/(m \cdot h \cdot ℃)$。采用简化计算公式。

$$\delta_{壁} = \frac{1\,000 \times \dfrac{\lambda_G}{K} - \delta_G}{\dfrac{\lambda_G}{\lambda_B}} = \frac{1\,000 \times \dfrac{1.33}{0.6} - 400}{\dfrac{1.33}{0.02}} = 27 \ (mm)$$

③ 池壁（地面以下）、底板保温。池底及地面以下池壁以土壤为保温层，传热系数 $\lambda_B = 1.0 kcal/(m \cdot h \cdot ℃)$。

$$\delta_{底} = \frac{1\,000 \times \dfrac{\lambda_G}{K} - \delta_G}{\dfrac{\lambda_G}{\lambda_B}} = \frac{1\,000 \times \dfrac{1.33}{0.45} - 800}{\dfrac{1.33}{1.0}} = 1\,621 \ (mm)$$

池壁在地面以上的保温材料延伸至地面以下 1.2m，即冻土深度加 0.5m。

（3）**热交换器的计算**　污泥加热的方法有池内加热和池外加热两种。池内加热是用热水或蒸汽直接通入消化池或通入设在消化池内的盘管进行加热，这种方法由于存在许多缺点，很少采用。目前最常用的方法是采用泥-水热交换器池外加热兼混合的方式。

热交换器的计算包括热交换器管长，热源、消化污泥循环量计算。

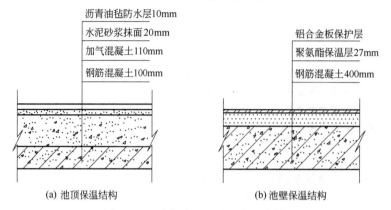

图 11-19　消化池顶及池壁保温结构

① 污泥循环量确定。设计采用一座消化池对应一台热交换器，全天均匀投配。

每个消化池生污泥量　　　　　　$Q_{S1}=300/24=12.5$（m³/h）

生污泥进入一级消化池前，与回流的一级消化污泥先混合再进入热交换器，生污泥与回流污泥的比为 1:2。

回流的消化污泥量　　　　　　$Q_{S2}=12.5\times2=25$（m³/h）

污泥循环总量　　　　　　　　$Q_S=Q_{S1}+Q_{S2}=12.5+25=37.5$（m³/h）

② 计算污泥出口温度 T'_S。已知生污泥日平均最低温度为 13℃。生污泥与消化污泥混合后的污泥温度为

$$T_S=\frac{1\times13+2\times35}{3}=27.67（℃）$$

污泥出口温度　　　　$T'_S=T_S+\dfrac{Q_{Tmax}}{Q_S\times1\,000}=27.67+\dfrac{3.428\times10^5}{37.5\times1\,000}$

$$=36.81（℃）$$

③ 热水循环量 Q_w。热交换器入口热水温度采用 $T_w=85℃$，出水温度 $T'_w=75℃$，$T_w-T'_w=85-75=10$（℃）。则热水循环量 Q_w 为

$$Q_w=\frac{Q_{Tmax}}{(T_w-T'_w)\times1\,000}=\frac{3.42\times10^5}{10\times1\,000}$$

$$=34.2（m³/h）$$

④ 热交换器口径确定。选用套管式泥-水热交换器，内管通污泥，管径 $DN85mm$，内管外径 $D=94mm$。

污泥在管内流速　　$v=\dfrac{37.5}{\dfrac{3.14}{4}\times0.085^2\times3\,600}=1.84$（m/s）（在1.5~2.0m/s之间合格）

外管管径 $DN135mm$，热水在外管内管间流速 v 为

$$v=\frac{34.28}{\left(\dfrac{3.14}{4}\times0.138^2-\dfrac{3.14}{4}\times0.094^2\right)\times3\,600}=1.19（m/s）（在1.0~1.5m/s之间，合格）$$

⑤ 热交换器长度 L。由以上计算可知

$$\Delta T_1=T_S-T'_w=27.67-75=-47.33（℃）$$

$$\Delta T_2=T'_S-T_w=36.81-85=-48.21（℃）$$

$$\Delta T_m=\frac{\Delta T_1-\Delta T_2}{\ln\left(\dfrac{\Delta T_1}{\Delta T_2}\right)}=\frac{47.33-48.21}{\ln\left(\dfrac{47.33}{48.21}\right)}=47.76（℃）$$

故热交换器长度　　　　　　　　$L=\dfrac{Q_{Tmax}}{\pi DK\Delta T_m}\times1.2$

式中　D——内管外径，m；

　　　K——传热系数，kcal/(m²·h·℃)，约为 600kcal/(m²·h·℃)。

故
$$L=\frac{3.428\times10^5}{3.14\times0.094\times600\times47.76}\times1.2=48.6\ (m)$$

设每根热交换器长 5m，则共有根数 $N=48.6/5=9.72$（根），取 10 根。

（4）锅炉容量计算　设计选用常压热水锅炉，锅炉供热水量 G_w（kg/h）的计算公式为

$$G_w=\frac{Q_T}{(T_4-T)\gamma\eta}$$

式中　Q_T——总耗热量，kcal/h；

T——锅炉供水温度，℃；

T_4——锅炉内热水水温，℃，约 90℃；

γ——水比热容，1.0kcal/(kg·℃)；

η——锅炉的热效率，%。

锅炉供水温度取 $T=5℃$，热效率 80%，则

$$G_w=\frac{6.856\times10^5}{(90-5)\times1.0\times80\%}=10\ 082\ (kg/h)$$

【例 11-10】　消化池污泥气循环搅拌计算

1. 已知条件

例 11-8 中消化池单池有效容积 $V=4\ 000m^3$，采用沼气循环搅拌，试设计搅拌系统。

2. 设计计算

消化池搅拌方法有多种，沼气循环搅拌法、泵搅拌法、机械搅拌法及混合搅拌法等，如图 11-20 所示。现代消化池最常用的是沼气循环搅拌。

沼气循环搅拌的管路布置如图 11-20(a) 所示。沼气经压缩机加压后，通过消化池顶的配气环管，由均布的竖管输入。竖管的喷气出口位置在消化池深度的 2/3 处。

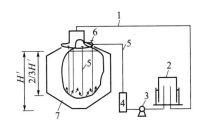

(a) 沼气循环搅拌装置

1—沼气管；2—储气罐；3—空压机；4—稳压罐；
5—压缩沼气管；6—堵头；7—消化池
H'—消化池有效深度；2/3H'—竖管喷气口位置

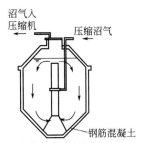

(b) 气体提升泵式搅拌机

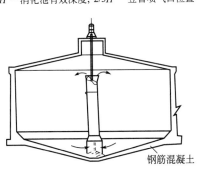

(c) 螺旋桨式搅拌机

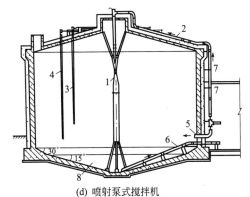

(d) 喷射泵式搅拌机

1—水射器；2—生污泥进泥管；3—蒸汽管；4—污泥气管；
5—中位管；6—熟污泥排泥管；7—水平支架；8—消化池

图 11-20　消化池搅拌方法

（1）搅拌气量　消化池搅拌气量一般按 $5\sim7\mathrm{m}^3/(1\,000\mathrm{m}^3\cdot\mathrm{min})$ 计，设计取 $6\mathrm{m}^3/(1\,000\mathrm{m}^3\cdot\mathrm{min})$。

每座消化池气体用量　$q=6\times\dfrac{4\,000}{1\,000}=24(\mathrm{m}^3/\mathrm{min})=0.4\ (\mathrm{m}^3/\mathrm{s})$

（2）干管、竖管管径　循环搅拌系统干管和配气环管流速一般为 $10\sim15\mathrm{m/s}$，竖管为 $5\sim7\mathrm{m/s}$。

取干管流速 $v_1=12\mathrm{m/s}$，干管管径 d_1 为

$$d_1=\sqrt{\frac{4q}{\pi v_1}}=\sqrt{\frac{4\times0.4}{3.14\times12}}=0.206\ (\mathrm{m})，取\ d_1=200\mathrm{mm}$$

每座消化池设 24 条竖管，竖管流速 $v_2=7\mathrm{m/s}$，竖管管径 d_2 为

$$d_2=\sqrt{\frac{4\times\dfrac{0.4}{24}}{3.14\times7}}=0.055\ (\mathrm{m})，取\ d_2=50\mathrm{mm}$$

（3）竖管长度

消化池有效深度　$H'=h_1+h_2+\dfrac{h_3}{2}=17+2.0+\dfrac{2}{2}=20\ (\mathrm{m})$

竖管插入污泥面以下的长度　$h=\dfrac{2}{3}H'=\dfrac{2}{3}\times20=13.33\ (\mathrm{m})$

（4）压缩机功率　通常一台压缩机对应一座消化池。所需压缩机功率 N 为

$$N=VW$$

式中　N——沼气压缩机功率，W；

$\quad\ \ V$——一级消化池容积，m^3；

$\quad\ \ W$——单位池容所需功率，一般取 $5\sim8\mathrm{W/m}^3$。

设计取 $W=5\mathrm{W/m}^3$，则

$$N=VW=4\,000\times5=20\,000\ (\mathrm{W})=20\ (\mathrm{kW})$$

两座 $4\,000\mathrm{m}^3$ 一级消化池，需两台功率为 20kW 的压缩机。

【例 11-11】　污泥消化池沼气收集储存系统设计

1. 已知条件

在例 11-8、例 11-9、例 11-10 的污泥消化系统中，试验测得甲烷产量为 $0.62\ \mathrm{m}^3/\mathrm{kgVSS}$。试设计沼气收集系统和贮气柜的容积。

2. 设计计算

（1）沼气产量计算　污泥消化的产气量主要与污泥中挥发性有机物的含量及各种有机物的比率有关。我国城市污泥中有机物种类含量、产气量、CH_4 的含量，见表 11-12。城镇污水沼气成分及燃烧热值见表 11-13。

表 11-12　我国城市污泥有机物含量、产气量及可消化程度

有机物种类	碳水化合物	蛋白质	脂肪	平均
初次沉淀污泥/%	$43\sim47$	$14\sim29$	$8\sim20$	
剩余活性污泥/%	$20\sim61$	$36\sim56$	$1\sim24$	
消化 1g 产沼气量/mL	790	704	1 250	
沼气中 CH_4 体积/mL	390	500	850	
CH_4 占体积/%	50	71	68	$53\sim56$
可消化程度		$35\sim40$		

表 11-13　城镇污水沼气成分及燃烧热值

沼气成分/%							
CH_4	CO_2	CO	O_2	N_2	H_2	H_2S	H_2O
$53\sim56$ 平均 54.5	$27\sim30$ 平均 28.5	$1.2\sim2.5$	$1\sim3$	$1\sim8$	$1.0\sim6.9$	$0.1\sim0.4$	$2\sim4$
CH_3 燃烧热值/(kJ/m³)35 000～40 000,平均 37 500							
沼气燃烧热值/(kJ/m³)19 075～21 800,平均 20 437.5							

由试验测得甲烷产量 $0.62m^3/kgVSS$，污泥含固率为 4%，含 VSS 65%。故
$$VSS=600\times0.04\times65\%=15.6(t/d)=15\ 600\ (kg/d)$$
又由于 VSS 的降解率为 50%，故
被降解的 $$VSS=15\ 600\times50\%=7\ 800\ (kg/d)$$
所以甲烷产量为 $0.62\times7\ 800=4\ 836\ (m^3/d)$，甲烷体积占沼气体积的 54.5% 计。
$$沼气产量=4\ 836/0.545=8\ 873.4\ (m^3/d)$$

（2）集气管管径的确定 污泥一级消化、二级消化产气量分别是总气量的 80%、20%，故
$$一级消化产气量=8\ 873.4\times80\%=7\ 098.7\ (m^3/d)$$
$$每个消化池产气量=7\ 098.7/n=7\ 098.7/2=3\ 549.4\ (m^3/d)$$
$$=0.041\ (m^3/s)$$
式中 n——消化池的个数，座。
所以 $$二级消化产气量=8\ 873.4\times20\%$$
$$=1\ 774.68\ (m^3/d)=0.021\ (m^3/s)$$
由于一级消化池中设沼气搅拌，搅拌气量为 $0.4m^3/s$，故
一级消化池集气管的集气量 $$q_1=0.4+0.041=0.441\ (m^3/s)$$
二级消化池集气管的集气量 $$q_2=0.021\ (m^3/s)$$
集气管内平均流速以 $5m/s$ 计，最大不超过 $7\sim8m/s$，故
集气管管径 $d_1=\sqrt{\dfrac{4q_1}{\pi v_1}}=\sqrt{\dfrac{4\times0.441}{3.14\times5}}=0.335\ (m)$，取集气管 $d_1=400mm$

$d_2=\sqrt{\dfrac{4q_2}{\pi v_2}}=\sqrt{\dfrac{4\times0.021}{3.14\times5}}=0.073\ (m)$，取沼气管最小管径 $d_2=100mm$

按最大产气量进行校核，最大产气量为平均日产气量的 $1.5\sim3.0$ 倍，取 2.2 倍。
$$v_1=\frac{2.2q_1}{\dfrac{\pi d_1^2}{4}}=\frac{2.2\times0.441}{3.14\times\dfrac{0.4^2}{4}}=7.72(m/s)(符合要求)$$

$$v_2=\frac{2.2q_2}{\dfrac{\pi d_2^2}{4}}=\frac{2.2\times0.021}{3.14\times\dfrac{0.1^2}{4}}=5.89(m/s)(符合要求)$$

（3）储气柜容积计算 沼气储柜的容积应按产气量与用气量的时变化曲线来确定，当无资料时，按平均日产气量的 $25\%\sim40\%$，即 $6\sim10h$ 的平均产气量计算。大型污水处理厂取小值，小型污水处理厂取大值，故
储气柜的容积 $$V=8\ 873.4\times35\%=3\ 105.69\ (m^3)$$
选用 $3\ 000m^3$ 的单级低压浮盖式湿式储气柜。

第六节　污泥的好氧消化

一、设计概述

（一）基本原理及特点

污泥好氧消化是使污泥长时间处于好氧状态，使污泥中的微生物处于内源呼吸阶段进行自身氧化的过程。通过好氧消化，污泥中有机质含量降低，生物稳定性提高，污泥量减少，并有利于后续的脱水处理。污泥好氧消化处于内源呼吸阶段，细胞质反应方程如下：
$$C_5H_7NO_2+7O_2\longrightarrow5CO_2+NO_3^-+3H_2O+H^+$$
与厌氧消化相比，污泥好氧消化有速度快，消化程度高，运行管理简单，污泥减量效果明显，生物稳定性好，不产生臭味，易于脱水等优点。缺点是电耗高，二氧化碳排放量高，运行成本高。当小型污水处理厂污泥产量不大时，可以采用好氧消化。延时曝气活性污泥法当污泥龄达到 30d 以上时，处理污水的同时污泥也在进行好氧消化，所以小型污水处理厂往往采用延时曝气活性污泥法将污水与污泥合并处理。目前各地的城镇污水处理厂均强调氮磷的去除，污泥好氧消化可使固化在污泥中的磷酸盐重新溶出，不利于污水处理厂出水磷的控制。因此，当

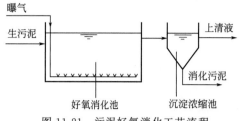

图 11-21 污泥好氧消化工艺流程

采用污泥好氧消化时应加强化学除磷措施。

（二）设计要点

污泥好氧消化设施由消化池和沉淀浓缩池组成，其工艺流程见图 11-21。好氧消化的设计包括好氧消化池池型、容积与尺寸，需氧量与供氧设备等方面。池容设计针对不同污泥可采用不同方法。

1. 剩余活性污泥消化池容积

根据动力学原理，来自二沉池的剩余活性污泥，其好氧消化池容积 V 可采用下式计算。

$$V=\frac{Q_a(X_{V0}-X_{Ve})}{K_d X_{Ve}}=Q_a t$$

式中　V——污泥好氧消化池容积，m^3；

　　Q_a——污泥产量，m^3/d；

　　X_{V0}——生污泥挥发分浓度，g/L；

　　X_{Ve}——消化污泥挥发分浓度，g/L；

　　t——消化时间（水力停留时间），d；

　　K_d——污泥自身氧化系数，d^{-1}，$K_d=K_{d20}\times\theta^{T-20}$；

　　θ——温度修正系数，θ 在 $1.02\sim1.11$ 之间，一般可取用 1.023。

《城镇污水处理厂污染物排放标准》（GB 18918—2002）规定，污泥经消化后有机物降解率应大于 40%。按生污泥挥发分 70% 计，消化后污泥挥发分应低于 42%。

2. 混合污泥消化池容积

如果初沉污泥与剩余活性污泥混合进行好氧消化，由于初沉污泥含有微生物的营养源，故好氧消化时间需更长，V 的计算公式可采用下式。

$$V=(Q_p+Q_a)\frac{X_{0m}+Y_T S_a-X_{em}}{K_d(0.77mx_{0am}X_{0m})}$$

式中　X_{0m}——混合污泥总悬浮固体（TSS），mg/L，$X_{0m}=\frac{Q_p X_{0p}+Q_a X_0}{Q_p+Q_a}$

　　Q_p、Q_a——初沉污泥与剩余活性污泥流量，m^3/d；

　　X_{0p}——初沉污泥总悬浮固体（TSS），mg/L；

　　X_0——剩余活性污泥总悬浮固体（TSS），mg/L；

　　Y_T——初沉污泥的微生物产率系数，一般为 0.5；

　　S_a——混合污泥底物浓度，以 BOD_5 计，mg/L，$S_a=\frac{Q_p}{Q_p+Q_a}S_0$；

　　S_0——初沉污泥底物浓度，以 BOD_5 计，mg/L；

　　X_{em}——混合污泥经好氧消化后的总悬浮固体（TSS），mg/L；

　　K_d——内源呼吸速率常数，d^{-1}；

　　m——混合污泥中可降解活性微生物体被好氧消化污泥带走的比例，一般为 $0.1\sim0.3$；

　　x_{0am}——混合污泥中，活性微生物所占比例，$x_{0am}=\frac{X_0}{X_{0m}}x_{0a}$；

　　x_{0a}——剩余活性污泥中活性微生物体所占比例，与曝气时间有关，可用脱氢酶活性污泥呼吸强度等方法测定，$TSS>VSS>x_{0a}$。

3. 用有机负荷法计算

$$V = \frac{Q_0 X_0}{S}$$

式中 V——好氧消化池容积，m^3；

Q_0——污泥量，m^3/d；

X_0——污泥中可生物降解有机物浓度，mg/L；

S——有机负荷，$kgVSS/(m^3 \cdot d)$。

当无试验资料时，好氧消化池的设计参数，可参考表 11-14 所列举的数据。

表 11-14 污泥好氧消化池设计参数

设 计 参 数		数值
有机负荷/[kg·VSS/(m³·d)]（混合污泥宜用下限）		0.38~2.24
水力停留时间/d	活性污泥	10~15
	初沉污泥与活性污泥的混合污泥	15~20
需气量/[m³/(m²·min)]	活性污泥	0.02~0.04
	初沉污泥与活性污泥的混合污泥	≥0.06
机械曝气所需功率/(kW/m³ 池)		0.02~0.04
最低溶解氧/(mg/L)		2
消化温度/℃		>15
挥发性固体去除率（VSS 去除率）/%		50 左右

4. 需氧量计算 除参考表 11-14 所列需气量外，资料齐全也可按下式计算需气量。

（1）碳化需氧量

$$O_{2C} = (1.42 \times 0.77 Q_0 \eta x_{0a} X_0 + Q_p S_0) \times 10^{-3}$$

式中 O_{2C}——碳化需氧量，kg/d；

1.42——去除 BOD_5 1mg 需氧 1.42mg；

0.77——微生物细胞的 77% 是可降解的，23% 不可生物降解，故取 0.77；

Q_0——入流污泥量，m^3/d，如果剩余活性污泥好氧消化，则 Q_0 即剩余活性污泥流量 $Q_0 = Q_a$；如果是初沉污泥与剩余污泥的混合污泥，则 $Q_0 = Q_a + Q_p$；

Q_p——初沉污泥流量，m^3/d；

x_{0a}——污泥中活性微生物体占 TSS 的分数；

X_0——污泥 TSS，mg/L；

η——好氧消化可降解的活性微生物体去除率，%，一般可达 90%；

S_0——初沉污泥的 BOD_5，mg/L。

（2）硝化需氧量 硝化需氧量包括活性污泥中的氨氮和细胞质中有机氮的硝化，以及初沉污泥中有机氮的硝化。需氧量计算公式为

$$O_{2N} = 4.57 \{ Q_a [NH_3\text{-}N] + 0.122 \times 0.77 Q_0 \eta x_{0a} X_0 + Q_p [TKN]_p \} \times 10^{-3}$$

式中 $[NH_3\text{-}N]$——剩余活性污泥中 $NH_3\text{-}N$ 的浓度（以 N 计），mg/L；

$[TKN]_p$——初沉污泥中总凯式氮浓度，（以 N 计），mg/L。

二、计算例题

【例 11-12】 污泥好氧消化池和需气量计算

1. 已知条件

某污水处理厂初沉污泥量 $Q_p = 50 m^3/d$，总凯氏氮（TKN）为 7 000mg/L，BOD_5 为 40 000mg/L，总悬浮固体（TSS）$(X_0)_p = 50 000mg/L$（含水率为 95%）；剩余活性污泥流量 $Q_a = 220 m^3/d$，氨氮浓度 $[NH_3\text{-}N] =$

$10mg/L$，总悬浮固体（TSS）$X_0=15\,000mg/L$（含水率为98.5%），污泥温度为冬季11℃，夏季26℃。

2. 设计计算

(1) 好氧消化池容积

① 混合污泥浓度

$$X_{0m}=\frac{Q_pX_{0p}+Q_aX_0}{Q_p+Q_a}=\frac{50\times50\,000+220\times15\,000}{50+220}=21\,481.5\ (\text{mg/L})$$

初沉污泥的产率系数 Y_T 取 0.5。

② 混合污泥底物浓度

$$S_a=\frac{Q_p}{Q_a+Q_p}S_0=\frac{50}{220+50}\times40\,000=7\,407.4\ (\text{mg/L})$$

③ 好氧消化后的挥发固体浓度 X_{em}。好氧消化挥发性固体（VSS）去除率为40%，初沉污泥 VSS 占 TSS 的55%；剩余活性污泥中 VSS 占 TSS 的71%。

$$X_{em}=(0.55X_{0p}+0.71X_0)\times(1-0.4)=(50\,000\times0.55+15\,000\times0.71)\times(1-0.4)$$
$$=22\,890\ (\text{mg/L})$$

④ K_d 值。冬季水温11℃　　$K_{d11}=0.11\times1.023^{11-20}=0.09\ (\text{d}^{-1})$

夏季水温26℃　　　　　　$K_{d26}=0.11\times1.023^{26-20}=0.13\ (\text{d}^{-1})$

⑤ 混合污泥中活性微生物所占比例。曝气时间 $t=15d$ 时，$x_{0a}=0.68$，则

$$x_{0am}=\frac{X_0}{X_{0m}}x_{0a}=\frac{15\,000}{21\,481.5}\times0.68=0.475$$

⑥ 好氧消化池容积。k 值取 0.2，当冬季水温为11℃时，好氧消化池容积为

$$V=(50+220)\times\frac{21\,481.5+0.5\times7\,407.4-22\,890}{0.09\times0.77\times0.2\times0.475\times21\,481.5}=4\,381.9\approx4\,382\ (\text{m}^3)$$

当夏季水温为26℃时，好氧消化池容积为

$$V=(50+220)\times\frac{21\,481.5+0.5\times7\,407.4-22\,890}{0.13\times0.77\times0.2\times0.475\times21\,481.5}=3\,033.6\approx3\,034\ (\text{m}^3)$$

按不利条件（冬季）确定好氧消化池容积为 4 382m³。

(2) 需气量

① 碳化需氧量 O_{2C}

$$O_{2C}=(1.42\times0.77Q_0\,\eta x_{0a}X_0+Q_pS_0)\times10^{-3}$$
$$=(1.42\times0.77\times270\times0.9\times0.68\times15\,000+50\times40\,000)\times10^{-3}=4\,710\ (\text{kg/d})$$

② 硝化需氧量 O_{2N}

$$O_{2N}=4.57\{Q_a[\text{NH}_3\text{-N}]+0.122\times0.77Q_0\,\eta x_{0a}X_0+Q_p[\text{TKN}]_p\}\times10^{-3}$$
$$=4.57\times(220\times10+0.122\times0.77\times270\times0.9\times0.68\times15\,000+50\times7\,000)\times10^{-3}$$
$$=2\,673.6\ (\text{kg/d})$$

③ 总需氧量 O_2

$$O_2=O_{2C}+O_{2N}=4\,710+2\,673.6=7\,383.6\ (\text{kg/d})=307.7\ (\text{kg/h})$$

④ 标准需氧量 SOR。标准需氧系数取 1.68，则标准需氧量

$$\text{SOR}=1.68O_2=1.68\times7\,383.6=12\,404.4\ (\text{kg/d})=516.9\ (\text{kg/h})$$

⑤ 需气量 Q_G。采用微孔曝气设备，氧转移效率25%，需气量

$$Q_G=\frac{\text{SOR}}{0.3E_A}=\frac{516.9}{0.3\times0.25}=6\,892\ (\text{m}^3/\text{h})=114.9\ (\text{m}^3/\text{min})$$

⑥ 消化池尺寸。好氧消化池分为 2 座，每座容积 $V=2\,191\text{m}^3$。消化池采用矩形，水深 $H=5\text{m}$，消化区面积 F 为

$$F=V/H=2\,191/5=438.2\ (\text{m}^2)$$

消化池采用三廊道，每个廊道宽 7m，消化池有效宽度 B 为

$$B=3\times7=21\ (\text{m})$$

消化池长度　　　　　$L=F/B=438.2/21=20.9\ (\text{m})$

⑦ 校核曝气强度 q_Q

$$q_Q = \frac{Q_G}{2BL} = \frac{114.9}{2 \times 21 \times 20.9} = 0.13 \ [m^3/(m^2 \cdot min)] > 0.06m^3/(m^2 \cdot min)$$

其他计算从略。

第七节 污泥的干化与脱水

污泥的干化与脱水方法，主要是自然干化和机械脱水。

一、设计概述

1. 自然干化

污泥的自然干化主要依靠渗透、蒸发与人工撤除，主要处理构筑物为污泥干化场。经自然干化后，污泥含水率可降至70%～80%，干化效果受气候条件和污泥性质的影响，不同污泥按干化场脱水的易难排序为：消化污泥＞初沉污泥＞腐殖污泥＞活性污泥。

干化场分有滤水层干化场和不设滤水层的干化场。有滤水层干化场又分为自然滤层干化场和人工滤层干化场。

(1) 人工滤层干化场 由不透水底板、排水管系统、滤水层、输泥管与切门、隔墙及围堤、溅泥箱、支柱等组成，如图 11-22 所示。

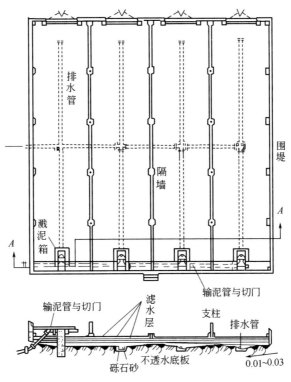

图 11-22 人工滤层干化场

人工滤层干化场底板设计要求见表 11-15。

表 11-15 人工滤层干化场底板设计要求

滤层名称	设 计 要 求
不透水底板	黏土；3：7灰土，厚100～300mm；素混凝土厚100～150mm，i=0.01～0.02 坡向排水系统
排水管系统	混凝土管、陶土管(接口不密封)，碎石盲沟，管径 100～150mm，纵坡 0.002～0.003，中心距4～8m
滤水层	下层：粗矿渣或砾石层，厚 200～300mm 上层：细矿渣或砂层，厚 200～300mm

污泥干化场块数不少于 3 块，以隔墙分开，每块宽度不大于 10m，每两道隔墙之间，需有一道围堤，围墙顶宽 0.7~1.0m，供板车通行。

在围堤和隔墙的一定高度上开设撇水窗，撇除上清液加速脱水过程。

（2）不设滤水层的干化场 这种干化场不设滤水层，靠蒸发和人工撇除进行污泥干化。适用于干旱、蒸发量大的地区以及污泥比阻大（即脱水性能差）的情况。

2. 机械脱水

污泥机械脱水的方法有真空吸滤法、压滤法和离心法等。

常用的污泥脱水机械有真空转鼓过滤机、自动板框压滤机、滚压带式压滤机、离心脱水机四种，见表 11-16。

表 11-16 四种机械脱水设备性能比较

性 能 指 标	真空转鼓过滤机	自动板框压滤机	滚压带式压滤机	离心脱水机
脱水泥饼含水率/%	75~80	65~70	70~80	75~80
运行情况	连续操作 自动控制	间歇操作 自动控制	连续操作 自动控制	连续操作 自动控制
附属设备	多	较多	较少	较少
操作管理工作量	小	大	小	小
投资费用	较高	高	较低	较高
运行费用	四种方式运行费用基本接近			
适用场合	中、小型污水处理厂初沉污泥和消化污泥	中、小型污水处理厂各种污泥	大、中型污水处理厂初沉污泥、消化污泥、腐殖污泥	大、中型污水处理厂各种污泥

近年来，国内引进先进技术，开发研制出了浓缩脱水一体机，并在多家城镇污水处理厂应用，取得了良好的效果。

浓缩脱水一体机的主要特点是将污泥的浓缩和脱水两个功能组合一起完成，省去重力浓缩池。所需的停留时间短，占地面积小，剩余活性污泥可从二沉池排出后，经化学调节直接进行浓缩、脱水，避免在浓缩池中因厌氧而释放磷，因此特别适用于脱氮除磷工艺的污泥脱水。由于污泥储存时间短，比阻不会增加，脱水性能不会恶化，浓缩、脱水效果好。

我国近年来，十分重视对污泥的处理，要求脱水后污泥含水率控制在 60% 以下，污泥深度脱水成为污水处理厂面临的重要课题。目前，污泥深度脱水方法很多，其中高压板框深度脱水技术因其技术成熟、设备可靠、投资省、运行管理相对简单而备受瞩目，实际应用较多。

高压板框深度脱水技术在普通板框脱水的基础上发展而来，主要得益于高压板框脱水设备的成熟可靠。与普通板框脱水技术相比，高压板框深度脱水技术不仅脱水压力高，而且工艺过程也进行了改进。高压板框深度脱水工艺过程包括：①污泥预浓缩，浓缩后污泥含水率要低于 97%；②污泥调质，投加石灰和氯化铁，改变污水性状，使污泥更容易脱水；③低压进料，以节省运行电耗；④高压进料，进一步降低污泥含水率；⑤泥饼分离，板框机清洗，准备进行下一个运行周期。其脱水原理参见图 11-23。

高压板框深度脱水技术的设计内容主要包括：①高压板框设备及配套设备的选型；②污泥调质池的设计；③药剂用量计算及相关设备选型；④脱水机房、构筑物和设备的布置；⑤各种管路布置。

二、计算例题

【例 11-13】 污泥干化场设计计算

1. 已知条件

某污水处理厂混合污泥含水率 96%，年污泥量为 14 790m³，要求干化后污泥固体浓度为 30%，当地年降

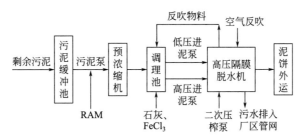

图 11-23 污泥高压隔膜压滤机深度脱水原理

雨量为 562mm，分布均匀，蒸发量为 1 364mm/a，试设计干化场。

2. 设计计算

（1）干化后污泥层的厚度 设每次排入干化场的污泥厚度为 300mm，经 2～3d 渗透脱水，污泥固体浓度可达 15%，此时

$$污泥厚度 = 0.04/0.15 \times 300 = 80（mm）$$

$$渗透脱除的水分厚度 = 300 - 80 = 220（mm）$$

依靠蒸发脱水至固体浓度 30% 时

$$污泥厚度 = 0.04/0.3 \times 300 = 40（mm）$$

$$由蒸发脱除的水分厚度 = 80 - 40 = 40（mm）$$

（2）污泥水分的净蒸发量 水分从污泥中的蒸发量是从清水中蒸发量的 75%。

$$污泥中水分的年蒸发量 = 1 364 \times 75\% = 1 023（mm）$$

年降雨量的 57% 被污泥吸收，则

$$吸收量 = 562 \times 57\% = 320.34（mm）$$

$$污泥水分的净蒸发量 = 1 023 - 320.34 = 702.66（mm）$$

（3）干化场面积负荷

$$理论上干化场每年可充满与铲除污泥次数 = 702.66/40 = 17.57（次）$$

$$干化场的面积负荷 17 \times 300 = 5 100（mm/a）= 5.1（m/a）$$

（4）干化场面积 A 考虑 1.2 的安全系数。

$$A = \frac{1.2 \times 14 790}{5.1} = 3 480（m^2）$$

（5）干化场尺寸确定 设计干化场块数取 8 块，则

$$每块面积 = 3 480/8 = 435（m^2）$$

每块干化场宽取 10m，则

$$干化场长度 = 435/10 = 43.5（m）$$

考虑到冬季冰冻期，污泥干化场结冰，无法蒸发、渗透，预留两块，故
干化场总占地面积

$$A = 10 \times 10 \times 43.5 = 4 350（m^2）$$

【例 11-14】 污泥真空转鼓过滤脱水机设计计算

1. 已知条件

某城镇污水处理厂初沉污泥和剩余活性污泥消化后污泥产量 240m³/d，污泥含水率 97%，经絮凝剂调质后，污泥比阻 $\gamma = 3 \times 10^{11}$ m/kg，选用真空转鼓过滤机，要求脱水泥饼含水率达 80%，过滤压力 $p = 4.5 \times 10^4$ N/m²，过滤周期 $T = 120$s，泥饼形成时间 $t = 36$s，滤液动力黏度 $\mu = 0.001$ N·s/m²，求所需脱水机的过滤面积。

2. 设计计算

（1）计算过滤产率 L [kg/（m²·s）]

$$L = \sqrt{\frac{2p\omega m}{\mu \gamma T}}$$

式中　m——过滤机的浸液比，$m = t/T$；

　　　ω——滤过单位体积的滤液在过滤介质上截留的干固体质量，g/mL，$\omega = \dfrac{C_g C_0}{100(C_g - C_0)}$；

　　　C_0——污泥干固体含量，%；

C_g——泥饼干固体含量，％。

代入数据得
$$m = t/T = 36/120 = 0.3$$

$$\omega = \frac{C_g C_0}{100(C_g - C_0)} = \frac{20 \times 3}{100 \times (20-3)} = 0.035\ 3\ (g/mL) = 35.3\ (kg/m^3)$$

$$L = \sqrt{\frac{2 p \omega m}{\mu \gamma T}}$$

$$= \sqrt{\frac{2 \times 4.5 \times 10^4 \times 35.3 \times 0.3}{0.001 \times 3 \times 10^{11} \times 120}}$$

$$= 0.005\ 15\ [kg/(m^2 \cdot s)] = 18.5\ [kg/(m^2 \cdot h)]$$

（2）过滤面积 A（m^2）　所需真空过滤机过滤面积为

$$A = \frac{a f (1 - p_0) Q \times 10^3}{L}$$

式中　a——安全系数，取 $a = 1.15$；

f——考虑投加混凝剂污泥干重增加系数，取 $f = 1.15$；

Q——污泥量，m^3/h；

p_0——污泥含水率，％。

已知日产污泥量 240m^3/d，脱水机每天工作两班，每班 8h，则

$$每小时污泥量 = 240/16 = 15\ (m^3/h)$$

$$A = \frac{1.15 \times 1.15 \times (1 - 97\%) \times 15 \times 10^3}{18.5} = 32.17\ (m^2)$$

选用 3 台 GT20-2.6 型转鼓真空过滤机，其中 1 台备用。每台脱水机过滤面积 20m^2，转鼓直径 2.6m^2，配电功率 2.2kW。

（3）附属设备的选择

① 真空泵。抽气量按 1m^2 介质面积 0.5～1.0m^3/min 估算，真空度 200～500mmHg（1mmHg = 133.3Pa），电机功率按 1m^3/min 配 1.2kW，故抽气量 Q 为

$$Q = 40 \times 0.6 = 24\ (m^3/min)$$

$$真空度\ 500mmHg = 66\ 661Pa$$

配电功率 = 24 × 1.2 = 28.8（kW），选用 2 台真空泵。

② 空压机。压缩气量按每 1m^2 介质 0.1m^3/min 估算，压力 0.2～0.3MPa，电机功率按 1m^3/min 配 4kW 计算，故

压缩空气量 $Q = 40 \times 0.1 = 4\ (m^3/min)$，压力取 0.3MPa。

配电功率 = 4 × 4 = 16kW，设置 2 台。

③ 反冲洗泵。冲洗水量按 1m^2 介质面积 0.8～1.3L/s 计算，水压 294～343kPa（3～3.5kgf/cm^2）。

冲洗流量 $Q = 40 \times 1.0 = 40\ (L/s)$，冲洗水压 $H = 343kPa$（3.5kgf/cm^2），设置 2 台。

【例 11-15】　污泥板框压滤机设计计算

1. 已知条件

现有消化污泥 120m^3/d，含水率 95％，采用化学法调节预处理，加石灰 10％，铁盐 7％（均以占污泥干重计），拟采用 BAS40/635-25 型板框压滤机进行污泥脱水，要求泥饼含水率达 65％。求所需压滤机面积、过滤产率及压滤机台数。

该污泥经实验室试验，结果如下：试验装置的滤室厚度 $\delta' = 20mm$，过滤面积 $A' = 400cm^2$，压滤时间 $t'_f = 20min$，辅助时间 $t'_d = 20min$，过滤压力 $p' = 39.24N/cm^2$，滤液体积 $V' = 2\ 890mL$。

2. 设计计算

拟选用的板框压滤机，实际滤室厚度 $\delta = 25mm$，过滤压力 $p = 78.45N/cm^2$，与试验不同，故需对过滤时间、压力进行修正。

（1）修正压滤时间 t_f（min）

$$t_f = t'_f \left(\frac{\delta}{\delta'}\right)^2 \left(\frac{p'}{p}\right)^{1-s}$$

式中　s——污泥的压缩系数，一般用 0.7。

$$t_f = t'_f \left(\frac{\delta}{\delta'}\right)^2 \left(\frac{p'}{p}\right)^{1-s}$$

$$= 20 \times \left(\frac{25}{20}\right)^2 \times \left(\frac{39.24}{78.45}\right)^{1-0.7} = 25.39 \ (\text{min})$$

（2）过滤速度 v　过滤速度 v 即单位时间单位过滤面积产生滤液的体积，单位为 $L/(cm^2 \cdot min)$。

由于生产用压滤机与试验装置存在 $\frac{V}{V'} = \frac{\delta}{\delta'}$ 的比例关系，故生产用压滤机滤液体积。

$$V = V'\left(\frac{\delta}{\delta'}\right) = 2\,890 \times \left(\frac{25}{20}\right) = 3\,612.5 \ (\text{mL})$$

因为试验装置面积 $A' = 400cm^2$，所以

$$\text{单位面积滤液体积} = 3\,612.5/400 = 9.03 \ (\text{mL/cm}^2)$$

若辅助时间 $t_d = 25min$，则过滤速度

$$v = \frac{9.03}{t_f + t_d} = \frac{9.03}{25.39 + 25} = 0.179 \ [\text{mL/(cm}^2 \cdot \text{min)}]$$

（3）过滤产率 $L[g/(m^2 \cdot min)]$

$$L = \omega v$$

式中　ω——滤过单位体积的滤液在过滤介质上截留的干固体质量，g/mL。

$$\omega = \frac{C_g C_0}{100(C_g - C_0)} = \frac{35 \times 5}{100 \times (35-5)} = 0.058 \ (\text{g/mL})$$

$$L = \omega v = 0.058 \times 0.179 = 0.01 \ [\text{g/(cm}^2 \cdot \text{min)}] = 6 \ [\text{kg/(m}^2 \cdot \text{h)}]$$

（4）压滤机的面积 A 和台数 n　采用化学调节预处理，投加了 10% 石灰，7% 的铁盐。

污泥量的增加系数

$$f = 1 + \frac{10}{100} + \frac{7}{100} = 1.17$$

若每天工作两班，即 $16h$，则

每小时污泥量

$$Q = 120/16 = 7.5 \ (\text{m}^3/\text{h})$$

$$A = af(1-p)\frac{Q}{L} \times 10^3$$

$$= 1.15 \times 1.17 \times (1-95\%) \times \frac{7.5}{6} \times 10^3 = 84.1 \ (\text{m}^2)$$

选用压滤面积为 $40m^2$ 的板框滤机，压滤机台数 $n = 84.1/40 = 2.1$（台），取 3 台，其中 1 台备用。

【例 11-16】　滚压带式压滤机污泥脱水设计计算

1. 已知条件

今有初沉污泥和活性污泥的混合生污泥 $18\,000kg$ 干泥/d，污泥含水率 97%，污泥在宽 $200mm$ 的试验用滚压带式压滤机上试验，结果见表 11-17。若要求泥饼含水率达到 80%，需要带宽为 $2.0m$ 的压滤机多少台？

表 11-17　压榨试验结果（压力 $0.4MPa$）

原污泥含水率/%	滤布移动速度/(m/min)	滤饼含水率/%	污泥产率/(kg 干泥/h)
90	0.6	73	22
90	0.9	81	32
90	1.2	82	40
90	1.7	86	50

2. 设计计算

（1）根据试验结果做滤布移动速度和泥饼含水率、过滤产率关系曲线（见图 11-24）。

（2）带宽 $2.0m$ 的过滤产率　查图 11-23 可知，当滤饼含水率达 80% 时，滤布移动速度为 $v = 0.85m/min$，过滤产率为 $31kg/h$，则滤布宽为 $2.0m$ 的滚压带式压滤机的过滤产率 $= (31/0.2) \times 2.0 = 310$（kg 干泥/h），考虑 1.25 的安全系数，则过滤产率 $= 310/1.25 = 248$（kg 干泥/h）。

（3）压滤机台数 n　若脱水机工作每日 3 班，$24h$ 运行。则所需压滤机台数 $n = \frac{18\,000}{24 \times 248} = 3.02$（台），取 $n = 3$。

设计选用带宽 2.0m 的滚压带式滤机 4 台，其中一台备用。

（4）附属设备

① 污泥投配设备。选用 4 台单螺杆污泥投配泵，与 4 台滚压带式压滤机一一对应。每台投配泵的流量 Q 为

$$Q=\frac{W}{24(1-p)n\times 1\,000}=\frac{18\,000}{24\times(1-97\%)\times 3\times 1\,000}$$
$$=8.33\ (m^3/h)$$

投配泵的扬程应根据吸泥液位和压滤机高差及管路的水头损失计算。

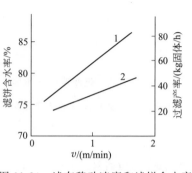

图 11-24　滤布移动速度和滤饼含水率、
过滤产率关系曲线

1—滤布移动速度和滤饼含水率关系；
2—滤布移动速度和过滤产率关系

② 加药系统。用滚压带式压滤机脱水的污泥，化学调剂为有机合成的高分子混凝剂。设计选用聚丙烯酰胺，对于混合生污泥投加量为 0.15%～0.5%（污泥干重），按 0.3% 计算，故

每日药剂投加量 $=18\,000\times 0.3\%=54\ (kg/d)$

配制成浓度为 1% 的溶液（密度按水的密度计算）体积 $=54/1\%=5\,400\ (L/d)=5.4\ (m^3/d)$

脱水机房每日工作为三班制，每班配药 1 次，则

每次配药的体积 $=5.4/3=1.8\ (m^3)$

考虑一定的安全系数和搅拌时的安全超高，故设计选用 2 个容积为 3.0m³ 的药箱，配置 2 台 JBK 型反应搅拌机，桨叶直径 $d=1\,200mm$，功率 $P=0.75kW$，桨板外缘线速度 5～6m/min。

聚丙烯酰胺投加浓度为 0.1%，故用 4 套在线稀释设备，包括 4 台水射器和 4 台流量计量仪，以及配套的调节控制阀件。

聚丙烯酰胺药剂的投加采用单螺杆泵，共 4 台，每台泵的投加流量

$$Q=\frac{5.4}{24\times 3}=0.075\ (m^3/h)=75\ (L/h)$$

③ 反冲洗水泵。根据滚压带式压滤机带宽和运行速度，每台脱水机反冲洗耗水量为 10～12m³/h，反冲洗水压不小于 0.5MPa。故选用 4 台离心清水泵，3 用 1 备。

压滤机机房的平面布置如图 11-25 所示。

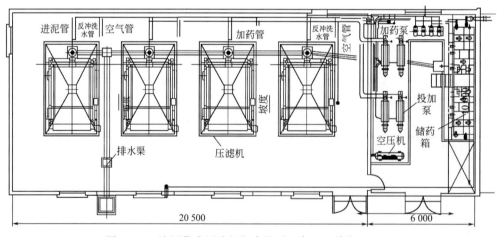

图 11-25　滚压带式压滤机机房的平面布置（单位：mm）

【例 11-17】　污泥高压隔膜压滤机深度脱水设计计算

1. 已知条件

某污水处理厂剩余活性污泥量 180m³/d，含水率 99%，拟采用高压隔膜压滤机进行脱水，要求泥饼含水率为 60%，每天工作 8h，对污泥深度脱水系统进行设计。

2. 设计计算

（1）干污泥质量

$$W = Q(1-P_1)\rho$$

式中　W——干污泥质量，kg/d；

　　　　Q——设计污泥量，m³/d；

　　　　P_1——污泥含水率，%；

　　　　ρ——污泥密度，取水的密度 1000 kg/m³。

代入数据得　　　　　　　$W = 180 \times (1-0.99) \times 1\,000 = 1\,800 (\text{kg/d})$

（2）压滤周期　每周期 4h，每天工作 8h，每天 2 个周期（$n=2$）。低压进料 1.5h，高压进料 0.5h，二次压榨 1h，卸料清洗 1h。

（3）预浓缩　将污泥浓缩至含水率 $P_2 = 97\%$。污泥的量为

$$Q_{预浓} = Q \times \frac{1-P_1}{1-P_2} = 180 \times \frac{1-99\%}{1-97\%} = 60 \quad (\text{m}^3/\text{d})$$

选用一台转鼓污泥浓缩机，工作时间 $t = 8\text{h}$，转鼓污泥浓缩处理能力为

$$Q_{预浓}/t = 60/8 = 7.5 \quad (\text{m}^3/\text{h})$$

（4）化学调理　压滤每天工作 2 个周期。调理池容积应满足一个周期的污泥处理量。因此，调理池容积为

$$V_{调理} = Q_{预浓}/2 = 60/2 = 30 \quad (\text{m}^3)$$

根据设备运行需要，建 2 座 30m³ 调理池交替使用。

采用化学法调理，先加石灰，投加量 k_1 为污泥干重的 10%，搅拌 15min；然后投加氯化铁（$FeCl_3$），投加量 k_2 为污泥干重的 7%，搅拌 20min。

每周期石灰投加量　　　　$E_1 = Wk_1/n = 1\,800 \times 0.1/2 = 90 (\text{kg})$

每周期氯化铁投加量　　　$E_2 = Wk_2/n = 1\,800 \times 0.07/2 = 63 (\text{kg})$

投加石灰和氯化铁后，每周期污泥干重增加为

$$W' = W/n + E_1 + E_2 = 900 + 90 + 63 = 1\,053 \quad (\text{kg})$$

（5）处理后污泥的体积　处理后污泥的相对密度取 1.1，则

$$V = \frac{W'}{(1-P_3)\rho}$$

式中　V——深度脱水后污泥体积，m³；

　　　W'——调理后每周期处理干污泥重量，kg/d；

　　　P_3——深度脱水后污泥含水率，%；

　　　ρ——水的密度，取 1000 kg/m³。

代入数据得　　　　　　　$V = \dfrac{1\,053}{(1-60\%) \times 1.1 \times 1\,000} = 2.393(\text{m}^3)$

（6）过滤面积　根据设备性能，每平方米过滤面积可形成 15L 的固体容积，每周期需要过滤面积 A 为

$$A = V/0.015 = 2.393/0.015 = 159.53 \quad (\text{m}^2)$$

设计选用 2 台（1 用 1 备）高压隔膜压滤机，滤布有效过滤面积为 160m²。

（7）附属设备

① 污泥投配设备

a. 进泥泵。进泥泵用于将污泥从污泥缓冲池送至转鼓浓缩机。进泥泵流量为

$$Q_{进泥泵1} = Q/t = 180/8 = 22.5 \quad (\text{m}^3/\text{h})$$

采用普通潜污泵 2 台（1 用 1 备），流量为 25 m³/h。泵的扬程根据吸泥液位和调理池最高液位高差及管路的水头损失计算。

b. 进料泵。高压进料泵流量取 10m³/h，低压污泥进料泵流量为

$$Q_{低压进料泵} = \frac{V_{调理池} - Q_{高压进料泵} \times 0.5}{1.5} = \frac{30 - 10 \times 0.5}{1.5} = 16.7 \quad (\text{m}^3/\text{h})$$

根据高压隔膜压滤机运行要求，料浆泵采用螺杆泵，低压进料泵选用流量为 18m³/h，出口压力 0.6MPa；高压污泥进料泵选用流量为 10m³/h，出口压力取 1.2MPa。高、低压料浆泵各 2 台，均为 1 用 1 备。

② 二次压榨泵。二次压榨采用清水压榨，需要小流量高压力水泵。二次压榨泵流量取 1m³/h，出口压力取 1.6MPa。本设计采用 2 台（1 用 1 备）专用压榨水泵。

③ 空气反吹。空气反吹的作用是将压缩空气打入压滤机将中心管未过滤的物料吹回料浆池。吹风压力 1.0MPa，气量 10m³/min。

空气反吹根据需要选用成套的空气压缩机系统。

④ 滤布清洗水泵。高压隔膜压滤机清洗耗水量为 12～18m³/h，清洗水压不小于 5.0MPa。清洗泵采用 2 台（1 用 1 倍）柱塞泵。

⑤ 氯化铁加药系统。氯化铁（$FeCl_3$）投加量为 7%（以污泥干重计），每日氯化铁的投加量为

$$E_{铁} = 1\ 800 \times 7\% = 126\ (kg/d)$$

配置成含量为 7% 的溶液，药液体积为

$$V_{铁} = 126/0.07 = 1\ 800\ (L/d)$$

考虑一定的安全系数，本设计选用 2 个容积为 2.0 m^3 的药桶，配置 2 台搅拌机，桨叶直径为 1m，功率为 0.5kW，桨板外缘速度 1.5~3.0m/s。

三氯化铁水剂投加泵流量取 2m^3/h，泵的扬程根据水剂投加泵高度和调理池池顶高度差及管路的水头损失计算。

⑥ 石灰投加系统。石灰投加量为 10%（以污泥干重计），每日石灰的投加量为

$$E_{石灰} = 1\ 800 \times 10\% = 180\ (kg)$$

按 30d 的用量储存，石灰粉密度，取 1.3t/m^3，储仓容积为

$$M = \frac{180 \times 30}{1\ 000 \times 1.3} = 4.15\ (m^3)$$

石灰仓容积取 4.5 m^3。

投加系统采用螺旋提升机将粉剂提升至调理池上的粉剂计量投料机系统。粉剂计量投料机系统选用成套设备（含料位计、刀闸阀、振动器等）。

⑦ 污泥预浓缩 PAM 加药系统。PAM 投加量为 5‰（以污泥干重计），每日氯化铁的投加量为

$$E_{铁} = 1\ 800 \times 5‰ = 9\ (kg/d)$$

配置成含量为 2‰ 的溶液，药液体积为

$$V_{铁} = 9/0.002 = 4\ 500\ (L/d)$$

选用成套的三腔式 PAM 制备设备，制备能力为 600 L/h。PAM 投加泵选用隔膜加药泵，流量取 0.56m^3/h。

第八节 污泥的干燥与焚烧

污泥的干燥与焚烧是为了进一步降低污泥含水率，以便于污泥的最终处置。干燥处理可使污泥含水率降到 10% 左右。焚烧处理可使污泥含水率降至 0。

一、设计概述

1. 污泥的干燥

（1）干燥的基本原理　污泥干燥是利用热能去除污泥中水分的过程，是污泥与干燥介质（一般为灼热气体）之间传热传质的过程。污泥与干燥介质之间可通过物料平衡和热量平衡计算，确定需去除的水分和消耗的热量。

污泥在干燥器中被蒸发的水分质量等于干燥前湿污泥质量（W_1）、后湿污泥质量（W_2）之差，即

$$W_w = W_1 - W_2 = W_1 \times \frac{p_1 - p_2}{100 - p_2} = W_2 \times \frac{p_1 - p_2}{100 - p_1}$$
$$= W(C_1 - C_2)$$

式中　W_w——干燥器中被蒸发的水分质量，kg；

W——污泥中干固体的质量，kg；

C_1——干燥前的干基含水率，%；

C_2——干燥后的干基含水率，%；

p_1——干燥前的湿基含水率，%；

p_2——干燥后的湿基含水率，%。

根据物料平衡，通过干燥器的干灼热气体质量不变，即

$$W_w = W_a(x_2 - x_1)$$
$$W_a = W_w \times \frac{1}{x_2 - x_1}$$

式中　W_a——通过干燥器的干灼热气体质量，kg；

x_1——进入干燥器的空气含湿量，kg 水/kg 干气体；

x_2——排出干燥器的空气含湿量，kg 水/kg 干气体。

污泥干燥过程的耗热量包括两部分，即蒸发污泥中水分的耗热量和干燥器筒体散热量，可参考表 11-18。

表 11-18　污泥干燥耗热量（干燥至含水率 10%）

污　泥　种　类	耗热量/(kcal/kg)	污　泥　种　类	耗热量/(kcal/kg)
初次沉淀污泥:新鲜的 　　　　经消化的	2 221 2 280~2 780	初次沉淀污泥与腐殖污泥混合:新鲜的 　　　　　　　　　　经消化的	2 780 2 500~3 110
初次沉淀污泥与活性污泥混合:新鲜的 　　　　　　　经消化的	3 890 3 830	新鲜活性污泥	4 390

（2）干燥设备　污泥干燥设备有多种类型。按干燥介质与污泥接触的方式可分为直接加热式、间接加热式和直-间接联合式干燥。按干燥介质和污泥的流动方向可分为并流、逆流和错流式三种。按设备形式分为转鼓式、转盘式、带式、离心干化机、流化床等多种形式。按干化设备进料方式和产品形态分为两类：一类是干料返混系统，即湿污泥在进料前先与一定比例的干泥混合，产品为球状颗粒；另一类是湿污泥直接进料，产品多为粉末状。

图 11-26 所示为带返料、直接加热转鼓式干燥系统流程。脱水后的污泥从污泥漏斗进入混合器，按比例充分混合部分已经被干化的污泥，使干湿污泥的含固率达 50%~60%，然后经螺旋输送机运到转鼓式干燥器中。在转鼓内与从另一端进入的流速为 1.2~1.3m/s、温度为 700℃左右的热气流接触混合，经 25min 左右的处理，烘干后的污泥被带计量装置的螺旋输送机送到分离器。在分离器中干燥排除的湿热气体被收集进行热力回用，恶臭气体被送到生物过滤器处理达标后排放。从分离器排除的干污泥颗粒再经过筛分器将满足要求的颗粒送到储藏仓等候处理，细小的干燥污泥被返回到混合器中与湿污泥混合送到转鼓式干燥器，进入下一个循环。干化的污泥干度可达 92% 以上或更高。干燥的污泥颗粒可控制在 1~4mm。

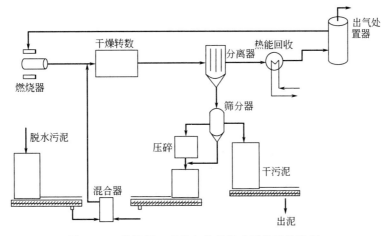

图 11-26　带返料、直接加热转鼓式干燥系统流程

该系统的特点是在无氧环境中操作，干化污泥颗粒粒径可以控制，气体循环利用，减少了尾气的处理成本。

目前国际上污泥干化设备的品种很多，其工作原理基本相同。不同类型的干化设备具有不同的特点和使用条件。设计选用时应根据污泥的特性、处理量、处理目的和要求等进行多方案的比选。

图 11-27 所示为间接加热、多盘干燥系统流程，也称为黑珍珠工艺。该系统的特点是干燥和造粒过程氧气浓度小于 2%，避免了着火和爆炸的危险性，尾气处理满足严格的排放标准。

回转圆筒干燥器是最常用的并流式干燥器，其流程见图 11-28。

急剧干燥器属于喷流干燥的一种，常与污泥焚烧处理联合使用，见图 11-29。

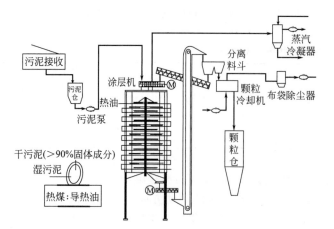

图 11-27 间接加热、多盘干燥系统流程

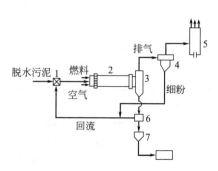

图 11-28 回转圆筒干燥器流程
1—粉碎机；2—回转圆筒；3—卸料室；4—旋流
分离器；5—除臭燃烧器；6—格栅；7—储存池

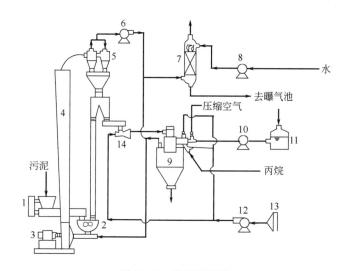

图 11-29 急剧干燥器
1—加料器；2—混合器；3—粉碎机；4—急骤干燥管；5—旋流分离器；
6—鼓风机；7—洗涤塔；8—给水泵；9—焚烧炉；10—重油泵；
11—重油罐；12—燃烧鼓风机；13—空气；14—加料器

带式干燥器由成型器与带式干燥器两部分组成，见图 11-30，多用于污泥制肥。

2. 污泥的焚烧

污泥的焚烧分为完全焚烧和不完全焚烧两种。完全焚烧是将污泥中的有机物质完全焚烧掉，最终产物为 CO_2、H_2O 和 N_2。焚烧污泥需消耗热量 Q，包括焚烧有机物、蒸发污泥中水分、焚烧设备热损失、烟气与焚烧灰带走的热量。同时污泥中的大量有机物在焚烧时，产生热量 Q'。

污泥燃烧热值 Q'（J/kg 干固体），计算公式为

$$Q' = a\left(\frac{100 p_v}{100 - p_c} - b\right) \times \frac{100 - p_c}{100}$$

式中　p_v——污泥中挥发性固体百分数，%；

p_c——污泥脱水时加入的混凝剂占干固体质量，%，如为高分子聚合电解质，则
$p_c = 0$；

a——系数，初沉污泥与消化污泥为 3×10^5，新鲜活性污泥为 2.5×10^5；

b——系数，初沉污泥为 10，活性污泥为 5。

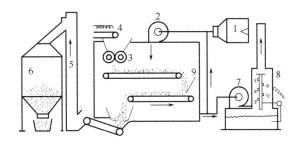

图 11-30　带式干燥器

1—炉；2—送风机；3—成型器；4—皮带输送器；5—斗式输送机；
6—料仓；7—抽风机；8—烟囱；9—网状传送带

所以，污泥燃烧时所需补充的燃料供热值 $Q'' = Q - Q'$。各种污泥燃烧热值的经验数值见表 11-19。

表 11-19　各种污泥燃烧热值

污　泥　种　类	燃烧热值 /(kcal/kg)	污　泥　种　类	燃烧热值 /(kcal/kg)
初次沉淀污泥：新鲜的 　　　　　　经消化的	3 780～4 345 1 720	初次沉淀污泥与腐殖污泥混合：新鲜的 　　　　　　　　　经消化的	3 560 1 610～1 940
初次沉淀污泥与活性污泥混合：新鲜的 　　　　　　　　经消化的	4 050 1 780	新鲜活性污泥	3 560～3 634

不完全燃烧又称污泥的湿式氧化。污泥在高温、高压的条件下，通入氧气，可以维持在液体状态，使约 80%～90% 的有机物被氧化，因此，燃烧是不完全的。

污泥完全焚烧的设备有回转焚烧炉、多段焚烧炉和流化床焚烧炉（见图 11-31～图 11-33）。

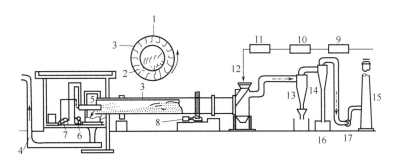

图 11-31　逆流回转焚烧炉

1—炉壳；2—炉膛；3—炒板；4—灰渣输送机；5—燃烧器；6—一次空气鼓风机；7—二次空气鼓风机；
8—传动装置；9—沉淀池；10—浓缩池；11—压滤机；12—泥饼；13—一次旋流分离器；
14—二次旋流分离器；15—烟囱；16—焚烧灰仓；17—引风机

二、计算例题

【例 11-18】 污泥干燥与焚烧设计计算

1. 已知条件

初沉污泥与活性污泥的混合污泥经聚丙烯酰胺调质脱水后，含水率 70%，产量 $W = 1250\text{kg/h}$，污泥中挥发性固体含量为 65%，拟采用干燥焚烧技术进行最终处理。试计算所需焚烧炉的尺寸、辅助燃料量、燃烧所需的空气量及燃烧后产生的废气量。

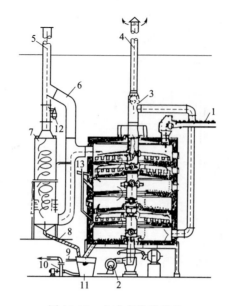

图 11-32　立式多段焚烧炉

1—泥饼；2—冷却空气鼓风机；3—浮动风门；4—废冷却气；5—清洁气体；
6—无水时旁通风道；7—旋风喷射洗涤器；8—灰浆；9—分离水；
10—砂浆；11—灰桶；12—感应鼓风架；13—轻油

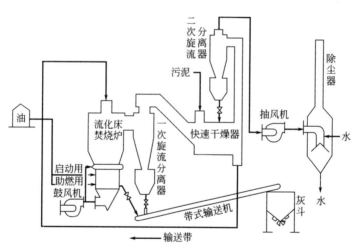

图 11-33　流化床焚烧炉流程示意

2. 设计计算

（1）计算污泥的燃烧热值 Q（J/kg 干固体）

$$Q = a\left(\frac{100 p_v}{100 - p_c} - b\right) \times \frac{100 - p_c}{100}$$

采用上述经验公式进行计算，故

$$Q = a\left(\frac{100 p_v}{100 - p_c} - b\right) \times \frac{100 - p_c}{100}$$

$$= 3 \times 10^5 \times \left(\frac{100 \times 65}{100 - 0} - 10\right) \times \frac{100 - 0}{100}$$

$$= 165 \times 10^5 \text{（J/kg 干固体）} = 16\,500 \text{（kJ/kg 干固体）}$$

（2）辅助燃料需要量 q（kJ/h）

$$q = W\left[58.6p - \left(1 - \frac{p}{100}\right)Q\right]$$

式中　p——污泥含水率,%;

　　　Q——污泥的燃烧热值,kJ/kg;

　　　W——需焚烧的污泥量,kg/h。

故　　　　　　　　　　$q = 1250 \times \left[58.6 \times 70 - \left(1 - \frac{70}{100}\right) \times 16500\right]$

$$= -1060000 \text{（kJ/h}）$$

由于计算所得 q 为负值,说明该污泥焚烧时,可以自燃而不需要辅助燃料。

（3）污泥燃烧时所需的空气量 Q_a　标准状态下,燃烧每千克干固体所需理论空气量 Q'_a（m^3/kg）为

$$Q'_a = \frac{0.24}{1000}Q + 0.5$$

式中　Q——污泥的燃烧热值,kJ/kg;

　0.24、0.5——经验系数。

故　　　　　　　　　　$Q'_a = \frac{0.24}{1000} \times 16500 + 0.5 = 4.46$（$m^3$/kg）

实际所需空气量 Q_a（m^3/h）为

$$Q_a = mQ'_a\left(1 - \frac{p}{100}\right)W$$

式中　m——过剩空气系数,常用1.8~2.5。

本例取 $m=2.2$,故

$$Q_a = mQ'_a\left(1 - \frac{p}{100}\right)W = 2.2 \times 4.46 \times \left(1 - \frac{70}{100}\right) \times 1250$$

$$= 3679.5（m^3/h） = 61.3（m^3/\text{min}）$$

（4）燃烧后的废气产量 Q_T　完全燃烧产生的废气量包括有机物燃烧后产生的气体量 Q_S（主要是 CO_2、H_2O、N_2 等）和被蒸发的水蒸气 Q_W 之和。

$$Q_S = 1.1Q_a = 1.1 \times 3679.5 = 4047.45（m^3/h）$$

$$Q_W = 1.25 \times \frac{p}{100} \times W = 1.25 \times \frac{70}{100} \times 1250 = 1093.75 （m^3/h）$$

故总废气量　　　　　　$Q_T = Q_S + Q_W = 4047.45 + 1093.75 = 5141.2 （m^3/h）$

（5）回转焚烧炉尺寸　回转焚烧炉的容积包括两部分:干燥段容积 V_1 和焚烧段的容积 V_2。

$$V_1 = \frac{0.09Wp}{1000} = \frac{0.09 \times 1250 \times 70}{1000} = 7.88 （m^3）$$

$$V_2 = \frac{QW\left(1 - \frac{p}{100}\right)}{14.7 \times 10^5} = \frac{16500 \times 1250 \times (1 - 70\%)}{14.7 \times 10^5} = 4.21 （m^3）$$

故回转焚烧炉的总容积　　$V = V_1 + V_2 = 7.88 + 4.21 = 12.09 （m^3）$

因为回转焚烧炉长度:直径为 （10~16）:1,取直径 $D=1.1$m。

回转焚烧炉长度 $L = \dfrac{V}{\dfrac{\pi D^2}{4}} = \dfrac{12.09}{\dfrac{3.14 \times 1.1^2}{4}} = 12.7$（m）,取 $L=13$m。

验算 $L:D = 13:1.1 = 11.82:1$（符合要求）。

第九节　污水处理厂除臭设施

一、设计概述

1. 污水处理厂臭气值及排放要求

随着我国环境质量要求的提高,污水处理厂的除臭也日益受到关注,当前一些污水处理厂

不仅在周边建设绿化带并要求有一定的防护距离，而且厂内污水、污泥处理构、建筑物内臭气处理也在推广应用。

污水处理厂产生臭气主要的地方是进水提升泵房、格栅间、沉砂池、初沉池、曝气池、贮泥池、浓缩池、脱水机房等。臭气成分主要是硫化氢、有机硫化物、氮和胺类等，污水处理厂臭气中以 H_2S、NH_3 最为常见。根据国外某些机构的调查结果，污水处理厂各构筑物臭气浓度见表 11-20。

表 11-20　污水处理厂各构筑物臭气浓度

浓度区域	构筑物设施	混合臭气浓度（无量纲）	单一臭气浓度/(mg/m³)				
			硫化氢	甲硫醇	甲硫醚	二甲二硫	氨
低浓度区	格栅、沉砂池	980	0.52	0.014	0.011	0.003	0.28
	初沉池	980	0.59	0.065	0.037	0.005	0.35
	设定值	1 000	0.6	0.07	0.04	0.005	0.4
高浓度区	污泥浓缩池	55 000	23	0.71	0.12	0.052	0.57
	贮泥池	31 000	84	17	0.81	1.1	0.95
	污泥脱水机房	55 000	21	1.6	0.36	0.04	2.0
	臭气捕集量加权平均值	65 000	24	2.0	0.33	0.36	1.2
	设定值	70 000	30	3.0	0.4	0.4	2.0

由于污水处理厂产生的臭气给人以感官不悦，甚至会危及人们的健康，《城镇污水处理厂污染物排放标准》（GB 18918—2002）中根据城镇污水处理厂所在地区的环境要求，明确提出污水处理厂厂界（防护带边缘）废气排放标准，见表 11-21。

表 11-21　废气排放最高允许浓度标准

控　制　项　目	一级标准	二级标准	三级标准
氨/(mg/m³)	1.0	1.5	4.0
硫化氢/(mg/m³)	0.03	0.06	0.32
臭气浓度（无量纲）	10	20	60
甲烷（厂区最高体积分数）/%	0.5	1	1

2. 臭气处理方法及原理

目前国内外除臭技术有植物液喷洒、生物过滤、高能离子、活性炭（或硅藻土）吸附、土壤过滤、湿式燃烧、大气稀释及扩散、化学酸碱中和、湿法吸收洗涤等方法。

植物液除臭是从天然植物中提取汁液，制成工作液，通过布设在池体（或墙壁）边缘雾化喷头，在沉淀池、生物池等区域空间喷出雾状植物液。这些在空间扩散的细小液滴具有很大的比表面积和表面能，液体表面能够有效地吸附臭气分子，也能使臭气分子结构发生改变，削弱臭气分子中的化合键，增大其反应活性，易与其他分子发生化学反应，生成无毒无味的有机盐。如 H_2S 可以生成 SO_4^{2-} 和 H_2O，NH_3 可生成 N_2 和 H_2O。在这些挥发出的臭气没有散发至周围之前予以分解消除。

生物过滤除臭（生物滤池）是利用在纤维填料或多孔填料表面附着生长的微生物膜能够吸附和降解臭气分子并将其转化为无毒、无害、无味的简单物质分子。首先将臭气收集输送到加湿保温系统，在流过含有丰富微生物的生物滤池内，完成吸附降解后，将处理后的清新气体排放至大气中。

高能离子除臭是使用离子发生装置发射出高能正负离子，与室内空气中臭气分子接触，打开其化学键，分解组合为无味物质分子。同时发射的离子与空气中尘埃粒子、固体颗粒碰撞产生聚合作用，形成大的颗粒，依靠自重沉降下来，又可净化空气。

活性炭除臭是利用具有很大比表面积和表面能的活性炭来物理吸附臭气分子，从而达到除臭目的。

土壤除臭是利用物理吸附和生物降解的双重作用，溶性臭气分子，如胺类、H_2S、低级脂肪酸等被土壤中水分子吸收去除，非溶性臭气分子则被土壤颗粒表面物理吸附，然后经土壤中微生物分解，从而除去臭气。

3. 污水处理厂除臭常用方法及比较

目前污水处理厂常用的除臭方法主要是天然植物液喷洒、生物滤池过滤和高能离子作用，其各自特点如下。

植物液喷洒：可与各种气体反应，全天然、无毒、无挥发、无污染，可迅速除臭；使用安全、操作简单；投资少；但运行费用较高；用于敞口构筑物较多。

生物过滤池：构造简单，管理简单；运行稳定，效果好；不产生二次污染；但投资较大；不适宜高浓度臭气处理。

高能离子：体积小，质量轻；形式安装灵活；操作管理简单，维护方便；能耗小，投资适中。

三种除臭方法的比较见表 11-22。

表 11-22　三种除臭方法的比较

比较项目	植物液除臭	生物滤池除臭	高能离子除臭	比较项目	植物液除臭	生物滤池除臭	高能离子除臭
投资	小	大	较小	占地面积	小	大	小
运行费用	高	较高	低	检修率	高	较高	低
系统噪声	—	高	低	安装调试	简单	复杂	简单
处理臭气浓度	低	低-中	低-高	操作	简单	较简单	简单
二次污染	无	少	少				

二、设计要点

1. 臭气风量计算

目前污水处理厂除臭设施基本上按臭气风量计算，臭气风量的计算公式如下。

$$Q = Q_1 + Q_2 + Q_3$$
$$Q_3 = K(Q_1 + Q_2)$$

式中　Q——除臭设施收集的臭气风量，m^3/h；

Q_1——除臭污水处理需除臭的构筑物收集的臭气风量，m^3/h；

Q_2——除臭污水处理需除臭的设备收集的臭气风量，m^3/h；

Q_3——收集系统漏失风量，m^3/h；

K——漏失风量系数，可按 10% 计。

污水处理构筑物臭气风量可按下例考虑。

（1）进水水泵吸水井、沉砂池臭气风量按单位水面积 $10m^3/(m^2 \cdot h)$ 计算，增加 $1\sim2$ 次/h 的空间换气量。

（2）初沉池、浓缩池等构筑物臭气风量按单位水面积 $3m^3/(m^2 \cdot h)$ 计算，增加 $1\sim2$ 次/h 的空间换气量。

（3）曝气处理构筑物臭气风量按曝气量的 110% 计算。

（4）离心脱水机、带式压滤机（仅在机械本体加机罩的场合）

$$除臭风量 Q(m^3/h) = 0.5 \times 机罩容积 R(m^3) \times 2 次/h$$

（5）污水处理厂臭气污染物浓度参考值见表 11-23。

表 11-23　污水处理厂臭气污染物浓度参考值

处 理 区 域	硫化氢/(mg/m³)	氨/(mg/m³)	臭气浓度(无量纲)
污水预处理区域	1～10	0.5～5	1 000～5 000
污泥处理区域	5～10	1～10	5 000～100 000

2. 污水处理厂车间换气量要求

无人值守车间 2～3 次/h；有人进入但时间不长车间 2～4 次/h；有人值守长时间工作车间 4～8 次/h。

3. 高能离子发生器安装方法

（1）正压式

$$新风 \rightarrow 过滤器 \rightarrow 送风机 \rightarrow 离子发生器 \xrightarrow{离子风} 污染散发空间 \rightarrow 排风机 \rightarrow 室外$$

（2）负压式

$$污染空间 \rightarrow 气体收集系统 \rightarrow 离子反应装置 \rightarrow 排风机 \rightarrow 室外$$

（3）复合式

$$新风 \rightarrow 过滤器 \rightarrow 离子发生器 \xrightarrow{离子风} 轻度污染空间 \rightarrow 排风机 \rightarrow 室外$$

或 $\xrightarrow{离子风}$

$$重度污染空间 \rightarrow 气体收集系统 \rightarrow 离子反应装置 \rightarrow 排风机 \rightarrow 室外$$

三、计算例题

【例 11-19】 进水泵房和粗格栅车间除臭计算

1. 已知条件

某污水处理厂进水泵房和粗格栅车间面积 90m²，车间净高度 4.5m，因环境要求，需要安装除臭设施。

2. 设计计算

由于该车间有人值守，但时间不长，故换风量按 4 次/h 考虑。

（1）除臭气量

$$Q = 90 \times 4.5 \times 4 = 1\,620\ (\text{m}^3/\text{h})$$

（2）生物滤池面积　生物滤池臭气负荷一般为 100～250m³/(m²·h)，本设计选用 $q = 150\text{m}^3/(\text{m}^2 \cdot \text{h})$，则生物滤池面积 A 为

$$A = Q/q = 1\,620/150 = 10.8\ (\text{m}^2)$$

（3）生物滤料高度　设生物滤池接触时间 $t = 30\text{s}$，则滤料高度 H 为

$$H = qt/3\,600 = 150 \times 30/3\,600 = 1.25\ (\text{m})$$

（4）风机选用　根据管道布置，计算管道风压损失约 500～800Pa，生物滤池损失 800～1 000Pa，再考虑 20% 其他损失，设计出口压力为 2 400Pa。可采用风机风压 5 000Pa，风量为 30m³/min = 1 800m³/h（Q'），选用 2 台风机，其中 1 台备用风机。

（5）按实际风量计算滤池面积

$$A = Q'/q = 1\,800/150 = 12\ (\text{m}^2)$$

设计 2 座生物滤池，则单座面积 $A' = A/2 = 12/2 = 6\ (\text{m}^2)$。

（6）滤池总填料体积 V

$$V = AH = 12 \times 1.25 = 15\ (\text{m}^3)$$

（7）预洗池（臭气的加温加湿）　设空塔流速 $v = 0.25\text{m/s}$，接触时间 $t = 3\text{s}$，则塔内填料高 H'

$$H' = 0.25 \times 3 = 0.75\ (\text{m})$$

总面积同样选 12m²，设计 2 座，则单座面积 $A'' = 6\text{m}^2$。这样可与滤池组成一体，也可选用定型产品。

【例 11-20】 初沉池高能离子除臭计算

1. 已知条件

某污水处理厂有两座初沉池，每座直径 $D = 16\text{m}$，因环境要求，需安装除臭设施。

2. 设计计算

（1）除臭风量　现计划给初沉池加盖封闭，由于该池为无人值守，因此换风量按 2 次/h 考虑。单座初沉池面积 A 为

$$A = \frac{\pi D^2}{4} = \frac{3.14 \times 16^2}{4} = 200.96 \ (\text{m}^2)$$

设初沉池单位水面产臭风量为 $3.0 \text{m}^3/(\text{m}^2 \cdot \text{h})$，收集系统损失 10%，则单池臭气风量 Q' 为

$$Q' = 1.1 \times 2 \times 3 \times 200.96 = 1326.3 \ (\text{m}^3/\text{h})$$

2 座初沉池臭气风量为 Q 为

$$Q = 2Q' = 2 \times 1326.3 = 2652.6 \ (\text{m}^3/\text{h})$$

（2）选择离子发生器　选用 YZE 型高能离子发生器 1 台，其风量为 $3000 \text{m}^3/\text{h}(Q_s)$，选用排风机 YZE-30 一台，采用负压安装方式。

（3）风管管径计算　每座初沉池罩盖顶端安装 1 根风管，然后并联接高能离子发生器。一般风管内气体流速干管为 $5 \sim 10 \text{m/s}$，支管为 $3 \sim 5 \text{m/s}$。

本设计干管流速选取 8m/s，支管流速选取 5m/s，则高能离子发生器干管管径 D 为

$$D = \sqrt{\frac{4Q_s}{\pi v}} = \sqrt{\frac{4 \times 0.83}{3.14 \times 8}} = 0.36 \ (\text{m}) \approx 350 \ (\text{mm})$$

支管管径

$$D'_s = \sqrt{\frac{4 \dfrac{Q_s}{2}}{\pi v}} = \sqrt{\frac{4 \times 0.83/2}{3.14 \times 5}} = 0.33 \ (\text{m}) \approx 300 \ (\text{mm})$$

【题后语】　目前城镇污水处理厂除臭要求已提至议事日程，笔者认为当前除臭设计尚不十分成熟，现在大多还是按风量计算，理论上讲应从各种臭气浓度消减量上研究总结出计算方法。在没有比较精细方法之前，当务之急还是尽快制定出有效的除臭规范。本部分例题仅供参考。

第十二章
城镇污水三级处理工艺设施

第一节　三级处理的目的、内容和方法

一、三级处理的目的

"节能、减排、低碳、环保"是社会和经济科学发展的重要理念。由于环境保护和处理回用的要求，城镇污水处理厂的出水水质标准越来越高。污水的三级处理、深度处理和高级处理，都是建立在污水二级处理基础上的进一步处理。但是，从使用意义上细分，深度处理或高级处理多应用于污水处理回用时的进一步处理，或给水中自来水常规工艺之后的进一步精细加工处理；而三级处理则属于无害化处理，主要用于污水处理后达到高级别排放标准的进一步处理。在污水处理回用工艺中，有时三级处理作为深度处理的前处理，可以使出水水质达到很高的水平。

二、三级处理的内容

在我国现行的《城镇污水处理厂污染物排放标准》（GB 18918—2002）中，基本控制项目的常规污染物标准值分为三个级别。其中一级标准又分为A标准和B标准，一级A标准对出水水质要求最严格（详见附录一）。城镇污水经二级处理后，虽然绝大部分悬浮固体和有机物被去除，但还会残留有难生物降解有机物、氮和磷的化合物，未能沉淀的固体颗粒、致病微生物以及无机盐等污染物质。常规二级处理出水中，一般BOD_5在$20\sim30mg/L$之间，COD_{Cr}在$40\sim100mg/L$之间，SS在$20\sim30mg/L$之间，$NH_3\text{-}N$在$15\sim25mg/L$之间，TP在$1\sim3mg/L$之间，这些指标与一级A标准相比，仍有不小的差距。

三级处理是为了达到高级排放标准的要求，对二级处理出水中的残留污染物进行的再处理，其处理对象主要是难降解有机物、可溶性无机营养物质（氮、磷）以及悬浮物等。

1. 难降解有机物的危害

二级处理出水中的难降解有机物有丹宁、木质素、黑腐酸、醚类、多环芳烃、联苯胺、卤代甲烷、甲基蓝活性物质（MBAS）、除草剂和杀虫剂（如滴滴涕）等。它们可能产生以下危害：使下游城市的给水产生臭味，并带有颜色，而去除这些臭味和颜色必然加大净水设施投资和运行费用；在下游给水厂它们与消毒剂（尤其是氯）反应，形成一些对人体有长期生理影响的化合物；污染受纳水体，产生泡沫，影响水体景观，不宜供娱乐之用；使受纳水体中的鱼有异味，不宜食用。

为消除这些危害，有效地去除二级处理出水中难降解有机物是很有必要的。

2. 氮和磷的危害

氮磷含量与缓流水体（湖泊、水库、海湾）的富营养化密切相关。当缓流水体内的氮磷营养元素富积时，会使水体的生产力提高，某些特征性藻类（主要是蓝藻、绿藻）异常增殖，使水质恶化，水体衰退，这种现象或过程称为水质富营养化。此时水面藻类增多，成片成团地覆盖在水体表面，发生在湖面上叫"水华"或"湖靛"，发生在海湾或河口区称为"赤潮"。藻类死亡后腐烂消耗水中溶解氧，导致水体厌氧、变黑、发臭，水质迅速恶化，大批鱼类因缺氧或藻毒素中毒出现死亡。

因此，为避免缓流水体富营养化，不使高经济价值水体（水产养殖）遭到破坏，排入缓流水体的污水处理厂出水必须进行脱氮除磷处理。

3. 悬浮物的危害

二级处理出水中残留的悬浮物，是粒径从数毫米到 $10\mu m$ 的生物絮凝体和未被凝聚的胶体颗粒。这些颗粒基本上都是有机的，二级处理出水 BOD 值的 $50\% \sim 80\%$ 都来源于它们。为了提高二级处理出水的澄清度和稳定性，去除这些颗粒是非常必要的。

另外，进一步去除悬浮物，也是提高脱氮除磷效果的必要条件。

三、三级处理的方法

（一）工艺技术

三级处理工艺技术的方法主要有二级强化处理和物化法（混凝、沉淀、澄清、气浮、过滤、吸附）等方法。

二级强化处理（深度二级生物处理）是指在去除污水中含碳有机物的同时，也能脱除氮磷的二级处理工艺。所使用的处理方法主要是各种生物法脱氮除磷工艺。

三级处理的一般组合工艺是：

① 二级处理出水→生物强化脱氮→加药→过滤→消毒；

② 二级强化处理出水→加药→过滤→消毒；

③ 二级强化处理出水→加药→混凝→沉淀→过滤→消毒。

上述工艺过程中加药、混凝、沉淀、过滤的处理过程既是进一步去除悬浮物的过程，也是化学除磷的过程。

（二）方法作用

具有脱除氮磷效果的生物处理工艺主要有 A/O 法、A^2/O 法、DE 型氧化沟法、SBR 法等。生物法脱氮除磷技术具有效果稳定、运行成本低的优点。但生物法除磷效果是有限的，一般很难达到 $0.5mg/L$ 以下。当磷的排放标准很高时，往往需要使用化学法，或生物法与化学法结合使用。

物化法脱氮除磷是利用化学药剂（石灰、聚合氯化铁、聚合氯化铝等）与污水中的氮磷化合物反应，生成不溶性的物质（磷酸钙、磷酸铁、磷酸铝），然后利用沉淀、过滤或气浮等方法加以去除。为加快反应速度，常使用搅拌、混合等方法。

混凝沉淀可去除的对象，是二级处理出水中呈胶体和微小悬浮状态的有机或无机污染物，从表观上说就是去除污水的色度和浊度。同时，它还可去除污水中的某些溶解性物质，如砷、汞等，并能有效地去除氮、磷等营养性物质。

对二级处理出水进行过滤的主要去除对象是生物处理残留的生物污泥絮体，这是产生高质量出水的关键，也是三级处理工艺中应用最广泛的一种技术。

对难降解有机物的去除，至今尚无比较成熟简便的处理技术。目前从经济合理和技术可行方面考虑，采用活性炭吸附和臭氧氧化法是适宜的。

活性炭是疏水性吸附剂，含有大量微孔，具有巨大的比表面积，对于污水中一些难去除的物质，如表面活性剂、酚、农药、染料、难生物降解有机物和重金属离子等，具有较高的去除效率。为了避免活性炭层被悬浮物堵塞，或其表面被胶体污染物覆盖，导致活性炭的吸附功能降低，二级处理出水在用活性炭处理前，需进行一定程度的预处理。其采用的前处理技术主要是过滤和以石灰或铁盐为混凝剂的混凝沉淀。

臭氧氧化法可去除二级处理出水中残存的有机物，它能氧化的有机物有蛋白质、氨基酸、木质素、腐殖酸、链式不饱和化合物和氰化物等。同时，还可脱色和杀菌。

三级处理的去除对象及采用的处理技术见表 12-1。

鉴于大多数城镇污水处理厂生活污水占相当大比例，可生化性良好，强化二级处理出水 COD_{Cr} 达到一级 A 标准并不困难，同时针对难降解有机物的处理设施也应用不多，故本章不对活性炭和臭氧的应用计算例题进行专门的介绍。

表 12-1　三级处理的去除对象及采用的处理技术

去　除　对　象		有　关　指　标	主要处理技术
有机物	悬浮状态	SS、VSS	混凝沉淀、过滤
	溶解状态	BOD_5、COD、TOC、TOD	混凝沉淀、活性炭吸附、臭氧氧化
植物性营养盐类	氮	TN、NH_3-N、NO_2^--N、NO_3^--N	吹脱、折点氯化、吸附、离子交换脱氨、生物脱氮
	磷	PO_4^{3-}-P、TP	金属盐混凝沉淀、石灰混凝沉淀晶析、生物除磷
微量成分	溶解性无机盐	Na^+、Ca^{2+}、Cl^-	反渗透、电渗析、离子交换、电吸附
	微生物	细菌、病毒	臭氧氧化、消毒（氯气、次氯酸钠、紫外线）

关于常用的混凝（混合、絮凝）、沉淀澄清和过滤设施的一般设计计算内容、方法和例题，可参见《给水厂处理设施设计计算（第二版）》等书，本章不再重复，但需注意设计参数的合理选用。本章只对近几年出现的，在城镇污水三级处理中经常用到的一些新型沉淀、过滤设施的设计计算内容、方法和例题，进行较详尽的介绍。

第二节　高密度沉淀池

一、构造和特点

（一）工艺构造

高密度沉淀池（Densadeg）是法国得利满公司的专利技术，是以体外污泥循环回流为主要特征的一项沉淀澄清新技术。亦即用浓缩后的具有活性的污泥作为"催化剂"，借助高浓度优质絮体群的作用，大大改善和提高絮凝和沉淀效果而得名。

高密度沉淀池是"混合凝聚，絮凝反应、沉淀分离"三个单元的综合体，即把混合区、絮凝区、沉淀区在平面上呈一字形紧密串接成为一个有机的整体而成。其工艺构造原理参见图12-1。该工艺是在传统的斜管式混凝沉淀池的基础上，充分利用加速混合原理、接触絮凝原理和浅池沉淀原理，把机械混合凝聚、机械强化絮凝、斜管沉淀分离三个过程进行优化组合，从而获得常规技术所无法比拟的优良性能。

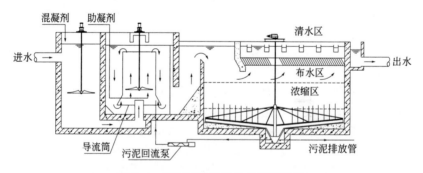

图 12-1　高密度沉淀池构造原理示意

上海市政工程设计研究总院、北京市市政工程设计研究总院、中国市政工程华北设计研究总院等设计研究单位，在引进得利满公司高密度沉淀池的基础上，结合我国具体情况和要求，又研发出了不同风格和特点的高密度沉淀池池型。

中置式高密度沉淀池是上海市政工程设计研究总院自己开发的一种新池型（参见图12-2）。它是在方形平面上，将混合区Ⅰ布置在中央部位，其左右各设一个絮凝池Ⅱ，呈一字型排开形成混凝区，而在该区的两侧为沉淀分离区，其上部为出水区Ⅴ，中部为斜管沉淀区Ⅲ，下部为污泥浓缩区Ⅳ。

其工艺流程如下。原水加混凝剂并注入预加助凝剂 PAM 的活化回流污泥，在池体中心的混合区充分混合后，送入两侧的絮凝区，经絮凝搅拌机慢速搅拌，以增强絮凝效果，在混合池出水口再加入 PAM，以提高泥水分离效果。进水在混合区加入了高浓度活化污泥，可大幅度缩短絮凝时间，经整流后进入两侧的平稳絮凝区，并逐渐由上而下进入沉淀区进行最终泥水分离。清水汇入清水区的集水槽流出，污泥则在沉淀区下部进行浓缩。底部设刮泥机，浓缩后污泥一部分回流到原水进水管中，多余污泥高浓度排放。

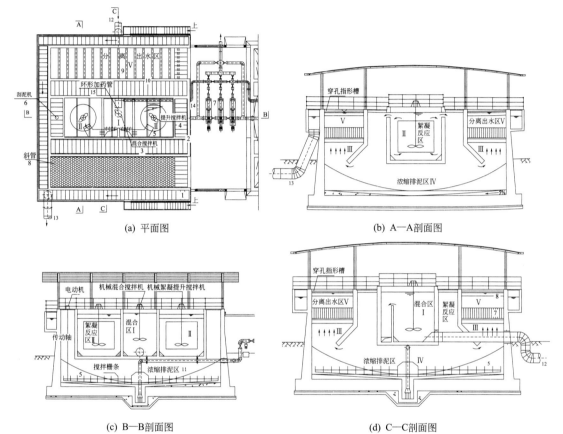

图 12-2　中置式高密度沉淀池构造

1—沉淀池；2—主池体；3—混合搅拌机；4—絮凝搅拌机；5—导流筒体；6—浓缩刮泥机；7—污泥回流泵；
8—斜管区；9—矩形集水槽；10—挡板系统；11—浓缩排泥区；12—进水管；
13—出水管；14—污泥管道；15—环形加药管

（二）技术特点

高密度沉淀池与普通平流式混液沉淀池以及污泥循环型机械搅拌澄清池相比，有以下特点。

（1）在混合、絮凝、沉淀的三个工序之间，不用管渠连接，而采用宽大、开放、平稳、有序的直通方式紧密衔接，有利于水流条件的改善和控制。同时采用矩形结构，简化了池型，便于施工，布置紧凑，节省占地面积。

（2）混合与絮凝均采用机械方式，便于调控运行工况，沉淀区装设斜管，在保证水质情况下进一步提高表面负荷增加产水量。

（3）沉淀池下部设有污泥浓缩区，底部安装带栅条刮泥机，有利于提高排出污泥的浓度（含固率可达 3% 以上），可省去污泥脱水前的浓缩过程。

（4）污泥浓缩池不单独另设，而是设在沉淀池的底部，节省用地。池底采用带栅条刮泥机将污泥刮在中心锥底处排放，可提高污泥的浓缩度，含固率可达3％以上，并省去了排泥水处理中的浓缩过程。

（5）在浓缩区与混合区之间，在池体外部设有污泥的循环管路系统，使部分浓缩污泥由泵回流到混合池中，与原水和絮凝剂充分混合后，通过絮凝形成高浓度混合絮凝体，而后缓慢平稳进入沉淀区分离。

（6）促凝药剂采用有机高分子絮凝剂，并投加助凝剂PAM，以提高絮体凝聚效果，加快泥水分离速度。

（7）对关键技术部位的运行工况，采用严密的高度自动监控手段，进行及时自动调控。例如，絮凝与沉淀衔接过渡区的水力流态状况，浓缩区泥面高度的位置，原水流量、促凝药剂投加量与污泥回流量的变化情况等。

（8）在清水集水支槽底部装设垂直的隔板，把上部池容积分成几个单独的水力区，以使各处水力平衡，上升流速均匀稳定，确保出水水质。

（三）性能特点

（1）抗冲击负荷能力较强，对进水的流量和水质波动不敏感。

（2）絮凝能力较强，沉淀效果好（沉速可达20m/h），可形成500mg/L以上的高浓度混合液，出水水质稳定（一般为＜10NTU），这主要得益于絮凝剂、助凝剂、活性污泥回流的联合应用以及合理应用机械混凝手段。

（3）水力负荷大，产水率高，水力负荷可达23m³/(m²·h)。因为沉淀速度快，絮凝沉淀时间短，分离区的上升流速高达6mm/s，比普通斜管沉淀池和机械搅拌澄清池都高。

（4）促凝药耗低，例如中置式高密度沉淀池的药剂成本较平流式沉淀池低20％。

（5）排泥浓度高，一般可达20g/L以上，高浓度的排泥可减少水量损失。

（6）占地面积小。因为其上升流速高，且为一体化构筑物、布置紧凑，不另设污泥浓缩池。例如中置式高密度沉淀池的占地面积比平流式沉淀池少50％左右。

（7）自动控制，工艺运行科学稳定，启动时间短（一般小于30min）。

（8）有报道说，当原水的浊度超过1500NTU时，此种沉淀池将不适用。絮凝与沉淀之间的配水很难均匀，影响其性能发挥；由于引进型是专利产品，所以其设备、材料价格贵，投资也很高。

二、关键部位设计

根据资料报道，决定高密度沉淀池工艺是否成功的关键部位和技术是：池体结构的合理设计，加药量污泥回流量控制，搅拌提升机械设备工况调节，污泥排放的时机和持续时间等。

（1）布水配水要均匀、平稳。在池内应合理设置配水设施和挡板，使各部分布水均匀，水流平稳有序。特别是絮凝区与沉淀区之间的过渡衔接段设计，在构造上要设法保持水流以缓慢平稳的层流状态过渡，以使絮凝后的水流均匀稳定地进入沉淀区。例如，加大过渡段的过水断面，或采用下向流斜管（板）布水等。

（2）沉淀池斜管下部的池容空间为布水预沉和污泥浓缩区，即沉淀分两个阶段进行：首先是在斜管下部巨大容积内进行的深层拥挤沉淀（大部分污泥絮体在此得以下沉去除），而后为斜管中的"浅池"沉淀（去除剩余的絮体绒粒）。其中，拥挤沉淀区的分离过程应是沉淀池几何尺寸计算的基础。

（3）沉淀区下部池体应按污泥浓缩池合理设计，以提高污泥的浓缩效果。有工程认为，浓缩区可以分为两层：上层用于提供回流污泥；下层用于污泥浓缩外排。

（4）絮凝搅拌机械设备工况的调节，是池内水力条件调节的关键。该设备一般可按设计水量的8～10倍配置提升能力，并采用变频装置调整转速以改变池体水力条件，适应原水水质和水量的变化。污泥回流泵的能力，可按照设计水量的10％配置，采用变频调速电机，根据水量、水质条件调节回流量。

（5）严格调控浓缩区污泥的排放时机和持续时间，使污泥面处在合理的位置上，以保证出水浊度和污泥浓缩效果。污泥浓缩机的外缘线速度一般为 $20\sim30$mm/s。

三、计算例题

【例 12-1】 高密度沉淀池设计计算

1. 已知条件

某污水处理厂设计规模 12×10^4 m^3/d，总变化系数 1.3，最高时流量 $Q_{max}=6\ 500$m^3/h$=1.806$m^3/s。深度处理采用高密度沉淀加过滤工艺，其中高密度沉淀池分为四组。每组设计流量 $Q_D=1.806/4=0.452$m^3/s。

2. 设计计算

（1）沉淀池

① 清水区。表面负荷 q 取 16m^3/(m$^2\cdot$h)，斜管结构占用面积按 4%计，沉淀池清水区面积

$$F_1=1.04\frac{Q_D}{q}=1.04\times\frac{0.452}{16}\times3\ 600=105.8\ （\text{m}^2）$$

沉淀区平面布置图见图 12-3。其中斜管区分为两部分，中间为出水渠。斜管区平面尺寸取值 11m$\times9.6$m，中间出水渠宽度 1.0m，出水渠壁厚度为 0.2m。沉淀区长度 $L_1=12.4$m。

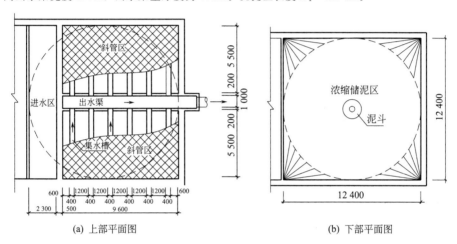

(a) 上部平面图   (b) 下部平面图

图 12-3 沉淀区平面布置图

② 进水区。絮凝区来水经淹没式溢流堰向下进入沉淀区的进水区，进水区宽度 B_1 为

$$B_1=12.4-9.6-0.5=2.3\ （\text{m}）$$

进水区流速
$$v_j=\frac{Q_D}{B_1L_1}=\frac{0.452}{2.3\times12.4}=0.015\ 8\ （\text{m/s}）$$

③ 集水槽。采用小矩形出水堰，堰壁高度 $P=0.28$m，堰宽 $b=0.05$m。沉淀池布置集水槽 12 个，单个集水槽设矩形堰 44 个，总矩形堰个数 $n=528$。每个小矩形堰流量 q 为

$$q=0.452/528=0.000\ 86（\text{m}^3/\text{s}）$$

矩形堰有侧壁收缩，流量系数 $m=0.43$，堰上水头 H 为

$$H=\left(\frac{Q}{mb\sqrt{2g}}\right)^{2/3}=\left(\frac{0.000\ 86}{0.43\times0.05\times\sqrt{2\times9.8}}\right)^{2/3}=0.043（\text{m}）$$

单个集水槽水量 $q'=0.452/12=0.038$m^3/s，集水槽宽取值 $b'=0.4$m，末端临界水深 h_k 为

$$h_k=\sqrt[3]{\frac{q'^2}{gb'^2}}=\sqrt[3]{\frac{0.038^2}{9.8\times0.4^2}}=0.097\ （\text{m}）$$

集水槽起端水深 $h=1.73h_k=1.73\times0.097=0.17\ （\text{m}）$

集水槽水头损失 $\Delta h=h-h_k=0.17-0.097=0.073\ （\text{m}）$

集水槽水位跌落 0.1m，槽深 0.4m。

④ 池体高度

a. 超高 $H_1 = 0.40$ m。

b. 根据《室外给水设计规范》（GB 50013—2006），斜管沉淀池清水区高度 $H_2 = 1.0$ m。

c. 斜管倾角 60°，斜管长度 0.75m，斜管区高度 $H_3 = 0.75 \times \sin60° = 0.65$ （m）。

d. 根据 GB 50013—2006，斜管沉淀池布水区高度 $H_4 = 1.5$ m。

e. 污泥回流比 R_1 按设计流量的 2% 计，污泥浓缩时间 t_n 取 8h，污泥浓缩区高度 H_5 为

$$H_5 = \frac{R_1 Q_D t_n}{F_1} = \frac{0.02 \times 0.452 \times 8 \times 3\,600}{105.8} = 2.46 \approx 2.5 \text{ （m）}$$

f. 储泥区高度 $H_6 = 0.95$ m。

故沉淀池总高 $H = H_1 + H_2 + H_3 + H_4 + H_5 + H_6 = 0.40 + 1.0 + 0.65 + 1.5 + 2.5 + 0.95 = 7.0$ （m）

⑤ 出水渠。出水渠宽 $B_0 = 1.0$ m，末端流量 $Q_D = 0.452$ m³/s，末端临界水深 h_k 为

$$h_k = \sqrt[3]{\frac{D_D^2}{g B_0^2}} = \sqrt[3]{\frac{0.452^2}{9.8 \times 1.0^2}} = 0.275 \text{ （m）}$$

出水渠起端水深 $\qquad h_0 = 1.73 h_k = 1.73 \times 0.275 = 0.476$ （m）

出水渠上缘与池顶平，水位低于清水区 0.2m，最大水深 0.5m，渠高 H_c 为

$$H_c = H_1 + 0.2 + 0.5 = 0.4 + 0.2 + 0.5 = 1.1 \text{ （m）}$$

沉淀区剖面图见图 12-4。

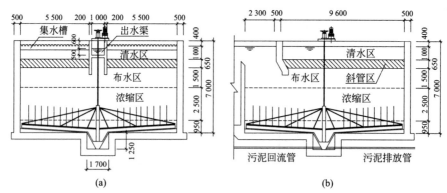

图 12-4 沉淀区剖面图

（2）絮凝区 絮凝区由三部分组成：一是导流筒内区域，流速较大；二是导流筒外，流速适中；三是出口区，流速最小。参照 GB 50013—2006，导流筒内流速控制在 $0.5 \sim 0.6$ m/s，导流筒外流速控制在 $0.1 \sim 0.3$ m/s，出口区流速控制在 $0.05 \sim 0.1$ m/s。

① 絮凝室尺寸。絮凝区水深 $H_7 = 6$ m，反应时间 t_2 取 10min，絮凝室面积

$$F_2 = \frac{Q_D t_2}{H_7} = \frac{0.452 \times 10 \times 60}{6} = 45.2 \text{ （m}^2\text{）}$$

絮凝室分为 2 格，并联工作，每格均为正方形，边长 L_2 为

$$L_2 = B_2 = \sqrt{F_2/2} = \sqrt{45.2/2} = 4.75 \text{ （m）}$$

② 导流筒。絮凝回流比（R_2）取 10，导流筒内设计流量 Q_n 为

$$Q_n = \frac{1}{2}(R_2 + 1) Q_D = \frac{1}{2} \times (10 + 1) \times 0.452 = 2.486 \text{ （m}^3/\text{s）}$$

导流筒内流速 v_1 取 0.5m/s，导流筒直径 D_1 为

$$D_1 = \sqrt{\frac{4 Q_n}{v_1 \pi}} = \sqrt{\frac{4 \times 2.486}{0.5 \times 3.14}} = 2.52 \approx 2.5 \text{ （m）}$$

导流筒下部喇叭口高度 $H_8 = 0.7$ m，角度 60°，导流筒下缘直径 D_2 为

$$D_2 = D_1 + 2 H_8 \cot60° = 2.5 + 2 \times 0.7 \times 0.577 = 3.31 \approx 3.3 \text{ （m）}$$

导流筒上缘以上部分流速 $v_2 = 0.25$ m/s，导流筒上缘距水面高度 H_9 为

$$H_9 = \frac{Q_n}{v_5 \pi D_1} = \frac{2.486}{0.25 \times 3.14 \times 2.5} = 1.27 \approx 1.3 \text{ （m）}$$

导流筒外部喇叭口以上部分面积 F_{w1} 为

$$F_{w1} = B_2^2 - \pi D_1^2/4 = 4.75^2 - 3.14 \times 2.5^2/4 = 17.66 \text{ （m}^2\text{）}$$

导流筒外部喇叭口以上部分流速 v_3 为

$$v_3 = Q_n/F_{w1} = 2.486/17.66 = 0.141 \text{（m/s）}$$

导流筒外部喇叭口下缘部分面积 F_{w2} 为

$$F_{w2} = B_2^2 - \pi D_2^2/4 = 4.75^2 - 3.14 \times 3.3^2/4 = 14 \text{（m}^2\text{）}$$

导流筒外部喇叭口下缘部分流速 v_4 为

$$v_4 = Q_n/F_{w2} = 2.486/14 = 0.18 \text{（m/s）}$$

导流筒喇叭口以下部分流速 $v_5 = 0.15 \text{m/s}$，导流筒下缘距池底高度 H_8 为

$$H_8 = \frac{Q_n}{v_4 \pi D_2} = \frac{2.486}{0.15 \times 3.14 \times 3.3} = 1.6 \text{（m）}$$

③ 过水洞。每格絮凝室设计流量 Q_{DG} 为

$$Q_{DG} = Q_D/2 = 0.452/2 = 0.226 \text{（m}^3/\text{s）}$$

絮凝室出口过水洞流速 v_6 取 0.06m/s，过水洞口宽度 $B_3 = 4.75\text{m}$，高度 H_{10} 为

$$H_{10} = \frac{Q_{DG}}{B_3 v_6} = \frac{0.226}{4.75 \times 0.06} = 0.793 \approx 0.8 \text{（m）}$$

过水洞水头损失 h 为

$$h = \xi \frac{v_6^2}{2g} = 1.06 \times \frac{0.06^2}{2 \times 9.81} = 0.000\,19 \text{（m）}$$

④ 出口区。出口区长度 L_2 为 4.75m，出口区上升流速 $v_7 = 0.06\text{m/s}$，出口区宽度 B_3 为

$$B_3 = \frac{Q_{DG}}{L_2 v_7} = \frac{0.226}{4.75 \times 0.06} = 0.793 \approx 0.8 \text{（m）}$$

出口区停留时间

$$t_3 = \frac{L_2 B_3 H_7}{60 Q_{DG}} = \frac{4.75 \times 0.8 \times 6}{60 \times 0.226} = 1.68 \text{（min）}$$

⑤ 出水堰高度。为配水均匀，出口区到沉淀区设一个淹没堰。过堰流速 v_8 取 0.05m/s，堰上水深 H_{11} 为

$$H_{11} = \frac{Q_{DG}}{L_2 v_8} = \frac{0.226}{4.75 \times 0.05} = 0.95 \text{（m）}$$

⑥ 搅拌机。搅拌机提升水量 $Q_T = Q_n = 2.486\text{m}^3/\text{s}$，提升扬程 H_T 取 0.15m，效率取 0.75，搅拌轴功率 $N_絮$ 为

$$N_絮 = \frac{Q_T H_T \gamma}{102 \eta} = \frac{2.486 \times 0.15 \times 1\,000}{102 \times 0.75} = 4.87 \text{（kW）}$$

式中，γ 为水的密度，$\gamma = 1\,000\text{kg/m}^3$。

据此，选用某品牌絮凝搅拌机，主要技术参数：桨叶直径 1.4m，转速 53.4r/min，排液量 2.62m³/s，电机功率 5.5kW。

⑦ 絮凝区 GT 值。不计出口区，絮凝区停留时间 $T = 10\text{min} = 600\text{s}$。

水温按 10℃，动力黏度 $\mu = 1.305 \times 10^{-3} \text{Pa} \cdot \text{s}$。

絮凝区 GT 值：

$$GT = \sqrt{\frac{1\,000 N_絮 T}{\mu Q_{DG}}} = \sqrt{\frac{1\,000 \times 4.87 \times 600}{1.305 \times 10^{-3} \times 0.226}} = 9.94 \times 10^4 < 1 \times 10^5$$

（3）混合室计算

① 混合池尺寸。混合池长 $L_3 = 2.9\text{m}$，宽 $B_4 = 1.9\text{m}$，水深 $H_{12} = 6.2\text{m}$。

② 停留时间 t_1

$$t_1 = \frac{L_3 B_4 H_{12}}{Q_T} = \frac{2.9 \times 1.9 \times 6.2}{0.452} = 75.6 \text{（s）} = 1.26 \text{（min）}$$

③ 搅拌机功率。混合室 G 取 500s^{-1}，搅拌机轴功率 $N_混$ 为

$$N_混 = \frac{\mu Q_D t_1 G^2}{1\,000} = \frac{1.305 \times 10^{-3} \times 0.452 \times 75.6 \times 500^2}{1\,000} = 11.15 \text{（kW）}$$

④ 水力计算。出水总管长度 $L_4 = 1.8\text{m}$，直径 $D_3 = 0.8\text{m}$，流速 v_9 为

$$v_9 = \frac{4 Q_D}{\pi D_3^2} = \frac{4 \times 0.452}{3.14 \times 0.8^2} = 0.9 \text{（m/s）}$$

出水总管沿程水头损失 h_{11} 为

$$h_{11} = 0.000\,912 \frac{v_9^2}{D_3^{1.3}} \left(1 + \frac{0.867}{v_9}\right)^{0.3} L_4 = 0.009\,12 \times \frac{0.9^2}{0.8^{1.3}} \times \left(1 + \frac{0.867}{0.9}\right)^{0.3} \times 1.8 = 0.0022 \text{ (m)}$$

出水总管局部水头损失 h_{12} 为

$$h_{12} = (\xi_1 + \xi_2) \frac{v_9^2}{2g} = (0.5 + 3.0) \times \frac{0.9^2}{2 \times 9.81} = 0.144 \text{ (m)}$$

式中 ξ_1 —— 出水总管入口系数；

       ξ_2 —— 出水总管三通系数。

混合池出水支管 $L_5 = 7.4\text{m}$，直径 $D_4 = 0.7\text{m}$，流速 v_{10} 为

$$v_{10} = \frac{4Q_n}{\pi D_4^2} = \frac{4 \times 0.226}{3.14 \times 0.7^2} = 0.59 \text{ (m/s)}$$

出水支管沿程水头损失 h_{21} 为

$$h_{21} = 0.000\,912 \frac{v_{10}^2}{D_4^{1.3}} \left(1 + \frac{0.867}{v_{10}}\right)^{0.3} L_5 = 0.009\,12 \times \frac{0.59^2}{0.7^{1.3}} \times \left(1 + \frac{0.867}{0.59}\right)^{0.3} \times 7.4 = 0.0049 \text{ (m)}$$

出水支管局部水头损失 h_{22} 为

$$h_{22} = (\xi_3 + \xi_4) \frac{v_{10}^2}{2g} = (1.02 + 1.0) \times \frac{0.59^2}{2 \times 9.81} = 0.036 \text{ (m)}$$

出水管总水头损失 $h = h_{11} + h_{12} + h_{21} + h_{22} = 0.002\,2 + 0.144 + 0.0049 + 0.036 = 0.187$ (m)

混合絮凝区布置图见图 12-5。

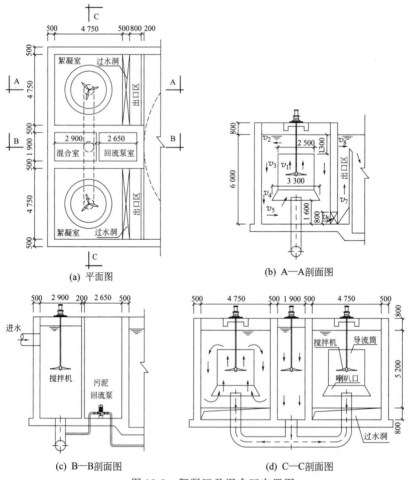

图 12-5   絮凝区及混合区布置图

【题后语】高密度沉淀池引进我国时间不长，缺少详细的技术资料，有关设计方法和参数正在探索。该例题只是一种尝试，望同仁指正和进一步完善之，例如沉淀池浓缩区、絮凝-沉淀过渡区等部位的设计等。

第三节　过　滤　设　施

过滤是三级处理的重要环节，是确保出水达到高级标准的必要处理单元。过滤可以去除大部分悬浮物和胶体，在降低出水 SS 的同时，还可以有效的降低出水的 COD、BOD、NH_3-N 和 TP。污水三级处理中常用的过滤设施按过滤介质不同可分为成床过滤（也称为深层过滤）和表面过滤。

成床过滤采用散状材料（石英砂、无烟煤、树脂球、陶粒、纤维球、纤维束等）形成一定厚度的滤床，过滤时大部分悬浮物或胶体截留在滤床内部，有滤床是成床过滤的明显特征。成床过滤的优点是滤床截污容量大，反冲洗周期长。典型的成床过滤有普通快滤池、虹吸滤池、V 型滤池、纤维滤料滤池等。成床过滤的滤床可以是单层滤料（石英砂或无烟煤），也可以是由上述材料组成的双层或多层滤料。

表面过滤通常采用滤布、滤网、滤膜等材料作为过滤介质，是在过滤介质表面截留悬浮物和胶体的过滤方式。表面过滤可以在很小的体积内集成较大面积的介质，因此占地面积小是其突出的特点。表面过滤的缺点一是过滤介质容易堵塞，所以需要频繁反冲洗；二是过滤介质寿命短，更换介质导致成本增加。表面过滤精度受过滤介质控制，当采用膜过滤时，过滤精度大大高于成床过滤，但水头损失也大幅度增加。典型的表面过滤滤池有转盘滤池和滤布滤池。

一、V 型滤池

（一）设计概述

V 型滤池也称均粒滤料滤池，是由法国得利满（Degremont）公司开发的一种重力式快滤池，因其采用 V 型进水布水槽而得名。V 型槽沿滤床长边布置，不仅使布水均匀，其底部的进水孔在反冲洗时还可以起到表面扫洗的功能。

1. 工艺过程

过滤时，浑水由进水总渠通过闸门进入进水支渠，通过溢流堰进入进水槽，再经过与之相连的 V 型槽进入滤池。采用溢流堰的好处是可使每格滤池进水量相同，不受滤池内水位变化的影响。滤后水通过长柄滤头进入滤池底部的配水区，再经设在配水配气渠下部的配水孔进入配水配气渠，最后经出水阀、水封井流出。设置出水堰保证了滤后水水位恒定，有利于防止滤料层出现负压。

冲洗时采用气水联合冲洗，自动控制运行。即先气冲洗，然后气水同时冲洗，最后水冲洗的冲洗方式。冲洗时关闭进水阀，打开排水阀，池内水位下降到排水槽顶。进水总渠上设有进水孔，关闭进水闸后仍有部分水进入 V 型槽，并从设在其底部的进水孔进入滤池，从排水槽流出，形成对滤料表面的扫洗。气冲洗时，空气经进气阀进入配水配气渠，经其上部的配气孔进入配水区，再由长柄滤头进入滤料层。水冲洗时，冲洗水经阀门进入配水配气渠，经其底部的配水孔进入配水区，再经长柄滤头进入滤料层。

2. 特点

V 型滤池的主要特点如下。

（1）出水阀可随池内水位的变化调整开启度，可实现恒水位等速过滤，避免滤料层出现负压。

（2）采用均质粗砂滤料且厚度较大，截污量大，过滤周期长，出水水质好。

（3）滤床长宽比较大 [（2.5∶1）～（4∶1）]，进水槽和排水渠沿长边布置，较大滤床面积时布水配水均匀。

（4）单格滤床面积较大，最大可达 $210m^2$，适用于大型水处理工程。

（5）采用小阻力配水系统，承托层较薄。

（6）采用小阻力配水系统，气水联合反冲洗加表面扫洗，因此冲洗效果好。

（7）冲洗时滤料层膨胀率低，不会出现跑砂。水冲洗强度低，冲洗水耗省。

3. 设计

V 型滤池的设计要点如下。

（1）滤池个数的确定应做技术经济比较。无资料时，可参考表 12-2 选用。滤床布置可采用双床或单床布置，单个滤床宽度一般在 3.5m 以内，最大不超过 5m，滤床长宽比为 (2.5 : 1)~(4 : 1)。

表 12-2　V 型滤池个数

总过滤面积/m²	小于 80	80~150	150~250	250~350	350~500	500~800
滤池个数/个	2	2~3	4	4~5	5~6	5~8

（2）过滤周期 24~48h。滤料层及滤速见表 12-3。冲洗程序、强度和时间见表 12-4。滤层表面以上水深 1.2~1.5m，冲洗排水槽顶面宜高出滤料层表面 500mm。

表 12-3　滤料及滤速选用

滤料种类	滤料组成			正常滤速 /(m/h)	强制滤速 /(m/h)
	粒径/mm	不均匀系数 (K_{80})	厚度/mm		
单层粗砂滤料	石英砂 $d_{10}=0.8$	<2.0	700	8~10	10~12
双层滤料	无烟煤 $d_{10}=1.0$	<2.0	300~400	9~12	12~16
	石英砂 $d_{10}=0.8$	<2.0	700		
均匀级配粗砂滤料	石英砂 $d_{10}=1.0~1.3$	<1.4	1200~1500	8~10	10~12

表 12-4　气水冲洗强度及冲洗时间

滤料种类	先气冲洗		气水同时冲洗			后水冲洗		表面扫洗	
	气强度 /[L/(s·m²)]	时间 /min	气强度 /[L/(s·m²)]	水强度 /[L/(s·m²)]	时间 /min	水强度 /[L/(s·m²)]	时间 /min	水强度 /[L/(s·m²)]	时间 /min
单层细砂级配滤料	15~20	3~2				8~10	5~4		
双层煤砂级配滤料	15~20	3~2				6.5~10	5~4		
单层粗砂均匀滤料	13~17	2~1	13~17	3~4	4~3	4~8	3~2		
	13~17	2~1	13~17	2.5~3	5~4	4~6	3~2	1.4~2.3	全程

（3）进水及布水系统

① 进水总渠应设主进水孔和表面扫洗进水孔。主进水孔设气动或电动闸板阀，表面扫洗进水孔可设手动闸板。

② 每格滤池应设可调整高度的进水堰板，以使各池进水量相同。进水槽的底面应与 V 型槽底持平，不得高出。

③ V 型槽在过滤时处于淹没状态。其断面应按非均匀流满足配水均匀性要求计算确定，其斜面与池壁的倾斜度宜采用 45°~50°。V 型槽内始端流速不大于 0.6m/s。底部的水平布水孔内径 $\phi20~30$mm，过孔流速 2.0m/s 左右，孔中心低于排水槽上沿 50~150mm。

（4）排水槽顶面宜高出滤料层表面 500mm，底板以大于等于 0.02 的坡度坡向出口。底板底面最低处高出滤板底 100mm，最高处高出 400~500mm。槽内的最高水面宜低于排水槽上沿 50~100mm。

（5）配气配水系统设计

① 一般每平方米滤池面积布置滤头个数 30~50 个。同一格滤池内所有滤头、滤帽或滤柄

顶表面其误差不得大于±5mm。

② 承托层采用粗石英砂，厚度 50～100mm，粒径 2～4mm。

③ 配气配水渠进气干管管顶宜平渠顶，冲洗水干管管底宜平渠底。配气配水渠进口处冲洗水流速一般小于等于 1.5m/s，进口处冲洗空气流速一般小于等于 5m/s。

④ 配水孔底应与池底平，孔口流速为 1.0～1.5m/s 左右。配气孔过孔流速 15m/s 左右，顶部宜与滤板板底相平，有困难时可低于板底，但高差不宜超过 30mm。

⑤ 支承滤板的滤板梁应垂直于配气配水渠，梁顶每块滤板长度的中间部位应留空气平衡缝，缝高 20～50mm，长度等于 1/2 滤板。

⑥ 气水室宜设检查孔，检查孔可设在管廊侧池壁上。

（6）进水总渠流速控制在 0.7～1.0m/s，出水总管（渠）流速控制在 0.6～1.2m/s，冲洗水进水管流速控制在 2.0～3.0m/s，排水总渠流速控制在 0.7～1.5m/s，冲洗空气管流速控制在 10～15m/s，空气总管的管底应高于滤池的最高水位。

（二）计算例题

【例 12-2】 V 型滤池设计计算

1. 已知条件

某污水处理厂二期扩建工程，设计规模 50 000m³/d，设计出水水质达到《城镇污水处理厂污染物排放标准》（GB 18918—2002）一级 A 标准，污水处理工艺采用改良卡鲁塞尔氧化沟加混凝、沉淀和过滤。其中滤池试按 V 型滤池设计。

2. 设计计算

（1）滤池工作时间　滤池工作周期按 24h 计算，采用先气洗（2min），然后气水同时洗（5min），最后水洗（3min）的冲洗方式，冲洗历时 $t=10\text{min}=0.17\text{h}$，有效工作时间 T 为
$$T=24-0.17=23.83 \text{（h）}$$

（2）设计处理水量　污水处理厂平均时流量 Q 为
$$Q=\frac{50\ 000}{24\times 3\ 600}=0.579 \text{（m}^3/\text{s）}$$

查《室外排水设计规范》（GB 50014—2006），总变化系数 $K_z=1.3$，污水处理厂最高时流量 $Q_{\max}$ 为
$$Q_{\max}=0.579\times 1.3=0.753 \text{（m}^3/\text{s）}=2\ 710.8 \text{（m}^3/\text{h）}$$

（3）滤床面积　滤料采用单层粗砂均匀级配滤料，设计滤速 $v=8\text{m/h}$，滤池总面积 F 为
$$F=\frac{24Q_{\max}}{Tv}=\frac{24\times 2710.8}{23.83\times 8}=341.3 \text{（m}^2\text{）}$$

滤池格数 $n=4$，每格滤池设 2 个滤床，每个滤床面积 f 为
$$f=\frac{F}{2n}=\frac{341.3}{2\times 4}=42.7 \text{（m}^2\text{）}$$

滤床模板为 $0.6\text{m}\times 1.2\text{m}$，滤床宽度 B_c 取 3.6m，滤床长度 L 为
$$L=f/B_c=42.7/3.6=11.86\approx 12 \text{（m）}$$

滤床长宽比 $L/B_c=12/3.6=3.3<4$，符合要求。

单格滤床实际面积
$$f'=LB_c=12\times 3.6=43.2 \text{（m}^2\text{）}$$

（4）校核强制滤速　按 1 格冲洗情况计算强制滤速 v_q 为
$$v_q=\frac{Q_{\max}}{2f'(n-1)}=\frac{0.753\times 3600}{2\times 43.2\times(4-1)}=10.46 \text{（m/h）} <12\text{m/h}$$

单个滤池强制产水量 Q_{qz} 为
$$Q_{qz}=2v_q LB_c=2\times 10.46\times 12\times 3.6=903.74 \text{（m}^3/\text{h）}=0.251 \text{（m}^3/\text{s）}$$

（5）滤池宽度　为施工方便，排水槽宽度 B_p 取 0.8m，排水槽结构厚度 δ_p 取 0.15m，滤池宽度 B 为
$$B=2B_c+B_p+2\delta_p=2\times 3.6+0.8+2\times 0.15=8.3 \text{（m）}$$

（6）滤池高度　为方便检修，气水室高度 $H_1=0.9\text{m}$；采用整体浇筑式滤板，厚度 $H_2=0.2\text{m}$；承托层厚度 $H_3=0.1\text{m}$；滤料层厚度 $H_4=1.3\text{m}$；滤料淹没高度 $H_5=1.5\text{m}$；进水系统跌差（包括进水槽、孔洞水头损失及过水堰跌差）H_6 取 0.4m；进水总渠超高 $H_7=0.3\text{m}$；滤池总高度 H 为

$$H = H_1 + H_2 + H_3 + H_4 + H_5 + H_6 + H_7 = 0.9 + 0.2 + 0.1 + 1.3 + 1.5 + 0.4 + 0.3 = 4.7 \text{ (m)}$$

（7）进水系统

① 进水总渠。滤池单列布置，进水总渠流速 V_{zjs} 采用 1.0m/s，进水总渠过水断面 A_{zjs} 为

$$A_{zjs} = Q_{max}/V_{zjs} = 0.753/1.0 = 0.753 \text{ (m}^2\text{)}$$

进水总渠宽度 B_{zjs} 取 0.8m，进水总渠水深 h_{zjs} 为

$$h_{zjs} = A_{zjs}/B_{zjs} = 0.753/0.8 = 0.941 \text{ (m)}$$

超高取 0.3m，进水总渠高度 H_z 为

$$H_z = h_{zjs} + 0.3 = 0.941 + 0.3 = 1.241 \approx 1.24 \text{ (m)}$$

进水总渠水力半径 R_{zjs} 为

$$R_{zjs} = \frac{B_{zjs}h_{zjs}}{B_{zjs} + 2h_{zjs}} = \frac{0.8 \times 0.941}{0.8 + 2 \times 0.941} = 0.281 \text{ (m)}$$

进水总渠粗糙系数 n 取 0.013，进水总渠坡度 i_{zjs} 为

$$i_{zjs} = \left(\frac{nV_{zjs}}{R_{zjs}^{2/3}}\right)^2 = \left(\frac{0.013 \times 1.0}{0.281^{2/3}}\right)^2 = 0.0009$$

根据计算结果，进水总渠设计坡度取 0.005。

② 进水孔。表面扫洗强度 q_{bx} 取 2.0L/(s·m²)，单个滤池表面扫洗流量 Q_{bx} 为

$$Q_{bx} = 2f'q_{bx} = 2 \times 43.2 \times 2 = 172.8 \text{ (L/s)}$$

表面扫洗进水孔设 2 个，过孔流速 V_k 取 1.2m/s，断面采用正方形，进水孔边长 b_1 为

$$b_1 = \sqrt{\frac{Q_{bx}/2}{1000V_k}} = \sqrt{\frac{172.8/2}{1000 \times 1.2}} = 0.27 \text{ (L/s)}$$

强制过滤时主进水孔进水流量 Q_{zjs} 为

$$Q_{zjs} = Q_{qz} - Q_{bx} = 251 - 172.8 = 78.2 \text{ (L/s)}$$

主进水孔采用正方形，过孔流速取 1.2m/s，主进水孔边长 b_2 为

$$b_2 = \sqrt{\frac{Q_{zjs}}{1000V_k}} = \sqrt{\frac{78.2}{1000 \times 1.2}} \approx 0.26 \text{ (L/s)，取 } 0.27\text{L/s}$$

b_2 尺寸保持与表面扫洗进水孔 b_1 尺寸一致。

强制过滤时，3 个进水孔同时工作，过孔流速修正 V_{k1} 为

$$V_{k1} = \frac{Q_{qz}}{3b_2^2} = \frac{0.251}{3 \times 0.27^2} = 1.15 \text{ (m/s)}$$

查《给水排水设计手册》（第 1 册），淹没孔口出流时局部阻力系数 $\xi = 1.06$。强制过滤时，过孔水头损失 $h_{强}$ 为

$$h_{强} \xi \frac{V_{k1}^2}{2g} = 1.06 \times \frac{1.15^2}{2 \times 9.8} = 0.071 \text{ (m/s)}$$

冲洗时，2 个进水孔同时工作，过孔流速 V_{k2} 修正为

$$V_{k2} = \frac{Q_{bx}}{2b_2^2} = \frac{0.173}{2 \times 0.27^2} = 1.19 \text{ (m/s)}$$

冲洗时，过孔水头损失 $h_{洗}$ 为

$$h_{洗} \xi \frac{V_{k1}^2}{2g} = 1.06 \times \frac{1.19^2}{2 \times 9.8} = 0.076 \text{ (m/s)}$$

③ 进水堰。进水堰槽宽度取 0.5m。强制过滤时堰上水头 h 取 0.1m，流量系数 m 取 0.436，进水堰宽度 B_y 为

$$B_y = \frac{Q_{qz}}{mh^{1.5}\sqrt{2g}} = \frac{0.251}{0.436 \times 0.1^{1.5} \times \sqrt{2 \times 9.8}} = 4.09 \text{ (m)}$$

设计选用宽度 5m 的旋转调节堰，堰上水头 h 修正为

$$h = \left(\frac{Q_{qz}}{mB_y\sqrt{2g}}\right)^{\frac{2}{3}} = \left(\frac{0.251}{0.436 \times 5 \times \sqrt{2 \times 9.8}}\right)^{\frac{2}{3}} = 0.0878 \text{ (m)}$$

④ V 型槽。表面扫洗时单个 V 型槽配水流量 $Q_v = 0.0864\text{m}^3/\text{s}$。V 型槽与池壁夹角取 45°，表面冲洗时 V

型槽始端流速 V_v 按 0.6m/s 计算，V 型槽水深 h_v 为

$$h_v = \sqrt{\frac{2Q_v}{V_v}} = \sqrt{\frac{2 \times 0.086\,4}{0.6}} = 0.537 \text{（m/s）}$$

根据上述计算，超高取 0.1m，V 型槽高度 H_v 取 0.65m。

出水孔淹没深度 0.15m，忽略 V 型槽起端和终端的水位变化，V 型槽内外水位差 $H_0 = 0.387$m，表面扫洗时出水孔过孔流速 V_{vk} 为

$$V_{vk} = \sqrt{\frac{2gH_0}{\xi}} = \sqrt{\frac{2 \times 9.8 \times 0.387}{1.06}} = 2.675 \text{（m/s）}$$

出水孔直径 d_{vk} 取 20mm，每个 V 型槽出水孔个数 n_{vk} 为

$$n_{vk} = \frac{4Q_v}{V_{vk}\pi d_{vk}^2} = \frac{4 \times 0.086\,4}{2.675 \times 3.14 \times 0.02^2} = 102.8 \approx 100 \text{（m/s）}$$

⑤ 进水槽。进水槽是将经溢流堰进入的水经分 V 型过水洞配至两端的 V 型槽。强制过滤时每个 V 型槽进水流量 Q_{qzd} 等于 0.125\,5m³/s。过水洞断面与 V 型槽相同，强制过滤时过洞流速 V_{jvk} 为

$$V_{jvk} = \frac{Q_{qzd}}{H_v^2/2} = \frac{0.125\,5}{0.65^2/2} = 0.594 \text{（m/s）}$$

强制过滤时，进水槽的 V 型过水洞属于淹没出流，过洞水头损失 h_j 为

$$h_j = \xi \frac{V_{jvk}^2}{2g} = 1.06 \times \frac{0.594^2}{2 \times 9.8} = 0.018\,7 \text{（m）}$$

进水槽底与 V 型槽持平，低于排水槽顶面 0.1m。排水槽距最高水位 1.0m，进水槽最高水位等于池内最高水位加 h_j，进水槽最大水深 H_j 为

$$H_j = 0.1 + 1.0 + 0.018\,7 = 1.118\,7 \text{（m）}$$

进水槽宽度 B_j 取 0.5m，按强制过滤时计算，进水槽流速 V_j 为

$$V_j = \frac{Q_{qzd}}{B_j H_j} = \frac{0.125\,5}{0.5 \times 1.118\,7} = 0.224 \text{（m/s）}$$

表面扫洗时，进水槽水深等于 V 型槽水深，此时进水槽流速 V_{j2} 为

$$V_{j2} = \frac{Q_{qzd}}{B_j h_v} = \frac{0.125\,5}{0.5 \times 0.537} = 0.467 \text{（m/s）}$$

（8）排水系统

① 排水槽。水冲洗强度 q_s 取 6L/s，表面扫洗强度 q_{bm} 为 2.0L/s，排水槽设计排水量 Q_p 为

$$Q_p = 2LB_C(q_s + q_{bm}) = 2 \times 12 \times 3.6 \times (6 + 2) = 691.2 \text{（L/s）}$$

排水槽顶高出滤料层 0.5m，起端底板高出滤板 0.5m，起端深度 1.3m，终端底板高出滤板 0.1m，终端深度 1.7m，排水槽坡度 i_p 为

$$i_p = \frac{0.5 - 0.1}{L} = \frac{0.5 - 0.1}{12} = 0.033 > 0.02$$

排水槽粗糙系数取 0.013，用谢才公式试算，终端水深为 0.225m，小于排水槽起端深度，可以满足设计要求。

冲洗时排水槽顶水深为

$$h_p = \left(\frac{Q_p}{2mL\sqrt{2g}}\right)^{\frac{2}{3}} = \left(\frac{0.691}{2 \times 0.42 \times 12 \times \sqrt{2 \times 9.8}}\right)^{\frac{2}{3}} = 0.062 \text{（m）}$$

因此，V 型槽底低于排水槽顶 100mm，其出水孔淹没深度为 152mm。

② 排水暗渠。排水暗渠设在溢水堰槽和进水槽下面，宽度取 1.1m，流速取 1.2m/s，其水深 h_{psq} 为

$$h_{psq} = \frac{Q_p}{V_{psq}B_{psq}} = \frac{0.691\,2}{1.2 \times 1.1} = 0.524 \text{（m）}$$

排水暗渠水力半径 R_{psq} 为

$$R_{psq} = \frac{B_{psq}h_{psq}}{B_{psq} + 2h_{psq}} = \frac{1.1 \times 0.524}{1.1 + 2 \times 0.524} = 0.268 \text{（m）}$$

排水暗渠粗糙系数 n 取 0.013，排水暗渠水力坡度 i_{psq} 为

$$i_{psq} = \left(\frac{nV_{psq}}{R_{psq}^{2/3}}\right)^2 = \left(\frac{0.013 \times 1.2}{0.268^{2/3}}\right)^2 = 0.000\,24$$

根据计算结果，排水暗渠设计坡度取 0.005。

（9）配水配气系统

① 配水配气渠。水冲洗强度 q_s 取 6L/s，水冲洗流量 Q_{sx} 为

$$Q_{sx} = 2q_s LB_c = 2 \times 6 \times 12 \times 3.6 = 518.4 \text{（L/s）}$$

起端水流速 V_{sxq} 按 1.5m/s 计算，水冲洗所需断面面积 F_{sx} 为

$$F_{sx}=Q_{sx}/V_{sxq}=0.518\,4/1.5=0.346\ (\text{m}^2)$$

气冲洗强度 q_{qx} 取 17L/s，气冲洗流量 Q_{qx} 为

$$Q_{qx}=2q_{qx}LB_c=2\times17\times12\times3.6=1\,468.8\ (\text{L/s})$$

起端气流速 V_{qxq} 按 5m/s 计算，水冲洗所需断面面积 F_{qx} 为

$$F_{qx}=Q_{qx}/V_{qxq}=1.468\,8/5=0.294\ (\text{m}^2)$$

配水配气渠宽度 0.8m，起端高度 1.6m，起端面积 1.28m²，大于 F_{sx} 与 F_{qx} 之和 0.64m²，可以满足要求。

② 配水配气渠配水孔。为避开滤板支撑梁，配水孔间距 S_{sk} 取 0.6m，配水孔个数 n_{sk} 为

$$n_{sk}=2L/S_{sk}=2\times12/0.6=40\ (\text{个})$$

配水孔采用正方形，边长 0.1m×0.1m，配水孔面积 f_{sk} 为

$$f_{sk}=0.01n_{sk}=0.01\times40=0.40\ (\text{m}^2)$$

配水孔流速 $\qquad V_{sk}=Q_{sx}/f_{sk}=0.518\,4/0.40=1.3(\text{m/s})<1.5\text{m/s}$

③ 配气孔。为避开滤板支撑梁，配气孔间距 0.3m，配气孔个数 n_{qk} 为

$$n_{qk}=2L/0.3=2\times12/0.3=80\ (\text{个})$$

配气孔采用圆形，直径 50mm，配水孔面积 f_{qk} 为

$$f_{qk}=n_{qk}\frac{\pi d^2}{4}=80\times\frac{3.14\times0.05^2}{4}=0.157\ (\text{m}^2)$$

配气孔流速 $\qquad V_{qk}=Q_{qx}/f_{qk}=1.468\,8/0.157=9.368(\text{m/s})<15\text{m/s}$

④ 滤板和滤头布置。设计采用整体浇筑滤板，滤板模板规格为 0.6m×1.2m，每块模板安装滤头 24 个，单个滤池共需模板 120 块，共安装滤头 2 880 个。滤板支撑梁间距 1.2m，长度 3.6m。

（10）冲洗设备

① 水泵。水泵设计流量＝Q_{sx}。

水泵吸水池最低水位到排水槽顶高差 H_0 按 5m 计；冲洗管道水头损失 h_1 按 1.5m 计；滤头柄内径 d_n 为 17mm，滤头柄内水流速度 V_n 为

$$V_n=\frac{4Q_{sx}}{2\,880\pi d_n^2}=\frac{4\times0.518\,4}{2\,880\times3.14\times0.017^2}=0.793\ (\text{m/s})$$

滤头水头损失 h_2 为

$$h_2=98.1\frac{Q_{qx}}{Q_{sx}}(1-V_n+12V_n^2)=98.1\times\frac{1.468\,8}{0.518\,4}\times(1-0.793+12\times0.793^2)$$
$$=2\,155\ (\text{Pa})=0.216\ (\text{m})$$

承托层水头损失 $\qquad h_3=0.022H_3q_{sx}=0.022\times0.1\times6=0.013\ (\text{m})$

石英砂滤料密度 γ_s 为 2.65kg/m³，滤料层孔隙率 m_0 为 45%，滤料层水头损失 h_4 为

$$h_4=(\gamma_s-1)(1-m_0)H_4=(2.65-1)\times(1-0.41)\times1.3=1.27\ (\text{m})$$

富余水头 h_5 按 1.0m 计，冲洗水泵扬程 H_s 为

$$H_s=H_0+h_1+h_2+h_3+h_4+h_5=5+1.5+0.216+0.013+1.27+1.0=8.999\approx9\ (\text{m})$$

② 鼓风机流量和扬程。鼓风机流量＝Q_{qx}=1.468 8L/s。

鼓风机风压应等于滤帽淹没深度加系统阻力损失，再加滤头、承托层和滤料层水冲洗压力损失。系统损失 h_{xt} 均按 1.0m 计，鼓风机扬程（风压）为

$$H_q=H_3+H_4+H_5+h_{xt}+h_2+h_3+h_4$$
$$=0.1+1.3+1.5+0.216+0.013+1.27=5.399\approx5.4\ (\text{m})$$

（11）进出管道

① 冲洗进水管

冲洗进水管流速 V_{sxg} 按 2.5m/s 计算，管径为

$$d_{sxg}=\sqrt{\frac{4Q_{sx}}{\pi V_{sxg}}}=\sqrt{\frac{4\times0.518\,4}{3.14\times2.5}}=0.514\approx0.5\ (\text{m})$$

强制过滤时，作为清水出水管流速为

$$V_{csg}=\frac{4Q_{sx}}{\pi d_{sxg}^2}=\frac{4\times0.251}{3.14\times0.5^2}=1.28\ (\text{m/s})<1.5\text{m/s}$$

② 冲洗进气管。冲洗进气管流速 V_{qxg} 按 12m/s 计算，管径为

$$d_{\mathrm{qxg}}=\sqrt{\frac{4Q_{\mathrm{qx}}}{\pi V_{\mathrm{qxg}}}}=\sqrt{\frac{4\times1.4688}{3.14\times12}}=0.395\ (\mathrm{m})\approx0.4\ (\mathrm{m})$$

③ 出水总管。出水总管流速 V_{zg} 按 $1.0\mathrm{m/s}$ 计算，管径为

$$d_{\mathrm{zg}}=\sqrt{\frac{4Q_{\mathrm{max}}}{\pi V_{\mathrm{zg}}}}=\sqrt{\frac{4\times0.579}{3.14\times1.0}}=0.859\ (\mathrm{m})\approx0.9\ (\mathrm{m})$$

V 型滤池布置见图 12-6。

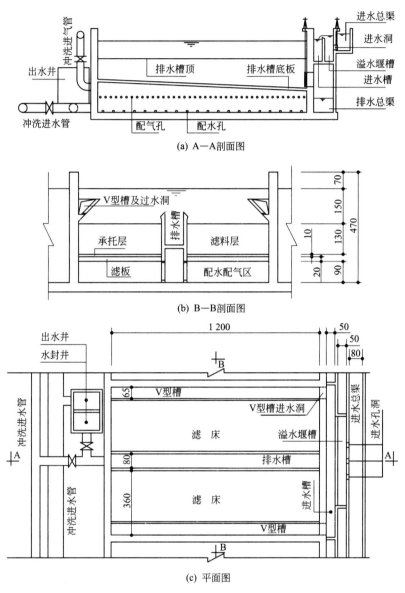

(a) A—A剖面图

(b) B—B剖面图

(c) 平面图

图 12-6 V 型滤池布置（单位：cm）

二、流动床滤池

（一）设计概述

流动床滤池（或过滤器），也叫活性砂滤池，由瑞典 WaterLink AB 公司开发，是采用单一均质滤料，上向流过滤，压缩空气提砂洗砂，过滤与反冲洗可以同时进行的连续过滤设备。

1. 构造和工艺

流动床滤池由底部带有锥斗的钢筋混凝土池体（或钢制壳体）、布水洗砂装置以及配套设

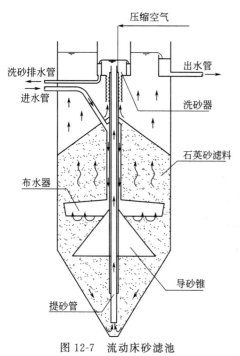

压缩空气

洗砂排水管

进水管

出水管

洗砂器

石英砂滤料

布水器

导砂锥

提砂管

图 12-7 流动床砂滤池

备组成，其中布水洗砂装置由导砂锥、布水器、提砂管、洗砂器组成，是核心部件；配套设备包括空压机、储气罐、控制柜。流动床砂滤池见图 12-7。

流动床滤池过滤时，待滤水经进水管、中心套管、布水器进入滤床下部，然后由下而上流经滤料层完成过滤，滤后水从上部出水堰溢出。同时，压缩空气通过中心套管进入提砂管，空气与水的混合体向上流动，将锥斗底部已经截留了大量悬浮物的滤料提升到上部的洗砂器。在洗砂器中，由于过水断面变大，上升流速变缓，滤料下沉落入滤料层上部。由于下部的滤料不断被提升至上部，滤料层也不断向下运动，所以叫做流动床滤池。

在流动床滤池中，滤料的清洗在两个地方连续进行。首先是在提砂管，气泡、水和砂上升形成的强烈紊流对滤料进行清洗。其次是在洗砂器，由于洗砂器中水位低于池内水位，池内水沿洗砂器上升并不断排出，滤料则下落，上升水流可对滤料再次清洗。

流动床滤池洗砂所需的空气压力约为 0.6MPa，所以需要配置空气压缩机、储气罐和控制柜等辅助设备。控制柜实际上是一个带有电动调节阀和流量计的多路空气分配器，用于控制每个装置洗砂用气量，以调节洗砂强度。

2. 技术特点

流动床滤池连续过滤的特点使得其优点十分突出。

（1）没有众多的外部管道和阀门，辅助设备少，占地面积小，维护简单，滤池结构简单，基建投资省。

（2）进水水质要求宽松，可长期承受 SS≤50mg/L 的进水，短时间进水 SS 达 100mg/L出水水质仍能满足要求。

（3）滤料清洗及时，可保证高质、稳定的出水效果，无周期性水质波动现象。过滤效果好，出水水质稳定。

（4）滤料及时清洗，过滤水头损失小。加之辅助设备少，运行电耗低。

（5）洗砂耗水量少，不足处理水量的 3%。

流动床滤池设计较为简单，只需计算出需要多少布水洗砂装置，然后设计一个水池将其装入，接通进水、出水、排水、空气管道，设计即完成。

3. 设计要点

流动床滤池主要设计要点如下。

（1）每格滤池布水洗砂器宜采用双排布置，超高 0.3～0.5m。

（2）单个装置过滤面积 6m^2，过滤速度 6～9.4m/h，过滤水头损失小于 1.0m。

（3）滤料采用石英砂，有效粒径 1.2～2mm，滤床有效高度（自布水器底面至顶部砂层最低位置）1.5～2.5m。

（4）滤池底部锥斗呈正八边形，斜面与水平面夹角 58°。

（5）单个装置洗砂最大空气消耗量 0.15m^3/min，压缩空气压力 0.5～0.7MPa。实际空气消耗量通常是空气设计流量的 50%～70%。

（6）单个装置洗砂排水量 0.4～0.7L/s。

（7）为了保证每个过滤单元内布水均匀，各洗砂布水器进水压力差不大于 0.05m，出水采用溢流堰，溢流堰沿长边设置。

（8）进水管流速 0.6～1.2m/s，洗砂排水管流速 1.0～1.5m/s。

（二）计算例题

【例 12-3】 流动床滤池设计计算

1. 已知条件

已知条件同例 12-2，试按流动床滤池设计。

2. 设计计算

（1）设计处理水量　污水处理厂平均时流量为

$$Q = \frac{50\,000}{24 \times 3\,600} = 0.579\ (\text{m}^3/\text{s})$$

查《室外排水设计规范》（GB 50014—2006），总变化系数 $K_z = 1.3$，污水处理厂最高时流量 Q_{max} 为

$$Q_{max} = 0.579 \times 1.3 = 0.753(\text{m}^3/\text{s}) = 2\,710.8\ (\text{m}^3/\text{h})$$

（2）洗砂布水器　正常滤速 v 取 9m/h，每个洗砂布水器过滤面积 6m^2，共需洗砂布水器个数 n 为

$$n = \frac{Q_{max}}{6v} = \frac{2\,710.8}{6 \times 9} = 50.2 \approx 50\ (\text{个})$$

每个洗砂布水器产水量 q 为

$$q = Q_{max}/n = 2\,710.8/50 = 54.22\ (\text{m}^3/\text{h}) = 0.015\,1\ (\text{m}^3/\text{s})$$

（3）滤池尺寸　滤池分为 6 格，每格设洗砂布水器 10 个，布置 2 排，每排 5 个。每格滤池长度 L 为

$$L = 5 \times \sqrt{6} = 12.25\ (\text{m})$$

每格滤池宽度

$$B = 2 \times \sqrt{6} = 4.9\ (\text{m})$$

（4）进水渠。为方便设备安装检修，进水渠宽度取 0.8m。进水渠超高 0.3m，过滤水头损失 1.0m，进水管中心池内淹没深度 1.35m，管中心距渠底 0.25m，进水渠高 H_1 为

$$H_1 = 0.3 + 1.0 + 1.35 + 0.25 = 2.9\ (\text{m})$$

进水渠始端水深 h_j 为 2.6m，始端流量为 Q_{max}，始端流速 v_j 为

$$v_j = \frac{Q_{max}}{B_j h_j} = \frac{0.753}{0.8 \times 2.6} = 0.362\ (\text{m/s})$$

（5）滤池高度　滤池高度由洗砂布水器高度确定，洗砂布水器总高度 5.85m，下部提砂管口距池底高度 0.15m，上部洗砂器顶距池顶 0.19m，滤池高度 H 为

$$H = 0.19 + 5.85 + 0.15 = 6.19(\text{m})$$

（6）进水管　沿程水头损失 $h_{沿}$ 计算采用公式为

$$h_{沿} = 0.000\,912\,\frac{v^2}{D^{1.3}}\left(1 + \frac{0.867}{v}\right)^{0.3}$$

式中　D——管径，m；

v——流速，m/s。

局部损失 $h_{局}$ 计算公式为

$$h_{局} = \xi\,\frac{v^2}{2g}$$

式中　ξ——局部损失系数。其中进口 ξ 值为 0.5，四通处的局部损失系数按下式计算。

$$\xi = 2 \times (0.1 + 1.4 Q_{支}/Q_{总})$$

式中　$Q_{支}$——支管流量；

$Q_{总}$——总管流量。

按此式计算，第一处四通 ξ 值为 0.48，第二处四通 ξ 值为 0.55，第三处四通 ξ 值为 0.67，第四处四通 ξ 值为 0.90，第五处四通 ξ 值为 1.6。

进水管管径采用 0.4m，分为 5 段。各段水力计算见表 12-5。

表 12-5　进水管各段水力计算

分段	流量 /(m³/s)	管径/m	流速/(m/s)	长度/m	沿程损失 /m	局部损失系数	局部损失 /m	作用水头 /m
第一段	0.151	0.40	1.20	1.62	0.005	0.5+0.48	0.045	2.201
第二段	0.120 8	0.40	0.96	2.44	0.003	0.55	0.034	2.198
第三段	0.090 6	0.40	0.72	2.44	0.002	0.67	0.032	2.199
第四段	0.060 4	0.40	0.48	2.44	0.001	0.90	0.031	2.202
第五段	0.030 2	0.40	0.24	2.44	0.000	1.60	0.021	2.206

进水管水力计算表明，洗砂布水器作用水头差只有 0.008m，可以保证各布水器布水均匀。

（7）出水槽　两边的出水槽汇集 15 个布水器产水量，其流量 Q 为

$$Q = 15q = 15 \times 0.015\ 1 = 0.226\ 5\ (\text{m}^3/\text{s})$$

集水槽宽度 B 取 0.6m，按沿程均匀变流量计算，集水槽起点水深 H_0 为

$$H_0 = 0.809\ 1(Q/B)^{\frac{2}{3}} = 0.809\ 1 \times (0.226\ 5/0.6)^{\frac{2}{3}} = 0.423\ (\text{m})$$

按 H_0 计算，集水槽水力半径 R 为

$$R = \frac{BH_0}{B+2H_0} = \frac{0.6 \times 0.423}{0.6 + 2 \times 0.423} = 0.175\ 5\ (\text{m})$$

集水槽长度 L 为 12.5m，集水槽水头损失 h 为

$$h = \frac{L}{3}\left(\frac{nQ}{BH_0R^{2/3}}\right)^2 = \frac{12.5}{3} \times \left(\frac{0.013 \times 0.226\ 5}{0.6 \times 0.423 \times 0.175\ 5^{2/3}}\right)^2 = 0.005\ 7\ (\text{m})$$

集水槽末端水深　　$H_L = H_0 - h = 0.423 - 0.005\ 7 = 0.417\ (\text{m})$

出水槽末端流速　　$v = \dfrac{Q}{BH_L} = \dfrac{0.226\ 5}{0.6 \times 0.417} = 0.905\ (\text{m/s})$

出水槽超高取 0.08m，出水槽高度 H 为 0.5m。

出水槽堰最大流量　　$q_边 = 10q = 1 \times 0.015\ 1 = 0.151\ (\text{m}^3/\text{s})$

流量系数 m 取 0.42，最大堰顶水深 $h_边$ 为

$$h_边 = \left(\frac{Q_边}{mL\sqrt{2g}}\right)^{\frac{2}{3}} = \left(\frac{0.151}{0.42 \times 12.5 \times \sqrt{2 \times 9.8}}\right)^{\frac{2}{3}} = 0.035\ (\text{m})$$

出水槽上沿淹没深度 δ 取 0.05m。中间出水槽设计尺寸及标高与两边出水槽相同。

（8）出水渠　出水渠末端流量为 Q_{max}，宽度 B_c 取 0.8m，流速 v_c 取 0.8m/s，末端水深 h_c 为

$$h_c = \frac{Q_{max}}{B_c v_c} = \frac{0.753}{0.8 \times 0.8} = 1.18\ (\text{m})$$

出水渠水位低于出水槽上沿 0.1m，出水渠深度 H_c 为

$$H_c = h_c + 0.1 + \delta + 0.45 = 1.18 + 0.1 + 0.05 + 0.45 = 1.78\ (\text{m})$$

（9）洗砂排水支管　单个装置洗砂排水量按 0.7L/s 计算，每格滤池洗砂排水量 q_x 为

$$q_x = 10 \times 0.7 = 7\ (\text{L/s}) = 0.007\ (\text{m}^3/\text{s})$$

洗砂排水支管流速 v_x 取 0.8m/s，洗砂排水支管管径 D_x 为

$$D_x = \sqrt{\frac{4q_x}{\pi v_x}} = \sqrt{\frac{4 \times 0.007}{3.14 \times 0.8}} = 0.106 \approx 0.1\ (\text{m})$$

（10）洗砂排水总管　洗砂排水总管末端流量 Q_{xz} 为

$$Q_{xz} = 5q_x = 5 \times 0.007 = 0.035\ (\text{m}^3/\text{s})$$

砂排水总管流速 v_{xz} 取 1.2m/s，总管管径 D_{xz} 为

$$D_{xz} = \sqrt{\frac{4Q_{xz}}{\pi v_{xz}}} = \sqrt{\frac{4 \times 0.035}{3.14 \times 1.2}} = 0.193 \approx 0.2\ (\text{m})$$

（11）空压机选型参数　空气压力 0.5～0.7MPa，单个装置洗砂空气消耗量 0.15m³/min，总用气量 Q_q 为

$$Q_q = 0.15n = 0.15 \times 50 = 7.5 \ (\text{m}^3/\text{min})$$

流动床滤池布置见图 12-8。

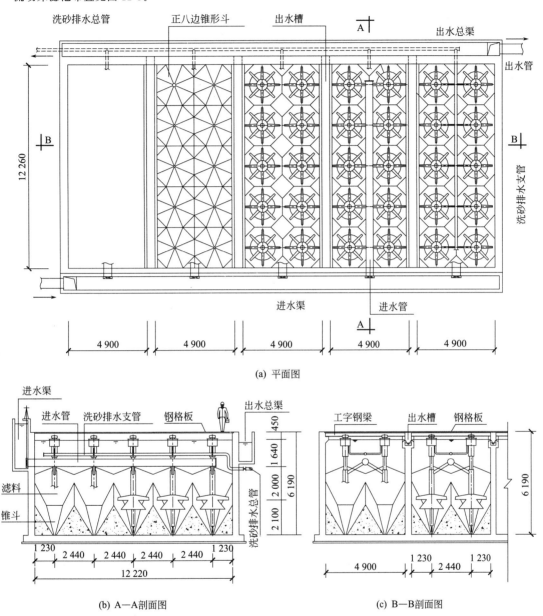

(a) 平面图

(b) A—A剖面图

(c) B—B剖面图

图 12-8　流动床滤池布置示意（单位：mm）

三、表面过滤滤池

（一）设计概述

目前在污水深度处理领域应用较多的表面过滤装置有转盘滤池和滤布滤池，二者均是由瑞典最早开发应用的表面过滤技术，均属于微孔过滤技术范畴。此类滤池目前在全世界已经有数百个应用实例，主要应用领域有冷却循环水处理和废水的深度处理。用于冷却循环水过滤处理，进水 SS 可达 80mg/L，出水水质 SS≤10mg/L。用于污水的深度处理，进水 SS 最高可承受 80～100mg/L，出水 SS≤5mg/L，浊度≤2NTU。

1. 构造

转盘滤池和滤布滤池结构形式相似，均由一个水池（或水箱）和一组可旋转的滤盘构成，滤盘由支撑框架和滤布组成，垂直安装在中空的水平转轴之上。二者不同之处在于采用的过滤介质和运行清洗方式有所区别。转盘滤池一般采用不锈钢滤布，平均孔径 5～200μm，待滤水可以从中央转鼓进入滤盘内部，由内向外过滤。滤布滤池一般采用纤维滤布，平均孔径小于10μm，待滤水由外向内过滤进入滤盘内部，从中空轴流出。转盘滤池和滤布滤池的结构如图12-9所示。

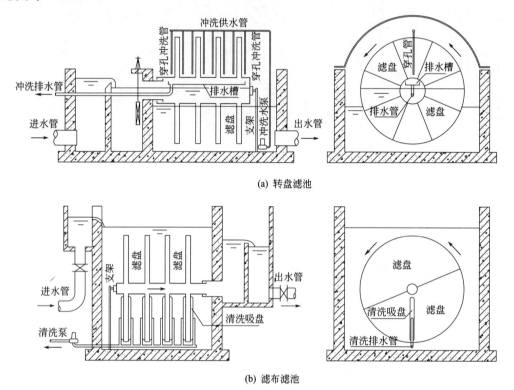

(a) 转盘滤池

(b) 滤布滤池

图 12-9　转盘滤池和滤布滤池的结构示意

转盘滤池的工作过程如下。滤前水由进水总渠经溢流堰进入配水井，再经进水孔进入转盘过滤装置的中心转鼓。在水位差的作用下，滤前水由滤盘内部向外部运动，完成过滤。滤后水经出水管排出，杂质被滤布截留在滤盘内表面。由于滤前水位在滤盘转轴中心附近，通常只有下半部的滤盘在工作，有效过滤面积大约占装置总过滤面积的50%。当滤布需要进行冲洗时，滤盘转动，滤盘上部干净的部分转入水下进入过滤状态，滤盘需要清洗部分转出水面。冲洗水泵开启，高压水通过冲洗喷头对滤盘进行冲洗，冲洗水通过滤布上的微孔进入滤盘内部将其截留的杂质冲洗下来，冲洗废水落入位于转鼓中央的集水盘和集水管排出。

滤布滤池的工作过程如下。滤前水进入滤池内，在水位差的作用下由外向内通过滤布完成过滤，滤后水由中空轴流出，杂质被截留在滤盘外表面。滤布滤池的滤前水位能够将滤盘全部淹没，所以全部滤盘均处于过滤状态。当需要清洗时，开启水泵并转动滤盘，与滤盘紧密接触的清洗吸盘向外吸水，清洗水由内向外运动，将截留在外表面的杂质清洗下来，清洗废水由水泵排出。

以上工作过程可以看出，转盘滤池或滤布滤池都可以在清洗的同时进行过滤，这是此类滤池的基本特征之一。

2. 特点

转盘滤池和滤布滤池的特点如下。

（1）过滤精度高，出水水质好并且稳定。滤布滤池或转盘滤池采用微孔过滤技术，因此过滤精度较高，出水水质好。滤布滤池或转盘滤池不会产生穿透问题，也不存在初滤水排放，因此出水水质稳定。

（2）设备简单紧凑，附属设备少，占地面积小。由于可以实现连续过滤，可采用较小的清洗水泵，可省去鼓风机等设备，因而附属设备少，设备简单紧凑。此类滤池的滤盘垂直布置，单位占地面积中的有效过滤面积很大，因而占地面积小。

（3）清洗效率高，耗水少。由于滤布将杂质截留于表面，容易冲洗干净，清洗效率高。此类滤池清洗的特点是频繁但历时短，每次清洗用时约 1min，清洗间隔时间 1～2h。清洗时处于清洗状态的滤盘面积只相当于整个滤盘面积的 1％，因而清洗用水量较少。

（4）过滤水头损失小，运行电耗低。由于清洗为时且清洗效果好，此类滤池过滤水头损失一般只有 0.2m 左右。较小的水头损失有利于降低运行电耗。

转盘滤池或滤布滤池的缺点主要是过滤介质寿命较短，一般不超过 5 年。更换过滤介质费用较高，将导致成本增加。

转盘滤池和滤布滤池是高度设备化的过滤技术，设计计算十分简单，只需根据处理水量和设备供应商提供的技术参数计算出所需的滤盘数量和规格，按设备供应商提供的安装尺寸设计一个水池，将过滤装置安装于水池内即可。

（二）计算例题

【例 12-4】 转盘滤池选型计算

1. 已知条件

某污水处理厂规模 $Q=5\times10^4 m^3/d$，总变化系数 K_z 为 1.3，深度处理设计采用混凝沉淀池＋转盘过滤处理工艺。转盘过滤滤池设计进水的水质为 SS≤20mg/L，出水 SS≤10mg/L。

2. 设计计算

（1）设计流量

$$Q_{max}=K_z\frac{Q}{24}=1.5\times\frac{50\ 000}{24}=2\ 708.3\ (m^3/h)$$

（2）滤盘数量　设计选用的某品牌转盘滤池设备主要性能参数如下：滤盘直径 2.2m；有效过滤面积（f）5.6m²；滤盘滤速（q）7～9m/h。

转盘滤池设 4 格，每格滤池滤盘数量 n 为

$$n=\frac{Q_{max}}{4qf}=\frac{2\ 187.5}{4\times9\times5.6}=13.4\approx14\ （片）$$

（3）滤池尺寸

① 池体。根据厂商提供的标准规格，14 片滤盘的过滤设备机架长 4.15m，宽 2.235m，高 2.335m。据此确定混凝土滤池本体尺寸：长 5.0m，宽 3.0m，高 1.8m。

② 出水堰高度。根据厂商提供数据，滤盘内最高水位 1.5m，最大过滤水头损失 0.3m。据此，出水堰高度取 1.2m。

③ 进出水渠。考虑到闸门安装和检修需要，进水支渠宽度取 0.6m。

进水总渠起端流速 v_j 取 0.5m/s，进水总渠过水断面面积 F_j 为

$$F_j=\frac{Q_{max}}{3\ 600v_j}=\frac{2\ 187.5}{3\ 600\times0.5}=1.22\ （m^2）$$

进水总渠宽度 B_j，取 0.8m，则水深 H_j 为

$$H_j=1.22/0.8=1.53\ （m）$$

出水总渠控制在 0.8m/s，出水总渠过水断面面积 F_c 为

$$F_c = \frac{Q_{max}}{3\,600v_c} = \frac{2\,187.5}{3\,600 \times 0.8} = 0.76\ (\text{m}^2)$$

出水总渠宽度 B_c 取 0.8m，则水深 H_c 为

$$H_c = 0.76/0.8 = 0.95\ (\text{m})$$

（4）反冲洗水泵 每格滤池配备反冲洗水泵 1 台。反冲洗流量 9.2L/s，水泵扬程 70m，电机功率 15kW。本例转盘滤池布置见图 12-10。

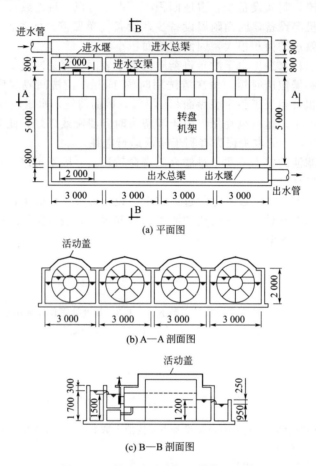

图 12-10 转盘滤池布置（单位：mm）

第四节 脱氮与化学除磷设施

一、脱氮设施

通常情况下，氮的脱除主要依靠强化二级生物处理来完成。但是当受条件限制，二级生物处理无法完成脱氮任务时，有必要在三级处理中增加脱氮设施。由于二级处理出水有机物和悬浮物均较低，曝气生物滤池（BAF）因其处理效率高，出水质稳定而成为三级处理中脱氮设施的首选。增设 BAF 的三级处理流程如图 12-11 所示。

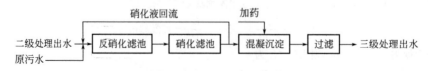

图 12-11 增设 BAF 的三级处理流程

BAF 的设计计算详见第七章第四节。二级处理出水中 COD 较低，在进行反硝化脱氮时碳源不足。往往需要外加碳源，或引少量原污水作为碳源。原污水引入量 Q_Y（m^3/d）可按下式计算。

$$Q_Y = \frac{QN_e}{2.86S_Y}$$

式中　Q——三级处理设计水量，m^3/d；

N_e——三级处理进水 TN，g/m^3；

S_Y——原污水 BOD_5 浓度，g/m^3。

二、化学除磷设施

（一）设计概述

二级处理系统出水的总磷指标一般很难满足《城镇污水处理厂污染物排放标准》（GB 18918—2002）一级 A 标准的要求，因此化学辅助除磷成为城镇污水处理厂三级处理的标准配置。

1. 化学除磷原理

经过二级生物处理后，污水中残留的磷以两种形态存在：一是溶解磷，主要以正磷酸盐（PO_4^{3-}）的形式存在；二是悬浮态磷，包括 SS 中所含有的生物磷和难溶磷酸盐颗粒。溶解磷（正磷酸盐）可以与化学药剂中的钙、铁、铝等金属离子形成难溶的磷酸盐，铁盐或铝盐药剂还可以产生絮凝作用，使得 SS 和难溶磷酸盐的结晶产生凝聚，然后在后续的三级处理过程（混凝、沉淀、过滤）中被去除，这就是化学除磷的原理。有关混凝、沉淀、过滤设施的设计计算可参见《给水处理厂设施设计计算》等书。

2. 药剂选用

化学除磷的常用药剂有石灰、铝盐絮凝剂［硫酸铝、碱式氯化铝（PAC）、聚合硫酸铝（PAS）等］、铁盐絮凝剂［硫酸亚铁、三氯化铁、聚合氯化铁（PFC）、聚合硫酸铁（PFS）等］以及聚合氯化铝铁（PAFC）、聚合氯硫酸铁（PFCS）等。

药剂的选用一般应该通过试验确定。石灰价格便宜，取得方便，在除磷的同时还可以降低水的硬度，这一点在处理出水回用于工业时十分重要。但石灰没有凝聚功能，因此还需要其他絮凝剂的帮助。此外石灰乳未溶解部分不能有效利用，因此加药量较大。铁盐同时具有除磷作用和凝聚作用，但可能加大水的色度。铝盐的除磷作用和凝聚作用不如铁盐，但不会导致水的色度增加。此外，污水中磷的形态也影响药剂的选用。当溶解性磷较低时，选用聚合类铁盐或铝盐均可以取得较好的除磷效果。当溶解性磷较高时，宜选用可以产生较多铁离子或铝离子的药剂，如硫酸铝或三氯化铁，因为只有这些铁或铝的金属离子可以起到去除溶解性磷的作用。

3. 药剂用量

投加的化学除磷药剂除了产生不溶性磷酸盐沉淀外，还可以生产其他沉淀物，因此化学除磷药剂的投加量与污水中含磷量、碱度、pH 值、药剂品种等多种因素有关，应当通过实验确定投药量。例如，石灰可以与水中的重碳酸根（HCO_3^-）产生碳酸钙沉淀；铁盐或铝盐可以产生氢氧化铁或氢氧化铝沉淀。氢氧化铁或氢氧化铝虽然增大了投药量，但可以起到絮凝剂的作用，因此对于磷的去除是必要的。正常情况下（pH 值在 7 以上，二沉池出水磷小于 3mg/L），石灰的投加量应大致等于污水总碳酸盐碱度的 1.5 倍；铁盐（三氯化铁）或铝盐（硫酸铝）的投药量理论值为 1mol/mol P，由于只有部分药剂参与了化学沉淀反应，因此需要加大投药量，工程实际可按 1.5～2mol/mol P 的标准计算。

（二）计算例题

【例 12-5】 化学除磷药剂投加量的估算

1. 已知条件

某污水处理厂设计处理规模 10 000m³/d，二级处理采用 A²/O 工艺，二级处理后出水 pH 值在 7~7.3 之间变化，SS（X_2）为 20mg/L，总磷（P_2）为 1.5mg/L。三级处理后出水 SS（X_3）为 5mg/L，总磷（P_3）为 0.5mg/L。当采用聚合氯化铝 PAC 作为药剂时，试计算药剂用量。

2. 用药量估算

二级处理采用 AAO 工艺，预计 SS 中含磷量（k_p）约 5%。

二级处理出水中悬浮态磷　　　　$P_{x2} = X_2 k_p = 20 \times 0.05 = 1.0$（mg/L）

溶解磷含量　　　　　　　　　　$P_{s2} = P_2 - P_{x2} = 1.5 - 1.0 = 0.5$（mg/L）

三级处理出水悬浮态磷　　　　　$P_{x3} = X_3 k_p = 5 \times 0.05 = 0.25$（mg/L）

三级处理出水中溶解性磷　　　　$P_{s3} = P_3 - P_{x3} = 0.5 - 0.25 = 0.25$（mg/L）

二级处理出水呈中性，投加量可按 2mol/mol P 计算。磷的相对分子质量为 31，铝的相对分子质量为 27，摩尔比折算成质量比：Al/P = 1.74。

据厂商提供资料，液态 PAC 密度 1.19kg/L，Al_2O_3 含量 10%，盐基度 70%（盐基度为 PAC 中 OH^- 与 Al^{3+} 的当量百分比）。Al_2O_3 的相对分子质量为 102，其中铝为 54。据此计算，PAC 中铝含量 = （54/104）× 10% = 5.3%。

PAC 与去除溶解性磷的比例　　　$K_{PAC} = 1.74/0.053 = 32.8$（mg/mgP）

PAC 的投加量　　　　　　　　　$q = K_{PAC}(P_3 - P_{S3}) = 32.8 \times (0.5 - 0.25) = 8.2$（mg/L）

日用药量　　　　　　　　　　　$G = qQ = 8.2 \times 10\ 000/1\ 000 = 82$（kg/d）

第十三章
污水处理厂竖向设计计算

第一节　竖向设计的目的、意义和要求

一、目的和意义

竖向设计的目的是确定处理流程中各处理构筑物内水位标高的合理设置高度，以确保在良好水力条件下运行，且使能量消耗最小，最终定出始端水泵所需的设计扬程。其主要计算内容是处理流程各区段的水头损失（沿程的、局部的、处理构筑物内的）。其基本方法一般是采取从处理流程末端向首端逐段推算。

在进行平面布置的同时，必须进行高程布置，以确定各处理构筑物及连接管渠的高程，并绘制处理流程的纵断图，其比例一般采用纵向（1∶50）～（1∶100），横向为（1∶500）～（1∶1000）。

二、一般规定

污水处理厂的工艺流程，竖向设计应充分利用地形，符合排水通畅、降低能耗和平衡土方的要求。竖向流程布置一般应遵循如下规定。

（1）为了保证污水在各构筑物之间的顺利自流，必须精确计算各构筑物之间的水头损失，包括沿程损失、局部损失及构筑物本身的水头损失，此外还应考虑污水处理厂扩建时预留的储备水头。

（2）进行水力计算时，应选择距离最长、损失最大的流程，并按最大设计流量计算。当有两个以上并联运行的构筑物时，应考虑某一构筑物发生故障时，其余构筑物需负担全部流量的情况。计算时还需考虑管内淤积、阻力增加的可能。因此，必须留有充分的余地，以防止水头不够而发生涌水现象。

（3）污水处理厂的出水管高程，需不受洪水顶托，并且要考虑预留自由水头，一般采用0.5～1m。

（4）各处理构筑物的水头损失（包括进出水渠的水头损失），可按表13-1估算。

表 13-1　处理构筑物水头损失估算值

构筑物	水头损失/cm	构筑物	水头损失/cm
格栅	10～25	生物滤池	270～280
沉砂池	10～25	（旋转布水工作高 2m）	
平流式沉淀池	20～40	曝气池	25～50
竖流式沉淀池	40～50	混合池	10～30
辐流式沉淀池	50～60	接触池	10～30

（5）污水处理厂的场地竖向布置，应考虑土方平衡，并考虑有利排水。

第二节　竖向设计流程计算

【例 13-1】　污水处理厂竖向布置流程计算

1. 已知条件

某城镇污水处理厂，设计规模为 30 000m³/d，工程分两期建设，一期工程设计规模为 15 000m³/d，总变化系数 $K_z=1.45$，$Q_{max}=0.252m³/s$，其中一级处理部分按照 30 000m³/d 实施。污水处理厂尾水排入东侧河道，一、二期工程分别排放。进水闸门井水位为 753.45m，河道设计水位高程为 760.00m。处理工艺流程由二级处理和三级处理组成，同时要考虑跨越三级处理直接排入河道的可能。其工艺流程如下。

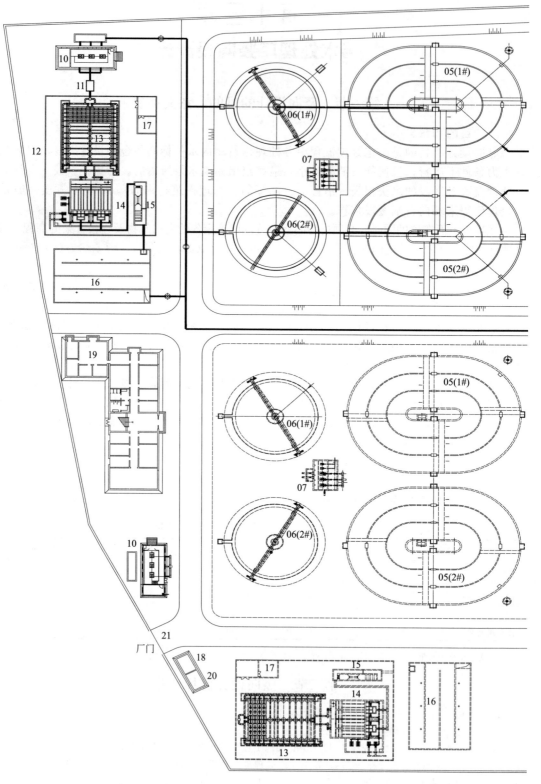

图 13-1　污水处理厂

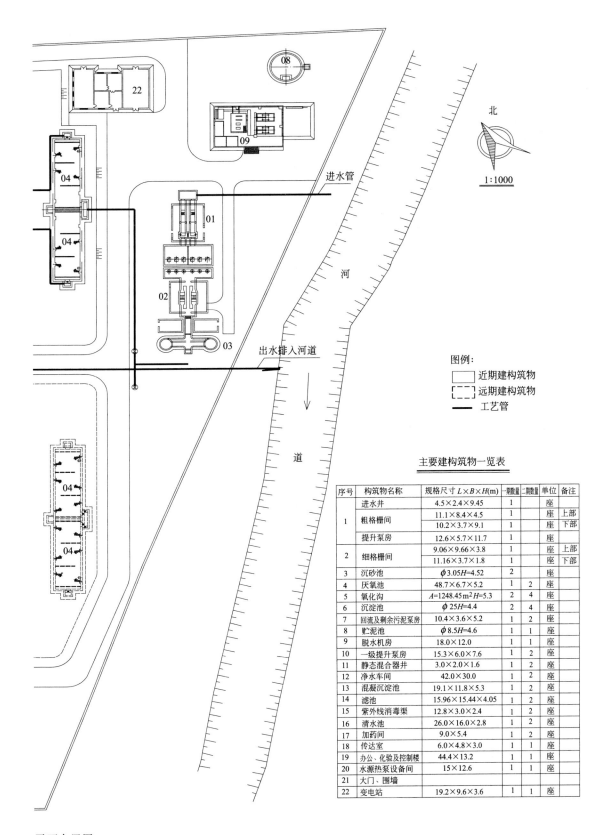

图例:

☐ 近期建构筑物

⬚ 远期建构筑物

━ 工艺管

主要建构筑物一览表

序号	构筑物名称	规格尺寸 $L \times B \times H$(m)	一期数量	二期数量	单位	备注
	进水井	4.5×2.4×9.45	1		座	
1	粗格栅间	11.1×8.4×4.5	1		座	上部
		10.2×3.7×9.1	1		座	下部
	提升泵房	12.6×5.7×11.7	1		座	
2	细格栅间	9.06×9.66×3.8	1		座	上部
		11.16×3.7×1.8	1		座	下部
3	沉砂池	ϕ3.05H=4.52	2		座	
4	厌氧池	48.7×6.7×5.2	1	2	座	
5	氧化沟	A=1248.45m² H=5.3	2	4	座	
6	沉淀池	ϕ25H=4.4	2	4	座	
7	回流及剩余污泥泵房	10.4×3.6×5.2	1	2	座	
8	贮泥池	ϕ8.5H=4.6	1	1	座	
9	脱水机房	18.0×12.0	1	1	座	
10	一级提升泵房	15.3×6.0×7.6	1	2	座	
11	静态混合器井	3.0×2.0×1.6	1	2	座	
12	净水车间	42.0×30.0	1	2	座	
13	混凝沉淀池	19.1×11.8×5.3	1	2	座	
14	滤池	15.96×15.44×4.05	1	2	座	
15	紫外线消毒渠	12.8×3.0×2.4	1	2	座	
16	清水池	26.0×16.0×2.8	1	2	座	
17	加药间	9.0×5.4	1	2	座	
18	传达室	6.0×4.8×3.0	1	1	座	
19	办公、化验及控制楼	44.4×13.2	1	1	座	
20	水源热泵设备间	15×12.6	1	1	座	
21	大门、围墙					
22	变电站	19.2×9.6×3.6	1	1	座	

平面布置图

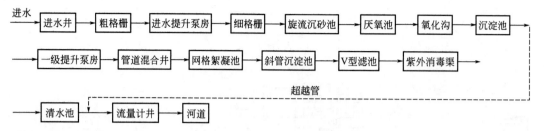

进水 → 进水井 → 粗格栅 → 进水提升泵房 → 细格栅 → 旋流沉砂池 → 厌氧池 → 氧化沟 → 沉淀池 →

→ 一级提升泵房 → 管道混合井 → 网格絮凝池 → 斜管沉淀池 → V型滤池 → 紫外消毒渠 →

超越管

→ 清水池 ┄┄→ 流量计井 → 河道

污水处理厂平面布置见图 13-1。

2. 设计计算

处理流程的竖向布置分为两部分进行，即二级处理系统段和三级处理系统段。二级处理系统经过进水提升泵房提升后，各处理单元的水面高程要满足以重力流状态流入下一处理单元，系统末端的二沉池水位，既要保证以重力流状态流入三级处理系统中的一级提升泵房集水池，又要保证超越三级处理系统后，以重力流状态流入河道。三级处理竖向要保证沉淀池来水经过一级提升后，以重力流状态依次流经三级处理各单元，最终流入河道。

（1）二级处理系统

① 河道—沉淀池出水井。图式见图 13-2。

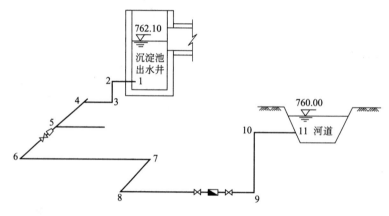

图 13-2　计算图式 1

图 13-2 中节点 1～节点 5 管径为 $DN400\text{mm}$，长度 $L=48.2\text{m}$，流量 $Q=0.126\text{m}^3/\text{s}$；节点 5～节点 11 管径为 $DN600\text{mm}$，长度 $L=171.70\text{m}$，流量 $Q=0.126\text{m}^3/\text{s}$。

a. 管道流速。节点 5—节点 11 管道流速 v_1 为

$$v_1 = \frac{Q}{F_1} = \frac{4 \times 0.252}{0.6^2 \times 3.14} = 0.89 \text{ （m/s）}$$

节点 1—节点 5 管道流速 v_2 为

$$v_2 = \frac{Q}{2F_2} = \frac{4 \times 0.252}{2 \times 0.4^2 \times 3.14} = 1.0 \text{ （m/s）}$$

b. 水头损失 h_ω。水头损失 h_ω 由沿程水头损失 h_f 和局部水头损失 h_ξ 组成。

ⅰ. 沿程水头损失 h_f

$$h_\text{f} = iL$$

式中　i——单位长度水头损失；L 为管线长度。

查表得：$Q=0.252\text{m}^3/\text{s}$，$DN=600\text{mm}$ 时，$1\,000i=1.61\text{m}$；$Q=0.126\text{m}^3/\text{s}$，$DN=400\text{mm}$ 时，$1\,000i=3.58\text{m}$。代入数据得

$$h_\text{f} = \frac{1.61 \times 171.70}{1\,000} + \frac{3.58 \times 48.2}{1\,000} = 0.276 + 0.172 = 0.448 \text{ （m）}，取 0.5\text{m}。$$

ⅱ. 局部水头损失 h_ξ

$$h_\xi = \xi \frac{v^2}{2g}$$

式中 ξ——局部阻力系数。

查表得：$DN600mm$ 的 90°弯头，$\xi=1.01$，5 个；$DN400mm$ 的 90°弯头，$\xi=0.9$，3 个；三通，$\xi=1.5$，1 个；异径管（$DN400\sim600mm$），$\xi=0.26$，1 个；蝶阀，$\xi=0.3$，3 个；流量计，$\xi=0.42$，1 个；出水口（流入明渠），$\xi=0.81$，1 个；进水口，$\xi=0.5$，1 个。代入数据得

$$h_\xi = (1.01\times5+0.3\times3+0.42+0.5)\times\frac{0.89^2}{2\times9.8}+(0.9\times3+1.5+0.26+0.81)\times\frac{1^2}{2\times9.8}$$

$$=0.278+0.269=0.547（m），取 0.6m$$

$$h_\omega = h_f+h_\xi = 0.5+0.6 = 1.1（m）$$

c. 沉淀池出水井水位 h_{23}。考虑 0.5m 的出水管自由水头，0.5m 的富余安全水头，有

$$h_{23}=760.00+1.1+0.5+0.5=762.10（m）$$

② 沉淀池。辐流式沉淀池剖面图见图 13-3，其计算图式见图 13-4。

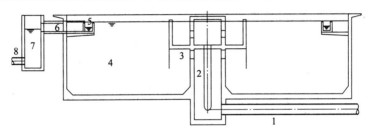

图 13-3 辐流式沉淀池剖面图

1—进水管；2—进水竖井；3—配水孔；4—主池；5—环形集水槽；6—出水渠；7—出水井；8—出水管

沉淀池由进水管、进水竖井、主池、环形集水槽、出水渠、出水井组成。

a. 出水渠水位 h_{22}。出水渠至出水井采用自由出流的方式，为防止顶托，设 0.2m 的跌水，有

$$h_{22}=h_{23}+0.2=762.10+0.2=762.30（m）$$

b. 环形集水槽水位 h_{21}

ⅰ. 出水渠流速 v

$$v=Q/F$$

式中 F——出水渠过水断面，m^2。

水深为 0.3m，渠宽为 0.8m，有

$$v=\frac{0.126}{0.8\times0.3}=0.525（m/s）$$

ⅱ. 水头损失 h_ξ。由于水渠较短，沿程水头损失忽略不计，只考虑局部水头损失，查表得，汇合流 $\xi=3$，有

$$h_\omega=h_\xi=\xi\frac{v^2}{2g}=3\times\frac{0.525^2}{2\times9.8}=0.042（m），取 0.05m$$

$$h_{21}=h_{22}+h_\omega=762.30+0.05=762.35（m）$$

c. 沉淀池水位 h_{20}。沉淀池出水通过设置在环形出水槽上的三角堰自由跌落在环形集水槽内。取自由跌差 0.35m，有

$$h_{20}=h_{21}+0.35=762.35+0.35=762.70$$

③ 氧化沟出水井—沉淀池。计算图式见图 13-5。

沉淀池至氧化沟出水井连接管 $DN=600mm$，$Q=0.252m^3/s$（包括回流污泥量），$L=37.8m$。

a. 流速

ⅰ. 管道流速 v

$$v_1=\frac{Q}{F}=\frac{4Q}{\pi d^2}=\frac{4\times0.252}{3.14\times0.6^2}=0.89（m/s）$$

ⅱ. 进水竖井配水孔流速 v_2。进水竖井共设 6 个配水孔，每个配水孔断面为 $B\times H=0.4m\times0.35m$。

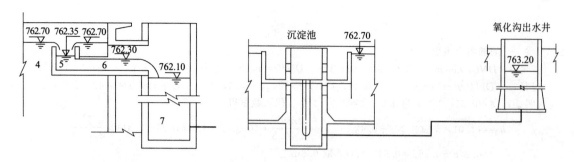

图 13-4 计算图式 2   图 13-5 计算图式 3

注: 4~7 同图 13-3

$$v_2 = \frac{Q}{F} = \frac{0.252}{6 \times 0.4 \times 0.35} = 0.3 \ (\text{m/s})$$

b. 水头损失 h_ω。水头损失 h_ω 由沿程水头损失 h_f 和局部水头损失 h_ξ 组成。

ⅰ. 沿程水头损失 h_f。查表得: $Q = 0.252 \text{m}^3/\text{s}$,$DN = 600 \text{mm}$ 时,$1000i = 1.61 \text{m}$。代入得

$$h_f = iL = \frac{1.61}{1\,000} \times 37.8 = 0.06 \ (\text{m}),\ 取 \ 0.1 \text{m}$$

ⅱ. 局部水头损失 h_ξ

$$h_\xi = \xi \times \frac{v_1^2}{2g} + \frac{1}{\mu^2} \times \frac{v_2^2}{2g}$$

式中 ξ——局部阻力系数;

     μ——流量系数;

     v_1——管道流速,m/s;

     v_2——进水竖井配水孔过孔流速,m/s。

查表得 $DN600\text{mm}$ 时 90°弯头 $\xi = 1.01$,出口 $\xi = 1.0$,进口 $\xi = 0.5$;查表得 $\mu = 0.62$,有

$$h_\xi = (1.01 \times 3 + 1 + 0.5) \times \frac{0.89^2}{2 \times 9.8} + \frac{1}{0.62^2} \times \frac{0.3^2}{2 \times 9.8} = 0.195 \ (\text{m}),\ 取 \ 0.2 \text{m}$$

故 $h_\omega = h_f + h_\xi = 0.1 + 0.2 = 0.3 \ (\text{m})$

c. 氧化沟出水井水位 h_{19}。考虑 0.2m 的富余水头,有

$$h_{19} = h_{20} + h_\omega = 762.70 + 0.3 + 0.2 = 763.20$$

④ 氧化沟。计算图式见图 13-6。氧化沟采用奥贝尔氧化沟,由内、中、外三个沟道组成,厌氧池来水通过管道进入外沟道。出水由内沟道流入设置在中心岛上的出水井。出水孔尺寸为 $B \times H = 1.3 \text{m} \times 0.5 \text{m}$。

a. 堰上水头 H。在氧化沟内沟道与出水井之间设置可调式出水堰。出流量 Q 为

$$Q = (1 + R)Q_{\max} = (1 + 1) \times \frac{0.252}{2} = 0.252 \ (\text{m}^3/\text{s})$$

根据薄壁堰计算公式 $Q = 1.86bH^{3/2}$ 有

$$H = [Q/(1.86b)]^{2/3}$$

式中 b——堰宽,m。

取 $b = 1.3 \text{m}$,则

$$H = [0.252/(1.86 \times 1.3)]^{2/3} = 0.22 \ (\text{m})$$

b. 氧化沟内沟道水位 h_{18}。为了保证自由出流,设置 0.18m 的自由跌差。

$$h_{18} = h_{19} + H + 0.18 = 763.20 + 0.22 + 0.18 = 763.60 \ (\text{m})$$

⑤ 厌氧池出水井—氧化沟。计算图式见图 13-7。

图 13-7 中节点 1—节点 7 管径为 $DN600 \text{mm}$,长度 $L = 32.08 \text{m}$,流量 $Q = 0.252 \text{m}^3/\text{s}$(含回流污泥量)。

a. 管道流速 v

$$v = \frac{Q_1}{F} = \frac{4 \times 0.252}{0.6^2 \times 3.14} = 0.89 \ (\text{m/s})$$

b. 水头损失 h_ω。水头损失 h_ω 由沿程水头损失 h_f 和局部水头损失 h_ξ 组成。

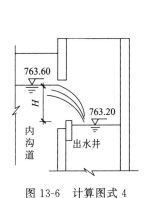

图 13-6 计算图式 4

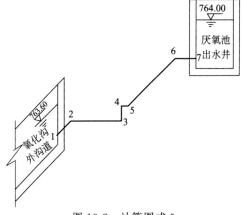

图 13-7 计算图式 5

ⅰ. 沿程水头损失 h_f。查表得：$Q = 0.252 \mathrm{m}^3/\mathrm{s}$，$DN = 600 \mathrm{mm}$ 时，$1\,000i = 1.61 \mathrm{m}$，代入数据得

$$h_f = iL = \frac{1.61}{1\,000} \times 32.08 = 0.052 \text{（m）}，取 \ 0.06 \mathrm{m}$$

ⅱ. 局部水头损失 h_ξ

$$h_\xi = \xi \frac{v^2}{2g}$$

式中，ξ 为局部阻力系数。

查表得，$DN600\mathrm{mm}$ 的 $90°$ 弯头，$\xi = 1.01$，2 个；$DN600\mathrm{mm}$ 的 $45°$ 弯头，$\xi = 0.51$，3 个；出口，$\xi = 0.81$，1 个；进口，$\xi = 0.5$，1 个。

μ 为流量系数，查表得 $\mu = 0.62$，v 为管道流速。

$$h_\xi = (1.01 \times 2 + 0.51 \times 3 + 0.5 + 0.81) \times \frac{0.89^2}{2 \times 9.8} = 0.196 \text{（m）}，取 \ 0.2 \mathrm{m}$$

$$h_\omega = h_f + h_\xi = 0.06 + 0.2 = 0.26 \text{（m）}，考虑一定的安全因素，取 \ 0.3 \mathrm{m}$$

c. 厌氧池出水井水位 h_{17}。考虑 0.1m 的富余水头，则有

$$h_{17} = h_{18} + h_\omega + 0.1 = 763.60 + 0.3 + 0.1 = 764.00 \text{（m）}$$

下面，用上述同样的设计计算方法（计算内容主要包括堰上水头 H、水头损失 h_w、富裕水头 $h_富$、自由跌差 $h_自$ 等），将实际设计计算得出的（计算过程省略）该二级处理系统中⑥～⑮各部分中的水面高程，直接列出之。

⑥ 厌氧池。计算图式见图 13-8。厌氧池由进水井、主池、集水槽、出水井组成。

a. 集水槽水位 h_{16}。集水槽和出水井通过潜孔连通，潜孔尺寸为 $B \times H = 1.2\mathrm{m} \times 0.6\mathrm{m}$。

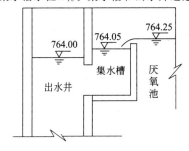

图 13-8 计算图式 6

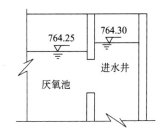

图 13-9 计算图式 7

$$h_{16} = h_{17} + H_0 = 764.00 + 0.05 = 764.05 \text{（m）}$$

b. 主池水位 h_{15}。按照矩形薄壁堰公式计算堰上水头，堰长 $b=6.7$ m。
$$h_{15}=h_{16}+H+h_{自}=764.05+0.1+0.1=764.25 \text{（m）}$$

c. 进水井水位 h_{14}。计算图式见图 13-9。进水井与主池通过进水潜孔连通，潜孔尺寸与出水潜孔一致。故经过潜孔的水头损失 H_0 与出水潜孔相同，采用 0.05m。
$$h_{14}=h_{15}+0.05=764.25+0.05=764.30 \text{（m）}$$

⑦ 厌氧池进水井—旋流沉砂池出水井。计算图式见图 13-10。

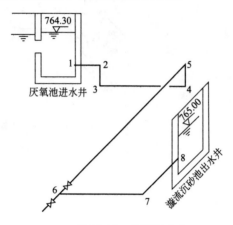

图 13-10　计算图式 8

图 13-10 中节点 1—节点 6，管径为 $DN600$mm，长度 $L=64.75$m，流量 $Q=0.252$m³/s；节点 6—节点 8，管径为 $DN800$mm，长度 $L=19.37$m，流量 $Q=0.504$m³/s。

旋流沉砂池出水井水位 h_{13} 计算时，考虑 0.2m 的富余水头。
$$h_{13}=h_{14}+h_{\omega}+0.2=764.30+0.5+0.2=765.00 \text{（m）}$$

⑧ 旋流沉砂池。图 13-11 为旋流沉砂池平面图及剖面图。

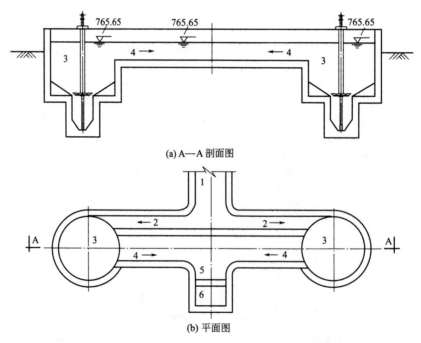

(a) A—A 剖面图

(b) 平面图

图 13-11　旋流沉砂池

1—进水总渠；2—进水支渠；3—旋流沉砂池；4—出水支渠；5—出水总渠；6—出水井

旋流沉砂池单元由进水总渠、进水支渠、旋流沉砂池、出水支渠、出水总渠及出水井组成。进出水总渠设计流量为 $Q=0.504\text{m}^3/\text{s}$，进出水支渠的设计流量为 $Q=0.252\text{m}^3/\text{s}$。进出水总渠宽度为 1.5m，进水支渠宽度为 0.6m，出水支渠宽度为 1.2m，水深为 0.6m。

a. 出水总渠水位 h_{12}。计算图式见图 13-12。

为了保证旋流沉砂池水位相对稳定，在出水总渠与出水井之间设置出水堰。

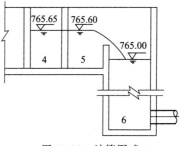

图 13-12　计算图式 9

$$h_{12}=h_{13}+H+h_自=765.00+0.32+0.28=765.60\text{（m）}$$

b. 进水总渠水位 h_{10}

$$h_{10}=h_{12}+h_f=765.60+0.1=765.70\text{（m）}$$

c. 旋流沉砂池水位 h_{11}。旋流沉砂池水位取进水总渠和出水总渠水位的中间值。

$$h_{11}=\frac{1}{2}(h_{10}+h_{12})=\frac{1}{2}(765.60+765.70)=765.65\text{（m）}$$

⑨ 细格栅出水渠—旋流沉砂池进水渠。细格栅出水渠至旋流沉砂池进水渠通过明渠连接。水流在连接渠道流行时的水力坡降按 0.1m 考虑。

细格栅出水渠水位

$$h_9=h_{10}+0.1=765.70+0.1=765.80\text{（m）}$$

⑩ 细格栅间。计算图式见图 13-13。细格栅间按照 30 000m^3/d 的流量一次建成，共设两条格栅渠道。过栅流速 $v=0.7\text{m/s}$，格栅间隙 $b=0.005\text{m}$，栅条宽度 $S=0.05\text{m}$，格栅安装倾角 $\alpha=75°$，栅前水深 $h=1.0\text{m}$。

栅前水位　　　　　　　　$h_8=h_9+h_w=765.80+0.3=766.10\text{（m）}$

⑪ 进水提升泵房出水井水位 h_7。进水提升泵房出水井与细格栅间进水总渠通过渠道相连，连通渠很短，水头损失基本忽略不计。故取 $h_7=h_8=766.10\text{m}$。

⑫ 进水提升泵房出水管高程 h_6。每台水泵设置单独出水管，伸入提升泵站出水井中，出水管高度高于出水井水位。出水自由跌落到出水井中。设自由跌差 0.3m，有

$$h_6=h_7+0.3=766.10+0.3=766.40\text{（m）}$$

⑬ 污水处理厂进水井—粗格栅进水渠。计算图式见图 13-14。进水井与进水渠通过孔口相连，孔口宽度 $B=0.8\text{m}$，水深 $h=0.6\text{m}$，粗格栅进水渠宽度 $B_1=1.1\text{m}$。进水井水位为 $h_1=753.45\text{m}$。

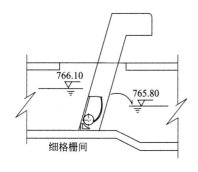

图 13-13　计算图式 10

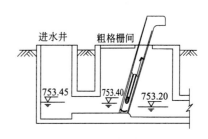

图 13-14　计算图式 11

粗格栅栅前水位　　　　　$h_2=h_1-h_ξ=753.45-0.05=753.40\text{（m）}$

⑭ 粗格栅间。粗格栅间按照 30 000m^3/d 的流量一次建成，共设两条格栅渠道。过栅流速 $v=0.69\text{m/s}$，格栅间隙 $b=0.02\text{m}$，格栅安装倾角 $\alpha=75°$，栅前水深为 $h=0.6\text{m}$，栅条宽度 $s=0.01\text{m}$，格栅宽度 $B=$

1.1m。一台格栅发生事故时，另一台格栅承担70%的流量，过栅流速 $v_{事故}=0.97\mathrm{m/s}$。

栅后水位 $\qquad h_3=h_2-h_\xi=753.40-0.2=753.20$ （m）

⑮ 进水提升泵房。计算图式见图13-15。

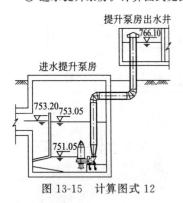

图 13-15　计算图式 12

进水提升泵站通过暗渠与粗格栅出水渠相连。泵房土建按照30 000m³/d的流量一次建成，设备分期安装，一期工程设计流量为 $Q_{max}=0.252\mathrm{m^3/s}$。共设3台潜污泵，2用1备。

单台水泵流量 $Q_{单}=0.126\mathrm{m^3/s}$。提升泵站集水池内设置配水渠，配水渠底部设 0.3m×0.3m 的泄水孔，一期工程共设 3 个。

集水池最高水位
$$h_4=h_3-h_w=753.20-0.15=753.05 \text{ （m）}$$

集水池最低水位 h_5。取集水池有效水深为2m，有
$$h_5=h_4-2=753.05-2=751.05 \text{ （m）}$$

水泵静扬程
$$h_{静}=h_6-h_5=766.40-751.05=15.35 \text{ （m）}$$

每台水泵设置单独的出水管，水泵出口直径为 $\phi200\mathrm{mm}$，出水管直径为 $DN400\mathrm{mm}$。

考虑出水管水头0.65m，水泵扬程
$$H=h_{静}+h_\omega+0.65=15.35+2.1+0.65=18.10 \text{ （m）}$$

⑯ 沉淀池出水井—三级处理提升泵房吸水井。计算图式见图13-16。

图 13-16 中节点 1—节点 5，管径为 $DN400\mathrm{mm}$；节点5—节点9，管径为 $DN600\mathrm{mm}$。

a. 节点流速

节点1—节点5管道流速 v_1 为
$$v_1=\frac{Q_1}{F_1}=\frac{4\times0.126}{0.4^2\times3.14}=1.0 \text{ （m/s）}$$

节点5—节点9管道流速 v_2 为
$$v_2=\frac{Q_总}{F_2}=\frac{4\times0.252}{0.6^2\times3.14}=0.89 \text{ （m/s）}$$

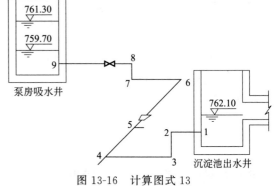

图 13-16　计算图式 13

b. 水头损失 h_ω。水头损失 h_ω 由沿程水头损失 h_f 和局部水头损失 h_ξ 组成。

ⅰ. 沿程水头损失 h_f。查表得：$Q=0.126\mathrm{m^3/s}$，$DN=400\mathrm{mm}$ 时，$1\,000i=3.58\mathrm{m}$；$Q=0.252\mathrm{m^3/s}$，$DN=600\mathrm{mm}$ 时，$1\,000i=1.61\mathrm{m}$。代入数据得

$$h_f=\frac{3.58}{1\,000}\times48.18+\frac{1.61}{1\,000}\times44.22=0.243 \text{ （m），取 } 0.3\mathrm{m}$$

ⅱ. 局部水头损失 h_ξ。查表得，$DN600\mathrm{mm}$ 的 90°弯头，$\xi=1.0$，13 个；$DN400\mathrm{mm}$ 的 90°弯头，$\xi=0.9$，2个；三通，$\xi=1.5$，1个；蝶阀，$\xi=0.3$，1个；异径管，$\xi=0.26$，1个；出口，$\xi=0.81$，1个；进口，$\xi=0.5$，1个。代入数据得

$$h_\xi=(0.81+2\times0.9+1.5)\times\frac{1^2}{2\times9.8}+(0.26+1.01\times3+0.3+0.5)\times\frac{0.89^2}{2\times9.8}=0.375 \text{ （m）}$$

考虑一定的安全因素，取 0.5m。

$$h_\omega=h_f+h_\xi=0.3+0.5=0.8 \text{ （m）}$$

c. 泵房吸水井水位

最高水位 $\qquad h_{24} = h_{23} - h_{\omega} = 762.10 - 0.8 = 761.30$ （m）

取有效水深 1.6m，则有

最低水位 $\qquad h_{25} = h_{24} - 1.6 = 761.30 - 1.6 = 759.70$ （m）

（2）三级处理系统

① 河道—清水池。计算图式见图 13-17。

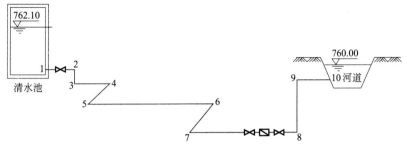

图 13-17　计算图式 14

图 13-17 中节点 1—节点 10 管径 $DN = 600$mm，$l = 159.395$m，$Q = 0.252$m³/s。

a. 管道流速 v

$$v = \frac{Q}{F} = \frac{4Q}{\pi d^2} = \frac{4 \times 0.252}{3.14 \times 0.6^2} = 0.89 \text{ （m/s）}$$

b. 水头损失 h_w。水头损失 h_w 由沿程水头损失 h_f 和局部水头损失 h_ξ 组成。

ⅰ. 沿程水头损失 h_f。查表当 $DN = 600$mm，$v = 0.89$m/s 时，$1000i = 1.61$m，代入数据得

$$h_f = il = \frac{1.61}{1000} \times 159.95 = 0.258 \text{ （m）}$$

ⅱ. 局部水头损失 h_ξ。查表得 $DN600$mm 的 90°弯头，$\xi = 1.01$，8 个；蝶阀，$\xi = 0.3$，3 个；流量计，$\xi = 0.42$，1 个；出水口（流入明渠），$\xi = 0.81$，1 个；进水口，$\xi = 0.5$，1 个。代入数据得

$$h_\xi = (1.01 \times 8 + 0.3 \times 3 + 0.42 + 0.81 + 0.5) \times \frac{0.89^2}{2 \times 9.8} = 0.433 \text{ （m）}$$

$$h_w = h_f + h_\xi = 0.255 + 0.433 = 0.688 \text{ （m），取 } 0.7\text{m}$$

c. 清水池水位 h_{40}。考虑 0.5m 的出水自由水头，有

$$h_{40} = h_{41} + h_w + 0.5$$

式中　h_{41}——河道水位标高，m，为 760.00m。

$$h_{40} = 760.00 + 0.7 + 0.5 = 761.20 \text{ （m）}$$

② 清水池—紫外消毒池出水井。计算图式见图 13-18。

图 13-18 中节点 1—节点 4 管径 $DN = 600$mm，$Q = 0.252$m³/s，$l = 6.94$m。

a. 水头损失 h_w。水头损失 h_w 由沿程水头损失 h_f 和局部水头损失 h_ξ 组成。

ⅰ. 沿程水头损失 h_f。查表得：当 $DN = 600$mm，$v = 0.89$m/s 时，$1000i = 1.61$m，代入得

$$h_f = il = \frac{1.61}{1000} \times 6.94 = 0.011 \text{ （m）}$$

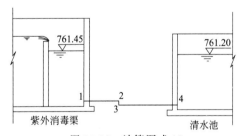

图 13-18　计算图式 15

ⅱ. 局部水头损失 h_ξ。查表得：$DN600$mm 的 90°弯头，$\xi = 1.01$，2 个；出水口 $\xi = 1.0$，1 个；进水口，$\xi = 0.5$，1 个。代入得

$$h_\xi = (1.01 \times 2 + 1.0 + 0.5) \times \frac{0.89^2}{2 \times 9.8} = 3.52 \times 0.0404 = 0.142 \text{ （m）}$$

$$h_w = h_f + h_\xi = 0.011 + 0.142 = 0.153 \text{ （m），取 } 0.2\text{m}$$

b. 紫外消毒渠出水井水位 h_{39}。考虑 0.05m 的安全水头，则

$$h_{39} = h_2 + h_w + 0.05 = 761.20 + 0.2 + 0.05 = 761.45 \text{ （m）}$$

下面，用上述同样的设计计算方法（计算内容包括堰上水头 H、水头损失 h_w、富裕水头 $h_富$、自由跌差 $h_自$ 等），将实际设计计算得出的（计算过程省略）三级处理系统中③～⑧各部分中的水面高程，直接列出之。

③ 紫外消毒池。计算图式见图 13-19。紫外消毒池出水通过 3 条出水渠和 1 条出水堰流入出水井中，出水渠和出水堰等长，长度为 1.75m。

紫外消毒渠水位 h_{38} 计算时考虑 0.15m 的自由出水水头。

$$h_{38}=h_{39}+H+0.15=761.45+0.05+0.15=761.65\ (\text{m})$$

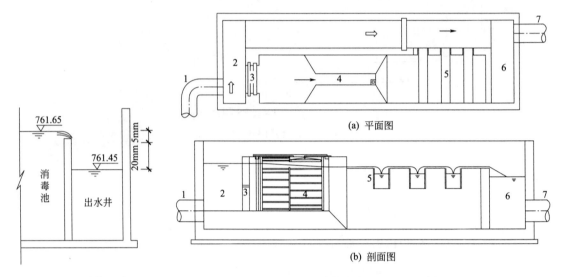

(a) 平面图

(b) 剖面图

图 13-19　计算图式 16

图 13-20　紫外消毒池平面图及剖面图

1—进水管；2—进水井；3—进水孔；4—紫外灯管；

5—钢制出水渠；6—出水井；7—出水管

④ 紫外消毒池进水井。图 13-20 为紫外消毒池平面图及剖面图。紫外消毒池进水井通过进水孔与紫外消毒池相连，孔口断面为 $B×H=1.0\text{m}×1.0\text{m}$，设置相应规格的进水闸门。

进水井水位 h_{37} 计算时考虑 0.05m 的安全水头，则

$$h_{37}=h_{38}+0.05=761.65+0.05=761.70\ (\text{m})$$

⑤ 滤池出水井—消毒池进水井。计算图式见图 13-21。滤池设出水井两座，每座设置单独出水管。

图 13-21 中节点 1—节点 3 管径 $DN=400\text{mm}$，$l=8.88\text{m}$，$Q=0.126\text{m}^3$；节点 3～节点 6 管径 $DN600\text{mm}$，$l=22.93\text{m}$，$Q=0.252\text{m}^3$。

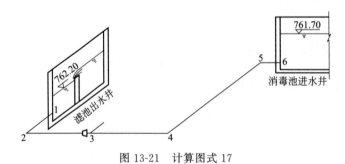

图 13-21　计算图式 17

滤池出水井水位 h_{36} 计算时考虑 0.1m 的安全水头，则有

$$h_{36}=h_{37}+h_w+0.1=761.70+0.40+0.1=762.20\ (\text{m})$$

⑥ 滤池。图 13-22 为 V 型滤池平面图及剖面图。滤池共设 4 格，由进水总渠、进水支渠、V 形配水槽、滤池主体、水封井、出水井组成。其中进水渠共用，配水渠每格单独设置，水封井和出水井二格共用 1 座。

a. 水封井。计算图式见图 13-23。

水封井水位 h_{35}

$$h_{35} = h_{36} + H = 762.20 + 0.15 = 762.35 \text{（m）}$$

b. 滤池水位 h_{34}。计算图式见图 13-24。

$$h_{34} = h_{35} + h_w$$

式中　h_w——过滤水头损失，m，根据经验取 1m。

$$h_{34} = 762.35 + 1 = 763.35 \text{（m）}$$

c. V 型槽水位 h_{33}。计算图式见图 13-24。

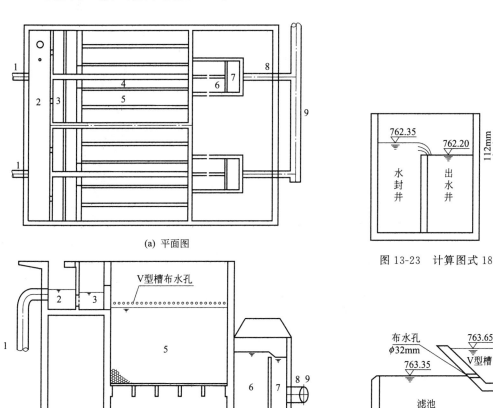

(a) 平面图

图 13-23　计算图式 18

(b) 剖面图

图 13-22　V 型滤池

图 13-24　计算图式 19

1—进水管；2—进水渠；3—配水渠；4—V 形布水槽；5—滤池；
6—水封井；7—出水井；8—出水管；9—出水总管

$$h_{33} = h_{34} + h_w = 763.35 + 0.3 = 763.65 \text{（m）}$$

d. 进水支渠水位 h_{32}。计算图式见图 13-25。

在进水支渠内设置出水堰，堰宽 $b = 2.54$m。

支渠水位 h_{32}。考虑 0.1m 的自由跌差，有

$$h_{32} = h_{33} + H + 0.1 = 763.65 + 0.1 + 0.1 = 763.85 \text{（m）}$$

e. 进水总渠水位 h_{31}。计算图式见图 13-25。进水总渠与进水支渠之间通过 0.3m × 0.3m 的进水方孔相连。

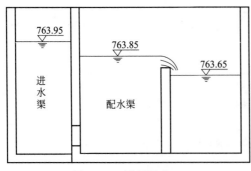

图 13-25　计算图式 20

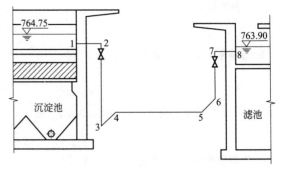

图 13-26　计算图式 21

$$h_{31} = h_{32} + h_w = 763.85 + 0.1 = 763.95 \text{（m）}$$

⑦ 混凝沉淀池出水渠—滤池进水渠。计算图式见图 13-26。

图 13-26 中节点 1—节点 8 管径为 $DN400mm$，$l = 15m$，$Q = 0.126m^3/s$。

斜管沉淀池出水渠水位 h_{30} 计算时考虑 0.2m 的富裕水头，有

$$h_{30} = h_{31} + h_w + 0.2 = 763.95 + 0.6 + 0.2 = 764.75 \text{（m）}$$

⑧ 混凝沉淀池。图 13-27 为混凝沉淀池平面图及剖面图。絮凝池与沉淀池合建，通过隔墙分隔。絮凝池采用网格絮凝池，一座两格，单独进出水。沉淀池采用斜管沉淀池，一座两格，与沉淀池对应。在絮凝池和沉淀池之间设置整流段。沉淀池出水通过钢制集水槽收集汇入侧壁的出水渠。

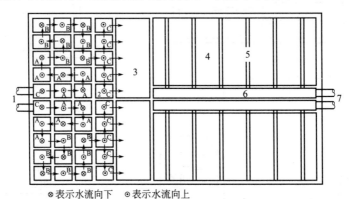

⊗表示水流向下　⊙表示水流向上

(a) 平面图

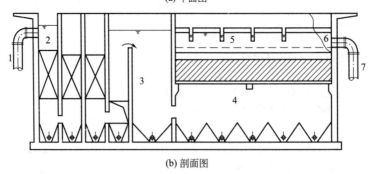

(b) 剖面图

图 13-27　混凝沉淀池平面图及剖面图

1—进水管；2—网格絮凝池；3—整流段；4—布水区；5—钢制集水槽；
6—出水渠；7—出水管

a. 钢制集水槽水位 h_{29}。计算图式见图 13-28。

钢制集水槽集水自由流入出水渠中，集水槽与出水渠设 0.15m 的跌差。

$$h_{29} = h_{30} + 0.15 = 764.75 + 0.15 = 764.90 \ (\text{m})$$

b. 沉淀池水位 h_{28}。计算图式见图 13-29。每格沉淀池共设 6 条钢制集水槽，采用槽侧壁开设 $\phi32$ 的泄水孔，泄水孔间距为 260mm，每条集水槽开设泄水孔 40 个。

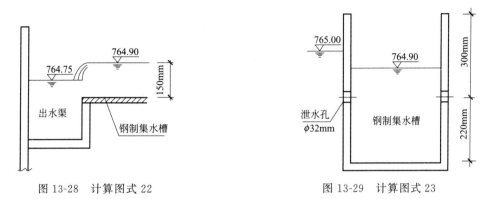

图 13-28　计算图式 22　　　　　　　　　　图 13-29　计算图式 23

$$h_{28} = h_{29} + h_w = 764.90 + 0.1 = 765.00 \ (\text{m})$$

c. 整流段水位 h_{27}。斜管沉淀池自身水头损失按 0.1m 考虑，整流段与沉淀池之间的孔口产生的局部水头损失由于流速较小，基本忽略不计。

$$h_{27} = h_{28} + 0.1 = 765.00 + 0.1 = 765.10 \ (\text{m})$$

d. 网格絮凝池起点水位。网格絮凝池共分 A、B、C 三段，共计 20 格，其中 A 段 6 格，B 段 8 格，C 段 6 格。水流在各格内依次上下交替流动，A 段和 B 段内设置网格，C 段不设网格。

A 段开孔率为 31.3%，B 段开孔率为 49%。每格面积为 1m²，在 A 段和 B 段之间共有 8 个潜孔，过水面积为 0.3m²。

絮凝池起端水位　　　　$$h_{26} = h_{27} + h_w = 765.10 + 0.3 = 765.40 \ (\text{m})$$

⑨ 提升泵房吸水井—絮凝池。计算图式见图 13-30。三级处理提升泵站共设 3 台水泵，两用一备并联运行，单台水泵设计流量 $Q = 0.126\text{m}^3/\text{s}$。吸水管管径为 DN400mm，水泵入口直径为 $\Phi250$mm，水泵出口直径为 $\Phi200$mm，出水管管径为 DN300mm，泵房出水总管为 DN500mm，絮凝池进水支管为 DN400mm。在出水总管上设置 DN500mm 的管道混合器。

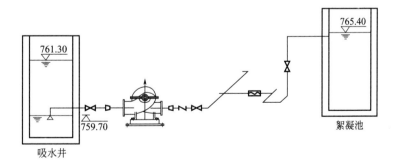

图 13-30　计算图式 24

a. 流速

吸水管流速　　　　$$v_1 = \frac{Q}{F_1} = \frac{4 \times 0.126}{0.4^2 \times 3.14} = 1 \ (\text{m/s})$$

水泵入口流速　　　　$$v_2 = \frac{Q}{F_2} = \frac{4 \times 0.126}{0.25^2 \times 3.14} = 2.57 \ (\text{m/s})$$

水泵出口流速　　　　$$v_3 = \frac{Q}{F_3} = \frac{4 \times 0.126}{0.2^2 \times 3.14} = 4.01 \ (\text{m/s})$$

出水管流速
$$v_4 = \frac{Q}{F_4} = \frac{4 \times 0.126}{0.3^2 \times 3.14} = 1.78 \ (\text{m/s})$$

出水总管流速
$$v_5 = \frac{Q}{F_5} = \frac{4 \times 2 \times 0.126}{0.5^2 \times 3.14} = 1.28 \ (\text{m/s})$$

反应池进水支管流速
$$v_6 = \frac{Q}{F_6} = \frac{4 \times 0.126}{0.4^2 \times 3.14} = 1 \ (\text{m/s})$$

b. 水头损失 h_w。水头损失 h_w 由沿程水头损失 h_f 和局部水头损失 h_ξ 组成。

ⅰ. 沿程水头损失 h_f。查表得：$DN = 400\text{mm}$，$v = 1\text{m/s}$ 时，$1\,000i = 3.58\text{m}$；$DN = 300\text{mm}$，$v = 1.78\text{m/s}$ 时，$1\,000i = 15.9\text{m}$；$DN = 500\text{mm}$，$v = 1.28\text{m/s}$ 时，$1\,000i = 4.21\text{m}$。

l 为管线长度，其中吸水管 $l = 5.75\text{m}$，出水管 $l = 3.2\text{m}$，出水总管 $l = 8\text{m}$，反应池进水支管 $l = 6.5\text{m}$。代入上述数据得

$$h_f = \frac{3.58}{1\,000} \times 5.75 + \frac{15.9}{1\,000} \times 3.2 + \frac{4.21}{1\,000} \times 8 + \frac{3.58}{1\,000} \times 6.5 = 0.13 \ (\text{m}), \ \text{取} \ 0.2\text{m}$$

ⅱ. 局部水头损失。查表得：吸水喇叭口，$\xi = 3$，1 个；$DN400\text{mm}$ 的 $90°$弯头，$\xi = 0.9$，5 个；$DN300\text{mm}$ 的 $90°$弯头，$\xi = 0.78$，1 个；$DN400\text{-}250$ 异径管，$\xi = 0.19$（渐缩），1 个；$DN300\text{-}200$ 异径管，$\xi = 0.16$（渐放），1 个；蝶阀，$\xi = 0.3$，2 个；止回阀，$\xi = 0.68$，1 个；水泵入口，$\xi = 1.0$，1 个；汇合流三通，$\xi = 3.0$，1 个；分直流三通，$\xi = 1.5$，1 个；进口，$\xi = 0.5$，1 个；管道混合器，$\xi = 2.0$，1 个。代入数据得

$$h_\xi = (3 + 5 \times 0.9 + 0.3 \times 2) \times \frac{1^2}{2 \times 9.8} + (1 + 0.19) \times \frac{2.57^2}{2 \times 9.8} + 0.16 \times \frac{4.01^2}{2 \times 9.8} +$$

$$(0.78 + 0.68 + 0.3) \times \frac{1.78^2}{2 \times 9.8} + (3 + 1.5 + 2) \times \frac{1.28^2}{2 \times 9.8}$$

$$= 1.773 \ (\text{m})$$

考虑一定的安全因素，取 1.9m。

$$h_w = h_f + h_\xi = 0.2 + 1.9 = 2.1 \ (\text{m})$$

c. 水泵扬程 H

ⅰ. 静扬程 $H_{\text{静}}$。设吸水井最低水位标高为 759.70m，则

$$H_{\text{静}} = h_{26} - h_{25} = 765.40 - 759.70 = 5.7 \ (\text{m})$$

ⅱ. 水泵扬程 H。考虑 0.8m 的自由水头，则

$$H = H_{\text{静}} + h_w + 0.8 = 5.7 + 2.1 + 0.8 = 8.6 \ (\text{m})$$

该污水处理厂各处理构筑物设施的水位标高，汇列于表 13-2 中。

表 13-2　污水处理厂各处理构筑物的水位标高

序　号	构筑物名称	分项名称	水位标高/m
1	进水闸门井	h_1	753.45
2	粗格栅间	栅前水位 h_2	753.40
		栅后水位 h_3	753.20
3	进水提升泵房	集水池最高水位 h_4	753.05
		集水池最低水位 h_5	751.05
		出水管水位 h_6	766.40
		出水井水位 h_7	766.10
4	细格栅间	栅前水位 h_8	766.10
		栅后水位 h_9	765.80

序 号	构筑物名称	分项名称	水位标高/m
5	旋流沉砂池	进水总渠水位 h_{10}	765.70
		池内水位 h_{11}	765.65
		出水总渠水位 h_{12}	765.60
		出水井水位 h_{13}	765.00
6	厌氧池	进水井水位 h_{14}	764.30
		池内水位 h_{15}	764.25
		集水槽水位 h_{16}	764.05
		出水井水位 h_{17}	764.00
7	氧化沟	池内水位 h_{18}	763.60
		出水井水位 h_{19}	763.20
8	沉淀池	池内水位 h_{20}	762.70
		环形集水槽水位 h_{21}	762.35
		出水渠水位 h_{22}	762.30
		出水井水位 h_{23}	762.10
9	三级处理提升泵房	吸水井最高水位 h_{24}	761.30
		吸水井最低水位 h_{25}	759.70
10	混凝沉淀池	絮凝池起端水位 h_{26}	765.40
		整流段水位 h_{27}	765.10
		沉淀池水位 h_{28}	765.00
		集水槽水位 h_{29}	764.90
		出水渠水位 h_{30}	764.75
11	V 型高速滤池	进水总渠水位 h_{31}	763.95
		进水支渠水位 h_{32}	763.85
		V 型槽水位 h_{33}	763.65
		滤池水位 h_{34}	763.35
		水封井水位 h_{35}	762.30
		出水井水位 h_{36}	762.20
12	紫外线消毒池	进水井水位 h_{37}	761.70
		池内水位 h_{38}	761.65
		出水井水位 h_{39}	761.45
13	清水池	池内水位 h_{40}	761.20
14	河道	河道水位 h_{41}	760.00

根据表 13-2 中的数据，即可绘制该污水处理厂的高程布置（竖向流程），见图 13-31。

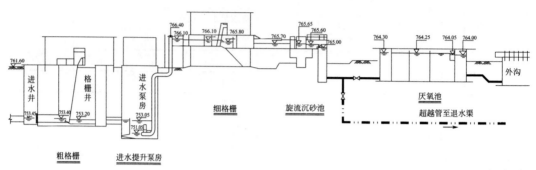

761.60

进水井 格栅井 进水泵房 细格栅 旋流沉砂池 厌氧池 外沟

753.45 753.40 753.20 753.05 751.05 超越管至退水渠

粗格栅 进水提升泵房

766.40 766.10 765.80 765.70 765.65 765.60 765.00 764.30 764.25 764.05 764.00

(a) 二级处理竖

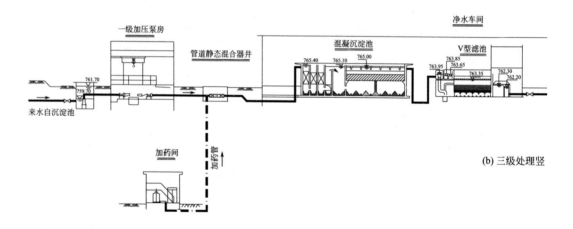

一级加压泵房 管道静态混合器井 混凝沉淀池 净水车间 V型滤池

761.70 765.40 765.10 765.00 763.95 763.85 763.65 762.30
759.70 763.35 762.20

来水自沉淀池

加药间 加药管

(b) 三级处理竖

图 13-31 污水处理厂

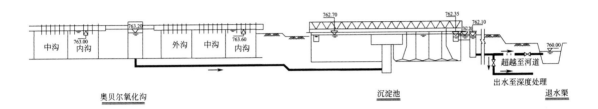

中沟 763.00 内沟 763.20 外沟 中沟 763.60 内沟

奥贝尔氧化沟

762.70 762.35 762.20 762.10 超越至河道 760.00

出水至深度处理

沉淀池

退水渠

向流程

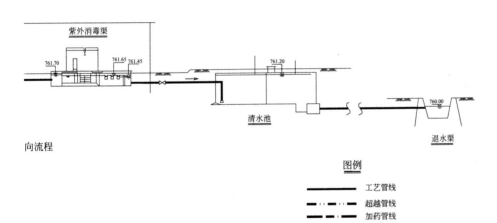

紫外消毒渠

761.70 761.65 761.45 761.20 760.00

清水池

退水渠

向流程

图例

———— 工艺管线

—·—·— 超越管线

— — — 加药管线

的高程布置

第十四章

城市污水深度处理回用工程实例

本章列出一些国内外已建的城市污水深度处理回用工程实例，并列出其处理规模、处理工艺流程、出水用途、工程造价及制水成本等资料，以供调研参观和设计建设参考。

第一节　国内城市污水回用工程实例

国内部分城市污水再生利用工程实例见表 14-1。

表 14-1　国内部分城市污水再生利用工程实例

序号	建设年代、处理规模、工艺流程	出水水质、出水用途、工程投资及制水成本
1	所在地区：中国北京 工程名称：高碑店污水处理厂再生利用工程 建设年代：2008 年 处理规模：$100 \times 10^4 m^3/d$ 工艺流程： 	出水水质：达到地表水 Ⅳ 类标准 出水用途：工业、城市生态景观和市政回用 工程投资：33 668 万元 制水成本：0.33 元/m^3
2	所在地区：中国北京 工程名称：清河污水处理厂 建设年代：2006 年($8 \times 10^4 m^3/d$)；2012 年($15 \times 10^4 m^3/d$)；2013 年($32 \times 10^4 m^3/d$) 处理规模：$55 \times 10^4 m^3/d$。再生水厂 $8 \times 10^4 m^3/d$ 工艺流程：二级处理一期为倒置 A^2O 工艺；二级处理二期为 A^2O 工艺；再生水处理工艺超滤＋臭氧($8 \times 10^4 m^3/d$)，MBR＋臭氧($15 \times 10^4 m^3/d$)，脱硝生物滤池＋膜处理＋臭氧($32 \times 10^4 m^3/d$)	出水水质：同时满足《水污染物排放标准》(DB 11/307—2005)中一级 B 标准和《城市污水再生利用景观环境用水水质》(GB/T 18921—2002) 出水用途：景观水体 工程投资：一期处理能力 $20 \times 10^4 m^3/d$，总投资 4.42 亿元；二期处理能力 $20 \times 10^4 m^3/d$，总投资 2.75 亿元 再生水厂 1 亿元
3	所在地区：中国北京 工程名称：北小河污水处理厂再生利用工程 建设年代：2008 年($6 \times 10^4 m^3/d$)；2012 年($4 \times 10^4 m^3/d$) 处理规模：$10 \times 10^4 m^3/d$ 工艺流程：污水厂二级出水→MBR＋臭氧(部分再经 RO 处理)→回用	出水水质：《城市污水再生利用城市杂用水水质》(GB/T 18921—2002)中车辆冲洗款 出水用途：市政杂用 工程投资：一期 $4 \times 10^4 m^3/d$，二期 $6 \times 10^4 m^3/d$。一期改造及二期新建及配套管线共计 2.93 亿元

序号	建设年代、处理规模、工艺流程	出水水质、出水用途、工程投资及制水成本
4	所在地区:中国北京 工程名称:酒仙桥再生水厂 建设年代:2003 年($6\times10^4\mathrm{m}^3/\mathrm{d}$);2013 年($14\times10^4\mathrm{m}^3/\mathrm{d}$) 处理规模:$20\times10^4\mathrm{m}^3/\mathrm{d}$ 工艺流程:污水厂二级出水→二级生物滤池+滤布滤池+臭氧→回用	出水水质:《城市污水再生利用城市杂用水水质》(GB/T 18921—2002)和《城市污水再生利用景观环境用水水质》(GB/T 18921—2002) 出水用途:市政杂用
5	所在地区:中国北京 工程名称:北京经济技术开发区再生水工程 建设年代:2008 年 处理规模:$2\times10^4\mathrm{m}^3/\mathrm{d}$ 工艺流程: 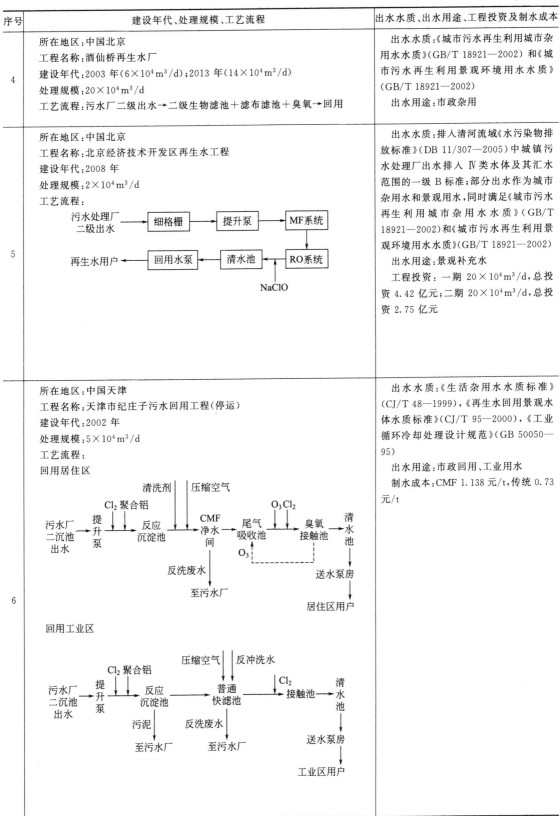	出水水质:排入清河流域《水污染物排放标准》(DB 11/307—2005)中城镇污水处理厂出水排入 Ⅳ 类水体及其汇水范围的一级 B 标准;部分出水作为城市杂用水和景观用水,同时满足《城市污水再生利用城市杂用水水质》(GB/T 18921—2002)和《城市污水再生利用景观环境用水水质》(GB/T 18921—2002) 出水用途:景观补充水 工程投资:一期 $20\times10^4\mathrm{m}^3/\mathrm{d}$,总投资 4.42 亿元;二期 $20\times10^4\mathrm{m}^3/\mathrm{d}$,总投资 2.75 亿元
6	所在地区:中国天津 工程名称:天津市纪庄子污水回用工程(停运) 建设年代:2002 年 处理规模:$5\times10^4\mathrm{m}^3/\mathrm{d}$ 工艺流程: 回用居住区 回用工业区	出水水质:《生活杂用水水质标准》(CJ/T 48—1999),《再生水回用景观水体水质标准》(CJ/T 95—2000),《工业循环冷却处理设计规范》(GB 50050—95) 出水用途:市政回用、工业用水 制水成本:CMF 1.138 元/t,传统 0.73 元/t

序号	建设年代、处理规模、工艺流程	出水水质、出水用途、工程投资及制水成本
7	所在地区:中国辽宁大连 工程名称:春柳河污水处理厂 建设年代:1991 年 处理规模:深度处理 $10^4 m^3/d$ 工艺流程:污水厂二级出水→混凝澄清→过滤→消毒→回用	出水水质:浊度<4NTU,BOD<5mg/L,COD$_{Cr}$<35mg/L,SS<0.1mg/L,TP<6mg/L 出水用途:工业用水 工程投资:350 万元 制水成本:0.25 元/m³(不含二级处理费)
8	所在地区:中国山西太原 工程名称:北郊污水处理厂 建设年代:2006 年 处理规模:深度处理 $4×10^4 m^3/d$ 工艺流程:粗格栅→提升→细格栅→沉砂池→厌氧池→氧化沟→二沉池→混凝沉淀→过滤→紫外线消毒→回用	出水水质:《城镇污水处理厂污染物排放标准》(GB 18918—2002)一级 A 出水用途:景观水体、灌溉用水 工程投资:50 万元(深度处理) 制水成本:0.25 元/m³(不含二级处理费)
9	所在地区:中国山西太原 工程名称:山西大学商务学院再生水回用工程 建设年代:2008 年 处理规模:1 000m³/d 工艺流程: 	出水水质:同时满足《城市污水再生利用景观环境用水水质》(GB/T 18921—2002)和《城市污水再生利用 城市杂用水水质标准》(GB/T 18920—2002) 出水用途:校园内人工湖补水及市政杂用 工程投资:220 万元 制水成本:0.58 元/t
10	所在地区:中国山西汾阳 工程名称:汾酒厂再生水回用工程 建设年代:1998 年 处理规模:4 000m³/d 工艺流程:污水→格栅→初沉池→阶段曝气池→二沉池→滤池→消毒→清水池→提升→电子除垢仪→回用	出水水质:同时满足《生活杂用水水质标准》(GJ 25.1—89)和《城市污水回用设计规范》(CECS 61:94)给出的水质标准 出水用途:葡萄园浇灌、生态湖补水及市政杂用 工程投资:112 万元(新建滤池→消毒→清水池→提升→电子除垢仪→回用部分) 制水成本:0.24 元/t
11	所在地区:中国山西高平 工程名称:兴高焦化厂生活污水再生回用工程 建设年代:2007 年 处理规模:50m³/d 工艺流程:污水→格栅→调节池→MBR 酸化池→MBR 膜池→消毒→清水池→回用	出水水质:同时满足《生活杂用水水质标准》(GJ 25.1—89)和《城市污水回用设计规范》(CECS 61:94)给出的水质标准 出水用途:生产冷却系统补水 工程投资:49.53 万元 制水成本:1.49 元/t

序号	建设年代、处理规模、工艺流程	出水水质、出水用途、工程投资及制水成本
12	所在地区:中国山西榆次 工程名称:晋中市第二污水处理厂及回用工程 建设年代:2009 年 处理规模:$10 \times 10^4 m^3/d$ 工艺流程:污水→格栅→A/A/O＋混凝沉淀过滤工艺→消毒→回用	出水水质:《城镇污水处理厂污染物排放标准》(GB 18918—2002)一级 A 出水用途:电厂用水 工程投资:5 441 万元 制水成本:1.04 元/t
13	所在地区:中国山西武乡 工程名称:山西省武乡县污水处理厂及回用工程 建设年代:2008 年 处理规模:8 000m³/d 工艺流程:污水→格栅→A/A/O＋BAF→消毒→回用	出水水质:《城镇污水处理厂污染物排放标准》(GB 18918—2002)一级 A 出水用途:电厂用水 工程投资:4 017.44 万元 制水成本:1.51 元/t
14	所在地区:中国陕西西安 工程名称:邓家村污水处理厂 建设年代:2008 年 处理规模:$6 \times 10^4 m^3/d$ 工艺流程:污水→一级处理→A/A/O→絮凝→过滤→消毒→回用	出水水质:COD≤50mg/L,TN≤15mg/L,BOD$_5$≤10mg/L,TP≤1mg/L,SS≤5mg/L,NH$_3$-N≤5mg/L,pH＝6.5～8.5 出水用途:作为市政杂用水和工业冷却水 工程投资:1.1 亿元
15	所在地区:中国江苏无锡 工程名称:无锡滨湖经济技术开发区污水处理厂 建设年代:1984 年 处理规模:$3 \times 10^4 m^3/d$ 工艺流程: 	出水水质:《城镇污水处理厂污染物排放标准》(GB 18918—2002)一级 A;再生水供工业用水标准(GB/T 19923—2005) 出水用途:工业生产 工程投资:8 289 万元 制水成本:4.06 元/m³
16	所在地区:中国山东济南 工程名称:西区污水处理厂 建设年代:一期 2006 年,二期 2013 年 处理规模:一期 $2.5 \times 10^4 m^3/d$,二期 $5 \times 10^4 m^3/d$ 工艺流程:污水进口→粗格栅→集水井(污水泵提升)→细格栅→氧化沟→絮凝沉淀池→高效纤维滤池→二沉池→消毒池→回用	出水水质:《城镇污水处理厂污染物排放标准》(GB 18918—2002)一级 A 出水用途:工业生产及市政杂用 工程投资:一期 2 100 万元,二期 5 443 万元
17	所在地区:中国山东青岛 工程名称:李村河污水处理厂 建设年代:一期 1997 年(UTC),二期 2008 年(A²/O),升级 2013 年 处理规模:$17 \times 10^4 m^3/d$ 工艺流程:污水→格栅→曝气沉砂池→初沉池→原生物处理＋MBBR→二沉池→高密度沉淀池→滤布滤池→消毒池→回用	出水水质:《城镇污水处理厂污染物排放标准》(GB 18918—2002)一级 A 出水用途:市政杂用 工程投资:4.64 亿元

序号	建设年代、处理规模、工艺流程	出水水质、出水用途、工程投资及制水成本
18	所在地区:中国山东青岛 工程名称:海泊河污水处理厂 建设年代:2013 年 处理规模:16×10⁴m³/d 工艺流程:AB 法工艺二级出水→混凝沉淀→过滤→消毒→回用	出水水质:《城镇污水处理厂污染物排放标准》(GB 18918—2002)一级 A 出水用途:景观水体 工程投资:升级改造投资 6 726万元
19	所在地区:中国河南郑州 工程名称:五龙口污水处理厂 建设年代:2005 年(一期),2009 年(二期) 处理规模:20×10⁴m³/d(一期再生水 5×10⁴m³/d,二期再生水 15×10⁴m³/d) 工艺流程:污水进口→粗格栅→集水井(污水泵提升)→细格栅→旋流沉砂池→氧化沟→二沉池→混凝沉淀→过滤→消毒池→回用	出水水质:《城镇污水处理厂污染物排放标准》(GB 18918—2002)一级 A 出水用途:景观水体 工程投资:升级改造投资 3.5 亿元
20	所在地区:中国湖南长沙 工程名称:洋湖再生水厂 建设年代:2012 年 处理规模:一期 2×10⁴m³/d 工艺流程:MSBR(传统二级生化处理)＋人工湿地＋自然湿地	出水水质:《城镇污水处理厂污染物排放标准》(GB 18918—2002)一级 A 出水用途:景观水体 工程投资:2 亿元(一、二期 4×10⁴m³/d) 制水成本:0.4 元/m³(深度处理部分)
21	所在地区:中国新疆乌鲁木齐 工程名称:河东污水处理厂深度处理回用工程 乌鲁木齐河东污水处理厂深度处理回用工程 建设年代:2014 年 处理规模:一期 20×10⁴m³/d 工艺流程: 进水泵站 ← 现有污水厂出水 ↓ 生物滤池(硝化) ↓ 上清液 中间提升泵站 → 反冲洗废水高密度沉淀池 ↓ 生物滤池(反硝化) ↓ 三级高密度沉淀池 ↓ 紫外线消毒 → 排放污泥去污泥储池 ↓ 清水储池 ↓ 出水泵站	出水水质:《城镇污水处理厂污染物排放标准》(GB 18918—2002)一级 A 出水用途:工业冷却及工业企业杂用 工程投资:4.6 亿元(一、二期 4×10⁴m³/d)

序号	建设年代、处理规模、工艺流程	出水水质、出水用途、工程投资及制水成本
22	所在地区:中国青海西宁 工程名称:西宁市第一再生水厂 建设年代:2014 年 处理规模:工业 $2.7\times10^4\,m^3/d$,景观 8 000 m^3/d 工艺流程: 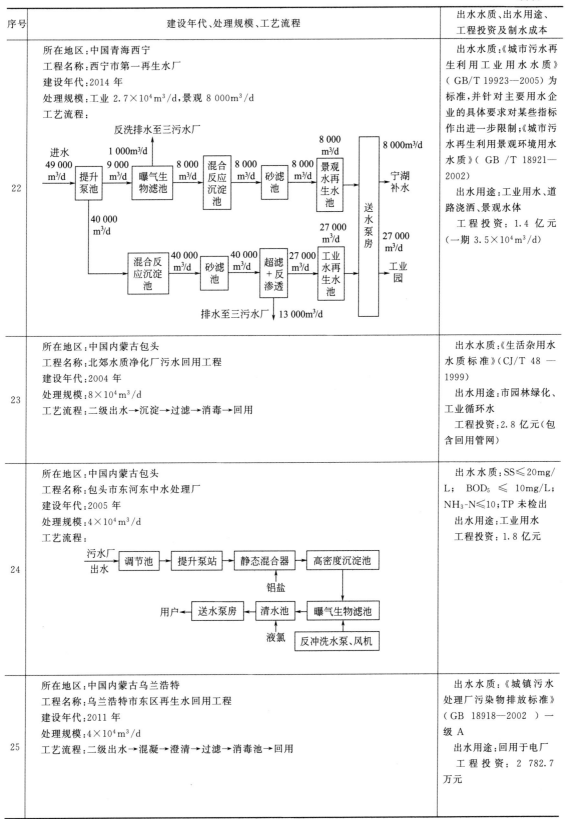	出水水质:《城市污水再生利用工业用水水质》(GB/T 19923—2005)为标准,并针对主要用水企业的具体要求对某些指标作出进一步限制;《城市污水再生利用景观环境用水水质》(GB/T 18921—2002) 出水用途:工业用水、道路浇洒、景观水体 工程投资:1.4 亿元(一期 $3.5\times10^4\,m^3/d$)
23	所在地区:中国内蒙古包头 工程名称:北郊水质净化厂污水回用工程 建设年代:2004 年 处理规模:$8\times10^4\,m^3/d$ 工艺流程:二级出水→沉淀→过滤→消毒→回用	出水水质:《生活杂用水水质标准》(CJ/T 48—1999) 出水用途:市园林绿化、工业循环水 工程投资:2.8 亿元(包含回用管网)
24	所在地区:中国内蒙古包头 工程名称:包头市东河东中水处理厂 建设年代:2005 年 处理规模:$4\times10^4\,m^3/d$ 工艺流程:	出水水质:SS≤20mg/L; BOD_5≤10mg/L; NH_3-N≤10;TP 未检出 出水用途:工业用水 工程投资:1.8 亿元
25	所在地区:中国内蒙古乌兰浩特 工程名称:乌兰浩特市东区再生水回用工程 建设年代:2011 年 处理规模:$4\times10^4\,m^3/d$ 工艺流程:二级出水→混凝→澄清→过滤→消毒池→回用	出水水质:《城镇污水处理厂污染物排放标准》(GB 18918—2002)一级 A 出水用途:回用于电厂 工程投资:2 782.7万元

序号 24 工艺流程图:污水厂出水→调节池→提升泵站→静态混合器(铝盐)→高密度沉淀池→曝气生物滤池(反冲洗水泵、风机)→清水池(液氯)→送水泵房→用户

序号	建设年代、处理规模、工艺流程	出水水质、出水用途、工程投资及制水成本
26	所在地区:中国江苏南京 工程名称:溧水区城市污水处理厂再生水回用工程 建设年代:2015 年 处理规模:5×10⁴m³/d 工艺流程:粗格栅→进水泵房→细格栅→沉砂池→DE 氧化沟→二沉池→高效混凝沉淀→滤布滤池→消毒池→回用	出水水质:《城镇污水处理厂污染物排放标准》(GB 18918—2002)一级 A 出水用途:河道补水 工程投资:3 478.60 万元
27	所在地区:中国江苏无锡 工程名称:太湖新城污水处理厂再生水回用工程 建设年代:2009 年 处理规模:5×10⁴m³/d 工艺流程:MSBR 工艺	出水水质:《城镇污水处理厂污染物排放标准》(GB 18918—2002)一级 A 出水用途:绿地浇灌、市政杂用 工程投资:1.56 亿元
28	所在地区:中国江苏徐州 工程名称:徐州卷烟厂污水处理与再生回用工程 建设年代:2007 年 处理规模:5×10⁴m³/d 工艺流程: 	出水水质:《城市污水再生利用城市杂用水水质》(GB 18920—2002);《工业锅炉水质》(GB 1576—2001)和《循环冷却水水质》(GB 50050—95) 出水用途:绿化和冲厕;锅炉补给水和空调循环冷却水 工程投资:1 600 万元 制水成本:1.89 元/m³
29	所在地区:中国陕西宝鸡 工程名称:十里铺污水处理厂中水回用工程 建设年代:2011 年 处理规模:5×10⁴m³/d 工艺流程:二级出水→沉淀→过滤→消毒→回用	出水水质:《城镇污水处理厂污染物排放标准》(GB 18918—2002)一级 A 出水用途:绿化和冲厕;电厂、热力公司等工业用水及市行政中心杂用 工程投资:6 645.38 万元
30	所在地区:中国贵州贵阳 工程名称:小河污水处理厂 建设年代:2009 年 处理规模:8×10⁴m³/d 工艺流程:改良 SBR	出水水质:《城镇污水处理厂污染物排放标准》(GB 18918—2002)一级 B 出水用途:景观河道补水 工程投资:1.25 亿元

序号	建设年代、处理规模、工艺流程	出水水质、出水用途、工程投资及制水成本
31	所在地区:中国福建厦门 工程名称:石渭头污水处理厂污水再生利用工程 建设年代:2007 年 处理规模:$2.4 \times 10^4 m^3/d$ 工艺流程:多模式 A^2O 氧化沟工艺	出水水质:《城镇污水处理厂污染物排放标准》(GB 18918—2002)一级 B 出水用途:绿地浇灌 工程投资:3 299 万元
32	所在地区:中国河北石家庄 工程名称:桥东污水处理厂中水回用工程 建设年代:2013 年 处理规模:$60 \times 10^4 m^3/d$ 工艺流程:AAO 工艺→脱氮生物滤池→高效沉淀→滤布滤池→紫外线消毒→臭氧脱色	出水水质:《城镇污水处理厂污染物排放标准》(GB 18918—2002)一级 A,其中色度达《城市供水水质标准》(CJ/T 206—2005)标准 出水用途:景观用水、洗车、工业用水 工程投资:3.5 亿元
33	所在地区:中国河北唐山 工程名称:西郊污水处理厂中水回用工程 建设年代:2013 年 处理规模:$6 \times 10^4 m^3/d$ 工艺流程:AAO 工艺二级出水+生物滤池+混合反应沉淀池+高效纤维滤池(辅以粉末活性炭吸附)+消毒	出水水质:《城镇污水处理厂污染物排放标准》(GB 18918—2002)一级 A 出水用途:工业用水、景观用水及市政杂用 工程投资:9 489 万元(其中 $4 \times 10^4 m^3/d$ 部分)
34	所在地区:中国福建晋江 工程名称:经济开发区工业污水处理厂 建设年代:2015 年 处理规模:$3.5 \times 10^4 m^3/d$(其中 55% 为中水) 工艺流程:混凝沉淀+SDN+MBR+RO 工艺	出水水质:《城镇污水处理厂污染物排放标准》(GB 18918—2002)一级 A 出水用途:工业用水及市政杂用 工程投资:1.83 亿元
35	所在地区:中国安徽淮北 工程名称:淮北市污水处理厂中水回用工程 建设年代:2010 年 处理规模:$9 \times 10^4 m^3/d$ 工艺流程: 	出水水质:火电厂循环冷却水水质标准及《城市污水再生利用 景观环境用水水质》(GBT 18921—2002)、《城市污水再生利用 城市杂用水水质》(GB 18920—2002) 出水用途:工业用水、景观用水及市政杂用 工程投资:1.83 亿元

第二节　国外城市污水回用工程实例

国外部分城市污水再生利用工程实例见表 14-2。

表 14-2 国外部分城市污水再生利用工程实例

序号	建设年代、处理规模、工艺流程	出水水质、出水用途、工程投资及制水成本
1	所在地区:美国加利福尼亚圣地亚哥 工程名称:Padre Dam 深度水净化示范工程 建设年代:2015 年 处理规模:10×10^4gal(1gal=3.785L,下同)/d 工艺流程:污水厂出水→氯消毒→膜滤→反渗透→紫外线消毒→臭氧氧化→出水	出水水质:美国饮用水标准 出水用途:饮用 工程投资:300 万美元
2	所在地区:美国加州橙县 工程名称:21 世纪水厂 建设年代:1975 年 处理规模:50×10^4m³/d 工艺流程: 原工艺:石灰澄清+反渗透+紫外 新工艺:微滤+反渗透+紫外+双氧水	出水水质:美国饮用水标准 出水用途:地下水回灌
3	所在地区:美国弗吉尼亚州 工程名称:Broad Run 水回用设施 建设年代:2008 年 处理规模:1100×10^4gal/d 工艺流程:粗格栅→沉砂池→初沉池→细格栅(2 mm)→转输水池→MBR→活性炭→消毒	出水水质:TN<4mg/L,TP<0.1mg/L,TKN<1.0mg/L,COD<10mg/L 出水用途:灌溉、冷却塔及其他用途
4	所在地区:美国拉斯维加斯 工程名称:拉斯维加斯 建设年代:1981 年 处理规模:240×10^4m³/d 工艺流程:二级出水→化学澄清→滤池→接触池→回用	出水水质:浊度<1 NTU,TP<0.5mg/L,SS<30mg/L,BOD<30mg/L 出水用途:电厂用水、市政杂用、自然水体
5	所在地区:美国巴尔的摩 工程名称:巴尔的摩背河污水厂 建设年代:1988 年 处理规模:240×10^4m³/d 工艺流程:二级出水→混凝→沉淀→过滤→消毒→脱氯→回用	出水水质:TP<0.2mg/L,NH₃-N<3mg/L,粪大肠菌群数<200 个/100 mL 出水用途:钢厂用水
6	所在地区:美国科罗拉多州 工程名称:丹佛污水处理厂 建设年代:1983 年 处理规模:31.5×10^4m³/d 工艺流程:二级出水→混凝→沉淀→过滤→离子交换→活性炭吸附→臭氧→活性炭吸附→反渗透→消毒→饮用	出水水质:饮用水标准 出水用途:饮用水、市政杂用 工程投资:1 620 万美元
7	所在地区:美国佛罗里达州 工程名称:圣彼得斯堡污水处理厂 建设年代:1978 年 处理规模:8×10^4m³/d 工艺流程:原水→二级处理出水→混凝→过滤→消毒	出水水质:浊度<2.5NTU,余氯<4mg/L,SS<5mg/L,Cl⁻<600mg/L 出水用途:回灌地下水
8	所在地区:美国科罗拉多州 工程名称:奥罗拉沙溪再生水厂 建设年代:2001 年 处理规模:500×10^4gal/d 工艺流程:原水→初沉→生物处理→二沉→过滤→紫外线消毒→回用	出水水质:SS<1mg/L,NH₃-N<0.14mg/L,BOD<2.3mg/L,TP 未检出 出水用途:市政绿化

序号	建设年代、处理规模、工艺流程	出水水质、出水用途、工程投资及制水成本
9	所在地区:美国科罗拉多州 工程名称:爱荷华山再生水厂 建设年代:1999 年 处理规模:1 500×10^{4}gal/d 工艺流程:原水→格栅→活性污泥→曝气生物滤池→混凝沉淀→过滤→消毒→回用	出水水质:BOD＜1.55mg/L,SS＜2.07mg/L,NH$_3$-N＜0.41mg/L,TP＜0.55mg/L 出水用途:饮用水水源地
10	所在地区:美国科罗拉多州 工程名称:农夫科纳污水处理厂 建设年代:1999 年 处理规模:300×10^{4}gal/d 工艺流程:原水→格栅→活性污泥→二沉池→投药→三级沉淀→消毒→回用	出水水质:BOD＜1mg/L,SS＜1.07mg/L,NH$_3$-N＜3.36mg/L,TP＜0.007mg/L 出水用途:饮用水水源地
11	所在地区:美国科罗拉多州 工程名称:狄龙蛇河污水处理厂 建设年代:2002 年 处理规模:260×10^{4}gal/d 工艺流程:原水→格栅→曝气池→二沉池→混凝→澄清→过滤→消毒→回用	出水水质:BOD＜0.7mg/L,SS＜0.6mg/L,NH$_3$-N＜0.25mg/L,TP＜0.015mg/L 出水用途:饮用水水源地
12	所在地区:美国科罗拉多州 工程名称:帕克凤梨园再生水厂 建设年代:2005 年 处理规模:200×10^{4}gal/d 工艺流程:原水→格栅→巴顿甫工艺→二沉池→混凝→过滤→紫外线消毒→回用	出水水质:BOD＜1.1mg/L,SS＜2.2mg/L,TP＜0.029mg/L 出水用途:回灌地下含水层及水库
13	所在地区:美国俄勒冈州 工程名称:希尔斯伯勒石溪污水深度处理厂 建设年代:1993 年 处理规模:3 900×10^{4}gal/d 工艺流程:原水→格栅→初沉→曝气→二沉池→三级沉淀→过滤→次氯酸钠消毒→回用	出水水质:BOD＜1.1mg/L,SS＜2.2mg/L,TP＜0.029mg/L 出水用途:景观水体
14	所在地区:日本东京 工程名称:落合污水处理厂 建设年代:1984 年 处理规模:45×10^{4}m^3/d 工艺流程:原水→沉砂→初沉→曝气→二沉池→混凝→过滤→氯消毒→回用	出水水质:大肠菌群数＜10个/mL,臭味无不快感,pH＝5.8～8.6 出水用途:景观水体
15	所在地区:日本东京 工程名称:多摩川上游污水处理厂 建设年代:1984 年 处理规模:15×10^{4}m^3/d 工艺流程:污水厂二级出水→过滤→回用	出水水质:大肠菌群数＜10个/mL,臭味无不快感,pH＝5.8～8.6 出水用途:景观水体
16	所在地区:纳米比亚 工程名称:温得和克饮用水再生水厂 建设年代:1968 年 处理规模:4800m^3/d 工艺流程:深度处理部分为双膜过滤	出水水质:当地饮用水标准 出水用途:饮用

附　录

附录一　《城镇污水处理厂污染物排放标准》

（GB 18918—2002）

1. 范围

本标准规定了城镇污水处理厂出水、废气排放和污泥处置（控制）的污染物限值。

本标准适用于城镇污水处理厂出水、废气排放和污泥处置（控制）的管理。

居民小区和工业企业内独立的生活污水处理设施污染物的排放管理，也按本标准执行。

2. 规范性引用文件

下列标准中的条文通过本标准的引用即成为本标准的条文，与本标准同效。

GB 3838　地表水环境质量标准

GB 3097　海水水质标准

GB 3095　环境空气质量标准

GB 4284　农用污泥中污染物控制标准

GB 8978　污水综合排放标准

GB 12348　工业企业厂界噪声标准

GB 16297　大气污染物综合排放标准

HJ/T 55　大气污染物无组织排放监测技术导则

当上述标准被修订时，应使用其最新版本。

3. 术语和定义

3.1　城镇污水（municipal wastewater）

指城镇居民生活污水，机关、学校、医院、商业服务机构及各种公共设施排水，以及允许排入城镇污水收集系统的工业废水和初期雨水等。

3.2　城镇污水处理厂（municipal wastewater treatment plant）

指对进入城镇污水收集系统的污水进行净化处理的污水处理厂。

3.3　一级强化处理（enhanced primary treatment）

在常规一级处理（重力沉降）基础上，增加化学混凝处理、机械过滤或不完全生物处理等，以提高一级处理效果的处理工艺。

4. 技术内容

4.1　水污染物排放标准

4.1.1　控制项目及分类

4.1.1.1　根据污染物的来源及性质，将污染物控制项目分为基本控制项目和选择控制项目两类。基本控制项目主要包括影响水环境和城镇污水处理厂一般处理工艺可以去除的常规污染物，以及部分一类污染物，共19项。选择控制项目包括对环境有较长期影响或毒性较大的污染物，共计43项。

4.1.1.2　基本控制项目必须执行。选择控制项目，由地方环境保护行政主管部门根据污水处理厂接纳的工业污染物的类别和水环境质量要求选择控制。

4.1.2　标准分级

根据城镇污水处理厂排入地表水域环境功能和保护目标，以及污水处理厂的处理工艺，将基本控制项目的常规污染物标准值分为一级标准、二级标准、三级标准。一级标准分为A标准和 B 标准。一类重金属污染物和选择控制项目不分级。

4.1.2.1　一级标准的 A 标准是城镇污水处理厂出水作为回用水的基本要求。当污水处理厂出水引入稀释能力较小的河湖作为城镇景观用水和一般回用水等用途时，执行一级标准的 A 标准。

4.1.2.2　城镇污水处理厂出水排入 GB 3838 地表水Ⅲ类功能水域（划定的饮用水水源保护区和游泳区除外）、GB 3097 海水二类功能水域和湖、库等封闭或半封闭水域时，执行一级标准的 B 标准。

4.1.2.3　城镇污水处理厂出水排入 GB 3838 地表水Ⅳ、Ⅴ类功能水域或 GB 3097 海水三、四类功能海域，执行二级标准。

4.1.2.4　非重点控制流域和非水源保护区的建制镇的污水处理厂，根据当地经济条件和水污染控制要求，采用一级强化处理工艺时，执行三级标准。但必须预留二级处理设施的位置，分期达到二级标准。

4.1.3　标准值

4.1.3.1　城镇污水处理厂水污染物排放基本控制项目，执行表 1 和表 2 的规定。

4.1.3.2　选择控制项目按表 3 的规定执行。

表 1　基本控制项目最高允许排放浓度（日均值）　　　　　单位：mg/L

序号	基本控制项目		一级标准		二级标准	三级标准
			A 标准	B 标准		
1	化学需氧量（COD）		50	60	100	120①
2	生化需氧量（BOD$_5$）		10	20	30	60①
3	悬浮物（SS）		10	20	30	50
4	动植物油		1	3	5	20
5	石油类		1	3	5	15
6	阴离子表面活性剂		0.5	1	2	5
7	总氮（以 N 计）		15	20	—	—
8	氨氮（以 N 计）②		5（8）	8（15）	25（30）	
9	总磷（以 P 计）	2005 年 12 月 31 日前建设的	1	1.5	3	5
		2006 年 1 月 1 日起建设的	0.5	1	3	5
10	色度/（稀释倍数）		30	30	40	50
11	pH		6～9			
12	粪大肠菌群数/（个/L）		10³	10⁴	10⁴	—

①下列情况下按去除率指标执行：当进水 COD 大于 350mg/L 时，去除率应大于 60%；BOD 大于 160mg/L 时，去除率应大于 50%。

②括号外数值为水温＞12℃时的控制指标，括号内数值为水温≤12℃时的控制指标。

表 2　部分一类污染物最高允许排放浓度（日均值）　　　　　单位：mg/L

序号	项　目	标准值	序号	项　目	标准值
1	总汞	0.001	5	六价铬	0.05
2	烷基汞	不得检出	6	总砷	0.1
3	总镉	0.01	7	总铅	0.1
4	总铬	0.1			

表3　选择控制项目最高允许排放浓度（日均值）　　　　单位：mg/L

序号	选择控制项目	标准值	序号	选择控制项目	标准值
1	总镍	0.05	23	三氯乙烯	0.3
2	总铍	0.002	24	四氯乙烯	0.1
3	总银	0.1	25	苯	0.1
4	总铜	0.5	26	甲苯	0.1
5	总锌	1.0	27	邻二甲苯	0.4
6	总锰	2.1	28	对二甲苯	0.4
7	总硒	0.1	29	间二甲苯	0.4
8	苯并[a]芘	0.000 03	30	乙苯	0.4
9	挥发酚	0.5	31	氯苯	0.3
10	总氰化物	0.5	32	1,4-二氯苯	0.4
11	硫化物	1.0	33	1,2-二氯苯	1.0
12	甲醛	1.0	34	对硝基氯苯	0.5
13	苯胺类	0.5	35	2,4-二硝基氯苯	0.5
14	总硝基化合物	2.0	36	苯酚	0.3
15	有机磷农药（以P计）	0.5	37	间甲酚	0.1
16	马拉硫磷	1.0	38	2,4-二氯酚	0.6
17	乐果	0.5	39	2,4,6-三氯酚	0.6
18	对硫磷	0.05	40	邻苯二甲酸二丁酯	0.1
19	甲基对硫磷	0.2	41	邻苯二甲酸二辛酯	0.1
20	五氯酚	0.5	42	丙烯腈	2.0
21	三氯甲烷	0.3	43	可吸附有机卤化物（AOX以Cl计）	1.0
22	四氯化碳	0.03			

4.1.4　取样与监测

4.1.4.1　水质取样在污水处理厂处理工艺末端排放口。在排放口应设污水水量自动计量装置、自动比例采样装置，pH、水温、COD等主要水质指标应安装在线监测装置。

4.1.4.2　取样频率为至少每2h一次，取24h混合样，以日均值计。

4.1.4.3　监测分析方法按表7或国家环境保护总局认定的替代方法、等效方法执行。

4.2　大气污染物排放标准

4.2.1　标准分级

根据城镇污水处理厂所在地区的大气环境质量要求和大气污染物治理技术和设施条件，将标准分为三级。

4.2.1.1　位于GB 3095一类区的所有（包括现有和新建、改建、扩建）城镇污水处理厂，自本标准实施之日起，执行一级标准。

4.2.1.2　位于GB 3095二类区和三类区的城镇污水处理厂，分别执行二级标准和三级标准。

其中2003年6月30日之前建设（包括改、扩建）的城镇污水处理厂，实施标准的时间为2006年1月1日；2003年7月1日起新建（包括改、扩建）的城镇污水处理厂，自本标准实施之日起开始执行。

4.2.1.3　新建（包括改、扩建）城镇污水处理厂周围应建设绿化带，并设有一定的防护距离，防护距离的大小由环境影响评价确定。

4.2.2　标准值

城镇污水处理厂废气的排放标准值按表4的规定执行。

4.2.3　取样与监测

4.2.3.1　氨、硫化氢、臭气浓度监测点设于城镇污水处理厂厂界或防护带边缘的浓度最高点；甲烷监测点设于厂区内浓度最高点。

4.2.3.2 监测点的布置方法与采样方法按 GB 16297 中附录 C 和 HJ/T 55 的有关规定执行。

4.2.3.3 采样频率，每 2h 采样一次，共采集 4 次，取其最大测定值。

4.2.3.4 监测分析方法按表 8 执行。

4.3 污泥控制标准

4.3.1 城镇污水处理厂的污泥应进行稳定化处理，稳定化处理后应达到表 5 的规定。

表 4 厂界（防护带边缘）废气排放最高允许浓度　　　单位：mg/m³

序号	控制项目	一级标准	二级标准	三级标准
1	氨	1.0	1.5	4.0
2	硫化氢	0.03	0.06	0.32
3	臭气浓度(无量纲)	10	20	60
4	甲烷(厂区最高体积分数/%)	0.5	1	1

表 5 污泥稳定化控制指标

稳定化方法	控制项目	控制指标
厌氧消化	有机物降解率/%	＞40
好氧消化	有机物降解率/%	＞40
好氧堆肥	含水率/%	＜65
	有机物降解率/%	＞50
	蠕虫卵死亡率/%	＞95
	粪大肠菌群菌值	＞0.01

4.3.2 城镇污水处理厂的污泥应进行污泥脱水处理，脱水后污泥含水率应小于 80%。

4.3.3 处理后的污泥进行填埋处理时，应达到安全填埋的相关环境保护要求。

4.3.4 处理后的污泥农用时，其污染物含量应满足表 6 的要求。其施用条件须符合 GB 4284 的有关规定。

表 6 污泥农用时污染物控制标准限值

序号	控制项目	最高允许含量/(mg/kg 干污泥)	
		在酸性土壤上 （pH＜6.5）	在中性和碱性土壤 上（pH≥6.5）
1	总镉	5	20
2	总汞	5	15
3	总铅	300	1 000
4	总铬	600	1 000
5	总砷	75	75
6	总镍	100	200
7	总锌	2 000	3 000
8	总铜	800	1 500
9	硼	150	150
10	石油类	3 000	3 000
11	苯并[a]芘	3	3
12	多氯代二苯并二·英/多氯代二苯并呋喃(PCDD/PCDF)/ng 毒性单位/kg 干污泥	100	100
13	可吸附有机卤化物(AOX)(以Cl计)	500	500
14	多氯联苯(PCB)	0.2	0.2

4.3.5 取样与监测

4.3.5.1 取样方法，采用多点取样，样品应有代表性，样品质量不小于 1kg。

4.3.5.2 监测分析方法按表 9 执行。

4.4 城镇污水处理厂噪声控制按 GB 12348 执行。

4.5 城镇污水处理厂的建设（包括改、扩建）时间以环境影响评价报告书批准的时间为准。

5. 其他规定

城镇污水处理厂出水作为水资源用于农业、工业、市政、地下水回灌等方面不同用途时，还应达到相应的用水水质要求，不得对人体健康和生态环境造成不利影响。

6. 标准的实施与监督

6.1 本标准由县级以上人民政府环境保护行政主管部门负责监督实施。

6.2 省、自治区、直辖市人民政府对执行国家污染物排放标准不能达到本地区环境功能要求时，可以根据总量控制要求和环境影响评价结果制定严于本标准的地方污染物排放标准，并报国家环境保护行政主管部门备案。

表 7 水污染物监测分析方法

序号	控制项目	测定方法	测定下限/(mg/L)	方法来源
1	化学需氧量（COD）	重铬酸盐法	30	GB 11914—1989
2	生化需氧量（BOD）	稀释与接种法	2	GB 7488—1987
3	悬浮物（SS）	重量法		GB 11901—1989
4	动植物油	红外光度法	0.1	GB/T 16488—1996
5	石油类	红外光度法	0.1	GB/T 16488—1996
6	阴离子表面活性剂	亚甲蓝分光光度法	0.05	GB 7494—1987
7	总氮	碱性过硫酸钾-消解紫外分光光度法	0.05	GB 11894—1989
8	氨氮	蒸馏和滴定法	0.2	GB 7478—1987
9	总磷	钼酸铵分光光度法	0.01	GB 11893—1989
10	色度	稀释倍数法		GB 11903—1989
11	pH 值	玻璃电极法		GB 6920—1986
12	粪大肠菌群数	多管发酵法		（1）
13	总汞	冷原子吸收分光光度法	0.000 1	GB 7468—1987
		双硫腙分光光度法	0.002	GB 7469—1987
14	烷基汞	气相色谱法	10ng/L	GB/T 14204—1993
15	总镉	原子吸收分光光度法（螯合萃取法）	0.001	GB 7475—1987
		双硫腙分光光度法	0.001	GB 7471—1987
16	总铬	高锰酸钾氧化-二苯碳酰二肼分光光度法	0.004	GB 7466—1987
17	六价铬	二苯碳酰二肼分光光度法	0.004	GB 7467—1987
18	总砷	二乙基二硫代氨基甲酸银分光光度法	0.007	GB 7485—1987
19	总铅	原子吸收分光光度法（螯合萃取法）	0.01	GB 7475—1987
		双硫腙分光光度法	0.01	GB 7470—1987
20	总镍	火焰原子吸收分光光度法	0.05	GB 11912—1989
		丁二酮肟分光光度法	0.25	GB 11910—1989
21	总铍	活性炭吸附-铬天菁 S 光度法		（1）
22	总银	火焰原子吸收分光光度法	0.03	GB 11907—1989
		镉试剂 2B 分光光度法	0.01	GB 11908—1989
23	总铜	原子吸收分光光度法	0.01	GB 7475—1987
		二乙基二硫代氨基甲酸钠分光光度法	0.01	GB 7474—1987
24	总锌	原子吸收分光光度法	0.05	GB 7475—1987
		双硫腙分光光度法	0.005	GB 7472—1987

序号	控 制 项 目	测 定 方 法	测定下限 /(mg/L)	方 法 来 源
25	总锰	火焰原子吸收分光光度法	0.01	GB 11911—1989
		高碘酸钾分光光度法	0.02	GB 11906—1989
26	总硒	2,3-二氨基萘荧光法	0.25μg/L	GB 11902—1989
27	苯并[a]芘	高压液相色谱法	0.001μg/L	GB 13198—1991
		乙酰化滤纸层析荧光分光光度法	0.004μg/L	GB 11895—1989
28	挥发酚	蒸馏后 4-氨基安替比林分光光度法	0.002	GB 7490—1987
29	总氰化物	硝酸银滴定法	0.25	GB 7486—1987
		异烟酸-吡唑啉酮比色法	0.004	GB 7486—1987
		吡啶-巴比妥酸比色法	0.002	GB 7486—1987
30	硫化物	亚甲基蓝分光光度法	0.005	GB/T 16489—1996
		直接显色分光光度法	0.004	GB/T 17133—1997
31	甲醛	乙酰丙酮分光光度法	0.05	GB 13197—1991
32	苯胺类	N-(1-萘基)乙二胺偶氮分光光度法	0.03	GB 11889—1989
33	总硝基化合物	气相色谱法	5μg/L	GB 4919—1985
34	有机磷农药(以P计)	气相色谱法	0.5μg/L	GB 13192—1991
35	马拉硫磷	气相色谱法	0.64μg/L	GB 13192—1991
36	乐果	气相色谱法	0.57μg/L	GB 13192—1991
37	对硫磷	气相色谱法	0.54μg/L	GB 13192—1991
38	甲基对硫磷	气相色谱法	0.42μg/L	GB 13192—1991
39	五氯酚	气相色谱法	0.04μg/L	GB 8972—1988
		藏红 T 分光光度法	0.01	GB 9803—1988
40	三氯甲烷	顶空气相色谱法	0.30μg/L	GB/T 17130—1997
41	四氯化碳	顶空气相色谱法	0.05μg/L	GB/T 17130—1997
42	三氯乙烯	顶空气相色谱法	0.50μg/L	GB/T 17130—1997
43	四氯乙烯	顶空气相色谱法	0.2μg/L	GB/T 17130—1997
44	苯	气相色谱法	0.05	GB 11890—1989
45	甲苯	气相色谱法	0.05	GB 11890—1989
46	邻二甲苯	气相色谱法	0.05	GB 11890—1989
47	对二甲苯	气相色谱法	0.05	GB 11890—1989
48	间二甲苯	气相色谱法	0.05	GB 11890—1989
49	乙苯	气相色谱法	0.05	GB 11890—1989
50	氯苯	气相色谱法		HJ/T 74—2001
51	1,4-二氯苯	气相色谱法	0.005	GB/T 17131—1997
52	1,2-二氯苯	气相色谱法	0.002	GB/T 17131—1997
53	对硝基氯苯	气相色谱法		GB 1394—1991
54	2,4-二硝基氯苯	气相色谱法		GB 13194—1991
55	苯酚	液相色谱法	1.0μg/L	(1)
56	间甲酚	液相色谱法	0.8μg/L	(1)
57	2,4-二氯酚	液相色谱法	1.1μg/L	(1)
58	2,4,6-三氯酚	液相色谱法	0.8μg/L	(1)
59	邻苯二甲酸二丁酯	气相、液相色谱法		HJ/T 72—2001
60	邻苯二甲酯二辛酯	气相、液相色谱法		HJ/T 72—2001
61	丙烯腈	气相色谱法		HJ/T 73—2001
62	可吸附有机卤化物	微库仑法	10μg/L	GB/T 15959—1995
	(AOX)(以 Cl 计)	离子色谱法		HJ/T 83—2001

注：1. 暂采用下列方法，待国家方法标准发布后，执行国家标准。

2. 方法来源中，(1)《水和废水监测分析方法（第三版、第四版）》，中国环境科学出版社。

表 8　大气污染物监测分析方法

序号	控制项目	测定方法	方法来源
1	氨	次氯酸钠-水杨酸分光光度法	GB/T 14679—1993
2	硫化氢	气相色谱法	GB/T 14678—1993
3	臭气浓度	三点比较式臭袋法	GB/T 14675—1993
4	甲烷	气相色谱法	GB/T 3037—1995

表 9　污泥特性及污染物监测分析方法

序号	控制项目	测定方法	方法来源
1	污泥含水率	烘干法	(1)
2	有机质	重铬酸钾法	(1)
3	蠕虫卵死亡率	显微镜法	GB 7959—1987
4	粪大肠菌群菌值	发酵法	GB 7959—1987
5	总镉	石墨炉原子吸收分光光度法	GB/T 17141—1997
6	总汞	冷原子吸收分光光度法	GB/T 17136—1997
7	总铅	石墨炉原子吸收分光光度法	GB/T 17141—1997
8	总铬	火焰原子吸收分光光度法	GB/T 17137—1997
9	总砷	硼氢化钾-硝酸银分光光度法	GB/T 17135—1997
10	硼	姜黄素比色法	(2)
11	矿物油	红外分光光度法	(2)
12	苯并[a]芘	气相色谱法	(2)
13	总铜	火焰原子吸收分光光度法	GB/T 17138—1997
14	总锌	火焰原子吸收分光光度法	GB/T 17138—1997
15	总镍	火焰原子吸收分光光度法	GB/T 17139—1997
16	多氯代二苯并二·英/多氯代二苯并呋喃(PCDD/PCDF)	同位素稀释高分辨毛细管气相色谱/高分辨质谱法	HJ/T 77—2001
17	可吸附有机卤化物(AOX)		待定
18	多氯联苯(PCB)	气相色谱法	待定

注：1. 暂采用下列方法，待国家方法标准发布后，执行国家标准。

2. 方法来源中，(1)《城镇垃圾农用监测分析方法》；(2)《农用污泥监测分析方法》。

附录二　《污水综合排放标准》
（GB 8978—1996）（摘）

在污水综合排放标准中，将排放的污染物按其性质及控制方式分为两类，并按建设年限规定了部分行业最高允许排放水量和第一类污染物、第二类污染物最高允许排放浓度。

1997 年 12 月 31 日之前建设（包括改、扩建）的单位，水污染物的排放必须同时执行表1、表2、表3的规定。1998 年 1 月 1 日起建设（包括改、扩建）的单位，水污染物的排放必须同时执行表1、表4、表5的规定。

表 1　第一类污染物最高允许排放浓度　　　　　　　　　单位：mg/L

序号	污染物	最高允许排放浓度	序号	污染物	最高允许排放浓度
1	总汞	0.05	8	总镍	1.0
2	烷基汞	不得检出	9	苯并[a]芘	0.000 03
3	总镉	0.1	10	总铍	0.005
4	总铬	1.5	11	总银	0.5
5	六价铬	0.5	12	总α放射性	1Bq/L
6	总砷	0.5	13	总β放射性	10Bq/L
7	总铅	1.0			

表 2 第二类污染物最高允许排放浓度

（1997 年 12 月 31 日之前建设的单位）　　　　　　　　　　　　单位：mg/L

序号	污染物	适用范围	一级标准	二级标准	三级标准
1	pH	一切排污单位	6～9	6～9	6～9
2	色度（稀释倍数）	染料工业	50	180	—
		其他排污单位	50	80	—
3	悬浮物（SS）	采矿、选矿、选煤工业	100	300	—
		脉金选矿	100	500	—
		边远地区砂金选矿	100	800	—
		城镇二级污水处理厂	20	30	—
		其他排污单位	70	200	400
4	五日生化需氧量（BOD$_5$）	甘蔗制糖、苎麻脱胶、湿法纤维板工业	30	100	600
		甜菜制糖、酒精、味精、皮革、化纤浆粕工业	30	150	600
		城镇二级污水处理厂	20	30	—
		其他排污单位	30	60	300
5	化学需氧量（COD）	甜菜制糖、焦化、合成脂肪酸、湿法纤维板、染料、洗毛、有机磷农药工业	100	200	1 000
		味精、酒精、医药原料药、生物制药、苎麻脱胶、皮革、化纤浆粕工业	100	300	1 000
		石油化工工业（包括石油炼制）	100	150	500
		城镇二级污水处理厂	60	120	—
		其他排污单位	100	150	500
6	石油类	一切排污单位	10	10	30
7	动植物油	一切排污单位	20	20	100
8	挥发酚	一切排污单位	0.5	0.5	2.0
9	总氰化物	电影洗片（铁氰化合物）	0.5	5.0	5.0
		其他排污单位	0.5	0.5	1.0
10	硫化物	一切排污单位	1.0	1.0	2.0
11	氨氮	医药原料药、染料、石油化工工业	15	50	—
		其他排污单位	15	25	—
12	氟化物	黄磷工业	10	20	20
		低氟地区（水体含氟量<0.5mg/L）	10	20	30
		其他排污单位	10	10	20
13	磷酸盐（以 P 计）	一切排污单位	0.5	1.0	—
14	甲醛	一切排污单位	1.0	2.0	5.0
15	苯胺类	一切排污单位	1.0	2.0	5.0
16	硝基苯类	一切排污单位	2.0	3.0	5.0
17	阴离子表面活性剂（LAS）	合成洗涤剂工业	5.0	15	20
		其他排污单位	5.0	10	20
18	总铜	一切排污单位	0.5	1.0	2.0

序号	污染物	适用范围	一级标准	二级标准	三级标准
19	总锌	一切排污单位	2.0	5.0	5.0
20	总锰	合成脂肪酸工业	2.0	5.0	5.0
		其他排污单位	2.0	2.0	5.0
21	彩色显影剂	电影洗片	2.0	3.0	5.0
22	显影剂及氧化物总量	电影洗片	3.0	6.0	6.0
23	元素磷	一切排污单位	0.1	0.3	0.3
24	有机磷农药（以P计）	一切排污单位	不得检出	0.5	0.5
25	粪大肠菌群数	医院①、兽医院及医疗机构含病原体污水	500 个/L	1 000 个/L	5 000 个/L
		传染病、结核病医院污水	100 个/L	500 个/L	1 000 个/L
26	总余氯（采用氯化消毒的医院污水）	医院①、兽医院及医疗机构含病原体污水	<0.5②	>3（接触时间≥1h）	>2（接触时间≥1h）
		传染病、结核病医院污水	<0.5②	>6.5（接触时间≥1.5h）	>5（接触时间≥1.5h）

① 指50个床位以上的医院。

② 加氯消毒后需进行脱氯处理，达到本标准。

表3　部分行业最高允许排水量

（1997年12月31日之前建设的单位）

序号	行业类别			最高允许排水量或最低允许水重复利用率
1	矿山工业	有色金属系统选矿		水重复利用率75%
		其他矿山工业采矿、选矿、选煤等		水重复利用率90%（选煤）
		脉金选矿	重选	16.0m³/t（矿石）
			浮选	9.0m³/t（矿石）
			氰化	8.0m³/t（矿石）
			碳浆	8.0m³/t（矿石）
2	焦化企业（煤气厂）			1.2m³/t（焦炭）
3	有色金属冶炼及金属加工			水重复利用率80%
4	石油炼制工业（不包括直排水炼油厂）加工深度分类：A.燃料型炼油厂 B.燃料＋润滑油型炼油厂 C.燃料＋润滑油型＋炼油化工型炼油厂（包括加工高含硫原油页岩油和石油添加剂生产基地的炼油厂）		A	>500万吨，1.0m³/t（原油）250～500万吨，1.2m³/t（原油）<250万吨，1.5m³/t（原油）
			B	>500万吨，1.5m³/t（原油）250～500万吨，2.0m³/t（原油）<250万吨，2.0m³/t（原油）
			C	>500万吨，2.0m³/t（原油）250～500万吨，2.5m³/t（原油）<250万吨，2.5m³/t（原油）
5	合成洗涤剂工业	氯化法生产烷基苯		200.0m³/t（烷基苯）
		裂解法生产烷基苯		70.0m³/t（烷基苯）
		烷基苯生产合成洗涤剂		10.0m³/t（产品）
6	合成脂肪酸工业			200.0m³/t（产品）
7	湿法生产纤维板工业			30.0m³/t（板）
8	制糖工业	甘蔗制糖		10.0m³/t（甘蔗）
		甜菜制糖		4.0m³/t（甜菜）
9	皮革工业	猪盐湿皮		60.0m³/t（原皮）
		牛干皮		100.0m³/t（原皮）
		羊干皮		150.0m³/t（原皮）

序号	行 业 类 别			最高允许排水量或 最低允许水重复利用率
10	发酵酿造业	酒精工业	以玉米为原料	100.0m³/t(酒精)
			以薯类为原料	80.0m³/t(酒精)
			以糖蜜为原料	70.0m³/t(酒精)
		味精工业		600.0m³/t(味精)
		啤酒工业(排水量不包括麦芽水部分)		16.0m³/t(啤酒)
11	铬盐工业			5.0m³/t(产品)
12	硫酸工业(水洗法)			15.0m³/t(硫酸)
13	苎麻脱胶工业			500m³/t(原麻)或750m³/t(精干麻)
14	化纤浆粕			本色:150m³/t(浆) 漂白:240m³/t(浆)
15	黏胶纤维工业(单纯纤维)	短纤维(棉型中长纤维、毛型中长纤维)		300m³/t(纤维)
		长纤维		800m³/t(纤维)
16	铁路货车洗刷			5.0m³/辆
17	电影洗片			5m³/1 000m(35mm 的胶片)
18	石油沥青工业			冷却池的水循环利用率95%

表4 第二类污染物最高允许排放浓度

（1997 年 1 月 1 日后建设的单位） 单位：mg/L

序号	污染物	适 用 范 围	一级标准	二级标准	三级标准
1	pH	一切排污单位	6～9	6～9	6～9
2	色度(稀释倍数)	一切排污单位	50	80	—
3	悬浮物(SS)	采矿、选矿、选煤工业	70	300	—
		脉金选矿	70	400	—
		边远地区砂金选矿	70	800	—
		城镇二级污水处理厂	20	30	—
		其他排污单位	70	150	400
4	五日生化需氧量(BOD)	甘蔗制糖、苎麻脱胶、湿法纤维板、染料、洗毛工业	20	60	600
		甜菜制糖、酒精、味精、皮革、化纤浆粕工业	20	100	600
		城镇二级污水处理厂	20	30	—
		其他排污单位	20	30	300
5	化学需氧量(COD)	甜菜制糖、合成脂肪酸、湿法纤维板、染料、洗手、有机磷农药工业	100	200	1 000
		味精、酒精、医药原料药、生物制药、苎麻脱胶、皮革、化纤浆粕工业	100	300	1 000
		石油化工工业(包括石油炼制)	60	120	500
		城镇二级污水处理厂	60	120	—
		其他排污单位	100	150	500
6	石油类	一切排污单位	5	10	20
7	动植物油	一切排污单位	10	15	100
8	挥发酚	一切排污单位	0.5	0.5	2.0
9	总氰化合物	一切排污单位	0.5	0.5	1.0
10	硫化物	一切排污单位	1.0	1.0	1.0
11	氨氮	医药原料药、染料、石油化工工业	15	50	—
		其他排污单位	15	25	—
12	氟化物	黄磷工业	10	15	20
		低氟地区(水体含氟量<0.5mg/L)	10	20	30
		其他排污单位	10	10	20

序号	污染物	适 用 范 围	一级标准	二级标准	三级标准
13	磷酸盐（以P计）	一切排污单位	0.5	1.0	—
14	甲醛	一切排污单位	1.0	2.0	5.0
15	苯胺类	一切排污单位	1.0	2.0	5.0
16	硝基苯类	一切排污单位	2.0	3.0	5.0
17	阴离子表面活性剂（LAS）	一切排污单位	5.0	10	20
18	总铜	一切排污单位	0.5	1.0	2.0
19	总锌	一切排污单位	2.0	5.0	5.0
20	总锰	合成脂肪酸工业	2.0	5.0	5.0
		其他排污单位	2.0	2.0	5.0
21	彩色显影剂	电影洗片	1.0	2.0	3.0
22	显影剂及氧化物总量	电影洗片	3.0	3.0	6.0
23	元素磷	一切排污单位	0.1	0.1	0.3
24	有机磷农药（以P计）	一切排污单位	不得检出	0.5	0.5
25	乐果	一切排污单位	不得检出	1.0	2.0
26	对硫磷	一切排污单位	不得检出	1.0	2.0
27	甲基对硫磷	一切排污单位	不得检出	1.0	2.0
28	马拉硫磷	一切排污单位	不得检出	5.0	10
29	五氯酚及五氯酚钠（以五氯酚计）	一切排污单位	5.0	8.0	10
30	可吸附有机卤化物（AOX）（以Cl计）	一切排污单位	1.0	5.0	8.0
31	三氯甲烷	一切排污单位	0.3	0.6	1.0
32	四氯化碳	一切排污单位	0.03	0.06	0.5
33	三氯乙烯	一切排污单位	0.3	0.6	1.0
34	四氯乙烯	一切排污单位	0.1	0.2	0.5
35	苯	一切排污单位	0.1	0.2	0.5
36	甲苯	一切排污单位	0.1	0.2	0.5
37	乙苯	一切排污单位	0.4	0.6	1.0
38	邻二甲苯	一切排污单位	0.4	0.6	1.0
39	对二甲苯	一切排污单位	0.4	0.6	1.0
40	间二甲苯	一切排污单位	0.4	0.6	1.0
41	氯苯	一切排污单位	0.2	0.4	1.0
42	邻二氯苯	一切排污单位	0.4	0.6	1.0
43	对二氯苯	一切排污单位	0.4	0.6	1.0
44	对硝基氯苯	一切排污单位	0.5	1.0	5.0
45	2,4-二硝基氯苯	一切排污单位	0.5	1.0	5.0
46	苯酚	一切排污单位	0.3	0.4	1.0
47	间-甲酚	一切排污单位	0.1	0.2	0.5
48	2,4-二氯酚	一切排污单位	0.6	0.8	1.0
49	2,4,6-三氯酚	一切排污单位	0.6	0.8	1.0
50	邻苯二甲酸二丁酯	一切排污单位	0.2	0.4	2.0

序号	污染物	适用范围	一级标准	二级标准	三级标准
51	邻苯二甲酸二辛酯	一切排污单位	0.3	0.6	2.0
52	丙烯腈	一切排污单位	2.0	5.0	5.0
53	总硒	一切排污单位	0.1	0.2	0.5
54	粪大肠菌群数	医院[①]、兽医院及医疗机构含病原体污水	500 个/L	1 000/L	5 000 个/L
		传染病、结核病医院污水	100/L	500 个/L	1 000 个/L
55	总余氯（采用氯化消毒的医院污水）	医院[①]、兽医院及医疗机构含病原体污水	<0.5[②]	>3（接触时间≥1h）	>2（接触时间≥1h）
		传染病、结核病医院污水	<0.5[②]	>6.5（接触时间≥1.5h）	>5（接触时间≥1.5h）
56	总有机碳（TOC）	合成脂肪酸工业	20	40	—
		苎麻脱胶工业	20	60	—
		其他排污单位	20	30	—

① 指 50 个床位以上的医院。

② 加氯消毒后需进行脱氯处理，达到本标准。

注："其他排污单位"指除在该控制项目中所列行业以外的一切排污单位。

表 5　部分行业最高允许排水量
（1998 年 1 月 1 日后建设的单位）

序号	行业类别			最高允许排水量或最低允许水重复利用率
1	矿山工业	有色金属系统选矿		水重复利用率 75%
		其他矿山工业采矿、选矿、选煤等		水重复利用率 90%（选煤）
		脉金选矿	重选	16.0m³/t（矿石）
			浮选	9.0m³/t（矿石）
			氰化	8.0m³/t（矿石）
			碳浆	8.0m³/t（矿石）
2	焦化企业（煤气厂）			1.2m³/t（焦炭）
3	有色金属冶炼及金属加工			水重复利用率 80%
4	石油炼制工业(不包括直排水炼油厂) 加工深度分类： 　A.燃料型炼油厂 　B.燃料＋润滑油型炼油厂 　C.燃料＋润滑油型＋石油化工型炼油厂 （包括加工高含硫原油页岩油和石油添加剂生产基地的炼油厂）	A		>500 万吨，1.0m³/t（原油） 250～500 万吨，1.2m³/t（原油） <250 万吨，1.5m³/t（原油）
		B		>500 万吨，1.5m³/t（原油） 250～500 万吨，2.0m³/t（原油） <250 万吨，2.0m³/t（原油）
		C		>500 万吨，2.0m³/t（原油） 250～500 万吨，2.5m³/t（原油） <250 万吨，2.5m³/t（原油）
5	合成洗涤剂工业	氯化法生产烷基苯		200.0m³/t（烷基苯）
		裂解法生产烷基苯		70.0m³/t（烷基苯）
		烷基苯生产合成洗涤剂		10.0m³/t（产品）

序号	行 业 类 别			最高允许排水量或 最低允许水重复利用率
6	合成脂肪酸工业			200.0m³/t(产品)
7	湿法生产纤维板工业			30.0m³/t(板)
8	制糖工业	甘蔗制糖		10.0m³/t(甘蔗)
		甜菜制糖		4.0m³/t(甜菜)
9	皮革工业	猪盐湿皮		60.0m³/t(原皮)
		牛干皮		100.0m³/t(原皮)
		羊干皮		150.0m³/t(原皮)
10	发酵酿造业	酒精工业	以玉米为原料	100.0m³/t(酒精)
			以薯类为原料	80.0m³/t(酒精)
			以糖蜜为原料	70.0m³/t(酒精)
		味精工业		600.0m³/t(味精)
		啤酒工业(排水量不包括麦芽水部分)		16.0m³/t(啤酒)
11	铬盐工业			5.0m³/t(产品)
12	硫酸工业(水洗法)			15.0m³/t(硫酸)
13	苎麻脱胶工业			500m³/t(原麻)
				750m³/t(精干麻)
14	黏胶纤维工业单纯纤维	短纤维(棉型中长纤维、毛型中长纤维)		300.0m³/t(纤维)
		长纤维		800.0m³/t(纤维)
15	化纤浆粕			本色:150m³/t(浆);漂白:240m³/t(浆)
16	制药工业医药原料药	青霉素		4 700m³/t(青霉素)
		链霉素		1 450m³/t(链霉素)
		土霉素		1 300m³/t(土霉素)
		四环素		1 900m³/t(四环素)
		洁霉素		9 200m³/t(洁霉素)
		金霉素		3 000m³/t(金霉素)
		庆大霉素		20 400m³/t(庆大霉素)
		维生素 C		1 200m³/t(维生素 C)
		氯霉素		2 700m³/t(氯霉素)
		新诺明		2 000m³/t(新诺明)
		维生素 B_1		3 400m³/t(维生素 B_1)
		安乃近		180m³/t(安乃近)
		非那西汀		750m³/t(非那西汀)
		呋喃唑酮		2 400m³/t(呋喃唑酮)
		咖啡因		1 200m³/t(咖啡因)
17	有机磷农药工业[①]	乐果[②]		700m³/t(产品)
		甲基对硫磷(水相法)[②]		300m³/t(产品)
		对硫磷(P_2S_5 法)[②]		500m³/t(产品)
		对硫磷($PSCl_3$ 法)[②]		550m³/t(产品)
		敌敌畏(敌百虫碱解法)		200m³/t(产品)
		敌百虫		40m³/t(产品)(不包括三氯乙醛生产废水)
		马拉硫磷		700m³/t(产品)
18	除草剂工业[②]	除草醚		5m³/t(产品)
		五氯酚钠		2m³/t(产品)
		五氯酚		4m³/t(产品)
		2 甲 4 氯		14m³/t(产品)
		2,4-滴		4m³/t(产品)

序号	行 业 类 别		最高允许排水量或 最低允许水重复利用率
18	除草剂 工业[②]	丁草胺	4.5m³/t(产品)
		绿麦隆(以 Fe 粉还原)	2m³/t(产品)
		绿麦隆(以 Na₂S 还原)	3m³/t(产品)
19	火力发电工业		3.5m³/(MW·h)
20	铁路货车洗刷		5.0m³/辆
21	电影洗片		5m³/1 000m(35mm 胶片)
22	石油沥青工业		冷却池的水循环利用率 95%

① 产品按 100%浓度计。

② 不包括 P_2S_5、$PSCl_3$、PCl_3 原料生产废水。

附录三 《污水排入城镇下水道水质标准》
(GB 343—2010)(摘)

一、水质标准

1. 根据城镇下水道末端污水处理厂的处理程度,将控制项目限值分为 A、B、C 三个等级,见表 1。

a)下水道末端污水处理厂采用再生处理时,排入城镇下水道的污水水质应符合 A 等级的规定。

b)下水道末端污水处理厂采用二级处理时,排入城镇下水道的污水水质应符合 B 等级的规定。

c)下水道末端污水处理厂采用一级处理时,排入城镇下水道的污水水质应符合 C 等级的规定。

2. 下水道末端无污水处理设施时,排入城镇下水道的污水水质不得低于 C 等级的要求,应根据污水的最终去向,执行国家现行污水排放标准。

表 1　污水排入城镇下水道水质等级标准(最高允许值,pH 值除外)

序号	控制项目名称	单位	A 等级	B 等级	C 等级
1	水温	℃	35	35	35
2	色度	稀释倍数	50	70	60
3	易沉固体	mg/(L·15min)	10	10	10
4	悬浮物	mg/L	400	400	300
5	溶解性固体	mg/L	1 600	2 000	2 000
6	动植物油	mg/L	100	100	100
7	石油类	mg/L	20	20	15
8	pH 值		6.5~9.5	6.5~9.5	6.5~9.5
9	五日生化需氧量(BOD₅)	mg/L	350	350	150
10	化学需氧量(COD)	mg/L	500(800)	500(800)	300
11	氨氮(以 N 计)	mg/L	45	45	25
12	总氮(以 N 计)	mg/L	70	70	45
13	总磷(以 P 计)	mg/L	8	8	5
14	阴离子表面活性剂(LAS)	mg/L	20	20	10
15	总氰化物	mg/L	0.5	0.5	0.5
16	总余氯(以 Cl₂ 计)	mg/L	8	8	8
17	硫化物	mg/L	1	1	1
18	氟化物	mg/L	20	20	20
19	氯化物	mg/L	500	600	800
20	硫酸盐	mg/L	400	600	600

序号	控制项目名称	单位	A 等级	B 等级	C 等级
21	总汞	mg/L	0.02	0.02	0.02
22	总镉	mg/L	0.1	0.1	0.1
23	总铬	mg/L	1.5	1.5	1.5
24	六价铬	mg/L	0.5	0.5	0.5
25	总砷	mg/L	0.5	0.5	0.5
26	总铅	mg/L	1	1	1
27	总镍	mg/L	1	1	1
28	总铍	mg/L	0.005	0.005	0.005
29	总银	mg/L	0.5	0.5	0.5
30	总硒	mg/L	0.5	0.5	0.5
31	总铜	mg/L	2	2	2
32	总锌	mg/L	5	5	5
33	总锰	mg/L	2	5	5
34	总铁	mg/L	5	10	10
35	挥发酚	mg/L	1	1	0.5
36	苯系物	mg/L	2.5	2.5	1
37	苯胺类	mg/L	5	5	2
38	硝基苯类	mg/L	5	5	3
39	甲醛	mg/L	5	5	2
40	三氯甲烷	mg/L	1	1	0.6
41	四氯化碳	mg/L	0.5	0.5	0.06
42	三氯乙烯	mg/L	1	1	0.6
43	四氯乙烯	mg/L	0.5	0.5	0.2
44	可吸附有机卤化物(AXO,以 CO 计)	mg/L	8	8	5
45	有机磷农药(以 P 计)	mg/L	0.5	0.5	0.5
46	五氯酚	mg/L	5	5	5

注：括号数字为污水处理厂新建、改建或扩建，且 BOD$_5$/COD＞0.4 时控制指标的最高允许值。

附录四　不同纬度地区海平面逐月可见光辐射值

北　纬		月　　份											
纬度	范围	1	2	3	4	5	6	7	8	9	10	11	12
0	max	255	266	277	266	249	236	238	252	269	265	256	253
	min	210	219	206	188	182	103	137	167	207	203	202	195
2	max	250	263	271	267	253	241	244	255	269	262	251	249
	min	206	213	204	188	184	108	141	169	206	200	198	189
4	max	244	259	270	268	258	247	250	258	269	260	246	244
	min	200	206	202	187	187	113	146	171	204	196	194	183
6	max	238	254	268	270	262	252	255	261	269	256	240	238
	min	193	199	200	186	189	118	150	172	202	191	188	176
8	max	230	249	267	270	266	258	260	263	267	252	234	231
	min	187	192	196	185	191	124	154	174	200	186	182	169
10	max	223	244	264	271	270	262	265	266	266	248	228	225
	min	179	184	193	183	192	129	158	176	195	181	176	162
12	max	216	239	262	271	273	267	269	267	264	244	221	217
	min	172	176	189	181	193	133	161	176	193	176	169	154
14	max	208	233	258	271	276	272	273	269	262	240	214	209
	min	163	167	184	179	194	137	164	177	189	170	162	146
16	max	200	226	255	272	279	276	277	270	259	234	206	200
	min	154	159	180	177	194	141	167	177	185	164	154	138

北 纬		月 份											
纬度	范围	1	2	3	4	5	6	7	8	9	10	11	12
18	max	192	220	250	272	282	280	280	272	256	229	198	192
	min	144	150	174	174	194	145	170	177	180	157	146	129
20	max	183	213	246	271	284	284	282	272	252	224	190	182
	min	134	140	168	170	194	148	172	177	176	150	138	120
22	max	174	206	241	270	286	286	285	273	248	218	183	172
	min	123	132	162	167	193	152	173	176	170	143	128	110
24	max	166	200	236	268	288	290	287	273	244	212	175	161
	min	111	123	156	164	191	155	176	174	165	136	119	101
26	max	156	192	230	266	288	292	288	273	240	205	166	149
	min	99	114	149	160	189	158	177	172	160	128	109	90
28	max	146	184	224	264	289	294	288	272	236	199	151	138
	min	87	106	142	156	187	161	178	169	154	120	99	80
30	max	136	176	218	261	290	296	289	271	231	192	148	126
	min	76	96	134	151	184	183	178	166	147	113	90	70
32	max	126	169	212	258	290	266	289	269	226	185	138	114
	min	63	87	126	146	181	166	178	163	140	104	80	60
34	max	114	160	204	254	290	297	289	267	221	178	128	101
	min	53	78	118	141	176	168	178	159	134	96	70	47
36	max	103	160	196	250	288	298	289	264	215	170	118	88
	min	44	70	111	136	172	170	177	155	127	88	60	39
38	max	90	140	189	246	287	298	288	262	210	162	106	77
	min	36	62	103	131	166	171	175	152	120	80	50	30
40	max	80	130	181	241	286	298	288	258	203	152	95	66
	min	30	53	95	125	162	173	172	147	112	72	42	24
42	max	68	119	172	236	283	298	287	254	196	144	84	56
	min	24	45	88	120	157	174	167	143	105	65	34	19
44	max	55	106	165	230	280	298	285	250	189	132	72	47
	min	20	37	80	114	153	175	164	139	98	58	28	15
46	max	45	94	156	224	278	298	284	245	181	122	61	39
	min	16	30	72	108	150	175	161	134	90	52	23	11
48	max	35	82	149	218	274	297	282	241	174	111	50	32
	min	12	25	64	102	146	176	158	129	81	45	18	9
50	max	28	70	141	210	271	297	280	236	166	100	40	26
	min	10	19	58	97	144	176	155	125	73	40	15	7
52	max	22	60	134	202	267	296	178	232	158	87	32	21
	min	8	14	51	92	141	176	153	120	65	34	12	4
54	max	16	50	126	194	263	296	276	224	150	76	25	16
	min	6	11	46	88	139	176	150	116	58	29	9	3
56	max	12	43	120	188	258	295	273	218	141	64	20	12
	min	4	8	41	85	136	175	148	110	51	24	7	2
58	max	9	37	113	182	254	294	270	212	134			
	min	3	6	37	82	134	175	146	106	44			
60	max	7	32	107	176	249	294	268	205	126			
	min	2	4	33	79	132	174	144	100	38			

注：表中数据单位为 cal/(cm² · d)；1cal=4.18J。

附录五　全国主要城市日照时数及日照百分率

地　名	日照时数/h			日照百分率/%		
	年	冬	夏	年	冬	夏
满洲里	2 750.5	176.3	272.4	62	65.7	58.3
海拉尔	2 763.1	188.8	267.2	62	69.7	57.0
呼和浩特	2 960.7	206.5	276.5	67	70.0	60.7

地 名	日照时数/h			日照百分率/%		
	年	冬	夏	年	冬	夏
齐齐哈尔	2 902.9	202.8	275.5	65	73.3	59.7
哈尔滨	2 636.1	182.9	249.7	59	65.0	54.3
长春	2 653.4	191.3	241.4	61	66.7	53.7
四平	2 751.8	206.8	235.2	63	71.3	52.3
抚顺	2 532.2	177.0	220.1	57	60.3	49.3
沈阳	2 546.9	170.8	229.9	57	58.7	51.7
鞍山	2 535.5	172.1	227.9	57	58.3	51.3
锦州	2 761.1	201.6	232.4	62	68.7	52.3
张家口	2 832.1	200.3	258.2	65	67.7	58.0
北京	2 763.7	200.6	242.5	63	67.3	55.0
唐山	2 656.2	179.9	238.9	60	60.3	54.3
天津	2 850.3	195.8	269.8	64	65.3	61.7
保定	2 678.1	187.6	240.7	60	62.3	55.0
石家庄	2 664.0	191.8	233.1	60	63.7	53.7
大连	2 804.1	193.5	241.6	63	64.7	57.3
开封	2 327.6	153.4	228.6	53	50.0	53.7
郑州	2 451.2	173.1	238.0	55	56.3	56.0
洛阳	2 246.6	150.0	222.4	51	49.0	52.3
济南	2 776.3	188.0	260.5	63	61.7	60.3
青岛	2 500.8	175.4	181.2	57	58.0	49.7
大同	2 855.8	199.7	263.2	64	67.3	60.0
太原	2 756.0	202.5	250.3	62	67.0	58.3
蚌埠	2 179.7	143.9	218.7	49	46.0	51.7
合肥	2 287.9	142.5	247.9	51	45.7	58.7
徐州	2 400.4	155.9	234.9	54	50.7	55.0
南京	2 182.4	141.9	227.5	49	45.7	54.0
上海	1 986.1	132.2	215.6	45	41.7	51.3
杭州	1 902.1	122.8	205.9	43	40.0	49.3
宁波	2 019.7	129.0	229.9	46	40.7	54.7
宝鸡	1 958.1	144.1	198.4	44	46.7	46.3
西安	1 966.4	130.0	212.2	44	42.3	49.7
张掖	3 026.7	220.2	274.9	68	74.0	62.7
银川	3 028.6	236.0	295.0	68	72.0	67.3
兰州	2 571.4	183.6	247.1	58	60.0	57.3
延安	2 373.5	189.5	215.7	54	71.7	48.0
西宁	2 670.7	208.1	234.0	61	68.3	54.0
福州	1 859.7	114.2	219.2	43	34.3	53.7
厦门	2 238.8	152.7	235.3	51	46.6	57.3
基隆	1 370.0	46.9	241.4	31	14.0	58.0
南昌	1 968.3	110.8	235.3	44	34.7	55.7
武汉	1 967.0	111.4	226.6	45	36.0	54.3
长沙	1 815.1	94.3	235.4	41	29.3	56.6
衡阳	1 711.0	80.4	240.8	39	25.2	50.7
桂林	1 675.8	91.3	199.1	38	29.3	48.7
南宁	1 843.1	101.9	198.9	41	30.7	39.3
广州	1 951.4	132.3	207.7	44	40.0	51.3
湛江	1 982.8	115.8	203.7	45	37.0	50.7
东沙岛	1 745.3	87.4	179.8	39	26.0	44.0

地　名	日照时数/h			日照百分率/%		
	年	冬	夏	年	冬	夏
成都	1 211.3	66.8	154.9	27	21.0	37.0
重庆	1 257.6	45.3	197.4	28	14.3	44.7
遵义	1 236.9	40.3	178.1	28	12.7	40.3
贵阳	1 404.3	63.1	177.1	32	19.3	42.3
昆明	2 521.9	257.5	158.9	57	73.0	39.6
乌鲁木齐	2 802.7	158.1	306.6	63	55.0	68.0
吐鲁番	3 126.9	188.4	314.5	70	65.0	70.7
玉门	3 212.6	216.4	309.6	73	73.3	70.0
哈密	3 310.4	206.8	329.4	75	71.7	73.3
拉萨	3 005.1	240.0	234.4	68	75.3	56.3

附录六　不同海拔高度大气压力

海拔高度/m	大气压力		海拔高度/m	大气压力		海拔高度/m	大气压力	
	mH_2O	kPa		mH_2O	kPa		mH_2O	kPa
−600	11.3	110.82	500	9.70	95.12	1 500	8.60	71.97
0	10.3	101.01	600	9.60	94.14	2 000	8.40	76.16
100	10.2	100.03	700	9.50	93.16	3 000	7.30	66.19
200	10.1	99.05	800	9.40	92.18	4 000	6.30	57.12
300	10.0	98.07	900	9.30	91.20	5 000	5.50	49.87
400	9.8	96.11	1 000	9.20	90.22			

附录七　城市污水处理常用生物反应化学计量参数和动力学参数

参　数　名　称	代号	单　位	数值(20℃)		备注
			范围	典型值	
异养菌产率系数	Y	kgVSS/kgBOD$_5$	0.4～0.8	0.6	
异养菌衰减系数	k_d	d^{-1}	0.025～0.075	0.06	
异养菌最大比增长速度	μ_{max}	d^{-1}	2～10	5	
异养菌增长半速度常数	K_S	mgBOD$_5$/L	25～100	60	
自养菌产率系数	Y_N	kgVSS/kgNH$_3$-N	0.15～0.2		
自养菌衰减系数	k_{dN}	d^{-1}	0.03～0.06		
自养菌最大比增长速度	μ_{Nmax}	d^{-1}	0.6～0.8		
自养菌增长半速度常数	K_{SN}	mgNH$_3$-N/L	0.3～0.7		
反硝化菌产率系数	Y_D	kgVSS/kgNO$_3^-$-N	0.6～1.2		
反硝化菌衰减系数	k_{dD}	d^{-1}	0.04		
反硝化菌增长半速度常数	K_D	mgNO$_3^-$-N/L	0.1～0.2		
反硝化速率	q_D	kgNO$_3^-$-N/(kgVSS·d)		0.05	10℃
				0.08	15℃
				0.20	25℃

注：1. 异养菌动力学参数摘自《三废处理工程技术手册·废水卷》(化学工业出版社，2000 年 4 月)。

　　2. 自养菌动力学参数摘自《废水处理理论与设计》(中国建筑工业出版社，2003 年 2 月)。

　　3. 反硝化菌动力学参数摘自《废水处理理论与设计》(中国建筑工业出版社，2003 年 2 月)。

附录八　常用建筑材料的热工指标

材料名称	容重 $\gamma/(kg/m^3)$	传热系数 λ /[kcal/(m² · h · ℃)]	比热容 C /[kcal/(kg · ℃)]	蓄热系数 S /[kcal/(m² · h · ℃)]
石棉水泥板	1 900	0.30	0.20	5.45
钢筋混凝土	2 500	1.40	0.20	13.40
碎石混凝土	2 200	1.25	0.20	12.50
碎砖混凝土	2 000	0.90	0.20	9.80
加气混凝土	1 000	0.35	0.20	4.25
加气混凝土	800	0.25	0.20	3.20
加气混凝土	600	0.18	0.20	2.35
加气混凝土	400	0.12	0.20	1.58
玻璃棉	100	0.05	0.18	0.48
泡沫石膏	500	0.16	0.20	2.05
干砂填料	1 600	0.50	0.20	6.45
水泥刨花板	300	0.12	0.06	2.12
炉渣	700	0.19	0.20	2.60
膨胀沸石	300	0.13	0.20	1.37
硅藻土	500	0.15	0.20	1.97
重砂浆砌体	1 800	0.70	0.21	8.30
建筑钢材	7 850	50	0.115	108.4
铸铁件	7 200	43	0.115	96.4
水泥砂浆抹面	1 800	0.8	0.20	8.65
沥青油毛毡纸	600	0.15	0.35	2.85
四号沥青	975	0.224		
沥青	600	0.15		
水泥珍珠岩制品	300～380	0.06～0.072		
膨胀珍珠岩	130	0.055		
矿棉	120	0.05		
岩棉板	100	0.03		
岩棉毡	80	0.03		
聚苯乙烯泡沫	20～30	0.03		
聚氨酯泡沫塑料	60	0.02		

附录九　氧在蒸馏水中的溶解度（饱和度）

水温 $T/℃$	溶解度/(mg/L)	水温 $T/℃$	溶解度/(mg/L)	水温 $T/℃$	溶解度/(mg/L)
0	14.62	5	12.80	10	11.33
1	14.23	6	12.48	11	11.08
2	13.84	7	12.17	12	10.83
3	13.48	8	11.87	13	10.60
4	13.13	9	11.59	14	10.37

参 考 文 献

[1] 张自杰主编. 排水工程（下册）. 第 4 版. 北京：中国建筑工业出版社，2000.
[2] 崔玉川，马志毅，王孝承，李亚新编. 废水处理工艺设计计算. 北京：中国水利水电出版社，1994.
[3] 北京水环境技术与设备研究中心等主编. 三废处理工程技术手册. 废水卷. 北京：化学工业出版社，2000.
[4] 李海等编. 城市污水处理技术及工程实例. 北京：化学工业出版社，2002.
[5] 杨岳平等编. 废水处理工程及实例分析. 北京：化学工业出版社，2003.
[6] 冯生华著. 城市中小型污水处理厂的建设与管理. 北京：化学工业出版社，2001.
[7] 崔玉川主编. 城市与工业节约用水手册. 北京：化学工业出版社，2002.
[8] 郑兴灿，李亚新编著. 污水除磷脱氮技术. 北京：中国建筑工业出版社，1998.
[9] 钱易等主编. 现代废水处理新技术. 北京：中国科学技术出版社，1993.
[10] 张统主编. 间歇式活性污泥法污水处理技术及工程实例. 北京：化学工业出版社，2002.
[11] 北京市市政设计研究院主编. 简明排水设计手册. 北京：中国建筑工业出版社，1990.
[12] 李旭东等编著. 废水处理技术及工程应用. 北京：机械工业出版社，2003.
[13] 卜秋平等主编. 城市污水处理厂的建设与管理. 北京：化学工业出版社，2002.
[14] 高俊发等主编. 污水处理厂工艺设计手册. 北京：化学工业出版社，2003.
[15] 徐新阳等主编. 污水处理工程设计. 北京：化学工业出版社，2003.
[16] 史惠祥主编. 实用环境工程手册. 北京：化学工业出版社，2002.
[17] 上海市政工程设计研究院主编. 室外排水设计规范 GB 50014—2006（2016 年版）. 北京：中国计划出版社，2016.
[18] 于尔捷，张杰主编. 给水排水工程快速设计手册（排水工程）. 北京：中国建筑工业出版社，1996.
[19] 孙力平等编著. 污水处理新工艺与设计计算实例. 北京：科学出版社，2002.
[20] 王凯军，贾立敏编著. 城市污水生物处理新技术开发与应用. 北京：化学工业出版社，2001.
[21] 聂梅生总主编. 水工业工程设计手册·废水处理及再用. 北京：中国建筑工业出版社，2002.
[22] [苏] A. M 库尔干诺夫等著. 给水排水系统水力计算手册. 郭连起译. 北京：中国建筑工业出版社，1983.
[23] 张中和等编. 给水排水设计手册—第五册·城市排水. 北京：中国建筑工业出版社，1986.
[24] 张自杰等编著. 废水处理理论与设计. 北京：中国建筑工业出版社，2003.
[25] [美] C. P. Leslie Grady，Jr 等著. 废水生物处理. 张锡辉等译. 第 2 版. 北京：化学工业出版社，2003.
[26] 袁懋梓译. 污水处理的氧化沟技术. 北京：中国建筑工业出版社，1998.
[27] 汪大翚，雷乐成编著. 水处理新技术及工程设计. 北京：化学工业出版社，2001.
[28] 金儒霖编著. 污泥处置. 北京：中国建筑工业出版社，1982.
[29] 陈季华，奚旦立，杨大同编著. 废水处理工艺设计及实例分析. 北京：高等教育出版社，1990.
[30] 崔玉川等编. 城市污水回用深度处理设施设计计算. 北京：化学工业出版社，2003.
[31] 萧正辉，马世豪等编. 医院污水处理技术. 北京：中国建筑工业出版社，1993.
[32] 娄金生等编. 水污染治理新工艺与设计. 北京：海洋出版社，1999.
[33] 给水排水设计手册. 第 3 册. 北京：中国建筑工业出版社，2013.
[34] 严熙世主编. 给水排水工程快速设计手册. 第一册. 北京：中国建筑工业出版社，1995.
[35] 国家环保总局科技标准司编著. 城市污水处理及污染防治技术指南. 北京：中国环境科学出版社，2001.
[36] 刘雨等编著. 生物膜法污水处理技术. 北京：中国建筑工业出版社，2000.
[37] 郑俊等编著. 曝气生物滤池污水处理新技术及工程实例. 北京：化学工业出版社，2002.
[38] 李献文等编著. 城市污水稳定塘设计手册. 北京：中国建筑工业出版社，1990.
[39] 高拯民等编著. 城市污水土地处理利用设计手册. 北京：中国标准出版社，1991.
[40] 国家环保总局科技标准司编著. 城市污水土地处理技术指南. 北京：中国环境科学出版社，1997.
[41] 唐受印等编著. 水处理工程师手册. 北京：化学工业出版社，2000.
[42] 国际水协废水生物处理设计与运行数学模型课题组著. 活性污泥数学模型. 张亚雷，李叶梅译. 上海：同济大学出版社，2002.
[43] 姚重华编著. 废水处理计量学导论. 北京：化学工业出版社，2002.
[44] 顾夏声编著. 废水生物处理数学模式. 北京：清华大学出版社，1982.
[45] 林选才等编. 给水排水设计手册·城镇给水. 第 3 册. 北京：中国建筑工业出版社，2004.
[46] 林选才等编. 给水排水设计手册·城镇排水. 第 5 册. 北京：中国建筑工业出版社，2004.
[47] 崔玉川等编. 给水厂处理设施设计计算. 第 2 版. 北京：化学工业出版社，2012.
[48] 曾一鸣著. 膜生物反应器技术. 北京：国防工业出版社，2007.
[49] 顾国维，何义亮编著. 膜生物反应器在污水处理中的研究和应用. 北京：化学工业出版社，2002.

[50]　许嘉炯等. 新型中置式高密度沉淀池的开发应用. 给水排水，2007，（2）.

[51]　许嘉炯，净水高效沉淀设计技术研究与优化. 给水排水，2010，（10）.

[52]　尹军，崔玉波. 人工湿地污水处理技术. 北京：化学工业出版社，2006.

[53]　李亚新编著. 活性污泥法理论与技术. 北京：中国建筑工业出版社，2007.